建筑设备施工技术系列手册

电梯设备施工技术手册

索军利　主编

中国建筑工业出版社

图书在版编目（CIP）数据

电梯设备施工技术手册/索军利主编. —北京：
中国建筑工业出版社，2011.4（2020.9 重印）
（建筑设备施工技术系列手册）
ISBN 978-7-112-12907-2

Ⅰ.①电… Ⅱ.①索… Ⅲ.①电梯-建筑安装
工程-工程施工-技术手册 Ⅳ.①TU857-62

中国版本图书馆 CIP 数据核字（2011）第 055150 号

为了提高电梯施工人员技术水平，保证电梯的施工质量，作者结合多年从事电梯工作经验，以《电梯的制造与安装安全规范》GB 7588—2003 及《电梯工程施工质量验收规范》GB 50310—2002 为依据，组织编写了本手册。

本手册系统介绍了电梯的安装和维护施工技术，共分 19 章，全面讲述了电梯基础知识；垂直电梯、液压电梯、自动扶梯和自动人行道的安装、调试、验收、使用管理等内容。全书内容丰富，图文并茂，实用性强，通俗易懂。

本书注重施工工艺和国家标准规范的结合，适合电梯土建设计人员、电梯安装企业施工技术人员、电梯安装施工及质量检验人员、监理人员、维修保养人员、使用管理人员、电梯司机等使用，也可作为电梯相关专业的参考教材。

* * *

责任编辑：胡明安
责任设计：张　虹
责任校对：刘　钰　赵　颖

建筑设备施工技术系列手册
电梯设备施工技术手册
索军利　主编

*

中国建筑工业出版社出版、发行（北京西郊百万庄）
各地新华书店、建筑书店经销
北京红光制版公司制版
北京圣夫亚美印刷有限公司印刷

*

开本：787×1092 毫米 1/16 印张：30¼ 字数：748 千字
2011 年 5 月第一版　2020 年 9 月第四次印刷
定价：120.00 元
ISBN 978-7-112-12907-2
（36192）

版权所有　翻印必究
如有印装质量问题，可寄本社退换
（邮政编码　100037）

前　言

随着房地产的高速发展，电梯作为高层建筑内唯一快捷的垂直交通工具，电梯的施工质量及运行安全越来越备受关注。为了进一步提高电梯设备安装和维护质量，需要从电梯土建设计人员开始，就熟悉电梯的相关安装技术规范和安装工艺，从而保证电梯整体的安全运行效率。

作者结合多年从事电梯设计、制造、安装、调试、检验、维修和技术培训的工作经验，依据国家标准规范，参考了国内外大量文献和制造厂的工艺文件，组织编写了本手册。力求通过图文，让读者全面了解电梯的基础知识和施工规范、工艺要求，充分体现可操作性和实用性，并收录了最新的《特种设备安全技术规范》TSG T7001—2009 中的"电梯监督检验和定期检验规则—曳引与强制驱动电梯"部分，保证内容的先进性。

本书全面介绍了目前常见的三类电梯施工要点。

本书共分 19 章，包括电梯的基础知识、曳引式电梯的介绍、曳引式电梯的安装、曳引式电梯的调试与验收、液压电梯的介绍、液压电梯的安装、液压电梯的调试与验收、自动扶梯及自动人行道的介绍、自动扶梯及自动人行道的安装、自动扶梯及自动人行道的调试与验收、电梯的使用管理等。多数资料来自作者的工作实践，对电梯的质量控制具有现实意义。

本书注重施工工艺与电梯规范的结合，适合电梯工程的电梯土建设计人员、安装施工技术人员、质量检验人员、监理人员、维修保养人员、使用管理人员、电梯司机使用，也可作为电梯相关专业的参考教材。

本书由索军利主编，柳涌主审。参加编写工作的还有刘锡奎、许帅、唐学斌、侯鹏、党亚鹏、张怀继、庄小雄、傅小平、汪青根、梁治强、王定成、黄岳衡、孙文涛、陈恒亮、刘东洋、王文新、刘忠、李振喜、包盈辉、董开珩、刘佳、林烁众等。在编写过程中，作者参考了大量的标准和规范，并参考了大量生产厂家的安装工艺。在此对有关单位和作者表示衷心的感谢。

由于作者水平有限，不足之处，希望广大读者指正。

编　者

目 录

第1章 电梯基础知识 ... 1
1.1 电梯定义 ... 1
1.1.1 电梯狭义定义 ... 1
1.1.2 电梯广义定义 ... 1
1.2 电梯发展历程 ... 1
1.2.1 升降电梯起源与应用 ... 1
1.2.2 扶梯起源与应用 ... 2
1.2.3 电梯发展趋势 ... 3
1.3 电梯的分类 ... 4
1.4 电梯型号的表示方法 ... 8
1.5 电梯常用标准规范介绍 ... 10
1.6 电梯从业资质要求 ... 13

第2章 曳引式电梯的介绍 ... 18
2.1 曳引式电梯的优点 ... 18
2.2 曳引式电梯结构及组成 ... 19
2.3 曳引式电梯运行基本要求 ... 21

第3章 曳引式电梯安装前准备工作 ... 25
3.1 施工方案的编制 ... 25
3.1.1 施工方案的编制要求 ... 25
3.1.2 施工方案的内容要素 ... 26
3.2 曳引式电梯安装前准备工作 ... 29
3.2.1 土建勘查与交接验收 ... 30
3.2.2 设备的进场验收与开箱清点 ... 32
3.2.3 零部件的摆放 ... 33
3.2.4 电梯安装开工告知 ... 33
3.2.5 施工人员的配备 ... 34
3.2.6 脚手架的搭设 ... 34
3.3 样板制作和放线 ... 37
3.3.1 样板制作 ... 37
3.3.2 样板安装 ... 41
3.3.3 井道测量确定标准线 ... 44
3.3.4 样板就位挂基准线 ... 46
3.3.5 机房放线 ... 50

第 4 章 导轨安装 ... 53
4.1 导轨支架安装 ... 53
4.1.1 导轨支架的种类 ... 53
4.1.2 导轨支架安装基本要求 ... 54
4.1.3 确定导轨支架安装位置 ... 55
4.1.4 导轨支架固定方法 ... 57
4.1.5 组合式导轨支架安装 ... 63
4.1.6 导轨支架安装示例 ... 67
4.2 导轨安装 ... 68
4.2.1 导轨常见种类及安装示例 ... 68
4.2.2 导轨安装的技术要求 ... 70
4.2.3 导轨安装中的安全措施 ... 70
4.2.4 导轨安装前的准备工作 ... 71
4.2.5 导轨吊装 ... 72
4.2.6 导轨的连接和固定 ... 73
4.2.7 常见导轨校正工具的制作 ... 75
4.2.8 导轨调校 ... 83
4.2.9 导轨底座的安装 ... 90

第 5 章 机房设备安装 ... 91
5.1 曳引机安装 ... 91
5.1.1 曳引机组成介绍 ... 91
5.1.2 曳引机安装技术要求 ... 91
5.1.3 曳引机安装位置确定 ... 92
5.1.4 曳引机承重梁安装 ... 94
5.1.5 曳引机安装 ... 101
5.1.6 典型制动器的安装与调整 ... 111
5.2 限速器安装 ... 117

第 6 章 对重安装 ... 121
6.1 对重组成 ... 121
6.2 对重安装技术要求 ... 121
6.3 对重安装 ... 122
6.3.1 对重吊装前准备工作 ... 122
6.3.2 对重框架吊装就位 ... 123
6.3.3 对重导靴安装、调整 ... 123
6.3.4 对重块安装及固定 ... 124
6.4 反绳装置安装 ... 125
6.4.1 反绳装置安装技术要求 ... 126
6.4.2 反绳轮挡绳装置安装 ... 128

第 7 章 轿厢安装 ... 129
7.1 轿厢组成与技术要求 ... 129

- 7.1.1 轿厢组成 ·········· 129
- 7.1.2 轿厢安装技术要求 ·········· 129
- 7.2 轿架组装 ·········· 131
  - 7.2.1 轿架结构 ·········· 131
  - 7.2.2 安全钳预调整 ·········· 132
  - 7.2.3 轿架安装准备工作 ·········· 132
  - 7.2.4 底梁与立柱组装 ·········· 136
  - 7.2.5 上梁安装 ·········· 141
  - 7.2.6 底盘安装 ·········· 143
- 7.3 安全钳 ·········· 144
  - 7.3.1 安全钳的功用 ·········· 144
  - 7.3.2 安全钳的分类 ·········· 144
  - 7.3.3 安全钳的精调整 ·········· 149
- 7.4 导靴安装 ·········· 150
  - 7.4.1 导靴种类 ·········· 150
  - 7.4.2 导靴安装技术要求 ·········· 154
- 7.5 轿壁安装 ·········· 154
  - 7.5.1 基本要求 ·········· 155
  - 7.5.2 壁板连接 ·········· 155
- 7.6 轿顶安装 ·········· 158
  - 7.6.1 轿顶安装技术要求 ·········· 159
  - 7.6.2 轿顶安装步骤 ·········· 159
  - 7.6.3 轿顶安全护栏 ·········· 161
- 7.7 操纵箱（盘）安装 ·········· 162
- 7.8 轿门组件安装 ·········· 163
  - 7.8.1 轿门地坎安装 ·········· 163
  - 7.8.2 轿门门机安装 ·········· 163
  - 7.8.3 轿门门扇安装 ·········· 164
  - 7.8.4 门刀调整 ·········· 172
  - 7.8.5 门机传动绳（带）的调整 ·········· 172
  - 7.8.6 门吊板阻力调整 ·········· 173
  - 7.8.7 轿门安全保护装置 ·········· 173
- 7.9 其他相关部件安装 ·········· 179

第8章 层门安装 ·········· 181
- 8.1 层门部分组成 ·········· 181
- 8.2 层门安装技术要求 ·········· 182
- 8.3 层门安装准备工作 ·········· 183
- 8.4 层门地坎安装 ·········· 184
  - 8.4.1 用混凝土牛腿时地坎安装 ·········· 186

8.4.2 用预埋钢板焊接牛腿时地坎安装 ……………………………………… 188
8.4.3 用膨胀螺栓固定钢制牛腿时地坎安装 …………………………… 188
8.4.4 导轨与地坎间关系安装法 ………………………………………… 193
8.4.5 护脚板安装 ………………………………………………………… 194
8.5 门套安装 ……………………………………………………………………… 195
8.5.1 门套安装技术要求 ………………………………………………… 195
8.5.2 门套常见形式 ……………………………………………………… 195
8.5.3 门套安装 …………………………………………………………… 196
8.6 层门上坎安装 ………………………………………………………………… 203
8.6.1 层门上坎安装技术要求 …………………………………………… 203
8.6.2 层门上坎安装 ……………………………………………………… 204
8.7 层门门扇安装 ………………………………………………………………… 210
8.7.1 层门安装技术要求 ………………………………………………… 210
8.7.2 层门门扇装配形式 ………………………………………………… 210
8.7.3 层门安装前准备 …………………………………………………… 210
8.7.4 层门安装 …………………………………………………………… 210
8.8 层门强迫关门装置安装 ……………………………………………………… 214
8.8.1 层门强迫关门装置常见形式 ……………………………………… 214
8.8.2 层门强迫关门装置技术要求 ……………………………………… 214
8.8.3 重锤式层门强迫关门装置安装要点 ……………………………… 214
8.8.4 层门强迫关门装置测试 …………………………………………… 215
8.9 层门门锁安装 ………………………………………………………………… 216
8.9.1 层门门锁机构常见安装形式 ……………………………………… 216
8.9.2 层门门锁技术要求 ………………………………………………… 217
8.9.3 典型层门门锁安装 ………………………………………………… 217
8.10 井道安全门安装 ……………………………………………………………… 220
8.10.1 井道安全门技术要求 ……………………………………………… 220
8.10.2 井道安全门安装 …………………………………………………… 221

第9章 井道机械设备安装 ……………………………………………………………… 223
9.1 缓冲器组装 …………………………………………………………………… 223
9.1.1 缓冲器分类 ………………………………………………………… 223
9.1.2 缓冲器安装技术要求 ……………………………………………… 224
9.1.3 缓冲器底座安装 …………………………………………………… 224
9.1.4 缓冲器安装 ………………………………………………………… 225
9.2 限速器张紧装置安装 ………………………………………………………… 228
9.2.1 张紧轮的安装 ……………………………………………………… 228
9.2.2 限速器钢丝绳安装 ………………………………………………… 229
9.3 补偿装置安装 ………………………………………………………………… 231
9.3.1 补偿装置的常见形式 ……………………………………………… 231

9.3.2　补偿装置安装技术要求 …………………………………… 231
　　　9.3.3　补偿装置安装 ……………………………………………… 233
　9.4　底坑其他设备安装 …………………………………………………… 237
第10章　曳引钢丝绳的安装 ………………………………………………… 239
　10.1　电梯用曳引钢丝绳介绍 …………………………………………… 239
　10.2　绳头组合 …………………………………………………………… 244
　10.3　曳引钢丝绳安装技术要求 ………………………………………… 246
　10.4　钢丝绳安装 ………………………………………………………… 246
　10.5　钢丝绳张力调整 …………………………………………………… 256
第11章　曳引式电梯电气部分安装 ………………………………………… 258
　11.1　电气安装一般要求 ………………………………………………… 258
　11.2　电气安装前的准备工作 …………………………………………… 259
　11.3　控制柜安装 ………………………………………………………… 259
　11.4　电源配电箱安装 …………………………………………………… 260
　11.5　线槽、安装 ………………………………………………………… 261
　11.6　金属线管敷设 ……………………………………………………… 267
　11.7　井道电气设备安装 ………………………………………………… 271
　　　11.7.1　中间接线盒安装 …………………………………………… 271
　　　11.7.2　随行电缆安装 ……………………………………………… 271
　　　11.7.3　越程保护开关及开关碰铁安装 …………………………… 276
　　　11.7.4　井道信号系统安装 ………………………………………… 277
　　　11.7.5　指示灯盒、呼梯按钮盒安装 ……………………………… 277
　　　11.7.6　底坑检修盒安装 …………………………………………… 280
　　　11.7.7　井道照明安装 ……………………………………………… 280
　11.8　导线敷设及连接 …………………………………………………… 280
　　　11.8.1　导线敷设的一般要求 ……………………………………… 280
　　　11.8.2　导线敷设方法 ……………………………………………… 281
　　　11.8.3　导线接线方法 ……………………………………………… 283
　11.9　接地安装 …………………………………………………………… 289
　11.10　消防电梯要求 ……………………………………………………… 291
第12章　曳引式电梯调试与验收 …………………………………………… 293
　12.1　电梯的调试 ………………………………………………………… 293
　　　12.1.1　调试工艺流程 ……………………………………………… 293
　　　12.1.2　整机调试方法 ……………………………………………… 293
　12.2　电梯的整机验收 …………………………………………………… 304
　　　12.2.1　电梯的企业竣工自检 ……………………………………… 305
　　　12.2.2　电梯监督检验 ……………………………………………… 305
第13章　液压电梯介绍 ……………………………………………………… 324
　13.1　液压电梯部分名词术语 …………………………………………… 324

13.2 液压电梯应用 …… 325
13.3 液压电梯分类 …… 325
13.4 液压电梯基本构成 …… 326
13.5 各种液压元件结构与原理、符号介绍 …… 329

第14章 液压电梯安装 …… 331
14.1 安装前准备工作 …… 331
14.1.1 编写施工方案 …… 331
14.1.2 土建勘查与交接验收 …… 331
14.1.3 设备进场验收与开箱清点 …… 333
14.1.4 后续准备工作 …… 334
14.2 液压电梯安装 …… 334
14.2.1 液压油缸安装 …… 334
14.2.2 液压缸顶部的滑轮组件安装 …… 338
14.2.3 泵站安装 …… 338
14.2.4 油管安装 …… 340
14.2.5 油管紧固 …… 342
14.2.6 部分安全装置安装 …… 347

第15章 液压电梯调试及验收 …… 349
15.1 液压电梯调试 …… 349
15.1.1 液压电梯调试前准备工作 …… 349
15.1.2 液压电梯调试 …… 350
15.1.3 液压电梯整机性能及部件试验 …… 355
15.2 验收 …… 358
15.2.1 验收分类 …… 358
15.2.2 验收条件 …… 358
15.2.3 验收器具 …… 358
15.2.4 检验项目与方法 …… 359
15.2.5 检验结果判定 …… 374

第16章 自动扶梯及自动人行道介绍 …… 375
16.1 自动扶梯和自动人行道名词术语 …… 375
16.2 自动扶梯及自动人行道应用 …… 377
16.3 自动扶梯分类 …… 378
16.4 自动人行道分类 …… 380
16.5 自动扶梯主要技术参数 …… 381
16.6 自动扶梯构造 …… 383
16.6.1 金属结构架 …… 383
16.6.2 驱动装置 …… 384
16.6.3 制动系统 …… 384
16.6.4 牵引装置 …… 389

    16.6.5 张紧装置 390
    16.6.6 梯路导轨系统 390
    16.6.7 扶手装置 392
    16.6.8 梯级（踏板） 395
    16.6.9 安全装置 395
    16.6.10 润滑装置 396
    16.6.11 电气装置 396

第 17 章 自动扶梯及自动人行道安装 397
17.1 自动扶梯及自动人行道的排列类型 397
17.2 自动扶梯及自动人行道到货方式 398
17.3 安装前准备 398
    17.3.1 设备进场验收 398
    17.3.2 技术准备 400
    17.3.3 材料准备 400
    17.3.4 主要机具 401
17.4 安装步骤 401
    17.4.1 基础放线 401
    17.4.2 水平运输 402
    17.4.3 桁架组装与吊装 404
17.5 电气安装 417
17.6 整装扶梯试运行 417
17.7 扶手装置安装 418

第 18 章 自动扶梯及自动人行道调试与验收 424
18.1 电气保护装置调整 424
18.2 机械调整 431
18.3 运行 435
18.4 机械部件检查和润滑 436
18.5 安全标识张贴 436
18.6 自动扶梯四周的安全要求 437
18.7 裙板连续保护 440
18.8 自动扶梯和自动人行道检验方法 441
    18.8.1 实施现场检验时具备下列检验条件 441
    18.8.2 检验分类 441
    18.8.3 检验依据 441
    18.8.4 检验器具 442
    18.8.5 检验内容与方法 442
    18.8.6 检验结果判定 452

第 19 章 电梯使用管理 453
19.1 电梯使用单位应了解的基本法规、标准和要求 453

19.1.1 电梯使用过程中应遵守的规定 ……………………………………………… 453
19.1.2 《电梯使用管理与维护保养规则》TSG T5001—2009 中的规定摘要 …… 455
19.2 电梯日常管理 …………………………………………………………………… 457
19.3 电梯运行管理 …………………………………………………………………… 459
19.4 电梯维修保养管理 ……………………………………………………………… 462
19.5 电梯应急救援及常见故障处置 ………………………………………………… 464

主要参考文献 ………………………………………………………………………… 469

第1章 电梯基础知识

1.1 电梯定义

1.1.1 电梯狭义定义

根据国家标准《电梯、自动扶梯、自动人行道术语》GB/T 7024—2008 规定，电梯定义是：服务于建筑物内若干特定的楼层，其轿厢运行在至少两列垂直于水平面或与铅垂线倾斜角小于 15°的刚性导轨运行的永久运行设备。

上述定义只限于上下运行的升降式电梯，被称作狭义的电梯概念。从习惯上，我们在电梯的称呼上大多是指狭义概念。它从驱动的方式看，常见有曳引电梯和液压电梯之分。

1.1.2 电梯广义定义

《特种设备安全监察条例》中电梯定义是指：动力驱动，利用沿刚性导轨运行的箱体或者沿固定线路运行的梯级（踏步）进行升降或者平行运送人、货物的机电设备。

广义的电梯定义，既包括上下运行的升降式电梯，也包括水平或倾斜输送乘客的自动扶梯、自动人行道。它是从电梯作为一类特种设备的总括来说，本手册没有单独注明，多指狭义概念。

1.2 电梯发展历程

1.2.1 升降电梯起源与应用

升降电梯最早作为一种垂直的交通运输设备，它的起源和应用都与人们的日常生产、生活紧密联系，并随着技术的发展而不断的改进和完善。

1. 人力驱动阶段

此阶段以中国古代发明的利用杠杆原理制成汲水用的桔槔、辘轳等为雏形，公元前236 年，古希腊的阿基米德设计了一种由人力驱动的卷筒式卷扬机，共造了 3 台，安装在宫殿里。人们把这 3 台卷扬机看做是现代电梯的鼻祖。

2. 蒸汽机强制式阶段

此阶段以利用 1769 年瓦特发明的蒸汽机驱动卷扬机为代表。1850 年，在美国纽约市出现了世界第一台由亨利·沃特曼制造的以蒸汽机为动力的卷扬机。1852 年美国人伊莱沙·格雷夫斯·奥的斯发明了世界上第一部以蒸汽机为动力、配有安全装置的载人升降机，这是世界上第一部备有安全装置的客梯。1857 年奥的斯公司在纽约市的一幢豪华商厦里安装了世界上第一台安全客运升降机（由建筑物内的蒸汽动力站通过一系列轴和传动带驱动）。1862 年，奥的斯公司采用单独蒸汽机控制的升降机问世。

3. 液压机阶段

此阶段以利用液态介质（水或油）为传动介质的液压系统做驱动为代表。早期利用水压,二战以后,油压技术的成熟和广泛利用,使得战后相当长的时间,油压电梯主导了重要的市场份额,在某些地区,液压电梯曾经每年的市场需求量一度达到80%以上。

1867年在巴黎世界博览会上首次展出的载人水力升降梯,1870年奥地利工程师在维也纳首先建造了投入实际运行的载人水力货梯。1878年,奥的斯公司在纽约百老汇大街安装了第一台水压式乘客升降机,提升高度达34m。随着高层建筑的增多,在1880年到1900年之间水压电梯占据了所有的10到20层的建筑物。

20世纪50年代到70年代,欧美一些发达国家涌现出了很多专门致力于电梯液压控制系统生产制造的电梯公司,例如意大利的GMV和MORIS公司,德国的ALGI和BLAIN公司,美国的MAXTON和ESCO公司,瑞士的BERINGER公司等,在这些液压电梯公司及其工程师的努力下,液压电梯实现了大规模的工业化生产,同时液压电梯的结构和种类也有了很大发展,如直顶式、侧顶式、单级缸、多级缸、侧置绕绳式、拉缸式、带配重式等。20世纪70年代,诞生于20世纪60年代末的电液比例技术应用到液压电梯上后,使电梯的动态响应、稳定性和控制精度都有了进一步提高,应用于乘客电梯,乘坐舒适感更好。液压电梯这些技术的发展使得它能够与曳引电梯在低层建筑应用领域保持竞争力,得到了大规模的推广和使用。

4. 直流电梯

1889年美国奥的斯升降机公司推出了世界第一部以直流电动机为动力的升降机,诞生了名副其实的电梯。随后1903年又出现了槽轮式(即曳引式)驱动的电梯,为长行程和具有高度安全性的现代电梯奠定了基础。常用的直流调速系统有可控硅励磁的发电机——电动机系统和可控硅直接供电的可控硅——电动机系统两种直流调速系统,由于直流电动机具有调速性能好,调速范围大的特点,在交流变频技术应用之前,直流电梯占据了高速电梯的主要市场。

5. 交流电梯

1900年开始出现交流感应电动机驱动电梯。由于最初的交流电动机只有单速,电梯运行性能很不理想。虽然交流双速电动机问世后,基本满足了电梯运行的基本要求;但在调速性能方面却难以满足更高的要求。因此在20世纪前半叶,电梯的电力拖动,尤其是高层建筑中的电梯,几乎都采用直流拖动。直至1967年晶闸管用于电梯拖动,研制出了交流调压调速系统,才使交流电梯得到了快速的发展。20世纪80年代,由于固体功率器件的不断发展完善以及计算机技术的应用,出现了交流变频调速系统。1984年日本将其用于2m/s以上的高速电梯,1985年后又将其用于中、低速交流调速电梯,使交流电梯的调速性能大大改善。随着交流变频调速技术的发展,目前其性能已与直流调速不相上下,而且价格也不断下降,不但已广泛代替了直流拖动,并已大批淘汰交流调压调速系统。

1.2.2 扶梯起源与应用

自动扶梯是一种由电力驱动的循环运动扶梯,广泛用于车站、码头、商场、机场和地铁等人流集中的地方。

首部近似于自动扶梯的机器出现于19世纪,即首部乘客电梯出现的2年之后。1859年,美国密歇根州的Nathan Ames发明了称之为旋转楼梯的装置,并以美国专利号25076永载于历史,这台装置被普遍认为是世界上首部自动扶梯。但是Ames无法将这一发明投入实际应用。

一位美国设计者 George H. Wheeler 将"scala"（拉丁语中的"梯级"）一词与当时在美国已经用得相当普遍的"elevator"（电梯）一词组合成为"自动扶梯"（escalator）一词，并将其注册为移动楼梯的商标。此时这一装置已经在美国被广泛使用。

现代自动扶梯的雏形是 1900 年在巴黎世界博览会展出的一台普通倾斜的链式运输机，是一种梯级及扶手都能自动运动的楼梯。大约在同一时间，自动人行道首次出现，在 1893 年芝加哥博览会和 1900 年巴黎博览会上进行了特殊展示。

1.2.3 电梯发展趋势

电梯的发展从整体上趋向于结构简单化，控制智能化，使用绿色化，技术高新化。具体表现在：

1. 电梯结构

采用先进的制造工艺及控制技术，使电梯的结构越来越紧凑、精巧、坚固、美观及实用。双层电梯、微型计算机控制电梯等都在结构上有明显改善。

2. 电梯运行性能

采用先进的自动控制理论、传动与控制技术，使电梯在运行过程中具有安全、可靠、快速、准确、平稳的特性，电梯具有良好的乘坐舒适感及享受感。

采用先进的计算机技术，对电梯实行并联控制、集选控制以及人工智能控制，保证了电梯的高效率运行。

3. 节能低污染

随着永磁同步技术和能量反馈技术的应用，有效地改善了供电电网质量，充分利用现有能源，大大减少电梯设备及传动系统的能量损失，新型的驱动方式比传统的驱动方式节能 40% 以上。近年来大批电梯制造企业改进产品的设计，生产环保型低能耗、低噪声、无漏油、无漏水、无电磁干扰、无井道导轨油渍污染的电梯。如：电梯曳引采用尼龙合成纤维曳引绳、钢皮带等无润滑油污染曳引方式，电梯装潢采用无（少）环境污染材料、电梯空载上升和满载下行电机再生发电回收技术，安装电梯将无需安装脚手架，电梯零件在生产和使用过程中对环境没有影响（如刹车皮一定不能使用石棉），并且材料是可以回收的。随着电梯绿色概念更加普及，甚至有人设想在大楼顶部的机房利用太阳能作为电梯补充能源。

4. 电梯控制智能化

电梯智能化首先体现在群控系统利用强大的计算机软硬件资源，基于专家系统、模糊逻辑、计算机图像监控、神经网络控制、遗传基因法则等，充分地将电梯交通的不确定性、控制目标的多样化、非线性表现等动态特性综合，形成了更加人性化的集群调度体系。其次，随着智能建筑的发展，电梯的智能群控系统将与建筑物内所有的自动化服务设备联网成整体智能系统，如与楼宇控制系统、消防系统、保安监控系统等交互联系，使电梯成为高效优质、安全舒适的服务工具。

串行通信以其布线简单，传输信息量大等优点，在电梯控制系统中应用日益增多。由于去掉了微机接口板上大量输入和输出电路，减少了井道、机房中的布线数量，可靠性大大提高。随着大楼智能化的提高，现场总线技术已经开始应用于电梯控制系统与大楼的 BAS，FAS，SAS 中。

5. 蓝牙技术的应用

蓝牙（Bluetooth）技术是一种全球开放的、短距无线通信技术规范，它可通过短距离无线通信，把电梯内各种电子设备连接起来，无需纵横交错的电缆线，可实现无线组网。这种技术将减少电梯的安装周期和费用，提高电梯的可靠性和控制精度，更好地解决电气设备的兼容性，有利于把电梯归纳到大楼管理系统或智能化管理小区系统中。应用蓝牙技术，安装期将减少30%以上，其直接好处是降低安装成本，客户也因从订梯到使用电梯周期费用减少和提高现金周转率。

6. 信息化维护

电梯产业将网络化、信息化电梯控制系统将与网络技术相结合，用网络把各地的电梯监管起来进行维护，改变了传统的召修模式，便于按照动态实行及时针对性的服务。

7. 远程监控技术的应用

新出台的《特种设备安全监察条例》第一次将电梯困人2h列为一般事故，如果电梯配备了远程监视系统，集通信、故障诊断、微处理机为一体，它可以通过市话线传递电梯的运行和故障信息到远程服务中心，即在电梯轿厢内装设摄像和通信系统，被困轿厢中的乘客可以同大楼的监视人员建立联系。由于这种设施只限于电梯所在大楼且由保安人员负责，一旦电梯困人，还得通知专业人员来解困。而现在提出的远程监控服务系统是在远程监视系统上更进了一步，这种心（即电梯远程监控维修中心），使维修人员知道电梯问题所在并去处理。如轿厢乘客由于发生门故障而被困于某层，远程维修中心根据故障状况判断后，则可允许用遥控方式来打开轿门和层门，在无维修人员到现场的情况下，被困人员就可以离开轿厢，如有的故障只能维修人员到现场排除的话，为使被困人员安心，中心即刻向轿厢播放安抚语音，解除紧张心理，自动扶梯安装远程监控后，除了能监视运行状况外，监控维修中心可根据显示的信息作出快速的急停处理，以免发生伤害事故，远程服务对用户的受益是显而易见的，电梯的远程监控不仅使用户得到一个部件，而且使用户享受到一整套的服务，远程维修监控中心始终监控着他们所承包的电梯，随时可以知道电梯的运行状态和发生故障的属性，维修人员去故障梯之前就已知道该维修的项目，减少了维修服务的成本和时间，这种预保养式的售后服务方式在国外是深得用户的信赖的，也将是我国电梯工业技术发展的一个重要方向。

1.3 电梯的分类

电梯作为一种机电一体化的高科技产品，分类的方法在行业里较多，主要的分类方法有以下8种：

1. 按用途分类

电梯按用途分类，见表1.3-1。

电梯按用途分类　　　　表1.3-1

类别	用途与特点
（1）乘客电梯 代号：TK	为运送乘客而设计的电梯。适用于高层住宅、办公大楼、宾馆、酒店、商厦等客流量大的场合。这类电梯为了提高运送效率，其运行速度比较快，自动化程度也比较高，轿厢的尺寸和结构形式多为宽度大于深度，一般轿厢宽度与深度比例为10:7～10:8左右，以便乘客能畅通地进出。额定载重量有630kg、800kg、1000kg、1250kg、1600kg等。额定速度有0.63m/s、1.0m/s、1.6m/s、2.5m/s等多种，载客人数为8～21人，运送效率高，在超高层大楼应用时速度可以超过3m/s而达到5m/s、9m/s或16m/s

续表

类 别	用 途 与 特 点
(2) 载货电梯 代号：TH	为运送货物而设计的并通常有人伴随的电梯。主要用于两层楼以上的车间和各类仓库等场合。这类电梯的装潢不太讲究，自动化程度和运行速度一般比较低，而载重量和轿厢尺寸的变化范围则比较大，要求结构牢固、安全性好，轿厢宽大。额定载重量有630kg、1000kg、1600kg、2000kg等多种；额定速度一般在1m/s以下
(3) 客货（两用）电梯 代号：TL	客货梯（俗称服务梯）主要是用作运送乘客，但也可以运送货物的电梯。它与乘客电梯的区别在于轿厢内部装饰结构和使用场合不同
(4) 病床电梯 代号：TB	（俗称医梯）医院里用于运送病人、医疗器械和救护设备，其特点是轿厢窄而深，常要求前后贯通开门。对运行稳定性要求较高，运行中噪声应力求减小，一般有专职司机操作。额定载重量有1600kg、2000kg等多种；额定速度一般有0.63m/s、1.0m/s、1.6m/s、2.0m/s
(5) 住宅电梯 代号：TZ	为供住宅楼使用而设计的电梯。控制系统和轿厢装饰均较简单，也必须具有客梯所具有的安全保护装置。额定载重量为400kg、630kg、1000kg等，其相应的载重人数为5人、8人、13人等，速度在低、快速之间。其中载重量630kg的电梯，轿厢还允许运送童车和残疾人员乘坐的轮椅；载重量为1000kg的电梯，轿厢还能运送手把可拆卸的担架和家具
(6) 杂物电梯 代号：TW	服务于规定楼层的固定式升降设备，具有一个轿厢，就其尺寸和结构形式而言，轿厢不允许进人。轿厢运行在两列垂直的或与垂直方向倾角小于15°的刚性导轨之间。额定载重量不大于500kg，运行速度不大于1.0m/s，轿厢宽度、深度和高度均不大于1.4m。一般供图书馆、办公楼、饭店等运送图书、文件、食品等物品，但不允许人员进入箱体，此种电梯结构简单，操纵按钮在厅门外侧，无乘人必备的安全装置
(7) 船用电梯 代号：TC	船舶电梯是固定安装在船舶上为乘客和船员或其他人员使用的升降设备，它能在船舶的摇晃中正常工作。速度一般应≤1.0m/s。但不属于《特种设备安全监察条例》监察范围
(8) 观光电梯 代号：TG	轿厢壁透明，供乘客浏览观光建筑物周围外景的电梯
(9) 汽车电梯 代号：TQ	用作各种客车、轿车或货车的垂直运输，如高层或多层车库、仓库等处都有使用，这种电梯的轿厢面积都较大，要与所承用的车辆相匹配，其构造应充分牢固，有的是无轿顶的。升降速度一般都较低（小于1m/s）
(10) 其他电梯	用作专门用途的电梯，如冷库电梯、防爆电梯、矿井电梯、建筑工程电梯等
(11) 自动扶梯	带有循环运动梯路向上或向下倾斜输送乘客的固定电力驱动设备。这类电梯装于商业大厦、火车站、飞机场，供运送顾客或乘客上、下楼用
(12) 自动人行道	带有循环运动走道（例如板式或带式）水平或倾斜输送乘客的固定电力驱动设备。用于机场、火车站和商厦等地
(13) 消防梯	火警情况下能适应消防员专用的电梯，非火警情况下可作为一般客梯或客货梯使用 消防梯轿厢的有效面积应不小于1.4m²，额定载重量不得低于630kg，厅门口宽度不得少于0.8m。并要求以额定速度从最低一个停站直驶运行到最高一个停站（中间不停层）的运行时间不得超过60s

2. 按国家电梯制造许可分类

按国家电梯制造许可分类为：乘客电梯、载货电梯、液压电梯、杂物电梯、自动扶梯、自动人行道等。

3. 按速度分类

电梯按速度分类，见表1.3-2。

电梯按速度分类　　　　　　　　　　　　　　　表 1.3-2

名　称	额　定　速　度　范　围
超高速电梯	3.0~10m/s 或更高的电梯，通常用于超高层建筑物内
高速电梯	2~3m/s 的电梯，如 2.0m/s、2.5m/s、3.0m/s 等，通常用在 16 层以上的建筑物内
快速电梯	>1.0m/s 而≤2.0m/s 的电梯，如 1.0m/s、1.75m/s 等，通常用在 10 层以上的建筑物内
低速电梯	1.0m/s 及以下的电梯，如 0.25m/s、0.5m/s、0.75m/s、1.0m/s 等，通常用在 10 层以下的建筑物或客货两用电梯或货梯

电梯的速度随着系列的扩展和提高，目前已经达到 16.8m/s（台北金融大厦建筑物为 101 层电梯）和 17.5m/s（阿拉伯联合酋长国哈利法（迪拜）塔用的电梯），通常称这类电梯为特高速电梯。

4. 按驱动系统分类

电梯按驱动系数分类，见表 1.3-3。

电梯按驱动系统分类　　　　　　　　　　　　　　　表 1.3-3

拖动方式	驱动和使用特点	
(1) 直流电梯代号：Z	直流快速电梯	曳引电动机经减速箱后驱动电梯，梯速 v≤2.0m/s。现在由直流发电机供电给直流电动机的一种直流快速电梯已被淘汰，今后若有直流快速电梯的话，将是晶闸管供电的直流快速电梯。一般提升高度 h≤50m
	直流高速电梯	曳引电动机为电梯专用的低转速直流电动机。电动机获得供电的方式是直流发电机组供电的，或是晶闸管供电的两种形式。其梯速 v>2.0m/s，一般提升高度 h≤120m
(2) 交流电梯代号：J	交流单速电梯	曳引电动机为交流单速异步电动机，梯速 v≤0.4m/s，例如用于杂物梯等
	交流双速电梯	曳引电动机为电梯专用的变极对数的交流异步电动机，并有高低两种速度，梯速 v≤1.0m/s，提升高度 h≤35m
	交流调压调速电梯	曳引电动机为电梯专用的单速或梯速 v≤2m/s，提升高度 h≤50m
	交流调频调压调速电梯	俗称 VVVF 电梯，通常采用微机、逆变器、PWM 控制器，以及速度电流等反馈系统。在调节定子频率的同时，调节定子中电压，以保持磁通恒定，使之电动机力矩不变，其性能优越、安全可靠。曳引电动机为电梯专用的单速或梯速 v≤2m/s，提升高度 h≤50m
	交流高速电梯	曳引电动机为电梯专用的低转速的交流异步电动机，其驱动控制系统为变频变压加矢量变换的 VVVF 系统。其梯速 v>2m/s，一般提升高度 h≤120m
(3) 液压电梯代号：Y	柱塞直顶式	液压缸柱塞直接支撑在轿厢底部，通过柱塞的升降而使轿厢升降的液压梯，梯速 v≤1.0m/s，一般提升高度 h≤20m
	柱塞侧顶式（俗称"背包"式）	油缸柱塞设置于轿厢旁侧，通过柱塞升降而使轿厢升降的液压梯。梯速 v≤0.63m/s，一般提升高度 h≤15m

5. 按有无减速箱分类

电梯按有无减速箱分类，见表 1.3-4。

电梯按有无减速箱分类　　　　　　　　　　　　　　　表 1.3-4

类　别	使　用　特　点
(1) 有齿轮电梯	电梯曳引轮的转速与电动机的转速不相等（电动机转速>曳引轮转速），中间有蜗轮蜗杆减速箱或齿轮减速箱（行星齿轮、斜齿轮）。一般使用在电梯额定速度 v≤2m/s 的场合

续表

类 别	使 用 特 点
(2) 无齿轮电梯	电梯曳引轮转速与电动机转速相等，中间无蜗轮蜗杆减速箱或齿轮减速箱。对于这类电梯，要求电动机具有低转速、大转矩特性。一般使用在电梯额定速度≥2m/s的场合

6. 按有无机房分类

电梯按有无机房分类，见表1.3-5。

电梯按有无机房分类　　　　　　　　　　　　　表1.3-5

类 别	使 用 特 点
(1) 有机房电梯	上置式机房电梯　机房位于井道上部的电梯 下置式机房电梯　机房位于井道下部或者井道下部旁边的电梯
(2) 无机房电梯	上置式无机房电梯　电梯驱动主机位于井道顶部的电梯 下置式无机房电梯　电梯驱动主机位于底坑或底坑附近的电梯

7. 按控制方式分类

电梯按控制方式分类，见表1.3-6。

电梯按控制方式分类　　　　　　　　　　　　　表1.3-6

控制方式	控 制 和 使 用 特 点
(1) 手柄控制电梯 代号：S（手柄）	由司机在轿厢内操纵手柄开关，控制电梯启动上、下、平层、停止的运行状态。要求轿厢上装玻璃窗口或使用栅栏门，便于司机判断层数控制平层。这种电梯又包括自动门和手动门两种，多使用在货梯，现基本不予使用
(2) 按钮控制电梯 代号：AZ、AS	它是一种具备简单自动控制的电梯，有自动平层功能。有轿外按钮控制和轿内按钮控制两种形式。前一种是由安装在各楼层厅门口的按钮箱进行操纵，一般用于服务电梯或层站少的货梯。后一种按钮箱在轿厢内操纵，一般只接受轿厢内的按钮指令，层站的召唤按钮不能截梯和操纵轿厢，一般多用于货梯。此种电梯有自动门和手动门两种，手动门现不予使用
(3) 信号控制电梯 代号：XH	它是一种自动控制程度较高的电梯，其自动程度除了具有自动平层和自动开门功能外，尚有轿厢命令登记、厅外召唤登记、自动停层、顺向截停和自动换向等功能，通常为有司机客梯或客货两用电梯
(4) 集选控制电梯 代号：JX	它是在信号控制基础上发展起来的全自动控制电梯。与信号控制的主要区别在于能实现无司机操纵。其主要特点：是把轿厢内选层信号和各层外呼信号集合起来，自动决定上、下运行方向，顺序应答。此种电梯操纵可为有/无司机，当实行司机操纵时为信号控制（当人流集中高峰时间里，为保证安全运行），而在人流较少时，改为无司机集选控制。这类电梯须在轿厢上设置称重装置，以防超载，且轿厢上须设防夹保护装置
(5) 并联控制电梯 代号：BL	2～3台电梯的控制线路并联起来进行逻辑控制，共用层站外召唤按钮，电梯本身具有集选功能。特点是当无任务时（如2台电梯并联工作），一台停在基站俗称基梯，另一台则停在预先选定的层楼（一般在中间层楼），称为自由梯，若有任务，基梯离开基站向上运行，自由梯立即自动下降到基站替补；当除基站外其他楼层有要电梯时，自由梯前往，并答应顺方向要梯信号，当要梯信号与自由梯运行方向相反时，则由基梯去完成，而返回基站。当3台并联集选组成的电梯，其中有两台电梯作为基站梯，一台为备行梯。运行原则类同两台并联控制电梯

续表

控制方式	控制和使用特点
(6) 梯群程序控制电梯 代号：QK	群控是用微机控制和统一调度多台集中并列的电梯，它使多台电梯集中排列，共用厅外召唤按钮，按规定程序集中调度和控制。其程序控制分为四程序和六程序。前者将一天中客流情况分成四种，如：上行高峰状态运行，下、上行平衡状态运行，下行高峰状态运行及闲散状态运行，并分别规定相应的运行控制方式。后者比前者多上行较下行高峰状态运行，下行较上行高峰状态运行两种程序
(7) 微机控制电梯 代号：W	把微机用作信号处理，取代传统的选层器和绝大部分继电器逻辑电路，减少了故障，提高了运行效率。这种电梯有数据的采集、交换、存储功能，还能进行分析、筛选、报告的功能。控制系统可以显示出所有电梯的运行状态，由电脑根据客流情况，自动选择最佳运行控制方式，其特点是分配电梯运行时间，省人、省电、省设备

8. 按有无司机分类

电梯按有无司机分类，见表 1.3-7。

电梯按有无司机分类　　　　　　　　　表 1.3-7

类别	使用特点
(1) 有司机电梯	该种电梯基本上是按无司机控制设计的。考虑到一些使用单位管理上的需要和当地乘客的电梯知识普及情况，在线路设计上也考虑了有司机工作状态。这类电梯可以在司机操作的情况下工作，也可以在无司机状态下工作，但司机必须经过专业安全技术培训
(2) 无司机电梯	所谓无司机电梯，就是乘客自己操纵的电梯。乘客进入电梯轿厢后，按下操纵箱上的与自己所要到达的楼层相对应的指令按钮，电梯就会自动地到达乘客所要的楼层。当乘客在某层厅外召唤电梯时，电梯会按"厅外顺向截车"的原则，自动地到达乘客候梯的楼层，供乘客使用电梯

1.4　电梯型号的表示方法

1. 我国电梯的型号表示方法

(1) 型号表示方法

我国电梯的型号表示上，采用一组字母和数字，以简单明了的方式，将电梯基本规格的主要内容表示出来。我国部颁标准中规定了如图 1.4-1 所示的电梯型号表示法：

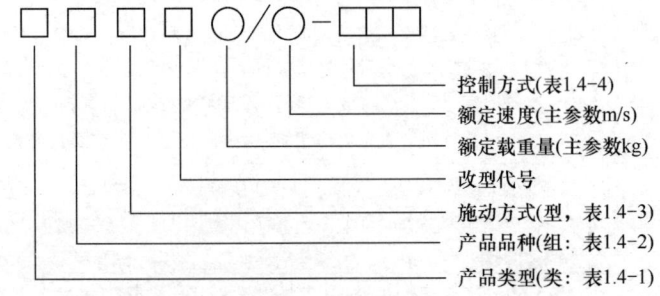

图 1.4-1　中国电梯产品型号代号顺序

(2) 字母代号表示的内容（见表 1.4-1～表 1.4-4）。

类别代号表 表 1.4-1

产品类别	代表汉字	拼音	采用代号
电梯	梯	TI	T
液压梯			

品种（组）代号表 表 1.4-2

产品品种	代表汉字	拼音	采用代号
乘客电梯	客	KE	K
载货电梯	货	HUO	H
客货（两用）电梯	两	LIANG	L
病床电梯	病	BING	B
住宅电梯	住	ZHU	Z
杂物电梯	物	WU	W
船用电梯	船	CHUAN	C
观光电梯	观	GUAN	G
汽车用电梯	汽	QI	Q

拖动方式代号表 表 1.4-3

拖动方式	代表汉字	拼音	采用代号
交流	交	JIAO	J
直流	直	ZHI	Z
液压	液	YE	Y
齿轮齿条	齿	CHI	C

控制方式代号表 表 1.4-4

控制方式	代表汉字	采用代号
手柄开关控制、自动门	手、自	SZ
手柄开关控制、手动门	手、手	SS
按钮控制、自动门	按、自	AZ
按钮控制、手动门	按、手	AS
信号控制	信号	XH
集选控制	集选	JX
并联控制	并联	BL
梯群控制	群控	QK

（3）电梯产品型号示例

例1：TKJ1000/2.5-JX

表示：交流调速乘客电梯。额定载重量1000kg，额定速度2.5m/s，集选控制。

例2：TKZ1000/1.6-JX

表示：直流乘客电梯。额定载重量1000kg，额定速度1.6m/s，集选控制。

例3：TKJ1000/1.6-JXW

表示：微机控制，交流调速乘客电梯。额定载重量1000kg，额定速度1.6m/s，微机处理集选控制。

例4：THY1000/0.63-AZ

表示：液压货梯。额定载重量1000kg，额定速度0.63m/s，按钮控制，自动门。

2. 有关其他电梯型号的表示方法

改革开放以来，大批的国外电梯品牌进入中国，纷纷组建合资工厂，但在型号的表示上仍沿用引进国命名型号的规定。例如：日立进入中国后合资生产的"广日"牌电梯，是引进日本"日立"技术生产的。它的电梯型号的命名，就只有3部分，如图1.4-2所示。

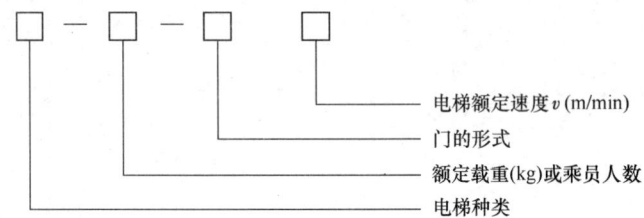

图1.4-2 日立产品型号代号顺序

例1：YP-15-C090

表示：交流调速乘客电梯。额定乘员15人，中分式电梯门，额定速度90m/min。

例2：F-1000-2S45

表示：货物电梯。额定载重量1000kg，两扇旁开式电梯门，额定速度45m/min。

1.5 电梯常用标准规范介绍

目前，全国有一百四十万台电梯在运行，电梯生产厂家众多，每个企业生产的电梯都有各自的特色。对电梯的制造和安装，国家制订了相关的标准，电梯的制造厂家、安装单位和电梯工程设计、电梯使用单位应共同遵守。只有这样才能通过政府有关部门的验收，所以对电梯的要求是一致的。真正掌握了相关电梯标准，对电梯的理解才能深入。下面列出常用电梯的相关标准。

(1)《电梯制造与安装安全规范》GB 7588—2003

该标准是强制性国家标准。它规定了乘客电梯、病床电梯及载货电梯制造与安装应遵守的安全准则，以防止电梯运行时发生损害乘客、货物和建筑物等的事故。

该标准是根据欧洲标准EN81-1《电梯制造和安装安全规范》制订，在内容上等效EN81。在编写格式上也与之等同。对电梯的井道、机房、轿厢、对重、安全装置、驱动主机、电气设备等，从设计、制造、安装和使用安全角度上，详细规定了相关的技术要求以及试验方法等。

(2)《电梯技术条件》GB/T 10058—2009

该标准是推荐性国家标准。它规定了乘客电梯及载货电梯的技术要求、检验规则、标志、包装、运输和贮存等要求。它适用于额定速度不大于6.0m/s的电力驱动的曳引式或强制式的乘客电梯及载货电梯。但不适用于杂物电梯和液压电梯。

(3)《电梯试验方法》GB/T 10059—2009

该标准是推荐性国家标准。它规定了乘客电梯及载货电梯的整机和部件的试验方法。它适用于电力驱动的曳引式或强制式的乘客电梯及载货电梯。不适用于液压电梯和杂物电梯。

(4)《电梯安装验收规范》GB 10060—1993

该标准是强制性国家标准。它规定了电梯安装验收条件、检验项目、检验要求和验收规则。适用于额定速度不大于 2.5m/s 的乘客电梯、载货电梯。不适用于液压电梯、杂物电梯。

(5)《电梯工程施工质量验收规范》GB 50310—2002

该标准由原建设部和国家质量监督检验检疫总局联合发布。适用于电力驱动的曳引式或强制式电梯；自动扶梯、自动人行道安装工程质量验收。但不适用于杂物电梯。

该标准应与国家标准《建筑工程施工质量验收统一标准》GB 50300—2001 配套使用。是对电梯安装质量的最低要求，所规定的项目必须合格。

(6)《电梯主参数及轿厢、井道、机房的型式与尺寸》GB/T 7025.1～3—2008

该标准是推荐性国家标准。它规定了各类电梯的主参数及轿厢、井道、机房的形式与尺寸。它适用于在住宅楼、非住宅楼和医院建筑物内新安装的具有一个入口的电梯，亦可作为旧建筑物内安装新电梯的依据。但不适用于液压电梯和速度大于 2.5m/s 的电梯。

(7)《电梯、自动扶梯、自动人行道术语》GB/T 7024—2008

该标准是推荐性国家标准。它规定了电梯、自动扶梯、自动人行道术语。它适用于制定标准、编制技术文件、编写和翻译专业手册、教材及书刊。

(8)《自动扶梯和自动人行道的制造与安装安全规范》GB 16899—1997

该标准是强制性国家标准。它规定了自动扶梯和自动人行道在制造与安装中应遵守的安全规范，目的是保证在运行、维修和检查工作期间人员和物体的安全，以防发生事故。它为自动扶梯和自动人行道的制造、安装与检验提供了全国统一的技术依据。

(9)《电梯曳引机》GB/T 22478—2009

该标准是推荐性国家标准。它规定了乘客电梯、病床电梯及载货电梯用曳引机的技术和质量要求。它适用于额定速度小于 2.5m/s 的电梯曳引机，而不适用于杂物电梯和额定速度不小于 2.5m/s 的电梯曳引机。额定速度小于 2.5m/s 的各类电梯用的其他曳引机可参照执行。

(10)《电梯、自动扶梯和自动人行道维修规范》GB/T 18775—2009

该标准是推荐性国家标准。它规定了乘客电梯、载货电梯自动扶梯和自动人行道维修遵守的准则，以保证电梯安全运行和防止维修时发生伤害人员及损坏货物和电梯的事故。

(11)《电梯 T 型导轨》GB/T 22562—2008

该标准是推荐性标准。它规定了电梯轿厢和对重装置提供导向的"T"型导轨以及连接板的型号、参数、技术要求、试验方法、检验规则、包装和储运要求。

(12)《电梯 T 型导轨检验规则》JG/T 5072.2—1996

该标准是原建设部颁布推荐性标准，它规定了电梯 T 型导轨以及连接板的试验方法、检验规则和判定标准。但它仅适用于 T 型钢筋机械加工方式或冷轧加工制作的导轨，而不适用于由板材经折弯成型的 T 型空心导轨。

(13)《电梯对重用空心导轨》JG/T 5072.3—1996

该标准是原建设部颁布推荐性标准。它规定了电梯对重用空心导轨以及连接板的型号与参数、技术要求、试验方法、检验规则、标志、包装、运输和存储要求。它适用于不设安全钳的对重用的导轨。

(14)《电梯用钢丝绳》GB 8903—2005

该标准是强制性国家标准。它适用于乘客电梯或载货电梯的曳引用钢丝绳。规定了钢丝绳结构、尺寸、外形和重量，以及相关技术要求。

(15)《交流电梯电动机通用技术条件》GB 12974—1991

该标准是强制性国家标准。它规定了各类型交流电梯电动机的形式、基本尺寸参数与尺寸、技术要求、试验方法与检验规则以及标志与包装要求。

(16)《船用载货电梯》GB/T 3878—1999

该标准是推荐性国家标准。它规定了船用载货电梯的产品分类、技术要求、试验方法、检验规则、标志、包装、运输等。适用于曳引轮驱动的船用载货电梯，也适用于船用厨房电梯，但不适用于载人的船用电梯。

(17)《电梯操作装置、信号及附件》JG 5009—1992

该标准是原建设部颁布标准。等效采用国际标准 ISO 4190/5—1987《乘客电梯和杂物电梯 第 5 部分：电梯操作装置、信号及附件》。规定了电梯的按钮及指示器，还规定了对轿厢扶手的要求。

(18)《住宅电梯的配置与和选择》JG/T 5010—1992

该标准是原建设部颁布推荐性标准。等效采用国际标准 ISO 4190/6—1984（E）《电梯与服务电梯第 6 部分：安装在住宅建筑中的乘客电梯的规划与选择》，规定了住宅电梯的配置和选择方法。

(19)《电梯、液压梯产品型号编制方法》JJ 45—1986

该标准是国家城乡建设环境保护部颁布标准。对电梯、液压电梯产品型号规定了编制方法。但在实际执行上，各电梯合资制造企业有自己的型号编制方法。

(20)《液压电梯制造与安装安全规范》GB 21240—2007

该标准是强制性国家标准。它规定了永久安装的新液压电梯的制造与安装应遵守的安全准则，以防止电梯运行时发生损害乘客、货物和建筑物等的事故。该标准修改采用 EN81-2：1998《电梯制造与安装安全规范 第二部分：液压梯》（英文版）。

(21)《杂物电梯》JG 135—2000

该标准是原建设部颁布标准。它规定了电力驱动的轿厢是用钢丝绳或链条悬挂的杂物电梯的结构和安装、检验、记录与维修、包装、运输与贮存等方面的技术要求。适用于额定载重量不大于 500kg、额定速度不大于 1.0m/s，在层站地板水平面或高于层站地板水平面装载的电梯。

(22)《自动扶梯和自动人行道监督检验规程》(2003)、《液压电梯监督检验规程试行》(2003) 和《杂物电梯监督检验规程》(2003)。

这些规程是国家质量监督检验检疫总局制订的电梯检验规程。规定自动扶梯、自动人行道、液压电梯和杂物电梯验收检验和定期检验所要求检验的项目、内容以及检验方法。

检验机构不应随意增加或者减少，使全国电梯检验规范化。

(23)《特种设备安全技术规范》TSG T7001—2009 之《电梯监督检验和定期检验规则—曳引与强制驱动电梯》

本规则明确规定了曳引与强制驱动电梯安装、改造、重大维修监督检验和定期检验的目的、性质、依据、适用范围、检验条件、检验周期、程序与要求、内容和方法，以及检验结论的合格判定条件，规定了曳引与强制驱动电梯设计、制造、安装、改造、维修、日常维护保养和使用单位以及从事电梯监督检验和定期检验的特种设备检验检测机构的职责要求，以指导和规范曳引与强制驱动电梯安装、改造、重大维修监督检验和定期检验行为，提高检验工作质量，促进曳引与强制驱动电梯运行安全保障工作的有效落实。

1.6 电梯从业资质要求

为了规范机电类特种设备安装、改造、维修单位的资格许可工作，确保机电类特种设备安装、改造、维修及电梯日常维护保养的质量与安全性能，根据《特种设备安全监察条例》(国务院令第549号)和《特种设备质量监督与安全监察规定》，国家质量监督检验检疫总局以国质检锅〔2003〕251号文件，制定了机电类特种设备安装改造维修许可规则（试行），对电梯的从业资质进行了如下规范：

1. 分级管理

电梯安装、改造和维修3个施工类别按照设备类型及其不同技术参数分别分为A、B、C三个等级。具体的分类分级方法见表1.6-1。

电梯施工单位分类分级表　　　　　　　　　　　表1.6-1

设备种类	设备类型	施工类别	各施工等级技术参数		
			A级	B级	C级
电梯	乘客电梯 载货电梯 液压电梯 杂物电梯 自动扶梯 自动人行道	安装 改造 维修	技术参数不限	额定速度不大于2.5m/s、额定载重量不大于5t的乘客电梯、载货电梯、液压电梯、杂物电梯，以及所有技术参数等级的自动人行道和自动扶梯	额定速度不大于1.75m/s、额定载重量不大于3t的乘客电梯、载货电梯，以及所有技术参数等级的杂物电梯、自动人行道和提升高度不大于6m的自动扶梯

2. 施工单位基本要求

对于电梯的安装、改造、维修施工单位必须满足一定的基本要求，见表1.6-2～表1.6-4。

电梯安装施工单位基本要求　　　　　　　　　　表1.6-2

施工类别	施工等级	序号	基　本　要　求
安装	A级	1	注册资金300万元（人民币，下同）以上
		2	签订1年以上全职聘用合同的电气或机械专业技术人员不少于8人；其中，高级工程师不少于2人，工程师不少于4人

续表

施工类别	施工等级	序号	基 本 要 求
安　装	A级	3	签订1年以上全职聘用合同的持相应作业项目资格证书的电梯作业人员等技术工人不少于30人，且各工种人员比例合理
		4	技术负责人必须具有国家承认的电气或机械专业高级工程师以上职称，从事电梯技术和施工管理工作5年以上，并不得在其他单位兼职
		5	专职质量检验人员不得少于4人
		6	近5年累计安装申请范围内的电梯数量至少为150台套
	B级	1	注册资金150万元以上
		2	签订1年以上全职聘用合同的电气或机械专业技术人员不少于6人；其中，高级工程师不少于1人，工程师不少于3人
		3	签订1年以上全职聘用合同的持相应作业项目资格证书的电梯作业人员等技术工人不少于20人，且各工种人员比例合理
		4	技术负责人必须具有国家承认的电气或机械专业高级工程师以上职称，从事电梯技术和施工管理工作5年以上，并不得在其他单位兼职
		5	专职质量检验人员不得少于3人
		6	近5年累计安装申请范围内的电梯数量至少为80台套
	C级	1	注册资金50万元以上
		2	签订1年以上全职聘用合同的电气或机械专业技术人员不少于3人；其中，工程师不少于2人
		3	签订1年以上全职聘用合同的持相应作业项目资格证书的电梯作业人员等技术工人不少于10人，且各工种人员比例合理
		4	技术负责人必须具有国家承认的电气或机械专业工程师以上职称，从事电梯技术和施工管理工作5年以上，并不得在其他单位兼职
		5	专职质量检验人员不得少于2人
		6	近5年累计安装申请范围内的电梯数量至少为30台套

电梯改造施工单位基本要求　　　　　　　　　　　　　　　表1.6-3

作业项目	作业等级	序号	基 本 要 求
改　造	A级	1	注册资金350万元以上
		2	签订1年以上全职聘用合同的电气或机械专业技术人员不少于10人。其中，从事申请项目电梯设计的高级工程师不少于1人，工程师不少于2人；其他专业高级工程师不少于1人，工程师不少于3人
		3	签订1年以上全职聘用合同的持相应作业项目资格证书的电梯作业人员等技术工人不少于30人，且各工种人员比例合理
		4	技术负责人必须具有国家承认的电气或机械专业高级工程师以上职称，从事电梯设计和施工管理工作5年以上，并不得在其他单位兼职
		5	专职质量检验人员不得少于4人
		6	有满足其改造作业需要的制造和试验的设备、厂房与场地
		7	近5年累计改造申请范围内的电梯数量至少为80台套

续表

作业项目	作业等级	序号	基 本 要 求
改 造	B级	1	注册资金200万元以上
		2	签订1年以上全职聘用合同的电气或机械专业技术人员不少于6人。其中,从事申请项目电梯设计的高级工程师不少于1人,工程师不少于2人;其他专业工程师不少于2人
		3	签订1年以上全职聘用合同的持相应作业项目资格证书的电梯作业人员等技术工人不少于20人,且各工种人员比例合理
		4	技术负责人必须具有国家承认的电气或机械专业高级工程师以上职称,从事电梯设计和施工管理工作5年以上,并不得在其他单位兼职
		5	专职质量检验人员不得少于3人
		6	有满足其改造作业需要的制造和试验的设备、厂房与场地
		7	近5年累计改造申请范围内的电梯数量至少为40台套
	C级	1	注册资金80万元以上
		2	签订1年以上全职聘用合同的电气或机械专业技术人员不少于3人;其中,从事申请项目电梯设计和施工管理的工程师各不少于1人
		3	签订1年以上全职聘用合同的持相应作业项目资格证书的电梯作业人员等技术工人不少于10人,且各工种人员比例合理
		4	技术负责人必须具有国家承认的电气或机械专业工程师以上职称,从事电梯设计和施工管理工作5年以上,并不得在其他单位兼职
		5	专职质量检验人员不得少于2人
		6	有满足其改造作业需要的制造和试验的设备、厂房与场地
		7	近5年累计改造申请范围内的电梯数量至少为20台套

电梯维修施工单位基本要求　　　　　表1.6-4

作业项目	作业等级	序号	基 本 要 求
维 修	A级	1	注册资金250万元以上
		2	签订1年以上全职聘用合同的电气或机械专业技术人员不少于8人。其中,高级工程师不少于2人,工程师不少于4人
		3	签订1年以上全职聘用合同的持相应作业项目资格证书的电梯作业人员等技术工人不少于40人,且各工种人员比例合理
		4	技术负责人必须具有国家承认的电气或机械专业高级工程师以上职称,从事电梯技术和施工管理工作5年以上,并不得在其他单位兼职
		5	专职质量检验人员不得少于4人
		6	近5年累计维修申请范围内的电梯数量至少为150台套
	B级	1	注册资金120万元以上
		2	签订1年以上全职聘用合同的电气或机械专业技术人员不少于5人。其中,高级工程师不少于1人,工程师不少于2人
		3	签订1年以上全职聘用合同的持相应作业项目资格证书的电梯作业人员等技术工人不少于30人,且各工种人员比例合理

续表

作业项目	作业等级	序号	基 本 要 求
维 修	B级	4	技术负责人必须具有国家承认的电气或机械专业高级工程师以上职称,从事电梯技术和施工管理工作5年以上,并不得在其他单位兼职
		5	专职质量检验人员不少于3人
		6	近5年累计维修申请范围内的电梯数量至少为80台套
	C级	1	注册资金50万元以上
		2	签订1年以上全职聘用合同的电气或机械专业技术人员不少于3人。其中,工程师不少于2人
		3	签订1年以上全职聘用合同的持相应作业项目资格证书的电梯作业人员等技术工人不少于15人,且各工种人员比例合理
		4	技术负责人必须具有国家承认的电气或机械专业工程师以上职称,从事电梯技术和施工管理工作5年以上,并不得在其他单位兼职
		5	专职质量检验人员不少于2人
		6	近5年累计维修申请范围内的电梯数量至少为30台套
	不划分等级的特种设备	1	拟申请《许可证》的专业维修单位,按照维修B级的基本条件考核
		2	仅承担本单位自有设备维修的单位,专业技术人员、技术工人、技术负责人和质量检验人员应当达到维修C级相应项的要求,但持证技术工人总数要求不少于6名

3. 电梯施工类别划分

电梯改造、重大维修、维修、日常维护保养施工类别的划分,按照表1.6-5执行。

电梯施工类别划分表　　表1.6-5

	部 件 调 整	参 数 调 整
改造	以下部件变更型号、规格,致使右栏列出的电梯参数等内容发生变更时,应当认定为改造作业: 限速器、安全钳、缓冲器、门锁、绳头组合、导轨、曳引机、控制柜、防火层门、玻璃门及玻璃轿壁、上行超速保护装置、含有电子元件的安全电路、液压泵站、限速切断阀、电动单向阀、手动下降阀、机械防沉降(防爬)装置、梯级或踏板、梯级链、驱动主机、滚轮(主轮、副轮)、金属结构、扶手带、自动扶梯或自动人行道的控制屏	不管左栏所列部件是否变更,致使以下参数等内容发生变更,应当认定为改造作业: 额定速度、额定载荷、驱动方式、调速方式、控制方式、提升高度、运行长度(对人行道)、倾斜角度、名义宽度、防爆等级、防爆介质、轿厢重量
重大维修	不变更右栏列出的参数等内容,但需要通过更新或者调整以下部件(保持原规格)才能完成的修理业务,应当认定为重大维修作业: 限速器、安全钳、缓冲器、门锁、绳头组合、导轨、曳引机、控制柜、导靴、防火层门、玻璃门及玻璃轿壁、上行超速保护装置、含有电子元件的安全电路、液压泵站、限速切断阀、电动单向阀、手动下降阀、机械防沉降(防爬)装置、梯级或踏板、梯级链、驱动主机、滚轮(主轮、副轮)、金属结构、扶手带、自动扶梯或自动人行道的控制屏	额定速度、额定载荷、驱动方式、调速方式、控制方式、提升高度、运行长度(对人行道)、倾斜角度、名义宽度、防爆等级、防爆介质、轿厢重量

续表

	部 件 调 整	参 数 调 整
维 修	不变更右栏列出的参数等内容，但需要通过更新或者调整以下部件（保持原型号、规格）才能完成的修理业务，应当认定为维修作业： 缓冲器、门锁、绳头组合、导靴、防火层门、玻璃门及玻璃轿壁、液压泵站、电动单向阀、手动下降阀、梯级或踏板、梯级链、滚轮（主轮、副轮）、扶手带	额定速度、额定载荷、驱动方式、调速方式、控制方式、提升高度、运行长度（对人行道）、倾斜角度、名义宽度、防爆等级、防爆介质、轿厢重量
日常维护保养	不变更右栏列出的参数等内容，需要通过调整以下部件（保持原型号、规格）才能完成的修理业务，应当认定为维修作业： 缓冲器、门锁、绳头组合、导靴、电动单向阀、手动下降阀、梯级或踏板、梯级链、滚轮（主轮、副轮）、扶手带	

第 2 章　曳引式电梯的介绍

常见的电力驱动方式升降电梯有强制式和曳引式两种。强制式电梯是指用链或钢丝绳悬吊的非摩擦方式驱动的电梯。强制驱动分为卷筒式和链轮式，靠钢丝绳或链条在卷筒或链轮卷入或卷出来驱动轿厢上、下运行，如图 2-1 所示，强制式电梯可设有平衡重。曳引式电梯是靠提升轿厢的绳索与电梯驱动主机驱动轮之间的摩擦力驱动的电梯，通常曳引式电梯的提升绳一端悬挂轿厢，另一端悬挂对重，依靠曳引轮的绳槽与绳之间的摩擦力来驱动轿厢上、下运行，如图 2-2 所示。

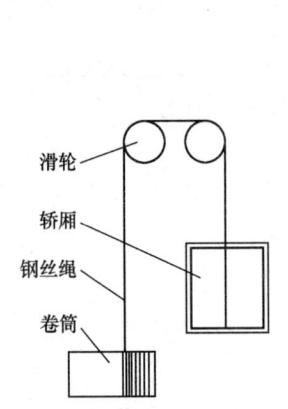

图 2-1　卷筒式结构（强制式驱动）

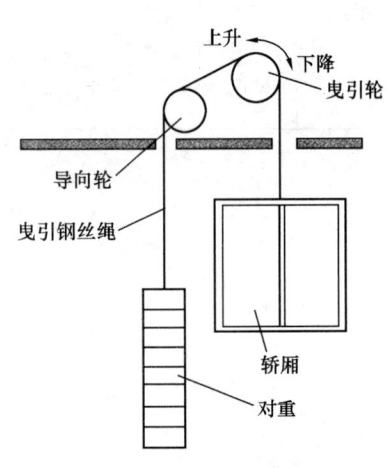

图 2-2　曳引式结构

2.1　曳引式电梯的优点

曳引式提升机构是世界上电梯行业广泛采用的提升形式。在曳引式提升机构中，钢丝绳悬挂在曳引轮上，其一端与轿厢连接，另一端与对重连接（平衡重）。曳引轮转动时，使曳引钢丝绳与曳引轮之间产生摩擦力，从而带动电梯轿厢上、下升降，由于悬挂轿厢和对重的曳引钢丝绳与曳引轮绳槽间有足够的摩擦力来克服任何位置上的轿厢侧和对重侧曳引钢丝绳上的拉力差，因此保证了轿厢和对重随着曳引轮的正转和反转，而不断地上升和下降。

曳引式驱动与卷扬式（或称强制式）驱动相比，曳引式驱动电梯的优点如表 2.1-1。

曳引式电梯的优点　　　　　　　　　　　　　表 2.1-1

优　点	说　明
允许提升高度大	钢丝绳不需要缠绕，钢丝绳长度不受限制，电梯的提升高度得到较大提高，解决了高层建筑的交通运输，为高层楼宇的建造提供基础
安全可靠	一方面，钢丝绳根数也不受限制，大大增加安全性，载重量也得到了较大的提高。另一方面，曳引式电梯是靠摩擦传动，当电梯失控轿厢将要冲顶时，对重就会被底坑中的缓冲器阻挡，钢丝绳与曳引轮绳槽之间就会打滑，从而避免了轿厢撞击楼板和断绳的重大事故

续表

优 点	说 明
结构紧凑	由于曳引式电梯的钢丝绳在3根以上,只要满足曳引轮与钢丝绳的直径比大于40,电梯的曳引机就可以做的很紧凑,电梯的电机就可以选择功率小、重量轻、体积小的电机。近年来,永磁同步技术的利用,电梯曳引机的结构更加紧凑
成本更低	在电梯额定速度一定的情况下,曳引轮直径越小,则需要曳引轮转速越高,与此同时也就要求驱动电动机转速越高。因此采用曳引式提升机构,电机可采用结构更紧凑、价格便宜的高转速电动机,大大降低了电梯的配套成本。永磁同步曳引机省去了减速箱,既获得了较好的调速性能又减少了成本

由于曳引式电梯有这些优点,一直沿用至今,并得到了很大的发展,相反,强制式驱动的电梯,由于存在很多缺点,目前很少使用。特别是部分使用单位仍然使用的简易电梯(电动葫芦驱动),无法达到标准的安全要求,存在严重的安全隐患,已经被强制拆除。

曳引摩擦力在设计、制造和验收时必须适宜,否则会发生安全事故,因为摩擦力过大,对重压缩缓冲器时,轿厢仍然被提起甚至会撞击楼板;摩擦力过小,会导致曳引绳与曳引轮之间打滑,轿厢不受控制,容易出现危险。

2.2 曳引式电梯结构及组成

曳引式电梯从所占用的空间来看,由机房、轿厢、井道、层站四部分空间组成,随着无机房电梯的出现,电梯的机房与井道已经混为一体。

电梯作为现代化交通工具,不仅仅是简单的机电结合体,而且是由机电合一的相关部件和组合件安装设置在机房、井道、底坑内,服务于规定楼层的固定式垂直升降运输设备。曳引式电梯是垂直交通运输工具中使用普遍的一种电梯。其基本结构如图2.2-1所示。

电梯是机、电、电子技术一体化的产品。其机械部分好比是人的躯体,电气部分相当于人的神经、微机控制部分相当人的大脑,各部分密切协同,使电梯能可靠地运行。电梯的结构组成部分,可分为机械装置

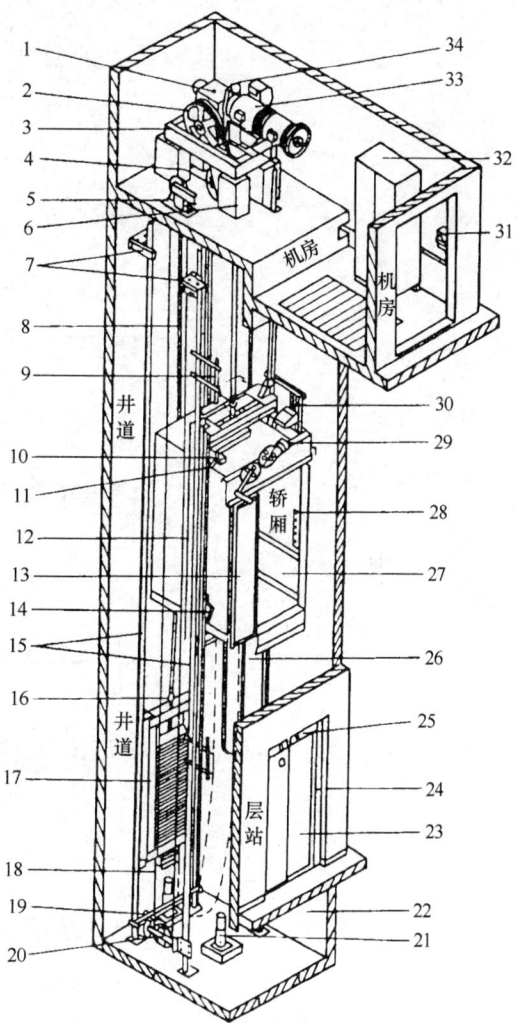

图2.2-1 电梯基本结构解剖图
1—减速箱;2—曳引轮;3—曳引机底座;4—导向轮;5—限速器;6—机座;7—导轨支架;8—曳引钢丝绳;9—开关磁铁;10—紧急终端开关;11—导靴;12—轿架;13—轿门;14—安全钳;15—导轨;16—绳头组合;17—对重;18—补偿链;19—补偿链导轮;20—张紧装置;21—缓冲器;22—底坑;23—层门;24—呼梯盒(箱);25—层楼指示灯;26—随行电缆;27—轿壁;28—轿内操纵箱;29—开门机;30—井道传感器;31—电源开关;32—控制柜;33—曳引电机;34—制动器(抱闸)

与电气控制系统两大部分。其中机械装置包括曳引系统、导向系统、门系统、轿厢系统、重量平衡系统等;电气部分包括电力拖动系统、电气控制系统和安全保护系统,电气控制系统主要包括控制柜、操纵箱等十多个部件和几十个分别装在各有关电梯部件上的电器元件。其各系统的功用如表2.2-1所示。

电梯的8大系统的组成见图2.2-2所示。

以上8个系统的部件安装在后续章节中详述,此章不再论述。

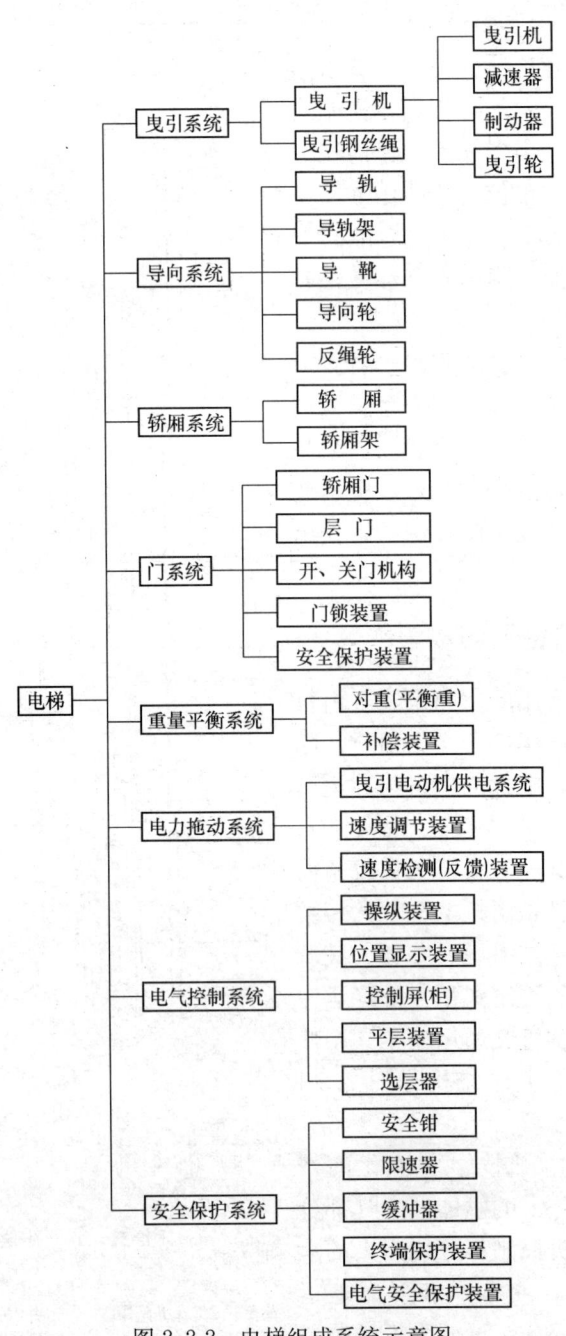

图 2.2-2 电梯组成系统示意图

电梯八个系统的功能及其构件与装置   表 2.2-1

序号	八个系统	功 能	组成的主要构件与装置
1	曳引系统	输出与传递动力,驱动电梯运行	曳引机、曳引钢丝绳、导向轮、反绳轮等
2	导向系统	限制轿厢和对重的活动自由度,使轿厢和对重沿着导轨作上、下运动	轿厢的导轨、对重的导轨及其导轨架
3	轿厢	用以运送乘客和(或)货物的组件	轿厢架和轿厢体
4	门系统	乘客或货物的进出口,运行时层、轿门必须封闭,到站时才能打开	轿厢门、层门、开门机、联动机构、门锁等
5	重量平衡系统	相对平衡轿厢重量以及补偿高层电梯中曳引绳长度的影响	对重和重量补偿装置等
6	电力拖动系统	提供动力,对电梯实行速度控制	曳引电动机、供电系统、速度反馈装置、电动机调速装置等
7	电气控制系统	对电梯的运行实行操纵和控制	操纵装置、位置量示装置、控制屏(柜)装置、选层器等
8	安全保护系统	保证电梯安全使用,防止一切危及人身安全的事故发生	限速器、安全钳、缓冲器和端站保护装置、超速保护装置、供电系统断相错相保护装置、超越上、下极限工作位置的保护装置、层门锁与轿门电气联锁装置等

2.3 曳引式电梯运行基本要求

曳引式电梯基本要求是:安全可靠、方便舒适。电梯的安全性和可靠性是个系统工程,由设计、制造、安装、维护各个环节和元器件的可靠性等来保证。舒适主要是人的主观感觉,故一般称为舒适感,主要与电梯的速度变化和振动有关。

1. 电梯的速度曲线

电梯运行中的速度变化可以用速度曲线表示,如图 2.3-1 所示。其中 t_1 为启动加速段,t_2 为匀速运行段,t_3 为减速制停段。t_1 和 t_3 越长,则加速度越小,一般讲舒适感就好些,同时电梯的运行效率就低些。但从实验得知与人的舒适感觉关系最大的,不是加(减)速度,而是加(减)速度的变化率,即"加加速度",也就是 t_1 和 t_3 两头的弧形部分的曲率。

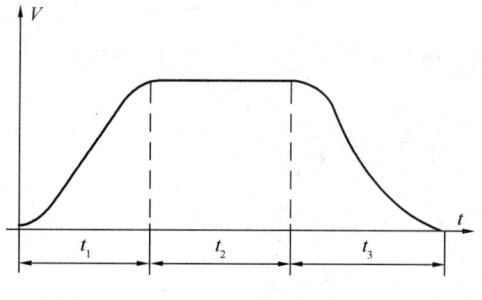

图 2.3-1 速度曲线图

如果将加速度变化率限制在 $1.3 m/s^3$ 以下,即使最大加速度达到 $2\sim2.5 m/s^2$,也不会使人感到过分的不适。

2. 电梯工作条件

电梯工作条件是一般电梯正常运行的环境条件。如果实际的工作环境与标准的工作条件不符,电梯不能正常运行,或故障率增加并缩短使用寿命。因此特殊环境使用的电梯在订货时就应提出特殊的使用条件,制造厂将依据提出的特殊使用条件进行设计制造。

国家标准 GB/T 10058—2009《电梯技术条件》对电梯正常使用规定如下:

(1) 安装地点的海拔高度不超过 1000m;

(2) 机房内的空气温度应保持在+5~+40℃之间;

(3) 运行地点的空气相对湿度在最高温度为+40℃时不超过50%,在较低温度下可有较高的相湿度,最湿月的月平均最低温度不超过+25℃,该月的月平均最大相对湿度不超过90%。若可能在电气设备上产生凝露,应采取相应措施;

(4) 供电电压相对于额定电压的波动应在±7%的范围内;

(5) 环境空气中不应含有腐蚀性和易燃性气体,污染等级不应大于 GB 1408.1—2006 规定的 3 级。

3. 整机性能指标

整机性能是所有投入运行的电梯均应达到的最基本的性能。根据国家标准 GB/T 10058—2009《电梯技术条件》要求,整机性能应达到如下的指标:

(1) 电梯速度:当电源为额定频率和额定电压时,载有50%额定载重量的轿厢向下运行至行程中段(除去加速和减速段)时的速度,不得大于额定速度的105%,且不得小于额定速度的92%。

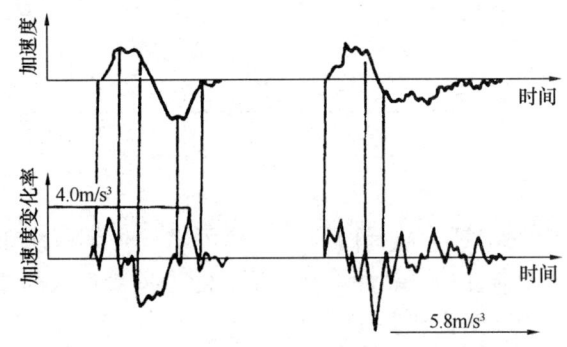

图 2.3-2 加速度与加速度变化率对应的曲线

(2) 乘客电梯的加速度:乘客电梯启动和制动的加、减速度最大值不应大于 1.5m/s^2。当乘客电梯额定速度(v)为 $1.0\text{m/s}<v\leqslant 2.0\text{m/s}$ 时,按 GB/T 24474—2009《电梯乘运质量测量》测量,A95 加、减速度不应小于 0.5m/s^2;当乘客电梯额定速度为 $2.0\text{m/s}<v\leqslant 6.0\text{m/}$时,A95 加、减速度不应小于 0.70m/s^2。加速度和加速度变化率曲线见图 2.3-2 所示。

乘客电梯轿厢运行在恒加速度区域内的垂直(Z轴)振动的最大峰峰值不应大于 0.3m/s^2,A95 峰峰值不应大于 0.2m/s^2。

乘客电梯轿厢运行期间水平(X轴和Y轴)振动的最大峰峰值不应大于 0.20m/s^2,A95 峰峰值不应大于 0.15m/s^2。

(3) 乘客电梯的开关门时间不应超过表 2.3-1 的规定。

乘客电梯的开关门时间 表 2.3-1

开门方式	开门宽度 B (mm)			
	$B\leqslant 800$	$800<B\leqslant 1000$	$1000<B\leqslant 1100$	$1100<B\leqslant 1300$
中分自动门	3.2s	4.0s	4.3s	4.9s
旁开自动门	3.7s	4.3s	4.9s	5.9s

(4) 电梯的各机构和电气设备在工作时不应有异常振动或撞击声响。乘客电梯的噪声

值应符合表 2.3-2 的规定。

曲引电梯的噪声值　　　　　　　　　　　表 2.3-2

额定速度 v（m/s）	$v \leqslant 2.5$	$2.5 < v \leqslant 6.0$
额定速度运行时机房内平均噪声值	$\leqslant 80$	$\leqslant 85$
运行中轿厢内最大噪声值	$\leqslant 55$	$\leqslant 60$
开关门过程最大噪声值	$\leqslant 65$	

注：无机房电梯的"机房内平均噪声值"是指距离曳引机 1m 处所测得的平均噪声值。

(5) 电梯的平层准确度：宜在 ±10mm 范围内。平层保持精度宜在 ±20mm 范围内。

(6) 平衡系数：曳引式电梯应在 0.4~0.5 范围内。

(7) 电梯应具备下列正常工作的安全设施或保护功能：

1) 供电系统断相、错相保护装置或保护功能。电梯运行与相序无关时，可不设置错相保护装置。

2) 限速器-安全钳系统联动超速保护装置，监测限速器或安全钳动作的电气安全装置以及监测限速器绳断裂或松弛的电气安全装置。

3) 终端缓冲装置（对于耗能型缓冲器还包括检查复位的电气安全装置）。

4) 超越上下极限工作位置时的保护装置。

5) 层门门锁装置及电气联锁装置：

A. 电梯正常运行时，应不能打开层门；如果一个层门开着，电梯应不能启动或继续运行（在开锁区域的平层和再平层除外）；

B. 验证层门锁紧的电气安全装置；证实层门关闭状态的电气安全装置；紧急开锁与层门的自动关闭装置。

6) 动力操纵的自动门在关闭过程中，当人员通过入口被撞击或即将被撞击时，应有一个自动使门重新开启的保护装置。

7) 轿厢上行超速保护装置。

8) 紧急操作装置。

9) 滑轮间、轿顶、底坑、检修控制装置、驱动主机和无机房电梯设置在井道外的紧急和测试操作装置上应设置双稳态的红色停止装置。如果驱动主机 1m 以内或距无机房电梯设置在井道外的紧急和测试操作装置 1m 以内设有主开关或其他停止装置，则可不在驱动主机或紧急和测试操作装置上设置停止装置。

10) 不应设置两个以上的检修控制装置。

若设置两个检修控制装置，则它们之间的互锁系统应保证：

A. 如果仅其中一个检修控制装置被置于"检修"位置，通过按压该检修控制装置上的按钮能使电梯运行；

B. 如果两个检修控制装置均被置于"检修"位置：

(A) 在两者中任一个检修控制装置上操作均不能使电梯运行；或

(B) 同时按压两个检修控制装置上相同功能的按钮才能使电梯运行。

11) 轿厢内以及在井道中工作的人员存在被困危险处应设置紧急报警装置。当电梯行程大于 30m 或轿厢内与紧急操作地点之间不能直接对话时，轿厢内与紧急操作地点之间也应设置紧急报警装置。

12）对于 EN 81-1：1998/A2：2004 6.4.3 工作区域在轿顶上（或轿厢内）或 EN 81-1：1998/A2：2004 6.4.4 工作区域在底坑内或 EN 81-1：1998/A2：2004 6.4.5 工作区域在平台上的无机房电梯，在维修或检查时，如果由于维护（或检查）可能导致轿厢的失控和意外移动或该工作需要移动轿厢可能对人员产生人身伤害的危险时，则应有分别符合 EN 81-1：1998/A2：2004 6.4.3.1、6.4.4.1 和 6.4.5.2b 的机械装置；如果该操作不需要移动轿厢，EN 81-1：1998/A2：2004 6.4.5 工作区域在平台上的无机房电梯应设置一个符合 EN 81-1：1998/A2：2004 6.4.5.2a 规定的机械装置，防止轿厢任何危险的移动。

13）停电时，应有慢速移动轿厢的措施。

14）若采用减行程缓冲器，则应符合 GB 7588—2003 12.8 的要求。

第3章 曳引式电梯安装前准备工作

3.1 施工方案的编制

电梯是一种比较复杂的机电一体化设备，其部件具有零碎、分散，与安装电梯的建筑物紧密相关等特点。电梯的安装工作实质上是电梯的总装配，必须将其机械部分、电气部分等众多部件按工艺要求组装成一个完整的整体，而且这种总装配工作大多在远离制造厂的使用现场进行，这就使电梯安装工作比一般用电设备的安装工作更重要、更复杂，同时安装现场存在着与土建等单位交叉作业的危险，编制详尽的施工方案，进行计划性的现场施工也显得非常的必要。施工方案要规范电梯现场安装的全过程，指导工地现场的作业，最大限度地降低施工中可能发生的安全事故，使安装人员保质保量、按要求完成电梯的安装工程。

鉴于目前电梯施工方案内容形式各异，编制质量参差不齐，为规范施工方案的编制形式和内容，保证施工质量、保障施工安全、确保施工进度、控制施工成本、指导施工工艺具体实施，本节就对如何编制电梯安装施工方案，作以介绍。

3.1.1 施工方案的编制要求

电梯的施工方案作为组织现场施工的指导性文件，是电梯安装作业的策划书，为保证其具有较高的技术水准，在编制时，要遵守以下要求：

1. 编制原则

（1）应符合国家有关法律法规、标准、规范以及技术经济政策的要求。

（2）内容应涵盖施工全过程，并应体现科学性、先进性、针对性和可操作性。

（3）方案应体现安全可靠、保证质量、易于操作、便于施工、确保进度、降低成本。

（4）积极应用新材料、新技术和新工艺。

2. 文件格式要求

（1）施工方案应装订成册，封面上需标明工程名称、工程地点、施工单位、编制单位、编写人、审核人、批准人和编制、审核、批准的日期。配套工艺文件、标准规范等应分册装订。

（2）施工方案需详细编制一个总目录，列出施工方案及配套文件的名称。

3. 编制程序

（1）施工方案应由具有2年以上电梯施工经验的专业技术人员编制，编制人员应具有助理工程师或以上职称。

（2）施工方案应由具有3年以上电梯施工经验的专业技术人员审核，审核人员应具有工程师或以上职称。

（3）施工方案须经电梯施工单位技术负责人批准后方可实施。

（4）施工过程中如发现方案需要进行修改，须重新经过审核与批准。

对于施工方案提出了编制、审核和批准的人员在技术职称和从业时间上管理要求，为了充分保证施工方案的质量。

3.1.2 施工方案的内容要素

对于电梯的施工方案，要有针对性，能够方便的指导项目的实际施工进度，在编制时要满足以下的要素：

1. 编制依据

（1）施工方案应列明施工所依据的有关文件。包括：

1）含有技术条件要求的招标文件或销售、安装、改造、大修合同；

2）与电梯相关的建筑施工图纸及其编号、批准日期。施工图纸包括建筑物电梯布置图、电梯井道图、标明电梯层站标高的图纸等。

（2）施工方案应列明施工所涉及的标准、安全技术规范的名称及其编号。

（3）施工方案应列明施工所涉及的工艺文件的名称、编号、制定单位和实施日期。工艺文件一般包括：

1）安装工艺手册；

2）调试手册；

3）维修保养手册；

4）机房布置图、井道布置图；

5）部件安装图；

6）电气图；

7）液压系统原理图（如有）；

8）设备仪器作业指导书；

9）安全手册；

10）检验手册；

11）其他。

（4）施工方案应列明施工单位的资质等级、相关业绩以及具有代表性的工程案例。

2. 工程概况

施工方案应对下列情况进行说明：

（1）工程基本情况。包括工程名称、工程地点、电梯购买单位或使用单位、施工合同编号、电梯数量、内部编号及改造大修的电梯注册编号、计划开工日期和完工日期。

（2）电梯基本参数。包括类型、型号、速度、层站数、额定载重量、提升高度、倾角、梯级宽度、主机和控制柜布置方式及改造前后的参数变化等。

（3）井道和机房形式与尺寸。

（4）工程特殊情况。

3. 施工规划

（1）组织架构

施工方案应明确工程管理架构，列明项目安全管理责任人和相关人员名单。可采用框图形式表示。

（2）工程目标

施工方案应明确下列目标，并应量化：

1)质量目标;

2)工期目标。包括总体目标和分段目标,目标应具体分解到每台电梯;

3)文明施工目标。包括奖惩指标;

4)安全目标。包括人员伤亡事故、火灾事故、卫生事故、机电设备事故等指标。

(3)施工协调管理

施工方案中应列明与相关的建设单位、监理单位、土建施工单位、使用管理单位的联系方式和沟通方法。

4.施工准备

(1)工作流程

施工方案应明确施工准备的工作流程。可采用流程图表示。

(2)工作内容

施工方案应列明安装工程、改造和大修工程前期准备的工作内容。

1)安装工程:

(a)机房和井道建筑工程勘查验收;

(b)现场施工人员安置;

(c)脚手架按相关规范搭设和验收;

(d)施工用电架设;

(e)电梯设备到达工地及保管情况;

(f)土建总体进度及施工管理情况;

(g)现场总包单位施工安全管理要求;

(h)确认具备向政府部门办理电梯施工告知的必要材料。

2)改造和大修工程:

(a)确认具备向政府部门办理电梯施工告知的必要材料;

(b)使用单位对现场施工时间的特殊要求;

(c)施工对周围环境、设施影响的评估及采取的措施。

(3)技术准备

1)施工方案应包括下列技术准备:

(a)了解国家有关法规和标准的要求;了解相关单位需履行的法律义务,包括购买合格的产品、具有合法的施工资质及施工告知手续的办理等;

(b)熟悉图纸,按电梯的形式、规格准备相应标准、工艺文件、自检规程等;

(c)办理施工人员用工手续,备齐相应有效的特种设备作业人员证;

(d)备齐施工所需计量、测量器具;

(e)制定质量保证措施。包括材料进场管理措施、工程质量管理控制措施、施工操作管理措施、施工技术资料管理措施等;

(f)制定安全保证措施。包括组织管理措施、临时用电管理措施、井道门洞防坠落安全措施、现场消防管理措施、施工机具管理措施等;

(g)制定文明施工措施。包括环境保护措施、生活卫生管理措施、施工现场卫生管理措施等。

2)施工方案应规定施工单位在施工人员进场前对包括吊装人员在内的所有施工人员

进行技术交底,并记录存档。技术交底的主要内容包括:
（a）工程概况;
（b）工程目标;
（c）施工技术、材料、机具、人员及作业条件准备;
（d）执行工艺;
（e）检验标准;
（f）成品保护;
（g）安全措施;
（h）文明施工措施;
（i）本工程具有的特殊工艺或其他施工要求。
3）如果采用井道无脚手架施工代替传统的井道搭设脚手架施工的工艺,施工方案还应有对参与井道内施工的所有人员进行无脚手架施工工艺技术交底的要求。
（4）施工进度计划
1）施工方案应明确工程施工进度计划。
2）施工进度计划的编制应考虑周到,能反映从施工准备开始,直到工程移交给用户为止的全部施工过程的施工顺序、施工持续时间、工序相互衔接和穿插的情况,包括工程中每一台电梯的施工时间、进度、完工日期及各电梯工程小组之间的衔接、穿插、平行搭接等关系。
3）施工进度计划应明确施工所需辅助材料名称、数量及其进场时间。
4）应明确施工主要机具名称、数量及使用时间。可用计划表表示。
5）施工进度计划应明确工程各工种配置情况、数量及其进场时间。可用表格表示。
6）施工进度计划应能反映出电梯工程与土建工程进程的配合关系。
7）施工进度计划应明确保证施工进度计划实施的技术、劳动力、材料、机具及管理等各项措施。
5. 施工方法
（1）施工方案应明确电梯安装、改造或大修工程的施工工序,可用流程图表示。
（2）工程项目如果存在不同制造厂家生产的不同品牌电梯,或同一制造厂家生产的不同类型的电梯,施工方案应对不同电梯采用的不同施工方法有详细的叙述。
（3）施工方法应涵盖下述内容：
1）安装施工：
（a）设备吊装;
（b）设备安装;
（c）调试;
（d）检验。
2）改造或大修施工方法需涵盖电梯从停止使用到验收检验合格的全过程。
（4）施工方法的表述可采用下列形式之一：
1）安装、大修应按电梯制造厂家现行的安装、维修工艺文件执行;
2）改造应按施工单位现行的改造工艺文件执行;
3）按照施工工序,对施工过程中所有设备的安装、改造或大修方法进行表述;

4) 工艺文件应说明名称、编制单位、编制日期、批准人及实施日期。

(5) 对于不能按照电梯制造厂家安装工艺执行的特殊工序,应制定专项施工措施。如大型主机的吊装措施等。

(6) 施工方案应该明确电梯安装、改造或大修各个阶段所需具备的作业条件。

6. 质量检验

(1) 施工方案应明确质量检验应该涵盖施工过程中的各个环节。

1) 电梯安装工程:

(a) 井道土建工程验收;

(b) 脚手架验收;

(c) 安装过程检验;

(d) 关键工序检验;

(e) 完工自检;

(f) 调试;

(g) 交接验收;

(h) 政府监督检验。

2) 改造或大修工程:

(a) 脚手架验收;(需要搭设井道脚手架的);

(b) 更换或者增加部件的安全性能、功能的检验;

(c) 调试前自检;

(d) 调试;

(e) 交接验收;

(f) 政府监督检验。

(2) 施工方案应明确工程执行的检验要求、架构以及组织形式。

(3) 施工方案应明确工程中各项检验执行的检验标准、方法以及实施检验的单位、部门。

(4) 工程项目如果有不同制造厂家生产的不同品牌电梯,或同一制造厂家生产的不同类型的电梯,施工方案均需对不同电梯采用的不同检验方法有详细的叙述。

7. 安全管理

(1) 施工方案应明确工程的安全管理组织架构、管理职责及该工程的安全管理直接责任人和安全检查人。

(2) 施工方案应明确采用的各种安全措施,消除人的不安全行为、设备的不安全状态和环境的不安全因素。

(3) 施工方案应明确施工人员应遵守的各项规章制度。

(4) 施工方案应明确从事施工活动时应遵守的安全操作规程。

3.2 曳引式电梯安装前准备工作

电梯的安装准备工作是按照施工方案进行施工组织的前奏,必须认真完成。它不仅涉及与电梯的订货单位及土建单位的及时沟通,要解决土建的遗留问题,也涉及设备的施工告知手续和设备的清点验收,施工人员的安全技术交底,主要部件的保管,脚手架的搭设与验收。

3.2.1 土建勘查与交接验收

在安装工程开始之前，安装单位要到安装现场对安装具备的条件进行实地勘查，从而减少安装队伍进场的误工。

工地勘查的内容包括：电梯的井道是否按照设计图纸施工，电梯井道内的建筑脚手架是否已经拆除，机房和底坑的建筑垃圾是否已经清理干净，机房的电源是否已经到位，电梯厅门口的安全防护是否完备等。这些内容都要以书面的形式告知电梯的买方，同时要联系好设备到场的安全堆放场地，安装人员进场安装后的人员住宿和仓库用地。

具体的详细勘查步骤，依据双方签订合同时的确认土建图，进行如下主要工作：

1. 复核测量

井道内的净平面尺寸（宽和深）、井道留孔、井道垂直度、预埋件位置、底坑深度、顶层高度、层站数、提升高度、牛腿、吊钩位置和机房尺寸等是否与图纸相符，并将测量结果按层数列表做好记录。当基础尺寸与图纸不符时，应书面通知建设单位和土建单位，并及时要求建设单位和土建单位尽快按图纸要求进行修改，同时将井道勘查记录表反馈给安装单位的管理部门，及时协调解决。

国标规定的电梯井道水平尺寸是铅垂测定的最小净空尺寸，允许偏差为：

1) 对高度≤30m 的井道为 0～+25mm；
2) 对 30m＜高度≤60m 的井道为 0～+35mm；
3) 对 60m＜高度＜90m 的井道为 0～+50mm；
4) 检查机房留孔位置，井道预埋件位置是否正确无误；
5) 检查井道杂物、积水是否清理完毕，井道及楼板的合子板是否拆净，机房顶板及门窗是否施工完毕。

2. 安装条件复核

(1) 机房的土建要求见表 3.2-1。

机房土建要求　　　　表 3.2-1

机房的结构要求	(1) 机房应是专用房间，有实体的墙、顶和向外开启的有锁的门； (2) 机房内不得设置与电梯无关的设备或作电梯以外的其他用途、不得安设热水或蒸汽采暖设备； (3) 火灾探测器和灭火器应具有高的动作温度和能防意外碰撞； (4) 机房应用经久耐用、不易产生灰尘和非易燃材料建造，地面应用防滑材料或进行防滑处理； (5) 机房顶和窗要保证不渗漏、不飘雨
机房的尺寸要求	(1) 通向机房的通道和机房门的高度不应小于 1.8m，机房内供活动和工作地点的净高度不应小于 1.8m； (2) 主机旋转部件的上方应有不小于 0.3m 的垂直净空距离； (3) 机房的面积满足图纸的要求
机房的防护要求	(1) 机房地面高度不一，在高度差大于 0.5m 时，应设置楼梯或台阶并设护栏； (2) 通道进入机房有高度差时也应设楼梯，若不是固定的楼梯，则梯子应不易滑动或翻转，与水平面夹角一般不大于 70°，在顶端应设置拉手； (3) 地板上必要的开孔要尽可能小，而且周围应有高度不小于 50mm 的圈框； (4) 若地板上设有检修用活板门，则门不得向下开启，关闭后任何位置上均应能承受 2000N 的垂直力而无永久变形； (5) 承重梁和吊钩有明显的最大允许载荷标识

续表

机房的通风与照明	(1) 机房内应通风,以防灰尘、潮汽对设备的损害。从建筑其他部分抽出的空气不得排入机房内。机房的环境温度应保持在5°～40°之间,否则应采取降温或取暖措施; (2) 机房应有固定的电气照明,在地板上的照度应不小于200lx,在机房内靠近入口(或设有多个入口)的适当高度设有一个开关,以便于进入机房时能控制机房照明,且在机房内应设置一个或多个电源检修插座,这些插座应是2P+PE型250V
电梯电源的要求	(1) 每台电梯应有独立的能切断主电源的开关,其开关容量应能切断电梯正常使用情况下的最大电流,一般不小于主电动机额定电流的2倍; (2) 主电源开关安装位置应靠近机房入口处,并能方便、迅速地接近,安装高度宜为1.3～1.5m处; (3) 电源开关与线路熔断丝应相匹配,不应盲目用铜丝替代; (4) 电梯动力电源线和控制线路应分别敷设,微信号及电子线路应按产品要求隔离敷设; (5) 机房内每台电梯应备有一个能切断该梯的主电源开关,但是,下列电路应另设开关:轿厢照明和通风;轿顶、底坑电源插座;电梯救援对讲;机房和井道照明;报警器; (6) 如果机房内安装多台电梯时,各台电梯的主电源开关对该台电梯的控制装置及主电动机应有相应的识别标志,且应检查单相三眼检修插座是否有接地线,接地线应接在上方,左零右相接线是否正确; (7) 电源零线和地线始终分开,应用三相五线制电源; (8) 对无机房电梯的主电源除按上述条款外,该主电源设置在井道外面并能使工作人员较为方便地接近的地方,且还应有安全防护措施,要有必要的安全防护

(2) 井道土建要求见表3.2-2。

井道土建要求   表3.2-2

井道及底坑要求	(1) 每一台电梯的井道均应由无孔的墙、底板和填眼;已全封闭起来,只允许有下述开口: 1) 层门开口; 2) 通往井道的检修门、安全门及检修活板门的开口; 3) 火灾情况下,排除气体和烟雾的排气孔; 4) 通风孔; 5) 井道与机房之间的永久出风口。 (2) 井道的墙、底面和顶板应具有足够的机械强度,应用坚固、非易燃材料制造。而这些材料本身不应助长灰尘产生; (3) 当相邻两扇层门地坎间距大于11m时,其中间必须要设置安全门,安全门的高度不得小于1.8m,宽度不得小于0.35m,检修门的高度不得小于1.4m,宽度不得小于0.6m。但它们均不得朝里开启。检修门、安全门、活板门均应是无孔的,并具有与层门一样的机械强度,且必须装有电气安全开关,只有在处于检修关闭的情况下电梯才能启动。门与活板门均应装有用钥匙操纵的锁,当门与活板门开启后不用钥匙亦能将其关闭和锁住时,检修门和安全门即使在锁住的情况下,也应能不用钥匙从井道内部将门打开; (4) 井道应为电梯专用,井道不得装有与电梯无关的设备、电缆等(井道内允许装置取暖设备,但不能用热水或蒸汽作为热源。取暖设备的控制与调节装置应设置在井道外面); (5) 采用膨胀螺栓安装电梯导轨支架应满足下列要求: 1) 混凝土墙应坚固结实,其耐压强度应不低于24MPa; 2) 混凝土墙壁的厚度应在120mm以上; (6) 电梯井道最好不设置在人们能到达的上面。如果轿厢或对重之下确有人能到达的空间存在,底坑的底面应至少按5000Pa载荷设计,并且将对重缓冲器安装在一直延伸到坚固地面上的实心桩墩上或对重侧应装有安全钳装置; (7) 每一个层楼的土建应标有一个最终地平面的标高基准线,以便于安装层门地坎时识别; (8) 底坑底部与四周不得渗水与漏水,且底部应光滑平整

(3) 层站的要求见表 3.2-3。

层站的要求 表 3.2-3

层站的要求	(1) 电梯安装之前，所有层门预留孔必须设有高度不小于 1.2m 的安全保护围封，并应保证有足够的强度； (2) 外呼和层站显示器的开孔宽度和高度符合图纸要求； (3) 门框的开孔位置、尺寸（开孔宽度和高度）符合图纸要求； (4) 牛腿尺寸：如果是混凝土牛腿，要求所有牛腿间的垂直偏差不超过 2～3mm

3.2.2 设备的进场验收与开箱清点

在经过工地勘测和跟进后，对于不具备电梯的安装条件的，可以同订货单位确认延迟发货，如货到现场仍不具备电梯的安装条件的，只进行电梯设备进场的进场验收，电梯安装单位应会同合同订货单位及监理单位（如有的话）清点电梯的发运清单所列项目。

对于具备电梯的安装条件的，可以开箱检查。安装前，电梯安装单位应会同合同订货单位及监理单位（如有的话），按照装箱单逐项清点所有部件、材料和随机文件，查看是否有缺件、缺陷和损坏，及时提出并填写《电梯开箱检查记录表》，经参与验收单位签字盖章确认，作为增、换安装所需的依据。

全面、准确地设备进场验收便于及时发现问题、解决问题，为即将展开的电梯安装工程奠定良好的基础，同时设备进场验收也是核对合同技术参数和在电梯安装过程中发生纠纷时判定责任的主要依据。

1. 开箱清点设备及文件

寻查放置随机技术文件的电梯包装箱，并开箱索取电梯的随机技术文件，电梯的设备和器材文件是保证电梯安装、调试、运行所必需的基本资料，包括电梯随机技术文件，见表 3.2-4。

电梯随机技术文件 表 3.2-4

序号	名称	份数	备注
1	装箱单	1	
2	电梯土建布置图	2	
3	产品合格证明书	1	
4	电气原理图	2	
5	使用维护说明书	1	
6	型式试验报告	1	
7	安装说明书	1	

2. 设备零部件应与装箱单内容相符

电梯设备进场时应依据装箱单进行设备零部件的清点、核对，以便及时地发现、纠正错发、漏发等情况。按装箱单清点机件规格、型号、数量，并做好记录，（清点时应有厂家、安装单位、使用单位三方在场）发现不符处，及时反映，及早处理。"内容相符"含义为：零部件与装箱单指明的名称（或型号）、数量、位置相符。

3. 设备外观不应存在明显的损坏

电梯设备进场时应对包装箱及设备进行观感检查,目的有两个:其一要求进入现场的设备应具有良好的观感质量;其二便于及早地发现问题,解决问题。所谓明显损坏是指因人为或意外而造成的明显的凹凸、断裂、永久变形、表面涂层脱落或锈蚀等缺陷。

3.2.3 零部件的摆放

电梯配件开箱清点后,要做好防潮和防盗工作,注意零部件的保管和合理储存,合理的摆放对于保护半成品和减少重复搬运,加快施工是有益的。

1. 开箱后所有的零部件要妥善保管,小件入库,大件如导轨、对重架、对重块等可堆放在底层电梯厅门口附近,搬运时小心轻放,注意堆放整齐和产品保护;
2. 轿壁、门板等注意表面保护膜,避免划伤表面;
3. 曳引机、控制柜、限速器装置运至机房,这样避免二次搬运部件;
4. 堆放时注意材料散放,避免楼板承重过大和材料相互之间的挤压;
5. 将废弃的包装物放置到指定场所,注意保护现场环境卫生。

3.2.4 电梯安装开工告知

电梯安装以前,电梯的安全施工单位要带齐下列文件到直辖市或设区的市的特种设备安全监督管理部门办理开工告知手续:

1. 电梯制造单位提供的出厂随机文件

(1) 制造许可证明文件,其范围能够覆盖所提供电梯的规格型号(试生产样机除外);

(2) 电梯整机形式试验合格证书或者报告书,其内容能够覆盖所提供的电梯(试生产样机除外);

(3) 产品质量证明文件,注有制造许可证明文件编号、该电梯的产品出厂编号、主要技术参数,以及门锁装置、限速器、安全钳、缓冲器、含有电子元件的安全电路(如果有)、轿厢上行超速保护装置、驱动主机、控制柜等安全保护装置和主要部件的型号和编号等内容,并且有电梯整机制造单位的公章或者检验合格章以及出厂日期;

(4) 门锁装置、限速器、安全钳、缓冲器、含有电子元件的安全电路(如果有)、轿厢上行超速保护装置、驱动主机、控制柜等安全保护装置和主要部件的形式试验合格证,以及限速器和渐进式安全钳的调试证书;

(5) 机房或者机器设备间及井道布置图,其顶层高度、底坑深度、楼层间距、井道内防护、安全距离、井道下方人可以进入的空间等满足安全要求;

(6) 电气原理图,包括动力电路和连接电气安全装置的电路;

(7) 安装使用维护说明书,包括安装、使用、日常维护保养和应急救援等方面操作说明的内容。

注:上述文件如为复印件则必须经电梯整机制造单位加盖公章或者检验合格章;对于进口电梯,则应当加盖国内代理商的公章。

2. 安装单位提供的安装资料

(1) 安装许可证和安装告知书,许可证范围能够覆盖所施工电梯的规格型号;

(2) 施工方案,审批手续齐全;

（3）施工现场作业人员持有的特种设备作业人员证；

在办理了开工告知手续后，电梯的安装工作才能展开。

3.2.5 施工人员的配备

1. 施工队伍的组建

按照施工方案和开工告知申报的人员，组成安装班组，一般由3人组成，具体人员的多少决定于所安装电梯的工作量的大小（如层站、台数、工期等），每组需有熟练的懂得一定起重安全知识的机械安装钳工、焊工和电工负责安装和调试。根据安装的进度尚需木、泥、起重、架子、土建等工种给予配合。

2. 施工前人员的安全动员和培训工作

在安装工作开始前，安装队长应根据安装单位编制的施工规范，对所有安装人员进行安全培训，并在工序进行前进行安全和技术交底，并做好记录。

3.2.6 脚手架的搭设

电梯安装用脚手架的搭设必须由电梯的安装单位委托给有搭设脚手架资质的单位，按照《建筑安装工程脚手架安全技术操作规程》和电梯安装单位提出的具体要求，制定搭设方案，报安全管理部门和有关技术部门审批后，由被委托的脚手架施工单位组织施工。常见的脚手架搭设示意图如图3.2-1所示。

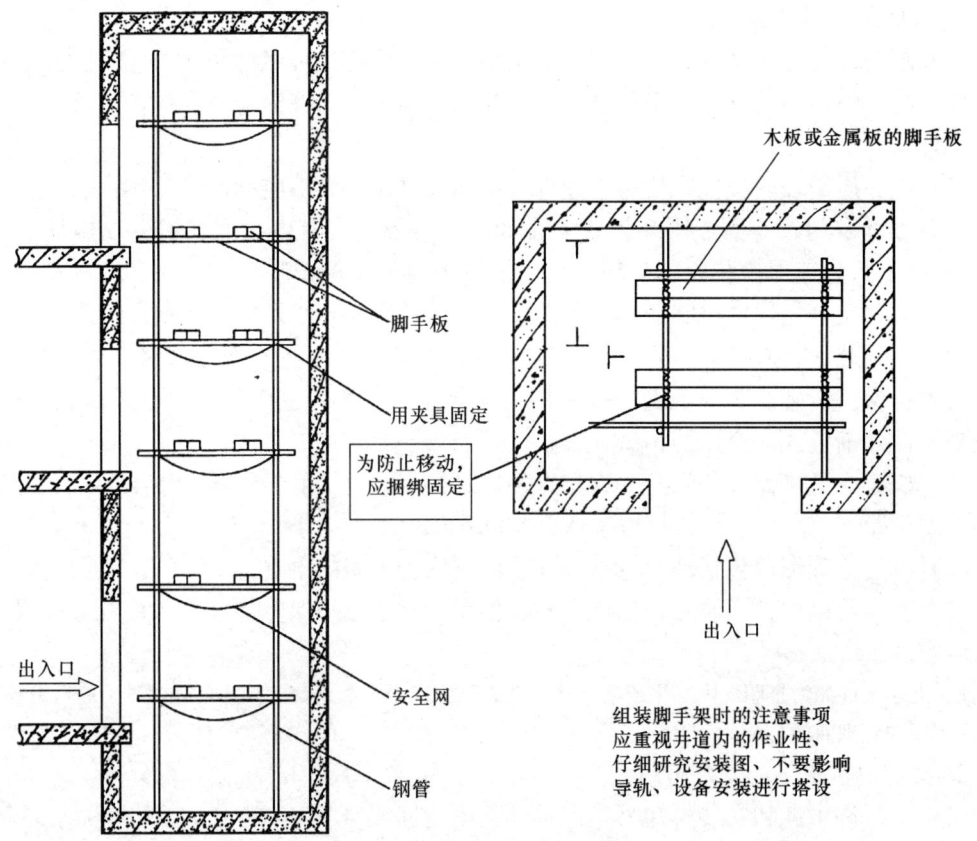

图3.2-1 脚手架搭建示意图

3.2.6.1 脚手架组成和布置方式

脚手架搭设结构上分别由立竿、横杆、支撑杆、攀登杆、隔离层组成。施工时必须由有资质的专业人员由下往上逐层搭设。

脚手架的传统用材有杉木、楠竹和钢管3种，近年来许多省市已经明令要求只能使用钢管，杉木和楠竹退出了脚手架的用材。

根据对重的分布位置，脚手架的搭设分为对重在轿厢后面和对重在轿厢侧面两种形式，传统的有机房客梯多采用对重在轿厢后面的形式，如图3.2-2（a）和图3.2-3所示，对重在轿厢侧面多为有机房的旁开门电梯如图3.2-2（b）所示和近几年兴起的无机房电梯如图3.2-4所示。

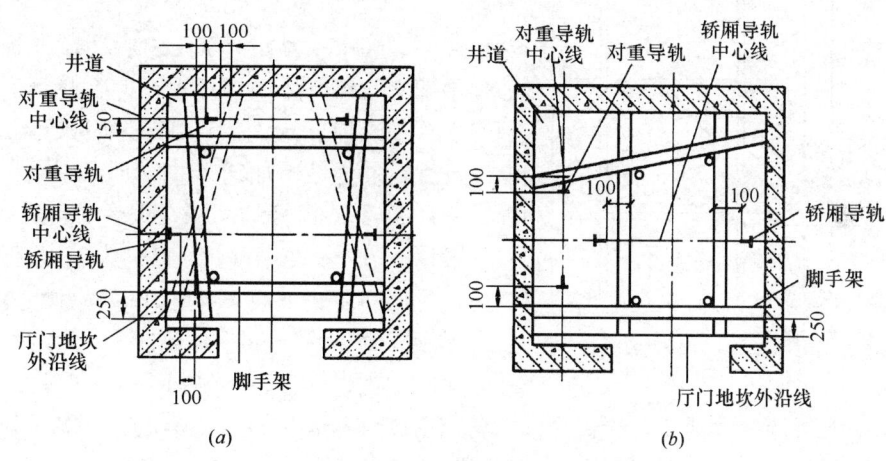

图 3.2-2 井字形脚手架搭建图
（a）对重在轿厢后面；（b）对重在轿厢侧面

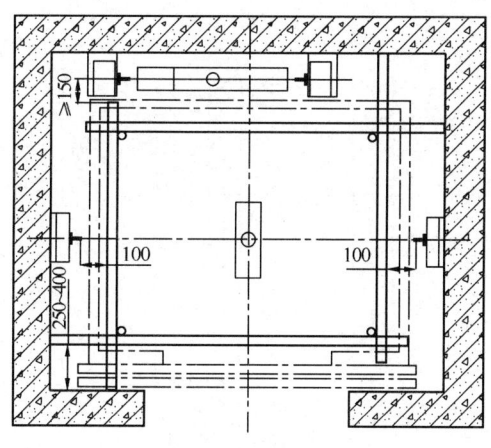

图 3.2-3 2∶1 有机房单井字形脚手架搭建平面图

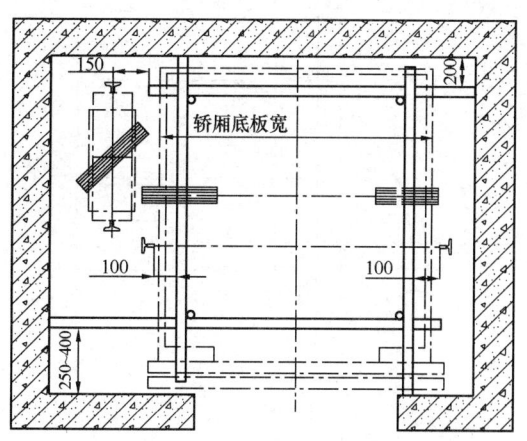

图 3.2-4 左置无机房单井字形脚手架搭建平面图

3.2.6.2 脚手架搭设的安全技术要求：

1. 搭设前必须根据井道放线图及安装图，参照各种部件在井道内的安装位置和施工时的操作距离,例如主副导轨安装位置以及限速器钢丝绳、厅门、电线管槽等的安装位置和距离,进行全盘考虑,确定脚手架的平面布置。

2. 脚手架应安全稳固,钢脚手架应用扣件将钢管固定牢靠。其承载能力不应小于 $2500N/m^2$。安装载重量在 3000kg 以下时,单井道脚手架可采用单井字形式,如安装载重量大于 3000kg 或井道的截面尺寸较大时,采用单井字式脚手架不够牢固时,可增加图 3.2-2 (a) 中所示的虚线部分,成为双井式脚手架。对于组合式电梯的脚手架也可采用双井字形组合式。

3. 脚手架立管最高点位于井道顶部下面 1500～1700mm 为宜,以便以后稳定样板。顶层脚手架立管最好用四根短管,拆除此管后,余下的立管顶点应在最高层牛腿下面 500mm 处,以便日后轿厢组装。如图 3.2-5 所示。

4. 脚手架横杆的间隔一般在 1800mm 以下。一般以 1200～1400mm 为宜。为了便于安装作业,每层门牛腿下面 200～400 处应设一挡横杆,为了攀爬的需要,在脚手架的任一侧的两挡横杆之间应加装一横杆。参见图 3.2-6 所示。

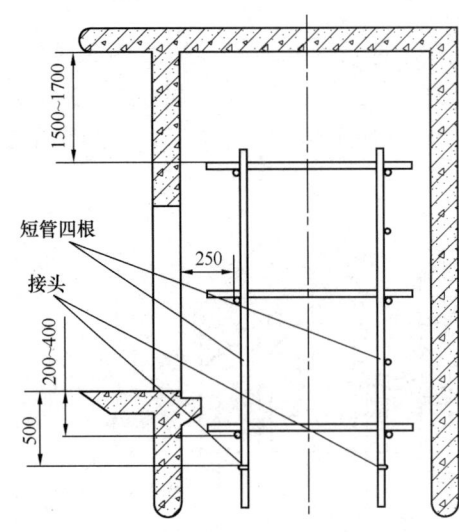

图 3.2-5 顶层井字形脚手架搭建图

5. 脚手架每挡最少铺 2/3 的脚手板,各层交错铺板,以减少坠落危险,脚手板两端探出排管 150～220mm,并与排管用 8 号镀锌钢丝绑牢,脚手板的厚度应在 50mm 以上,严禁使用变质、强度不够的材料作为脚手板。如图 3.2-7 所示。

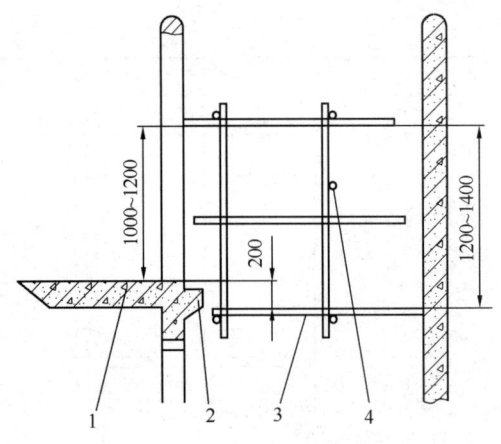

图 3.2-6 厅门口脚手架搭建图
1—楼面地板;2—厅门牛腿;3—脚手架横梁;4—攀登用横梁

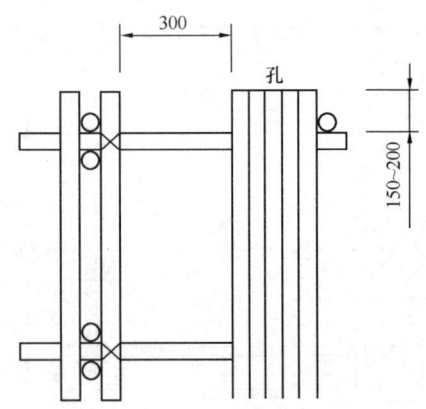

图 3.2-7 脚手板的设置图

6. 当采用竹制脚手架并在井道内使用电焊时,其附近蔑子捆扎连接处应用 $\phi 1.2mm$ 镀锌钢丝捆扎结实,焊接中与焊接完毕后应特别注意检查在井道内各处有无起火隐患,还应设有临时的灭火措施。(现在多数地区已经强制要求用钢管搭设了)。

7. 钢管脚手架应可靠的接地,接地电阻应小于 4Ω。

8. 脚手架搭设完毕,须经安装人员全面仔细的检查验收,并将验收结果记入脚手架验收记录表,如表 3.2-5 中,作为脚手架交接的凭据。脚手架只有经安装人员全面仔细的检查并出具合格证明后方可使用。

9. 由于安装电梯的需要,部分拆除的脚手架部位,应该及时对存在部位进行加固。

脚手架验收记录表　　　　　　　　表 3.2-5

项目名称			
安装地址			
电梯型号		数　量	
脚手架施工单位		施工日期	
序号	验 收 内 容	结　果	整改结果
1	脚手架用料是否符合工艺要求		
2	脚手架尺寸是否影响样板放线		
3	支撑杆横杆攀登杆是否牢固		
4	安全平台需每三层设置一个		
5	安全平台是否牢固		
6	钢丝等绑扎是否符合要求		
7	扎紧部位是否扎牢		
8	厅门口护栏是否牢固,符合要求		
验收单位	验收人	日期　年　月　日	

3.3 样板制作和放线

电梯是大型的机电一体化产品,机械是整个电梯的脊梁,承担着所有的重量,机械部件的安装,占到了电梯安装工期的 2/3 以上。由于所有机械部件之间有严格的相对位置要求,在安装前必须制作样板,作为电梯安装的基准,并从样板架上根据电梯设计要求进行放线。

样板的制作和放线工序俗称放样,放样的精确度将直接影响到电梯安装定位的准确性。所以,在做这项工作前,要求认真、仔细阅读电梯的随机技术资料,了解电梯型号、规格、各种尺寸及参数,熟悉电气原理图、接线图、机械安装图等。根据图纸再次复核待装电梯的层站数,顶层高度、底坑深度,提升高度,井道内净尺寸和垂直度,层门形式和门洞尺寸,然后制作样板架,最终完成放标准线。

样板的制作和放线工序的工艺流程可概括为:样板制作→样板安装→测量井道→确定标准线→样板就位,挂基准线→机房放线。

3.3.1 样板制作

1. 样板的结构形式

常见样板的制作形式通常有整体式和直钉木条式两种,如图 3.3-1、图 3.3-2。

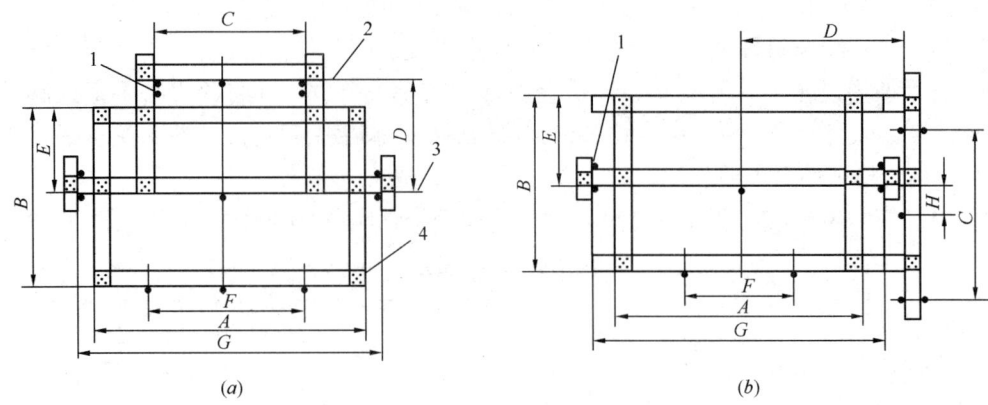

图 3.3-1 整体式样板架平面图
(a)对重在轿厢后面；(b)对重在轿厢侧面
1—铅垂线；2—对重中心线；3—轿厢架中心线；4—连接铁钉
A—轿厢宽；B—轿厢深；C—对重导轨架距离；D—轿厢架中心线至对重中心线距离；
E—轿厢架中心线至轿底后缘；F—开门宽；G—轿厢导轨架距离；H—轿厢与对重偏心距离

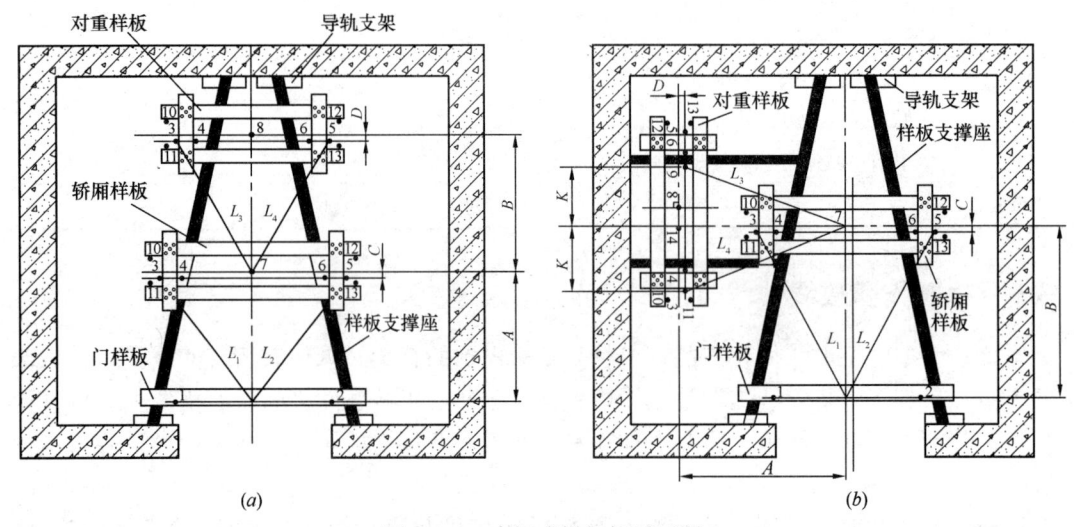

图 3.3-2 直钉式样板架平面图
(a)对重在轿厢后面；(b)对重在轿厢侧面

2. 样板架的材料要求

常用的样板材料有木质和型钢，如图 3.3-3 所示。木质样板一般用于低层电梯，一般使用一次，但随着跨度增加，样板厚度也要相应增加，提升高度越高，木条厚度应相应增大，或采用型钢制作。型钢样板用于高层和长期作业，主要采用钢板和 C 型钢，为了提高工作效率和重复使用。

对于木质样板，制作样板架的木条参见图 3.3-4，应使用硬杂木，要求干燥、结实、不易变形、四面刨平、互成直角；其木料尺寸参照表 3.3-1。

3. 样板支撑底座的材质要求

对于木质样板支撑底座用截面不小于 100mm×100mm 的木方，要求干燥、结实、不

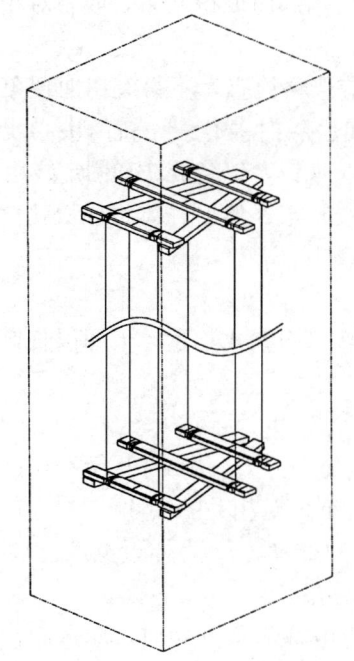 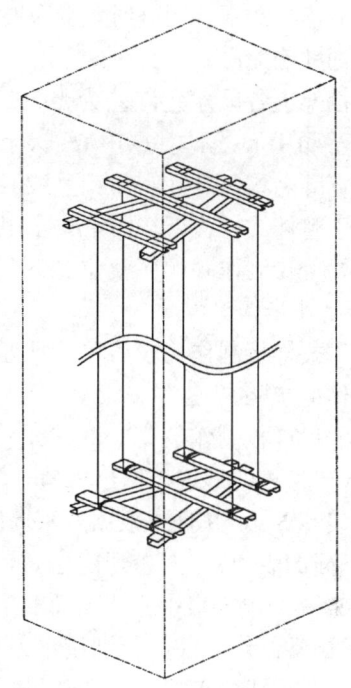

图 3.3-3　样板架外形平面图

样板架木料尺寸　　　　　　　　　　　　　　表 3.3-1

提升高度（m）	厚度 A（mm）	宽度 B（mm）	提升高度（m）	厚度 A（mm）	宽度 B（mm）
≤20	40	80	>60	60	100
20～60	50	100			

注：表中要求尺寸为加工后净尺寸。

易变形、四面刨平、互成直角的硬质木料。它是整个样板架的托架，参见图 3.3-5。对于型钢样板支撑底座，可以采用型钢做支撑。

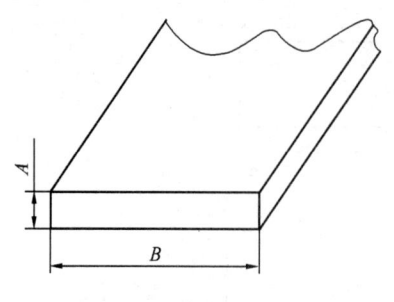 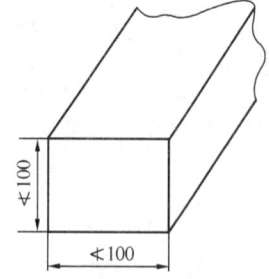

图 3.3-4　样板木平面图　　　　图 3.3-5　样板木支撑底座平面图

4. 样板制作的基本要求

（1）样板制作应以电梯安装平面图给定的尺寸参数为依据，其中包括：轿厢宽度、轿厢导轨间距、对重导轨间距、厅门口净宽以及轿厢地坎与厅门地坎的间距等，从而确定出轿厢中心与对重中心、轿厢两侧导轨支架间距、对重两侧导轨支架间距、和厅门口等位置尺寸。对于上述参数不够明确时，要及时与厂家的技术部门取得联系，或者对相关设备进行实测，做到准确无误。

（2）样板架上各尺寸允许差为±0.30mm，并应严格检查，不得有扭曲现象。在样板架上标注出轿厢中心线、对重中心线、导轨中心线、层门中心线、轿门中心线、层门净宽、轿门净宽等名称，并在需放铅垂线的各点处钉一铁钉，以备放线和固定线用。

（3）对于整体式样板架按图纸要求组装，并用胶粘牢，然后整体将样板就位。对于直钉式样板架要分步制作，顺序就位。

5. 样板制作步骤

由于整体式样板制作比较简单，且许多步骤与直钉木条式相近，下面以直钉木条式来说明样板制作的步骤。

（1）出入口样板制作

1）出入口样板的形式根据出入口开门的方式大体上分为：中分门、旁开门、双开门3种形式，如表3.3-2，并且要根据厂家提供的随机图纸核对相关的尺寸。

2）在下面的表中：JJ为开门净宽，L为样板的长度，H为样板宽度。1、2为门口样线落线点。M为出入口中心线与轿厢中心线的偏移量。

3）样板通常制作2件，分别用于上下样板。当电梯为双开门时，应多制作两件。中分门的样板开线方式两者一样，旁开门开线方式存在出入口中心线与轿厢中心线的偏移量M，所以要镜像开线。

出入口样板形式　　　　　　　　　表3.3-2

出入口样板形式	样　图	说　　明
中分门样板	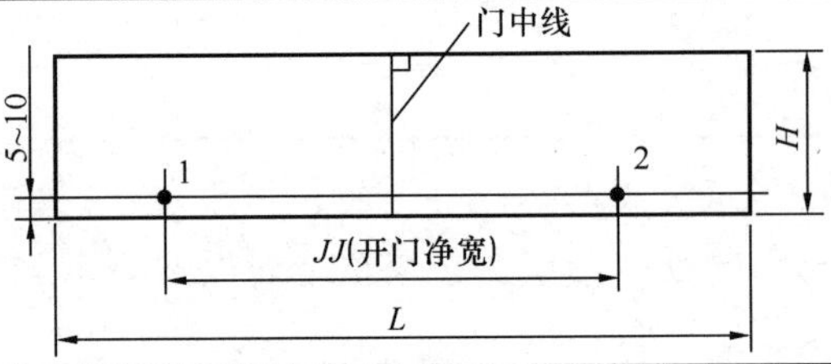	出入口中心线与轿厢中心线一致，M=0mm。
旁开门样板	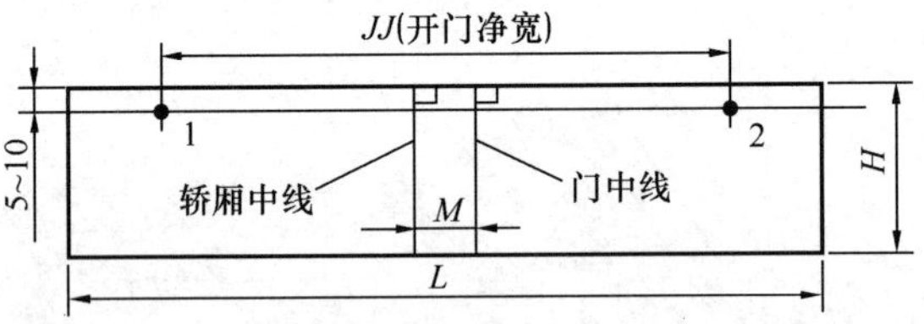	出入口中心线与轿厢中心线的偏移量为M值
旁开双开门样板	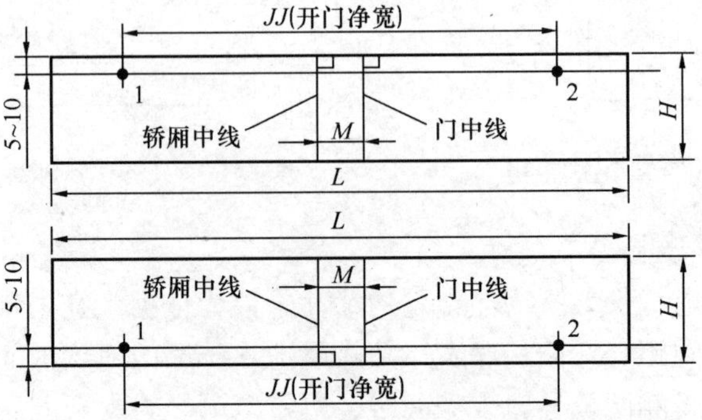	当电梯是双开门（贯通门）时，应多做2件，镜像开线

(2) 轿厢导轨样板的制作

1) 轿厢导轨样板的开线见图 3.3-6 所示,其中 BG 为轿厢导轨距,具体的尺寸详见井道布置图,3、4、5、6 为轿厢导轨校正落线点,7 为轿厢中心点,8 为对重中心点,10、11、12、13 为轿厢导轨支架安放位置落线点。L 为样板的长度(根据井道实测尺寸确定),C=导轨面宽/2,h 为导轨高度。

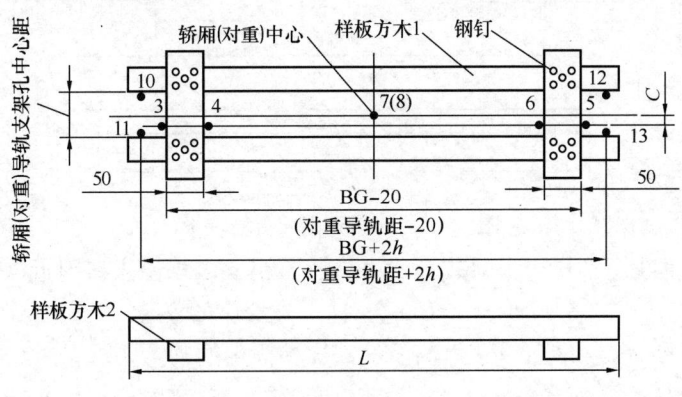

图 3.3-6 中分门轿厢(对重)导轨样板图

2) 将样板方木 1 和样板方木 2 用钢钉进行紧固,注意要保证样板方木 1 之间的距离尺寸,保证轿厢(对重)导轨支架孔中心距。轿厢、对重导轨支架参见导轨支架图。

3) 反复测量,按上图 3.3-6 所示确定中心线位置。导轨为 T89 时,向同一侧偏移 8mm(若为其他型号导轨,根据导轨面宽确定偏移尺寸,偏移尺寸=导轨面宽/2),确定 3、4、5、6 位置。

4) 根据确定的位置,在样板方木 2 上各标出点处用锯片锯出切口,并在其附近钉一小钉子,以备悬挂铅垂线用,参见图 3.3-7 所示。

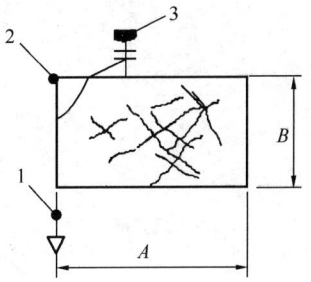

图 3.3-7 铅垂线悬挂
A—木条宽;B—木条厚
1—铅垂线;2—锯口;3—铁钉

(3) 对重导轨样板制作

1) 中分门对重导轨样板的开线见图 3.3-6 所示,其中:BG 为对重导轨距,具体尺寸详见井道布置图;3、4、5、6 为对重导轨校正落线点;10、11、12、13 为对重导轨支架安放位置落线点;L 为样板长度,C=导轨面宽/2。

2) 旁开门对重导轨样板制作:旁开门对重导轨样板的开线见图 3.3-8 所示,其中:S 为对重中心与轿厢导轨中心的偏移量,具体尺寸详见井道布置图;9 为辅助点,用于对重样板相对于轿厢样板的找正,它与 3 点一样,对称于轿厢导轨中心线(与之距离都为 K)。L 为样板长度,C=导轨面宽/2。

3.3.2 样板安装

1. 确定基准层的出入口中心

(1) 向电梯的业主或建筑公司获得电梯的基准层数据,在基准层的出入口前面弹好作为基准的中心墨线,如图 3.3-9 所示。

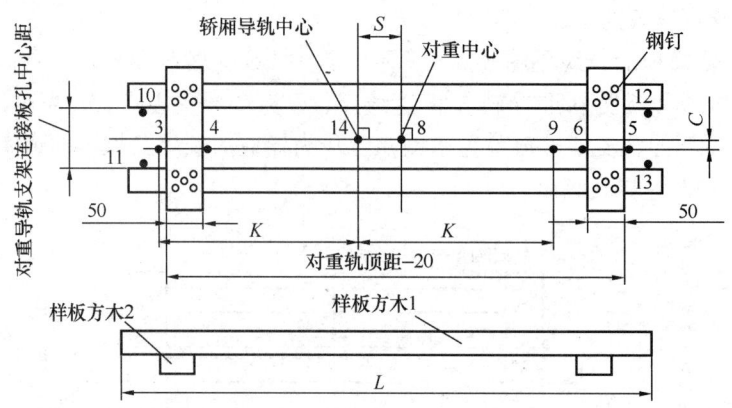

图 3.3-8 旁开门对重导轨样板

(2) 如果基准线离电梯出入口较远时,应将其引到电梯出入口附近(弹引墨线)。

2. 样板支撑座的安装

(1) 样板固定的基本要求

样板安放的位置应该根据样板宽度,在不影响放线的位置固定。但由于电梯样板作为主要的母板,样板固定的基本要求:

1) 样板离电梯井道顶、底坑地面均为 800~1000mm;

2) 按整个井道高度的最小有效净空面积来安置;

3) 其不水平度小于 5mm。

(2) 支撑座固定的方式

一般其固定的方法有墙孔固定和角钢固定两种方式。

1) 墙孔固定法:

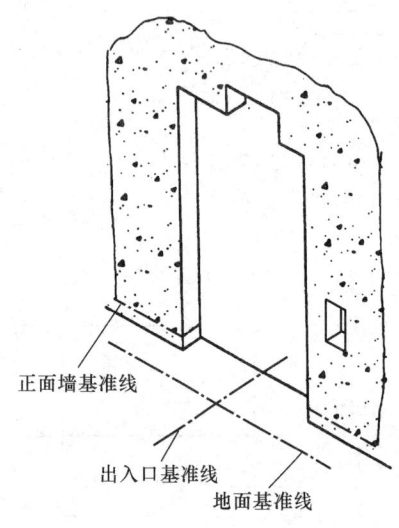

图 3.3-9 旁开门对重导轨样板

此法如图 3.3-10 所示,多适用于电梯井道是砖墙。上样板安装在机房下面约 800~1000mm,先沿着厅门入口轴线方向,在厅门门口上方以及对面的井道墙孔内,平行地凿出 4 个 150mm×150mm、深 200mm 以上的孔洞,用两根截面大于 100mm×100mm 的样板支撑木方放入孔洞中,两根木梁应水平放置,用水平仪或连通水平管校正后,如图 3.3-11 所示,安放上样板。

2) 角钢固定法:

此法多使用于电梯井道是混凝土结构。以导轨支架或者 50mm×50mm×5mm 角钢如图 3.3-12 所示作为样板架的托架,用 2 只 M16 膨胀螺栓来固定每个托架,样板架的两根支撑座木梁应水平放置,用水平仪或连通水平管校正后,安放上样板。具体的固定详图如 3.3-13 所示。

下样板放置在电梯井道底坑以上高度约 800~1000mm 处,如图 3.3-14 所示,其支撑木梁一端顶在墙体上,另一端用木楔固定住,下端用立木方支撑住。下样板的形状与上样板一样,其主要目的是用以稳定铅垂线,防止其晃动。

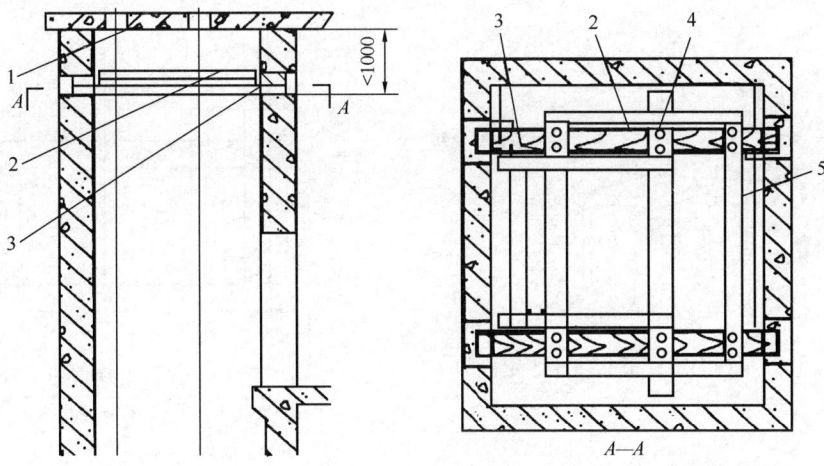

图 3.3-10　墙孔固定样板支撑座图

1—机房楼板；2—上样板架；3—木梁；4—固定样板架螺钉；5—铅垂线

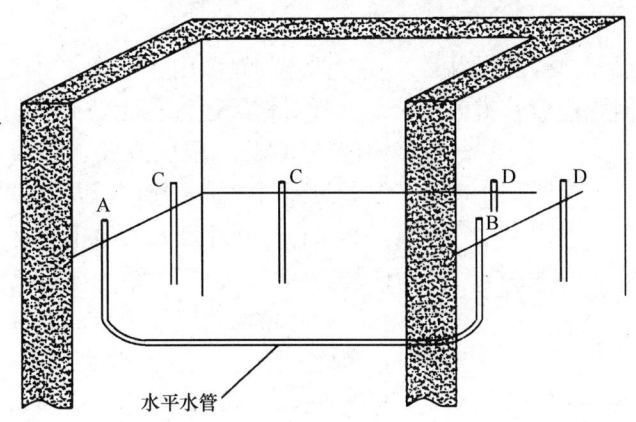

图 3.3-11　水平管找平图

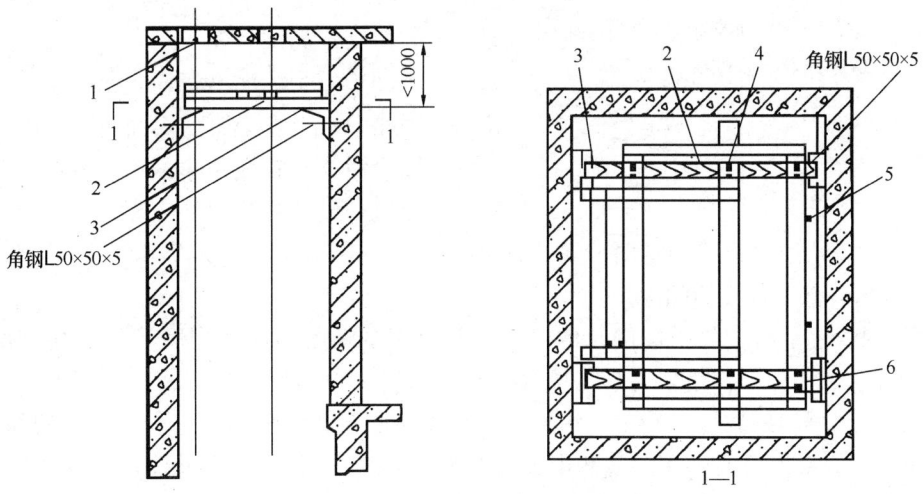

图 3.3-12　角钢固定样板支撑座图

1—机房楼板；2—上样板架；3—木梁；4—固定样板架螺钉；5—铅垂线；6—木楔块

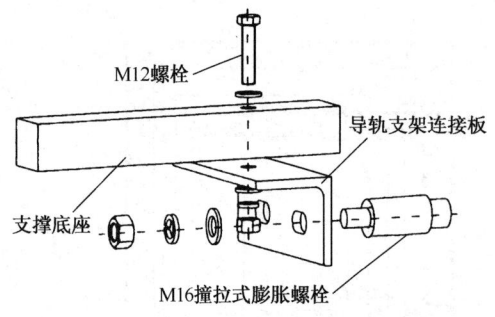

图 3.3-13 角钢固定样板支撑座固定详图

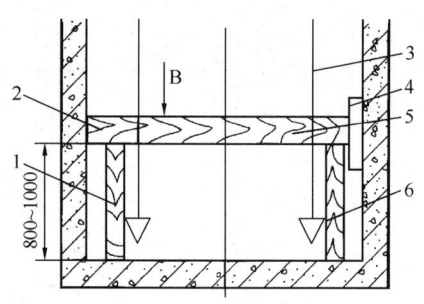

图 3.3-14 下样板架示意图
1—支撑立木；2—下样板支撑木；3—铅垂线；
4—木楔；5—下样板支撑木；6—线坠

3.3.3 井道测量确定标准线

基本要求：

（1）预放两根层门口线测量井道。一般两线间距为门净开度。

（2）井道测量时，注意井道内安装的部件对轿厢运行有无妨碍，如限速器钢丝绳、选层器钢带（如有）、限位开关、中线盒、随线架等。同时必须考虑到门导轨及地坎等与井壁距离，对重与井壁距离，必须保证在轿厢及对重上下运行时其运动部分与井道内静止的部件及建筑结构净距离不得小于 50mm。

（3）确定轿厢轨道线位置时，要根据导轨支架高度要求，考虑安装位置有无问题。

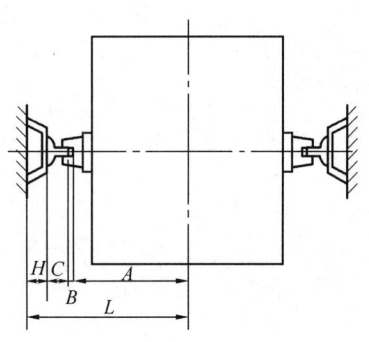

图 3.3-15 导轨支架高度计算示意图

导轨支架高度计算方法，如图 3.3-15 所示，本图所示为左侧计算，右侧计算方法相同。

$$H = L - A - B - C$$

式中　H——导轨支架高度（左）；
　　　L——轿厢中心至墙面（左）距离；
　　　A——轿厢中心至安全钳内表面距离；
　　　B——安全钳与导轨面距离（3～4mm）；
　　　C——导轨高度及垫片厚度之和。

（4）对重轨道中心线确定时应考虑对重宽度（包括对重块、最突出部分），距墙壁及轿厢应有不小于 50mm 的间隙。

（5）对于前后开门（贯通门）的电梯，井道深度＞厅门地坎宽度×2＋厅门地坎与轿厢地坎间隙×2＋轿厢深度，并应考虑井壁垂直情况是否满足安装要求。

（6）各层层门地坎位置确定，需要在尽量使轿厢与面对轿厢入口的井道壁的间距不大于 150mm，应根据所放的厅门线测出每层牛腿与该线的距离，经过计划，应做到照顾多数，既要考虑少剔牛腿或墙面，又要做到离墙最远的地坎装好后，门立柱与墙面的间隙小于 30mm 而定。

（7）对于层门建筑上装有大理石门套以及装饰墙的电梯，由于它们的施工在后，因而确定层门基准线时，除按照上述第 6 项进行考虑外，还要参阅建筑施工图，同时考虑利于门套及装饰墙的施工。

（8）对两台或多台并列电梯安装时应注意各电梯中心距与建筑图是否相符，应根据井道建筑情况，对所有层门指示灯、按钮盒位置进行通盘考虑，使其高低一致，并与建筑物协调，保证美观。

（9）对多台相对并列电梯确定基准线时，除上述应注意的事项外，还应根据建筑及门套施工尺寸考虑做到电梯候梯厅两边宽度一致，两列电梯层门口相对一致，以保证电梯门套施工或土建大理石门套施工的美观要求，见图 3.3-16 所示。

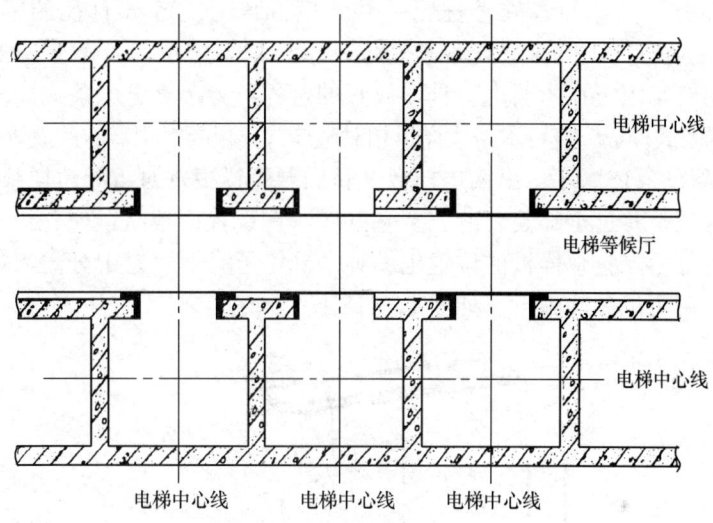

图 3.3-16 多台电梯平面图

（10）确定基准线时，还应复核机房的平面布置。曳引机、工字钢、限速器、极限开关等电气设备的布局有无问题，维修是否方便，并进行必要的调整。

（11）对于并排井道电梯的出入口样线确定时用如下方法：

1) 在顶层厅门口地面弹一直线，参见图 3.3-17，若条件不许可，可在地面上拉设棉线，线与墙面的距离 A，可能的话，与土建方提供的墙面平行。

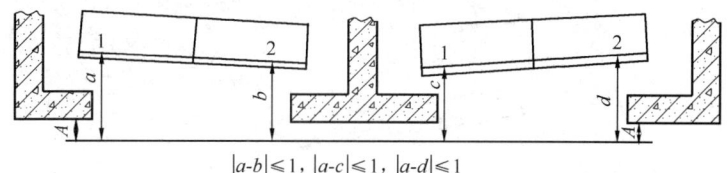

$|a-b| \leq 1$，$|a-c| \leq 1$，$|a-d| \leq 1$

图 3.3-17 多台电梯平面图

2) 测量 a、b、c、d 的数值，调整出入口样板，使得 a、b、c、d 的位置的数值最大值与最小值的差值不大于 1mm。

3) 通常大楼的首层对外观的要求最高，因此应校验顶层地面所弹直线是否满足首层墙面装修的要求，并相应弹出第二条直线，重复上述两个步骤。

4) 出入口样板调整好后，必须能满足地坎，门套的安装要求。

5) 出入口样板调整好后，在底层和顶层楼面分别划出一条标记线，使标记线到每条出入口样线距离相等，预防样架变形后，作为重新调整之用。

3.3.4 样板就位挂基准线

在经过井道的测量并校准了样板基准线，确定好了样板的位置后，就要完成样板就位挂基准线工作。

1. 样板的放置

（1）整体式样板　对于整体式样板，在固定好样板支撑座木梁后，就可以直接放置在木梁上，按照样板上标记的各处悬挂铅垂线，用 0.4～0.5mm 直径的钢丝悬挂上 10～20kg 的重锤，放到底坑，待铅垂线张紧稳定后，根据各层层门及承重梁的位置，校正样板的正确位置后钉牢固定在木梁上。具体放置的过程可参考直钉木条式样板的放置。

（2）直钉木条式样板　直钉木条式样板相对整体式样板要繁琐，它的放置要分步安放。

1) 样板设置的具体顺序：出入口样板→轿厢导轨样板→对重导轨样板。

出入口样板线是井道全部装置的安装基准线，在设置样板时，应先设置，实际上，当出入口样板设置好后，整个样板的位置也就唯一确定了。下面以中分门来讲解样板的设置方法，对于旁开门可以参阅施行。如图 3.3-18。

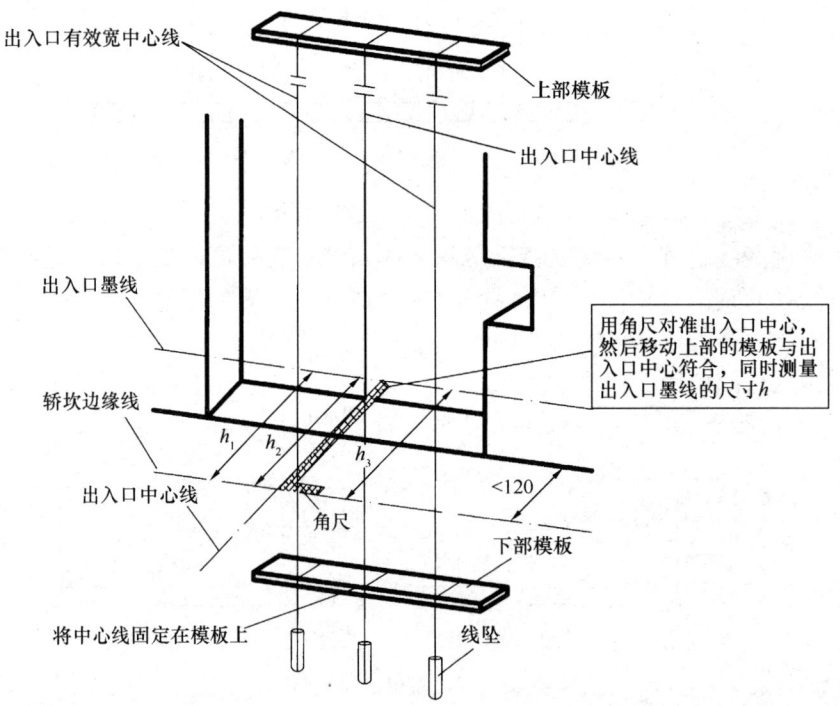

图 3.3-18　出入口样板设置图

2) 出入口样板设置的方法是一个放置→测量→校正→放置，经数次循环，直到所有尺寸都满足要求，逐渐逼近理想位置的过程。

3) 出入口样板上的样线，如图 3.3-19 中 1、2 两点的连线，对应于电梯井道布置图中的轿厢地坎的边缘。设置出入口样板时，必须考虑由该样板放下的门样线，其纵向位置除必须能满足各站层门地坎、层门上坎架和门套的安装尺寸要求外，还应考虑对重架不能离井道的后壁太远或太近，横向位置要在所有样板基本定好位置后，考虑轿厢导轨及层门的安装位置是否合适，对样板位置横向调整。在图 3.3-19 中 9 为轿厢曳引点，10 为对重曳引点。

4）旁开门样板摆设位置如图 3.3-20 所示，图中 9 为轿厢曳引点，10 为对重曳引点，图中 A 值应根据图中曳引距和对重中心井道布置图中曳引距和对重中心偏离轿厢导轨中心线的值（10、11 点间距离）计算得出。

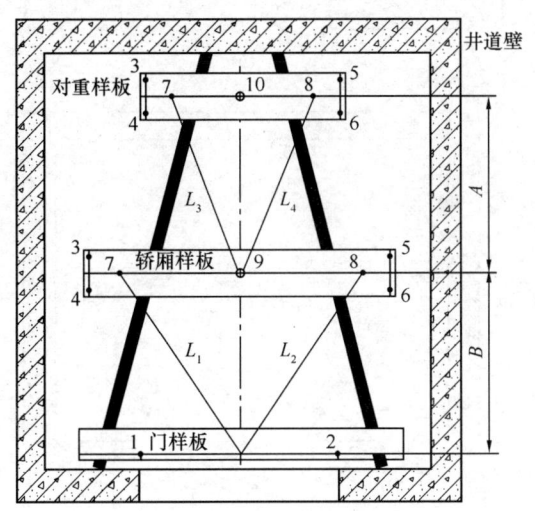

图 3.3-19 中分门样板安装位置示意图

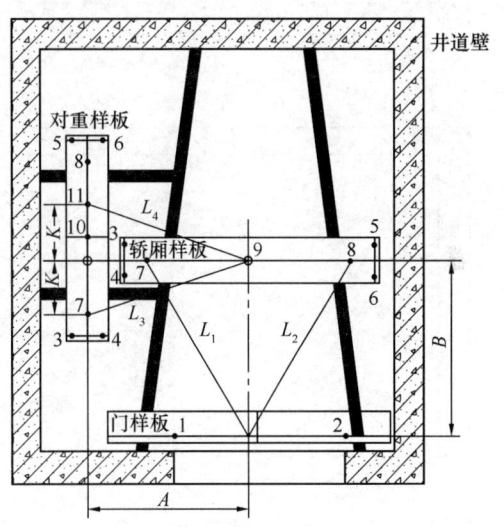

图 3.3-20 旁开门样板安装位置示意图

5）如果电梯是双开门的，则考虑两出入口样板的设置同时满足各站层门地坎、层门上坎架、门套和轿厢导轨与对重导轨的安装尺寸要求。

2. 再次确定各层厅门中心

(1) 以候梯厅用中心线为基准测量到安装出入口门套墙的尺寸，地坎处 M、N，门头处 m、n，同时要实测各层对重导轨样板线到井道壁的尺寸 E、F，各层轿厢导轨样板线到井道壁的尺寸 C、D，各层都要实测，同时做好记录。参见图 3.3-21。

(2) 按照图纸检查各层的尺寸，若尺寸不足时应进行调整处理，此时应按照下列方法进行。

1）$M_m - N_n$ 或 E、F 尺寸不足时，将上样板前后或左右移动使中心线离开；

2）C、D 尺寸不足时，将上样板左右移动，使中心线离开。

在移动中心线时，为了高效率进行作业，应与土建单位进行协商，如果中心线因工程不能移动时，要服从其指示。

3）将上部的样板固定，使线坠静止。

4）保证轿厢地坎边缘距出入口的内井道壁不大与 150mm。

再检查与墨线之间的尺寸及 $M_m - N_n$、C、D、E、F 的尺寸。

通过以上的调整，就可以定好出入口的样板。

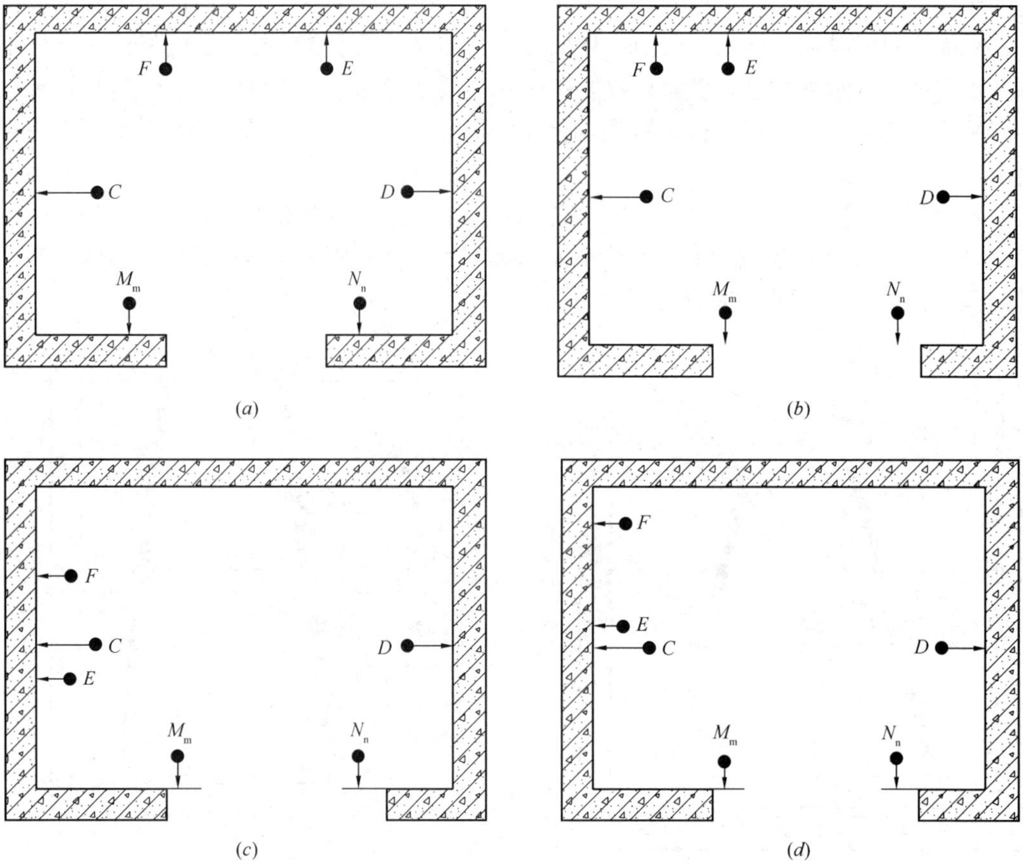

(a)　(b)

(c)　(d)

图 3.3-21　层门中心确定示意图

(a) 对重后置对中型；(b) 对重后置偏移型；(c) 对重侧置型Ⅰ；(d) 对重侧置偏移型Ⅱ（无机房）

3. 固定主导轨及对重导轨的中心线

(1) 定好出入口样板后，先定位上部轿厢导轨样板，再定位上部对重导轨样板。

(2) 装配下侧的模板与出入口用模板成平行暂时固定，使 $L_1=L_2$，$L_3=L_4$，来回移动模板，再确认 A、B 尺寸后进行固定，A、B 参阅随机所附的电梯井道图。

(3) 将各导轨的位置线固定在模板上。具体参见图 3.3-22～图 3.3-26。

图 3.3-23 中 7 为轿厢中心点，8 为对重中心点，A、B 参阅随机所附的电梯井道图，$C=$轿厢导轨面宽/2，$D=$对重导轨面宽/2。

图 3.3-24 中 7 为轿厢中心点，8 为对重中心点，A 值应根据电梯井道布置图中曳引距和对重中心偏离轿厢导轨中心线的值。参阅随机所附的电梯井道图，$C=$轿厢

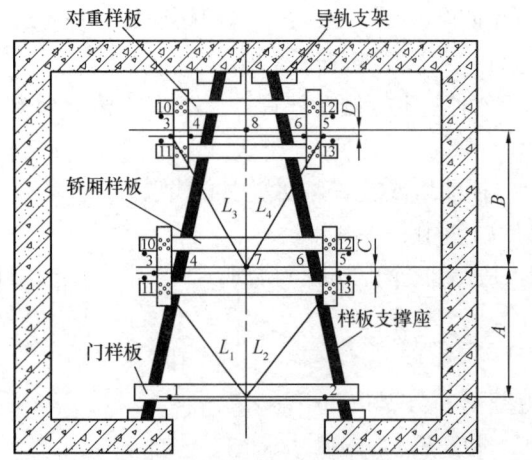

图 3.3-22　1:1 中分门样板安装示意图

导轨面宽/2，D=对重导轨面宽/2。

装配下侧的模板，测定 K 尺寸，并与出入口用模板成平行暂时固定，使 $L_1 = L_2$，来回移动模板，再确认 K、A、B 尺寸后进行固定。

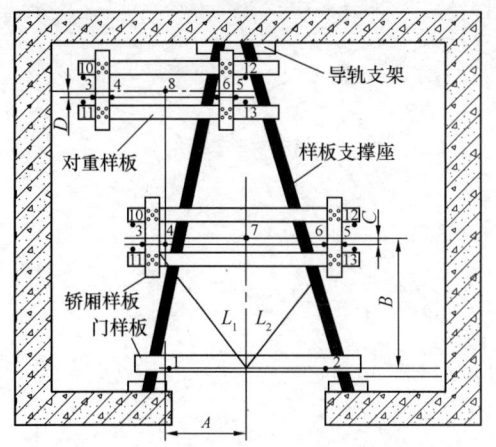

图 3.3-23　2∶1 中分门样板安装示意图

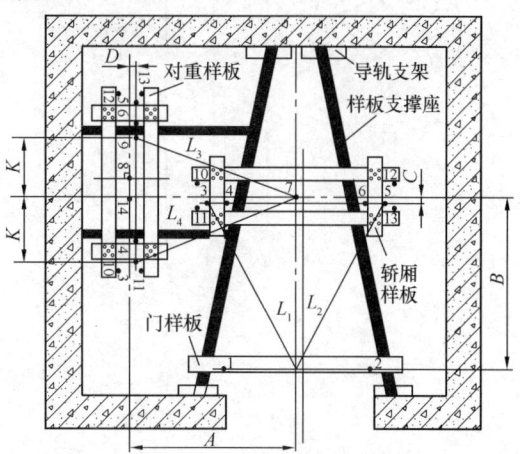

图 3.3-24　1∶1 旁开门样板安装示意图

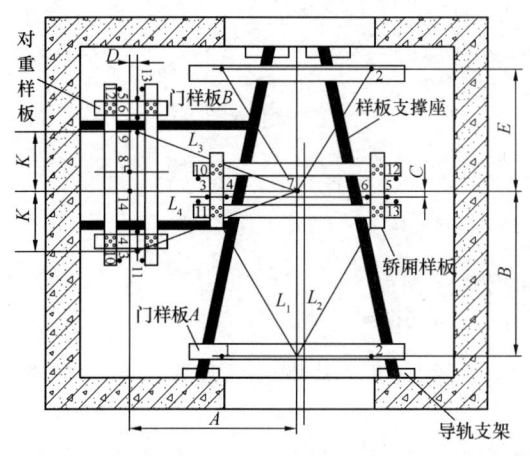

图 3.3-25　1∶1 旁开门贯通门
样板安装示意图

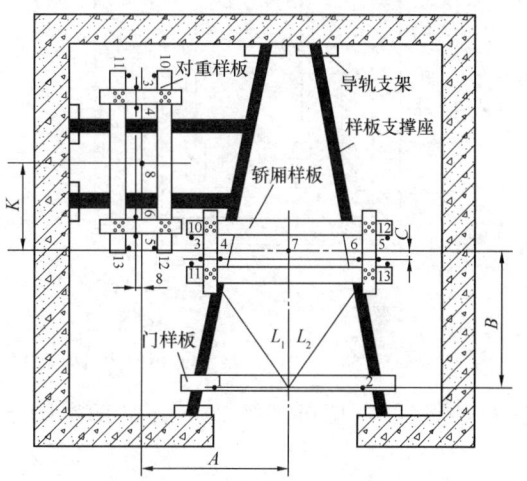

图 3.3-26　2∶1 旁开门贯通门
样板安装示意图（无机房）

4. 样线的稳固

（1）样线在上样板的固定方法如图 3.3-27 所示，应使样线的一端缠绕固定在铁钉上，样线的另一端垂直落下且与图 3.3-22～图 3.3-26。所示样板上的落线点 1、2、3、4、5、6 对应重合。注意检查样线中间不能与脚手架或其他物体接触，并不能使钢丝有死结现象。

具体的做法如图 3.3-27（b）所示，在放线点处，用锯条或电工刀，垂直锯或划一 V 形小槽，使 V 形槽顶点为放线点，将线放入，以防基准线移位造成误差，并在放线处注明此线名称，把尾线在固定铁钉绑牢。

（2）样线在下样板上的固定方法如图 3.3-28 所示，应使上样板垂直落下的样线，在重锤作用下静止后，与上图所示下样板上的落线点 1、2、3、4、5、6 对应重合。

（3）为了防止铅垂线晃动，增加其摆动阻力，将线坠放入装有水的水桶中；在需要线

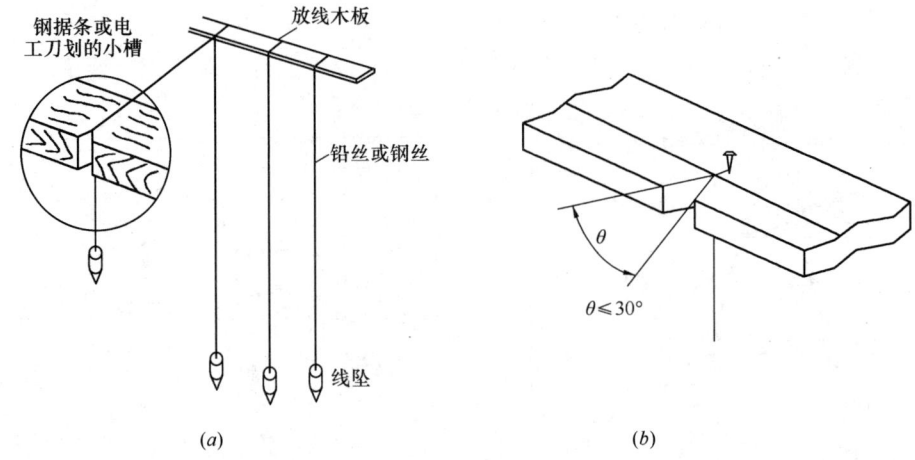

图 3.3-27 上样线固定示意图
(a) 挂线图；(b) 上样板固定详图

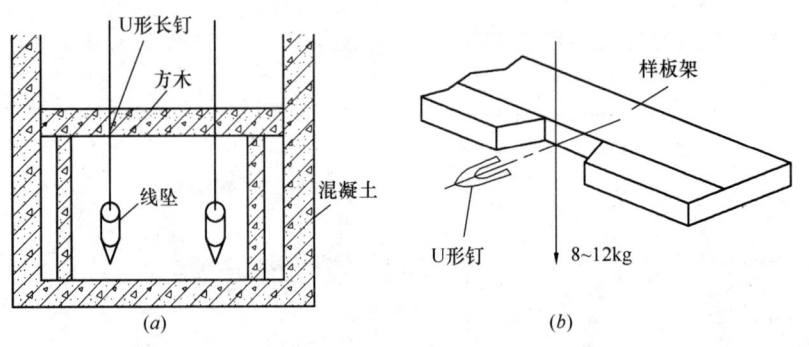

图 3.3-28 下样线固定示意图
(a) 用 U 形钉固定样线；(b) U 形钉固定图

坠尽快静止时，也可把线坠下的水桶里的水换成机油，加快基准线的稳定时间。如图 3.3-29 所示。

（4）在样板定位完成后，应在样架上各连接处做好标记，根据这些标记可以随时校核样板是否有移位。

（5）样板的公差要求

1) 样板组公差（即同一样架上各尺寸之间的公差）：不大于 1mm。

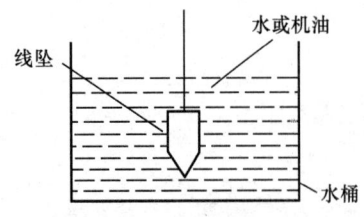

图 3.3-29 稳样线的方法

保证方法：用卷尺反复测量，尽量减少偏差。

2) 样板水平度误差：不大于 0.5/600。

测量方法：用水平尺测量，通过在支撑木方与托码之间用垫片调整。

3) 测量下样板上落线点与样线的偏差值不大于 1mm。

3.3.5 机房放线

对于有机房电梯，在确定了井道的样板和基准线后，还要将基准线返到机房去，校核确定机房各预留孔洞的准确位置，为曳引机、限速器等设备定位安装做好准备。

1. 将曳引点从样板架上引到机房。如图 3.3-30 示意的是中分门方式,图 3.3-31 中示意的是中分门方式,旁开门 2∶1 曳引等方式与此类似。曳引点引至机房时,要求线坠顶尖对准轿厢与对重曳引点。

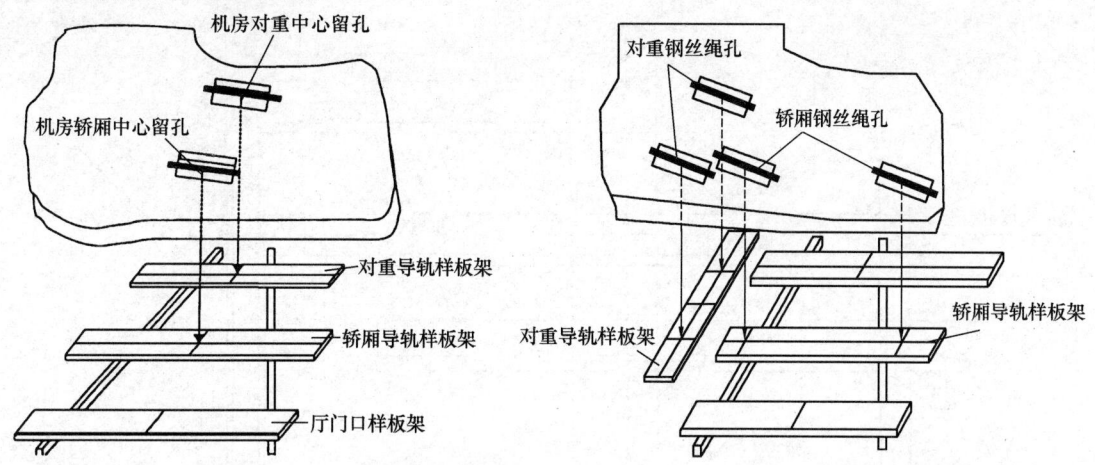

图 3.3-30　对重后置机房引线图　　　　图 3.3-31　对重侧置机房引线图

2. 参见图 3.3-31,将曳引点标定在机房楼板上。具体做法是:将线坠挂在水平尺上,水平尺跨过机房曳引孔,让线坠从机房曳引孔垂直对准样板上的曳引点,在机房楼板上划出直线 A,将水平尺旋转 90°,类似地在机房楼板上划出直线 B,如图 3.3-32。

3. 参见图 3.3-33,在曳引孔中紧固地填入一块适当大小地木板,连接在地面划好的 A、B 两直线,其在木板上的交点即是曳引点。

4. 按照图 3.3-34、图 3.3-35 所示,检查机房与留孔是否满足机房平面图的要求,使得曳引点到楼板净距离为 75mm,若小于规定值,则要修改预留孔,并可确定承重钢梁及曳引机的位置,为机房的全面安装提供必要的条件。

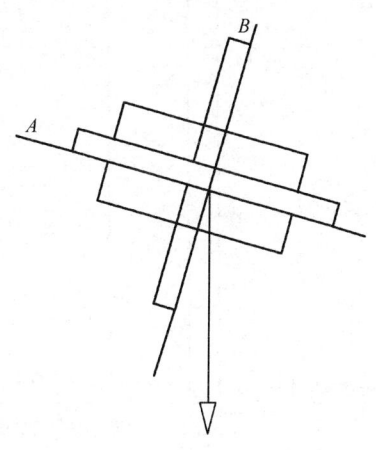

图 3.3-32　样线返机房楼板划线

在做好曳引式电梯的准备工作,就要进行电梯部件的安装了。

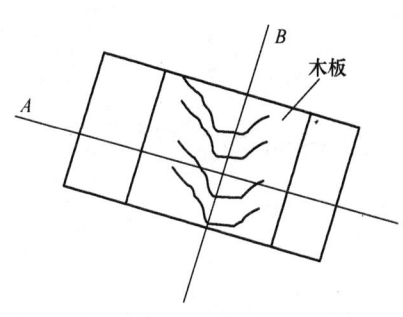

图 3.3-33　样线返机房木板划线

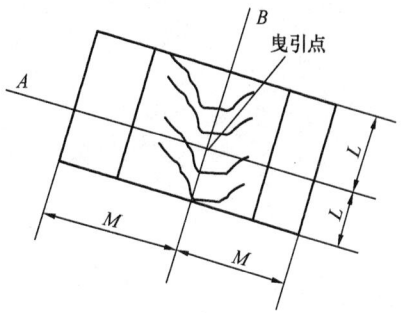

图 3.3-34　确定曳引点

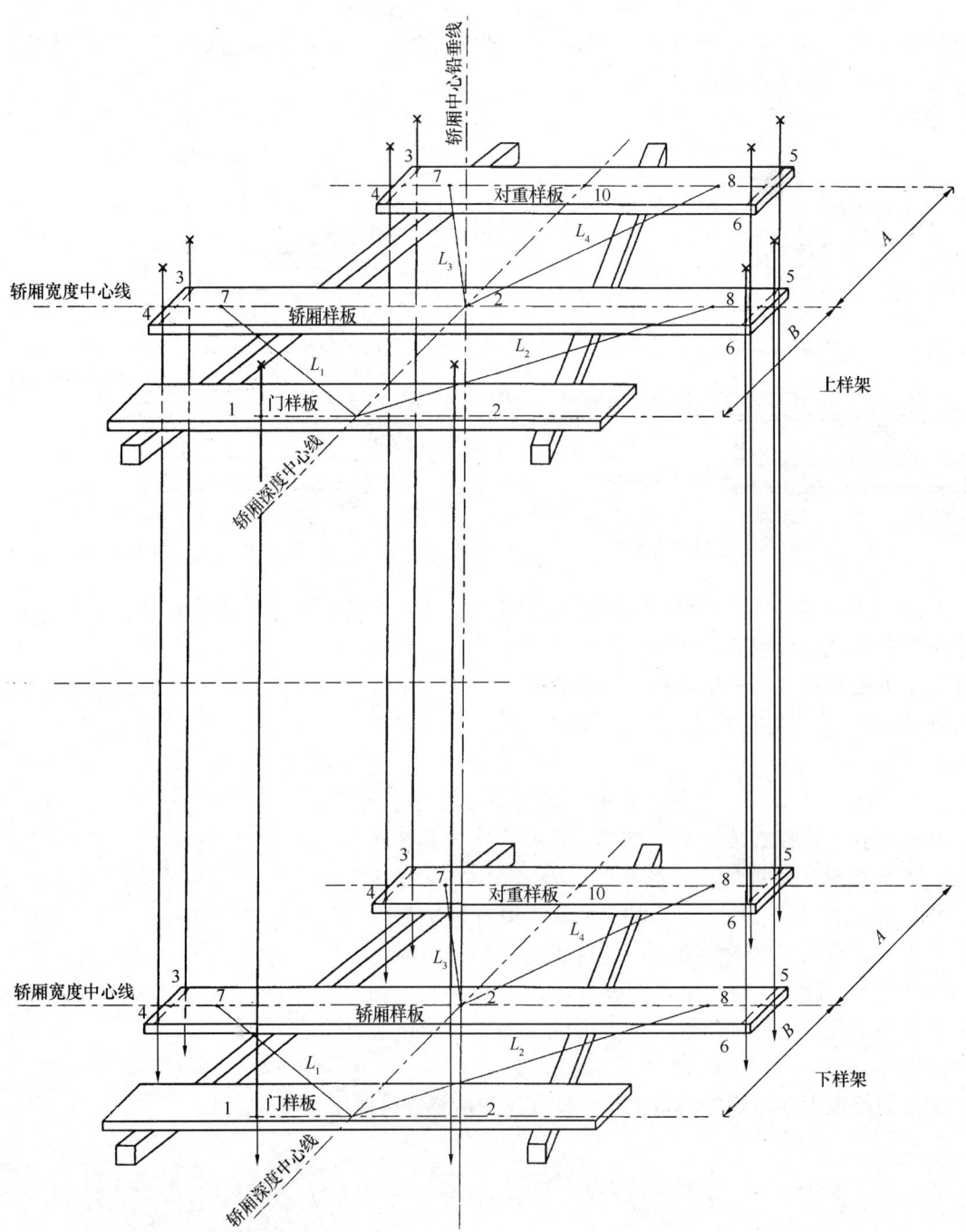

图 3.3-35 井道样板架放置校正示意图

第4章 导 轨 安 装

电梯的导轨，是安装在井道中确定轿厢和对重相对位置，并对它们的运行起导向作用的部件。导轨通过导轨支架安装在建筑物上（井道内），将电梯与建筑物相联系。

根据 GB 7588—2003 中 10.1.1 的规定：导轨及其附件和接头应能承受施加的载荷和力，电梯安全运行与导轨有关的部分应能保证轿厢与对重或平衡重的导向，把导轨变形应被限制在一定范围内，保证电梯在运行过程中：(a) 不应出现门的意外开锁；(b) 安全装置的动作应不受影响；(c) 移动部件应不会与其他部件碰撞。

因此，电梯安装工程中，导轨安装分项工程是电梯系统的基础工程，是层门、轿厢、对重（平衡重）的安装基准。正确地安装导轨，可防止与导轨相关的分项工程，如：层门、轿厢、对重（平衡重）等相对位置错误，避免不必要的调整、返工，以及防止出现严重错误，造成电梯运行中开门机、轿门上的部件与层门上的部件相互碰撞发生，引发安全事故或损坏设备。

导轨支架和导轨的安装流程为：安装导轨支架→安装导轨→调整导轨。

4.1 导轨支架安装

导轨支架作为导轨的安装支撑和固定构件，通常被安装在井道壁或横梁上，保持导轨与建筑物的相对位置稳定。导轨支架和导轨的安装流程为：安装导轨架→安装导轨→调整导轨。

4.1.1 导轨支架的种类

各种导轨支架的类别和形式见表 4.1-1。

各种导轨支架的类别和形式 表 4.1-1

类别	形 式	图 示
按不同用途分	(1) 轿厢导轨支架； (2) 对重导轨支架； (3) 轿厢与对重共用导轨支架	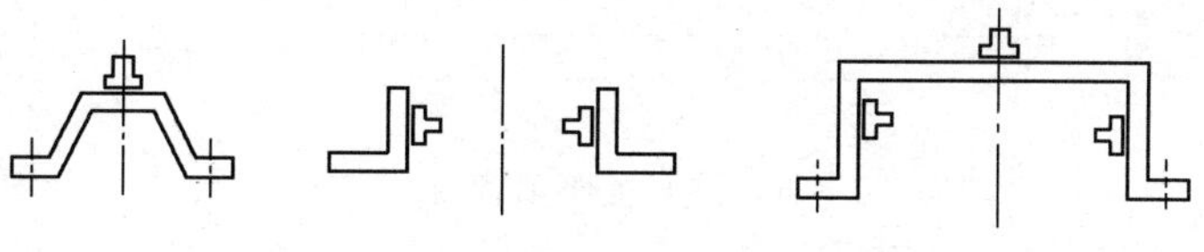 (a)轿厢导轨架　(b)对重导轨架　(c)轿厢与对重共用导轨架
按结构分	(1) 整体式； (2) 组合式	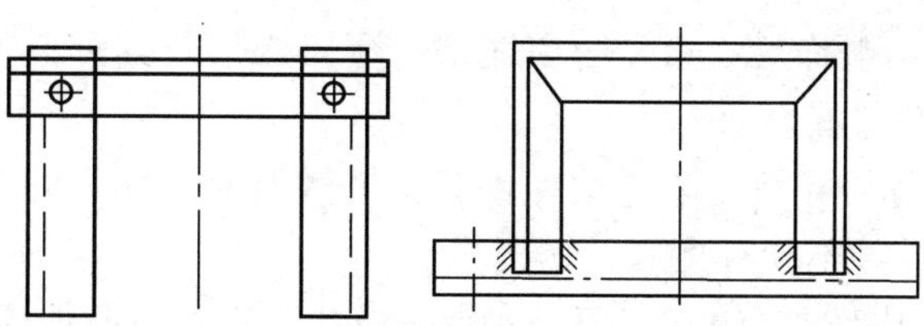 (a)组合式　(b)整体式

类别	形式	图示
按支架形状	(1) 山形; (2) 角形; (3) 框形	(a)山形导轨架 (轿厢导轨架) (b)角形导轨架 (对重导轨架) (c)框形导轨架 (轿厢、对重导轨共用架)

4.1.2 导轨支架安装基本要求

导轨支架一般要按照电梯制造厂家的随机安装工艺，在电梯制造厂家没有特殊要求时，遵照以下基本要求。

1. 每根导轨至少要有两个支架，但由于上部最高段导轨不会受到安全钳动作等强大载荷冲击，如果导轨长度小于800mm，则允许用一个导轨支架进行固定，一般要求导轨支架的垂直间距不大于2500mm，其水平相对面距应为电梯井道布置图中所标注导轨端面间距加上2倍的导轨高度和2倍的3～5mm调整间隙。如图4.1-1所示。

2. 若现场不具备搭设脚手架的条件，可以采用自升法安装导轨架，其基准线为两条，基准线距导轨中心线200mm，距导轨端面10mm，以不影响导靴的上下滑动为宜。如图4.1-2所示。

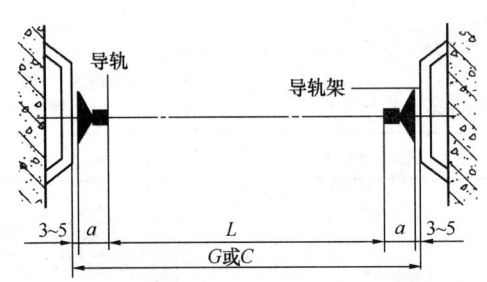

图 4.1-1 导轨支架面距示意图

G 或 C 为导轨支架面距；L 为导轨面距；a 为导轨高度

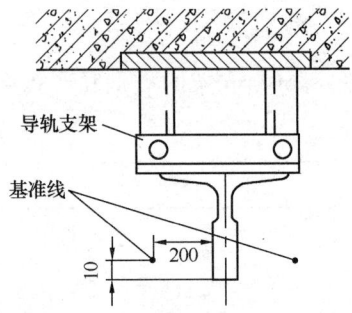

图 4.1-2 自升法安装导轨架法

3. 按照基准线测出每层导轨架距墙的实际尺寸，按顺序编号在现场工作间加工好。

4. 与电梯安装相关的预埋铁、金属构架及其焊口，均应做好清除焊药、除锈防腐工作，不得遗漏。

5. 焊接导轨支架与预埋铁时，接触面要严实，四周满焊，焊缝高度≥5mm，焊缝饱满、均匀，不能有夹渣、气孔等。

6. 焊接的导轨支架要一次焊接成功，不可在调整导轨后再补焊，以防影响调整精度。

7. 组合式导轨支架在导轨调整完毕后，须将其连接部分点焊，以防位移。

8. 垂直方向紧固导轨架的螺栓应朝上，螺帽在上，便于查看其松紧。

9. 用膨胀螺栓固定的导轨支架若松动，要向上或向下改变导轨支架的位置，重新打膨胀螺栓进行安装。

10. 导轨架的不水平度≤5mm，导轨架端面 a＜1mm。如图 4.1-3 所示。

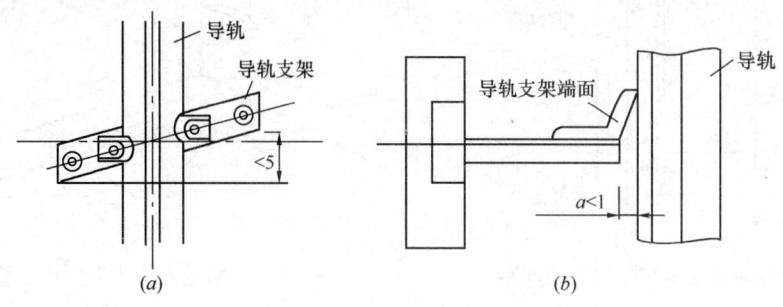

图 4.1-3　导轨支架的安装精度
(a) 导轨架的不水平度；(b) 导轨架端面垂直度

4.1.3　确定导轨支架安装位置

导轨支架分为整体导轨支架和组合导轨支架。确定导轨支架安装位置的过程，对于整体支架来说，就是确定导轨支架的位置，对于组合支架就是确定导轨支架连接板（码托）的位置。

1. 垂直方向的导轨支架位置的确定

（1）要根据导轨基准线及辅助基准线确定导轨支架的位置。最下一层导轨支架距底坑 1000mm 以内，部分厂家在 1500mm，最上一层导轨架距井道顶部不大于 500mm，中间导轨架间距≤2500mm，一般为 1500～2000mm，且均匀布置。如图 4.1-4 所示。

（2）在进行导轨支架定位时，先计算一下导轨接头的数量，这对支架的安装和导轨的校正非常重要，应尽量使导轨接头接近支架，而不能与支架相碰，如与导轨连接板（接导板）位置相遇，间距可以上下调整，错开的距离应不小于 30mm，如图 4.1-5 所示，但相邻两层导轨架间距不能大于 2500mm。

（3）根据导轨的标准样线和以上的计算，在井道壁上用铅笔划出导轨支架的垂直位置，弹出定位墨线，并做好标记，便于记录导轨支架的长度。

2. 确定导轨支架水平方向位置

（1）确定对重导轨支架水平方向位置

1）用直角尺沿着平行与同一列对重导轨两条样线连线的方向，将对重导轨样线如图 4.1-6 所示引到井道壁划出纵向墨线，同时测量离墙壁最远的对重导轨样线与井道壁的距离

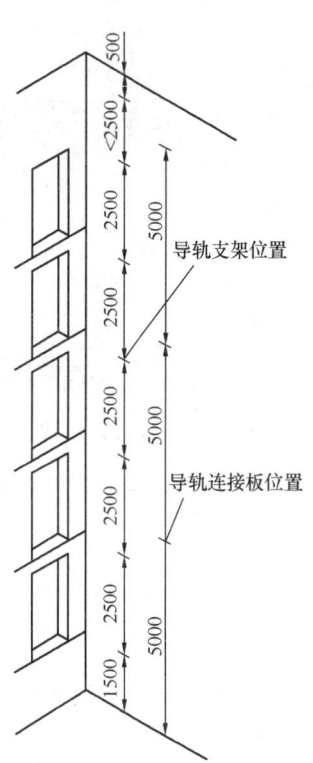

图 4.1-4　导轨支架在垂直方向的定位图

H_1，同时按编号顺序记录每挡导轨支架位置，对重导轨样线与井道壁之间的距离，作为确定支架长度的依据。

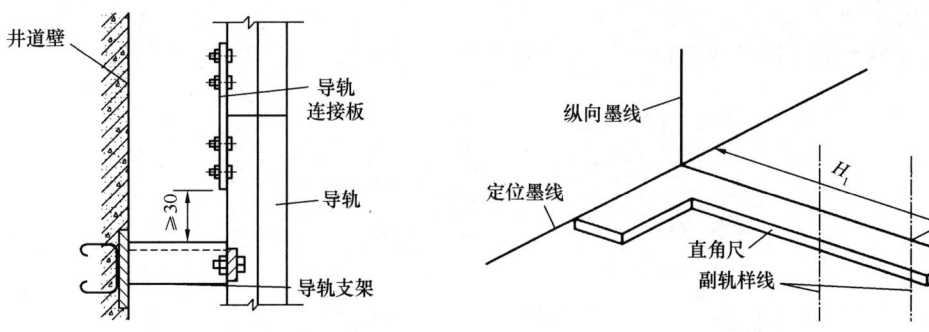

图 4.1-5　导轨连接板与导轨支架间距　　图 4.1-6　对重导轨支架定位引线图

2）以纵向墨线为基准，沿着垂直方向的定位墨线向井道两侧偏移，根据导轨支架或导轨支架连接板的安装尺寸，来确定相应的安装孔位。对于焊接式支架按图 4.1-7，确定对重导轨支架的位置；对于膨胀螺栓紧固法按图 4.1-8 所示，偏移 A 的位置定位第一支膨胀螺栓的位置，在偏移 B 的位置定位第二支膨胀螺栓的位置（H 为安装现场实测尺寸）。

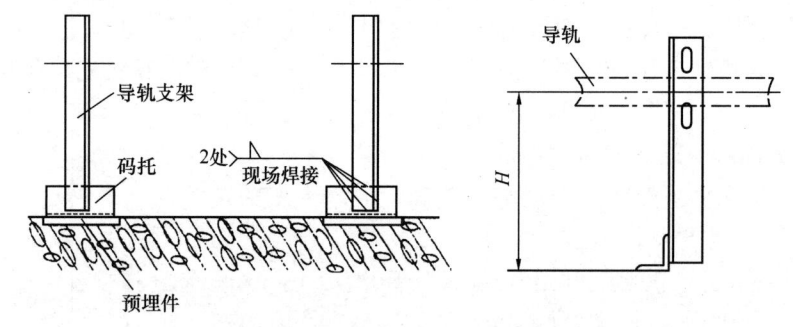

图 4.1-7　焊接式对重支架定位

$H<400$

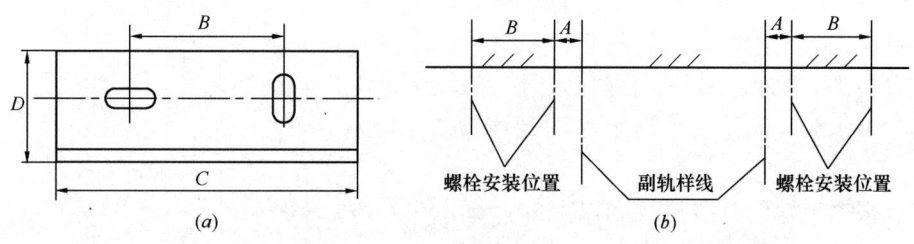

图 4.1-8　膨胀螺栓式对重导轨支架定位

(a) 导轨支架连接板；(b) 对重导轨支架膨胀螺栓定位图

A 为支架螺栓孔距离支架边的尺寸；B 为支架螺栓孔的间距；
C 为导轨架连接板的长度；D 为导轨架连接板靠墙面的高度

(2) 确定轿厢导轨支架位置

1）用直角尺沿着垂直与同一列对重导轨两条样线连线的方向，将轿厢导轨样线如图

4.1-9所示分别引到井道壁划出纵向墨线,同时测量轿厢导轨样线与井道壁的距离 H_2,同时按编号顺序记录每档导轨支架位置,轿厢导轨样线与井道壁之间的距离,作为确定支架长度的依据。

2)以纵向墨线为基准,沿着垂直方向定位时的定位墨线向井道两侧偏移,根据导轨支架或导轨支架连接板的安装尺寸,来确定相应的安装孔位。对于焊接式支架按图 4.1-10,确定轿厢导轨支架的位置;对于膨胀螺栓紧固法,根据导轨安装样线距离井道墙的距离 H_2,参考图 4.1-11 所示的不同安装方法,按图中偏移 $H_2/2$ 或 L 定位第一支膨胀螺栓的位置。

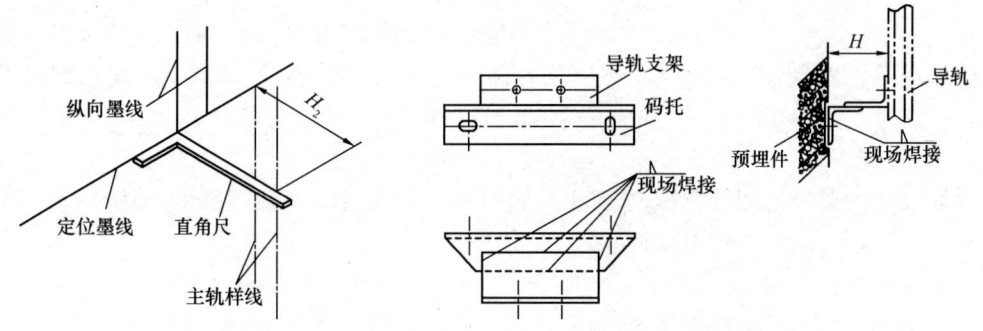

图 4.1-9 轿厢导轨支架定位引线图　　图 4.1-10 焊接式轿厢导轨支架安装示意图
当 $H\leqslant 140mm$,H 为安装现场实测尺寸

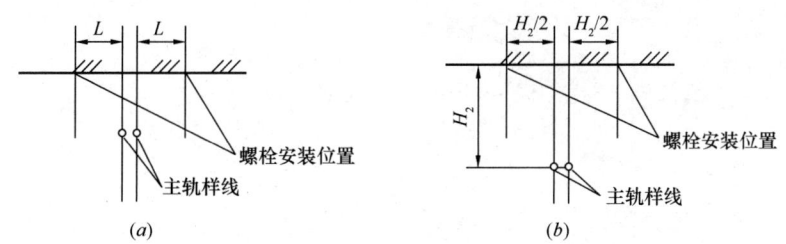

图 4.1-11 膨胀螺栓式轿厢导轨支架定位图
(a) 当 $H>140mm$;(b) 当 $H\leqslant 140mm$
H_2、L 要根据安装现场实际的导轨支架连接板的螺栓孔位来确定。

4.1.4 导轨支架固定方法

对于导轨支架的固定根据不同的墙体结构选择不同方法,常见的有直接埋入支架法、预埋地脚螺栓法、预埋钢板焊接法、膨胀螺栓紧固法、对穿螺栓法、共用支架法等。本节介绍的方法对于整体支架就是导轨支架的安装,对于组合式支架就是导轨连接板(俗称码托)的安装,其安装方法详见下节介绍。

1. 直接埋入支架法
(1)施工特点:
1)此种方法多用实心砖结构井道。
2)施工较简单。

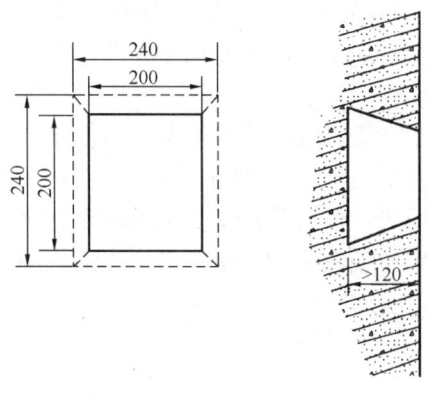

图 4.1-12 导轨支架的预留孔

安装时导轨按照标准线确定的支架安装位置，把导轨支架的燕尾部分直接埋入预留孔或现凿好的孔洞中，找平找正即可。

3) 整体安装效率较低。

由于此法要在放完样线后才能凿孔，待混凝土完全干固以后才能进行导轨的安装，整体安装效率较低。

(2) 施工步骤

1) 凿孔

在对应导轨支架的位置，剔一个内大口小的孔洞，预埋孔洞深度不小于 120mm，其孔洞尺寸如图 4.1-12 所示。

2) 截支架

将插入墙内部分的端部劈成燕尾状，如图 4.1-13 所示。按照实测的每档导轨支架长度尺寸，用切割机截好，按次序放好。

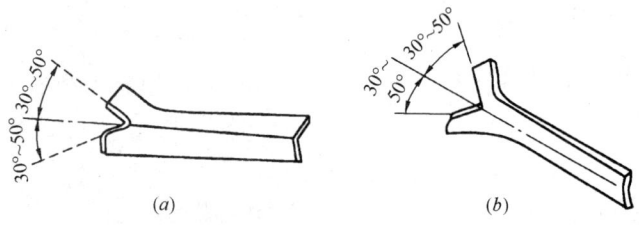

图 4.1-13 预埋支架形状图
(a) 角钢支架；(b) 扁钢支架

3) 冲洗壁孔

灌筑前，用水冲洗孔洞内壁，冲出渣土润湿内壁。

4) 对准

将按编号加工好的导轨支架，插入墙内凿好的孔中，使导轨支架基准线与固定导轨的螺栓孔在铅垂方向对准，并使导轨支架面与导轨支架基准线之间预留 3~5mm 的距离，以便测量和用导轨垫片调整相对两列导轨的面距，见图 4.1-14 所示。

5) 找正

将放入孔中的支架用水平尺找平找正，水平度符合安装导轨的要求，其导轨支架的

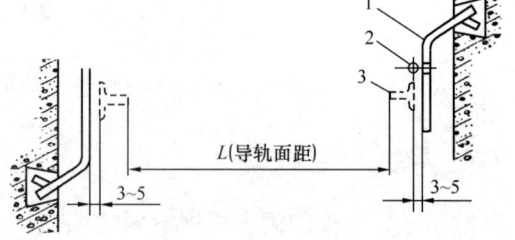

图 4.1-14 预埋支架安装对准
1—支架；2—支架基准线；3—导轨

不水平度≤5mm，导轨支架端面<1mm，如图 4.1-15、图 4.1-16 所示。

6) 浇灌

灌筑支架孔洞的混凝土用水泥、砂子、豆石按 1:2:2 的比例加入适量的水搅拌均匀

制成水泥砂浆。将导轨支架表面清扫干净，把导轨支架埋进洞内的尺寸≥120mm，浇筑完成后还要对支架进行水平度和端面的复核。

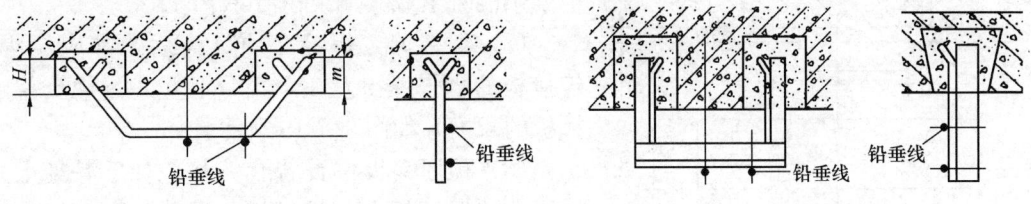

图 4.1-15 扁钢预埋支架安装示意图　　图 4.1-16 角钢预埋支架安装示意图

7）养护

导轨支架稳固后，不能碰撞，常温下需要经过 6～7d 的养护，强度达到要求后，才能安装导轨。

（3）施工技巧

1）为了便于安装和保证质量，一般先要求安装稳固每列导轨的最上面和最下面的两个导轨支架，待上下的这两个支架定位凝固后，再以这两个支架为基准，拉两条平行线，逐个稳固中间的导轨支架。

2）用混凝土灌筑的导轨支架若有松动的，要剔出来，按前述的方法重新灌筑，不可在原有基础上修补。

3）冬期不宜用混凝土浇筑导轨支架的方法安装导轨支架。在砖结构井壁剔凿导轨支架孔洞时，要注意不可破坏墙体。

4）若墙体是空心砖、泡沫砖则不能埋设固定件，应加装钢质圈梁，用以固定导轨支架。

2. 预埋地脚螺栓法

此种方法用于混凝土井道或有混凝土圈梁的井道。

安装时按导轨支架基准线确定的支架安装位置，将固定导轨支架地脚螺栓的开口部分埋入预留孔内，深度一般不小于120mm，并与井道壁的钢筋焊牢，如图 4.1-17 所示。在混凝土养护好后，才能安装导轨支架。具体的施工过程与直埋支架类似。此法由于对预埋的精度要求更高，现在很少用在导轨支架的施工上，逐步被膨胀螺栓法代替。

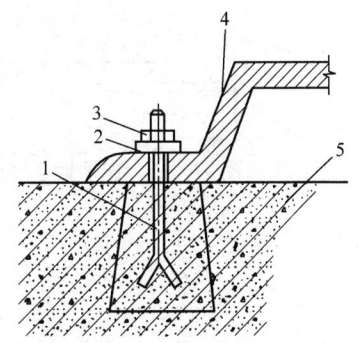

图 4.1-17 地脚螺栓预埋示意图
1—地脚螺栓；2—垫圈；3—螺母；
4—支架；5—混凝土井道

3. 预埋钢板焊接法

此方法适用于混凝土或带有混凝土圈梁的井道，是在混凝土施工过程中，将事先做好的预埋件，按照井道布置图上的安装位置进行预埋，在电梯安装时，再将导轨支架焊接在预埋钢板上，如图 4.1-18 所示。

此方法的优点是安装牢固，缺点是预埋钢板施工复杂，土建施工时预埋件的施工很难达到要求。在安装电梯时预埋件精度虽然通过施工可以达到要求，但施工较慢。具体的施工注意事项如下：

（1）在未焊接时，首先要检查预埋件是否牢固，敲击时应没有空洞声，否则要重新预

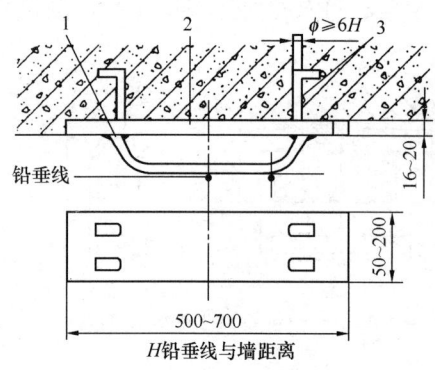

图 4.1-18 预埋钢板焊接法示意图
1—支架；2—预埋钢板；3—钢筋

埋后再将整体支架或组合支架的连接板（俗称码托）焊接在上面，在焊接前要用铁凿将钢板表面的残余混凝土或其他杂物清除干净。

（2）焊接时，焊缝必须是连续的并应全焊。连接板的水平度误差在 $1.5\%C$（C 为导轨支架连接板的长度）如图 4.1-19 所示。

（3）预埋钢板位置若有偏移，对于混凝土井道可在预埋钢板上补焊钢板，钢板厚度≥16mm，其长度超过 200mm 时，其端部需用 M16 的膨胀螺栓固定于井壁上，与预埋钢板搭接长度≥50mm，并三面焊牢。如图 4.1-20 所示。

（4）对于许多工厂的安装工艺中将悬空的长度以 50mm 为界，形成了不同的处理方法，在悬空尺寸 L 小于 50mm 时可不使用膨胀螺栓固定，如图 4.1-21（a）所示；悬空尺寸 L 大于 50mm 时要使用 M16 膨胀螺栓固定，如图 4.1-21（b）所示。

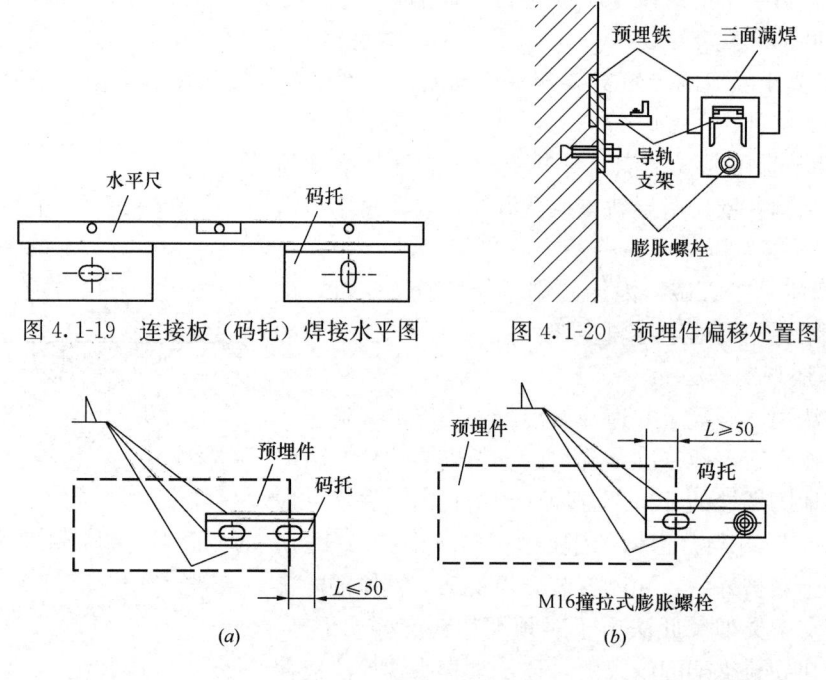

图 4.1-19 连接板（码托）焊接水平图　　图 4.1-20 预埋件偏移处置图

图 4.1-21 预埋件偏移处置图
(a) 连接板悬空形式Ⅰ；(b) 连接板悬空形式Ⅱ

（5）由于砖结构不能使用膨胀螺栓，井道预埋件位置若有偏移，造成导轨支架连接板悬空部分的长度 L 大于 50mm 时，必须对井道预埋件重新进行预埋。

（6）此种做法由于会增加电梯井道土建施工时的难度，土建施工预埋的尺寸偏差均较大，对于混凝土井道逐步被膨胀螺栓紧固法代替。

4. 膨胀螺栓紧固法

此种方法由于不需要预先埋入，在安装时现场打孔（孔的大小按膨胀螺栓直径），放入膨胀螺栓后拧紧固定即可。这种方法具有施工简单、方便和灵活可靠，施工效率高的特点，是目前常用的方法。

用膨胀螺栓固定导轨架时，应使用产品自带的膨胀螺栓，或者使用厂家图纸要求的产品。一般膨胀螺栓直径≥16mm。

（1）使用规范

1）膨胀螺栓紧固法仅适用于混凝土的井道，不适用于砖结构井道，且混凝土强度不低于180N；混凝土壁厚度不低于120mm。

2）施工时要注意保证膨胀螺栓距离混凝土边缘及膨胀螺栓的间距尺寸见表4.1-2或图4.1-22所示：

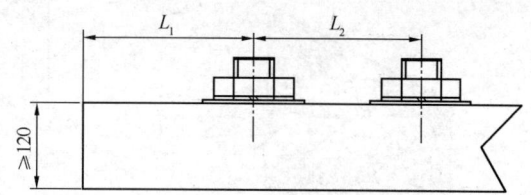

图 4.1-22　膨胀螺栓间距尺寸要求

膨胀螺栓使用规范　　　　　　　　　　　　　　　表 4.1-2

螺栓规格	螺栓距混凝土边缘 L_1	两螺栓间距 L_2
M12	不小于 100mm	不小于 100mm
M16	不小于 120mm	不小于 120mm

（2）具体施工步骤

1）用铁凿清除工作面的浮土和不平整处，保证紧固件（导轨支架连接板或码托）与混凝土工作面接触良好，如图4.1-23所示。

如果墙面垂直误差较大，可局部剔凿，然后用垫片填实。如图4.1-24所示。

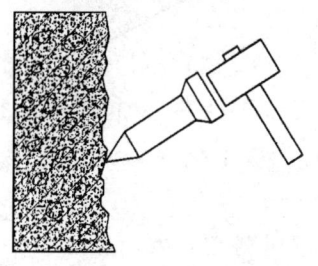

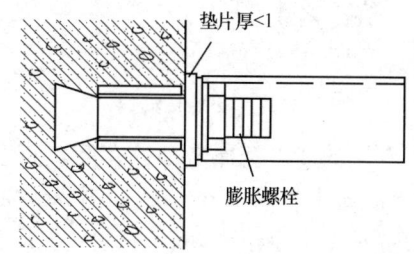

图 4.1-23　凿平工作面　　　　图 4.1-24　墙体不平整时处理方法

2）按下表要求垂直于混凝土工作面用冲击钻（电锤）钻孔，孔的深度通过调节冲击钻上的标尺杆端部与钻头端部间的距离来控制，如图4.1-25，表4.1-3所示。

膨胀螺栓钻孔尺寸表　　　　　　　　　　　　　表 4.1-3

膨胀螺栓规格	M16	M12
钻孔直径（mm）	22	18
钻孔深度（mm）	120（螺栓150）	90（螺栓120）

在使用冲击钻作业时必须带防护眼罩，双手握紧冲击钻，当施工位置不佳时，要调整脚手板等作业平台后再进行作业，意识到碰到钢筋时应更用力地握紧把手，并且松开开关，如图4.1-26所示。

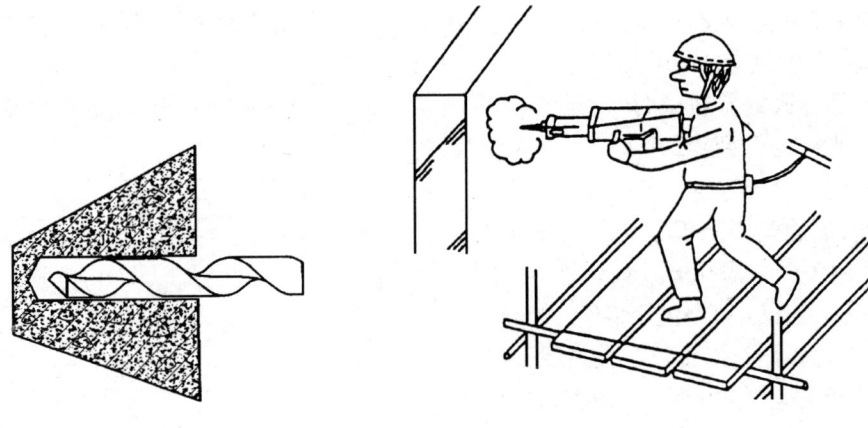

图 4.1-25　控制钻孔深度　　　　　　图 4.1-26　遇到钢筋时处理方法

3）将竹枝或小木棍将钻好孔中的混凝土灰清除干净，如图 4.1-27 所示。

4）将螺杆连同套筒一起放入孔中，如图 4.1-28 所示。

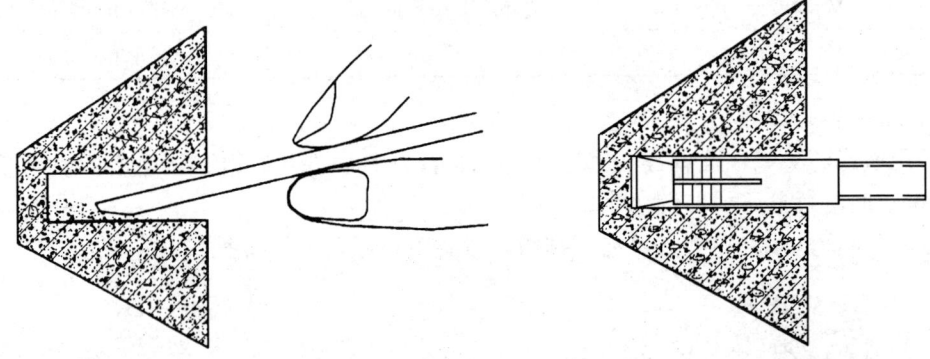

图 4.1-27　安装孔清扫　　　　　　图 4.1-28　膨胀螺栓放入孔中

5）使用专用的撞击套撞击螺栓套筒，直至专用撞击套上的红色标志线与混凝土面平齐（套筒沉入混凝土表面 10mm），如图 4.1-29 所示。

6）用力臂长度不小于 240mm 的 24 号扳手紧固 M16 螺栓，要求施加 40～57N 的力，用力臂长度不小于 190mm 的 19 号扳手紧固 M12 螺栓，要求施加 20～29N 的力，紧固后应将膨胀螺栓的大垫圈两点焊在导轨支架连接板上。如图 4.1-30 所示。

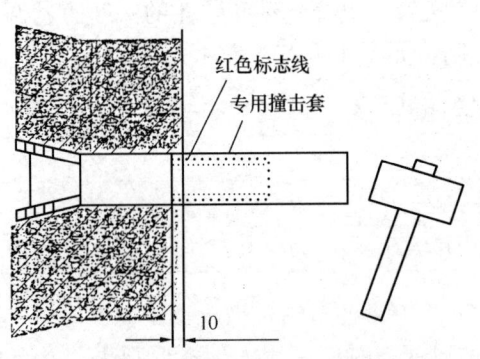
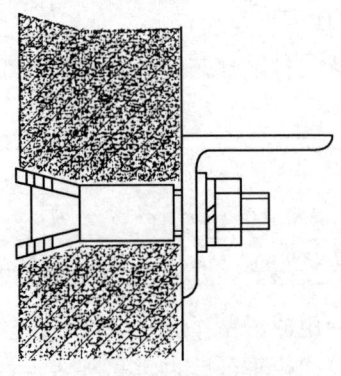

图 4.1-29　膨胀螺栓拉爆尺寸　　　　　　图 4.1-30　膨胀螺栓紧固

5. 对穿螺栓法：

（1）若井壁较薄，墙厚<150mm，又没有预埋铁时，不宜使用膨胀螺栓固定，应采用穿钉螺栓固定。用冲击钻在井道壁上钻出所需大小的孔，用螺栓通过穿孔将在井道的内壁穿钉固定钢板，钢板的厚度≥16mm，井道的外壁要加 100mm×100mm×12mm 的钢板垫，以增强强度，如图 4.1-31 所示，然后将支架焊接在此钢板上。

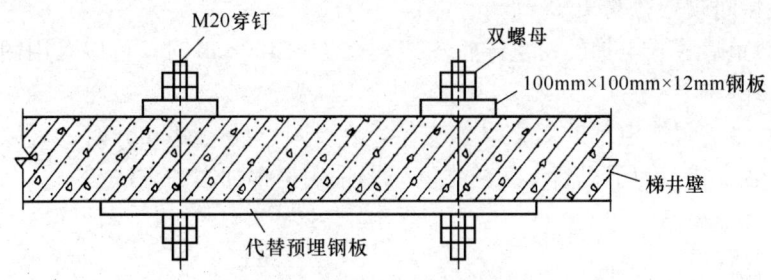

图 4.1-31　对穿螺栓钢板焊接法

（2）当井壁墙厚<100mm，采用图 4.1-32 所示的对穿螺栓法。用冲击钻或手锤在井道壁上钻出所需大小的孔，将螺栓穿过井道壁，在井道的外壁要加尺寸不小于 100mm×100mm×10mm 的钢板垫，井道的内壁直接用螺母固定导轨支架。

6. 共用支架法：

在同一井道安装两台以上的电梯时为了土建施工的方便，多采用连同井道，在安装电梯时每相邻的两个井道之间一般加装钢梁，在其上背靠背地焊接共用导轨支架，如图 4.1-33 所示。

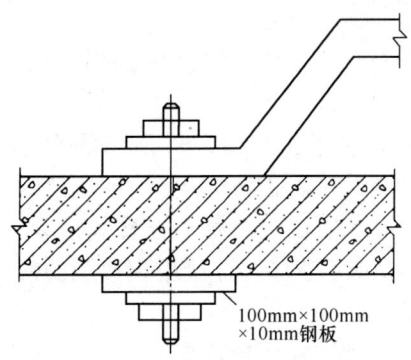

图 4.1-32　对穿螺栓直接紧固法

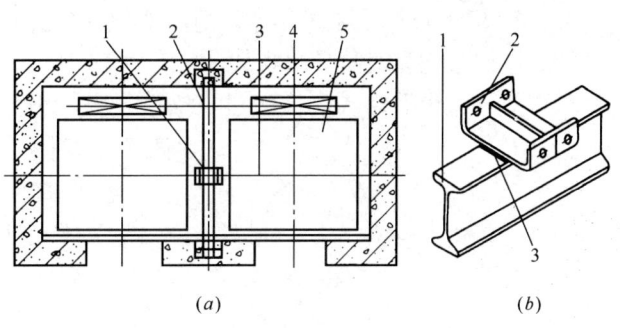

图 4.1-33　共用导轨支架示意图
(a) 共用导轨支架布置图
1—共用导轨架；2—钢梁；3—轿厢架；4—中心线；5—轿厢
(b) 共用导轨支架放大图
1—钢梁；2—共用导轨架；3—焊缝

4.1.5　组合式导轨支架安装

整体式导轨支架安装的过程就是其定位固定过程，而对于组合式导轨支架，在完成导轨支架连接板的定位固定后，还要进行导轨支架与导轨支架连接板的连接工作。组合式导轨支架一般由导轨连接板（俗称码托）和导轨连接支架两部分组成，由于其具有安装方便，调节容易，运输成本低等特点，被广泛地使用。

导轨支架连接板和导轨支架的常见的固定方式多以焊接型和螺栓紧固型两种，组合式导轨支架安装的方式有以下几种：

1. 对重后置式对重导轨支架

（1）焊接型对重导轨支架

1) 对于对重后置式电梯的对重导轨支架，在 $H<400\mathrm{mm}$ 时，可以采用图 4.1-34（a）所示的安装方式；

2) 对于对重后置式电梯的对重导轨支架，在 $400<H<600\mathrm{mm}$ 时，可以采用 4.1-34（b）所示的安装方式，为了提高支架的强度，要采用角钢加固的方法；

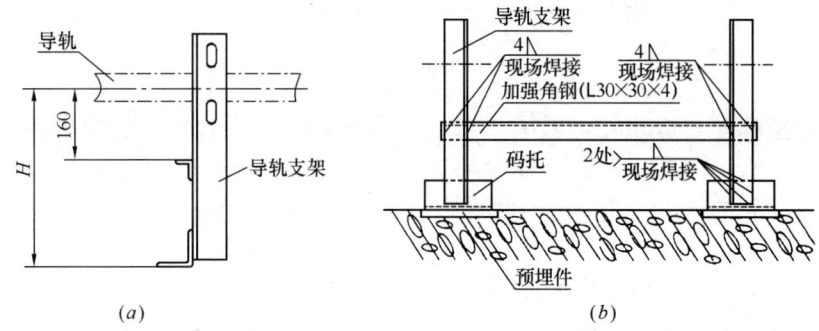

图 4.1-34　对重后置式焊接型对重支架安装图
(a) $H<400\mathrm{mm}$；(b) $400\mathrm{mm}<H<600\mathrm{mm}$

3) 当 $H>600$ 则必须采用槽钢进行对电梯的井道要进行修正，减小相应的空间尺寸。

（2）螺栓紧固型对重导轨支架

对于部分对重后置式电梯的对重支架，为了调整方便，采用如图 4.1-35 所示的螺栓紧固方法，但要注意垂直方向紧固导轨架的螺栓应朝上，螺母在上，便于查看其松紧。在导轨调整完成后支架与连接板相接触的四边必须点焊。

2. 对重后置式轿厢导轨支架

（1）焊接型轿厢导轨支架

1) 对于对重后置式电梯的轿厢导轨支架，在 $H<140\mathrm{mm}$ 时，可以采用图 4.1-36（a）所示的安装方式；

2) 对于对重后置式电梯的轿厢导轨支架，在 $H\geqslant 140\mathrm{mm}$ 时，可以采用图 4.1-36

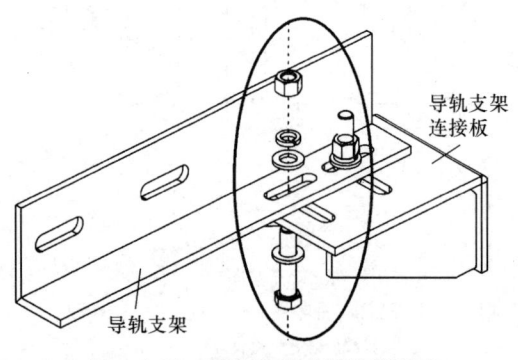

图 4.1-35　对重后置式螺栓紧固型对重支架安装图

(b) 所示的安装方式；

（2）螺栓紧固型轿厢导轨支架

1) 对于对重后置式电梯的轿厢导轨支架，也有采用螺栓紧固的方法，如图 4.1-37 所

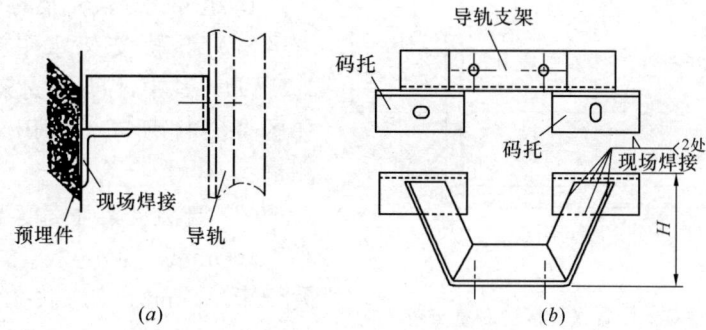

图 4.1-36　对重后置式焊接式轿厢支架安装图
(a) $H<140mm$；(b) 当 $H>140m$
H 为安装现场实测尺寸

示的安装方式；这种形式的支架，常用角钢加工而成，成本较低，但由于部分需要焊接，安装没有整体式灵活。

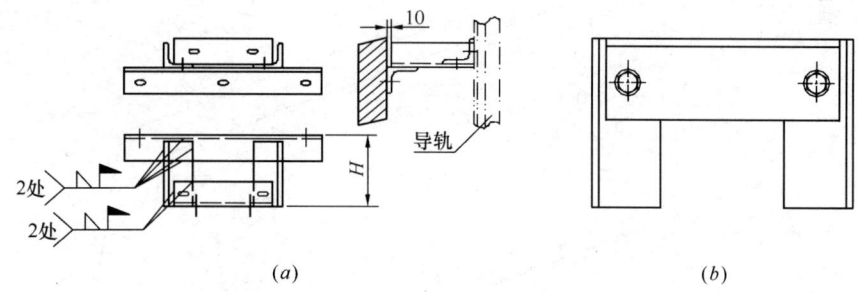

图 4.1-37　对重后置式半螺栓紧固型轿厢支架安装图
(a) 紧固安装图；(b) 支架紧固放大图

2) 对于对重后置式电梯的轿厢导轨支架，也有采用整体式螺栓紧固的方法，如图 4.1-38 所示的安装方式；这种形式的支架，常用钣金加工而成，强度好，安装灵活，对井道的适应性强，许多厂家在采用。

3. 对重侧置式对重导轨支架

对于对重侧置式电梯的对重导轨支架，大多采用的是轿厢与对重共用型，通常有焊接式和螺栓紧固式。

(1) 焊接式对重导轨支架

对重侧置式焊接型对重导轨支架其装配图如图 4.1-39 所示，另一侧轿厢导轨支架的安装图如图 4.1-36、图 4.1-37 所示。

(2) 螺栓紧固式对重导轨支架

对重侧置式螺栓紧固型对重导轨支架其装配图如图 4.1-40 所示，另一侧轿厢导轨支架的安装图如图 4.1-37 及图 4.1-38 所示。

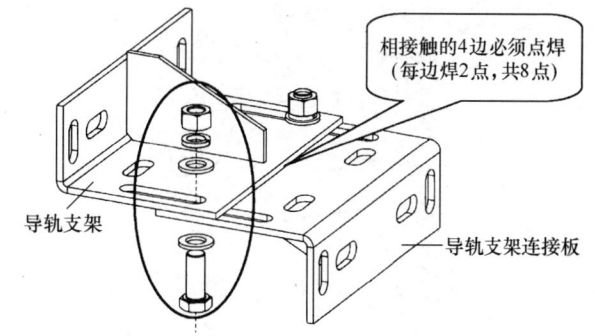

图 4.1-38　整体式对重后置式螺栓紧固型轿厢支架安装图

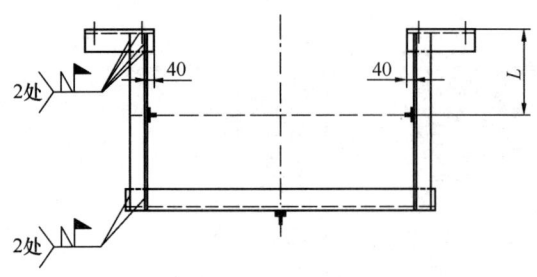

图 4.1-39 对重侧置式焊接型对重与轿厢共用支架安装形式

4. 组合式导轨支架的常见工艺要求

(1) 导轨支架水平度误差应小于 $1.5\%H$,其中,H 为支架的长度,工艺如图 4.1-41 所示,可用 600mm 水平尺测量。

(2) 导轨支架垂直度误差应满足误差小于 0.5mm,即 a_1-a_2 的绝对值应该不大于 0.5mm,如 4.1-42 所示,可以使用钢直角尺测量。

(3) 导轨支架焊接要求:

1) 支架搭入码托的深度应大于等于导轨连接板(码托)的 2/3,如图 4.1-43 所示 D 的尺寸。

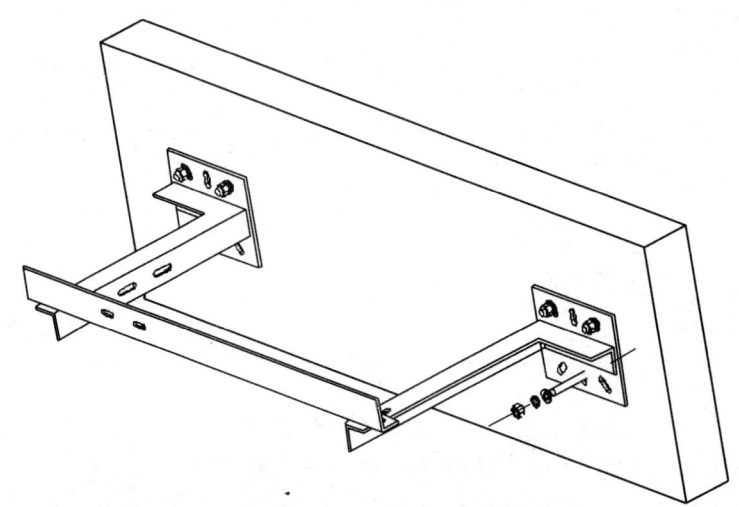

图 4.1-40 对重侧置式螺栓紧固型对重与轿厢共用支架安装图

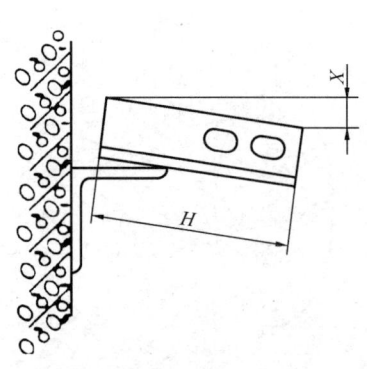

图 4.1-41 导轨支架水平误差

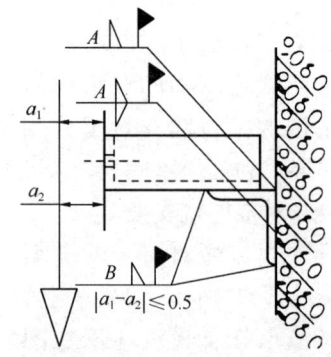

图 4.1-42 导轨支架垂直误差

2) 焊缝必须连续,并且应全焊,工艺如上图 4.1-43 所示,导轨支架与连接板焊角高度必须小于表 4.1-4 所规定的要求。

焊角高度要求　　　　　　　　　　　　　　　　　表 4.1-4

电梯载重量	焊角高度 A（mm）	焊角高度 B（mm）
1000kg 以下	4	3
1000kg 以上	6	3

(4) 禁止事项

1) 焊缝不连续，焊角高度小于表 4.1-4 所规定的要求。

2) 导轨支架靠近井道壁侧未焊接。

3) 导轨支架水平度误差 $X>1.5\%H$。

4) 导轨支架和码托的搭接长度 $D<2L/3$，如图 4.1-44 所示。

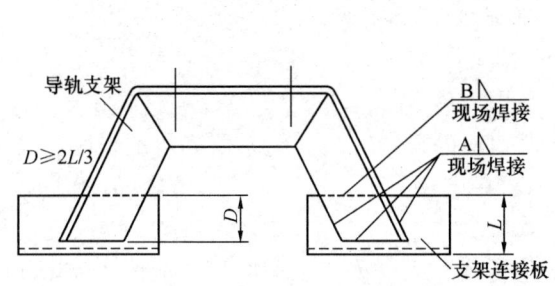

图 4.1-43　导轨支架与连接板搭接图

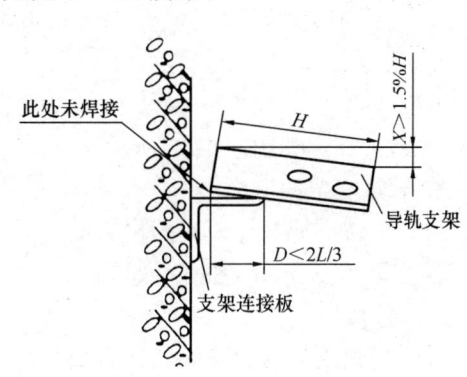

图 4.1-44　导轨支架与连接板错误连接图

4.1.6　导轨支架安装示例

1. 导轨支架长度的确定

(1) 参照井道图，依据现场实际测量的井道尺寸（从底部底面的尺寸），确定最终井道全高；

(2) 对标准导轨的截取：应根据所需导轨实际长度，换算为所需导轨根数（导轨长度 5000mm），换算公式为：所需导轨长度/5000＝所需导轨根数；

(3) 按凸凹顺序排列后，确定最下端的导轨的截取尺寸。导轨截取后，应做好相应标记；

(4) 由于建筑方面的原因，井道壁不可能达到绝对的垂直，导致各档导轨支架的长度不尽相同，对于焊接式导轨连接板，必须要在现场根据实际测量的尺寸来截取支架，并按照支架定位时的位置编号做好记号，便于支架的按需使用，提高协调能力；

(5) 为了方便导轨支架端部的焊接作业，应使支架端部与预埋件或井道壁留有 15mm 的间隙；

(6) 下面以对重后置式电梯，来讲解导轨支架的长度的确定方法。

1) 对重后置式电梯的对重支架如图 4.1-45 所示，对重导轨支架长度＝$H_1-15+30$，（H_1 为靠近厅门侧的那条样线与井道壁之间的距离）。

2) 同样在轿厢导轨支架连接面与预埋件或井道壁距离大于 140mm 时，使导轨支架端部与预埋件或井道壁留有 15mm 的间隙，再加上 3mm 的导轨垫片间隙，故轿厢导轨支架

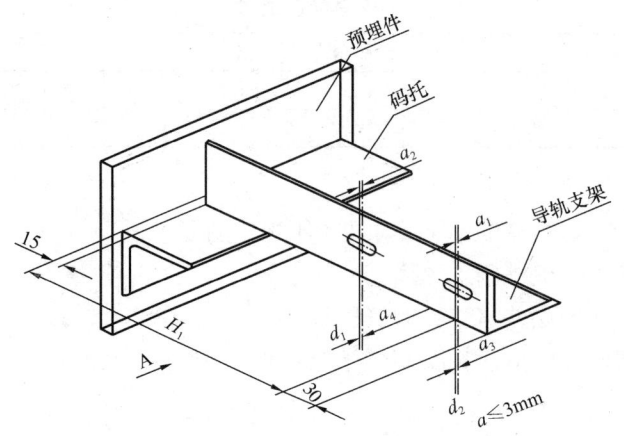

图 4.1-45 对重后置式对重导轨支架长度

长度 $=H_1-18$，如图 4.1-46 所示。

2. 导轨支架的定位

（1）导轨支架与导轨底的接触面应平行于其对应的样线（d_1、d_2）所确定的平面，其平行误差应在 0.5mm 之内，如图 4.1-45 所示，在图中，a_1、a_2、a_3、a_4 的数值相差在 0.5mm 之内。

（2）导轨支架与导轨底的接触面，与其对应样线（d_1、d_2）之间距离 a 应为 1～3mm（以便校正导轨时能插入垫片），如图 4.1-45 所示。

（3）导轨支架上用来固定导轨的长圆孔（对重支架）或圆孔（轿厢支架）的中心线 d 应分别与对应的样线（d_1、d_2）重合，其偏差在 1mm 以内，如图 4.1-47 所示。

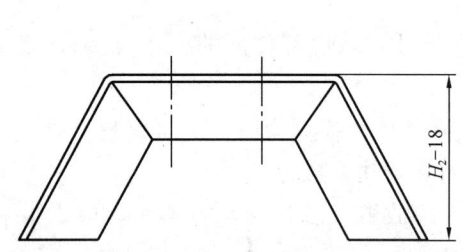

图 4.1-46 对重后置式轿厢导轨支架长度

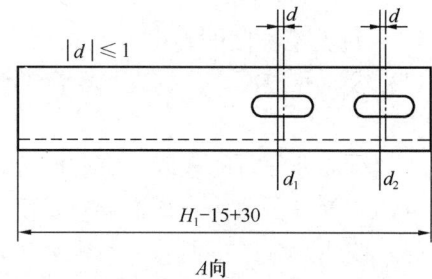

图 4.1-47 导轨安装孔与样线的校准

4.2 导轨安装

电梯中的导轨，是安装在井道中确定轿厢和对重相对位置，并对它的运行起导向作用的部件。相当于电梯的运行"马路"。

4.2.1 导轨常见种类及安装示例

1. 导轨常见种类

电梯导轨常见种类，以其横向截面的形状分，常见有以下 5 种（表 4.2-1）。

导 轨 的 种 类　　　　　　　　　　　　　　　　表 4.2-1

导轨类型	图　示	使 用 场 合
T型实心导轨		具有良好的抗弯性能和可加工性，使用范围广泛。根据我国 GB/T 22562—2008《电梯 T 型导轨》归类为 15 种规格，T 型导轨的材料为 Q235，大多采用机械加工方式或冷轧加工方式制作。根据目前使用的情况，T 型导轨的规格尺寸还可减少
空心导轨		对重用的空心导轨一般由板材经冷弯成空腹 T 型，使用在没有安全钳的低速梯对重导轨，在地震多发地带避免使用
型材导轨	L型　槽型　管型	一般均不经过加工，通常用于运行平稳性要求不高的低速电梯。大量的使用在早期的简易电梯上

2. 典型导轨安装示例

典型的导轨有 T 型实心导轨和空心导轨，其安装示意图如图 4.2-1 所示。

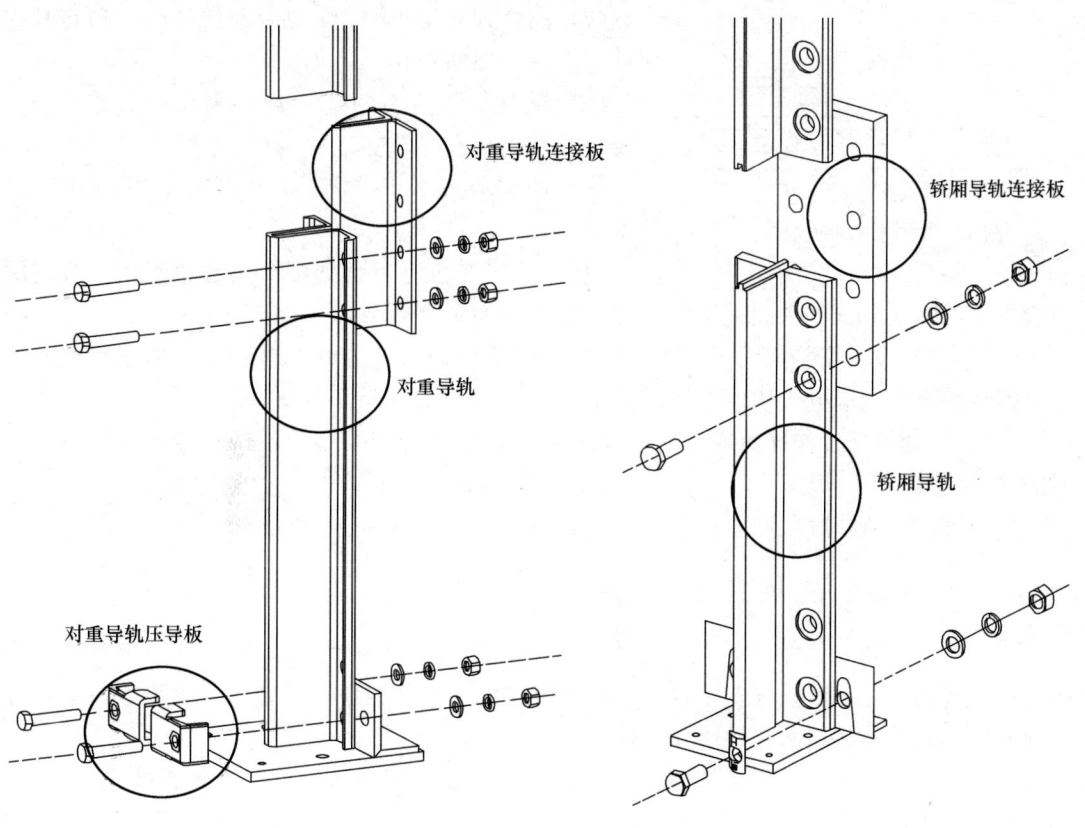

图 4.2-1　典型导轨的安装示意图

（a）空心对重导轨安装；（b）T 型轿厢导轨安装

4.2.2 导轨安装的技术要求

(1) 当电梯蹲底或撞顶时,导靴不应越出导轨。

(2) 每根导轨侧工作面对安装基准线的偏差,每 5m 应不超过 0.7mm,相互偏差在整个高度上应不超过 1mm。

(3) 导轨接头处允许台阶不大于 0.05mm;如超过 0.05mm 则应修平。其导轨接头处的修光长度为 250～300mm,修平、修光采用手砂轮或油石磨。

(4) 导轨工作面接头处不应有连续缝隙,且局部缝隙不大于 0.5mm。

(5) 导轨应用压板固定在导轨支架上,不应采用焊接或螺栓联接。固定导轨用的压道板、紧固螺栓一定要和导轨配套使用。不允许采用焊接的方法或直接用螺栓固定(不用压道板)的方法将导轨固定在导轨架上。采用压道板固定导轨后,当井道下沉,导轨因热胀冷缩,导轨受到的拉伸力超出压板的压紧力时,导轨就能作相对移动,从而避免了弯曲变形。这种方法被广泛用在导轨的安装上,压板的压紧力可通过螺栓的被拧紧程度来调整,拧紧力的确定与电梯的规格,导轨上、下端的支承形式等有关,如图 4.2-2 所示。

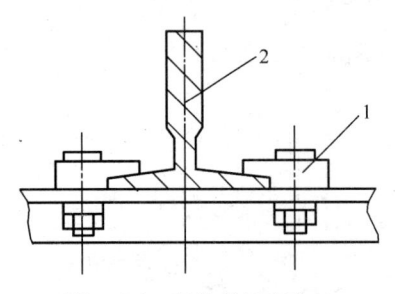

图 4.2-2 导轨的固定方法
1—压道板;2—导轨

(6) 两根轿厢导轨接头不应在同一水平面上,以免安全钳动作时导轨因支架强度不够而造成弯曲变形。

(7) 组合式导轨支架在导轨调整完毕后,须将其连接部分点焊,以防位移。

(8) 调整导轨使用的垫片数如果厚度超过 5mm,则要把垫片点焊在导轨支架上。

(9) 调整导轨使用的单边垫片应点焊在导轨支架上。

(10) 每根导轨应当至少有 2 个导轨支架,其间距一般不大于 2.50m(如果间距大于 2.50m 应当有计算依据)。

(11) 支架应当安装牢固,焊接支架应当采用双面连续焊缝,锚栓(如膨胀螺栓)固定只能在井道壁的混凝土构件上使用。

(12) 每列导轨工作面每 5m 铅垂线测量值间的相对最大偏差,轿厢导轨和设有安全钳的 T 型对重导轨不大于 1.2mm,不设安全钳的 T 型对重导轨不大于 2.0mm。

(13) 两列导轨顶面的距离偏差,轿厢导轨为 0～+2mm,对重导轨为 0～+3mm。

4.2.3 导轨安装中的安全措施

(1) 由于导轨安装作业是在井道中进行的,因此施工时所有施工人员都应戴好安全帽,如有登高作业还应系好安全带。自己所携带的工具应放在工具袋内,大型工具要用保险绳扎好,妥善旋转,防止坠落伤人伤物。

(2) 施工人员站立在脚手架上,应注意脚手架上的脚手板或竹垫笆是否扎牢和紧固,如有不妥应采取措施,先检查后上人,清除一切不安全因素后,才能进行工作。

(3) 严禁立体作业及上下一起施工。

(4) 井道墙上凿洞时,不允许用重 2.5 磅以上的大锤猛击墙面。

(5) 安装导轨时劳动强度较大,必须配备人力,由专人负责统一指挥工作,做好安全防护工作,施工中不得打闹,精神要集中,听从指挥。

4.2.4 导轨安装前的准备工作

1. 导轨的检查及修整

电梯所用的导轨都属外协加工成品件,电梯整机生产单位也有对其直线度、对称度及厚薄度均进行合格检验,但由于运输和搬运的影响,电梯导轨必须进行检查和修整,这是整机安装至关重要的一步,随后要注重导轨安装的整体质量,保证电梯导轨的安装精度,才能使电梯运行平稳,舒适感好。

(1) 仔细检查主导轨及对重导轨的接头情况,如发现有毛刺及污物存在,可用锉刀或刨刀修整,清洗干净。

(2) 导轨工作面不允许有碰伤、划痕等机械损伤;轻微损伤允许修复,严重碰伤部分不可在安装中废弃的话,要及时更换。

(3) 检查导轨的直线度≤1/1000,单根导轨全长偏差≤0.7mm,不符合要求的应要求厂家更换或自行调直。

(4) 要在导轨安装前进行预配,使导轨的接榫密合,局部缝隙不大于0.5mm,对于表面有缺陷的导轨应进行修正,并尽可能地配置于顶部或底部,预配后的导轨应按照先前安装导轨支架时确定的安装顺序位置编号,同时保证导轨接头与导轨支架错开。

2. 安装前的准备

(1) 对于整块的导轨样板,将以前安装的样板上的样板线3、4、5、6拆除,其中样板线5、6拆除后,应暂时挂在脚手架上(不妨碍导轨安装),这两根样板线后面将用来作为找正导轨的依据,然后,锯去安装导轨支架时用的样板部分,也就是将样板锯到距离7、8点2～5mm的位置。导轨将安装在这些锯掉的位置。如图4.2-3所示。

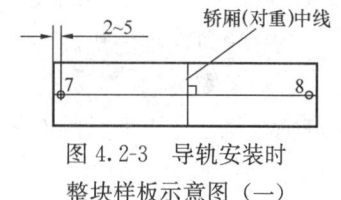

图 4.2-3 导轨安装时整块样板示意图(一)

(2) 清除底坑处阻碍导轨搬入和提升的脚手架横挡,然后把拆下的横挡保管好,并在导轨吊装结束后,将这些横挡重新按原位安装好。

(3) 用金属清洁剂或柴油清洗导轨接头部位及导轨连接板的连接面;以免杂物加在中间造成导轨接头缝隙偏大。用金属清洁剂清洗后,为了防止生锈,应涂上一层油膜。为了导轨安装完成后便于清洁,在导轨表面涂一层薄油,这样容易清洗污垢。否则,可能因积垢造成可感觉到的轿厢跳动。

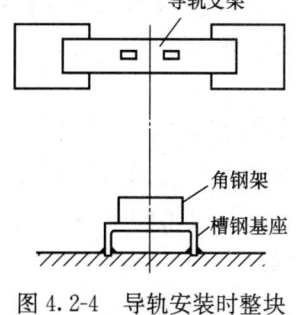

图 4.2-4 导轨安装时整块样板示意图(二)

(4) 当底坑架设导轨槽钢基础座时,必须找平垫实,其水平误差不大于1/1000。槽钢基础位置确定后,用混凝土将其四周灌实抹平。槽钢基础座两端用来固定导轨的角钢架,先找正后,再进行固定,如图4.2-4所示。

(5) 若导轨下面无槽钢基础座或其他形式的底座,可在导轨下面垫一块厚度 $\delta \geq 12$mm、尺寸为 200mm×200mm 的钢板,在导轨调整完毕后用电焊点焊牢固。

(6) 对于用油润滑且无底座的导轨,需在立基础导轨前将其下端距地平40～60mm高的一段工作面部分锯掉,以留出接油盒位置，如图4.2-5所示。现在许多用塑料制作的接油盒可以直接卡在导轨上，可以不用锯导轨，参见后面章节中的图样。

（7）将导轨搬入井道内，应在底坑铺以木板，以保护导轨端部不至受到损伤。在搬运时要注意所有导轨的榫舌或榫槽应在同一方向，通常导轨的榫舌朝上，便于在导轨安装时清除榫头上的灰渣，确保接头处的缝隙符合规范要求，如图4.2-6所示。

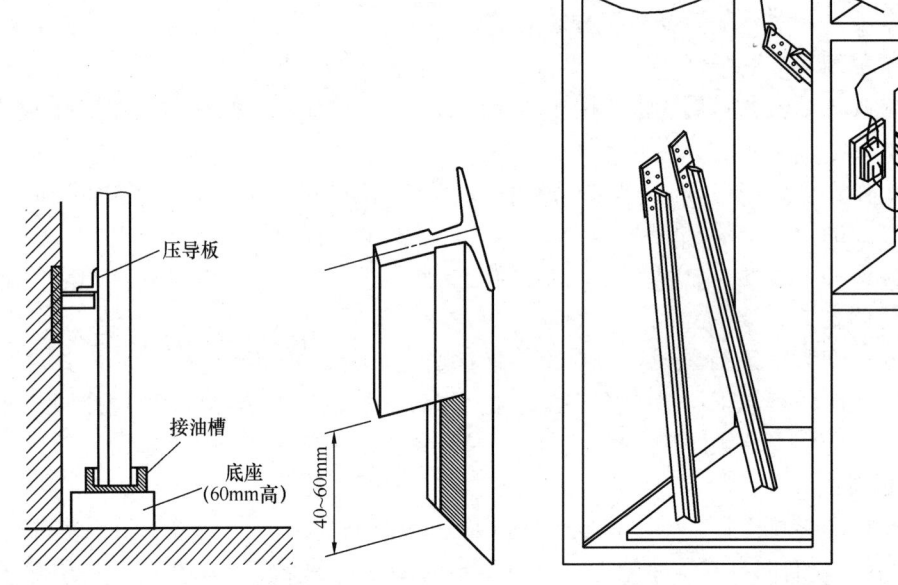
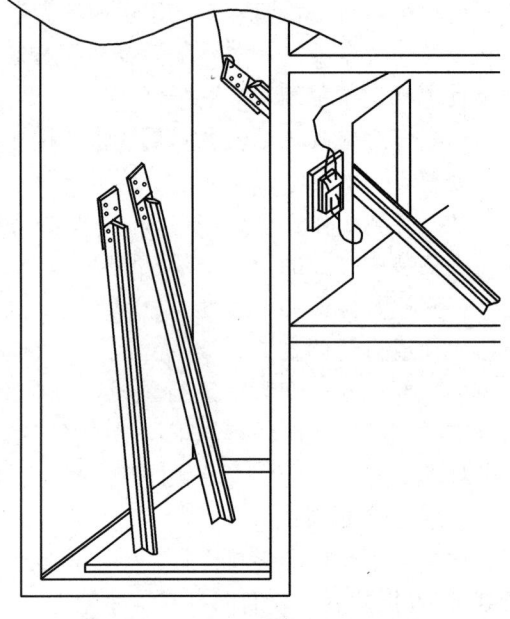

图4.2-5 接油盒用导轨安装示意图　　图4.2-6 导轨搬入井道示意图

（8）导轨底部的垫高

在准备安装的第一档导轨底部用木块或砖头将其垫高约150mm左右，其中50mm为在卸荷校轨作业中抽去的部分，另外100mm用于导轨底座的安装作业，如图4.2-7所示。

4.2.5　导轨吊装

导轨的吊装属于立体交叉作业，最主要的要注意安全，操作前要仔细检查吊装设备是否完好，绳索是否结实没有损伤，吊装时还需要按照标准进行。常见的吊装方法有电力和人力两种方法。

1. 卷扬机吊装法

此种方法通常用于高层电梯导轨的吊装，将提升导轨用卷扬机安装在顶层层门口或底层层门口，井道顶上挂一滑轮，通常用的0.5t卷扬机，如图4.2-8所示。

（1）在利用卷扬机吊装导轨时，可将导轨提升到一定高度（使能方便地连接导轨），连接另一根导轨。采用多根导轨整体吊装就位的方法时，要注意吊装用具的承载能力，一般吊装总重不超过3kN（≈300kg）。整条轨道可分几次吊装就位。

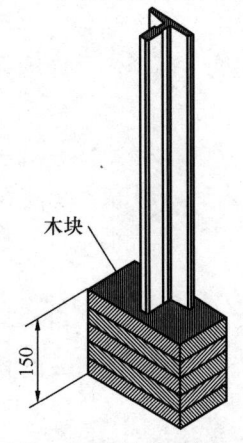

图4.2-7 导轨底部的垫高示意图

（2）吊装导轨时应用U形卡固定住接导板，吊钩应采用可旋转式，以消除导轨在提升过程中的转动，旋转式吊钩可采用推力轴承自行制作。吊装导轨时也有采用双钩勾住导轨连接板的方法,如图 4.2-9 所示。

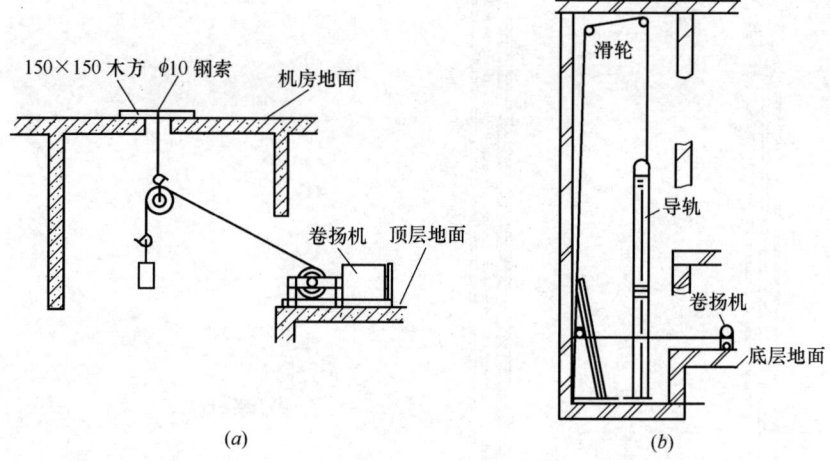

图 4.2-8 卷扬机吊装示意图
(a) 卷扬机在顶层层门口;(b) 卷扬机在底层层门口

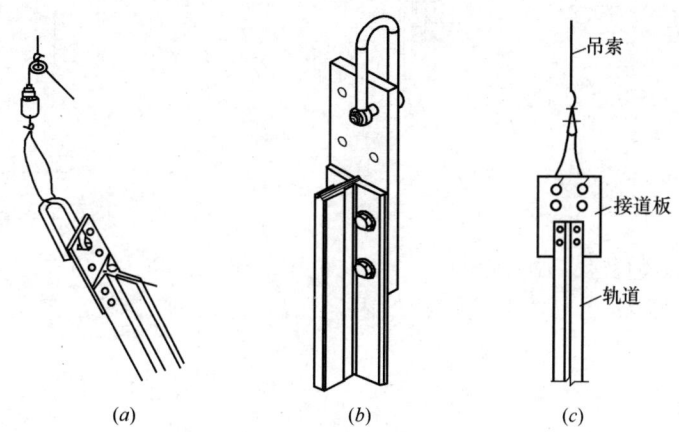

图 4.2-9 常见吊索固定方法示意图
(a) U 形卡法;(b) U 形卡;(c) 双钩法

2. 人力吊装法

若导轨较轻,且提升高度又不大,可采用人力吊装,使用 $\phi \geqslant 16mm$ 尼龙绳代替用卷扬机吊装钢轨。采用人力提升时,须由下而上逐根立起。常见的导轨吊装捆绑方法如图 4.2-10 所示。

4.2.6 导轨的连接和固定

(1) 在导轨吊装的开始,将最下面一根导轨放在前项图 4.2-7 所述垫高的木块上,用压码进行固定。

(2) 如图 4.2-9 所示利用连接板螺栓孔将导轨逐条由下至上用卷扬机或人力进行吊升。

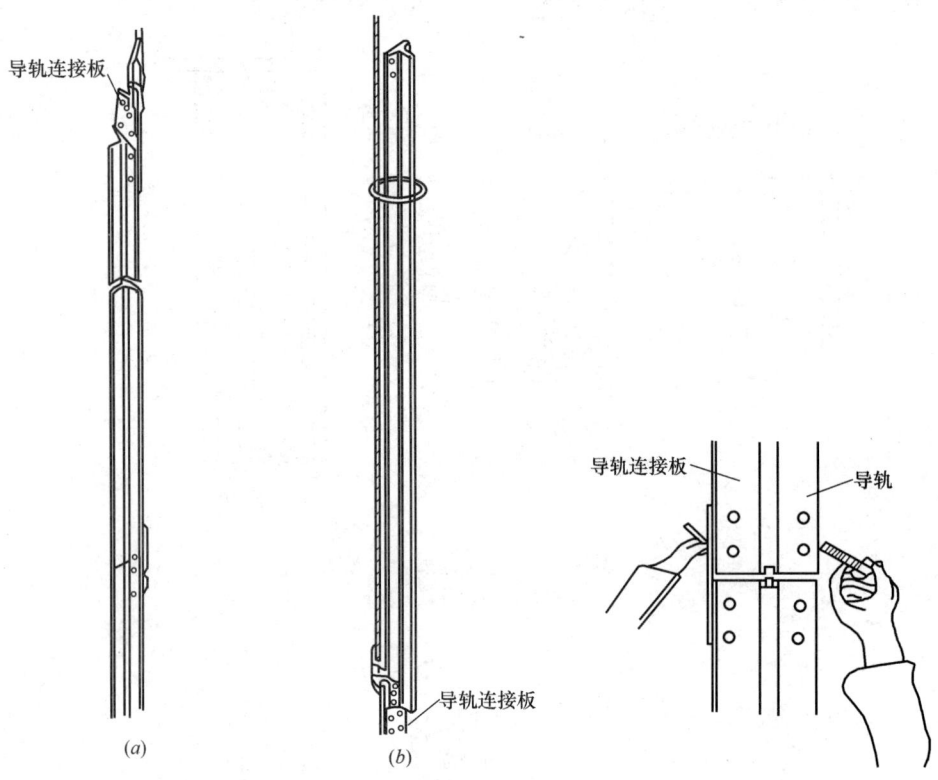

图 4.2-10 人力起吊导轨捆绑方法示意图
(a) 连接板在上端；(b) 连接板在下端

图 4.2-11 导轨的连接与固定示意图

(3) 在起吊的过程中，用棉纱抹干净导轨接头部位后，将上、下两导轨的榫舌与榫槽分别连接在一起，把导轨与导轨连接板的固定螺栓装上，并旋紧至弹簧垫圈略有压缩为止，待校轨时再进行紧固，如图 4.2-11 所示。

(4) 用导轨压码将导轨紧固在导轨支架上，连接如图 4.2-12 所示。

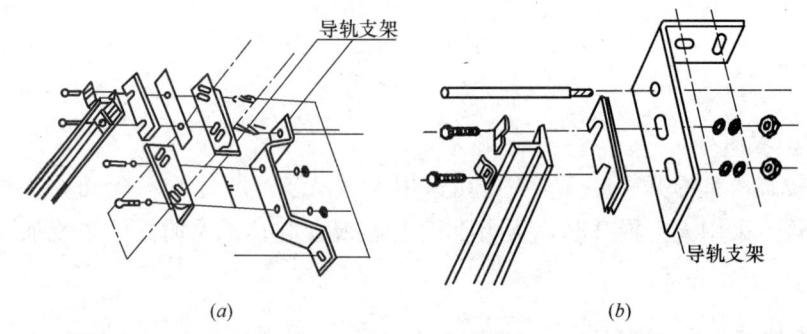

图 4.2-12 常见导轨于导轨支架的连接示意图
(a) 常见轿厢导轨连接；(b) 常见对重导轨连接

(5) 对最上段导轨要按实测尺寸切断，使得导轨顶离机房楼板底 50~100mm，然后固定在导轨支架上，如图 4.2-13 所示。对于顶层高度远远大于厂家要求的尺寸时，只要保证在电梯冲顶和蹲底时,导靴不能滑出导轨,同时满足对重完全静止压缩在缓冲器上时,轿厢导轨长度应能提供不小于 $0.1+0.035v^2$ 的进一步制导行程;轿厢完全静止压缩在缓冲器上时,对重导轨长度应能提供不小于 $0.1+0.035v^2$ 的进一步制导行程。

(6) 对于导轨支架与导轨分开安装时,按如下步骤操作:

1) 松开导轨压板螺栓并将压板旋转 90°,以确保导轨能靠至圆弧板上;

2) 将运进井道的导轨,靠至导轨支架上,转回压板并用手扭紧螺栓。通过预固定,使导轨不能滑出固定件。重复此步,直到将所有的导轨安放完毕。

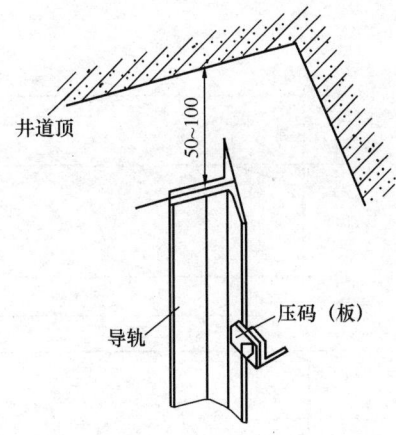

图 4.2-13 导轨顶部安装示意图

4.2.7 常见导轨校正工具的制作

导轨吊装完成后,就要进行调整,检查和调整导轨的专用工具通常用校轨尺,又称为导轨找正尺。由于导轨的调整主要是依靠校轨尺来校正的,所以校轨尺制作的精度将直接影响导轨校正的准确度。根据导轨校整的工序和精度要求,校轨尺可分为校轨卡板和校轨尺两类,分别用于导轨的粗校和精校。由于每个公司使用的导轨尺寸可能不尽相同,各个厂家的样板放线方式不同,校正导轨的工具也有差异,制作校轨尺的时候,应该根据实际导轨尺寸和工艺需要进行制造。下面介绍的几种校轨尺,是以日立电梯公司的工艺为例,只作为标准导轨的参考用。

1. 实心导轨的粗校卡板制作

实心导轨常用的 8K 和 13K 的导轨,其导轨校正卡板的制作如图 4.2-14 及图 4.2-15 所示。

(1) 材料要求:T10A。

(2) 工艺要求:

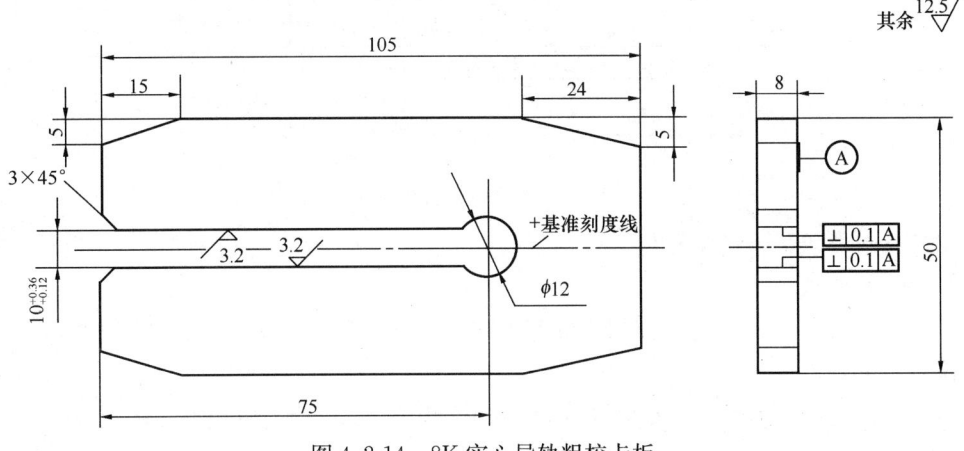

图 4.2-14 8K 实心导轨粗校卡板

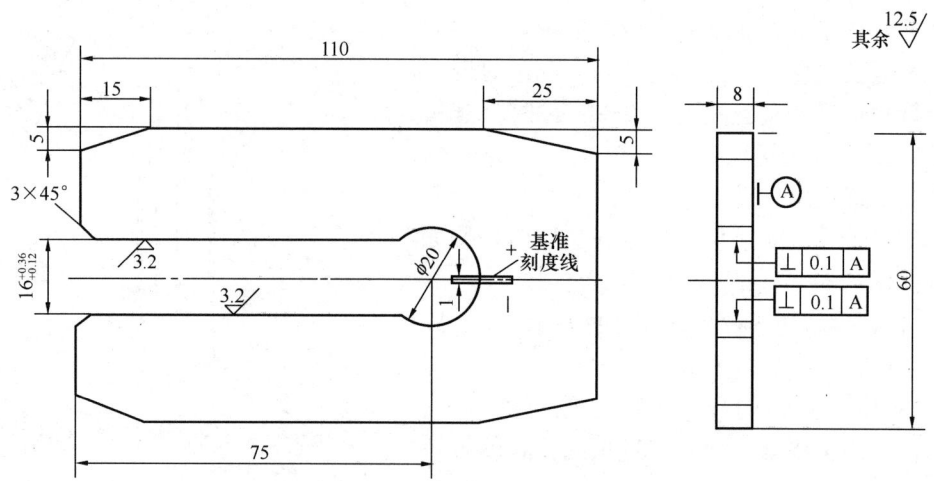

图 4.2-15 13K 实心导轨粗校卡板

1) 基准刻度线刻划深度为 1mm，长度 7mm，宽度 1mm。
2) 刻度线涂黑漆。
3) "+"、"-" 符号可用冲子打点标记出来。

2. 空心导轨的粗校卡板制作

空心导轨卡板式校轨尺只适用于空心导轨的粗校正，其结构如图 4.2-16 所示。

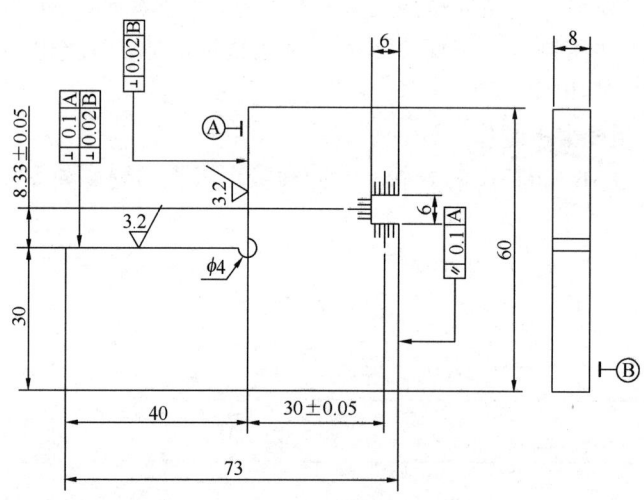

图 4.2-16 空心导轨粗校轨卡板示意图

(1) 材料要求：不锈钢板材。
(2) 工艺要求：

1) 零件造好后，如图在表面 6mm 宽卡口上画出刻度线，刻度线要求双面刻度，刻度线单位是 1mm。
2) 刻划深度 0.1mm，中心刻度线长 5mm，其余刻度线长 3mm。
3) 去毛刺、锐角。

3. 标准校规尺制作

校轨尺作为导轨精校的工具，相对于校轨卡板要复杂很多，本章节将按照标准导轨尺寸详细介绍，实际现场可以根据各公司使用的不同导轨进行修改和设计。

校轨尺按结构由校轨尺底座、校轨尺指针、校轨尺特制螺栓、钢管等部分组成。

（1）校轨尺底座

校轨尺底座结构如图 4.2-17 所示。

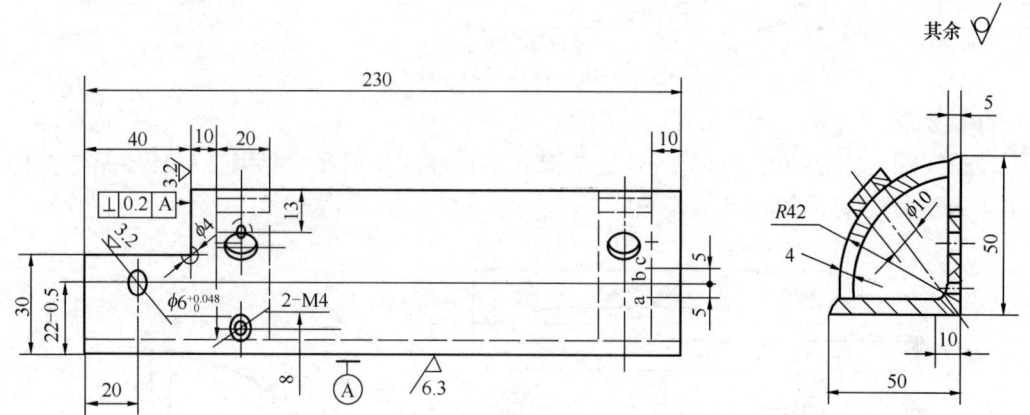

图 4.2-17　校轨尺底座图

材料要求：Q235。

工艺要求：

1) A 是尺寸为 10mm 宽一段平面，该平面表面通过热处理得到，且作为第一道工序。

2) $\phi 6$ 孔最后工序用 3 级绞刀绞制。

3) 使用冲子标记出 a、b、c 三个标记。

4) 该图校轨尺底座是校轨尺的左边，右边座要求对称按尺寸制作。

5) "＋"、"－"号标记用冲子打点来标记。

（2）校轨尺指针

校轨尺指针结构如图 4.2-18 所示。

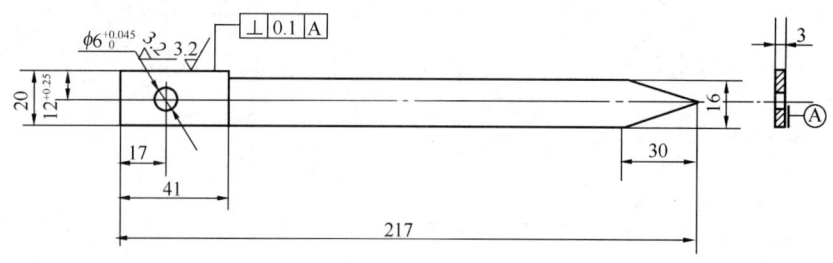

图 4.2-18　校轨尺指针图

工艺要求：

1) $\phi 6$ 孔最后工序用 3 级绞刀绞制。

2) 材料选用 20 钢渗碳淬火处理，渗碳深度 0.4～0.6mm；材料选用 20 钢渗碳淬火处理，或选用 T10A。

(3) 校轨尺特制螺栓

校轨尺特制螺栓结构如图 4.2-19 所示。

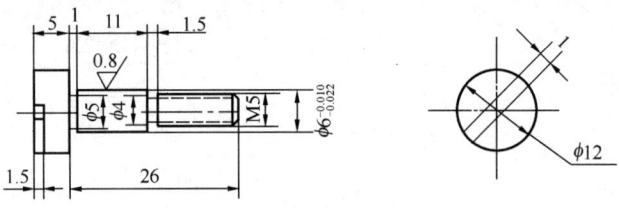

图 4.2-19 校轨尺特制螺栓图

材料要求：45 钢。

校轨尺除上面介绍的三部分外，还需要其他标准件及钢管才能组合，具体整体结构如图 4.2-20 所示。标准校轨尺零部件见表 4.2-2。

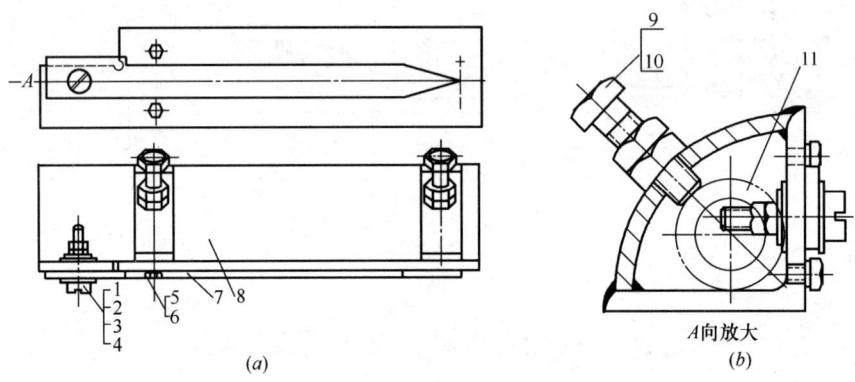

图 4.2-20 校轨尺特制螺栓图

标准校轨尺零部件表　　　　　　　　　表 4.2-2

序 号	名　称	数 量	材　料	标　准
1	特制螺栓	2	45	M5 螺栓
2	螺母 M5	4	Q235	GB/T 6176—2000
3	垫圈 5	2	Q235	GB/T 96.1—2002
4	垫圈 6	4	Q235	GB/T 96.1—2002
5	螺体 M4	4	Q235	GB/T 6176—2000
6	弹簧垫圈 4	4	65Mn	GB/T 859—1987
7	指针	2	TIOA	
8	校轨尺座	2	Q235	
9	螺栓 M8×30	4	Q235	GB/T 5785—2000
10	螺母 M8×30	8	Q235	GB/T 5785—2000
11	钢管	1		

标准校规尺也有另外一种常用的形式，如图 4.2-21 所示。

4. 卡板式校轨尺的制作

卡板式校轨尺采用的是将卡板与标准校轨尺结合的校轨尺，比标准校轨尺更精确，适

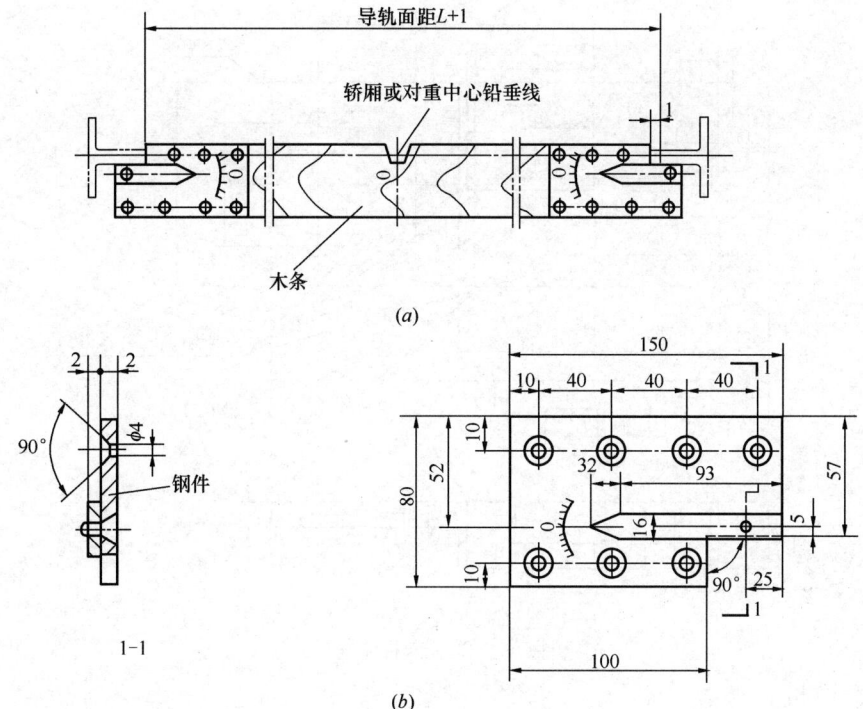

图 4.2-21 导轨精校卡尺图
(a) 精校轨尺示意图；(b) 精校轨尺制作图

用于对轨道要求更高的高速电梯校轨中（速度 2.0m/s 以上）。

卡板式校轨尺包括：卡板、限位板、校轨尺身、刻度板等几部分。

(1) 卡板

卡板结构如图 4.2-22 所示。

材料要求：45 号钢。

工艺要求：

1) 去毛刺、锐角。

2) 皮质处理，硬度 220~240HB。

3) 整体镀锌。

卡板式校规尺卡板尺寸　　　　表 4.2-3

适用规格	8K	13K	18K	24K	30K
L_1	108	114	120	132	132
L_2	26	32	38	50	50
L_3	6	8	10	14	14
L_4	8	10	12	16	16
W	10	16	16	16	19
*	8	13	18	24	30

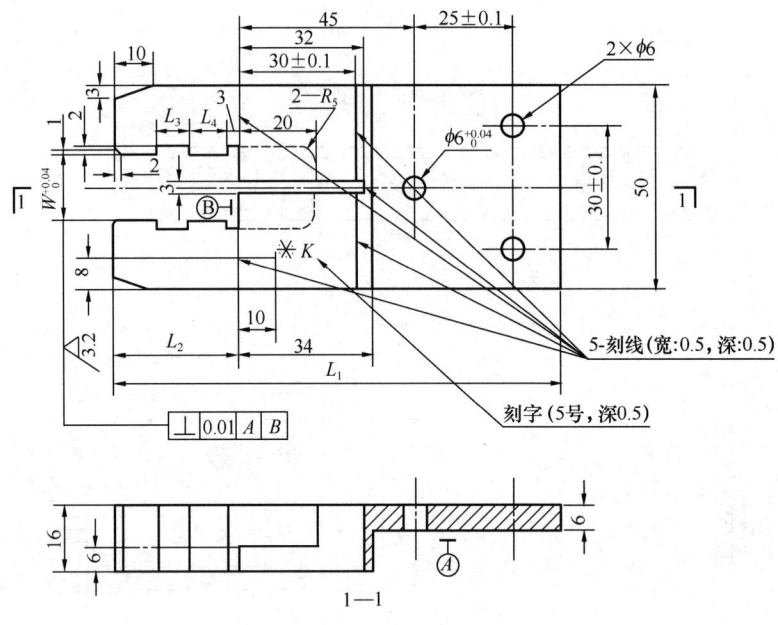

图 4.2-22 卡板结构

（2）限位板

限位板结构如图 4.2-23 所示。

材料要求：Q235 钢板。

工艺要求：

1）去毛刺、锐角。

2）整体镀锌。

3）直角处倒角 $0.5 \times 45°$。

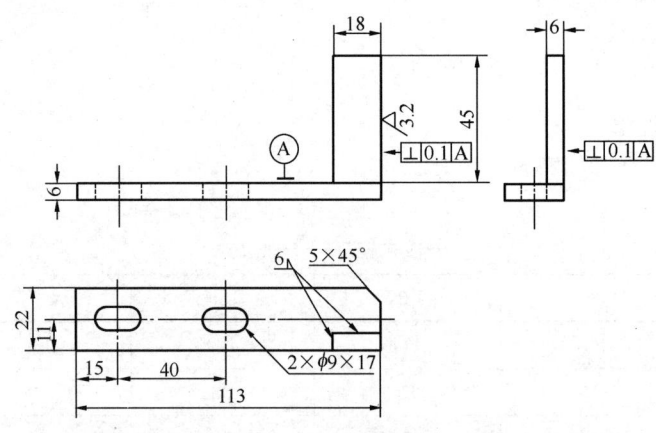

图 4.2-23 限位板结构

（3）校轨尺身

校轨尺身结构如图 4.2-24 所示。

材料要求：Q235 钢板。

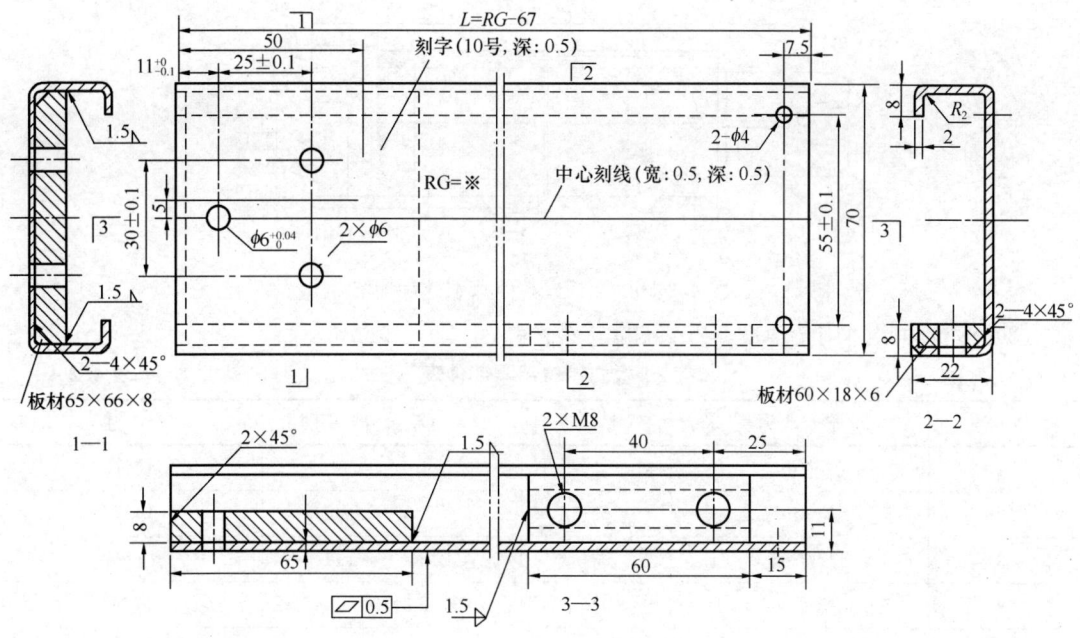

图 4.2-24 校尺身结构

工艺要求:
1) 去毛刺、锐角。
2) 除锈、喷防锈漆、灰漆,或整体镀锌。
3) RG 为标准导轨距,根据实际尺寸设计。
4) ＊为标称轨距的数值。

(4) 刻度板

刻度板如图 4.2-25 所示。可以直接用市场购买的 150mm 直钢板尺截取制作。

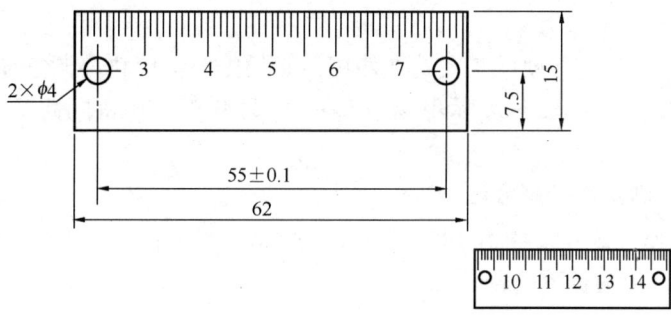

图 4.2-25 刻度板

(5) 卡板式校轨尺装配

卡板式校轨尺整体装配如图 4.2-26 所示。

工艺要求:
1) 装配时应保证 A、B、C 三点成一直线,直线度偏差≤0.3。
2) 装配后通过移动序号 12 来保证尺寸 I 等于 RG(标准导轨距)。

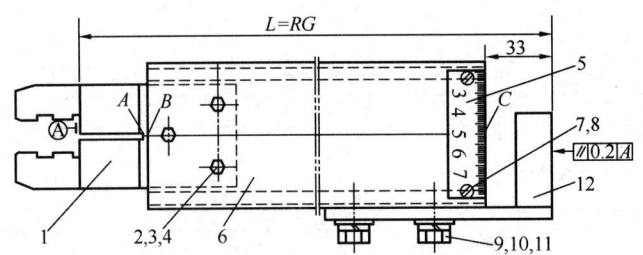

图 4.2-26 卡板式校轨尺整体装配图

3) 该校轨尺适用于速度≥2m/s 的电梯。

卡板式校轨尺零部件表　　　　　　　　　　　表 4.2-4

序 号	名　　称	数量	标　　准	备　注
1	卡板	1		镀锌
2	螺栓 M6×32	3	GB/T 5785—2000	镀锌
3	弹簧垫圈 6	3	GB/T 859—1987	热处理
4	螺母 M6	3	GB/T 6176—2000	镀锌
5	刻度板	1		
6	校轨尺身	1		
7	半圆头螺钉 M4×8	2	GB/T 2672—1986	镀锌
8	螺母 M4	2	GB/T 6176—2000	镀锌
9	螺栓 M8×20	2	GB/T 5785—2000	镀锌
10	弹簧垫圈 8	2	GB/T 859—1987	热处理
11	平垫圈 8	2	GB/T 97.1—2002	镀锌
12	限位板	1		镀锌

5. 校轨尺的校正

校轨尺是检查和调整导轨的工具，在使用前必须先要将校轨尺调整准确，以保证导轨调校的精确度。校轨尺要根据实际现场电梯的图纸参数（导轨间距等参数）来确定并校正。

(1) 标准型校轨尺的调整方法

1) 将校轨尺座固定在外径为 $\phi 26.75$mm（3/4in）的水管上，用卷尺测量 L 尺寸，如图 4.2-27 所示，L 应为标准轨距。

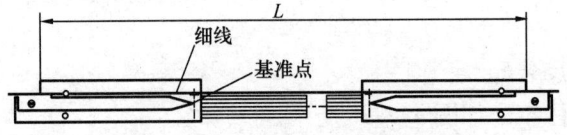

图 4.2-27 标准型校轨尺总装图

2) 如图 4.2-27，用一拉紧的细线检测两指针与导轨触的部位在同一直线上时，两指针同时指正基准点。若指针与基准点有偏差时，可在图 4.2-28 所示 A 方向通过垫片调整，使指针对准基准点。

3) 校核两样尺对应平面的平行度误差在 0.2mm 以内。校核方法：把校轨尺夹紧在台钳上或固定在一平台上，然后参照图 4.2-28 所示，测量两把样尺 B 面的垂直度误差均在 0.2mm 以内。

4) 样尺调整好后，应立即拧紧校轨尺座与钢管之间的紧固螺栓。

5) 固定后应重新复核上述 1、2、3 项所提的要求被满足，最后可以点焊。

(2) 卡板式校轨尺的调整方法

1) 调整校轨尺的中心刻线与卡板的纵向基准线对齐。调整方法：如图 4.2-29 所示，将校轨尺卡在导

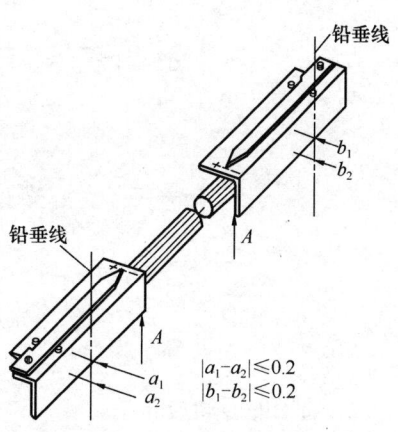

图 4.2-28　标准型校轨尺调整图

轨上，并且校轨尺卡板应顶紧导轨顶面，读取校轨尺刻度板中心刻线与样线的偏差 a，将校轨尺反转卡在导轨上（即上下颠倒，不是左右颠倒）；再次读取校轨尺刻度板中心线与主轨样线的偏差 a'。如果 $a=a'$ 则证明校轨尺身的中心刻线与卡板的纵向基准线已经对齐。否则应拧松固定螺栓 1，调整校轨尺身与卡板的相对位置。

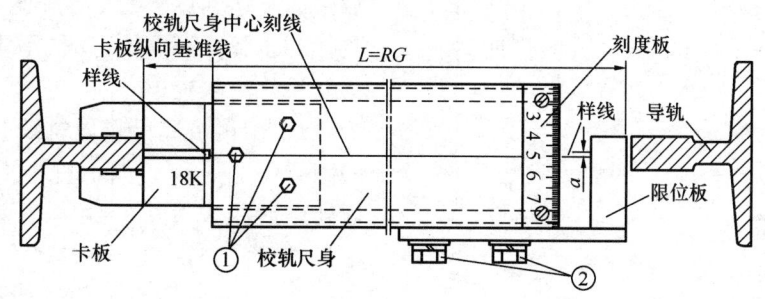

图 4.2-29　卡板型标准型校轨尺调整图

2) 用卷尺测量 L 尺寸，L 应为标准轨距，否则，应拧松固定螺栓 2 调整校轨尺尺身与限位板的相对位置。

4.2.8　导轨调校

导轨吊装完后，不管是轿厢导轨还是对重导轨，都必须进行认真的调整校正，尤其是轿厢导轨的加工精度和安装质量的好坏，对电梯运行时的舒适感和噪声等性能都有着直接关系，而且电梯的运行速度越快，影响就越大。而电梯的对重导轨也是加工精度和安装质量越高越好，特别是快速梯和高速梯的对重导轨要求是很严格的。因此，除低速梯的对重导轨采用空心导轨外，1.0m/s 以上的客、病梯均采用 T 形导轨。

导轨的调整主要是纠正如下图 4.2-30 所示（X、Y、Z）三个方向的偏差。

一般导轨的校正应由下而上，先找轿厢导轨，后找对重导轨；轿厢和对重以其中一支导轨为校正基准。同一台电梯的导轨找正应使用一把校规尺，而且要以导轨同一侧面为基准，不允许随意变换。

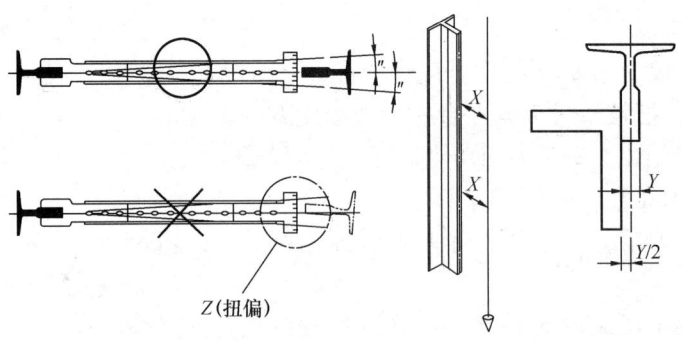

图 4.2-30　导轨偏差示意图

1. 通用的导轨校正法

通常导轨调整校正分初校和精校。下面简述一下导轨调整校正的过程。初校之前需悬挂两根如图 4.2-31（a）所示的导轨中心铅垂线，并用图 4.2-31（b）所示的初校卡板，分别自下而上地初校两列导轨的三个工作面与导轨中心铅垂线之间的偏差。经初校和初调后，再用精校卡尺进行精校，分别检查和测量两列导轨间的距离、垂直、偏扭，通过调整达到标准要求，如图 4.2-32 所示。具体的步骤分一次校正和二次校正。

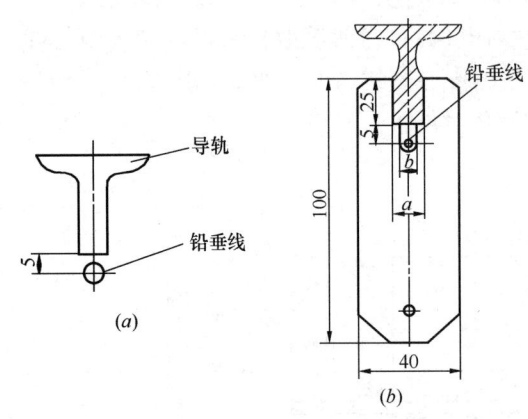

图 4.2-31　导轨初校示意图
(a) 导轨与铅垂线；(b) 初校轨卡板
a—导轨的宽度；b—铅垂线的直径+2

（1）一次校正

1）用钢板尺检查导轨端面与基准线的间距和中心距离，如不符合要求，应调整导轨前后距离和中心距离，然后再用精校卡尺进行仔细找正。

2）扭曲调整（Y 向）：将精校卡尺端平，并使两指针尾部侧面和导轨侧工作面贴平、贴严，两端指针尖端指在同一水平线上，说明无扭曲现象。如贴不严或指针偏离相对水平线，说明有扭曲现象，则用专用垫片调整导轨支架与导轨之间的间隙（垫片不允许超过三片），使之符合要求。为了保证测量度，用上述方法调整以后，将精校卡尺反向180°，用同一方法再进行测量调整，直至符合要求，如图 4.2-32 所示。

3）调整导轨垂直度（X 向）和中心位置：调整导轨位置，使其端面中心与基准线相对，并保持规定间隙。

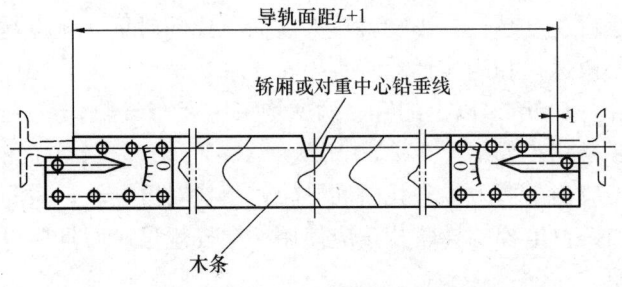

图 4.2-32　导轨精校示意图

4) 轨距及两根导轨的平行度检查（Z 向）：轨距校正时，将校规尺端平，沿导轨顶面上下移动，以其中一支导轨为基准塞入 30 丝塞片上下不能移动，取掉 30 丝塞片，上下能移动即可。两根导轨全部校直后，自下而上或者自上而下，采用图 4.2-32 所示的检查工具进行检查。导轨经精校后应达到技术要求。

（2）二次校正

二次找正主要是对导轨接头处的校正，依然由下往上重复一次找正的方法，同时支架压导板处的导轨重新进行复验，但应注意：在连接时，本身如果因导轨接头或导轨连接板本身的制造误差引起的导轨连接扭转或间距不好，应在导轨连接板与导轨连接处垫 10~30 丝的塞片，尽量消除其误差。

第二次主要校正导轨表面工作线及导轨接头处。用卡道板卡住导轨表面工作线的位置。卡道板应对导轨的支架处找正，对导轨的连接处也应找正，而且上下两根导轨连接板螺栓拧紧后，对接道板处的上一根导轨和下一根导轨都应找正。具体操作：先将 8 只螺栓拧紧后，用卡道板卡上下两导轨，如有偏差，可用榔头敲正，螺栓也不要拧太紧，敲过去会弹回来。这样找正后，拧紧螺栓，再对接头上下支架处再复查一次，此方法应在一天内找正，而且应是同一个校正员。

2. 标准校轨尺调校导轨法

对于如前图所述的电梯导轨吊装完成后，要采用卸荷调校导轨的方法来校正导轨。

（1）卸荷调校导轨的具体做法：

1) 从最下一条导轨开始校正。

2) 校第一条导轨时，将第二条及以上导轨的压码收紧，然后将第一条导轨下面的部分木块（50mm）用手锤打掉，再松开第一条导轨和第二条导轨的连接螺栓，将第一条导轨沉下，使导轨连接部位的榫舌与榫槽分开。

3) 校正第一条导轨后，将第二条导轨沉下，校正第二条导轨。

4) 依次由下至上将导轨沉下进行校正。

（2）将前面因为吊装导轨拆除的样线 5、6 分别再挂在样板上的 7、8 点上，这两条样线将作为后面校正导轨的依据；有必要重新对该两条样线进行校核。

（3）导轨校正部位应在导轨接头处及导轨支承架处。

（4）调整导轨横向垂直度误差（X 向），如图 4.2-33 所示。

1) 导轨支架位置校正方法

拧紧压板螺栓至弹簧垫圈平齐时，测量样线与导轨面的距离，该数值减去 a（mm）（该数值根据实际样板线与实际图纸要求、校轨工具确定）后即为应插入垫片的厚度。插入垫片，拧紧压板螺栓后，再次测量，若有偏差，则再适量增减垫片。

2) 连接板位置校正方法

连接板处出现偏差的原因是连接板上下支架的垂直度不良，如图 4.2-34 所示。解决方法是设法消除支架的垂直度误差。具体做法是在支架与

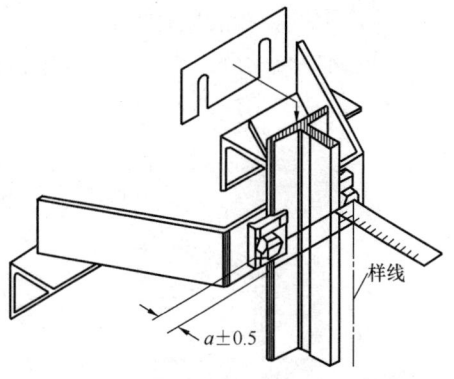

图 4.2-33　调整导轨横向垂直度误差示意图

导轨底面的上下位置单边插入垫片。避免连接板处出现偏差应在焊接作业时保证支架的垂直精度。

(5) 调整导轨纵向垂直度误差（Y 向）。

1) 实心导轨参见图 4.2-35 所示，样线与基准线的对中偏差在±0.5mm 以内。

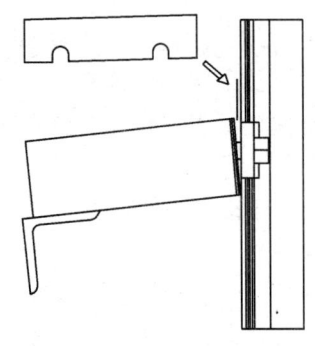
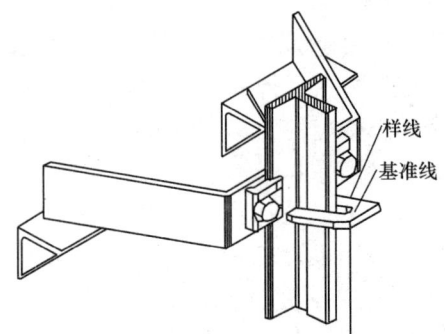

图 4.2-34　纠正连接板位置误差示意图　　图 4.2-35　卡板调整实心导轨垂直度示意图

2) 空心导轨参见图 4.2-36 所示，样线与基准线的对中偏差±1.0mm 以内。

3) 校正方法：拧松导轨压板紧固螺栓半圈后用手锤敲击压板，直至压板上的基准线与样线重合，拧紧压板螺栓。为便于观测，可将卡板适当倾斜（限于实心导轨找正）。

4) 注意事项：导轨校正过程中，应注意样线是否有位移。具体方法是测量任意两样线间的距离，看是否有变化。意外的原因，如井道坠物，搬运部件等均会造成样线的偏移。

(6) 调整导轨对向平行度误差（Z 向）及导轨距，如图 4.2-37 所示。

校正方法：两人合作，使用前面介绍的专用校轨尺如图 4.2-37 所示，在所有导轨支架部位进行测量，要求校轨尺的指针在刻度的中心位置。若导轨对向平行度超差，可在导轨支架与导轨底面插入单边垫片调整；若轨距超差，则重复前

图 4.2-36　卡板调整空心导轨垂直度示意图

面步骤（4）的操作。

(7) 导轨整体的修整

经过以上的精校后应达到：

1) 两列导轨的侧工作面与铅垂线偏差，每 5m 应不超过 0.7mm。每列导轨工作面每

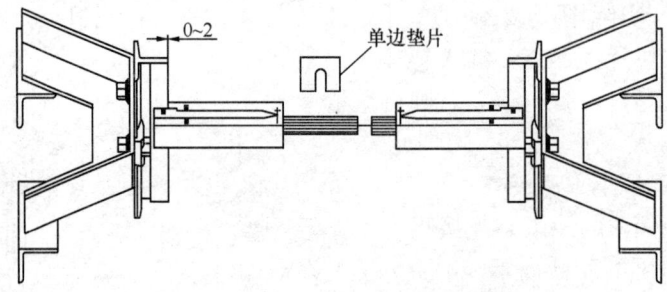

图 4.2-37　校轨尺校正导轨示意图

5m 铅垂线测量值间的相对最大偏差，轿厢导轨和设有安全钳的 T 型对重导轨不大于 1.2mm，不设安全钳的 T 型对重导轨不大于 2.0mm；

2) 两列导轨顶面的距离偏差，轿厢导轨为 0～+2mm，对重导轨为 0～+3mm

3) 两列导轨要垂直，而且互相平行，在整个高度内的相互偏差应不大于 1mm，如图 4.2-38 (a) 所示。

4) 两导轨接头处的全长不允许连续缝隙，局部缝隙口应不大于 0.5mm，如图 4.2-38 (b) 所示。

5) 导轨连接处应无接头台阶。导轨接头处的台阶，用 300mm 长的钢板尺靠在工作面上，用厚薄规检查，在 a_1 和 a_2 处应不大于 0.05mm，如图 4.2-39 所示。

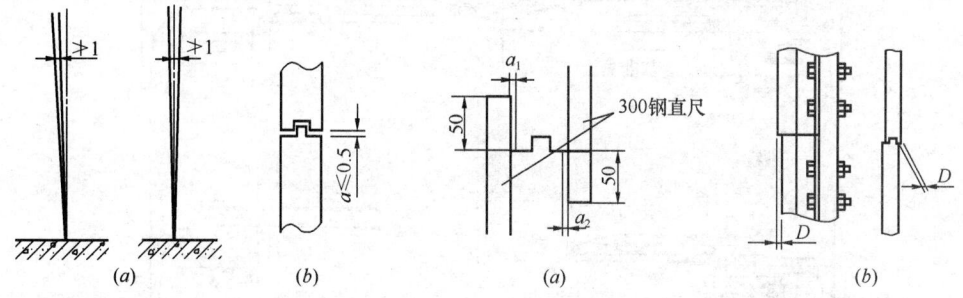

图 4.2-38 导轨偏差图
(a) 导轨垂直度偏差；(b) 导轨缝隙偏差

图 4.2-39 导轨接头台阶检查图
(a) 导轨接头台阶测量；(b) 导轨接头台阶偏差

导轨接头台阶加工要求　　　　　　　　　　表 4.2-5

速度 (m/s)	接头台阶 D (mm)	修光长度 A (mm)	
		轿厢导轨	对重导轨
≥2.0	0.05	300	150
<2.0		150	150

6) 当接头台阶值大于表 4.2-5 的规定要求时，应用导轨刨刀、油石等工具刨轨修光，对于修光后的凸出量应不大于 0.05mm，如图 4.2-40 (b) 所示。

7) 导轨接头处，导轨工作面直线度可用 500mm 钢板尺靠在导轨工作面，接头处对准钢板尺 250mm 处，用塞尺检查 a、b、c、d 处（图 4.2-41），均应不大于表 4.2-6 的规定。

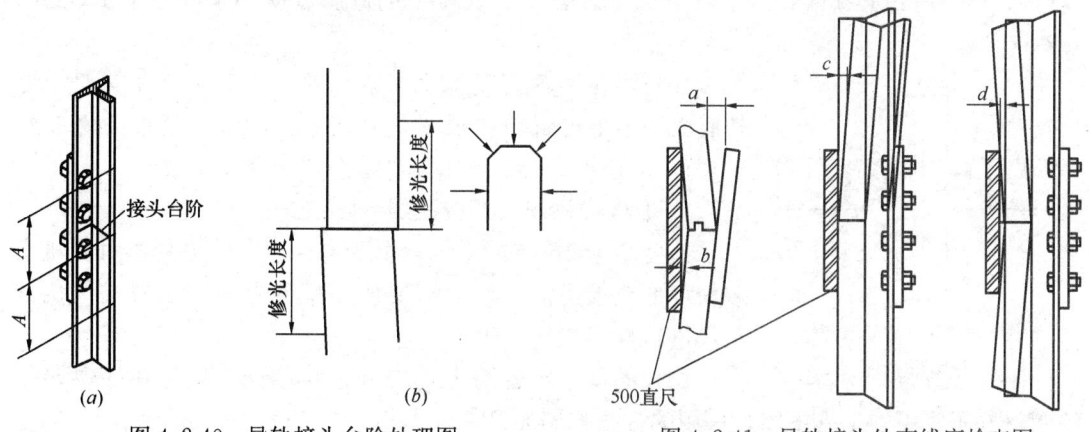

图 4.2-40 导轨接头台阶处理图　　　　　图 4.2-41 导轨接头处直线度检查图

导轨直线度允许偏差 表 4.2-6

导轨连接处	a	b	c	d
不大于	0.15mm	0.06mm	0.15mm	0.06mm

8) 两列导轨的内工作面距 L 和扭曲度，在整个长度内的偏差值，如图 4.2-42 所示，应符合表 4.2-7 的规定。

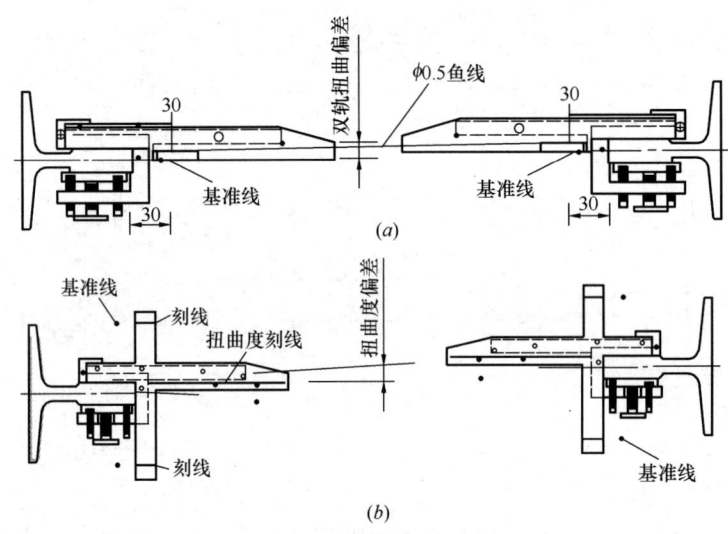

图 4.2-42 导轨扭曲度检查
(a) 非自升法施工；(b) 自升法施工

两列导轨面距及扭曲度允许偏差 表 4.2-7

电梯类别	高速梯		低速梯	
导轨用途	轿厢导轨	对重导轨	轿厢导轨	对重导轨
偏差值	0～+0.8	0～+1.5	0～+0.8	0～+1.5
扭曲度偏差	1	1.5	1	1.5

9) 导轨压板必须端正地压在导轨上，其整个长度上的倾斜度应小于或等于 1，如图 4.2-43 所示。

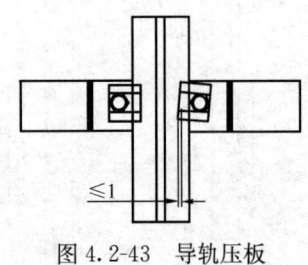

图 4.2-43 导轨压板安装示意图

10) 当支架垂直度不良影响导轨垂直时，应在支架与导轨底面的上下位置单边插入垫片调整。当垫片超过 5 件或厚度超过 5mm 时，应把垫片点焊在导轨支架上。

3. 卡板式校规尺调校法

速度高于 2m/s 的电梯，由于电梯速度的提高，对导轨安装精度的要求更高，所以需要使用精度更高的卡板式导轨校正尺进行校正操作。

调校的基本步骤与上述的卸荷法相同，只是在导轨误差的调整方面使用的工具不同，采用的方法不同而已。如图 4.2-44 所示。

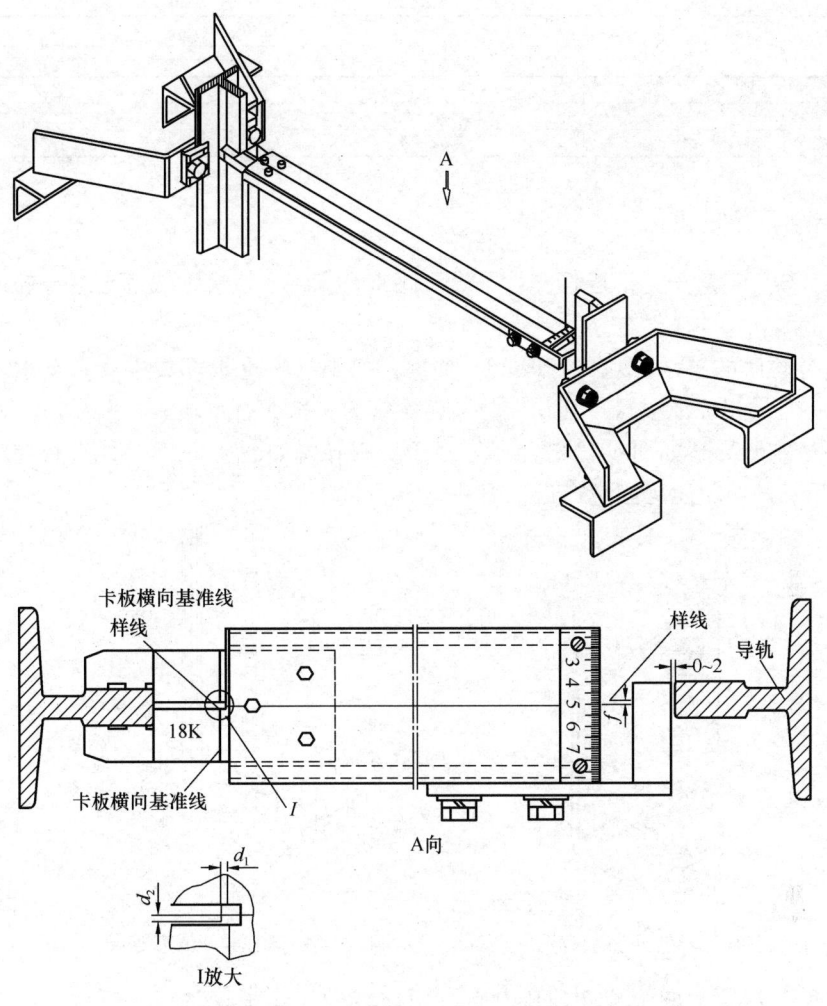

图 4.2-44 卡板式校轨尺校轨示意图

(1) 调整导轨横向垂直度误差（X 向），如图 4.2-44 中 I 放大所示。

拧紧压板螺栓至弹簧垫圈平齐时，将卡板型校轨尺卡在导轨上，并且校轨尺卡板应顶紧导轨顶面，读取样线与校轨尺卡板上横向基准线的对中偏差 d_1，通过在导轨底面与导轨支架之间增减垫片（厚度为 d_1），使对中偏差 d_1 在 ±0.5mm 以内。

(2) 调整导轨纵向垂直度误差（Y 向），如图 4.2-44 中 I 放大所示。

1) 样线与纵向基准线的对中偏差 d_2 在 ±0.5mm 以内。

2) 校正方法：拧紧导轨压板紧固螺栓半圈后用手锤敲击导轨，直至卡板上纵向基准线与样线重合，拧紧压板螺栓。

(3) 调整导轨对向平行度误差（Z 向）及导轨距，如图 4.2-44 所示。校正方法：两人合作，使用校轨尺在各校正部位测量，要求校轨尺刻度板与样线的对中偏差 f 符合表 4.2-8 要求。若导轨对向平行度误差超差，可在导轨支架与导轨底面间插入单边垫片调整；若导轨超差则重复上面步骤（1）的操作。

对中偏差 f 的要求　　　　　　　　　表 4.2-8

标准轨距 R_G（mm）	对向度 f（mm）	
	轿厢导轨	对重导轨
<1000	±6	±12
1000≤R_G<1500	±8	±16
≥1500	±12	±24

4.2.9 导轨底座的安装

导轨安装后，对于工厂已经配发了导轨底座，应将导轨最下段固定在导轨底座上，并用混凝土浇灌，操作工艺如下：

1. 将导轨底的支承木块（100mm）抽出。如果导轨重量都集中在了支承木块上，那么木块将很难抽出，所以可以在吊装导轨时候垫砖头来代替木块。

2. 对于空心导轨如图 4.2-46 所示，对于实心导轨如图 4.2-47 所示，将导轨底座（图 4.2-45）用 2 件导轨压码固定在最下面一条导轨上。

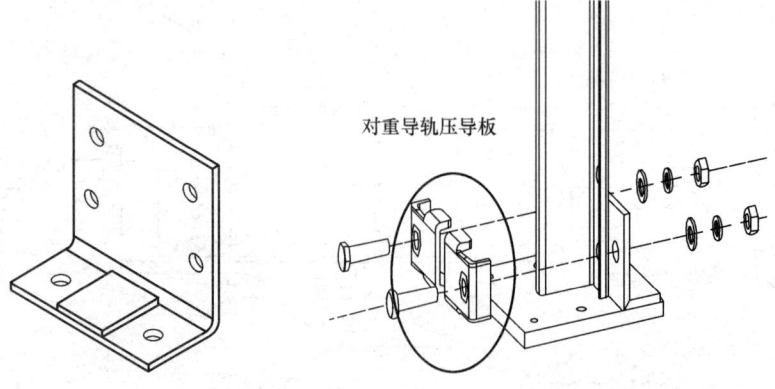

图4.2-45 导轨底座示意图　　图 4.2-46 空心导轨底座连接图

3. 在导轨底座的两个 ϕ13 圆孔内插入 M12 撞拉式膨胀螺栓。
4. 在导轨底座与底坑地面之间捣制混凝土墩，混凝土墩尺寸如图 4.2-48 所示。
5. 混凝土墩捣制 2~3 天后，将两撞拉式膨胀螺栓紧固。

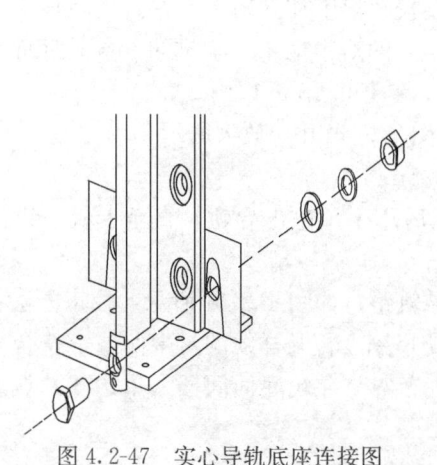 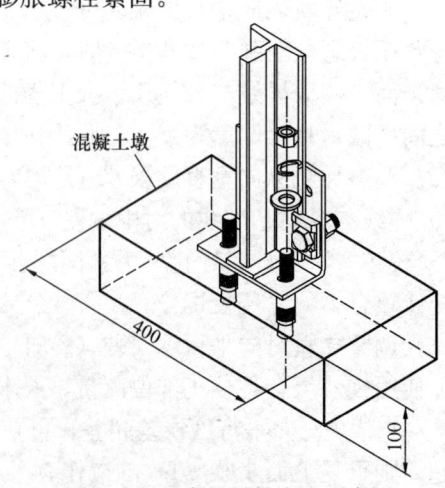

图 4.2-47 实心导轨底座连接图　　图 4.2-48 实心导轨底座固定图

第 5 章　机房设备安装

电梯机房内的主要设备有曳引机、限速器、控制柜，以及用于救援的设备等最为重要的部件。常称机房是电梯的指挥所，所以对其面积、高度、照明、湿度、通风、承重等诸多方面提出了要求，以保证电梯的正常运行以及安全地实施维修、检验和试验工作。但随着电梯技术的发展，驱动主机和控制屏呈小型化，因此推出了无机房电梯和小机房电梯。这样，本章中有关对机房要求的规定已不适应这类电梯，无机房电梯的相关规定可作参考。为了这些设备和电梯使用安全，电梯的机房要加锁，并标明"机房重地、闲人免进"等警示语。

5.1　曳引机安装

曳引机作为电梯的主要动力传递和输出者，是电梯的曳引系统的关键部件，主要由电动机、制动器、曳引轮和减速齿轮箱组成，靠曳引绳与曳引轮的摩擦来实现轿厢运行的驱动机器。随着永磁同步技术的发展，节能环保型的小机房和无机房电梯是主要发展趋势。

曳引机的种类有多种，如按驱动方式可分为：曳引式和强制式；如按传动方式可分为：有齿和无齿。对于有机房电梯，曳引机安装在机房内，机房位置一般多在井道上部，少数在井道下部；对于无机房电梯曳引机安装在井道内，一般在井道顶部、底坑、靠近低层附近或安装在轿厢上。由于曳引机的型式、位置、安装要求由电梯产品设计确定，因此安装施工人员应严格按照生产厂提供的安装说明书进行施工。

5.1.1　曳引机组成介绍

曳引机部分由电动机、制动器、曳引轮和减速齿轮箱等部分组成，安装在承重的钢梁上。具体的安装参考图 5.1-1 所示。

5.1.2　曳引机安装技术要求

（1）电梯主机及其附属设备和滑轮应放置在由实体的墙壁、房顶、地板以及门和（或）活板门组成的专用房间内，只有经过批准的人员（维修、检查和营救人员）才能进入。

（2）机房或滑轮间不应作为电梯以外的其他用途，也不应设置非电梯用的线槽电缆或装置。但这些房间可设置：

1）杂物电梯或自动扶梯的驱动主机；

2）这些房间的空调设备或取暖设备，但不包括以蒸汽和高压水为热源的取暖设备；

3）火灾探测器和灭火器，具有高的动作温度，适用于电气设备，能稳定一段时间且有防止意外碰撞的适当防护。

（3）曳引机承重梁如需埋入承重墙内，则支承长度应超过墙厚中心 20mm，且不应小于 75mm。

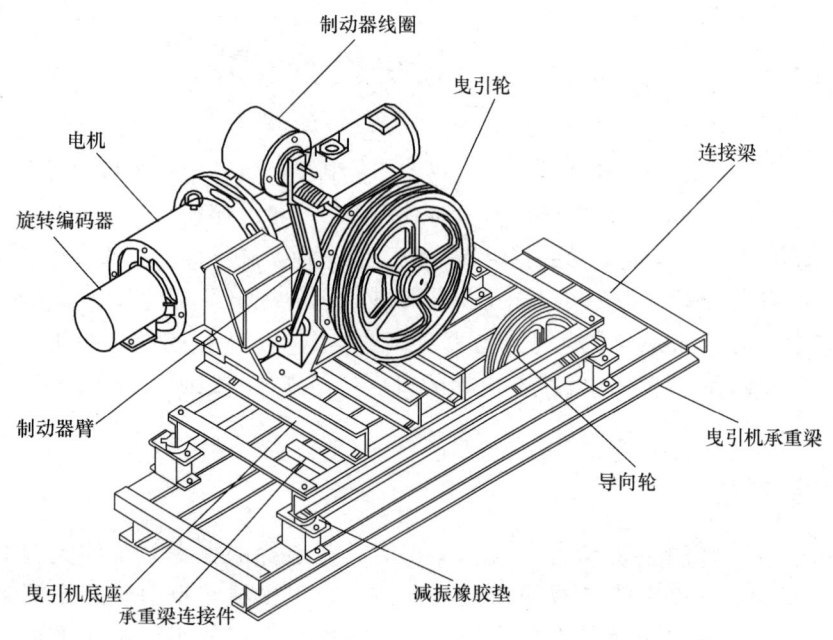

图 5.1-1 曳引机安装示意图

5.1.3 曳引机安装位置确定

根据电梯有无机房，曳引机的安装方法分为有机房安装和无机房安装两类基本的安装方式。一般曳引机的工艺流程：安装承重梁→安装曳引机。

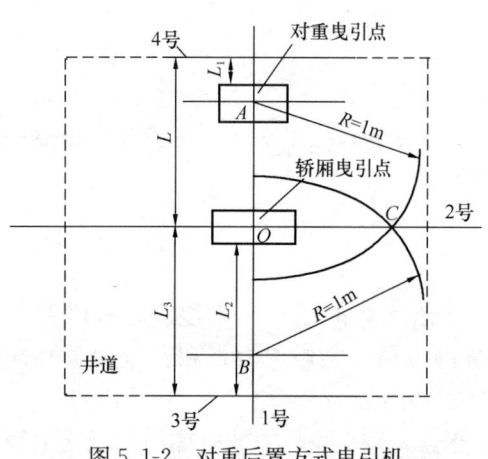

图 5.1-2 对重后置方式曳引机
安装定位示意图

为了保证有机房电梯的曳引机安装基准与井道内部件的安装基准统一，必须要根据井道内的样板线来确定其安装基准，并保证精确的定位。

机房基准线确定：

（1）对重后置方式，参考图 5.1-2 所示。

1) 轿厢中心线的标示

轿厢中心线的选取方法是用墨线在两曳引点间弹线得出如图 5.1-2 的 1 号线。

2) 主导轨中心线的标示

主导轨中心线选取方法，首先如图 5.1-2 在轿厢中心线上选取 $AO=BO$（两个曳引点的距离），然后，分别以 A，B 为圆心，以 $R=1m$ 为半径画弧，将两弧的交点 C 与轿厢曳引点 O 间用墨线弹出一条直线，则该直线为主导轨的中心线（如图 5.1-2 的 2 号线）。

3) 土建承重梁位置的标示

如图 5.1-2，在井道顶部测量两曳引孔边与土建承重梁之间的距离 L_1，L_2，然后在机房同样的方法在同一位置用墨线弹出 2 号线的平行线 3 号和 4 号线，标出土建承重梁的位置。随后,用拉尺沿1号线测量轿厢曳引点与两承重梁之间的距离 L、L_3,以备以后的主机承重梁切割作业。

(2) 曳引比 1∶1 对重侧置方式,参考图 5.1-3 所示。

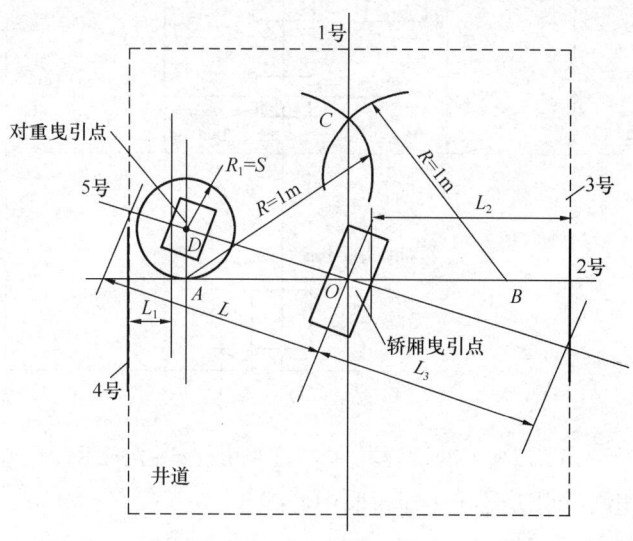

图 5.1-3　对重侧置方式 1∶1 曳引机安装定位示意图

1) 主导轨中心线的标示

如图 5.1-3 所示,首先用墨线在两曳引点间弹线后得出 5 号线。然后以 D 为圆心,以 $R_1=S$（S 为对重中线与轿厢导轨中线之间的偏移量,具体尺寸参照井道布置图）为半径画圆,过 O 点用墨线弹出圆的切线,切点为 A,OA（2 号线）即为主导轨中心。

2) 轿厢中线的标示

轿厢中线的选取方法,首先如图 5.1-3 导轨中心线上选取 $AO=OB$,然后,分别以 A、B 为圆心,以 $R=1m$ 为半径画弧,将两弧的交点 C 与轿厢曳引点间用墨线弹出一条直线,则该直线 1 号线为轿厢中心线。

3) 土建承重梁位置的标示

如图 5.1-3 所示,在井道顶部测量两曳引孔边与土建承重梁之间的距离 L_1、L_2,然后在机房用同样的方法在同一位置用墨线弹出 1 号线的平行线 3 号线和 4 号线,标出土建承重梁的位置。随后用拉尺沿 5 号线测量轿厢曳引点与两承重梁之间的距离 L、L_3 以备以后的主机承重梁切割作业。

(3) 曳引比 2∶1 对重侧置方式,参见图 5.1-4。

1) 主导轨中心线的标示

主导轨中心线的选取方法是用墨线在两曳引点间弹出后得出如图 5.1-4 的 2 号线。

2) 对重导轨中心线的标示

用墨线在对重曳引点（A）和对重绳头板中心点（E）弹线,得出如图 5.1-4 的 5 号线。

3) 轿厢中心线的标示

轿厢中心线的选取方法,在井道布置图上找出对重曳引点（A）与轿厢中心（O）的距离尺寸,在 2 号线上标出 O 点。在 5 号上任取一点 C,以 C 为圆心,AO 为半径画弧,

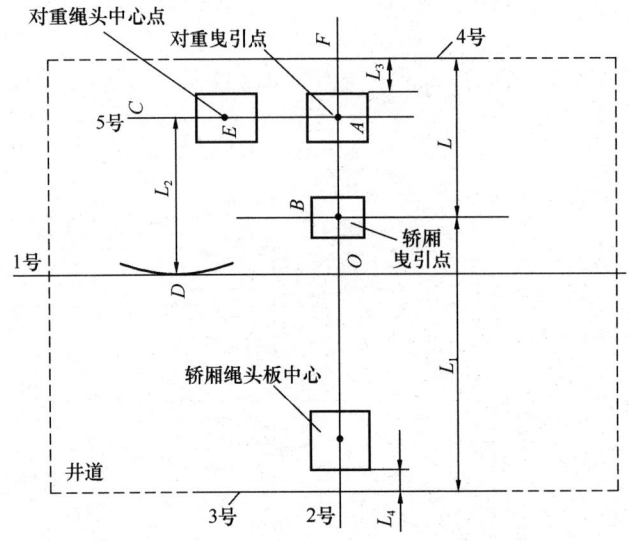

图 5.1-4 对重后置方式 2∶1 曳引机安装定位示意图

过 O 点作该弧的切线所得 1 号线,即轿厢中心线。

4) 土建承重梁位置的标示

如图 5.1-4 所示,在井道顶部测量两曳引孔边与承重梁之间的距离 L_3、L_4,然后在机房用同样的方法在同一位置用墨线弹出 1 号线的平行线 3 号线和 4 号线,标出承重梁的位置。

5.1.4 曳引机承重梁安装

曳引机是电梯产品的关键部件。曳引机加工、装配、安装的精度和质量直接关系着电梯的运行工作性能。曳引机一般都设在井道顶部的机房中。此时,电梯运动部分的全部重量均悬挂在曳引轮上。因此在曳引轮安装位置处,必须架设承重钢梁,且承重梁的两端必须支撑在有足够强度的混凝土基座和钢梁上。

1. 承重梁布置

通常,对于有曳引机底座的电梯,每部电梯的曳引机都用两根钢梁架设,还有的 3 根架设。因建筑结构的原因,承重梁的安装位置有所不同,一般有以下 4 种:如表 5.1-1 所示。

曳引机承重钢梁的布置方式图　　　　　表 5.1-1

安装位置	图示	适用特点
钢梁在楼板上		(1) 土建施工时未能及时埋设承重梁,或电梯井道上缓冲距离不符合要求的情况下,可采用此方法。 (2) 此法首先采取承重梁沿地面安装,如仍不能满足要求时,允许采取将承重梁架起的安装方法,架起的高度应以导向轮底面与机房楼板底面取平的限度,不可再高,一般以 300mm 为限。 (3) 无论采取哪种方法,均应事先对曳引机的检修高度要求进行审核。 (4) 钢梁两端必须架于承重结构上

续表

安装位置	图　　示	适　用　特　点
钢梁在楼板中		（1）当电梯井道顶层高度及上缓冲距离符合规范设计要求时，承重钢梁可安装在楼板下面，以使机房整洁和便于维修。 （2）此方法由土建施工负责，承重梁必须与楼板浇筑成一体
钢梁在楼板下		（1）对于电梯顶部的空间很大时，承重钢梁也可安装在楼板下面，以使机房整洁和便于维修。 （2）此方法由土建施工负责，承重梁必须与楼板浇筑成一体
钢梁在井道壁上		此种方法多用于无机房电梯的安装

2. 承重梁规格

承重梁的规格尺寸与电梯的额定载荷和额定速度有关。在一般情况下，承重梁由制造厂家提供。如制造厂家提供不了，需由用户自备时，其规格尺寸应按电梯随机技术文件的要求配备。承重梁的规格，根据电梯额定载重量，一般也可按表5.1-2进行选择。

曳引机承重钢梁的常见规格　　　　表 5.1-2

额定载重量（kg）	曳引机额定速度（m/s）	曳引机型号	承重钢梁型号
500	1.0	BWL-500	20a
700～1000	1.75	BWL-1500	30a
750～1000	1.0	BWL-1000	27a
750～1000～1500	1.5	BWL-1500	30a
750～2000	1.0	BWL-1500	30a
2000	0.5	BWL-1000	27a

3. 承重梁安装步骤

安装曳引机的承重梁时，应按照电梯的不同运行速度、曳引方式、井道顶层高度、隔声层、机房高度、机房内各部件的平面布置，确定不同的安装方法。对于有减速箱的曳引机和无减速箱的曳引机，其承重梁的安装方法略有差异。

（1）曳引机承重梁安装前要除锈并刷防锈漆，交工前再刷成与机器颜色一致的装饰漆。

（2）根据样板架和曳引机安装图在机房画出承重钢梁位置。

1) 确定基准线和方向。

对于曳引比为1∶1时,依据轿厢中心点和对重中心点的连线确定好曳引机承重梁的安装基准线和方向;对于曳引比为2∶1时,依据轿厢曳引中心点、轿厢绳头中心点和对重曳引中心点的连线确定好曳引机承重梁的安装基准线和方向,如图5.1-5所示。

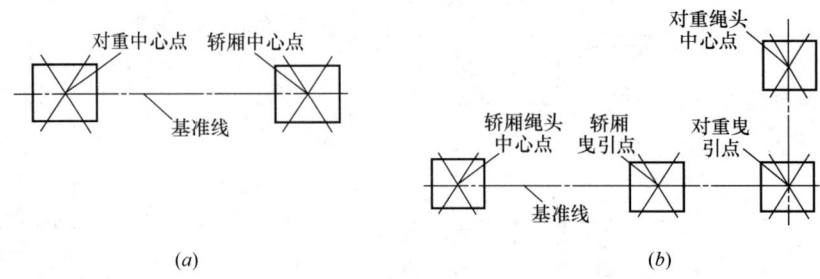

图 5.1-5　曳引机承重钢梁的安装基准线图
(a) 曳引比1∶1;(b) 曳引比2∶1

2) 画安装位置。

根据承重梁的宽度和承重梁位置基准线,在楼板上画出承重梁的安装位置,其间距 L 和 L_1,应根据曳引轮和导向轮的位置确定,如图5.1-6(a)所示。

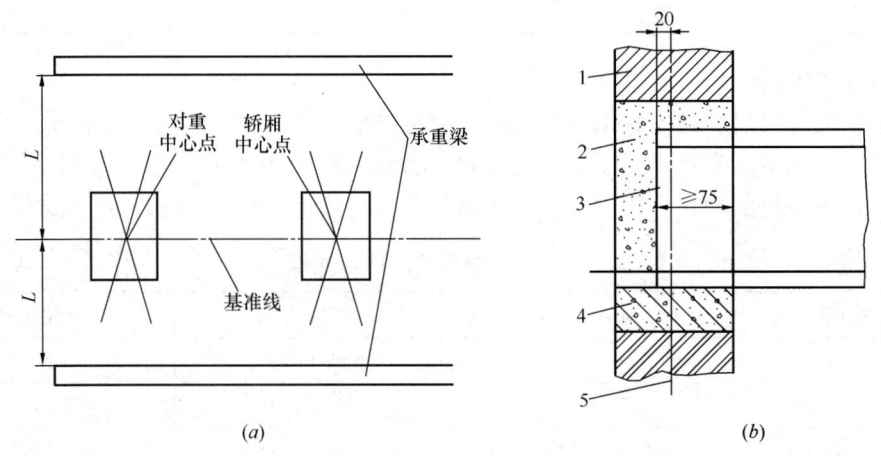

图 5.1-6　2∶1曳引机承重钢梁的布置图
(a) 承重梁的位置确定;(b) 承重梁的搭接量
1—砖墙;2—混凝土;3—承重梁;4—钢筋混凝土过梁或金属过梁;5—墙中心线

(3) 承重梁的就位。

安装曳引机承重钢梁,其两端必须放于井道承重墙或承重型钢钢梁支撑件上,如需埋入承重墙内,其搭接长度应超墙中心20mm,且不应小于75mm,如图5.1-6(b)所示。在曳引机承重钢梁与承重墙(或梁)之间,垫一块面积大于钢梁接触面,厚度不小于16mm的钢板,并找平垫实。如果机房楼板是承重楼板,钢梁或配套曳引机可直接安装在混凝土墩上,如图5.1-7及图5.1-8所示。

对无导向轮,曳引比为2∶1绕法的电梯,可按图5.1-8所示,将承重梁安置在机房内高出机房楼板平面小于100mm的承重墙上,承重梁两端上边预埋(设)厚度为12~

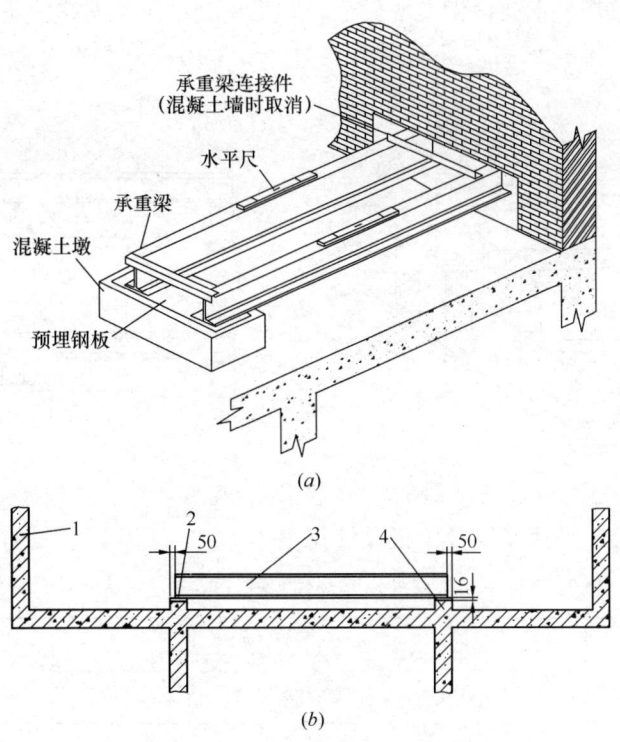

图 5.1-7 1∶1 曳引机承重钢梁的安装位置图
(a) 承重梁伸进墙内；(b) 曳引机承重钢梁不伸进墙内
1—机房墙体；2—预埋钢板；3—钢梁；4—承重混凝土墩

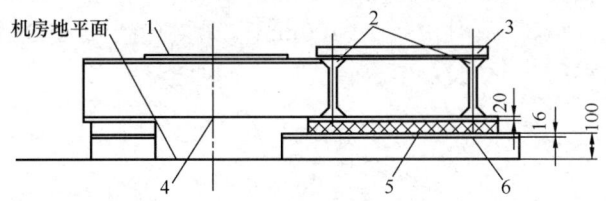

图 5.1-8 2∶1 曳引机承重钢梁的安装位置图
1—绳头板；2—曳引机承重梁；3—上端联角钢；4—梁下钢板；
5—水泥台阶；6—预埋钢板

16mm 的钢板，钢板上垫减振橡胶垫，承重梁下垫 20mm 厚钢板，置于减振橡胶垫上，则曳引机直接与钢梁固定。

对于在曳引机承重梁就位过程中，遇到不同的情况可采取不同的就位方法。

1) 承重梁安装在混凝土墩上时，混凝土墩内必须按设计要求加钢筋，且钢筋通过地螺栓和楼板相连，混凝土墩上设有厚度不小于 16mm 的钢板，如图 5.1-9 所示。

2) 由于某种原因，现场浇灌混凝土台

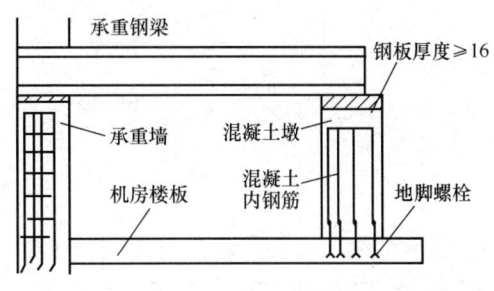

图 5.1-9 混凝土墩的设置

确有困难时,可以采用型钢架设钢梁的做法,在采用型钢作为支撑就位承重梁时,如型钢垫起高度不合适,就不宜采用;宜采用型钢时,可采用现场制作金属构架架设钢梁的方法,如图 5.1-10 所示。

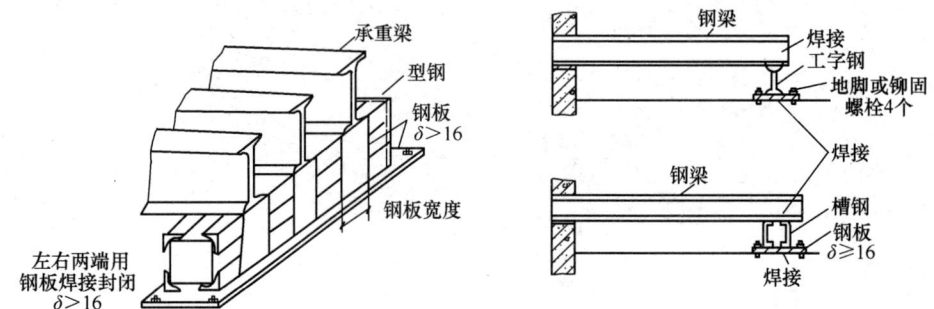

图 5.1-10 钢梁作支撑座

根据垫起的高度,所用型钢及钢板尺寸见表 5.1-3。

选用型钢及钢板尺寸（mm） 表 5.1-3

垫起高度	300	450	600
选用型钢名称	等边角钢	槽钢	槽钢
型钢规格	$100 \times 100 \times 10$	$h=160$	$h=200, \delta=9$
钢板宽度	300	450	同构架长度

对于承重梁的长度,利用线坠找出轿厢曳引点在支承梁的相对位置画上一条直线,并从此处用拉尺量出一段距离 d,使 $d=L+100$mm (L 参照前图所示),然后沿此处用气焊切割去多余的部分,如图 5.1-11 所示。

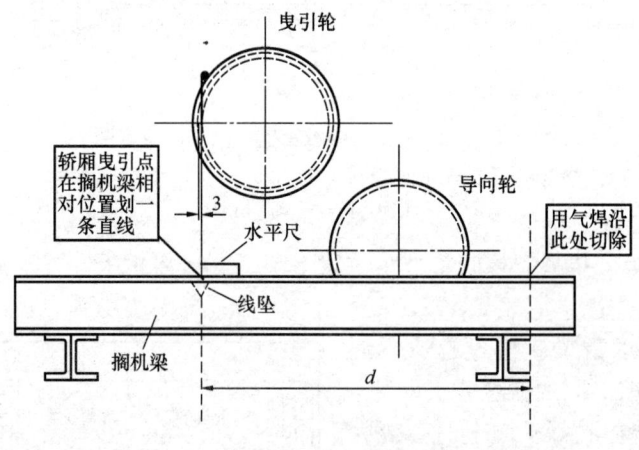

图 5.1-11 承重梁长度计算

3) 当承重钢梁直接安装在机房楼板上时,按照确定的基准线、安装方向、安装图所给出的尺寸来确定承重梁安装位置。导向轮伸到井道时应复核顶层高度是否符合验收规范的要求,如图 5.1-12 所示。

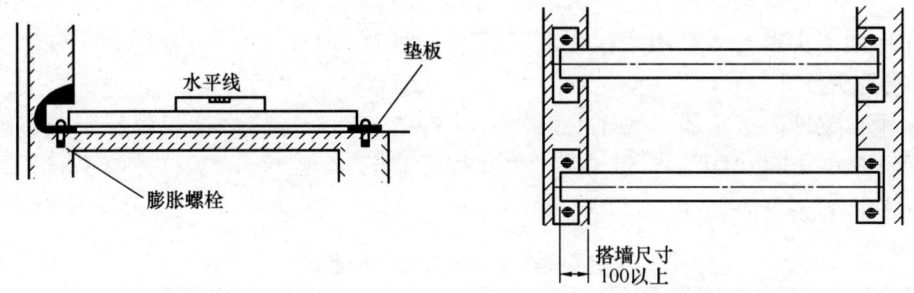

图 5.1-12　2∶1 曳引机承重钢梁安装在楼板位置图

（4）承重梁的调整。

在承重梁就位后，要调整承重梁，保证承重梁之间的间距和水平度满足如图 5.1-13 要求。

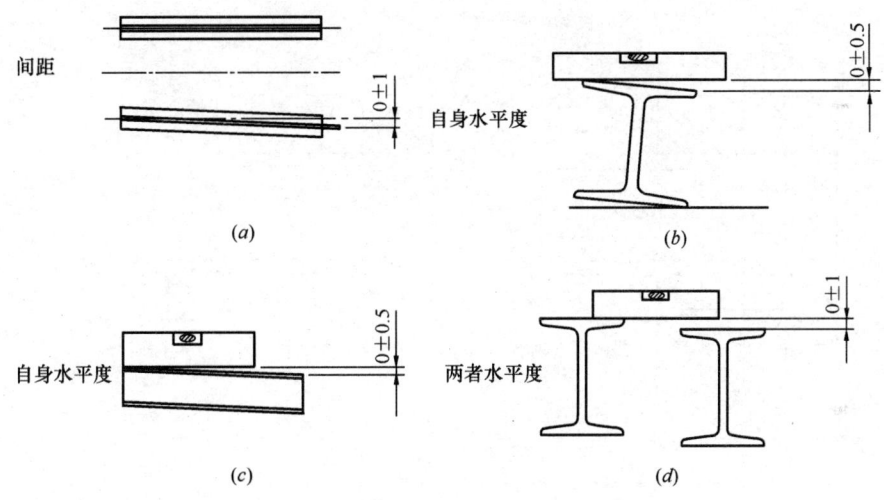

图 5.1-13　2∶1 曳引机承重钢梁位置误差图

(a) 间距误差±1mm；(b) 左右水平度误差±0.5mm；
(c) 前后水平度误差±0.5mm；(d) 不同梁之间水平度误差±1mm

调整承重梁的水平度和梁间相互高度差时，由于测量时承重梁上未加曳引机和轿厢负载，如果这时将承重梁的水平度调整至标准值内时，则在曳引机加负载后承重梁的水平度仍会超标，所以在调整承重梁水平度时可预先将承重梁负重边适当垫高，使承重梁的水平度为 2/600～3/600（标准值：0.5/600 以内）。承重梁的水平度可通过插入垫片进行调整。每一垫铁组宜减少垫铁的块数，且不宜超过 5 块，并不宜采用薄垫铁。放置平垫铁时，厚的宜放在下面，薄的宜放置中间且不小于 2mm，并应将各垫铁相互焊牢。参见图 5.1-14。

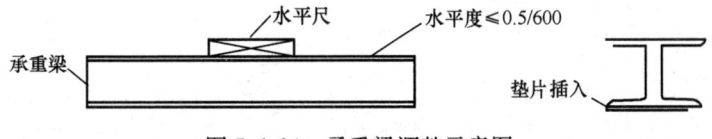

图 5.1-14　承重梁调整示意图

（5）曳引机承重钢梁安装找平找正后，用电焊将承重梁和垫铁焊牢。承重梁在墙内的一端及在地面上袒露的一端用混凝土灌实抹平，如图 5.1-15 所示。其混凝土强度应大于 C20，厚度应大于 100mm。

（6）承重梁埋入承重墙，属于隐蔽工程，封堵前，应按《电梯工程施工质量验收规范》GB 50310—2002 要求，对承重梁的安装质量进行检测、验收后，才能进行下一道工序作业，其检验记录表如表 5.1-4 所示。

电梯承重梁工程安装检验记录表　　　　　　　　　　表 5.1-4

单位（子单位）工程名称		安装位置编号		检验日期	年 月 日
承重钢梁			承重墙		
结构形式	规 格	数量	结构形式		厚度（mm）

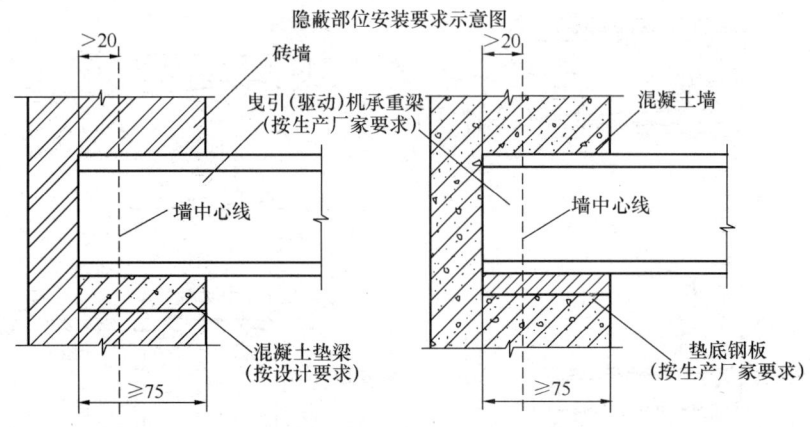

隐蔽部位安装要求示意图

检 测 记 录

1. 钢梁埋入墙深度_____ mm，其中过墙厚中心_____ mm；
2. 钢梁隐蔽部分的连接、固定、防腐质量；
3. 钢梁底的垫梁（板）的形式、规格（尺寸）；
4. 入墙孔洞的封堵情况；
5. 钢梁底面至机房楼板面的垂直净距离_____ mm（应符合有关技术要求，钢梁底面不与楼板面接触或隐蔽于装饰地面内，即不对楼板产生附加载荷）。

	专业工长（施工员）		施工班组长	
	检验人员			
施工单位检验评定结论				
	项目专业质量检查员：			年 月 日
监理（建设）单位验收结论				
	专业监理工程师（建设单位项目专业技术负责人）：			年 月 日

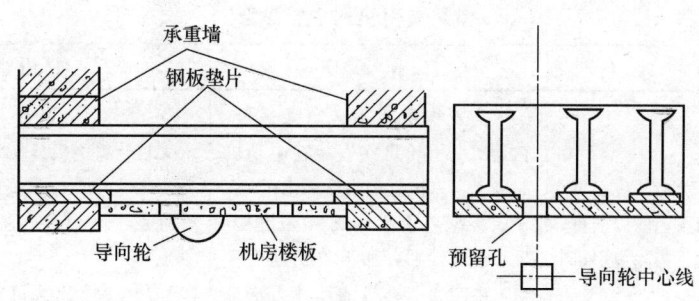

图 5.1-15 承重固定示意图

在承重梁安装和稳固过程中,要注意:

1) 在安装过程中,应始终使承重钢梁上下翼缘和腹板同时受垂直方向的弯曲荷载,而不允许其侧向受水平方向的弯曲荷载,以免产生变形。

2) 承重梁的底面应离开机房地坪 50mm 以上,以减轻电动机运行时共振和不使地面受力。承重梁的底面在施工时应离机房毛地坪距离大于 120mm,便于在安装电气配管后再浇地坪时,能保持承重梁底面距地坪高度大于 50mm。

3) 机组如直接安装在地坪上时,其混凝土地坪厚度应大于 300mm,并应有减振橡胶垫装置。

4) 承重梁水平度在长度方向应小于 0.2%。

5) 设备与钢梁连接使用螺栓时,必须按钢梁规格在钢梁翼下配以合适偏斜垫圈,如图 5.1-16 所示。钢梁上开孔必须圆整,稍大于螺栓外径,不允许使用气焊割圆孔或长孔,应用磁力电钻钻孔。

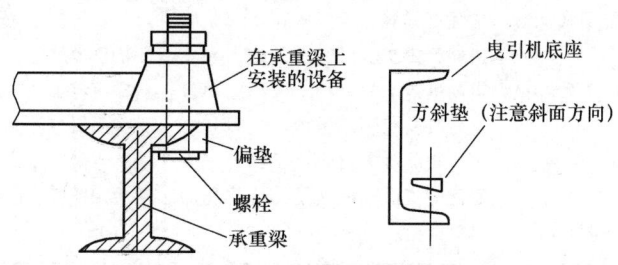

图 5.1-16 钢梁连接使用斜垫图

5.1.5 曳引机安装

电梯曳引系统中的曳引机是电梯的动力源。它由电动机、制动器、曳引轮、减速器组成,靠曳引绳与曳引轮的摩擦来实现轿厢运行的驱动装置。

1. 曳引机的主要类型

常见的曳引机类型及工作原理和特点参见表 5.1-5。

2. 曳引机的固定方法

(1) 刚性固定

曳引机直接与承重钢梁或楼板接触,用螺栓固定。此种方法简单方便,但曳引机工作时,其振动直接传给楼板。由于工作时振动和噪声较大,只限用于低速电梯,逐步被淘汰了。

常见曳引机的主要类型　　　　　　　　　　　　　　　表 5.1-5

类别	形式	工作原理	使用特点
无齿轮曳引机	(1) 直流无齿轮曳引机； (2) 交流无齿轮曳引机； (3) 永磁无齿轮曳引机	无齿轮曳引机不含有减速器，它是把曳引轮直接安装在电动机的轴上，来执行曳引轿厢运行；该类型曳引机因无传动机构，也不需联轴器，所需曳引速度大小，由改变电动机的转速方法来实现	无齿轮曳引机具有结构紧凑、体积小、重量轻、传动效率高、振动小、噪声低等优点，但也存在耗能大、成本高等缺点；适用于高速和无机房电梯
有齿轮曳引机	(1) 蜗杆副曳引机 　1) 圆柱蜗杆副曳引机； 　2) 环面蜗杆副曳引机； (2) 圆柱斜齿轮曳引机； (3) 行星齿轮系曳引机	有齿轮曳引机含有减速器，它是通过中间传动机构来执行曳引轿厢运行；该类型曳引机目前大多采用蜗杆传动，因蜗杆副有良好的传动特性，无需选用大于1的曳引比，简化了曳引系统的结构，同时通过合理选择几何参数、变位系数、节点位置，可明显改善啮合特性	有齿轮曳引机具有结构紧凑、外形尺寸小、受力合理、传动平稳、运行噪声低、维修方便、有较好的抗冲击载荷等特点，但也存在传动效率低、工作时易发热，需要良好的润滑等缺点；广泛适用于中、低速电梯
永磁同步曳引机	(1) 永磁外转子式无齿曳引机； (2) 永磁内转子式无齿曳引机； (3) 永磁盘式无齿曳引机	该类型曳引机的主机由永磁同步电动机驱动，在结构上取消了蜗轮蜗杆传动，并将同轴传动技术、数字变频技术和组合控制技术充分融合，使用永久密封轴承、加强型弹簧、双线圈、正余弦编码器等新技术，以永久磁体取代电动机转子的绕组，因而电动机运行时没有感应电流、电阻和电抗，相反却得到由电子额外提供励磁电流而形成转子感应磁场的部分能量	永磁同步曳引机的最大优势在于没有任何传动结构，因而体积小，重量轻，机械磨损、功率损耗均很低，节能、省油、环保，运行平稳、噪声低，使用方便、安全可靠，高性能、高效率（为96%～98%），安装简单，不需要维护，不同外形尺寸的永磁同步曳引机有不同的额定转矩，同时也有不同的额定电流。该曳引机也有其不足之处，即成本造价高，永磁体寿命有限。目前，多适用于无机房电梯，已成为电梯行业的主要发展方向

(2) 弹性固定

常见的形式是曳引机先装在用槽钢焊制的钢架上，在机架与承重梁或楼板之间加有减振的橡胶垫能有效地减小曳引机的振动及其传播，使其工作平稳。因此这种方法应用广泛。常用的方法有两种，为了区分方便，在此称为老式和新式。

1) 老式减振装置

主要由上、下两块与曳引机底盘尺寸相等，厚度为16～20mm厚的钢板和减振橡胶垫构成。下钢板与承重梁焊成一体，上钢板通过螺栓与曳引机连成一体，中间摆布着减振橡胶垫。为了防止电梯在运行时曳引机产生位移，同样需要在曳引机和上钢板的两端用压板、挡板、橡胶垫等将曳引机定位，如图5.1-17所示。

2) 新式减振装置

是在曳引机和承重梁之间，用4只100mm×50mm的特制橡胶块，通过螺栓把曳引机

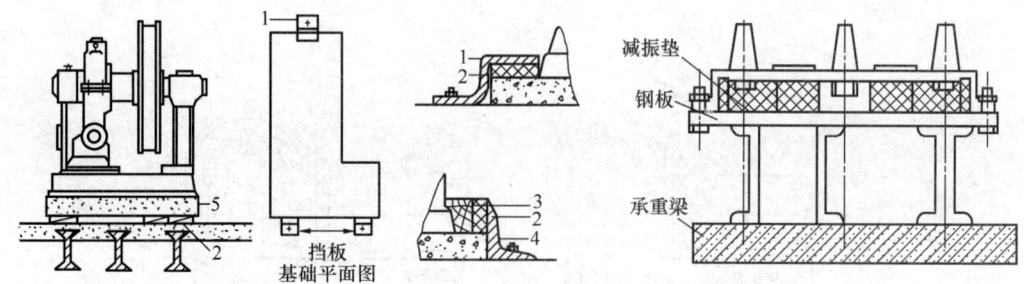

图 5.1-17 曳引机弹性固定示意
1—压板；2—橡胶垫；3—木块；4—挡板；5—混凝土底座

稳装在承重梁上，结构简单，安装方便，效果也很好，如图 5.1-18 所示。

3. 曳引机的捆扎和吊装

曳引机就位应使用悬挂在曳引机位置上方主梁吊钩上的环链手拉葫芦进行吊装。吊装时注意：

（1）首先确认机房承重吊钩是否满足承重的要求，必要时，查阅图纸和询问土建单位。吊钩应为防脱式钩，使用的吊装索具必须具有足够的承载能力，其安全系数应大于 4。

一般可根据承重机房吊钩与承重之间的关系，作初步判断：

1）ϕ20mm Q235A 钢吊钩，承载 2.1t；
2）ϕ22mm Q235A 钢吊钩，承载 2.7t；
3）ϕ24mm Q235A 钢吊钩，承载 3.3t；
4）ϕ27mm Q235A 钢吊钩，承载 4.1t。

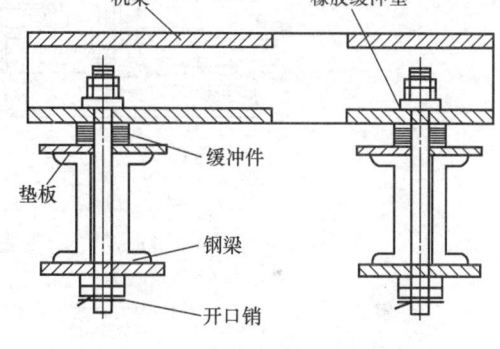

图 5.1-18 曳引机弹性固定示意图

（2）作业前，必须戴上安全帽和手套，在手拉葫芦使用前，必须检查其完好性以及吊钩的可靠性，重物吊起时，必须有联络信号和大声复述，人体各个部位均不能置于被吊起重物下面，如 5.1-19 所示。

（3）吊装时索具不能直接套挂在电动机轴、曳引轮轴等曳引机机件上。如图 5.1-20 为错误操作。

（4）正确的起吊方式是将吊索穿过曳引孔进行吊装，如图 5.1-21（a）所示；也可将辅助吊件穿过曳引机底座的起吊孔，将吊索套在辅助吊件上进行吊装，如图 5.1-21（b）所示。在捆扎吊装时要注意重心位置，保持曳引机起吊后不能翻倒，如图 5.2-22 及图 5.2-23。在确定捆扎牢固后方可进行曳引机的吊挂，用钢丝绳捆扎时，应注

图 5.1-19 曳引机起吊示意图

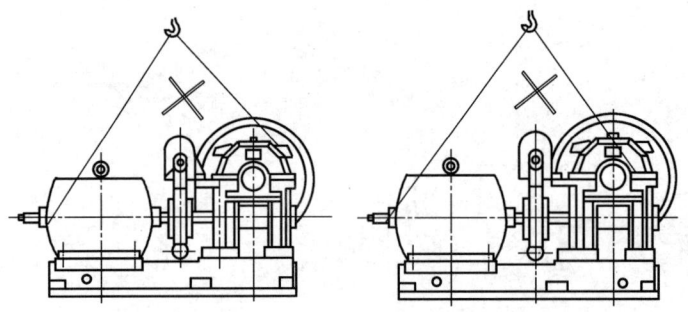

图 5.1-20　曳引机错误捆扎示意图

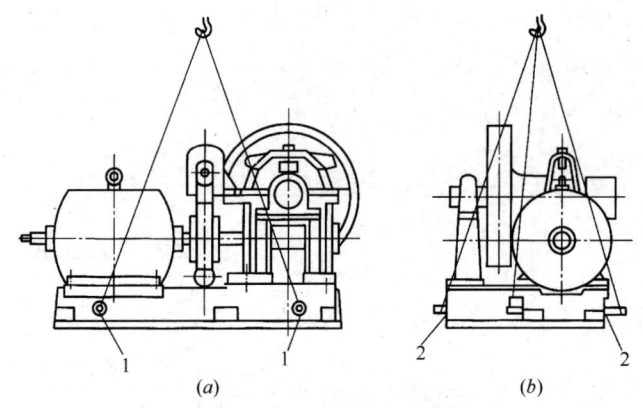

图 5.1-21　带底座的曳引机吊装图
(a) 吊索穿入起吊孔；(b) 辅助吊件穿过起吊孔
1—起吊孔；2—辅件

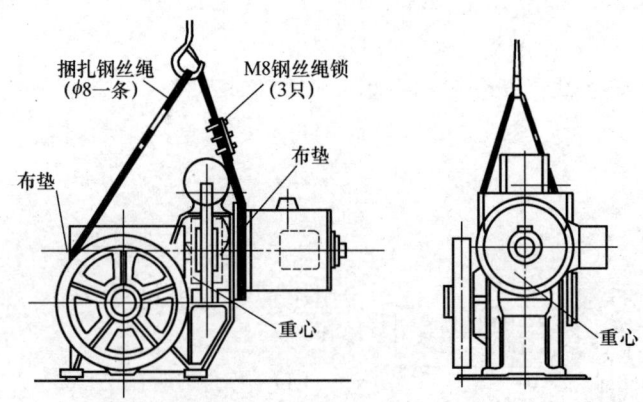

图 5.1-22　无底座的曳引机捆扎吊装

意与曳引机接触的地方应使用布垫，以防止曳引机表面损伤。

(5) 起吊时应缓慢平稳地进行，当手动葫芦不是垂直受力时，应特别注意防止索具脱开发生事故。

(6) 起吊操作时要精神集中，由一人统一指挥，起吊工作要一气呵成，不得将曳引机

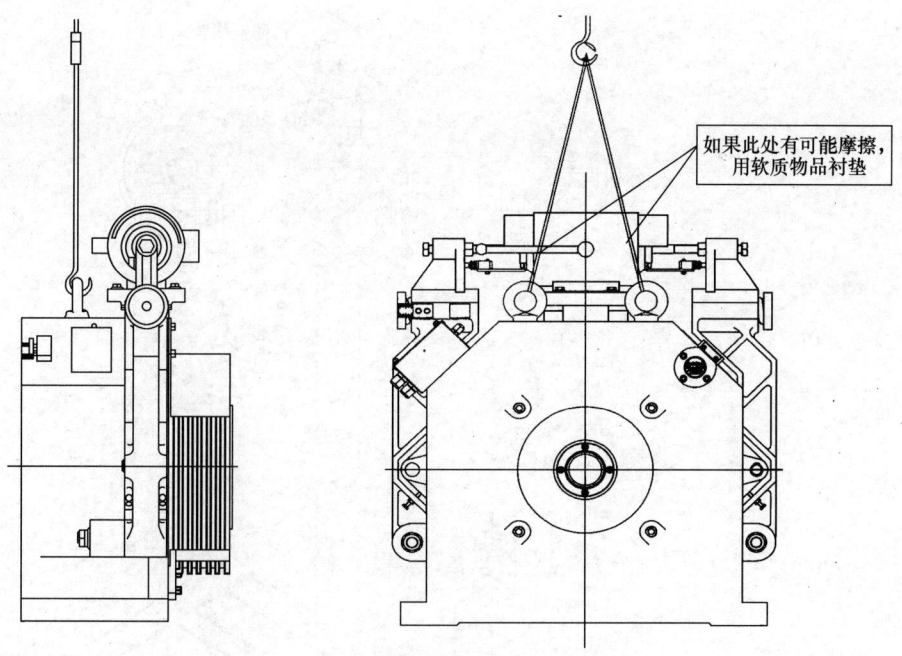

图 5.1-23 永磁同步曳引机捆扎吊装图

吊在半空中。

(7) 曳引机工作面与机房地平不在同一水平面上时的吊装

首先应用槽钢搭设门形提升架,在与曳引机工作面等高位置搭设作业平台。然后将曳引机用手拉葫芦提升到平台位置,再用葫芦水平拉至工作面上,水平用力时,垂直提升的葫芦应缓慢放松,不得突然放开,以免发生意外,如图 5.1-24 所示。

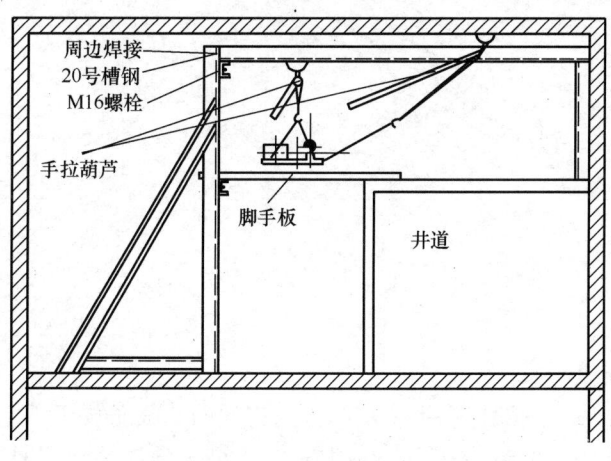

图 5.1-24 吊装图

4. 曳引机减振胶垫的布置安装

为了减少曳引机运行中的共振和噪声传递,要在电梯安装过程中,按厂家的要求布置安装减振胶垫。通常专用减振垫用螺栓、方斜垫或导轨压码固定在承重梁上,如图 5.1-25 所示。

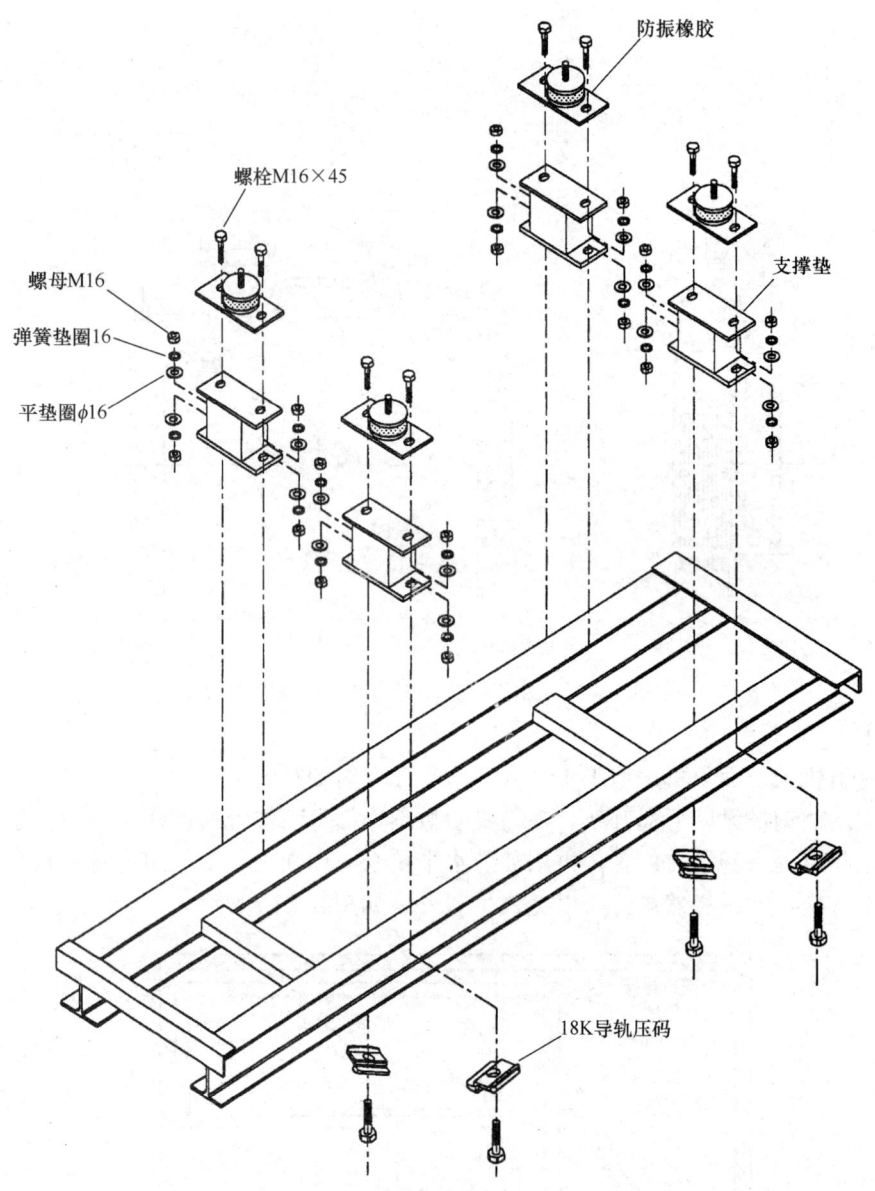

图 5.1-25 曳引机减振胶垫安装图

5. 曳引机安装

(1) 曳引机预连接

减振胶垫安装好后,按随机图纸位置和方向将导向轮临时放于承重梁的内侧,缓缓放下曳引机,将曳引机底座下螺栓孔插入专用减振胶垫并预连接,同时将导向轮用 U 形螺栓预连接,如图 5.1-26 所示。固定时,要注意方斜垫的方向。

(2) 曳引机位置确定

1) 单绕式曳引机和导向轮安装位置的确定方法

把放样板上的基准线通过预留孔洞反馈到机房地面上,根据对重导轨、轿厢导轨及井道中心线,参照产品安装图册,在地面上画出曳引轮、导向轮的垂直投影,分别在曳引

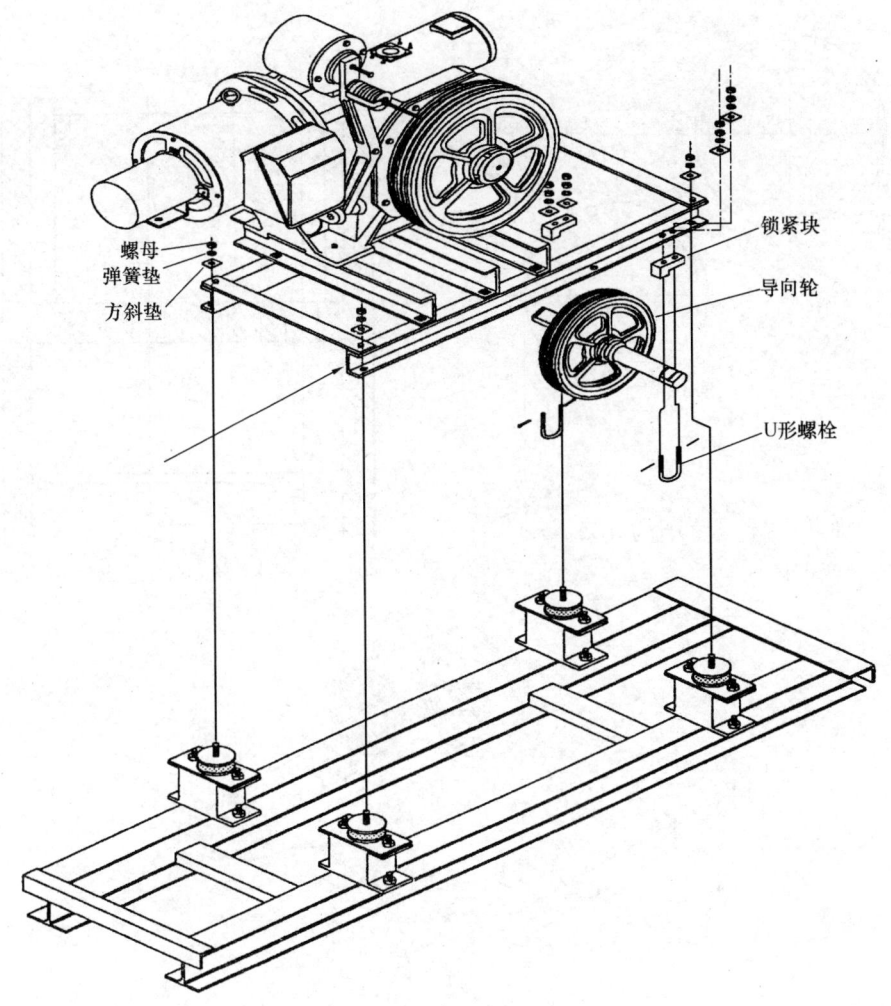

图 5.1-26 曳引机的连接

轮、导向轮两个侧面吊两根垂线，以确定导向轮、曳引轮位置。

曳引机位置的确定方法其实是使曳引机轮吊挂中心与轿厢曳引点，导向轮吊挂中心与对重曳引点重合。

测量方法一，将一根电焊条垫在曳引轮或导向轮垂下曳引绳的位置，将线坠卡在电焊条上垂下，如图 5.1-27（a）所示。

测量方法二：在曳引机上方固定一根水平铅丝 1，从这根水平铅丝上悬挂两根铅垂线，一根铅垂线 2 对准井道内上样板架上标注的轿厢中心点，一根铅垂线 3 对准对重中心点，再根据曳引绳中心计算的曳引轮节圆直径，在水平铅丝上悬以另一根铅垂线 4，如图 5.1-27（b）所示。

测量方法三：与测量方法二基本相同，主要对准轿厢和对重的中心点。

2）复绕式曳引机和导向轮安装位置的确定

A. 首先要确定曳引轮和导向轮的拉力作用中心点，需根据引向轿厢或对重的绳槽而定，如图 5.1-28 中引向轿厢的绳槽 2、4、6、8、10 所示，因曳引轮的作用中心点就是在

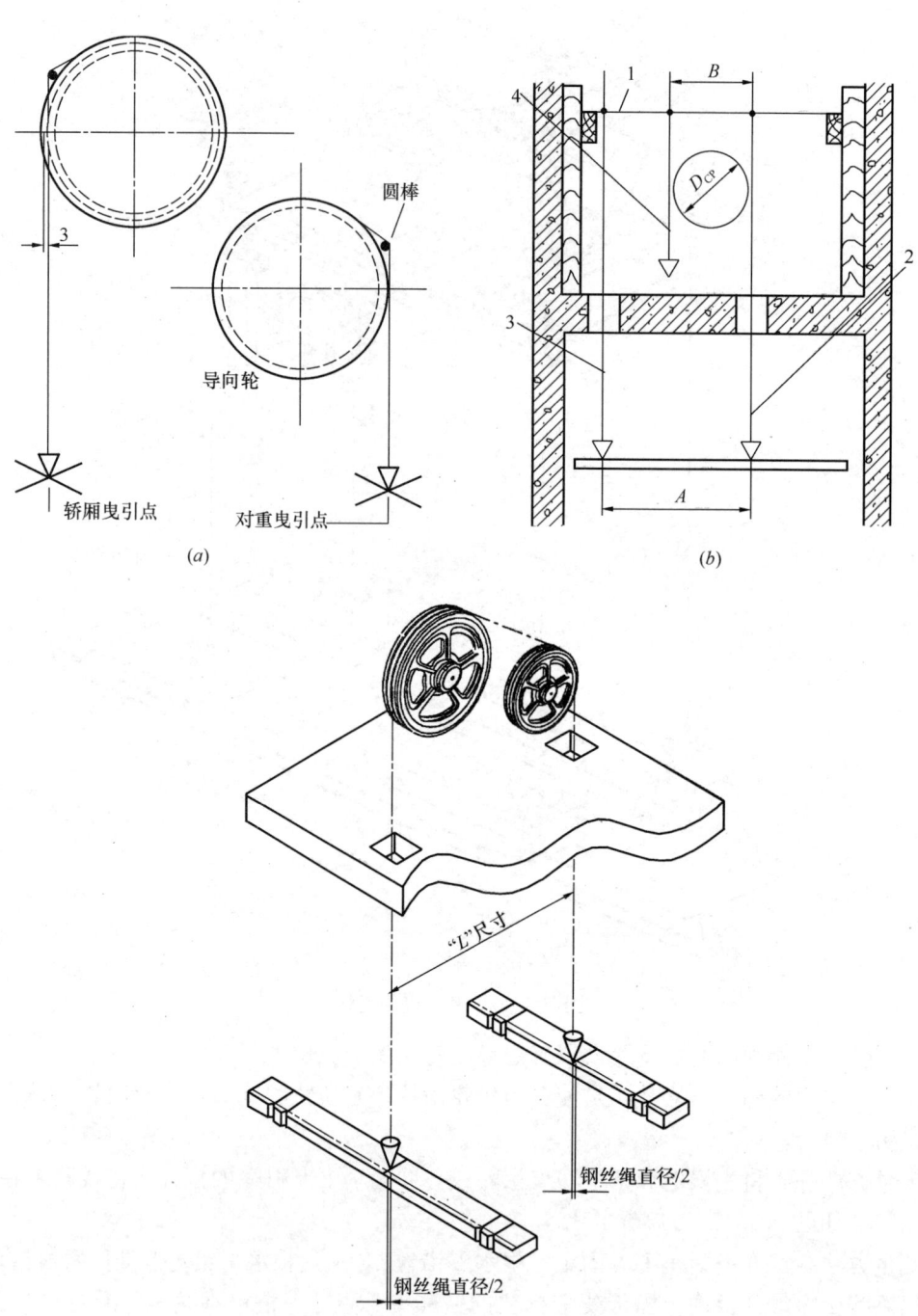

图 5.1-27 单绕式曳引机定位方法
(a) 方法一；(b) 方法二；(c) 方法三
1—水平铅丝；2、3、4—垂直铅丝

这5槽的中心位置,即槽的中心位置,即第6槽的中心点 A'。导向轮的作用中心点是在1、3、5、7、9槽中心位置,即2第5槽的中心点 B',然后参照单绕式曳引机的定位方法进行。

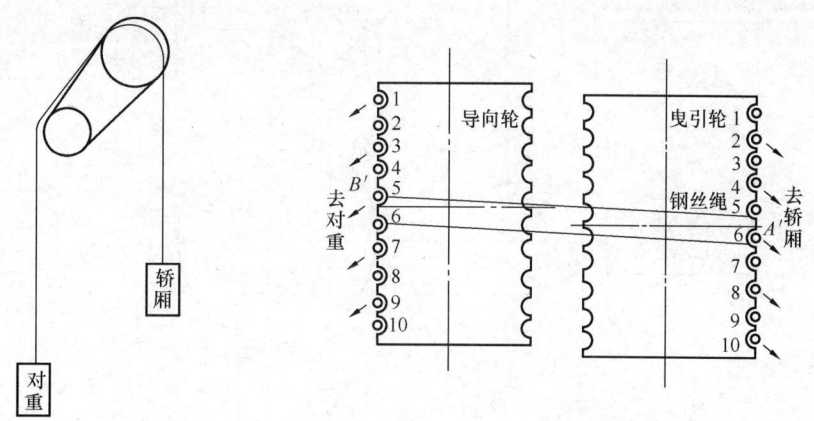

图 5.1-28 复绕式曳引机定位方法

B. 若导向轮及曳引机已由制造厂家组装在同一底座上时,确定安装位置极为方便。电梯出厂时,轿厢与对重中心距已完全确定,只要移动底座使曳引作用中心点 A' 吊下的垂线对准轿厢(或轿轮)中心点 A,使导向轮作用中心点 B' 吊下的垂线对准对重(或对重轮)中心点 B,这项工作即已完成,然后将底座固定即可。

C. 若曳引机与导向轮需在工地安装成套时,曳引机与导向轮的安装定位需要同时进行。其方法是,在曳引机及导向轮上方,使曳引轮作用中心点 A' 吊下的线对准轿厢(或轿轮)中心点 A,使导向轮作用中心点 B' 吊下的垂线对准对重(或对重轮)中心点 B,并且始终保持不变,然后水平转动曳引机及导向轮,使两个轮平行,且相距 $s/2$,固定即可。如图 5.1-29(a)所示。

D. 若曳引轮与导向轮的宽度及外形尺寸完全一样时,此项工作也可以通过找两轮的侧面延长线进行安装位置的确定,如图 5.1-29(b)。

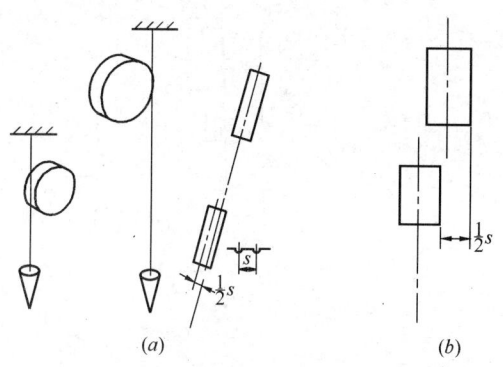

图 5.1-29 复绕式曳引轮与导向轮的偏移量
(a)曳引轮与导向轮的偏移量;
(b)曳引轮与导向轮的简易测法

6. 曳引轮和导向轮垂直度调整

主机曳引轮的垂直度调整是通过在承重梁与防振橡胶垫之间插入垫片来进行的,导向轮的垂直度调整是通过在导向轮支承梁(有些导向轮都是直接安装在主机支承钢梁上的)与导向轮轴支承件之间插入垫片来进行的,调整精度如图 5.1-30 所示。

上述的调整是在无负荷的情况下进行的,所以,当加上负荷以后,会由于重力及防振橡胶垫的压缩改变曳引轮的垂直度。所以,一般在装载上负载后,还有必要对曳引轮的垂直度进行重新检查调整,直至合格为止。

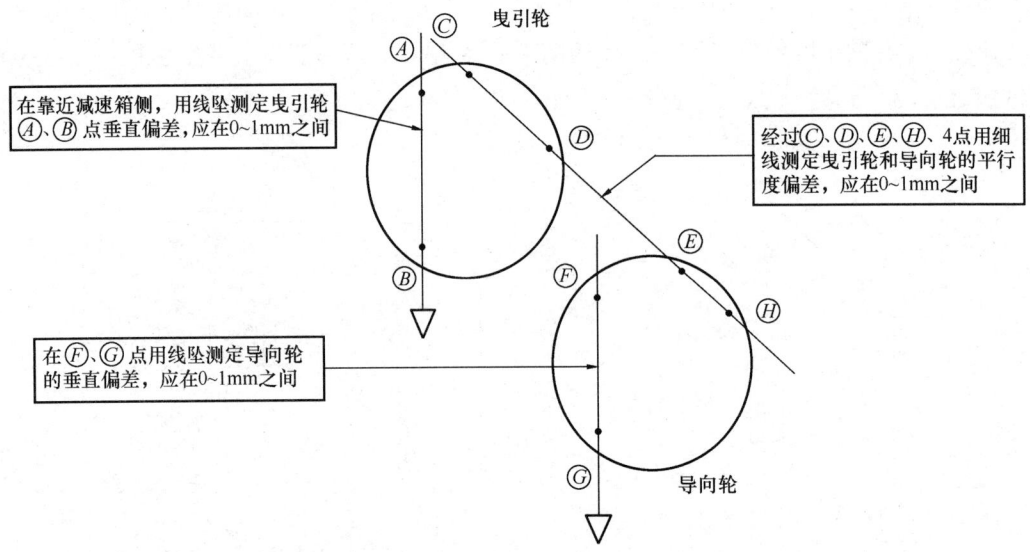

图 5.1-30 曳引轮与导向轮的调整

考虑到悬臂式曳引机在加上负荷后对曳引轮垂直偏差的影响，在首次调整时，要将垂直度偏差向着曳引轮受力相反的方向多偏差一些，如图 5.1-31 所示。这样当挂上曳引绳以后，曳引轮的垂直度就会符合标准。

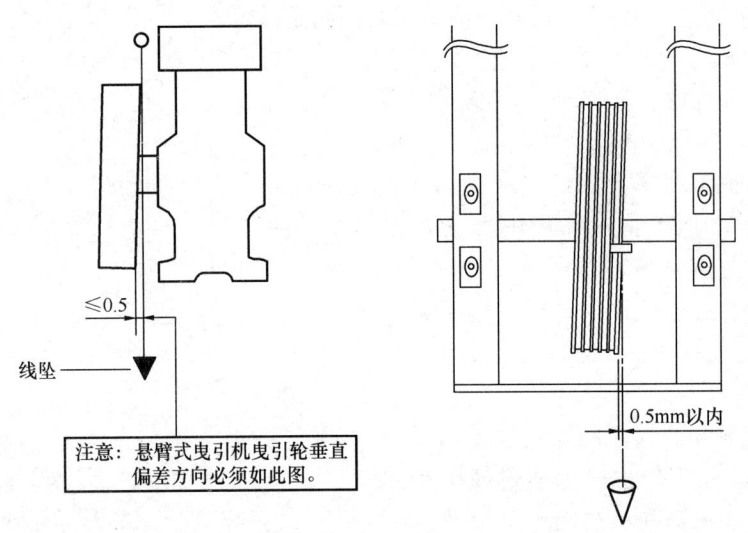

图 5.1-31 曳引轮于导向轮的调整

7. 曳引轮和导向轮平行度调整

主机曳引轮与导向轮平行度主要是通过调整导向轮的位置来进行的，精度要求如图 5.1-32 所示；操作工艺则必须严格按照下面标准步骤进行：

(1) 对于已经挂绳并安装了轿厢和对重的，应首先将对重顶起，轿厢吊起，卸去主机所有载荷（未安装轿厢和对重的，此步骤可以省略）。

(2) 松开导向轮的连接螺栓进行调整。

(3) 若以上调整仍不能满足要求，可松开导向轮连接槽钢的紧固螺栓，适当调整后再重复上步操作。

（4）若以上调整仍不能达到要求，可松开主机的紧固螺栓，卸下其中的一只螺栓，用铁撬棍撬动主机，进行调整，若撬棍力量不足，可使用手动葫芦、千斤顶适当吊起或顶起主机再行撬动，然后再重复上面第（2）步操作。

（5）将所有螺栓紧固好，使主机重新负重后，再次测量，如果符合标准，则重新按上面步骤开始调整，直至合格为止。

（6）操作中，严禁使用铁锤敲击主机任何部位，严禁使用千斤顶水平移动主机，主机必须是在无负荷状态下进行。

（7）在调整曳引轮和导向轮中，要保证曳引机的确定位置。

8. 曳引机的固定

曳引机安装调整后，在机座轴向安装防止位移的挡板和压板，中间用橡胶垫挤实或安装其他防位移措施，如图 5.1-33 所示。

在曳引机安装到位后，试运行前，一定要检查曳引机的油位。

（1）如果主机减速箱的箱体上有油窗，直接观察驱动主机减速箱内的油量，应在油窗标示的最小、最大刻度线之间。

（2）如果驱动主机减速箱采用油尺检测油量，用手从减速箱上拉出油尺，观察油尺上的油印应在油尺上标示的最小、最大刻度线之间。

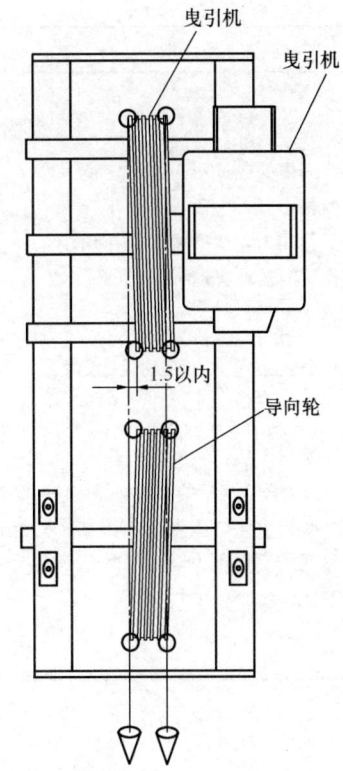

图 5.1-32　曳引轮于导向轮平行度的调整

5.1.6　典型制动器的安装与调整

电梯的制动器是电梯机械系统的主要安全设施之一，通常采用电磁式制动器，在装配时应按规定的技术要求调整，保证制动瓦与制动轮的单面间隙均匀，制动时，制动瓦与制动轮的接触面积≥80%，动作灵敏可靠，在轿厢内加上 150% 额定载重量，历时 10min，制动轮与制动瓦之间应无打滑现象。

1. 制动器的原理和常见形式

制动器的原理表 5.1-6。

常见的制动器按照制动的方式分为鼓刹和碟刹，如图 5.1-34 所示。鼓式制动器常见的形式有卧式和立式之分，如图 5.1-35 所示。

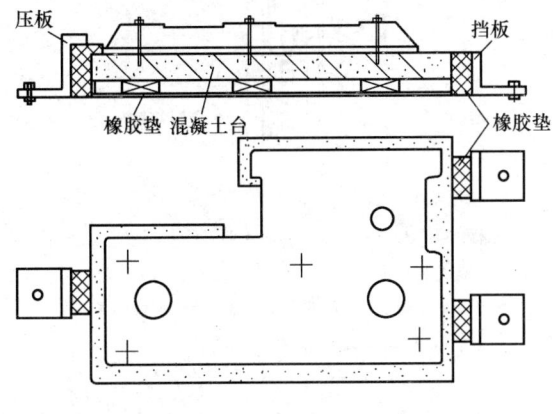

图 5.1-33　曳引机的固定

制动器的原理　　　　　　　　　　　　　　　　　表 5.1-6

电 磁 原 理	抱闸动作原理	图 例
当线圈中的电流小于某一定值或中断供电时，电磁吸力小于弹簧的反作用力，衔铁将在反作用力的作用下返回原来的释放位置	电源断电，抱闸制动盘在弹簧的推动下，靠向刹车盘，马达立即制动	刹车间隙；弹簧力；线圈；铁芯；刹车盘
当线圈通电后，铁心和衔铁被磁化，成为极性相反的两块磁铁，它们之间产生电磁吸力。当吸力大于弹簧的反作用力时，衔铁开始向着铁心方向运动	电源通电，抱闸制动盘在磁力的作用下，离开刹车盘，马达可以运转	制动盘

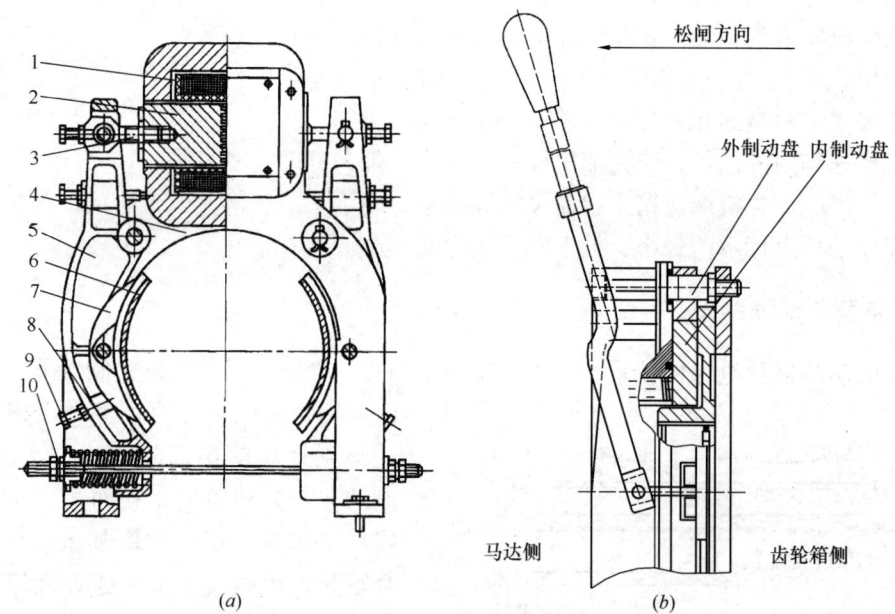

图 5.1-34　制动器的型式
(a) 鼓式制动器；(b) 碟式制动器
1—线圈；2—铁心；3—拉杆；4—制动体；5—制动臂；6—闸带；7—制动瓦；
8—主压簧；9—制动瓦调节螺钉；10—制动臂调节螺母

2. 鼓式制动器的调整

一般鼓式制动器的鼓轮都是由联轴器将减速箱与电动机联结起来，两者连接后的同心

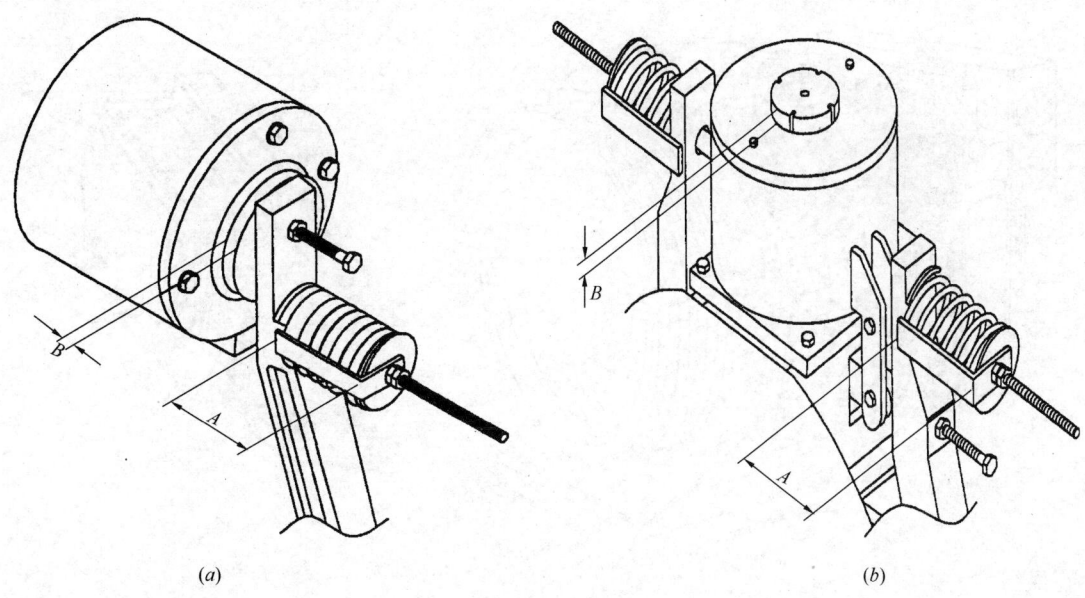

图 5.1-35 鼓式制动器的形式
(a) 卧式制动器；(b) 立式制动器

度，刚性联结为 0.02mm，弹性联结为 0.1mm，径向跳动不超过制动轮直径的 1/3000。如发现不符合本要求，必须严格检查测试，并调整电动机垫片以达到要求，调试的方法如图 5.1-36 所示。

调整方法：拆开联结器螺栓，用专用工具测试，将专用工具固定在电动机法兰盘上，调节两个测试螺栓，使尖端对准刹车轮，间隙为 A_1、A_2，旋转电动机轴（同时旋转联轴器）在 0°、90°、180°、270°，四个不同位置时，误差要在允许范围内。

制动器制动时，两闸瓦紧密、均匀地贴靠在制动轮工作面上；松闸时两侧闸瓦应同时离开，其间隙均匀，制动器上各转动轴两端的垫圈及销钉必须装好，并将销钉尾部劈开；弹簧调整后，轴端双螺母必须拧紧。

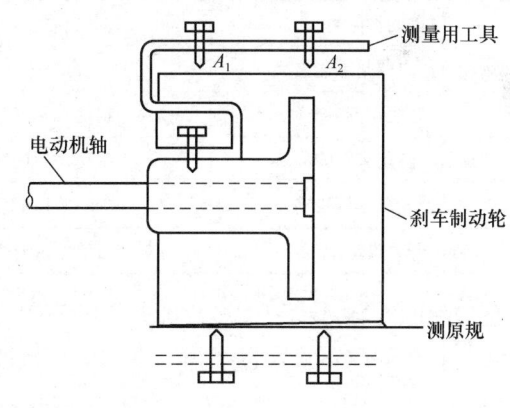

图 5.1-36 曳引轮轴校平

部分制动器有验证制动器动作情况的限位开关，要按照厂家的要求进行调整。

3. 盘式制动器的调整

对于盘式制动器的调整，也是在工厂调整到位，由于运输等原因，可能造成抱闸系统工作不正常，如图 5.1-37 所示，以迅达 PM420 行星齿轮曳引机来说明碟式制动器常见故障的调整步骤。现在的无机房电梯的制动器与此有类似之处，可参考施行。

(1) 碟式制动器的常见故障

碟式制动器的调试复杂，常见的故障如下表 5.1-7。

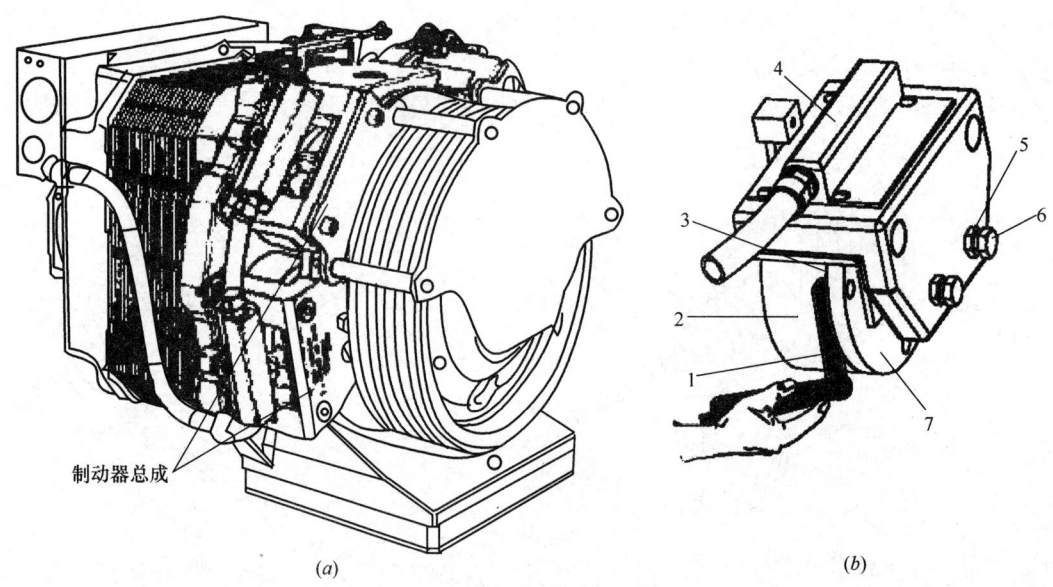

图 5.1-37 PM420 的碟式制动器
(a) PM420 行星齿轮曳引机；(b) 制动器详图
1—0.3mm 量规；2—电磁铁（线圈）；3—间隙；4—导线盒；5—锁紧螺母 M12；6—六角螺钉 M12；7—动铁盘

碟式制动器的常见故障　　　　　　　　　　　　　表 5.1-7

不良的原因	不良的现象	预想事故
摩擦面油附着	扭力下降	电梯溜车
制动器扭力调整螺栓松动	扭力下降	电梯溜车
导线切断	制动器不能解除	电梯内的人关在里面不能出来
制动器间隙里有异物混入	制动器不能解除	电梯内的人关在里面不能出来
制动器安装螺栓松动	制动器可能脱落	电梯溜车
限位开关设定不良	制动器动作情况不能检出	电梯内的人关在里面不能出来

在实际的安装过程中，多数由于机械原因，造成碟式制动器的故障，如反馈开关信号不正常，制动间隙不符合标准等，常见的机械原因如表 5.1-8。

碟式制动器的机械故障　　　　　　　　　　　　　表 5.1-8

故障部位	故障状况	推测原因	对策
驱动部位	动作不良	驱动部受到过大的外力，运动部位被磨损	消除原因或者使用强度大的辅助驱动杆等
		开关安装不紧，发生摇动而无法在规定的动作位置动作	重新检查开关的紧固力
		混入了杂质、尘埃、油等异物	消除原因或使用密封型开关
	破损	被施加了击打等过大的冲击载重	消除原因或者换成强度较大的开关
		变形、脱落或向驱动部位施加了过大的力且力的施加方向错误	重新检查使用、操作的方向

第 5 章 机房设备安装

续表

故障部位	故障状况	推测原因	对策
安装部位	破损	螺钉紧固倾斜	重新检查螺钉的插入方法
		紧固力过大	重新检查紧固力
		安装螺距偏斜	修改螺距
		安装面不平	修平安装面

(2) 碟式制动器的不良调整步骤

1) 首先要根据电梯运行时基板灯信号,判别刹车的工作是否正常,如图 5.1-38。

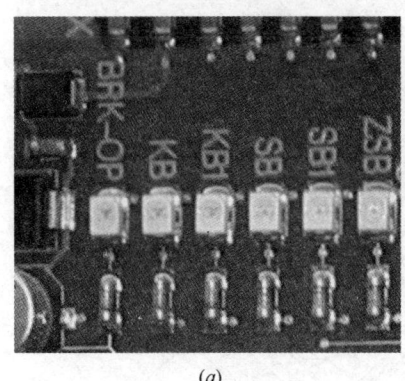  

(a)　　　　　　　　　　(b)　　　　　　　　　　(c)

图 5.1-38　PM420 控制基板信号和开关
(a) 控制基板；(b) 制动器开关；(c) 制动器安装位置

正常情况时：A. 刹车电源 OFF 时（马达停止），KB、SB、SB1 灯亮；B. 刹车电源 ON 时（马达运转）BRK-OP、KB1、ZSB 灯亮；C. 切换时各灯变化迅速。

不良情况时：A. KB 异常表常闭（红黑）线刹车不良；B. KB1 异常表接常开（蓝黑）线刹车不良。

2) 用电源或手动开放工具操纵制动器，进行逐项检查各部件的基准符合情况，如表 5.1-9。在用电源操纵制动器时，制动器开放电源基准为：启动时电压为 207VDC，维持时电压为 103.5VDC，电压波动为 +5%～-10%。

碟式制动器的机械部位检查　　　　表 5.1-9

序号	检查项目	基准	方法	备注
1	电源 OFF（制动器 ON 时）间隙	0.3～0.4mm	用 0.3 和 0.4 间隙规确认限位开关等周 4 处能测定处	偏大扭力下降（最大 0.6mm）偏小开关回复不足
2	电源 ON（制动器 OFF 时）间隙	0.1mm 以下	用 0.1 间隙规确认限位开关及相对 2 处	偏大压入不足 KB1 灯不亮或亮得慢
3	制动器压入量	0.05～0.15mm 0.12～0.13mm	用不同规格间隙规插入间隙内再开放制动器确认开关的动作情况	压入量小 KB1 灯不亮或亮得慢 压入量大 KB1 灯不灭或灭得慢

(3) 不良刹车间隙调整,如图 5.1-39 所示。

1) 在测量间隙之前确保锁紧螺母紧固;

2) 电源 OFF（制动器 ON 时）时,检查动铁盘和电磁铁之间零间隙。局部有间隙是正常的,如全部有间隙,则必须更换整个制动器;

3) 电源 ON 或操纵释放手柄（制动器 OFF 时）,使制动器完全打开,在制动器两侧,用两根 0.3mm 塞尺对称插入间隙内,检查动铁盘和电磁铁之间的间隙应为:≥0.3mm<0.4mm（≥0.012 英寸<0.016 英寸）;

4) 反复调整制动器保持架前面的两颗螺钉调整间隙,直到满足上述尺寸要求;

5) 调整后用锁紧螺母可靠锁紧在制动器不通电时调整 M12 调整螺栓并用 2Nm 拧紧;

6) 用 40Nm±4Nm 拧紧定位销固定螺帽。

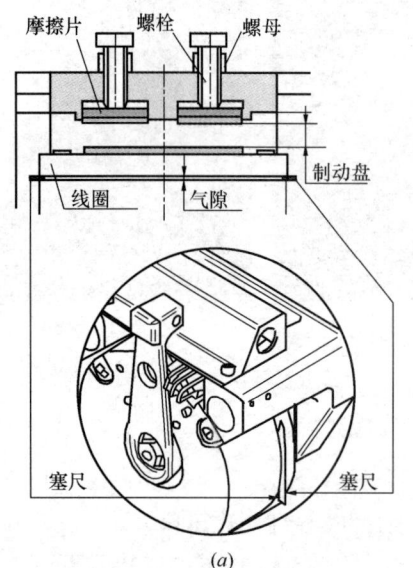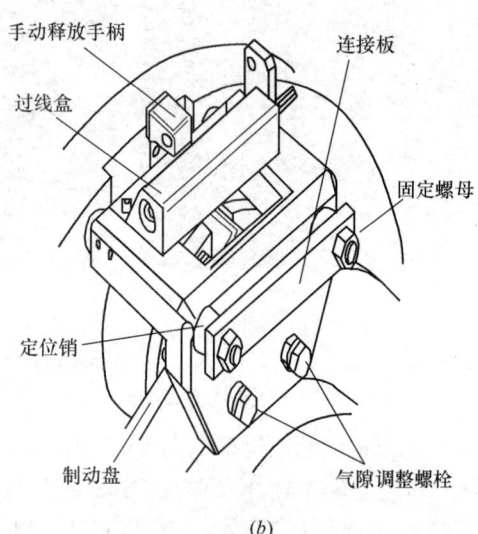

图 5.1-39 制动器间隙调整
(a) 制动器间隙调整 1;(b) 制动器间隙调整 2

(4) 不良制动器限位开关调整步骤如下,见图 5.1-40。

1) 移开刹车间隙的防护罩和图 5.1-39 中的制动器过线盒;

2) 调整螺栓使限位开关处于自由位置;

3) 将 0.13mm 塞尺插入调节螺栓 M5 与限位开关附近间隙内;

4) 通电打开制动器;

5) 调整螺栓至限位开关刚好动作;

6) 用锁紧螺母固定螺栓位置;

7) 反复通断电观察是否灵活动作;

8) 将塞尺插入间隙内确认压入量是否在 0.12～0.13mm;

9) 接线及防护罩复原。

为了调节的方便,有时在接线盒微动开关接线端（黑和蓝）之间连接蜂鸣器,通过蜂鸣器的响声来判断限位开关的动作情况。

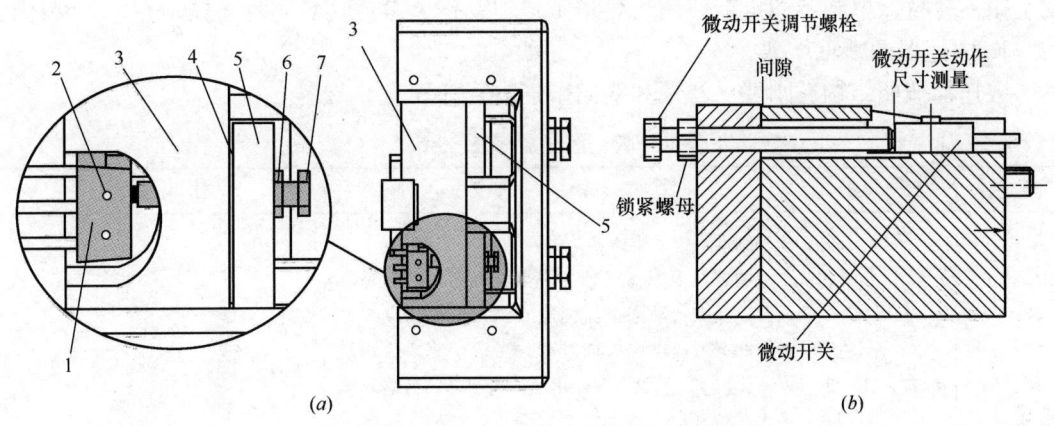

图 5.1-40 制动器限位开关调整
(a) 制动器限位开关调整 1；(b) 制动器限位开关调整 2
1—微动开关；2—两个 M2 螺栓；3—磁铁（线圈）；4—间隙；5—动铁盘；6—螺母 M5；7—螺栓 M5

5.2 限速器安装

限速器作为主要的电梯安全装置之一，靠与安全钳配合，在电梯失速时，联动制停轿厢。三者之间的结构示意图如图 5.2-1 所示。

当电梯的运行速度达到 115% 额定速度值前，限速开关动作并切断电动机电源；当速度达到或超过 115% 额定速度时卡住限速器钢丝绳，提拉安全钳钳块拉杆，安全钳动作。

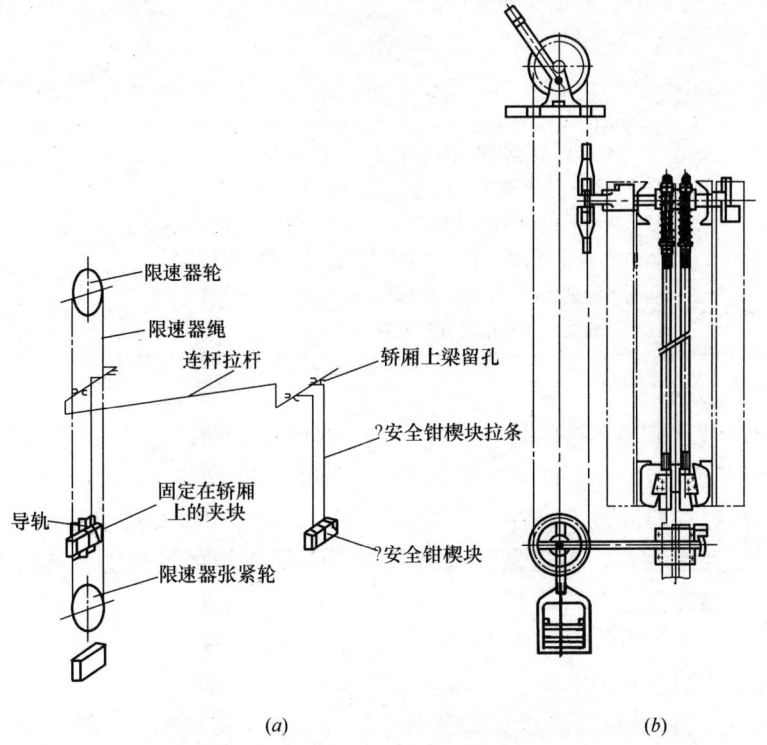

图 5.2-1 限速器、安全钳、轿厢之间的联动结构示意图

安全钳不复位，电梯不能重新使用。要求限速器动作灵敏，其响应时间控制在 0.5s 以内。

1. 限速器的常见类型

限速器按照结构有刚性、弹性和双向限速器，如表 5.2-1。

限 速 器 使 用　　　　　　　　　　表 5.2-1

类 别	形 式	工 作 原 理	作 用 特 点
刚性限速器	1）刚性夹绳式；2）刚性甩锤式	以刚性甩锤式限速器为例：甩锤装在限速器绳轮上，当电梯运行时，轿厢通过钢丝绳带动限速器绳轮转动，甩锤的离心力随轿厢运行速度增大而升高。当运行速度达到额定速度的 115%以上时，甩锤的突出部位与锤罩的突出部位扣上，推动绳轮、锤罩、拨叉、压绳舌往前移动一个角度后，将钢丝绳紧紧卡在绳轮槽和压绳舌之间，使钢丝绳停止移动，从而把安全钳的楔块提起来，将轿厢卡在导轨上；此类限速器配用瞬时安全钳	由于压绳舌卡住钢丝绳时对绳索的损伤较大，因此刚性甩锤式限速器一般用在速度小于 1m/s 的低速梯。其机械图如图 5.2-2 所示
弹性限速器	1）弹性可滑移夹绳式；2）弹性甩锤式	其工作原理与刚性限速器相似。当梯速达到额定转速的 115%时，甩锤机构通过连杆推动卡爪动作，卡爪把钢丝绳卡住，从而使安全钳动作，将轿厢卡在导轨上，此类限速器配用渐进式安全钳	由于该弹性甩锤式限速器还设有超速开关，当轿厢运行速度达到超速开关动作速度，而未达到电梯运行额定速度 115%时，即切断电梯控制电路，从而使钢丝绳在被安全钳压紧前有一段滑移而得到缓冲，这对保护钢丝绳有利。因此，被广泛用在快、高速电梯上。其机械图如图 5.2-3 所示
双向限速器		其工作原理同刚性和弹性限速器，只是在原限速器结构的基础上，另外加装一只作为电梯上行超速度监控安全触点型开关，当电梯上行速度达到 115%额定速度时，此触点电气开关动作，触发钢丝绳制动器或上行安全钳，将轿厢夹持于导轨上，此类限速器配用双向安全钳	双向限速器因能在电梯轿厢上行和下行两个方向都能使限速器绳产生张力，功能全面、可靠，适用于所有速度的电梯。其结构图如图 5.2-4 所示

2. 限速器的安装

限速器出厂是已经过严格的检查和实验，安装时不允许随意调整限速器的弹簧压力，以免影响限速器的性能，亦不能在钢丝绳夹压处抽取或插入垫片，若机件有损坏或运行不正常，需送到厂家检验调整，或者更换新的机件。在安装前，要查验限速器铭牌上的动作速度是否与设备要求相符，限速器在任何情况下，都应是可接近的。若限速器装于井道内，则应能从井道外面接近它。

常见的安装方法如下：

（1）限速器安装在地面上

1）根据上面已定出的限速器钢丝绳中心的位置，在机房标出限速器安装座安装孔位置，如图 5.2-5 所示。如预留孔不合适，在剔楼板时应注意防止破坏楼板强度，剔孔不可过大，并应在楼板上，用厚度不小于 12mm 的钢板制作一个底座，将限速器和底座用螺栓固定。如楼板厚度小于 120mm，应在楼板下再加一块钢板，采用穿钉螺栓固定。限速器也可通过在其底座设一块钢板为基础板，固定在承重钢梁上。基础钢板与限速器底座用螺栓固定，该钢板与承重钢梁可用螺栓或焊接定位。

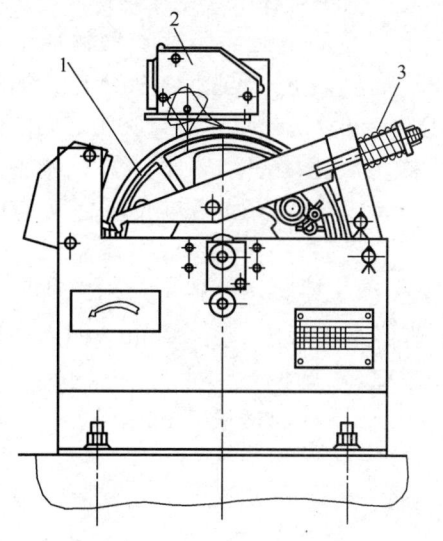

图 5.2-2 刚性甩锤式限速器
1—限速器总体；2—上行超速动作开关；3—压绳舌

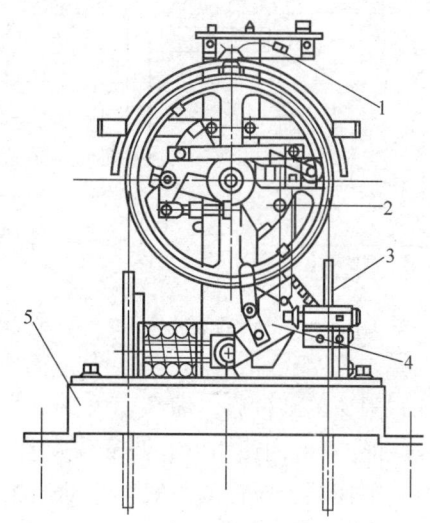

图 5.2-3 弹性甩锤式限速器
1—电开关；2—锤罩；3—钢丝绳；4—夹绳钳；5—底座

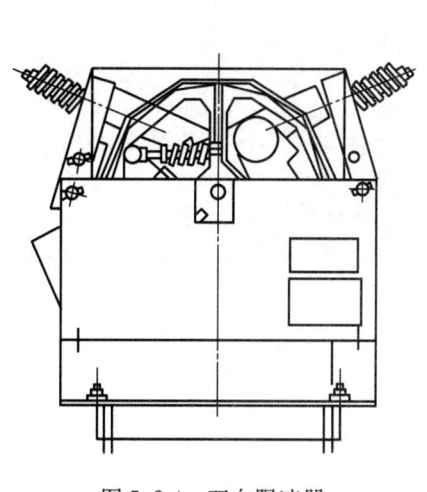

图 5.2-4 双向限速器

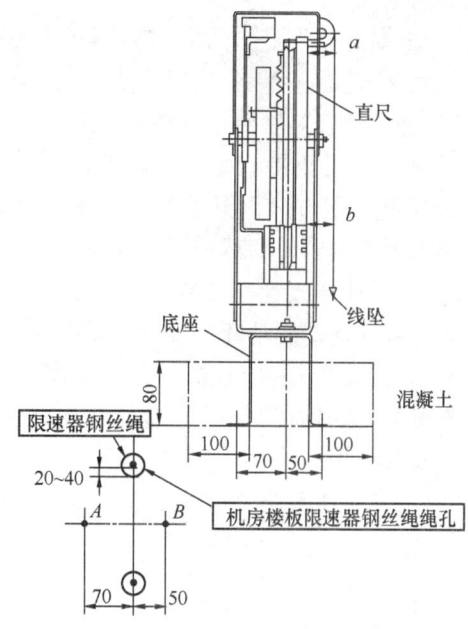

图 5.2-5 限速器安装（一）

根据安装图所给坐标位置，由限速器轮槽中心向轿厢拉杆上绳头中心吊一垂线，同时由限速轮另一边绳槽中心直接向张紧轮相应的绳槽中心吊一垂线，调整限速器位置，使上述两对中心在相应的垂线上，位置即可确定。

2）在连接孔位置打入 M12 膨胀螺栓，装上限限速器安装座，拧紧膨胀螺栓的螺母。

3）将限速器放在安装座上，放置时应注意其方向，应使限速器制动锤在安全钳提拉臂一侧。

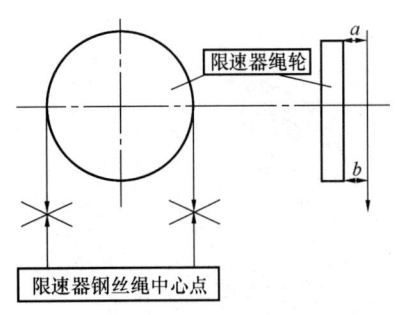

图 5.2-6　限速器的安装要求

4）如图 5.2-6 所示，在限速器绳轮钢丝绳中心放下线坠使绳轮钢丝绳的中心与限速器钢丝绳中心对正。如图 5.2-5 所示，用一把直尺紧贴绳轮，测量直尺与线坠的距离 a、b。松开限速器与底座之间的固定螺栓，在限速器与底座之间插入垫片进行调整，使 $|a-b|\leqslant 0.5$mm。拧紧限速器与底座之间的固定螺栓。

5）用混凝土固定安装座，每边凸出限速器安装外缘应大于限速器底座每边 25～40mm，四周高出地面 50mm，如图 5.2-5 所示。

6）限速器就位后，绳孔要求穿导管（钢管）固定，并高出楼板 50mm，同时找正后，钢丝绳和导管的内壁均应有 5mm 以上间隙。

7）限速器上应标明与安全钳动作相应的旋转方向。

（2）限速器安装在承重梁上

限速器应装在井道顶部缓冲层的承重梁上，限速器也可通过在其底座设一块钢板为基础板，固定在承重钢梁上，基础钢板与限速器底座用螺栓固定；该钢板与承重钢梁可用螺栓或焊接定位。

1）根据上面已定出的限速器钢丝绳中心线的位置，将限速器安装座放置在承重梁上，如图 5.2-7 用线坠使安装座两个钢丝绳孔中心与限速器钢丝绳中心对正。在承重梁上画线定出安装座的位置。将安装座与承重梁焊接在一起，然后将安装座凸出承重梁以外的部分用风焊割去。

2）将限速器放置在安装座上，放置时应注意方向，应使限速器制动锤在安全钳提臂一侧。

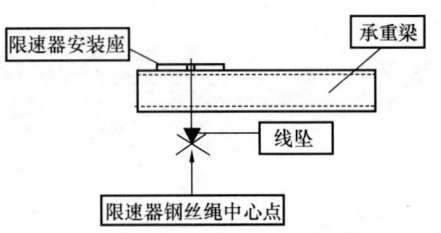

图 5.2-7　限速器安装（二）

3）如图 5.2-6 在限速器绳轮钢丝绳中心放下线坠使绳轮中心与限速器钢丝绳中心对正。测量绳轮的垂直度，在底座上用垫片调整限速器，使 $|a-b|\leqslant 0.5$mm。拧紧限速器底座的安装螺母。

4）在安装座上烧全焊固定限速器。

第6章 对重安装

对重也称"平衡重",是为保持曳引能力并减少电机功率损耗。对重主要由对重架和对重块两部分组成,对重块一般由铸铁或复合材料制成,对重架一般由型钢或钢板折弯件制成,对重块装在对重架中。对重块的重量根据电梯的种类和载重量不同,从方便操作考虑,一般每块重50~100kg。对重安装在井道内,通过钢丝绳与轿厢连接,形成悬挂的两端。在电梯运行过程中,对重通过对重导靴在对重导轨上滑行,起平衡作用。

6.1 对重组成

对重除对重架、对重块(压铁)外,还有对重压铁、导靴、垫铁或缓冲座等附件组成,根据需要2:1的还要安装反绳轮,如图6.1-1所示。

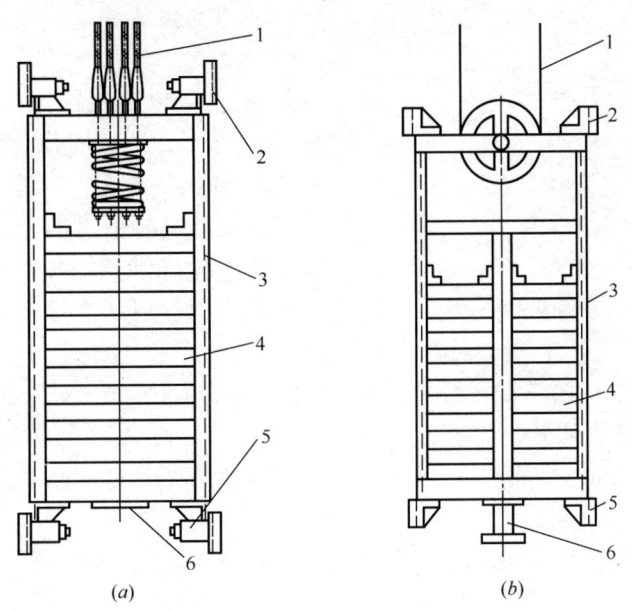

图 6.1-1 对重安装示意图
(a) 无反绳轮单列对重架总装图;(b) 有反绳轮双列对重架总装图
1—曳引绳;2—导靴;3—对重架;4—对重块;5—导靴;6—缓冲器碰块

6.2 对重安装技术要求

1. 当对重(平衡重)架有反绳轮,反绳轮应设置防护装置和挡绳装置。
2. 对重(平衡重)块应可靠固定。
3. 对重块应可靠紧固,对重架若有反绳轮时其反绳轮应润滑良好,并应设有挡绳装置。
4. 对重下撞板处应加装补偿墩(加长节)2~3个,当电梯的曳引钢丝绳伸长时,以便调整其缓冲距离符合规范要求。电梯安装后,由于曳引钢丝绳的伸长使对重侧越程小于允许值时，逐个拆除对重缓冲器撞块（拆下的撞块保管在底坑内）。曳引钢丝绳进一步伸长时，切短曳引钢丝绳，将保管在底坑内的撞块再装在对重上。

6.3 对重安装

一般对重组架都是整体由工厂发到工地的，安装操作较简单。对于有对重安全钳装置的对重架，则需要仔细安装，并调整好对重导靴。有安全钳装置的对重，对重安全钳的安装和调整与轿厢导靴和轿厢安全钳相同，本节不再介绍，请参考相关章节。

6.3.1 对重吊装前准备工作

1. 清扫底坑，拆除首层井道内阻碍对重架进入井道的横杆。
2. 用卷尺测量实际底坑深度，确认与井道图所标底坑深度大致相符。若此图标尺寸过大，则应适当增加缓冲墩高度。

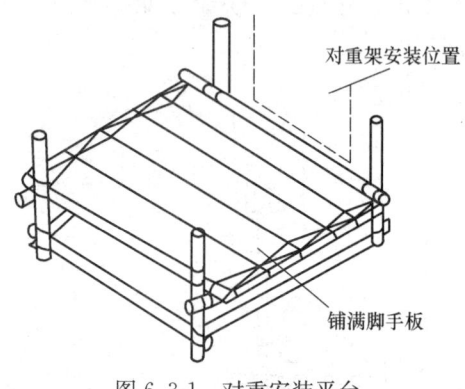

图 6.3-1　对重安装平台

3. 在脚手架上相应位置（以方便吊装对重框架和装入对重块为准）搭设操作平台，如图 6.3-1 所示。

4. 在机房预留孔洞上方放置一根工字钢（可用曳引机承重梁临时代替），拴上钢丝绳扣，在钢丝绳扣中央悬挂一捯链。也可以在适当高度（以方便吊装对重为准）的两个相对的对重导轨支架上拴好钢丝绳扣，在钢丝绳扣中点悬挂一捯链，钢丝绳扣应拴在导轨支架上，不可直接拴在导轨上，以免导轨受力后移位变形。

5. 在对重缓冲器两侧各支一根长度为 L 的 100mm×100mm 木方，用来支承对重架，但支承木方应避开导靴部分，如图 6.3-2（a）所示。木方高度 L＝缓冲墩高度（查井道土建布置图）＋缓冲器高度（实际测量）B＋越程距离＋对重缓冲器底座高度（实际测量）A，

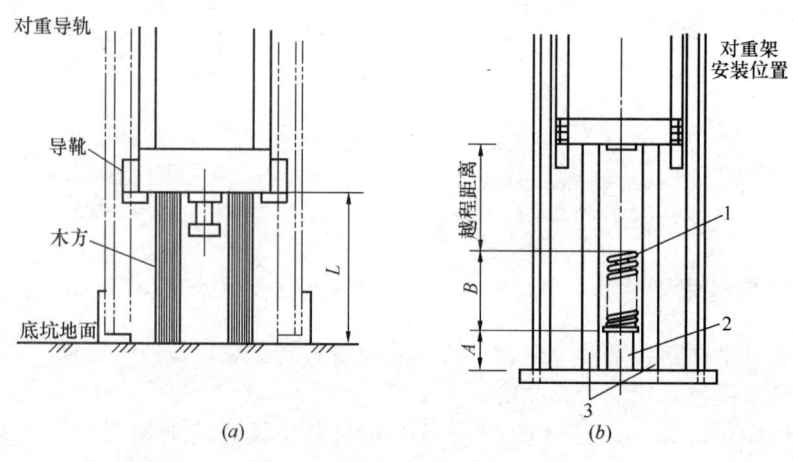

图 6.3-2　对重支撑木安放示意图
（a）支撑木放置位置；（b）支撑木的长度计算
1—缓冲器；2—缓冲器底座；3—支承枋

如图 6.3-2（b）所示，越程距离见表6.3-1，常见缓冲器高度及行程见表6.3-2。

越 程 距 离　　　　　　　　　　表 6.3-1

电梯额定速度（m/s）	缓冲器形式	越程距离（mm）
0.5～1.0	弹簧或聚氨酯	200～350
>1.0	油压	150～400

常见缓冲器高度及行程　　　　　　　表 6.3-2

缓冲器形式	缓冲器型号	行程（mm）	高度（mm）
油压缓冲器	YH1A/175	175	580
	YH3/80	80	331
聚氨酯缓冲器	JHQC-3	90	200

6. 若导靴为滚轮式，要将四个导轮都拆下，若导靴为弹簧式或固定式的，要将同一侧的两导靴拆下，如有导向角钢也要拆除一侧，如图 6.3-3 所示。

6.3.2　对重框架吊装就位

1. 将对重框架运到操作平台上，用钢丝绳扣将对重绳头板和捯链钩连在一起，如图 6.3-4 所示。

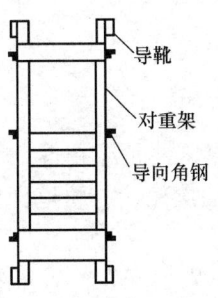
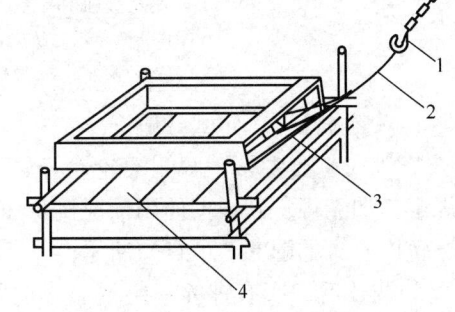

图 6.3-3　对重导靴和　　　　图 6.3-4　对重绳头与捯链钩的连接示意图
　　　导向角钢示意图　　　　1—捯链钩；2—钢丝绳扣；3—对重绳头板；4—操作平台

2. 操作捯链，缓缓将对重框架吊起到预定高度。

对于一侧装有弹簧式或固定式导靴的对重框架，移动对重框架，使其导靴与该侧导轨吻合并保持接触，然后轻轻放松捯链，使对重架平稳牢固地安放在事先支好的木方上，未装导靴的对重框架固定在木方上时，应使框架两侧面与导轨端面的距离相等。

6.3.3　对重导靴安装、调整

1. 固定式导靴安装时，要保证内衬与导轨端面间隙上、下一致，若达不到要求要作垫片进行调整，如图 6.3-5（a）所示，一般调整左右导靴与导轨之间的间隙之和为 2～4mm；如有导向角钢，调整导向角钢与导轨的间隙左右相等如图 6.3-5（b）所示。

2. 在安装弹簧式导靴前，应将导靴调整螺母紧到最大限度，使导靴和导靴架之间没有间隙，这样便于安装，如图 6.3-6（a）所示。

3. 若导靴滑块内衬上、下方与轨道端面间隙不一致，则在导靴座和对重框架之间用

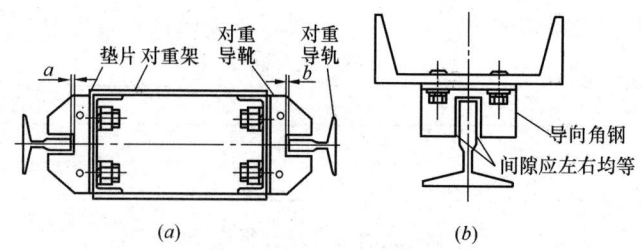

图 6.3-5 对重导靴和导向角钢安装示意图
(a) 对重导靴调整；(b) 导向角钢调整
$0 \leqslant a \leqslant 4mm$；$0 \leqslant b \leqslant 4mm$；$a+b=2\sim 4mm$

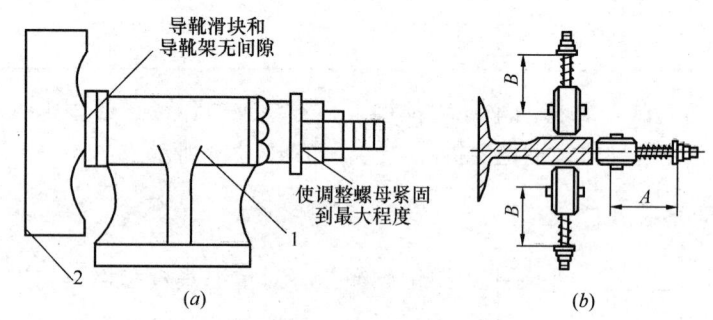

图 6.3-6 弹簧导靴和滚轮导靴安装示意图
(a) 弹簧导靴；(b) 滚轮导靴
1—导靴架；2—导靴滑块

垫片进行调整，调整方法同固定式导靴。

4.滚轮式导靴安装要平整，两侧滚轮对导轨压紧后两滚轮压缩量应相等，压缩尺寸应按制造厂规定。如无规定则根据使用情况调整压力适中，正面滚轮应与轨道面压紧，滚轮中心对准导轨中心，如图 6.3-6 (b) 所示。

5.导靴安装调整后，所有螺栓一定要紧牢防松。若发现个别的螺孔位置不符合安装要求时，要及时解决，绝不允许漏装。

6.3.4 对重块安装及固定

加载条件：加载对重块前必须完成轿架的组装，轿架及对重侧曳引钢丝绳必须吊挂完毕。在电梯出厂时，对重块发货数量可能由于轿厢壁板和地板的不同而有所不同，对重块数量应以发货装箱单为准。在工厂计算发货的对重数量公式如下：

装入的对重块数=[(轿厢自重+额定荷重)×(0.4~0.5)−对重架自重]÷单块重量

常用对重架、砣块（对重铁）规格表　　　　表 6.3-3

规　格	用　　　　途		
	客梯用	货　梯　用	
砣块长度 A（mm）	1140	1200	820
砣块宽度 B（mm）	160	200	200
砣块厚度 δ（mm）	58	50	50
砣块重（kg）	68	90	60
对重架槽钢号	10 号	16 号	16 号

1. 装入相应数量的对重块

对重块数量应根据下列公式求出：

首次加载对重块数量＝全部需加载对重数量－电梯额定载重量/单块对重重量

(1) 按上面公式首次加载数量加载对重块。在轿厢组装完毕后，快车运行前，再将剩余的对重块全部加载。

(2) 最终加载的对重块数量，必须在调试时由平衡系数测定实验确定。

(3) 部分厂家对重的对重块分为三类，如图 6.3-7（a）所示，上框架内的对重（如果有的话，出厂时已装在上框架内，无需现场安装），只安装下框架内对重和主框架内对重。对重块材质，上下框架内的对重均为钢板对重块，主框架内的对重是由铸铁对重块和钢板对重块按一定的比例组成的（某些情况下只有铸铁对重块或只有钢对重块），近年来也出现了复合材料制成的对重块。

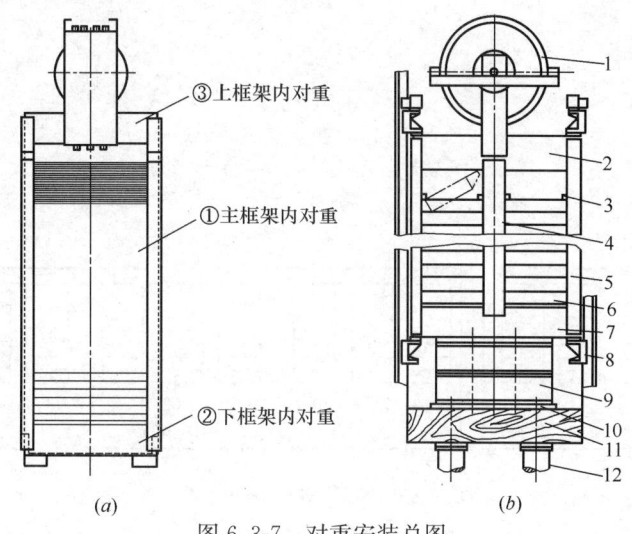

图 6.3-7 对重安装总图

(a) 三种对重块对重；(b) 对重总成

1—反向滑轮；2—上横梁；3—防跳安全件；4—中间立柱；5—U 形槽钢立柱；6—充填式重块；7—下横梁；8—导靴；9—缓冲器基座 H 形槽钢；10—缓冲器撞板；11—填木；12—缓冲器

(4) 对重块安装次序为：先装下框架内的对重块，然后安装主框架内的铸铁对重，最后是主框架内的钢板对重。

2. 为避免运行时产生碰击声，必须将对重块与对重框架稳固，当对重块安装完成后，必须马上安装对重块压紧装置或防跳式压紧装置防跳挡板，以防止运行时对重铁坠落，如图 6.3-8 所示，常见的还有顶丝式、顶管式等对重压紧装置。如果压紧装置安装后，还有对重块松动，可以用木屑局部楔紧。

3. 使用非单列对重架时，对重架各列装载要同数量，不同数量时要按图 6.3-9 装载。

6.4 反绳装置安装

对于曳引比大于 1 的电梯，对重要安装反绳装置。大多数的反绳装置现在出厂时已经安装。

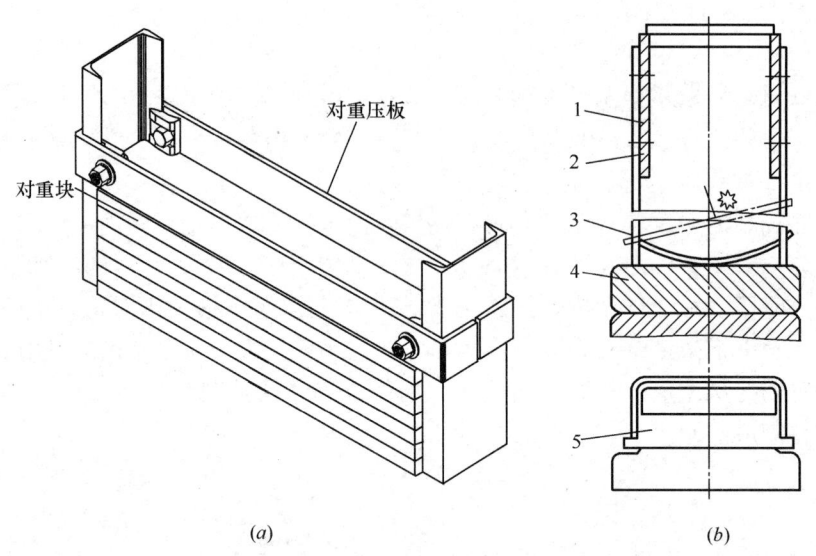

(a)　　　　　　　　　　　(b)

图 6.3-8　对重块压紧方式

(a) 对重块压紧装置；(b) 防跳式压紧装置

1—上横梁；2—U 形槽钢立柱；3—防跳安全件；4—充填式重块；5—防跳安全件

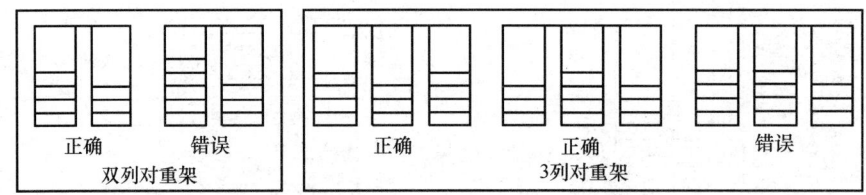

图 6.3-9　多列对重块分布图

6.4.1　反绳装置安装技术要求

1. 当对重（平衡重）架有反绳轮，反绳轮应设置防护装置和挡绳装置。

2. 对重块应可靠紧固，对重架若有反绳轮时其反绳轮应润滑良好，并应设有挡绳装置。

3. 如对重（或平衡重）由对重块组成，应防止它们移位，应采取下列措施：

1) 对重块要固定在一个框架内；

2) 对于金属对重块，且电梯额定速度不大于 1m/s，则至少要用两根拉杆将对重块固定住。

4. 《电梯制造与安装安全规范》GB 7588—2003 对于装在对重（或平衡重）上的滑轮和（或）链轮应按其 9.7 要求设置防护装置。

5. 曳引轮、滑轮和链轮的防护。

6. 曳引轮、滑轮和链轮应根据表 6.4-1 设置防护装置，以避免：

1) 人身伤害；

2) 钢丝绳或链条因松弛而脱离绳槽或链轮；

曳引轮、滑轮和链轮防护分布　　　　　表 6.4-1

曳引轮、滑轮及链轮的位置			根据《电梯制造与安装安全规范》GB 7588—2003 9.7.1 的条款		
			a	b	c
轿厢上	轿顶上		×	×	×
	轿底下			×	×
对重或平衡重上				×	×
机房内			×②	×	×①
滑轮间内				×	
井道内	顶层空间	轿厢上方	×	×	
		轿厢侧向		×	
	底坑与顶层空间之间			×	×①
	底　坑		×	×	×
限速器及其张紧轮			×	×	×①

×表示必须考虑此项危险。

①表明只在钢丝绳或链条进入曳引轮、滑轮或链轮的方向为水平或与水平线的上夹角不超过 90°时，应防护此项危险；

②最低限度应做防咬人防护。

3）异物进入绳与绳槽或链与链轮之间。

所采用的防护装置应能见到旋转部件且不妨碍检查与维护工作。若防护装置是网孔状，则其孔洞尺寸应符合《机械安全　防止上肢触及危险区的安全距离》GB 12265.1—1997 表 4（见表 6.4-2）的要求。

EN 294 的表 4（mm）　　　　　表 6.4.2

身体部位	图　示	开　口	安全距离 S_r		
			槽形	方形	圆形
指　尖		$e \leqslant 4$	$\geqslant 2$	$\geqslant 2$	$\geqslant 2$
		$4 < e \leqslant 6$	$\geqslant 10$	$\geqslant 5$	$\geqslant 5$
指至指关节或手		$6 < e \leqslant 8$	$\geqslant 20$	$\geqslant 15$	$\geqslant 5$
		$8 < e \leqslant 10$	$\geqslant 80$	$\geqslant 25$	$\geqslant 20$
		$10 < e \leqslant 12$	$\geqslant 100$	$\geqslant 80$	$\geqslant 80$
		$12 < e \leqslant 20$	$\geqslant 120$	$\geqslant 120$	$\geqslant 120$
		$20 < e \leqslant 30$	$\geqslant 850$	$\geqslant 120$	$\geqslant 120$

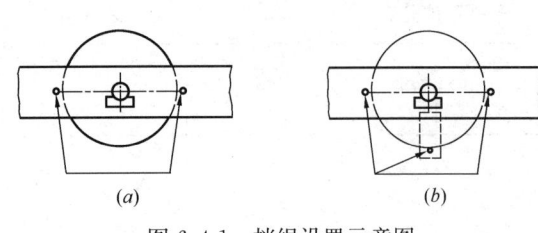

图 6.4-1 挡绳设置示意图
(a) 两点挡绳设置；(b) 三点挡绳设置

7. 防护装置只能在下列情况下才能被拆除：
1) 更换钢丝绳或链条；
2) 更换绳轮或链轮；
3) 重新加工绳槽。

对于防止钢丝绳脱槽主要是设置挡绳装置，如图 6.4-1（a）设置两点就满足标准，也有设置三点的，如图 6.4-1（b）所示。

6.4.2 反绳轮挡绳装置安装

如果对重（平衡重）架有反绳轮，从以上标准规范要求得出，反绳轮应设置防护装置和挡绳装置，以避免伤害作业人员。加装挡绳主要的两个目的：其一是防止杂物进入反绳轮的沟槽内；其二是防止绳从反绳轮槽中脱出。这些装置的结构应不妨碍对滑轮的检查维护。采用链条的情况下，亦要有类似的装置，如图 6.4-2 所示。

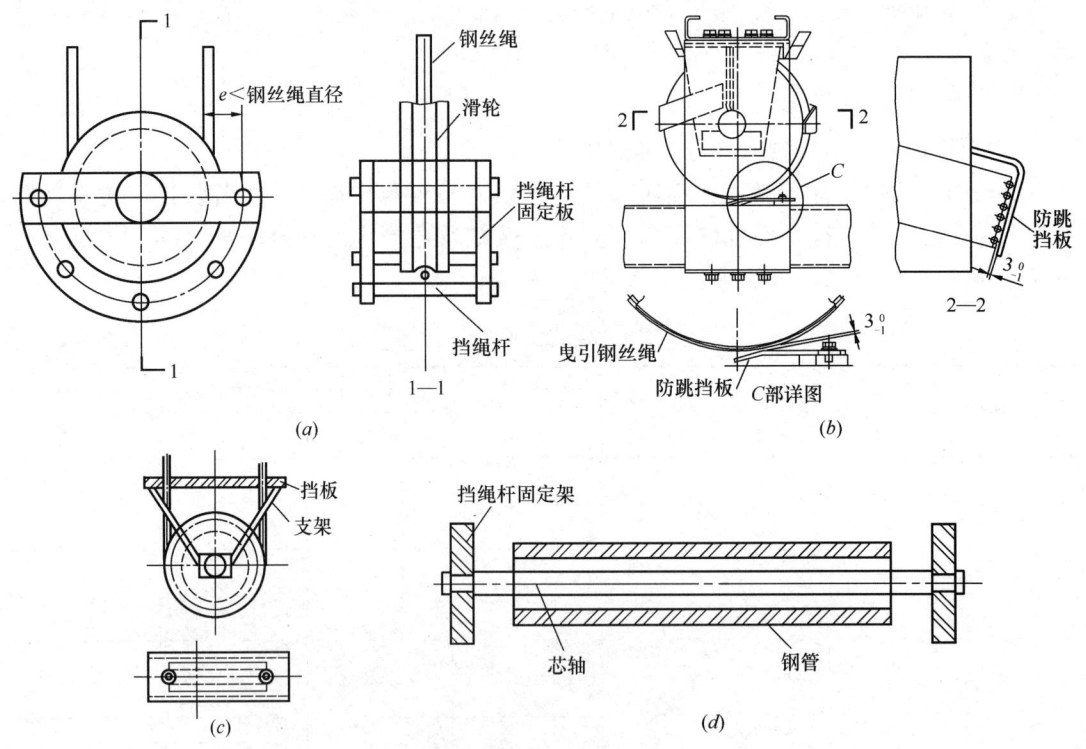

图 6.4-2 挡绳设置示意图
(a) 挡绳装置（一）；(b) 挡绳装置（二）；(c) 挡绳装置（三）；(d) 挡绳装置（四）

第7章 轿厢安装

轿厢是运载乘客或其他载荷的轿体部件，安装、检修人员也常将轿厢作为井道内一些部件安装、检修的操作台。轿厢安装的质量直接关系到乘客和安装、检修人员的安全及电梯使用性能。同一生产厂家的轿厢也有多种种类和型号，它们的安装工艺有所差异，因此安装人员应按照电梯安装说明书（或施工工艺）进行施工。

7.1 轿厢组成与技术要求

7.1.1 轿厢组成

轿厢由轿架、底盘、轿壁、轿顶等组成，配备了安全钳组件和导向的导靴外，还配备有许多附件，如护脚板、风扇、照明和顶棚等，如图 7.1-1 所示。

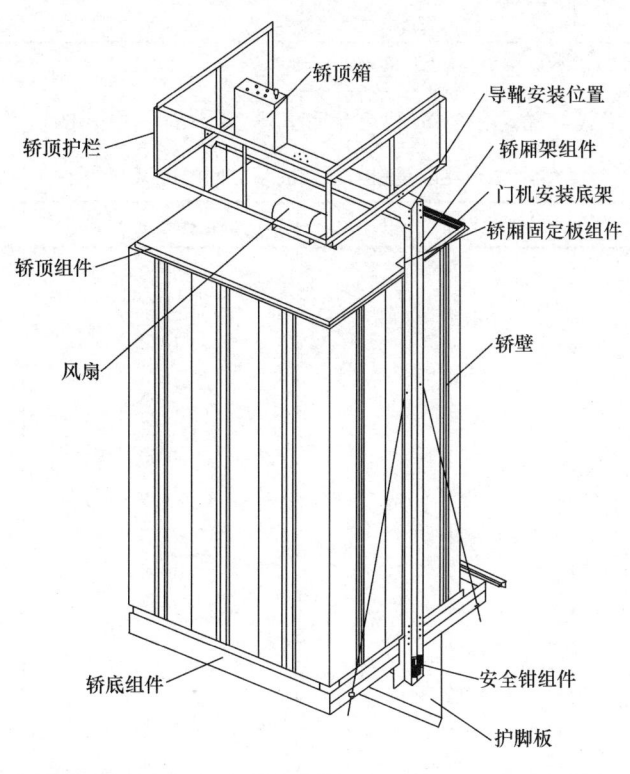

图 7.1-1 轿厢总成图

7.1.2 轿厢安装技术要求

根据《电梯制造与安装安全规范》GB 7588—2003、《电梯工程施工质量验收规范》GB 50310—2002、《电梯安装验收规范》GB 10060—1993 等标准，轿厢应满足以下要求：

1. 轿厢内的净高度应不小于 2.0m，使用者正常出入轿厢入口的净高度应不小于 2.0m。

2. 一般规定：为防止由于人员超载，轿厢的有效面积应予以限制。在计算电梯乘客数量时，每个乘客按照 75kg 计算，计算公式为额定载重量/75，计算结果向下圆整到最近的整数，或取表 7.1-1 中的较小的数值。

电梯载客人数与轿厢最小面积的关系　　　　　　　表 7.1-1

乘客人数	轿厢最小有效面积（m^2）	乘客人数	轿厢最小有效面积（m^2）
1	0.28	11	1.87
2	0.49	12	2.01
3	0.60	13	2.15
4	0.79	14	2.29
5	0.98	15	2.43
6	1.17	16	2.57
7	1.31	17	2.71
8	1.46	18	2.85
9	1.59	19	2.99
10	1.73	20	3.13

注：乘客人数超过 20 人，每增加 1 个乘客，增加 $0.115m^2$。

为了防止人员超载，轿厢的额定载重量和最大最小面积之间的关系见表 7.1-2 所示。

电梯载重量与轿厢面积之间的关系　　　　　　　表 7.1-2

额定载重量（kg）	轿厢最大有效面积（m^2）	额定载重量（kg）	轿厢最大有效面积（m^2）
100[a]	0.37	900	2.20
180[b]	0.58	975	2.35
225	0.70	1000	2.40
300	0.90	1050	2.50
375	1.10	1125	2.65
400	1.17	1200	2.80
450	1.30	1250	2.90
525	1.45	1275	2.95
600	1.60	1350	3.10
630	1.66	1425	3.25
675	1.75	1500	3.40
750	1.90	1600	3.56
800	2.00	2000	4.20
825	2.05	2500[c]	5.00

a. 一人电梯的最小值；
b. 二人电梯的最小值；
c. 额定载重超过 2500kg 时，每增加 100kg，面积增加 $0.16m^2$。对中间的载重量，其面积由线性插值决定。

3. 当距轿底面在 1.1m 以下使用玻璃轿壁时，必须在距轿底面 0.9～1.1m 的高度安装扶手，且扶手必须独立地固定，不得与玻璃有关。

4. 当轿厢有反绳轮时，反绳轮应设置防护装置和挡绳装置。

5. 当轿顶外侧边缘至井道壁水平方向的自由距离大于 0.3m 时，轿顶应装设防护栏及警示性标识。

6. 轿厢顶有反绳轮时，反绳轮应有保护罩和挡绳装置，且润滑良好，反绳轮铅垂度不大于 1mm。

7.2 轿架组装

轿架是轿厢的外框，也就是轿厢的骨架，素有轿厢龙门架之说。轿架的组成一般由底梁、立柱、上梁和拉杆组成，还配有安全钳、导靴、门机支撑架等。通常轿厢的底盘就安放在轿架的底梁上，在轿厢采用活动底盘时，通过垫在轿底与轿架之间的橡胶垫和限位橡胶块来固定在轿架上的。轿架整体拼装完成后，其安装精度将直接决定轿厢运行的效果，如轿架组装不好，将会使轿厢运动时产生噪声、振动等问题，还会发生安全钳刮导轨以及导靴异常磨损等问题。因此，轿架组装是轿厢组装工序中最重要的。

7.2.1 轿架结构

轿架是用于安装轿厢的金属结构的组合框架，由立柱、底梁、上梁和拉杆等部件组成，如图 7.2-1 ~ 图 7.2-3 所示。通常，底梁用板材折边加工，立柱和上梁用钢板折边而成，也有用型钢的。轿厢架上安装的部件包括：安全钳、导靴、安全钳开关、拉杆、垫铁、隔振块、连杆、厢体固定架和油杯等。

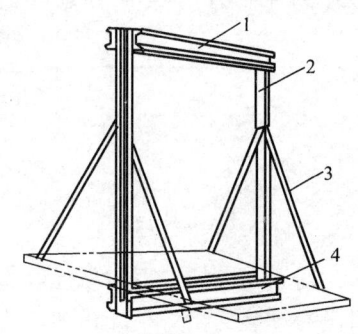

图 7.2-1 轿架的基本构件
1—上梁；2—立柱；3—拉杆；4—底梁

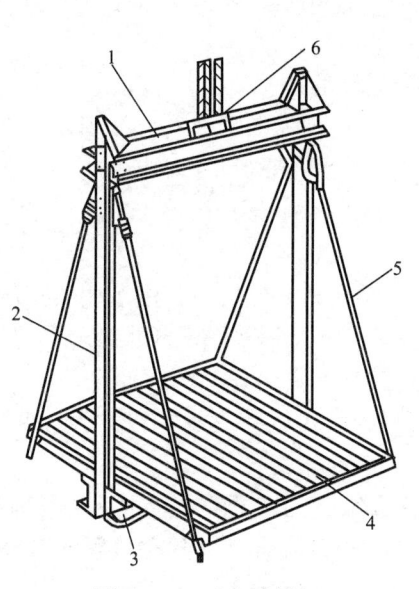

图 7.2-2 对边形轿架
1—上梁；2—立柱；3—底梁；4—轿厢底；
5—拉杆；6—绳头组合

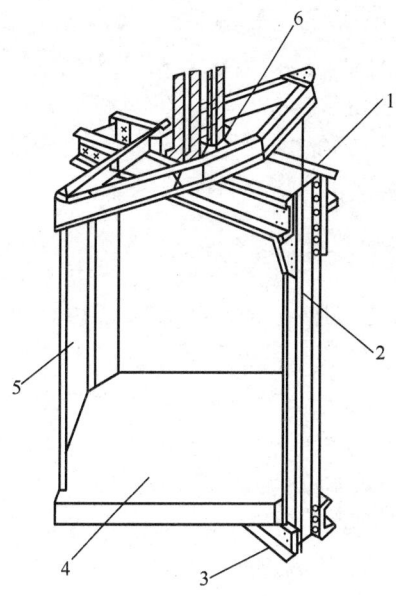

图 7.2-3 对角形轿架
1—上梁；2—立柱；3—底梁；4—轿厢底；
5—拉杆；6—绳头组合

受土建设计的不同要求，电梯轿架的形式也多种多样，常见的两类为对边形和对角形。见表 7.2-1。

轿厢架的类型及使用特点　　　　　　　　　　表 7.2-1

类　　型	使　用　特　点
对边形轿厢架	适用于具有一面或对面设置轿门的电梯。此类轿厢架受力情况较好，当轿厢内作用有偏心载荷时，只在轿架支撑范围内发生拉力，或在立柱上发生推力，这是大多数电梯所采用的构造方式。其结构如图 7.2-2 所示
对角形轿厢架	常用在具有相邻两边设置轿门的电梯上。此类轿厢架在受到偏心载荷时，使各构件不但受到偏心弯曲，而且其顶架还会受到扭转的影响。因受力情况较差，特别对于重型电梯，应尽量避免采用。其结构如图 7.2-3 所示

实际上，现在许多载重量较小的电梯轿厢，将底盘和底梁出厂前就安装成一体，如图 7.2-4 所示。

7.2.2　安全钳预调整

对于在电梯出厂时就已经将安全钳装入轿架时，要先对安全钳进行预调整，对于安全钳没有预装的情形，此步就不进行。

安全钳安装后，就很难再次调整了，所以安装前，需要确定安全钳是否需要安装垫片来调整安全钳间隙。预调整安全钳应该遵循下面的工艺要求：

1. 轿架组装前，首先测量现场轿厢导轨面相对方向轿底宽度尺寸 $D_{实际}$，再测量现场导轨距离 $RG_{实际}$。每种电梯的尺寸都不相同，应该根据实际电梯的装配图纸计算。

2. 如果 $RG_{实际} - D_{实际} > A$，则需要加装垫片，垫片的厚度 $= RG_{实际} - D_{实际} - A$。这里的公式中 $A = RG_{设计} - D_{设计}$，可以根据实际图纸来计算。

3. 安全钳垫片的安装。在安装轿底和轿架立柱的连接螺栓时，插入安全钳垫片。安全钳垫片应在轿底两边均匀插入，不能够只插入一边，如图 7.2-5（a）所示。在慢车运行后，再确认楔块凸出导轨面的尺寸符合图 7.2-5（b）所示的尺寸要求。

7.2.3　轿架安装准备工作

在组装轿架前，要确定轿架在井道的预先支承方式，然后悬挂起重用的葫芦。

1. 安装轿架时，应先将井道中顶层以上的脚手架拆除（保留样板架），一般将距离顶层用工作平台 300mm 以上的所有脚手架全部拆除。如图 7.2-6 所示。

2. 确定轿架在井道的预先支承方式，一般的支承方式有支承木和支承架两种。

（1）支承木法：

1）在顶层的层门牛腿对面的混凝土井壁相应位置上安装两个角钢支架，每个支架用 3 个 M16 膨胀螺栓固定，同时在层门口牛腿处横放一根木方；在角钢支架和横木上架设两根 200mm×200mm 木方（或两根 20 号工字钢）。两横梁的水平偏差不大于 2/1000，然后把木方端部固定，如图 7.2-7 所示。大型客梯及货梯应根据梯井尺寸计算，来确定木方及型钢的尺寸、型号。

第 7 章 轿厢安装

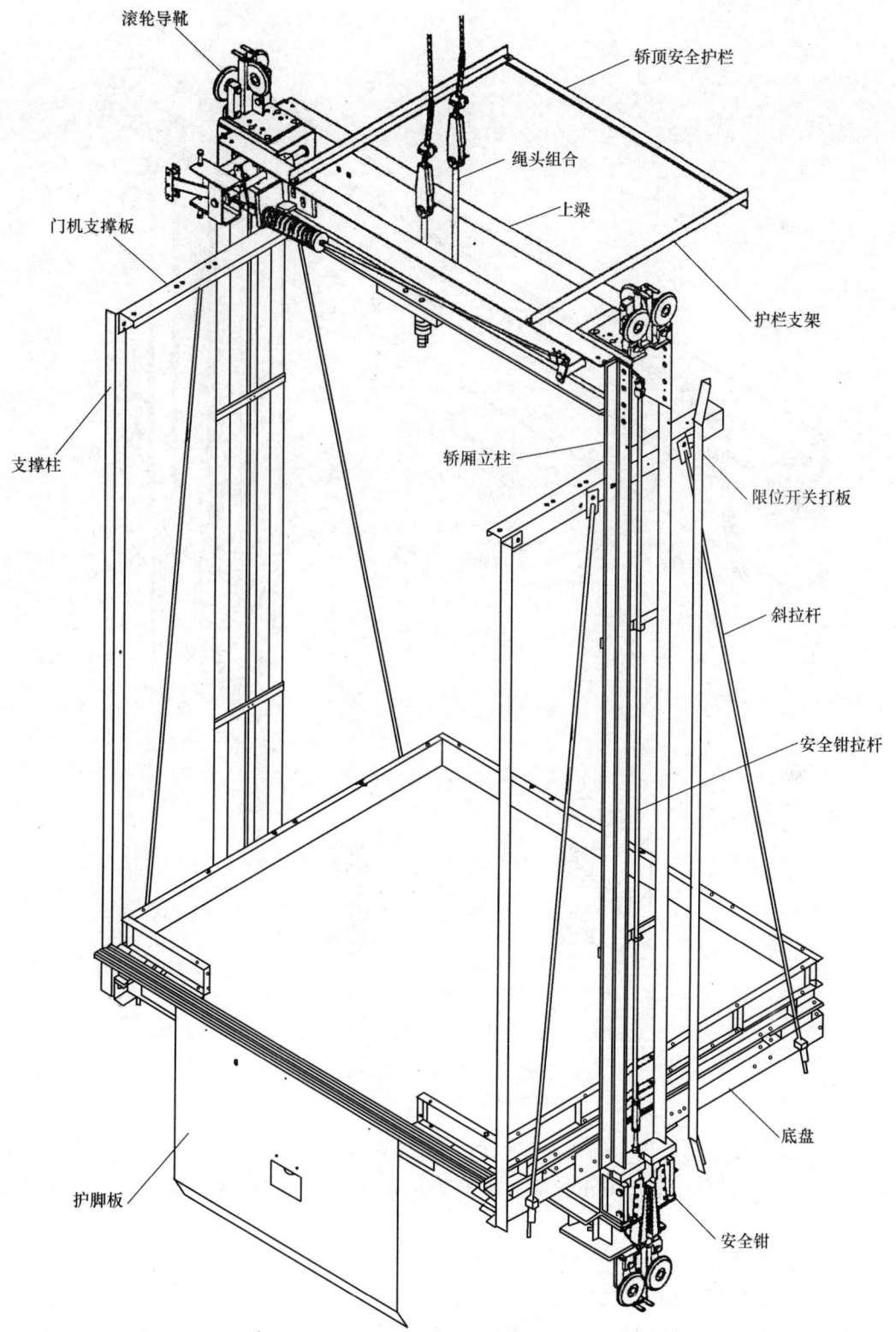

图 7.2-4 轿架组成

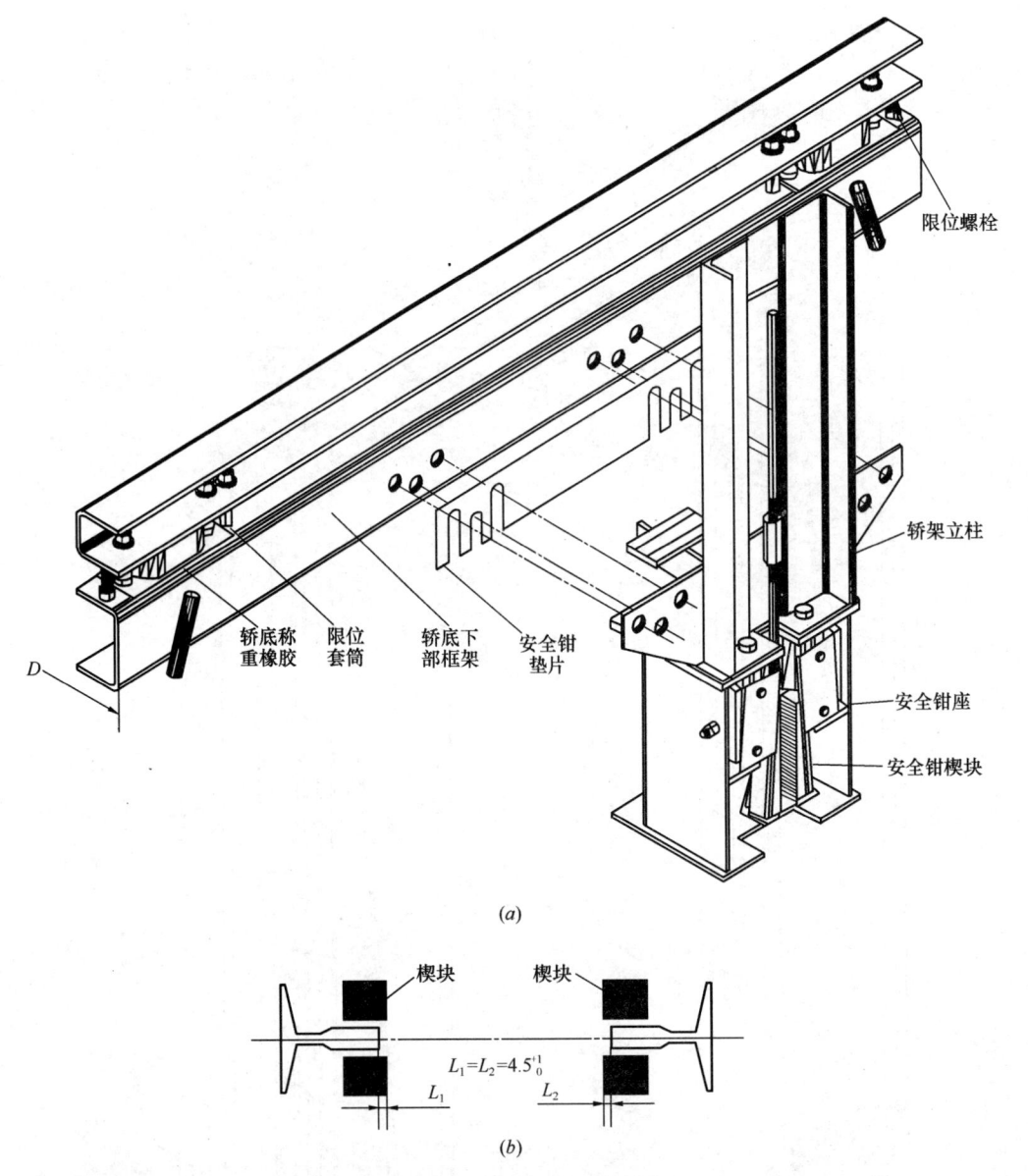

图 7.2-5 安全钳的预调整
(a) 安全钳调整(一);(b) 安全钳调整(二)

2) 如果井壁系砖结构,则应在层门口对面的井壁相应的位置上剔两个与方木大小相适应、深度超过墙体中心 20mm,且不小于 75mm 的洞,用以支撑木方一端,如图 7.2-8 所示。

(2) 支承架法:

1) 轿厢自重较小时,可以利用设置临时支承架(也叫轿厢安装专用夹具)的方式,先将与导轨型号匹配的临时支承架设在轿厢左右导轨上,但临时支承架支承面比顶层厅门地坎水平面低 600mm。

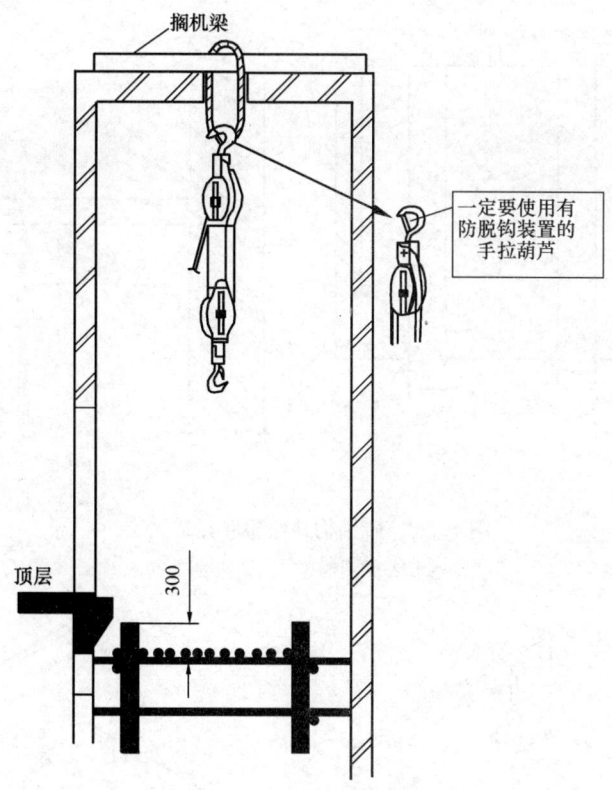

图 7.2-6 轿架安装准备示意图

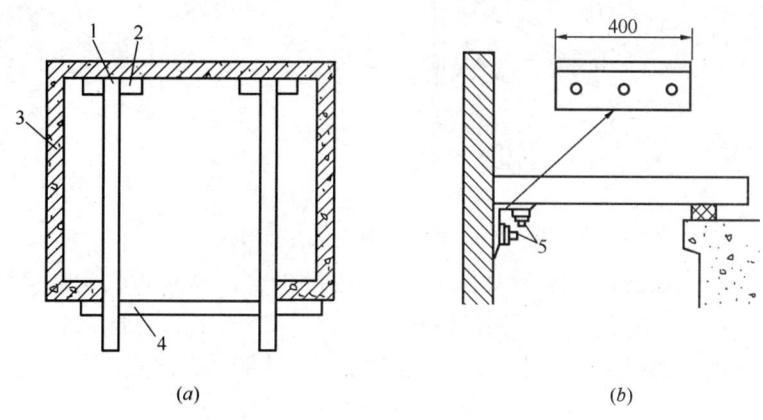

图 7.2-7 混凝土井壁轿厢托架固定
(a) 平面图;(b) 立面图
1—木方 (200mm×200mm);2—角钢托架 (100mm×100mm×10mm);3—井壁;
4—横木方 (200mm×200mm);5—M16 膨胀螺栓

常用的轿厢安装用的临时支承支架形式见图 7.2-9 所示。

2) 临时支承架安装在导轨上时,要用注水透明塑料管校正左右两个临时支承架在垂直方向上的位置,确认两个临时支承架的支承面在同一水平面上,再用水平尺校正左右两个专用夹具支承面各自的水平。调整完后,将所有压板螺栓紧固,如图 7.2-10 所示。

3. 轿厢的支撑方式按照上述的两种方法固定后,在机房承重钢梁上相应位置横向固

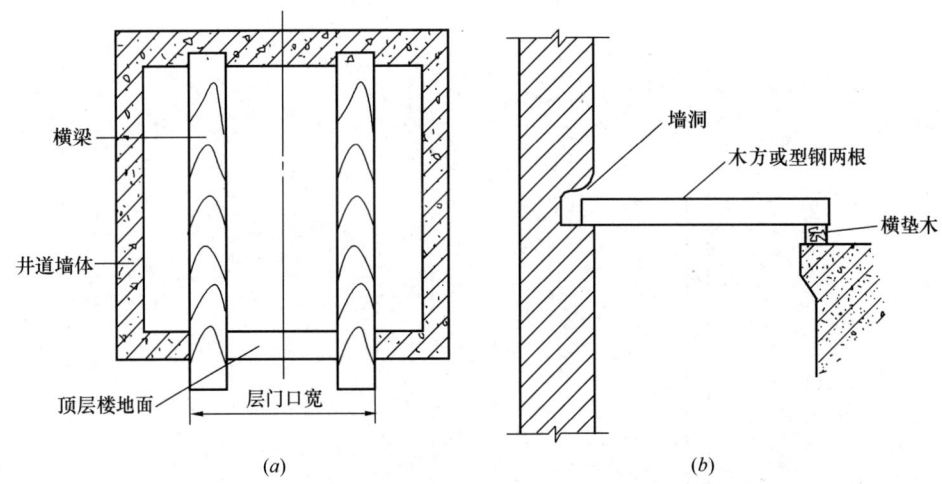

图 7.2-8 砖结构井壁轿厢托架固定
(a) 平面图；(b) 立面图

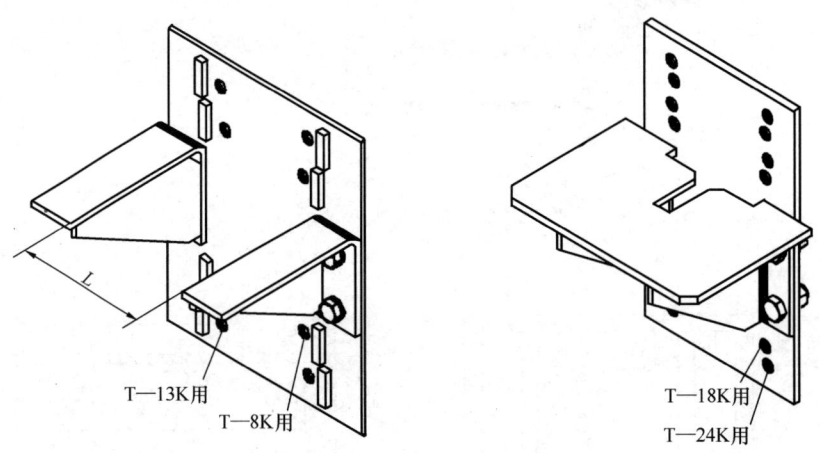

图 7.2-9 常用临时支承支架形式

定一根直径不小于 ϕ50mm 圆钢或规格 ϕ75×4mm 的钢管，若承重钢梁在楼板下，则轿厢钢丝绳孔旁由轿厢中心绳孔处放下钢丝绳扣（不小于 ϕ13mm），并挂一个 3t 捯链葫芦，以备安装轿厢时使用，如图 7.2-11 所示，一定要使用有防脱钩装置的手拉葫芦。

7.2.4 底梁与立柱组装

根据安全钳安装的位置，轿架的底梁或底盘和立柱的组装顺序有两种。

1. 当安全钳装在轿底上时，按先底梁或底盘，后立柱顺序组装，如图 7.2-12 所示。具体的组装步骤如下：

(1) 用捯链将底梁吊放在架设好的木方或工字钢上。调整安全钳钳口（老虎口）与导轨面间隙，如图 7.2-13 所示，使安全钳口和轨道面的间隙 $a=a'$，$b=b'$。如果电梯的图纸有具体尺寸规定，须按图纸要求调整。同时要调整底梁的水平度，使其横、纵间水平度均不大于 1/1000。

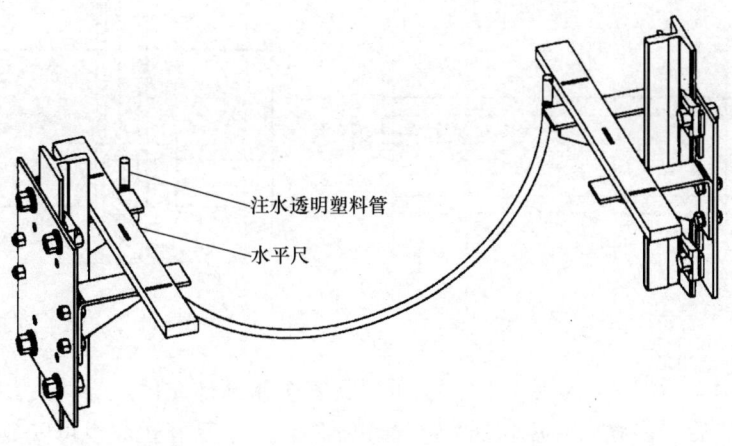

图 7.2-10　临时支架的调平示意图

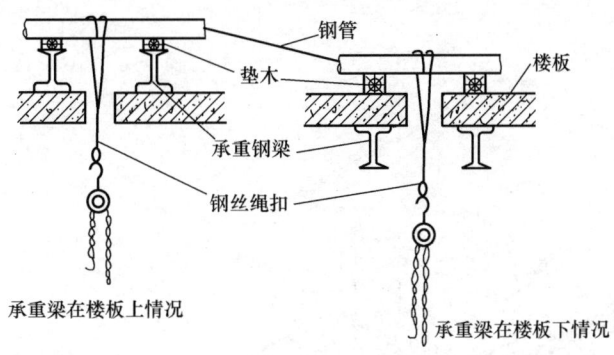

图 7.2-11　吊装用捯链的设置

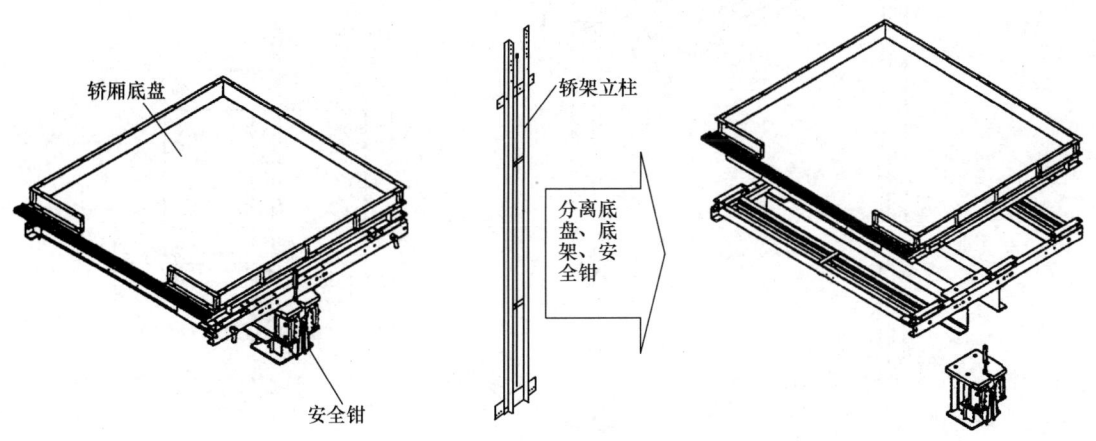

图 7.2-12　轿架的组装方式之一

（2）安装安全钳楔块，楔齿距导轨侧工作面的距离调整到 3~4mm，安装说明书有规定时按具体说明执行，且四个楔块距导轨侧工作面间隙应一致，然后用厚垫片塞于导轨侧面与楔块之间，按图 7.2-14 固定，同时把老虎口和导轨端面用木楔塞紧。

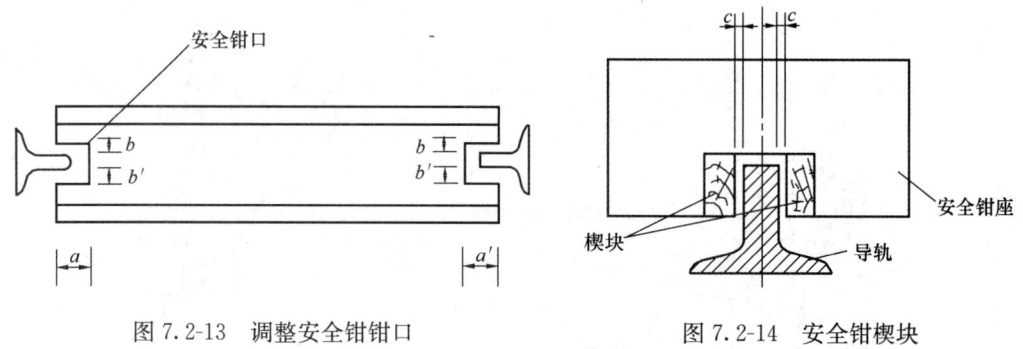

图 7.2-13　调整安全钳钳口　　　　　图 7.2-14　安全钳楔块

（3）对于用支承架法固定底梁时，也可以将安全钳部件先插入导轨后，放在临时支承架上固定好，然后将底梁（底盘）插入安全钳部件，对于活底轿厢也可安放防震橡胶，调整安全钳与导轨之间的左右间隙和前后间隙，直至符合厂家安装说明书要求。如图 7.2-15 所示。

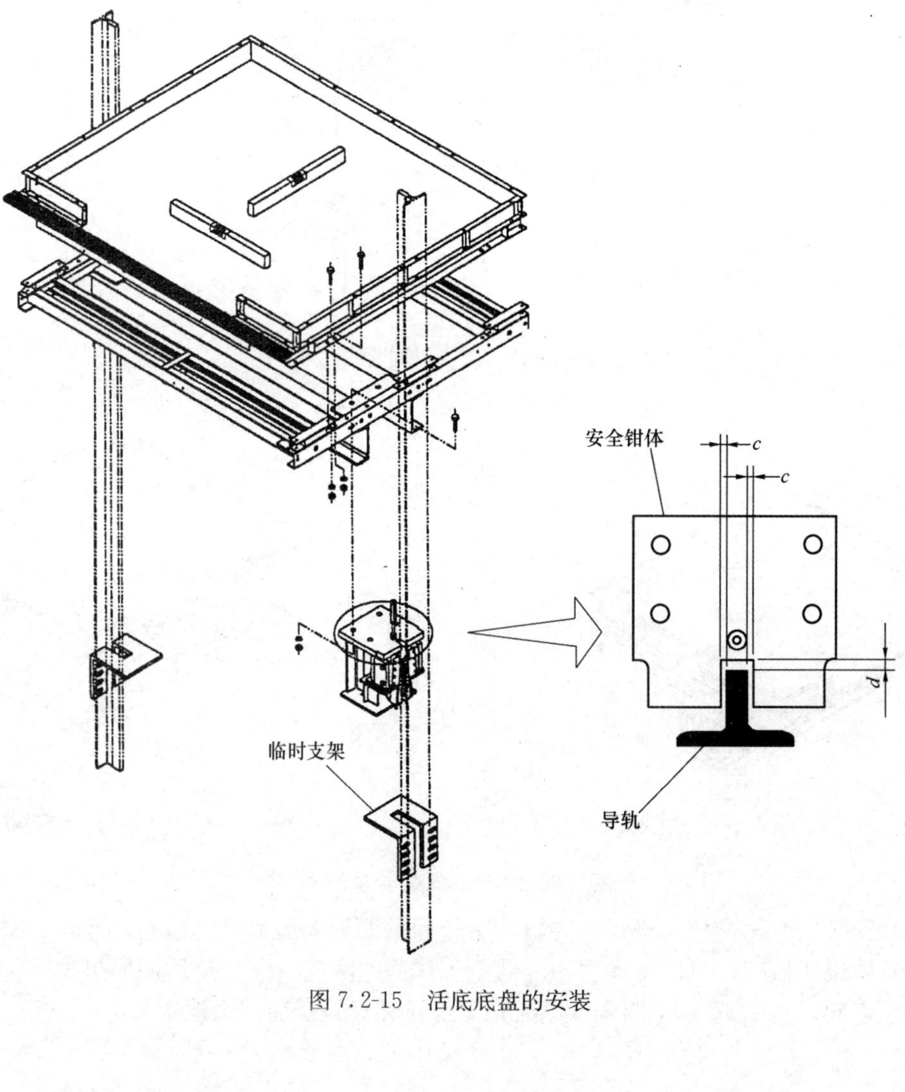

图 7.2-15　活底底盘的安装

(4) 将立柱就位到底梁侧 (底盘), 将立柱上端用绳索绑在导轨上, 以免倒下, 然后用螺栓和销钉预安装, 如图 7.2-16 所示。

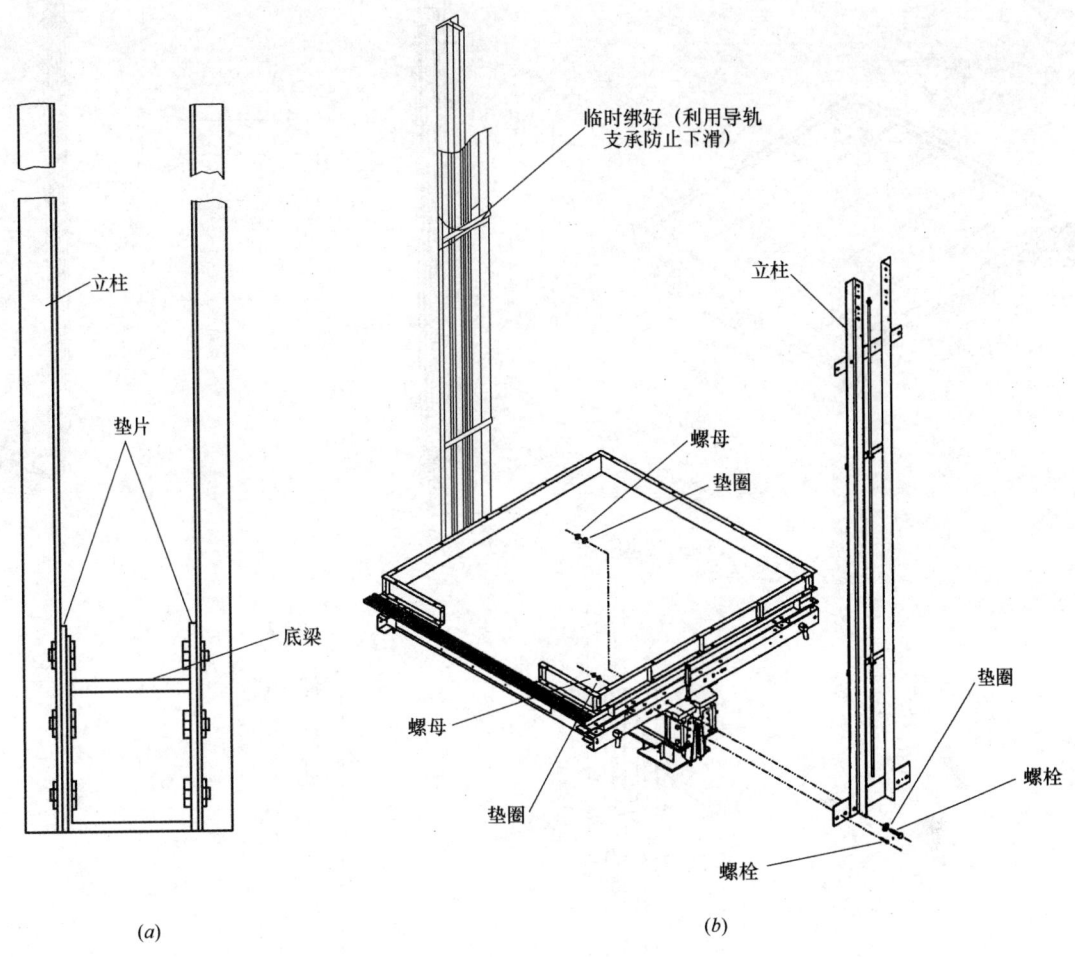

图 7.2-16 底梁 (盘) 与立柱的安装图
(a) 底梁; (b) 底盘与底梁一起

2. 当安全钳装在立柱上时, 按先立柱, 后底梁或底盘顺序组装, 如图 7.2-17 所示。具体的组装步骤如下:

(1) 把轿架立柱搬入井道放在轿厢安装用临时支承架上, 使导靴紧贴导轨端面后, 提起安全钳提拉杆, 使安全钳楔块夹紧导轨, 然后用电线将提拉杆绑在上方导轨支承架上, 使提拉杆处于提拉状态。再用绳索或者电线在上、下两个位置将轿架立柱固定在导轨上。如图 7.2-18 所示。提拉安全钳的操作很重要, 可以保证施工过程中的安全, 所以不可省略。

(2) 用手拉葫芦将轿底搬入井道, 用螺栓连接轿底和轿架立柱, 如图 7.2-6 及图 7-2-19 所示。

(3) 把 4 根轿底拉杆装到轿底和轿架立柱上, 将立柱与底梁再连接, 保证立柱铅垂度在整个高度上不大于 1.5mm, 并不得扭曲, 同时要调整底梁的水平度, 使其横、纵间水

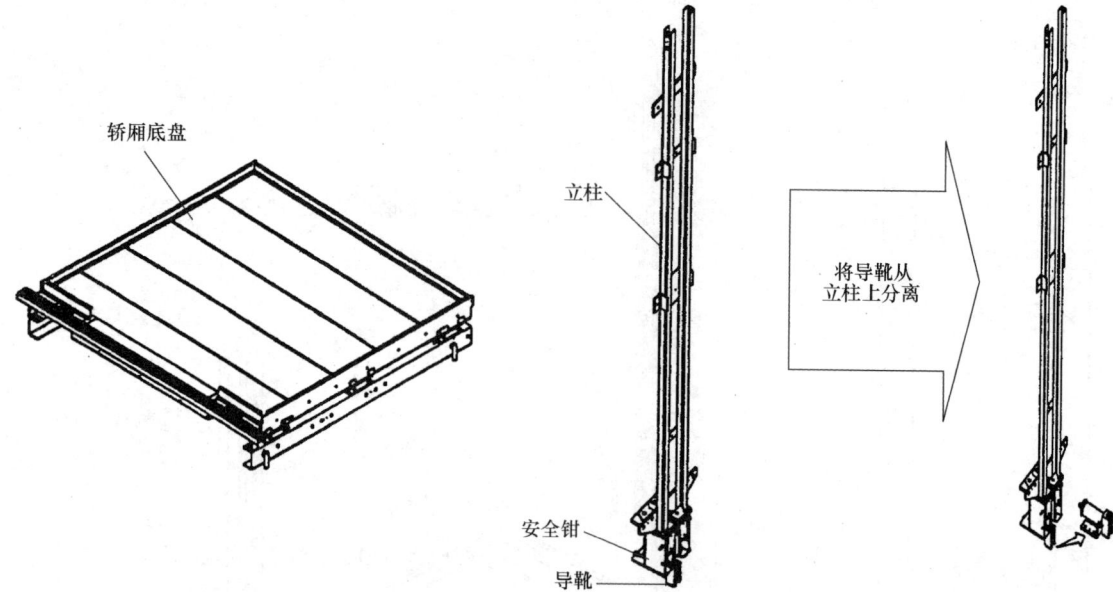

图 7.2-17 轿架的组装方式之二

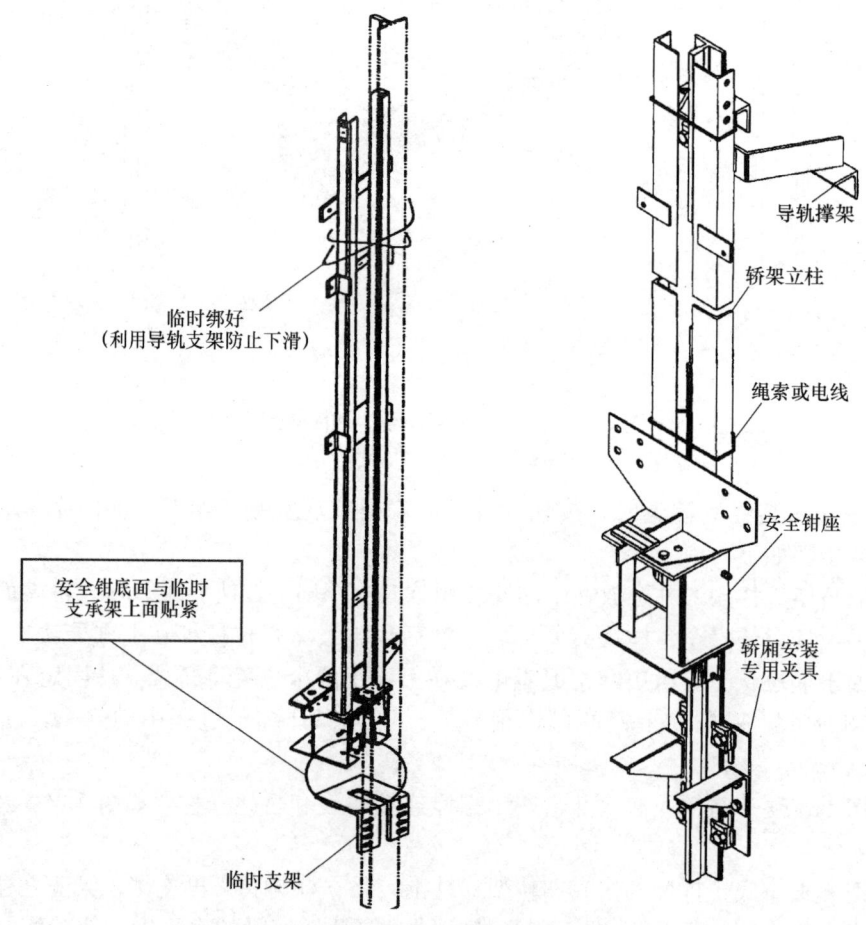

图 7.2-18 立柱安装图

平度均不大于 1/1000。应注意轿底拉杆的安装方向，调整锁紧螺母到刚好接触到轿底后，再拧紧半周，如图 7.2-20 所示。

7.2.5 上梁安装

1. 安装时应注意限速器钢丝绳连接器的位置应与现场土建布置图一致；

2. 如果使用滚轮导靴，则应先将轿架上横梁与滚轮导靴连接后再吊入井道；

3. 在上梁不碰撞导轨的情况下，用手拉葫芦将轿架上横梁提升到立柱上方约 500mm 处，如图 7.2-21 所示；

4. 在上梁悬吊状态下倾斜 15°，插入导轨后，在保持水平状态下插入立柱上端，并将上梁与左右立柱连接，如图 7.2-22 所示。用水平尺调整上横梁水平度不大于 1/2000，用线坠确认轿架立柱的垂直（≤1.5mm）后，装配完毕的轿厢框架不应有扭曲应力存在，然后拧紧轿架连接主力螺栓。

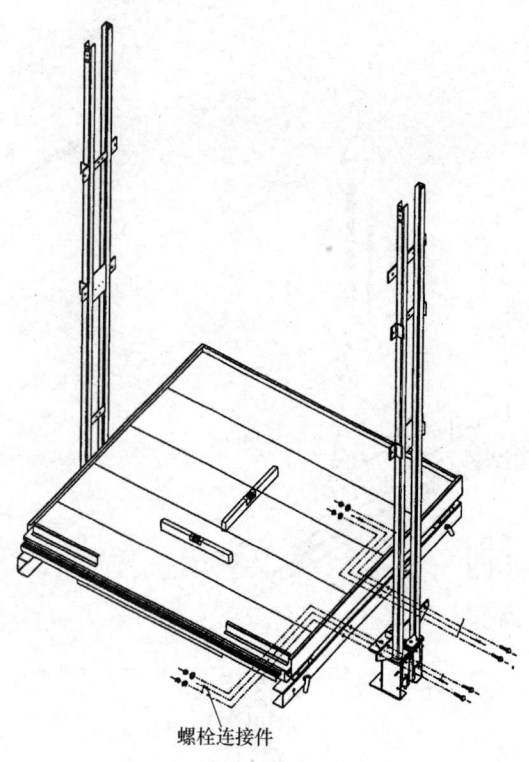

图 7.2-19 底盘和立柱安装图

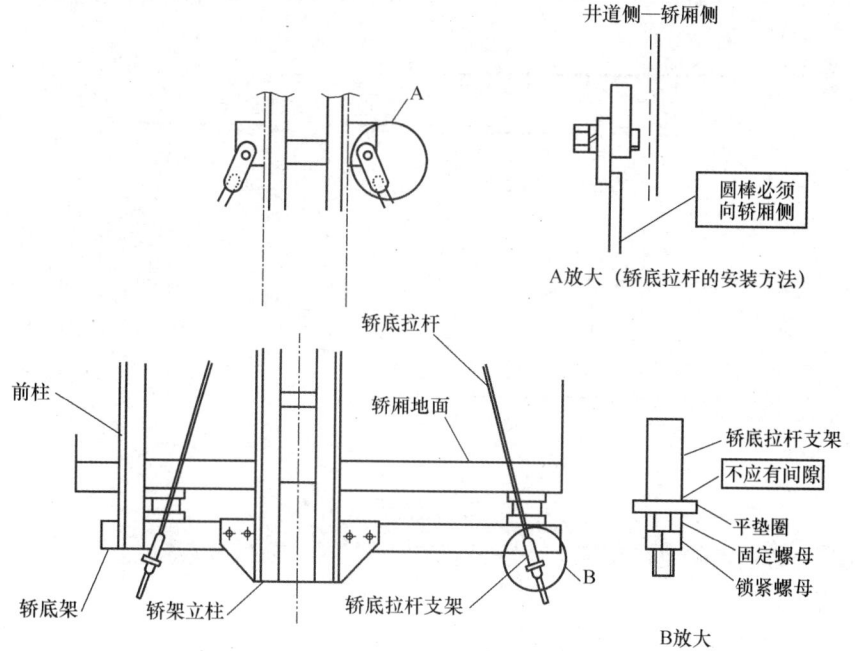

图 7.2-20 拉杆固定轿底和轿架立柱图

5. 如果上梁有绳轮时，要调整绳轮与上梁的间隙 a、b、c、d 要相等，其相互尺寸误差不大于 1mm，绳轮自身垂直偏差不大于 0.5mm，如图 7.2-23 所示。

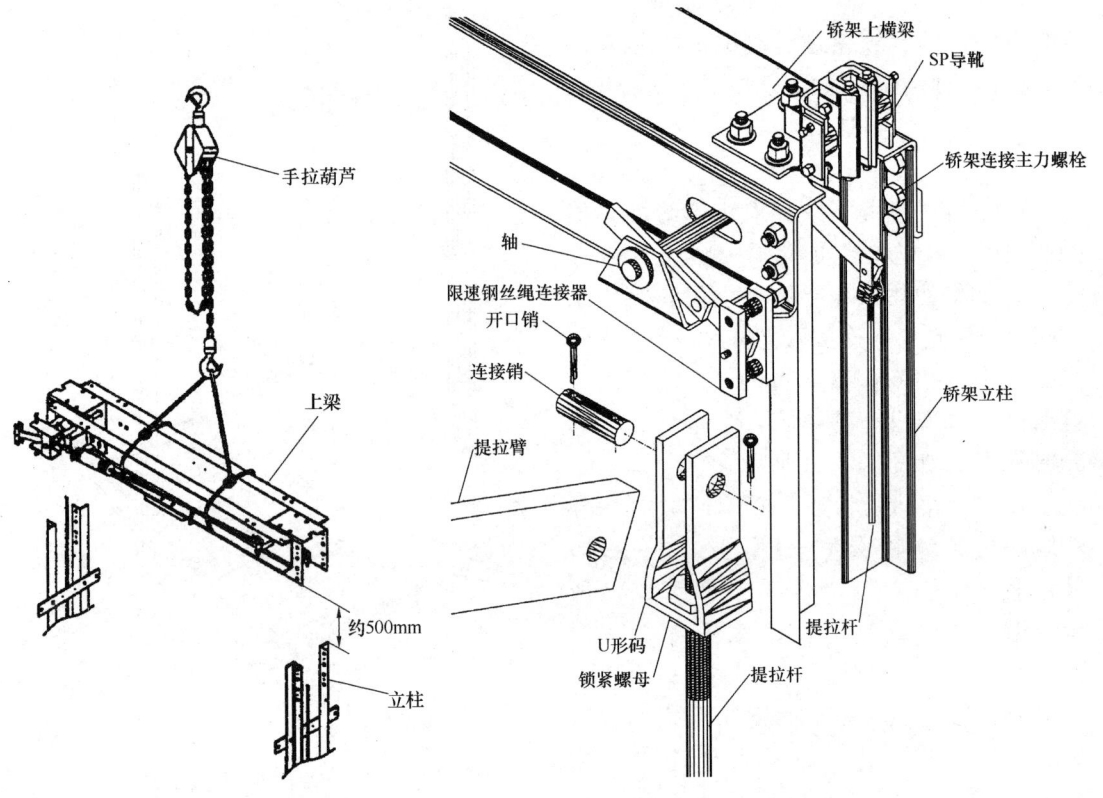

图 7.2-21 上梁的起吊图　　　　图 7.2-22 轿架上梁安装示意图

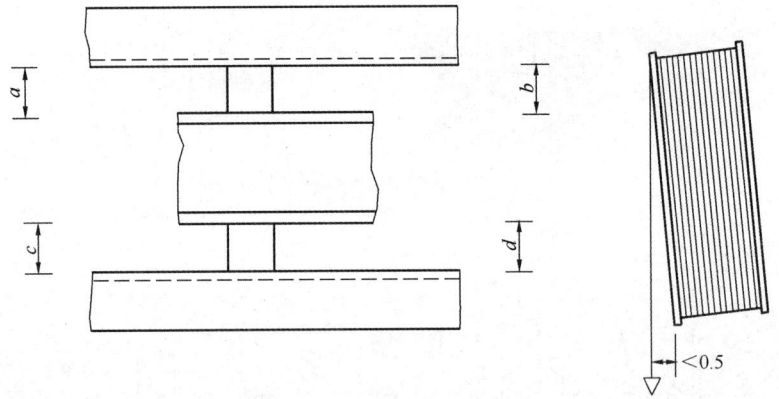

图 7.2-23 反绳轮的调整

6. 如果有轿顶轮固定在轿架上,应设置有效的防护装置,以避免:
1) 伤害人体;
2) 绳与绳槽间进入杂物;
3) 悬挂钢丝绳松弛时脱离绳槽。
防护装置的结构应不妨碍对轿顶轮的检查和维护。

7.2.6 底盘安装

对于大量轿厢底盘与底梁合成一体时,安装的方法如前底盘与立柱的安装;对于两者完全分离的,在安装完底梁后,依照以下安装步骤:

1. 用捯链将轿厢的底盘吊起并放于相应位置,同时依据基准线进行前后左右的位置调整。调整完成后,将轿厢底盘与立柱、底梁用螺栓连接,但不要把螺栓拧紧。将斜拉杆装好,调整拉杆螺母,使轿厢底盘安装水平误差不大于 2/1000,然后先将斜拉杆用双螺母拧紧,再把底盘、下梁及拉杆用螺母连接牢固,见图 7.2-24 所示。

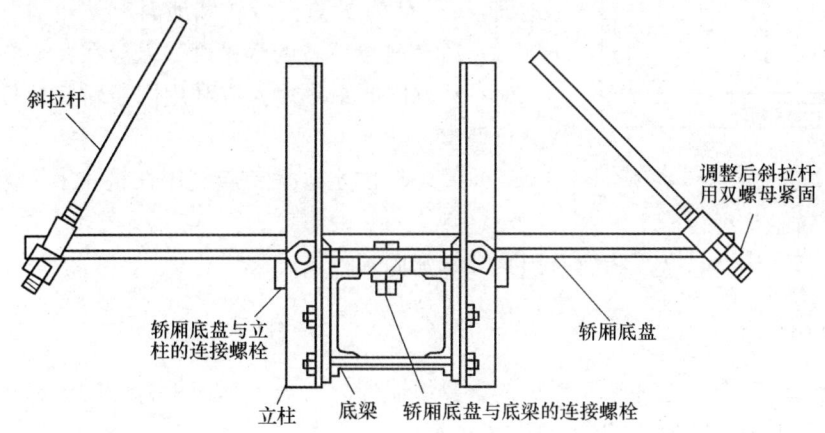

图 7.2-24　轿厢底盘安装

2. 如果轿底为活动结构时,先按上述要求将轿厢底盘托架安装好,再将减振器及称重装置安装在轿厢底盘托架上。

3. 用捯链将轿厢底盘吊起,缓缓就位。

使减振器的螺栓逐个插入轿底盘相应的螺栓孔中,然后调整轿底盘的水平度,使其水平度偏差不大于 2/1000。若达不到要求,则在减振器的部位加垫片进行调整。最后调整轿底定位螺栓,使其在电梯满载时与轿底保持 1～2mm 的间隙,如图 7.2-25 所示。当电梯安装全部完成后,通过调整称重装置,使其能在规定范围内正常工作。调整完毕,将各连接螺栓拧紧。

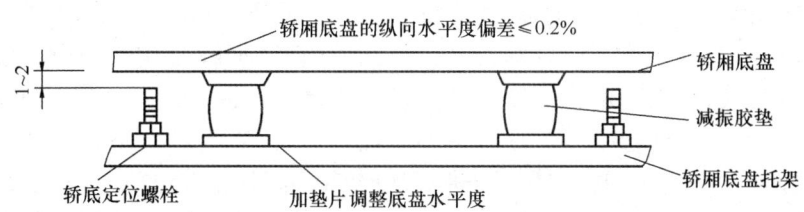

图 7.2-25　活动轿底的定位调整

4. 安装调整安全钳拉杆。

拉起安全钳拉杆,使安全钳楔块轻轻接触导轨时,限位螺栓应略有间隙,以保证电梯正常运行时,安全钳楔块与导轨不致相互摩擦或误动作。同时,应进行模拟动作试验,保证左右安全钳拉杆动作同步,其动作应灵活无阻。达到要求后,拉杆顶部用双螺母紧固。

5. 轿厢底盘调整水平后，轿厢底盘与底盘座之间，底盘座与下梁之间的各连接处都要接触严密，若有缝隙要用垫片垫实，不可使斜拉杆过分受力。

6. 对于活底轿厢的底盘，在调整轿底的水平度时还应：

（1）拆除轿底的四个限位套筒（或称顶起螺栓，是用来限制轿底当满载后压迫坏轿底橡胶垫的），使轿底承重橡胶处于工作状态。

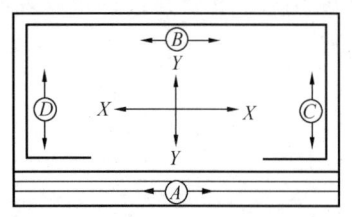

图 7.2-26　轿底水平度测量示意图

（2）如图 7.2-26 所示，测量轿底 A、B、C、D 四个位置的水平，A、B 为 X 方向水平，A 是地槛面，B 是轿厢地面，C、D 为 Y 方向的轿厢地面。

（3）所有测量位置的水平度误差应在 2/1000 以内。

（4）Y 方向的水平偏差应利用四条轿底拉杆的固定螺母进行调整。

（5）X 方向的水平偏差应利用在轿底承重橡胶与轿底框架之间插入垫片进行调节。

（6）调节完毕后，必须将所有锁紧螺母紧固。

7.3　安全钳

电梯的安全钳作为电梯超速保护的重要组成部分，对于超速下行中的电梯起到机械的制停作用，是电梯安全使用的一个标志。

7.3.1　安全钳的功用

安全钳是轿厢或对重向下运行超速甚至在曳引悬挂装置断裂的情况下能使其停止并夹紧在导轨上的一种机械装置，由钳座、连杆、拉杆等组成，装在轿厢架下梁或对重架上。拉杆一端与限速器钢丝绳相连，另一端与安全钳楔块相连。若限速器动作、钢丝绳被夹持，轿厢继续下行，则拉杆拉动钳块夹紧导轨，迫使轿厢或对重在导轨上制动。在使用钢丝绳（或链）的间接侧置式液压梯上也应设置安全钳。

7.3.2　安全钳的分类

按对电梯制动结构方式分有瞬时式和渐进式。瞬时式只适用于额定速度不超过 0.63m/s 的电梯，分有：楔块型瞬时式安全钳、偏心块型瞬时式安全钳、滚柱型瞬时式安全钳和具有缓冲作用瞬时式安全钳，如表 7.3-1。渐进式安全钳适用速度较广，适用于 0.63m/s 以上的电梯，是目前主要选用的安全钳类型，分有：弹性导向夹钳式安全钳、弹性元件为 U 形板簧的渐进式安全钳、滚柱型渐进式安全钳、钳型座为弹性元件的渐进式安全钳和侧支蝶形弹簧的渐进式钳。从结构上而言，渐进式安全钳钳体与瞬时式安全钳钳体的区别在于弹性夹持与非弹性夹持。此外，从钳块分有滚轮式、楔块式等，如表 7.3-2。

安全钳分类　　　　　　　　　　　　　　　　　　　表 7.3-1

类　型	常见形式	适用范围	匹配限速器类型	使用特点
瞬时式安全钳（刚性急停型安全钳）	（1）楔块形［图 7.3-1（a）］； （2）偏心块形［图 7.3-1（b）］； （3）不可脱落滚柱形［图 7.3-1（c）］	适用不超过 0.63m/s 电梯，常用在低速重载货梯上	与刚性甩锤式限速器配套使用	制停距离短，轿厢承受冲击力厉害。其结构如图 7.3-2 所示
渐进式安全钳（滑移型安全钳）	（1）楔块形渐进式（图 7.3-3）； （2）弹性导向夹钳式（图 7.3-4）； （3）变制动力渐进式（图 7.3-5）； （4）恒制动力渐进式（图 7.3-6）	适用于额定速度大于、等于 0.63m/s 的电梯	与弹性甩锤式限速器配套使用	能使制动力限制在一定范围内，轿厢在制停时有一定的滑移距离 其结构如图 7.3-7 所示
双向安全钳	一体式	适用于任何速度的电梯	与双向限速器配套使用	能使电梯上下行超速时，迫使轿厢停止其结构如图 7.3-8 所示

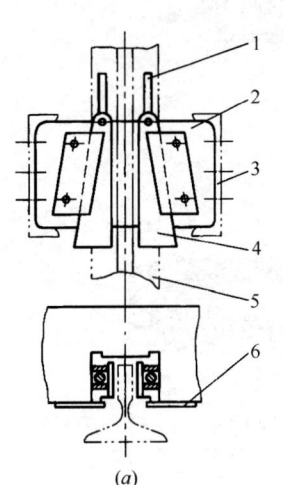
(a)

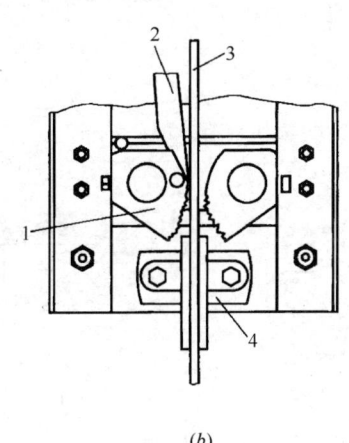
(b)

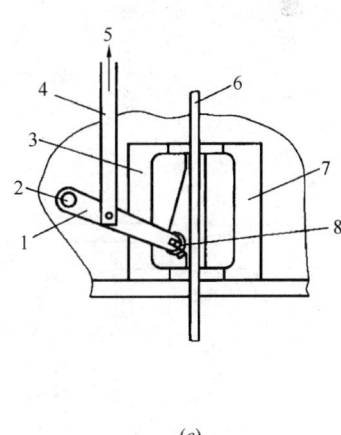
(c)

图 7.3-1　常见瞬时式安全钳种类

（a）楔块式；　　　（b）偏心式；　　　（c）滚柱式

1—拉杆；2—安全嘴；　　　　　　　　　　　　　　1—边杆；2—支点；3—爪；
3—轿架下；4—楔块；　　1—偏心轮；2—提拉杆；　　4—操纵杆；5—加力；6—导轨；
5—导轨；6—盖板；　　　　3—导轨；4—导靴　　　　　7—钳体；8—滚子

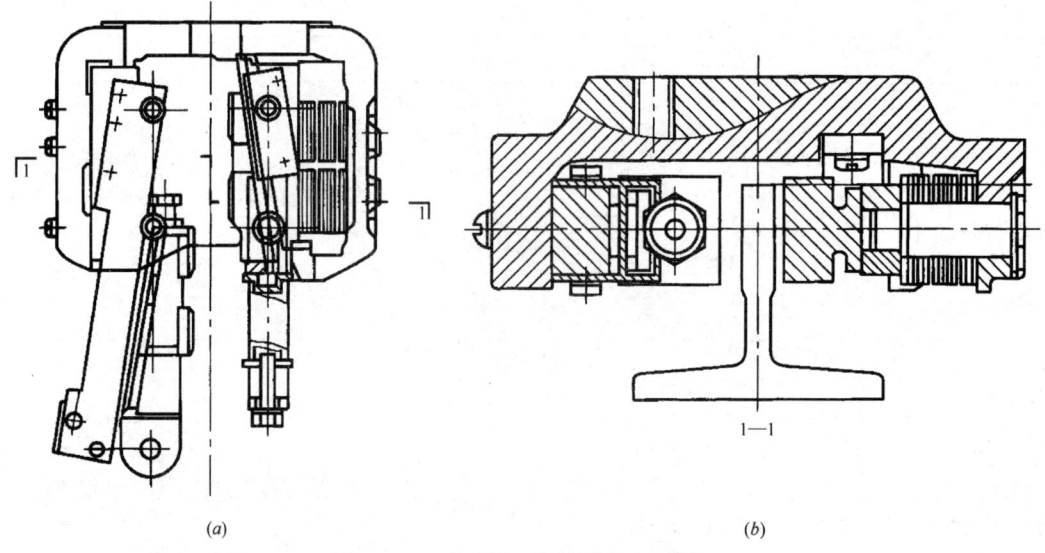

图 7.3-2 瞬时单面楔块式安全钳详图

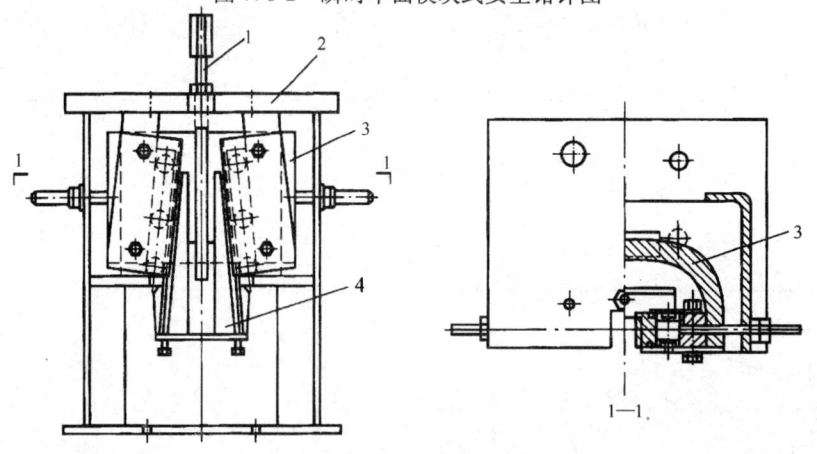

图 7.3-3 楔块型渐进式安全钳

1—提拉杆；2—焊接式钳座；3—U形板簧；4—楔块

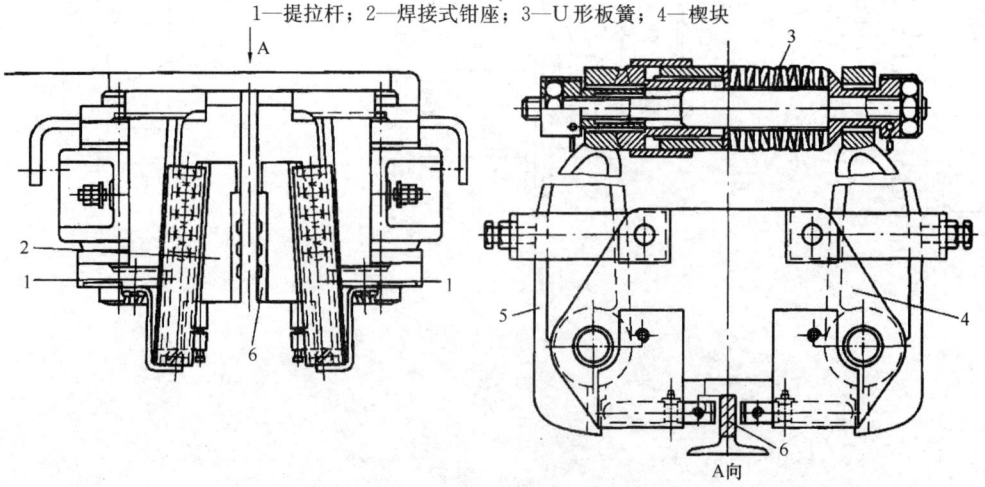

图 7.3-4 弹性导向夹钳式安全钳

1—滚柱组；2—楔块；3—蝶形弹簧组；4—钳座；5—钳臂；6—导轨

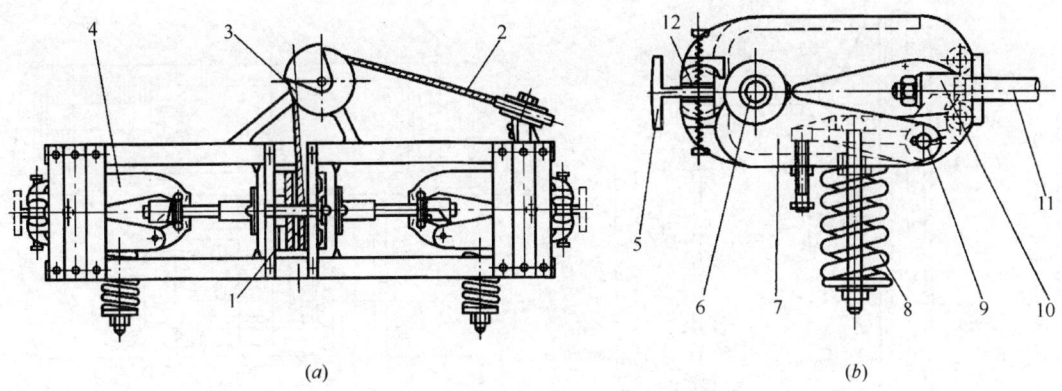

图 7.3-5 弹簧承载变制动力渐进式安全钳
1—鼓轮；2—限速器绳；3—抗绳轮；4—安全钳；5—电梯导轨；6—主支点；7—夹钳；
8—缓冲弹簧；9—副支点；10—楔块；11—方牙丝杠；12—夹块

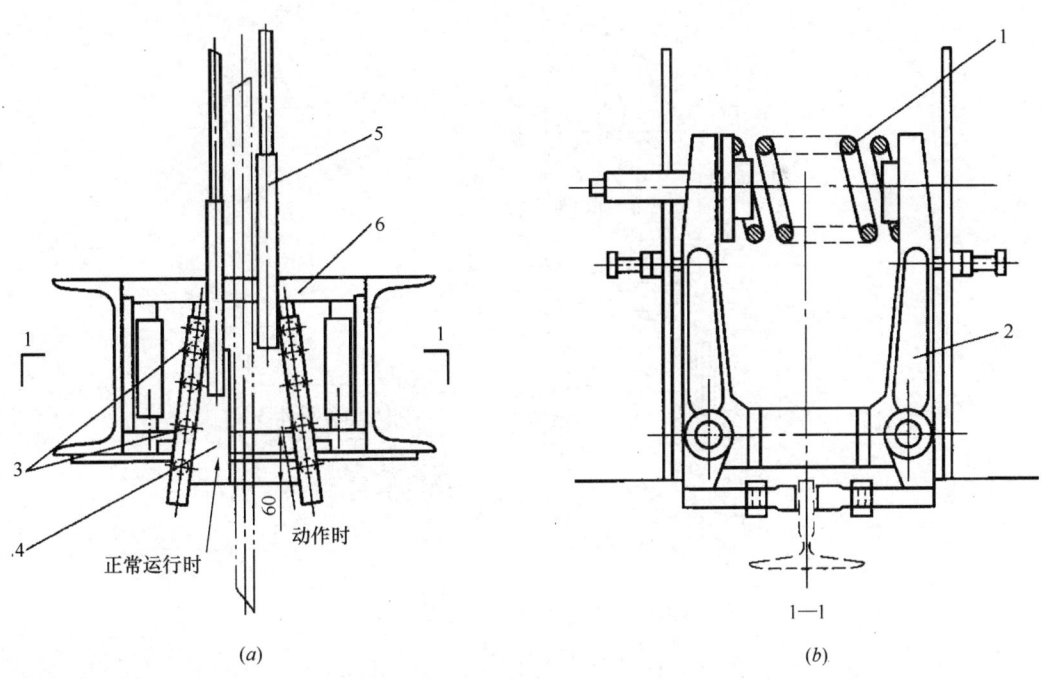

图 7.3-6 恒制动力渐进式安全钳
(a) 动作示意图；(b) 剖面图
1—弹簧；2—夹钳臂；3—滚轴；4—楔块；5—提升拉杆；6—钳座

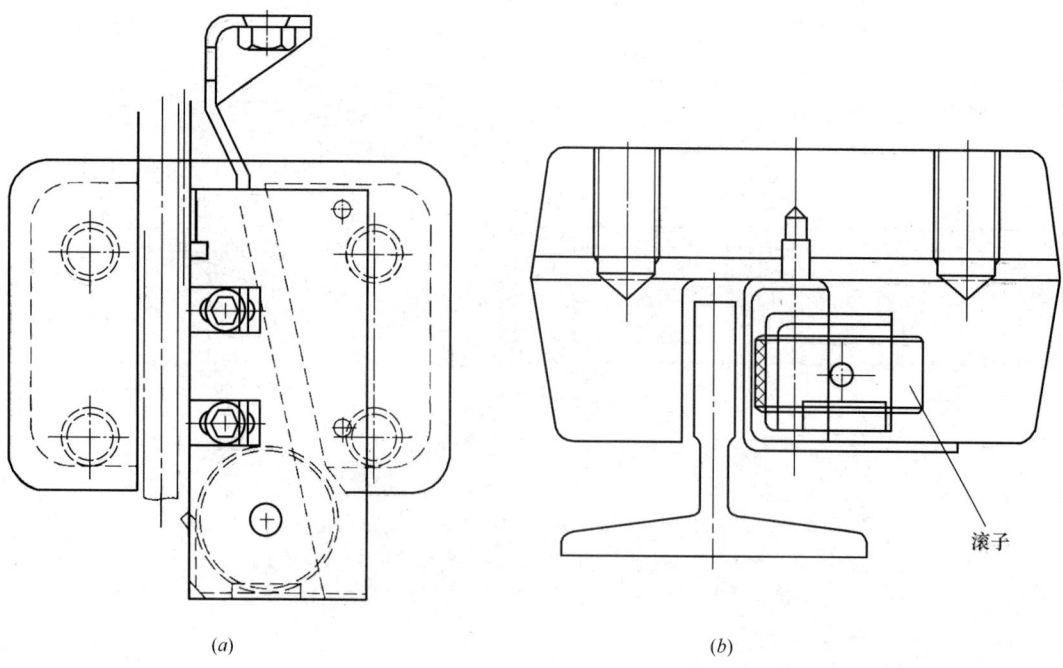

图 7.3-7　渐进单面滚子式安全钳结构图
(a) 外形图；(b) 结构图

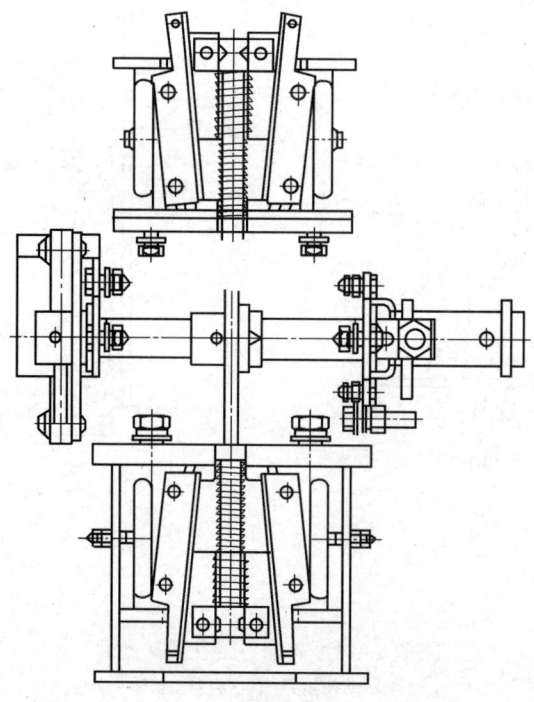

图 7.3-8　新型双向安全钳

安全钳的钳块种类　　　　　　　　　表 7.3-2

钳块名称	形　式	图　示
偏心块式	(1) 单面偏心块； (2) 双面偏心块	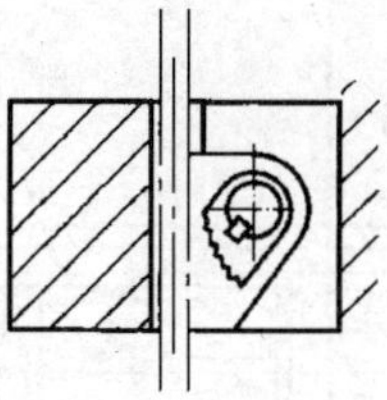 (a) 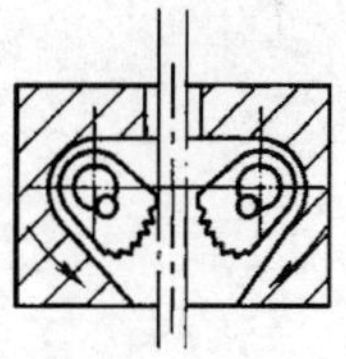　　(b)
滚柱式	(1) 单面滚柱式； (2) 双面滚柱式	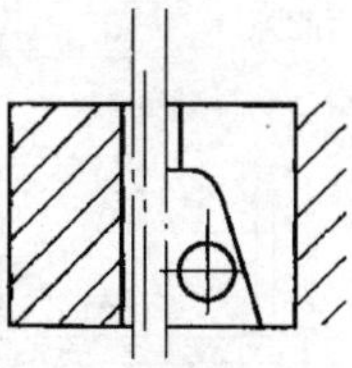 (a) 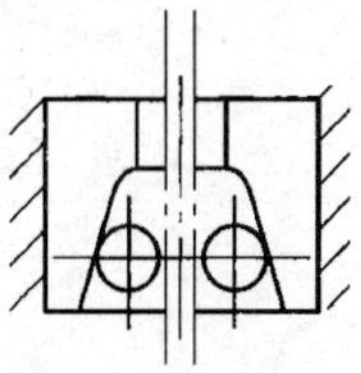　　(b)
楔块式	(1) 单面楔块； (2) 双面楔块	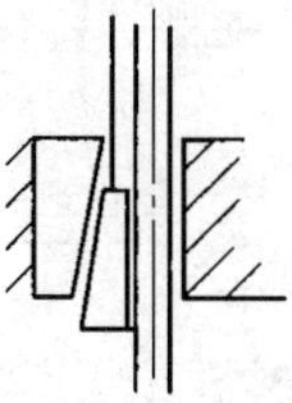 (a) 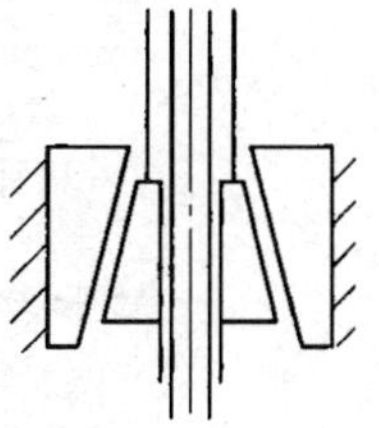　　(b)

7.3.3 安全钳的精调整

安全钳作为最重要的电梯安全部件，所有安全钳楔块部分都在出厂前已由工厂调整好了，现场不允许调整。但由于其他原因需要再进行精调整时，可参考楔块型渐进式安全钳清洗和调整的步骤，如图 7.3-9 所示。

1. 对于安全钳楔块部分，现场应确认的项目是：
(1) 安全钳楔块与导轨间隙(5±0.5)mm。
(2) 安全钳嘴与导轨间隙(3.5±0.5)mm。
(3) 安全钳楔块凸出导轨面 (4.5+1) mm。

2. 安全钳清洗（必须在井道清洁工作结束后进行）：
(1) 拆除楔块固定螺栓和导向板固定螺栓。
(2) 将楔块、导向板、滚轮取出用柴油清洗。
(3) 重新安装时，先装一边的楔块、导向板和滚轮，再装另一边。安装时，首先将楔块、导向板和滚轮按原位放置，然后将楔块顶起与导轨接触，这时拧紧导向板的固定螺栓，再将整个安全钳座板扳向一边使楔块回落到原始位置，最后拧紧楔块的固定螺栓。另一边的操作顺序相同。

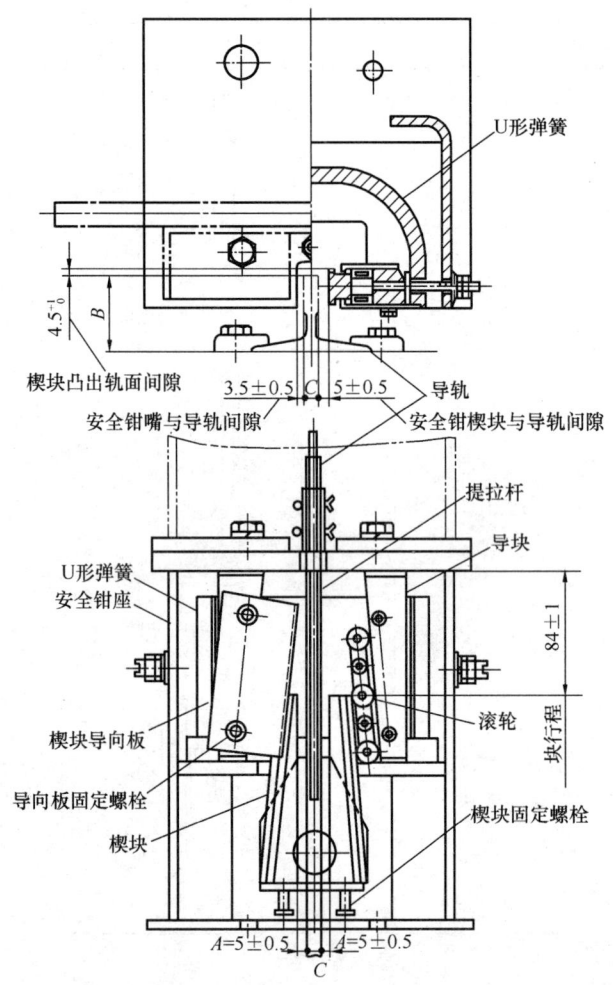

图 7.3-9 安全钳调整测试示意图

7.4 导靴安装

7.4.1 导靴种类

导靴装在轿厢架和对重装置上,其靴衬在导轨上滑动,是使轿厢和对重装置沿导轨运行的装置,如图 7.4-1 所示,分别安装在轿厢或对重的四角上。轿厢导靴安装在轿厢架上梁和轿厢底部安全钳座下面。常用的导靴有固定滑动导靴、弹性滑动导靴、滚轮导靴 3 种。

1. 固定滑动导靴

固定滑动导靴如图 7.4-2 所示。它由靴衬和靴座组成。靴衬常用尼龙浇铸成形,因为这种材料耐磨性和减振性较好,靴座由铸铁浇铸或钢板焊接成形。固定滑动导靴结构简单,常用在载货电梯和杂物电梯中。主要由靴衬和靴座组成。对重专用的固定滑动导靴,其靴座用角钢制造,如图 7.4-2(c)所示。

固定滑动导靴的靴衬两侧卡在导轨上滑动。由于固定滑动导靴的靴座是固定的,因

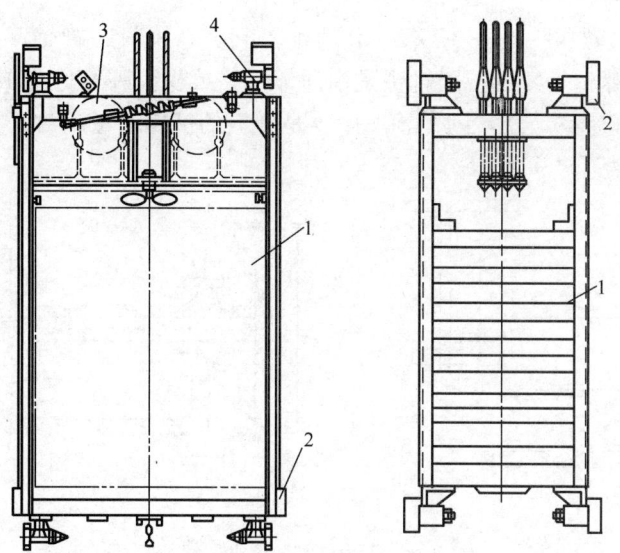

图 7.4-1 导靴安装
1—对重块；2—安全钳；3—反绳轮；4—导靴

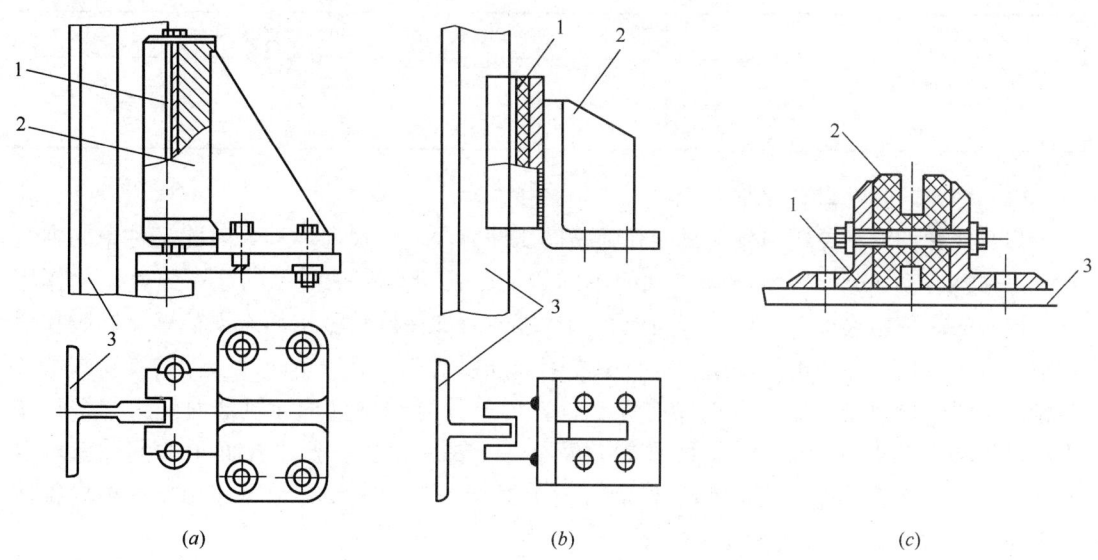

图 7.4-2 固定滑动导靴

(a) 铸铁座滑动导靴； (b) 钢板座滑动导靴； (c) 尼龙靴衬的导靴
1—靴衬；2—靴座； 1—靴衬；2—靴座； 1—角钢；2—尼龙靴衬；
3—导轨 3—导轨 3—对重架直梁

此，靴衬底部与导轨端面间要留有均匀的间隙，与导轨端面间的间隙应均匀，以容纳导轨间距的偏差，要求间隙不应大于 3mm。这种导靴是刚性的，在运行时会产生较大的振动和冲击，因此在使用范围上受到了限制，一般仅用于梯速在 0.75m/s 以下的轿厢及对重上。运行中需用油加以润滑。

2. 弹性滑动导靴

弹性滑动导靴，如图7.4-3所示。由靴座、靴头、靴衬、靴轴、压缩弹簧或橡胶弹簧、调节套或调节螺母等组成。因靴头是由压缩弹簧或橡胶弹簧等组成，在结构上允许靴头有合适的伸缩间隙值 a 与 c，图7.4-3中 b 是弹簧的被压缩量。对于 a、c 值的选取，必须与 b 值匹配，如表7.4-1所示。

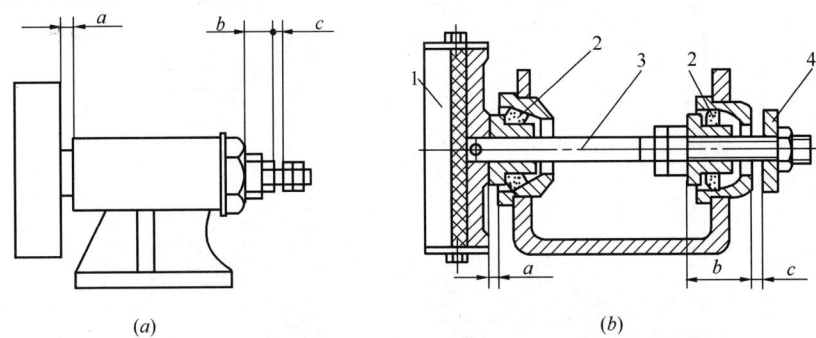

图7.4-3 弹性滑动导靴
(a) 弹性滑动导靴间隙；(b) 橡胶弹簧式滑动导靴
1—靴头；2—橡胶弹簧；3—靴轴；4—调节套

弹性滑动导靴的间隙值 表7.4-1

电梯额定载重量（kg）	500	750	1000	1500	2000～3000	5000
b（mm）	42	34	30	25	25	20
a、c（mm）	2	2	2	2	2	2

(1) 弹簧式弹性滑动导靴

弹簧式弹性滑动导靴的靴头只能在弹簧的压缩方向上作轴向浮动，因此又称单向弹性导靴；弹性滑动导靴与固定滑动导靴的不同之处就在于靴头是浮动的，在弹簧力的作用下，靴衬的底部始终压贴在导轨端面上，因此能使轿厢保持较稳定的水平位置，同时在运行中具有吸收振动与冲击的作用，运行中需用油加以润滑。对于单向浮动性的弹簧式滑动导靴，由于在导轨侧工作面方向没有浮动性，因此只能对垂直于导轨端面的力起缓冲作用；为了补偿导轨侧工作面的直线性偏差及接头处的不平顺，侧工作面上的间隙值可取0.5mm以上，这就使它对导轨侧工作面方向上的振动与冲击没有减缓作用。这种导靴适用于速度不大于2m/s的电梯。

(2) 橡胶式弹性滑动导靴

橡胶弹簧式滑动导靴的靴头除了能作轴向浮动外，在其他方向上也能做适量的位置调整。

橡胶弹簧式弹性滑动导靴，由于靴头具有一定的万向性，因此对导轨侧工作面方向上的力也有一定的减缓，同时侧工作面上的间隙值也可取得较小（单侧可取0.25mm），从而使其工作性能较优，适用的速度范围也相应增大。

弹性滑动导靴的靴衬对导轨端面的初始压紧力是可调节的。其初压力的选择，主要考虑偏重力，与电梯的额定载重及轿厢尺寸有关。初压力过大会削弱导靴的减振性能，不利于电梯的运行平稳性；初压压力过小，则会失去对偏重力的弹性支承能力，同时不利于电梯的运行平衡性。初压力的获得靠压缩弹簧。因此，通过调节弹簧的被压缩量，即可调节初压力。

3. 滚动导靴

滚动导靴由滚轮、摇臂、靴座、压缩弹簧等组成，如图 7.4-4 所示。

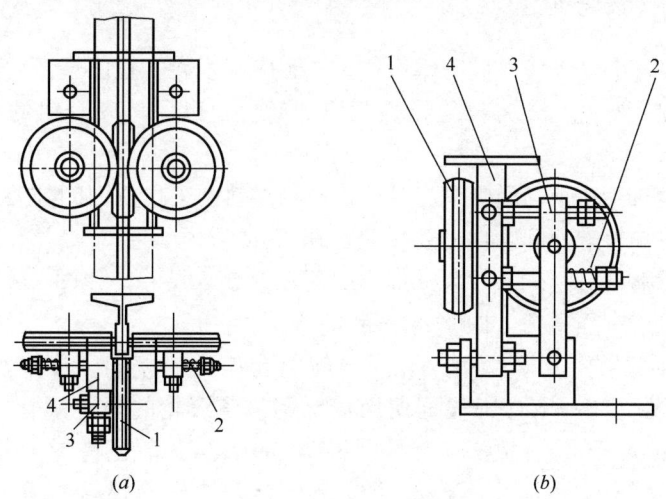

图 7.4-4　滚轮导靴
(a) 主面图；(b) 俯视图
1—滚轮；2—弹簧；3—摇臂；4—靴座

常见的滚轮导靴有 3 个滚轮的，也有 6 个滚轮的。如图 7.4-5 所示。

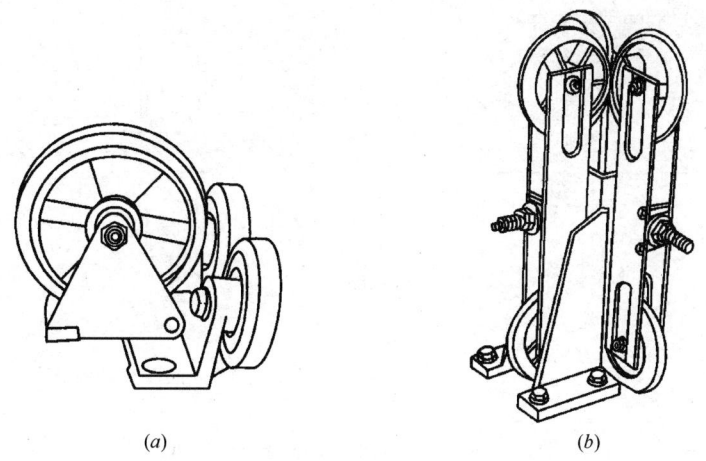

图 7.4-5　滚轮导靴的种类
(a) 三个胶轮的导靴立体图；(b) 六个胶轮的导靴立体图

滚动导靴的 3 只或 6 只滚轮在弹簧力的作用下，压在导轨的正面和两个侧面上，电梯运行时，滚轮在导轨面上滚动，滚轮工作面采用硬质橡胶制成。滚动导靴减少了摩擦损耗，节省动力，也减少了振动和噪声，同时在导轨的 3 个工作面上都实现了弹性支撑，因此滚动导靴广泛应用在电梯速度大于 2m/s 高速和超高速电梯上。

滚动导靴 3 个方向滚轮的接触压力可通过弹簧机构加以调节，但必须注意滚轮对导轨不应歪斜,并在整个轮缘宽度上与导轨工作面应均匀接触。导靴的规格随导轨而定,大导轨不能用小导靴,否则有脱落出的危险,为了保证滚轮作纯滚动,在使用时导轨工作面上不允许加润滑油,但滚动导靴轴承每季加油一次,每年拆洗换油。

7.4.2 导靴安装技术要求

(1) 导靴安装,上、下应在同一垂直线上,不应有歪斜、扭曲现象。如果安装位置不合适,应进行处理,不得用外力对导靴强行安装就位,以保持安全钳的正确间隙。如图7.4-6所示。

(2) 固定导靴与导轨顶面间隙应一致,内衬与导轨两工作侧面间隙要按厂家说明书的规定尺寸调整,与导轨端面间隙偏差要控制在0.3mm以内。

(3) 滑动导靴随载重不同应根据表7.4-1所示改变b尺寸,如图7.4-3所示,使内部弹簧受力相同,保持轿厢平衡,调整$a=c=2$mm。

(4) 滚轮导靴安装平正,两侧滚轮对导轨的初压力应相同,压缩尺寸按制造厂规定调整。若厂家无明确规定,则根据使用情况调整各滚轮的限位螺栓,使侧面方向两滚轮的水平移动量为1mm,顶面滚轮水平移动量为2mm。允许导轨顶面与滚轮外圆间保持间隙值不大于1mm,并使各滚轮轮缘与导轨工作面保持相互平行无歪斜,如图7.4-7所示。

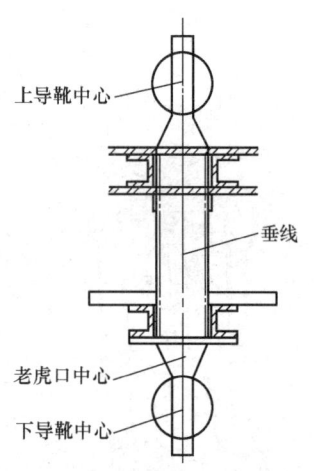

图 7.4-6　导靴安装示意图

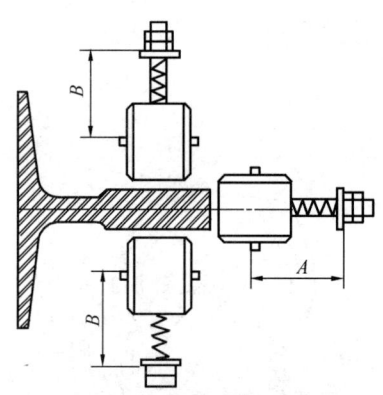

图 7.4-7　滚轮导靴安装示意图

(5) 轿厢组装完成后,松开导靴(尤其是滚轮导靴),此时轿厢不能在自由悬垂情况下偏移过多,否则造成导靴受力不均匀。偏移过大时,应调整轿厢底的补偿块,使轿厢静平衡符合设计要求,然后再装回导靴,轿厢安装完毕,具体步骤参见下面章节。

7.5 轿壁安装

轿壁是电梯轿厢的围壁,组成乘客乘坐电梯的安全空间。按照安装的位置,分为前壁、后壁、侧壁,有的在轿壁上装有扶手和镜子。

轿壁的壁板(围扇)的常见形式如图7.5-1所示。

7.5.1 基本要求

根据国家电梯相关标准，轿壁的安装要求如下：

(1) 轿厢应由轿壁、轿厢地板和轿顶完全封闭，除了使用者正常出入口和通风口。

(2) 每个轿壁应有这样的强度：一个 300N 的力，均匀地分布在 $5cm^2$ 的圆形或方形面积上，沿轿厢内向轿厢外方向垂直作用于轿壁的任何位置上，轿壁应：1) 无永久变形；2) 弹性变形应不大于 15mm。

(3) 玻璃轿壁应使用夹层玻璃，应作冲击摆试验。

在试验后，轿壁的安全性能应不受影响。

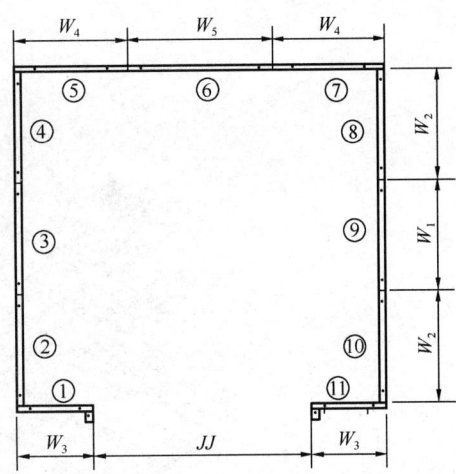

图 7.5-1 轿壁的壁板（围扇）的常见形式

距轿厢地板 1.10m 高度以下若使用玻璃轿壁，则应在高度 0.90～1.10m 之间设置一个扶手，这个扶手应牢固固定，与玻璃无关。

(4) 轿壁中的玻璃固定件应确保玻璃即使有沉陷时，也不会滑出固定件。

(5) 玻璃轿壁上应有永久性的标记：1) 供应商名称或商标；2) 玻璃的形式；3) 厚度（如：8/8/0.76mm）。

(6) 轿壁、轿厢地板和顶板不得使用易燃或由于可能产生大量气体和烟雾而造成危险的材料制成。

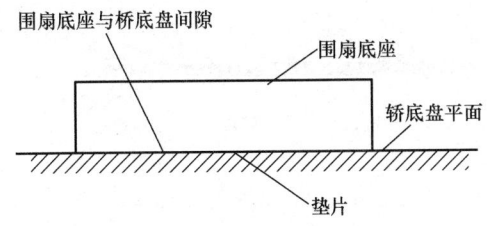

图 7.5-2 轿厢底盘与轿壁（围扇）底座缝隙处理

(7) 安装时，在壁板（围扇）底座和轿厢底盘的连接及壁板（围扇）与底座之间的连接要紧密。各连接螺栓要加相应的弹簧垫圈（以防因电梯的振动而使连接螺栓松动）。若因轿厢底盘局部不平而使壁板（围扇）底座下有缝隙时，要在缝隙处加调整垫片垫实，如图 7.5-2 所示。若围扇直接安装在轿底盘上，其间若有缝隙，方法同上。

(8) 安装围扇时可逐扇安装，也可根据情况将几扇先拼装在一起，再分组安装。围扇安装好后再安装轿顶，但要注意轿顶和围扇穿好连接螺栓后不要安装完后再要求接缝紧密，间隙一致，夹条整齐，扇面平整一致，各部位螺栓必须齐全，紧固牢靠。

7.5.2 壁板连接

(1) 如轿顶为整体式，要先将整体式轿顶放入轿厢框架内，用电线或绳索吊在轿架上横梁上，尽可能吊高。对于较重的轿顶要用手动葫芦起吊，如图 7.5-3 所示。

(2) 壁板组装前，应对所有连接部位的保护胶纸（膜）如图 7.5-4 所示进行处理。处理时如果使用胶布，则不允许将胶布直接粘贴到不锈钢板上，否则会使不锈钢变色。

(3) 壁板的连接

首先在一铺有保护物的平坦地面上，将后轿壁按图 7.5-1 中⑤⑥⑦进行连接，其次将

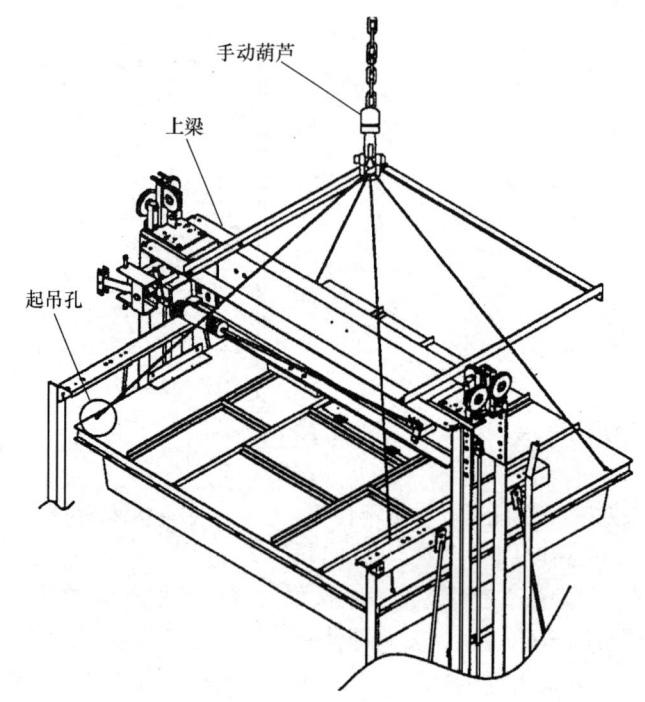

图 7.5-3 较重轿顶的起吊

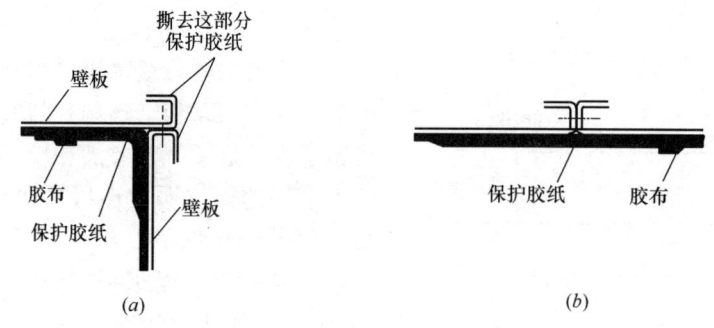

图 7.5-4 保护胶纸(膜)局部剔除
(a) 转角部位；(b) 中间部位

左右侧轿壁(②③④/⑧⑨⑩)进行连接，前壁板等装完装饰顶后进行安装，安装就位顺序为：首先安装组装好后壁板组合，其次安装左或右侧壁板组合。在拼组轿壁时，必须保护轿壁表面不被划伤，连接时注意轿壁板上标识的箭头方向一致且向上。有时为了安装对重方便，常常也有把靠近对重侧的轿壁后装。

壁板的连接有用螺栓连接和连接卡两种方法。

1) 螺栓连接时，中间部位图 7.5-5 (a)、转角部位图 7.5-5 (b)、轿壁板与踢脚板的连接图 7.5-5 (c) 等细节部位见各图所示。

2) 对于连接卡连接轿壁的方法，采用不同规格的卡子，如图 7.5-6 所示。

3) 安装时，壁板与壁板之间的平齐度应该保证在 1mm 以内。调整的时候，可以先将连接螺栓或连接卡先轻轻受力，然后在正面，用方木垫在凸出的轿壁上，然后用手锤轻轻敲击找平。

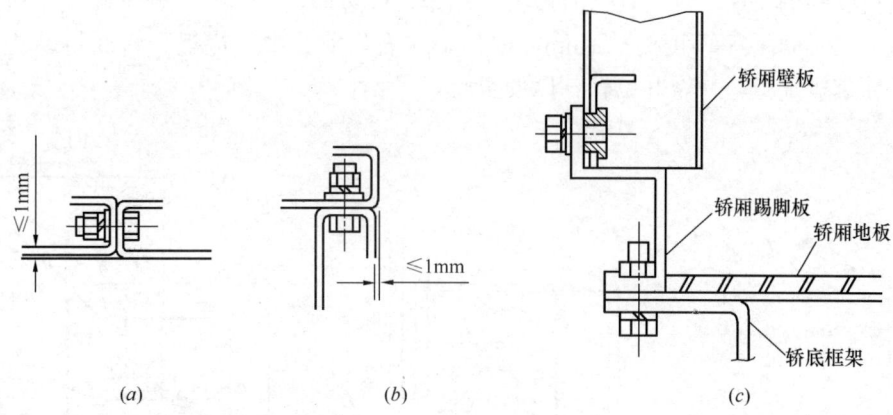

图 7.5-5　轿壁螺栓连接
(a) 中间部位固定；(b) 转角部位固定；(c) 轿厢壁板与轿底踢脚板安装

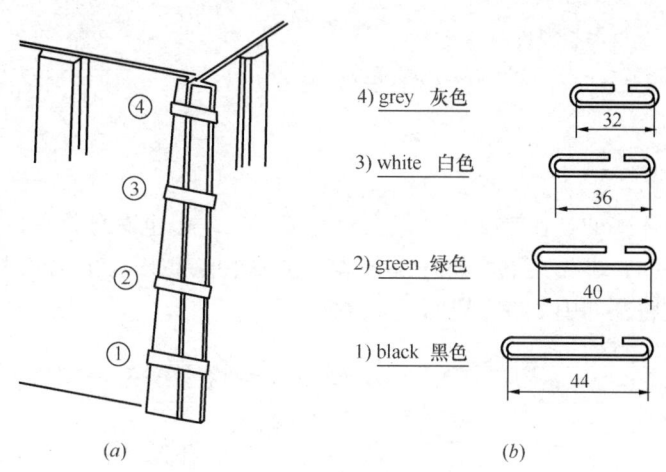

图 7.5-6　轿壁卡箍连接
(a) 连接卡的连接示意；(b) 常见的连接卡规格

4）轿厢壁板与轿顶板、轿厢壁板与轿厢踢脚板、轿厢前壁与轿厢地板的连接螺栓应先轻紧固（如图 7.5-7 所示），待校正完成后完全紧固。

5）在轿壁与轿顶连接完成，轿门组件安装后，要在轿厢的左右前壁板位置，用线坠测量轿厢在 X、Y 方向上的垂直度。X、Y 方向上的垂直度偏差应控制在 1mm 以内，否则应在轿底称重橡胶与轿底托架之间插入垫片进行调整。见图 7.5-8 所示。

①方向的倾斜：在 AD 插入或从 BC 抽出垫片。
②方向的倾斜：在 BC 插入或从 AD 抽出垫片。
③方向的倾斜：在 CD 插入或从 AB 抽出垫片。
④方向的倾斜：在 AB 插入或从 CD 抽出垫片。

6）调整轿厢位置，紧固各螺钉

顺序是先紧固轿壁连接处的螺钉，并按顺序从下到上。再紧固轿顶与轿壁的螺钉，并按顺序从后壁到侧壁。紧固时应保证连接紧密、间隙一致、夹角平行、板面平行、垂直。

最后紧固轿底和侧轿壁的螺钉,这时最关键的是,应边调整边紧固,保证轿厢整齐。轿壁的铅垂度为 1/1000,平面度为<1mm,前后、左右尺寸分中。待整个轿厢拼装完毕,要求逐个尺寸进行复查,并做好记录,以便查阅。

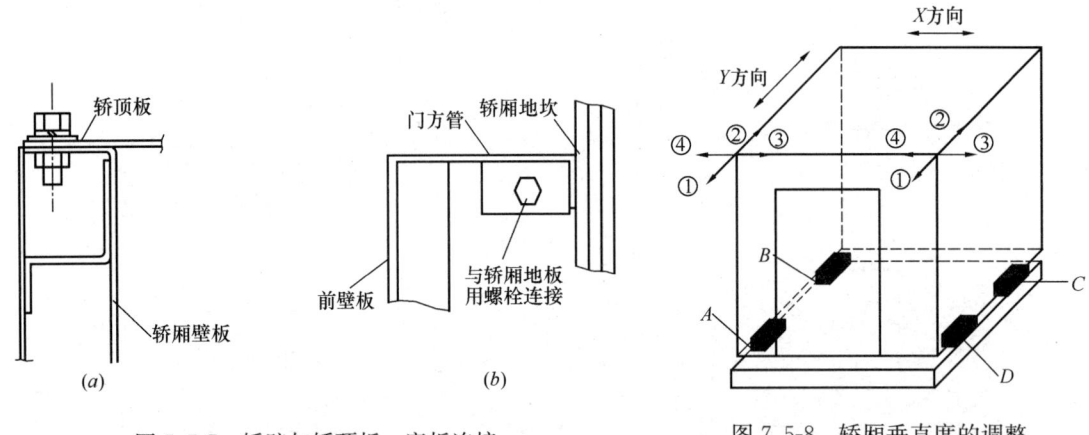

图 7.5-7 轿壁与轿顶板、底板连接
（a）轿厢壁板与轿顶板连接；（b）轿厢前壁与轿厢地板连接

图 7.5-8 轿厢垂直度的调整

7.6 轿顶安装

轿顶大多是整体式的,在制造厂一般已经组装好了,但也有分体式的。如果是分体式的,应如同轿壁一样,事先在下面将几块分体式轿顶组装起来,组装的时候注意保持平齐度。典型的整体式轿顶如图 7.6-1 所示。

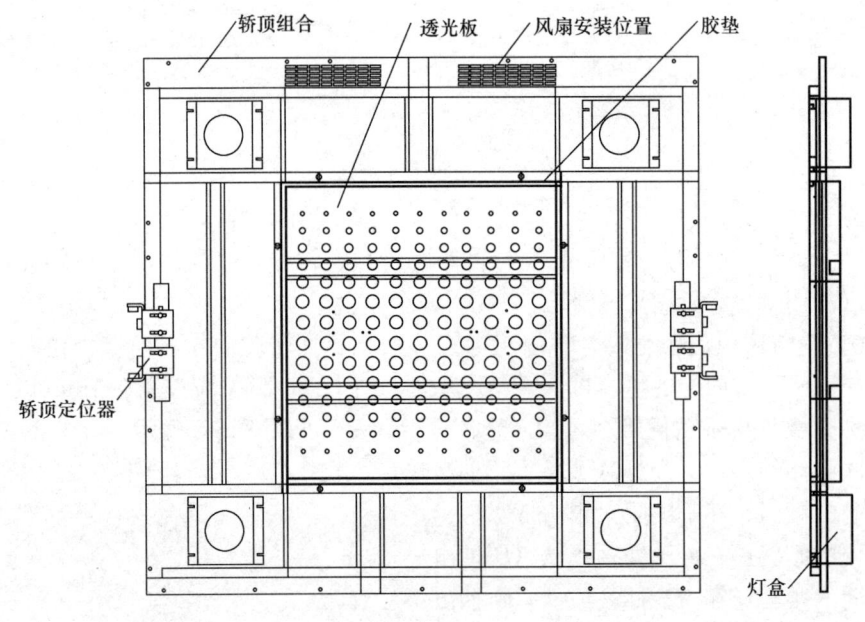

图 7.6-1 典型轿顶示意图

7.6.1 轿顶安装技术要求

(1) 在轿顶的任何位置上，应能支撑两个人的重量，每个人按照 0.20m×0.20m 面积上 1000N 作用力，应无永久变形。轿顶上需能承受两个人同时上去工作，其构造必须达到在任何位置能承受 2kN 的垂直力而无永久变形的要求。因此，除尺寸很小的轿厢可做成框架形整体轿顶外，一般电梯均分成若干块形成独立的框架构件拼接而成。先将轿顶组装好用吊索悬挂在轿厢架下梁下方，做临时固定。待轿壁全部装好后再将轿顶放下，并按设计要求与轿厢壁固定。

(2) 轿顶应具有一块至少为 $0.12m^2$ 的站人用的净面积，其短边至少为 0.25m。

(3) 轿顶用的玻璃应是夹层玻璃。

(4) 轿顶接线盒、线槽、电线管、安全保护开关等要按厂家安装图安装。若无安装图则根据便于安装和维修的原则进行布置。

(5) 装、调整开门机构和传动机构使门在启闭过程中有合理的速度变化，而又能在起止端不发生冲击，并符合厂家的有关设计要求。若厂家无明确规定则按其传动灵活、功能可靠、开关门效率高的原则进行调整。一般开关门的平均速度为 0.3m/s，关门时限为 3.0～5.0s，开门时限为 2.5～4.0s。

(6) 如果设置安全窗，安全窗的设置要符合安全要求。

(7) 轿顶护栏安装的设置是为了防止人员坠落和在轿顶、底坑作业时，下降的对重伤到人员，具体的要求见下面章节。轿顶护身栏固定在轿厢架的上梁上，由角钢组成，各连接螺栓要加弹簧垫圈紧固以防松动。

(8) 平层感应器和开门感应器要根据感应铁的位置定位调整，要求横平竖直，各侧面应在同一垂直平面上，其垂直度偏差不大于 1mm。

7.6.2 轿顶安装步骤

1. 轿顶就位

轿厢壁板组装完成后，将原来吊在上横梁上的轿顶对应其与轿壁的连接孔放下，然后用螺栓固定。要注意风扇孔的位置轿厢与顶棚的匹配，轿壁与轿壁拼装时不能少螺栓，防止引起电梯运行过程当中轿壁与轿壁之间的声响，如图 7.6-2 所示。

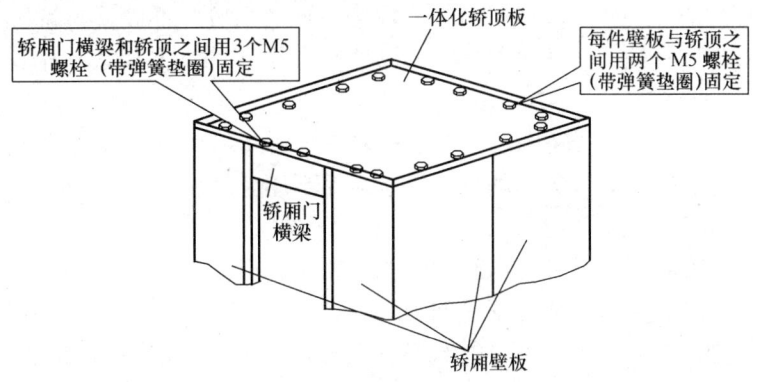

图 7.6-2 轿顶连接固定

2. 轿顶定位

由于轿厢与轿架是不能够硬性连接的，必须通过橡胶垫和定位橡胶卡胶进行连接。这样，机器运行中产生的刚性振动就不会传进轿厢。定位橡胶一般安装在轿顶与轿架立柱之间，起到扶正轿厢垂直度的作用。常见的定位器形式与安装方法如图 7.6-3、图 7.6-4 所示。

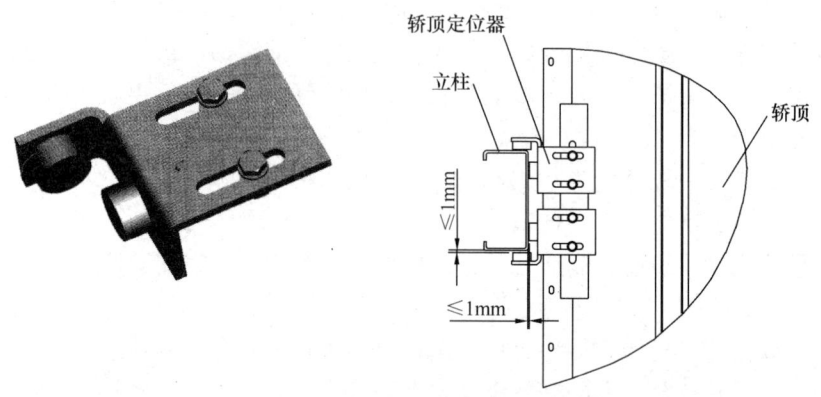

图 7.6-3　轿顶定位器及连接

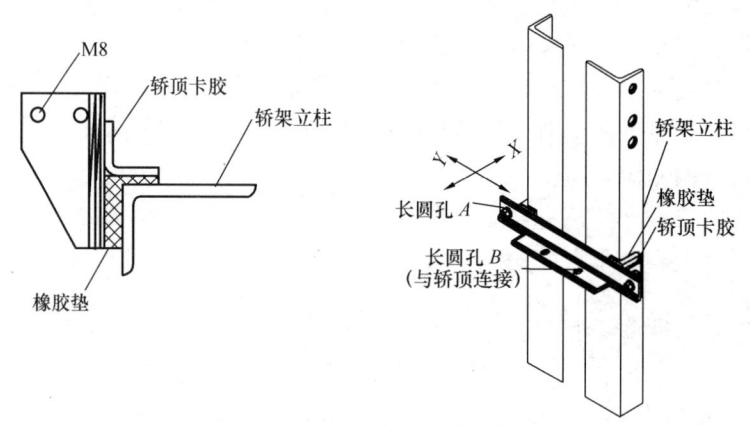

图 7.6-4　轿厢定位橡胶及轿顶连接

在安装时，应注意下面两点要求：

（1）如上图安装轿顶定位器或轿顶定位橡胶。调整卡胶的橡胶垫与轿架立柱在 X、Y 的间隙为 1mm。对于轿顶定位橡胶调整时，调整方法：X 方向利用长圆孔 B，Y 方向上利用长圆孔 A。

（2）如图 7.6-5 所示安装轿底定位橡胶，卡胶与轿底用六角螺栓进行连接，调整卡胶的橡胶垫与轿架立柱在 X、Y 方向均应轻轻接触而不能受力或离开。

3. 轿顶风扇安装

每一个轿厢必须设通风孔，在电梯故障关人时以保证被困乘客的呼吸需要。即使电梯在长时间停止运行的情况下，应保证轿厢内乘客有足够的通风，因此，轿厢通风孔的有效面积是一个安全要求。轿厢上、下部通风口有效面积应不小于轿厢有效面积的 1%。现在多数采用风扇进行强制通风。常用的轿顶风扇有轴流风扇和扇叶型风扇两种，由于扇叶型风扇噪声较大，一般用在货梯上，轴流风机目前应用较为普遍。由于安装方法简单，参阅随机文件即可。

4. 安全窗设置

轿厢安全窗在标准中没有强制规定要设。如果要设，则需要满足下述的规定要求。

(1) 如果轿顶有援救和撤离乘客的轿厢安全窗，其尺寸不应小于 0.35m×0.50m。

(2) 轿厢安全窗，应设有手动上锁装置。如果锁紧失效，该装置应使电梯停止。只有在重新锁紧后，电梯才有可能恢复运行，为此，要安装安全窗的安全保护开关装置，来验证锁紧装置的可靠动作。

(3) 轿厢安全窗应能不用钥匙从轿厢外开启，并应能用规定的三角形钥匙从轿厢内开启。

(4) 轿厢安全窗不应向轿内开启。

(5) 轿厢安全窗的开启位置，不应超出电梯轿厢的边缘。

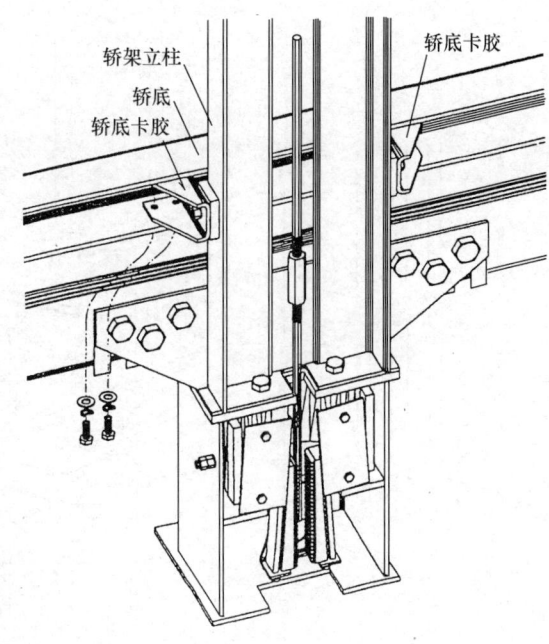

图 7.6-5　轿底定位橡胶及连接

7.6.3　轿顶安全护栏

轿顶安全护栏是为了保护轿顶的作业人员在操作时，不被轿顶以外的井道其他部件刮伤和剪切。

(1) 当轿顶外侧边缘至井道壁水平方向的自由距离大于 0.3m 时，轿顶应装设防护栏及警示性标识。关于斜靠护栏有危险的警示性符号或须知，固定在护栏的适当位置。自由距离应测量至井道壁，井道壁上有宽度或高度小于 0.30m 凹坑时，允许在凹坑处有稍大一点的距离。

(2) 护栏应由一个扶手，0.10m 高度的护脚板和在护栏高度的一半有中间栏杆组成。

(3) 考虑到护栏扶手的边缘水平方向的自由距离，扶手高度至少是：

1) 当自由距离不大于 0.85m 时，不应小于 0.7m；

2) 当自由距离超过 0.85m 时，不应小于 1.10m。

(4) 扶手外缘和井道中的任何部件（对重或平衡重、开关、导轨、支架等）之间的水平距离应不小于 0.10m。

(5) 护栏入口应使人安全和容易地通过，进入到轿厢顶。

(6) 护栏应装设在离轿顶边缘最大为 0.15m 之内。

(7) 对于无机房电梯，为了使护栏高度不影响顶部安全越程距离要求，可将护栏设计成可折叠（或可伸缩、可翻转）的形式。

常见的轿顶护栏安装如图 7.6-6 所示。

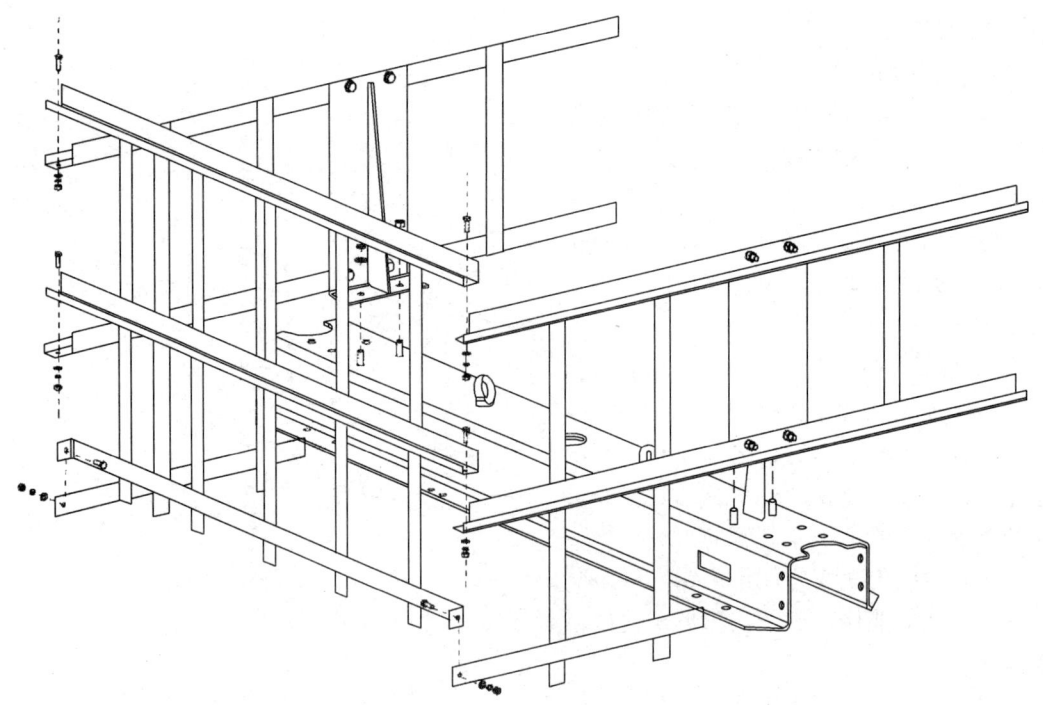

图 7.6-6 轿顶安全护栏的安装示意

7.7 操纵箱（盘）安装

轿厢操作箱又称轿厢操作盘，是乘客选定前往楼层按钮，支配电梯运行的装置。大多数轿箱内只配置一个操纵箱，对于较大的轿厢和大型商厦写字楼的电梯也有一个轿厢安装两个的，安装较简单，直接使用螺栓固定在轿壁预留孔内即可。早期的操纵箱外盖的螺栓是外露的，但现在大多操作箱都是使用无外露螺栓型外盖的，所以在拆卸维修时需要一定的方法。下面以日立电梯的操纵箱为例，做详细介绍：

1. 操纵箱的安装，如图 7.7-1 所示。

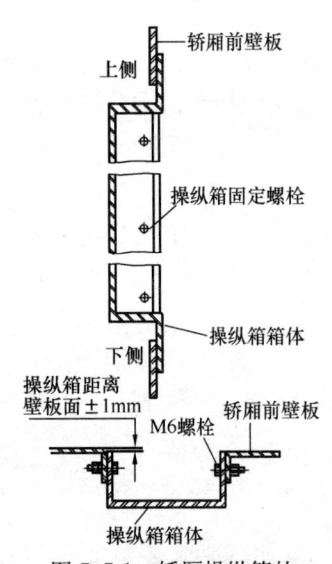

图 7.7-1 轿厢操纵箱的安装示意图

（1）将操纵箱箱体放入轿厢操纵壁的操纵箱预留孔，利用两侧的螺栓固定在轿厢前壁板上。

（2）调整操纵箱距离轿壁板面±1mm 后，将所有的固定螺栓紧固。

2. 面板固定方法如图 7.7-2 (a) 所示。

将面板侧的固定钩压入操纵箱体侧的圆柱形铆钉，然后把面板往下侧拉，则圆柱铆钉固定在固定钩的 L 槽内。安装面板时，应注意不要压迫到操纵箱内的电线。

3. 面板的拆卸方法，按面板固定方法相反的顺序，将面板往上侧拉，则圆柱铆钉从固定钩 L 槽内脱出，这时面板可从操纵箱拆下。

4. 面板的悬挂方法如图 7.7-2 (b) 所示。

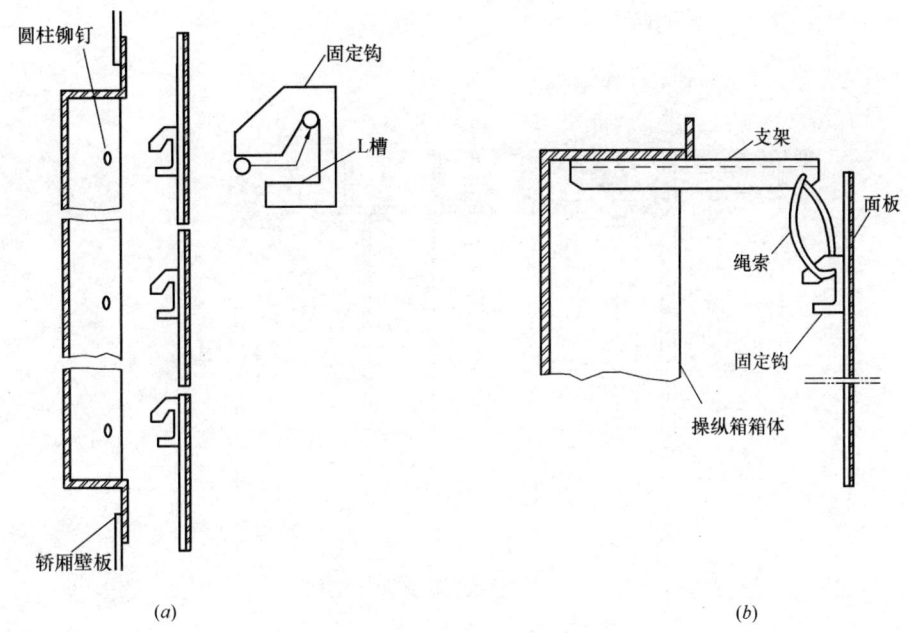

图 7.7-2 轿厢操纵箱面板的安装与维修悬挂
(a) 面板的安装；(b) 维修时面板的悬挂

(1) 面板的悬挂可便于安装时接线和检修时查线。

(2) 将操纵箱体上部的支架向轿厢内旋转 90°，把面板上的固定钩挂在绳索上。安装轿厢操作盘时，需要注意操作盘内的电线必须固定好，不要影响轿门开关。

7.8 轿门组件安装

轿门组件由门机、轿门导轨、轿门地坎、门扇几部分组成。安装时，需要注意导轨和地坎的水平。由于轿门开关最频繁，是电梯中活动最多的部件，所以故障率也最高，安装时必须要遵守工厂的工艺要求。

轿门门机安装于轿顶，轿门导轨应保持水平，轿门门板通过 M10 螺栓固定于门挂板上。门板垂直度小于 1mm。轿门门板用连接螺栓与门导轨上的挂板连接，调整门板的垂直度使门板下端与地坎的门导靴相配合。

7.8.1 轿门地坎安装

轿厢地坎一般是用铝型材，对于大吨位的货梯也有用铸铁材料的。常见的安装方法如图 7.8-1 所示，先将地坎支架与轿厢的底盘相连接，而后将地坎与地坎支架相连接，地坎支架上平面水平度小于 1/1000，保证轿门地坎与厅门地坎距离满足图纸要求，水平距离差为 0～+3mm。

7.8.2 轿门门机安装

1. 悬臂式门机

轿门的门机对于开门宽度尺寸较大的，一般采用将轿门门机固定在门机立柱或门机框

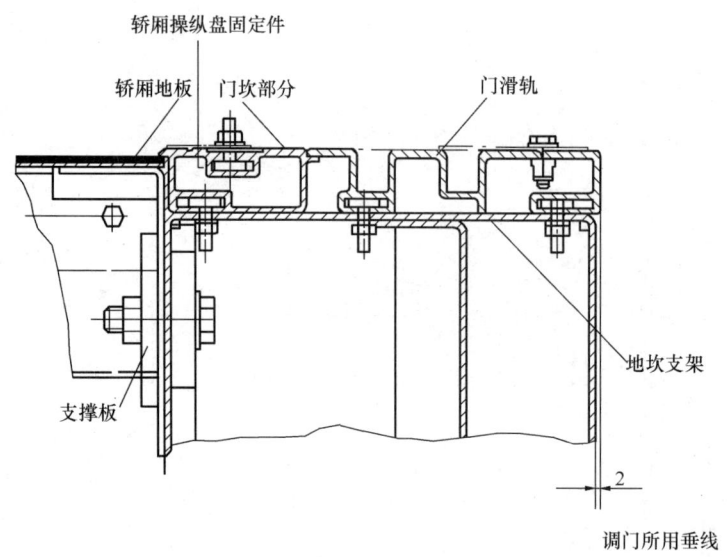

图 7.8-1　安装地坎支架和地坎

支架上。

（1）悬臂式门机典型安装如图 7.8-2 所示，先将门机用螺栓定位在门机框架支承板上。

（2）调整时，从轿厢门机链轮中心和导轨中心下坠重锤线，使之与轿门坎中心一致后，调整左右偏量为±1mm。旁开门时，从起始位置一侧悬臂末端向内 101mm 位置（开启起始点）向开启宽度两端下坠重锤线，同轿门地坎开启两端对齐中心，（左右偏差 0±1mm 以内）。

（3）向轿门地坎末端下坠重锤线，对准导轨的前后间隙为 58±1mm，旁开门时，此尺寸为 55±1mm。

（4）对准轿厢地坎上端和门导轨下端间距（EH+69±1mm 以内）预连接螺栓，以上 2～4 步如图 7.8-3 所示。

2. 斜拉式门机

对于开门宽度尺寸较小的，一般采用将轿门门机固定在门机立柱或门机框支架上，如图 7.8-4 所示为一种典型的安装。

按图 7.8-4 将门机通过长条孔与横梁连接好，保证门机中心与轿厢中心一致。并通过长条孔调节门机的前后距离，使图 7.8-5 中门机导轨和轿门地坎的水平距离保证为 58±1mm；通过调整与轿厢立柱连接的调整螺栓，保证高度方向门机导轨和地坎距离为（HH+87）±1mm，HH 为轿厢进出口高度。

7.8.3　轿门门扇安装

由于轿门吊挂板的形式有不同，轿门门扇的安装方法不同，如图 7.8-6 所示的垂直固定方法是最常用。

轿厢门扇的安装与厅门基本相同。轿门安装时必须与轿门头及轿厢地坎按图纸要求进行安装，并且符合各项技术要求。在电梯出故障或停电时，在轿厢内应能用手将门扒开，所需要的力不超过300N。

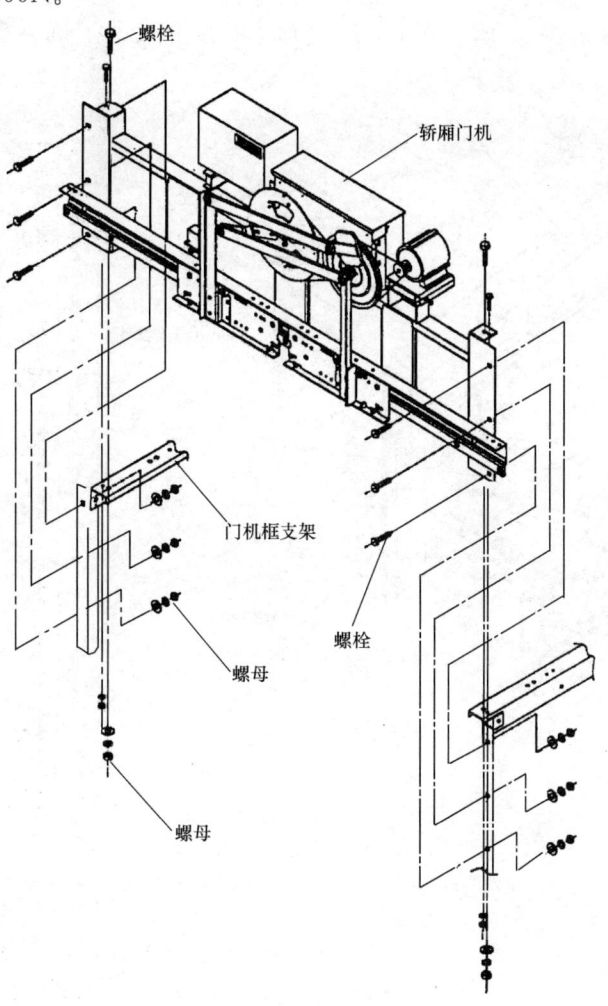

图 7.8-2　悬臂式门机安装

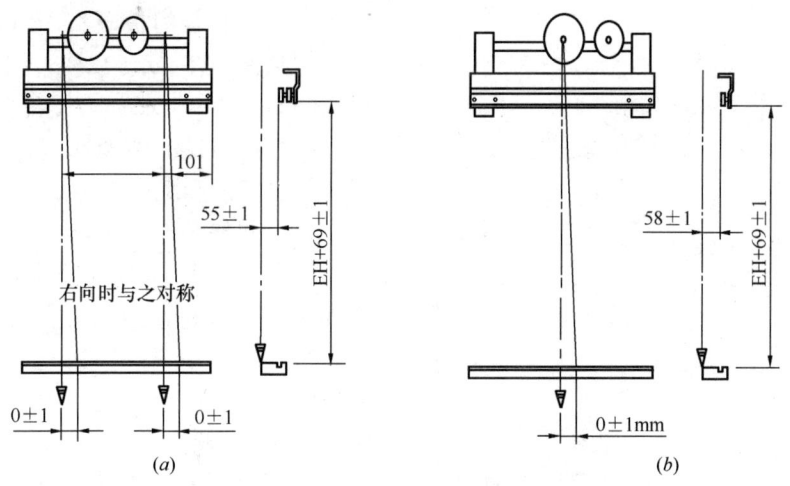

图 7.8-3　悬臂式门机的安装位置图
(a) 旁开门；(b) 中分门

(1) 如图 7.8-5 所示，再次确认轿门导轨中心与轿门地坎槽的中心线对齐，中心偏移在 1mm 以内。测量方法：在轿门导轨侧面放下线坠，确认其到地坎槽边缘的距离。

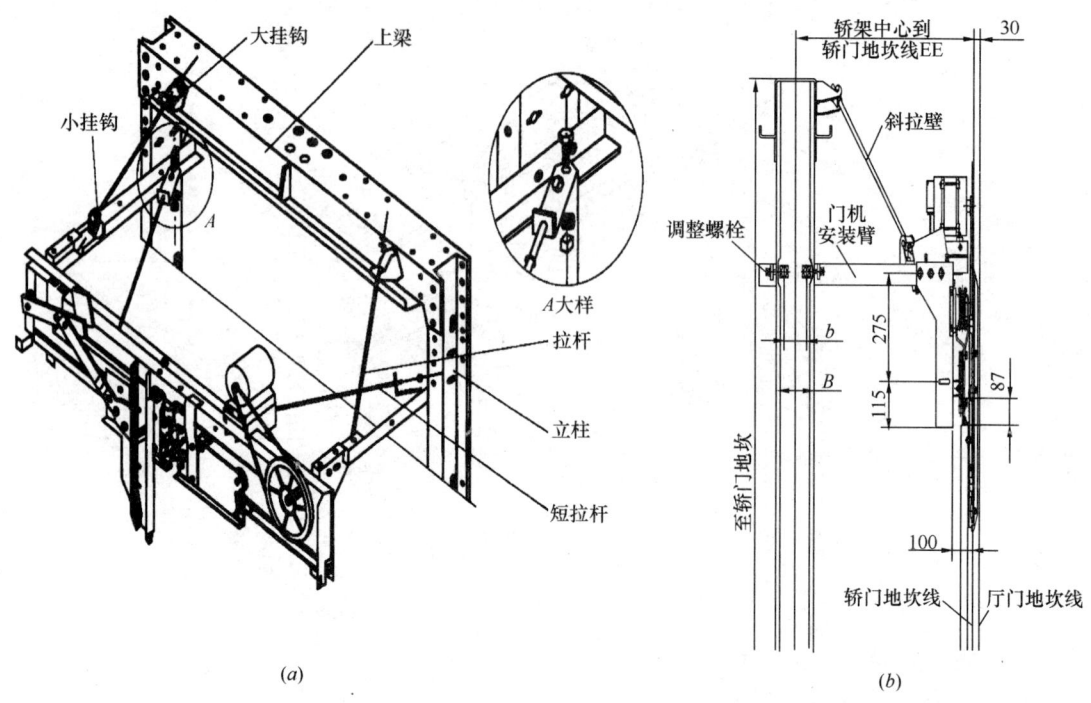

图 7.8-4 斜拉式门机安装
(a) 斜拉式门机安装总体示意；(b) 斜拉式门机安装立面示意

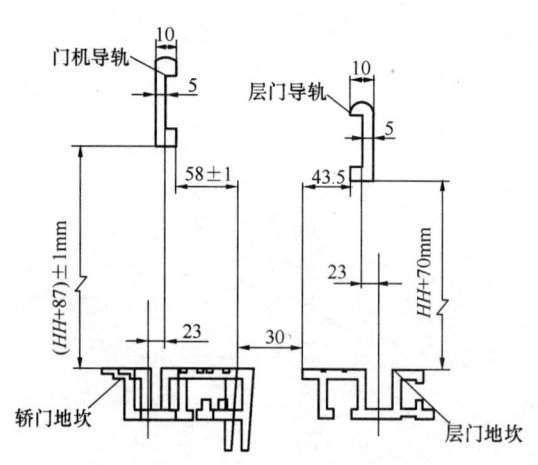

图 7.8-5 斜拉式门机安装位置图

(2) 将轿门扇固定在门滑轮组件上，安装好门滑块，如图 7.8-7、图 7.8-8 所示。若门板倾斜可在门上封头和门吊板之间增减垫片直至门板竖直，门板倾斜度及中缝间隙保证在 2mm 以内，门扇下端与地坎面的间隙为 5 ± 1mm，如图 7.8-9 所示。

(3) 用门轮间隙专用塞尺将限位轮与门导轨之间的间隙调整为 0.3~0.7mm。

(4) 调整客梯门扇与门扇、门扇与轿厢门横梁及轿厢前壁的间隙为 1~6mm，货梯达到 1~8mm。

(5) 对于中分门，完全关闭轿门，确认轿门闭合端位置与地坎中线重合，中心线的偏移量在 1mm 以下，如图 7.8-10 所示。调整时，在止停橡胶和止停支承轻轻接触的状态下，调整轿门上下的门挡胶，保证轿门上下闭合橡胶间隙在 0 ± 1mm。

(6) 对于中分门，完全打开轿门，确认轿门开齐位置，也就是门扇凹入轿厢前壁的尺寸左右要一致,如图7.8-11所示。调整时,在止停橡胶和止停支承轻轻接触的状态下,调整左右开启距离,要比轿厢前壁超出 A,A 具体尺寸参考厂家的规定。

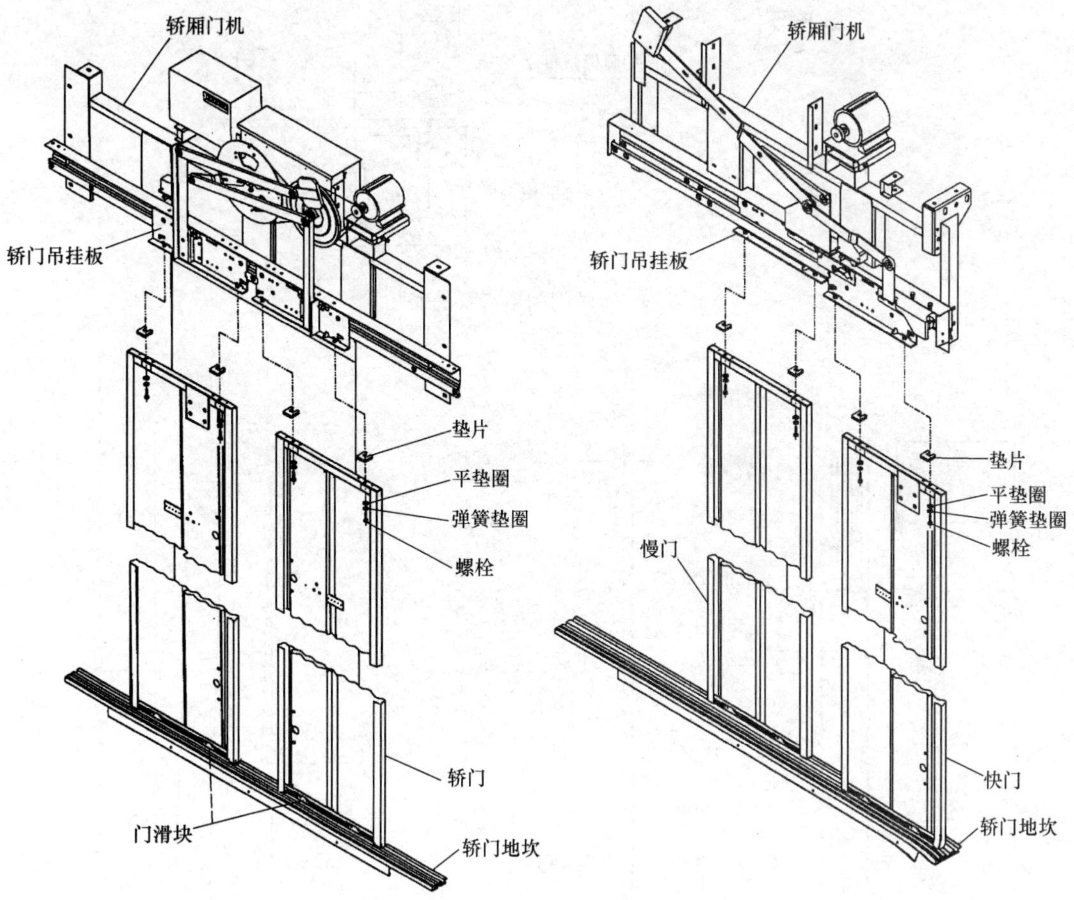

图 7.8-6 轿门门扇的安装示意
(a) 中分门;(b) 旁开门

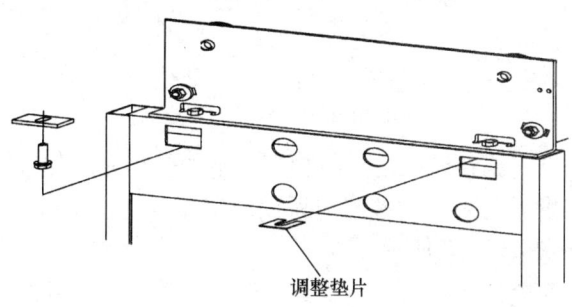

图 7.8-7 轿门门扇的安装

(7) 对于旁开门,完全关闭轿门,确认轿门地坎的 EW 起始线和门机吊挂板末端到 101mm (门机侧 EW 起始位置) 位置是否一致。调整时,完全关闭轿门,在止停橡胶和止

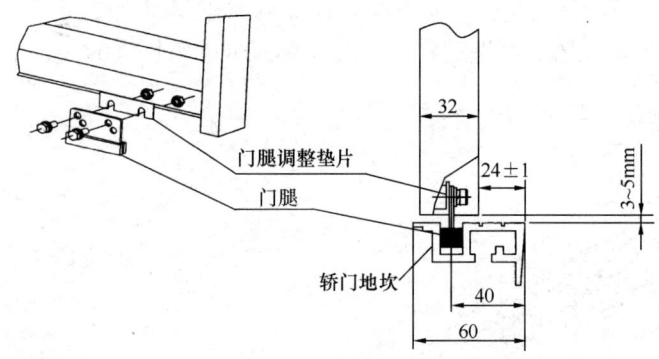

图 7.8-8　轿门门扇滑块的安装

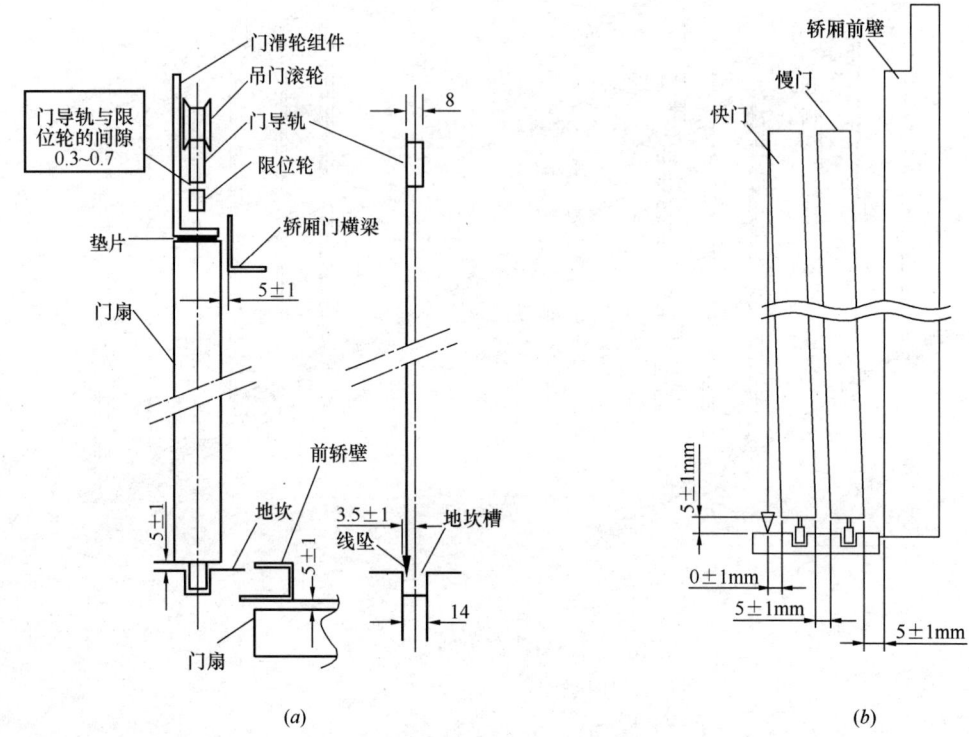

图 7.8-9　轿门门扇的安装
(a) 中分门；(b) 旁开门

停支承轻轻接触的状态下，调整轿门之一的快门上下的门挡胶，保证轿门上下闭合橡胶间隙在 0±1mm 同时要兼顾轿门之一的慢门与轿顶前端部适当的间隔，快门不与轿厢的侧前壁相碰。如图 7.8-12 及图 7.8-13 所示。

(8) 对于旁开门，完全打开轿门，门扇要比轿厢侧前壁超出部分，有些厂家的快门还要比慢门多走一些，如图 7.8-14 及图 7.8-15 所示。

(9) 轿门关闭后，确认两扇门的平行度不大于 0.5mm，门板垂直度小于 1mm。

(10) 轿门门行程，通过以上的调整，轿门的行程不能满足要求时，参考图 7.8-16 所示，就解开 A_1 螺栓和臂的 E_2（E_3）螺栓，一边调整臂的角度，一边对准门的中心，直到调整到位为止。

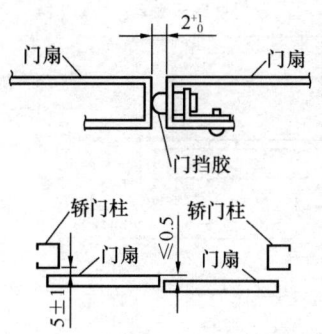

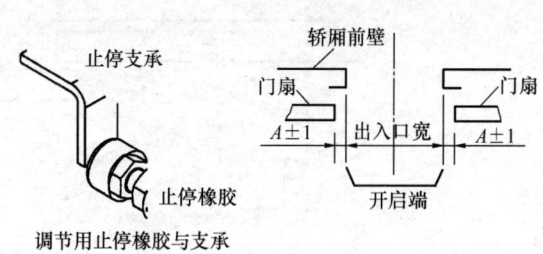

图 7.8-10 中分式轿门门扇关闭时的调整

图 7.8-11 中分式轿门门扇开启时的调整

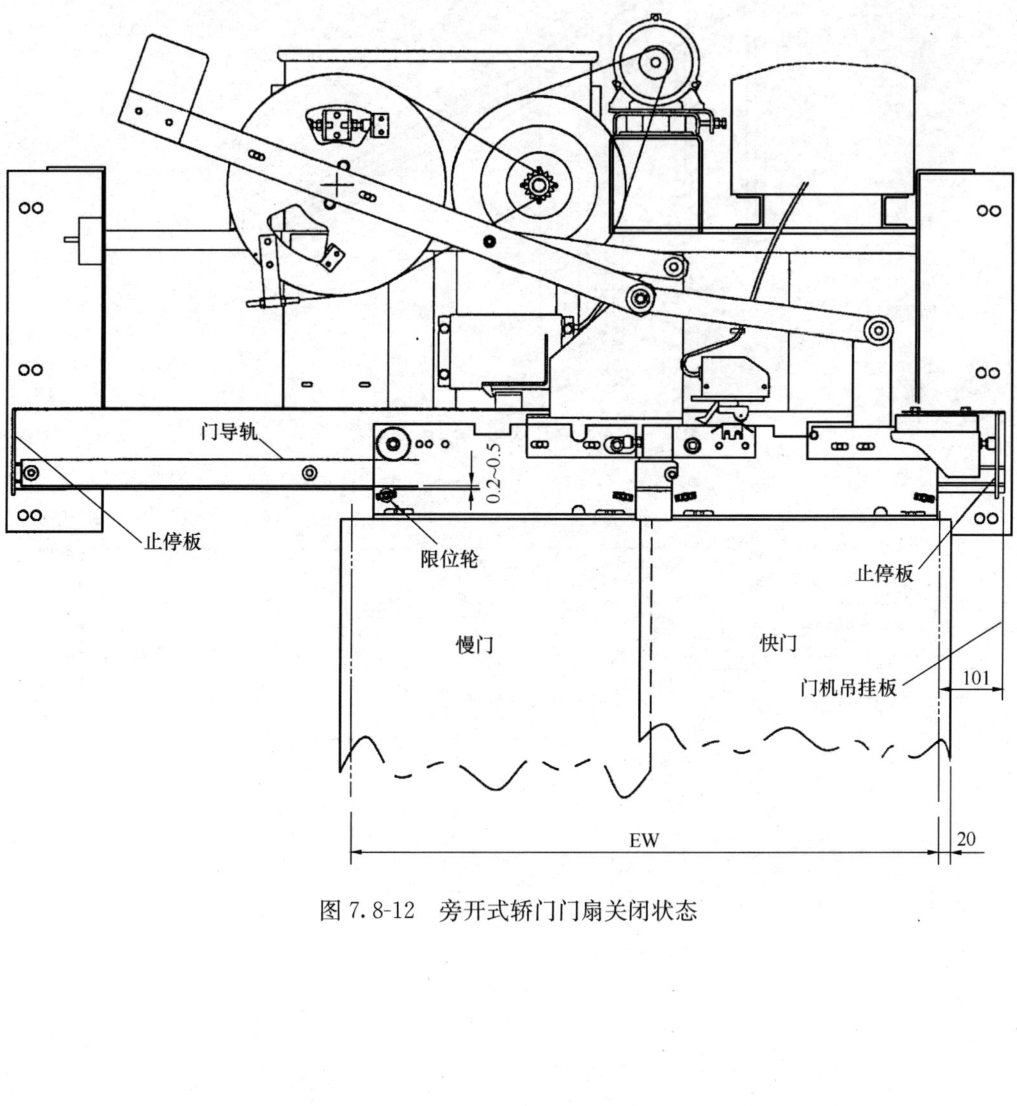

图 7.8-12 旁开式轿门门扇关闭状态

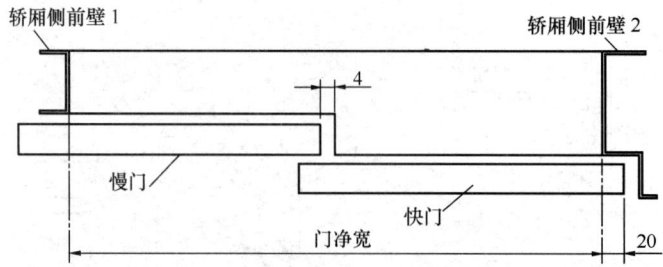

图 7.8-13　旁开式轿门门扇关闭时的调整位置

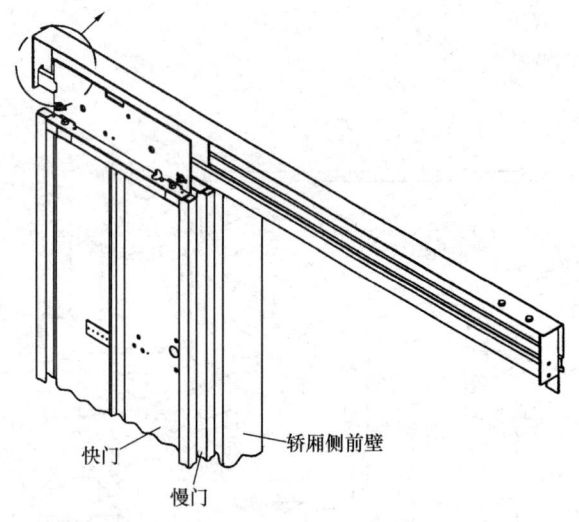

图 7.8-14　旁开式轿门门扇开启状态

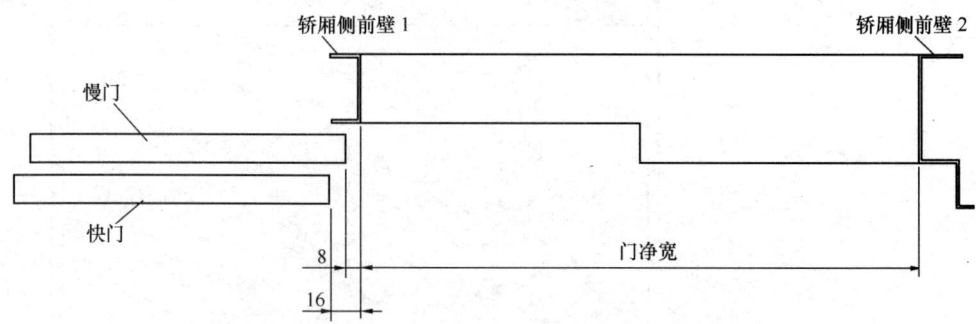

图 7.8-15　旁开式轿门门扇开启时的调整尺寸

第7章 轿厢安装 171

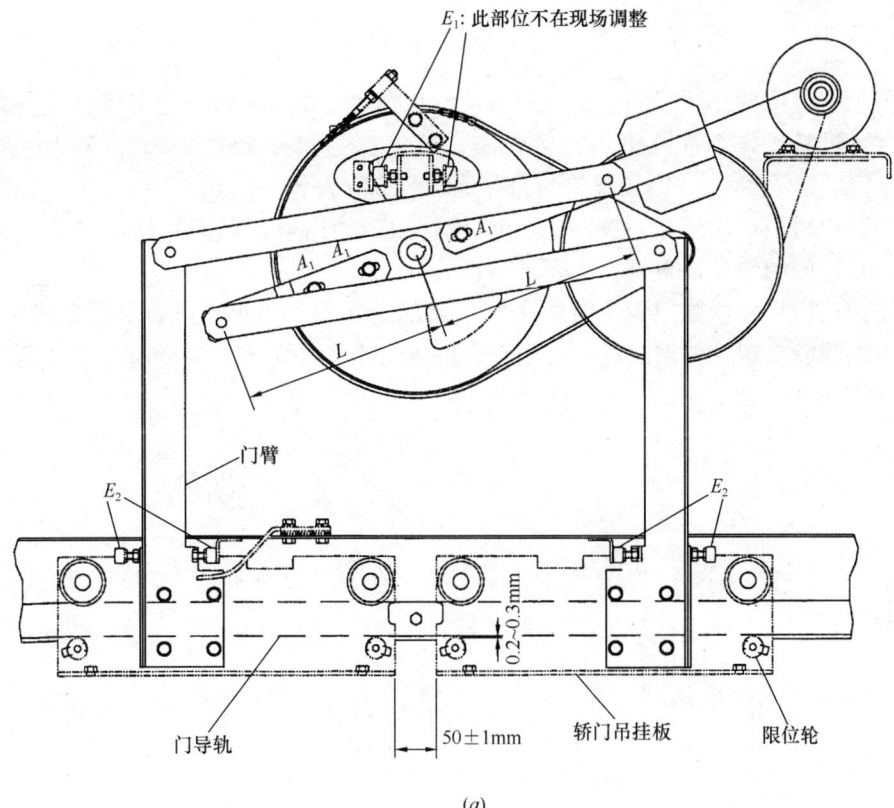

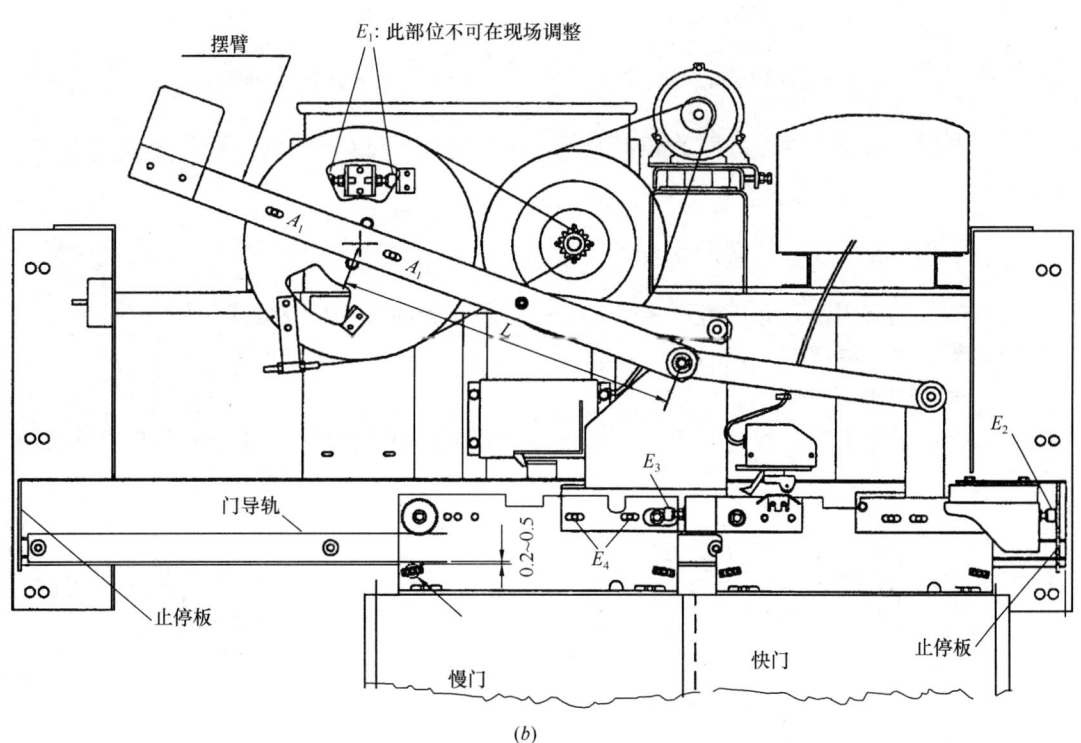

图 7.8-16 轿门行程调整示意图
(a) 中分门行程调整；(b) 旁开门行程调整

7.8.4 门刀调整

门刀一般的安装位置在轿门的位置确定后，没有多大的调节余量，但考虑到安装搬运时会影响到尺寸的精度，下述几方面仍需调整。根据《电梯安装验收规范》GB10060—1993 标准，门刀与层门地坎，门锁滚轮与轿厢地坎间隙应为 5~10mm。

(1) 门刀伸出轿门地坎尺寸：按图 7.8-17 检查门刀伸出量，如刀片伸出量达不到则调整门刀和刀片之间的垫片，直到符合要求为止。

(2) 开关门行程尺寸：关门到位时两个挂板之间的距离为 50mm。如果距离达不到，微调门吊板上的橡胶头螺栓伸出长度，直至符合要求为止。必要时，检查门刀连杆角度是否符合要求，如图 7.8-18 所示。

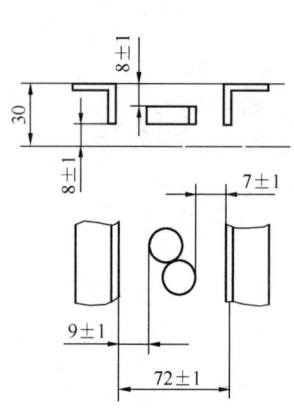

图 7.8-17 门刀伸出量检查　　图 7.8-18 门刀连杆角度的检查

(3) 开门刀端面和侧面的垂直偏差全长均不大于 0.5mm，并且达到厂家规定的其他要求。

7.8.5 门机传动绳（带）的调整

门机的传动有用钢丝绳、齿形带和 V 形带，在调整时遵循以下要求：
(1) 传动钢丝绳调整，如图 7.8-19 所示。
(2) 同步带张紧调整

测量同步带张紧量，如达不到，则移动左侧同步带轮至适度，符合图 7.8-20 的要求为止。

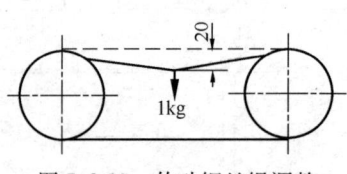 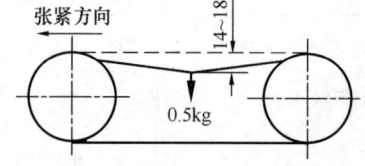

图 7.8-19 传动钢丝绳调整　　图 7.8-20 同步带张紧调整

(3) 传动带调整
1) 调整电动机传动带轮和 V 带轮至同一平面，如达不到，按图 7.8-21 (a) 调整，避免发生噪声。

2) V带张紧装置调整。V带要有适度张紧力，按图7.8-21（b）调整，如达不到，移动电动机座的调节螺钉来调整。

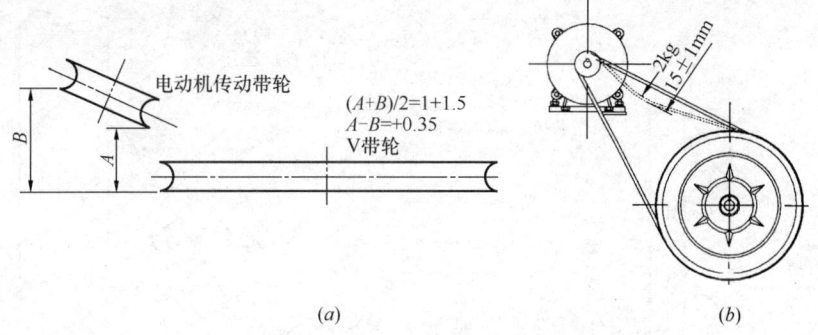

图 7.8-21　传动带张紧调整
(a) V型带的调整（一）；(b) V型带的调整（二）

7.8.6　门吊板阻力调整

轿门运行时，若阻力太大，可按图7.8-22调整门吊板下的限位轮和导轨之间的间隙至0.1～0.3mm，可使开关门阻力减小，动作平滑。

7.8.7　轿门安全保护装置

《电梯制造与安装安全规范》GB 7588—2003 要求动力驱动的自动门在关门运行中，轿厢控制板应该有一种装置，能使处于关闭运行的门逆转。实际在设计中，当门受的阻力大于150N或由保护装置感知关门过程中有物体时，门控制装置马上使门电机停转，并反向运转电机，使门重开。有的控制装置设计时，将视关门行程的距离来决定门受阻或感知物体时是否门机逆转。如在门刚开始关闭时，剩余行程足以使人通

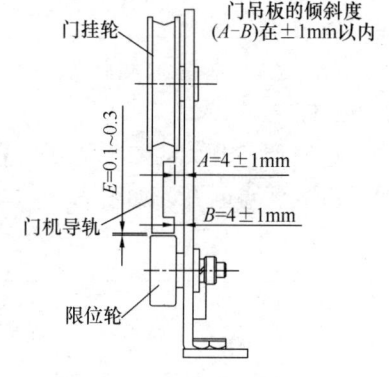

图 7.8-22　门吊板阻力调整

过，此时门保护装置动作，电机不一定要反转，只要停止即可，这样可以减少重开门的无效行程，以提高运行效率。这种装置多采用轿门的安全保护装置，也有部分采用关门阻力测力装置。

轿门安全保护装置常见的有安全触板、光电和光幕，有些比较高档的地方还有安装超声波门保护，其作用防止乘客在轿门的出入口处被夹。安全触板属于接触型，光幕和超声波属于非接触型。对于这些装置的安装参照电梯随机文件，下面以典型的集中安装方法进行示例介绍。

1. 安全触板安装

（1）安全触板的安装示意如图7.8-23所示，把上、下摆杆座安装在轿门上并临时紧固。

（2）调整上、下摆杆座的位置，并把安全触板的倾斜度（与门端面的平行度）调整在

3mm 以内。

(3) 利用图 7.8-24 中调整螺栓进行调整，使平常时安全触板凸出端面的尺寸满足厂家要求。

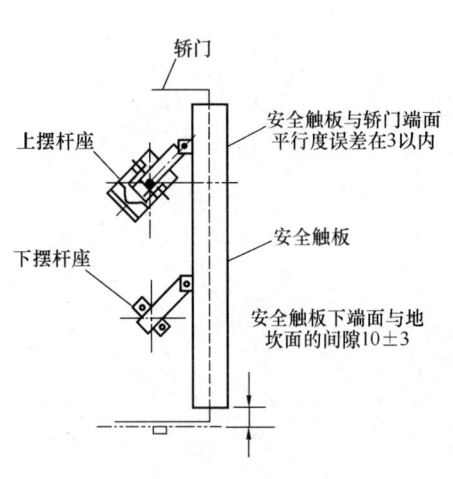
图 7.8-23 安全触板的安装示意

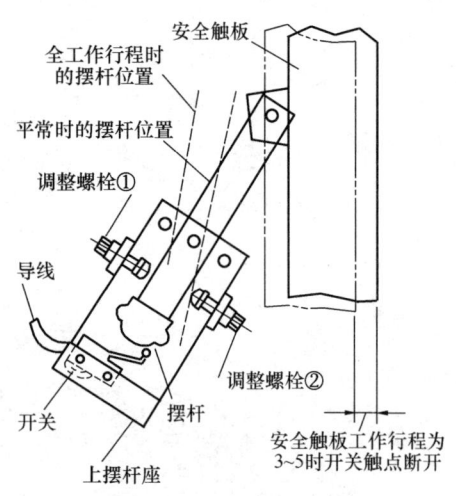
图 7.8-24 安全触板的调整示意

(4) 用手使安全触板动作，利用图 7.8-24 中调整螺栓②进行调整，触板全行程为满足厂家要求。

(5) 在平常突出的状态下，应确认安全触板下端面与地坎面之间的间隙为 (10±3) mm。

(6) 调整开关的安装位置（利用开关的安装用长圆孔），使安全触板行程为 3~5mm 时，开关触点断开，如图 7.8-24 所示。表 7.8-1 标示了 SEA 型安全触板的安装尺寸要求。

	安全触板的安装 表 7.8-1
CO 中分门	全开时 (10) 最大凸出 48±2 全闭时 16±2 / 6±2 最大凸出 48±2 全开时 (10) 触板门板 出入口中心
2S 旁开门	全开时 (10) 最大凸出 48±2 全闭时 13±2

现在也有采用安全触板与光幕组合的二合一安全触板，其安装方法基本与上述相同，表 7.8-2 以 BBS 型为例介绍了二合一安全触板的安装。

二合一安全触板的安装　　　　　　　　　　　　　　　表 7.8-2

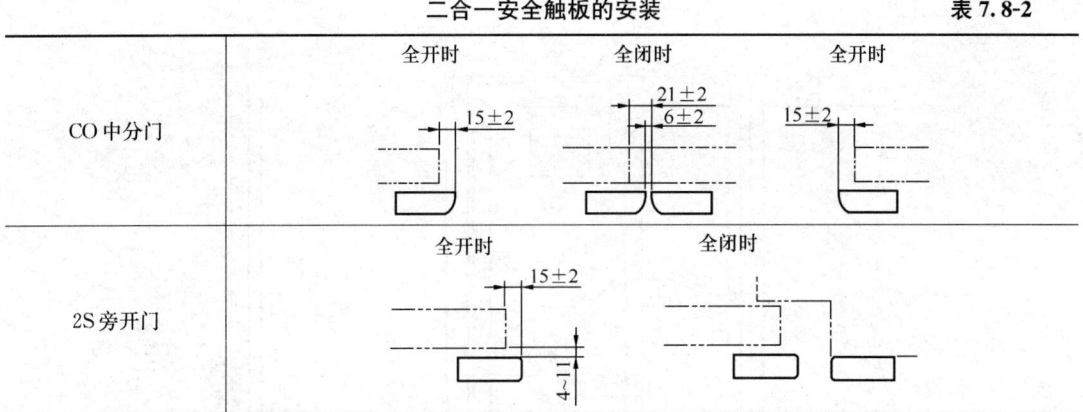

2. 光电安装

光电属于非接触型轿门安全保护装置，但因光束较少，保护范围较窄的缺点，一般多采用与安全触板结合使用，典型的安全方法如图 7.8-25、图 7.8-26 所示。

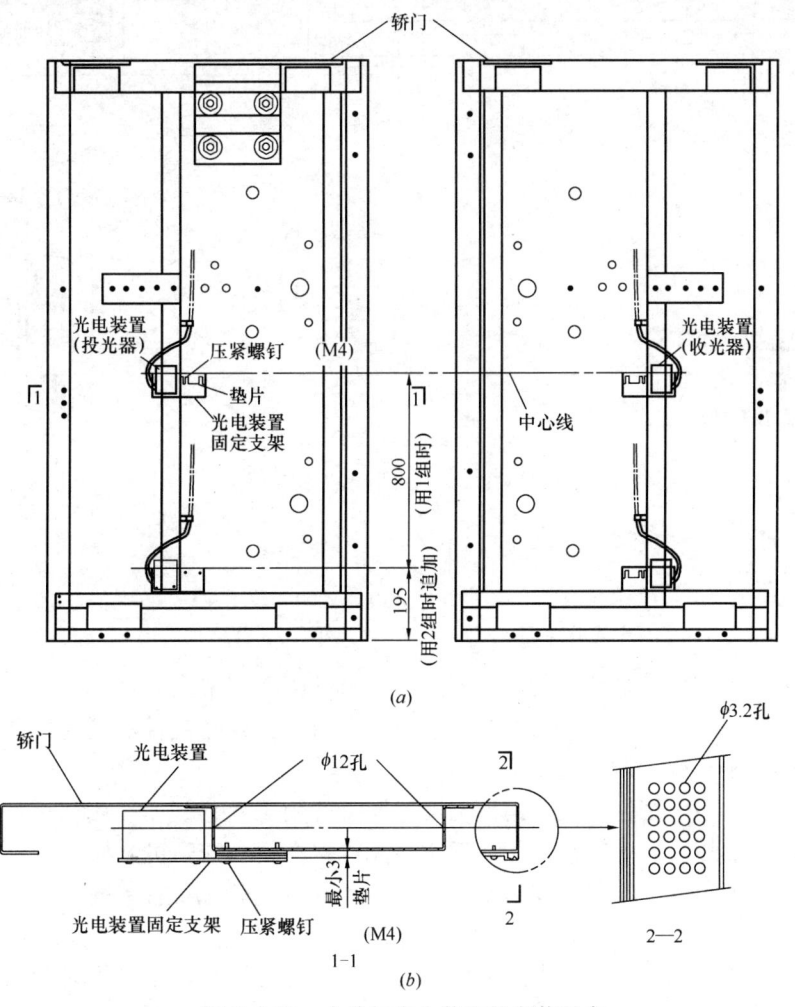

图 7.8-25　中分门光电装置的安装示意

(a) 中分门光电装置的安装（一）；(b) 中分门光电装置的安装（二）

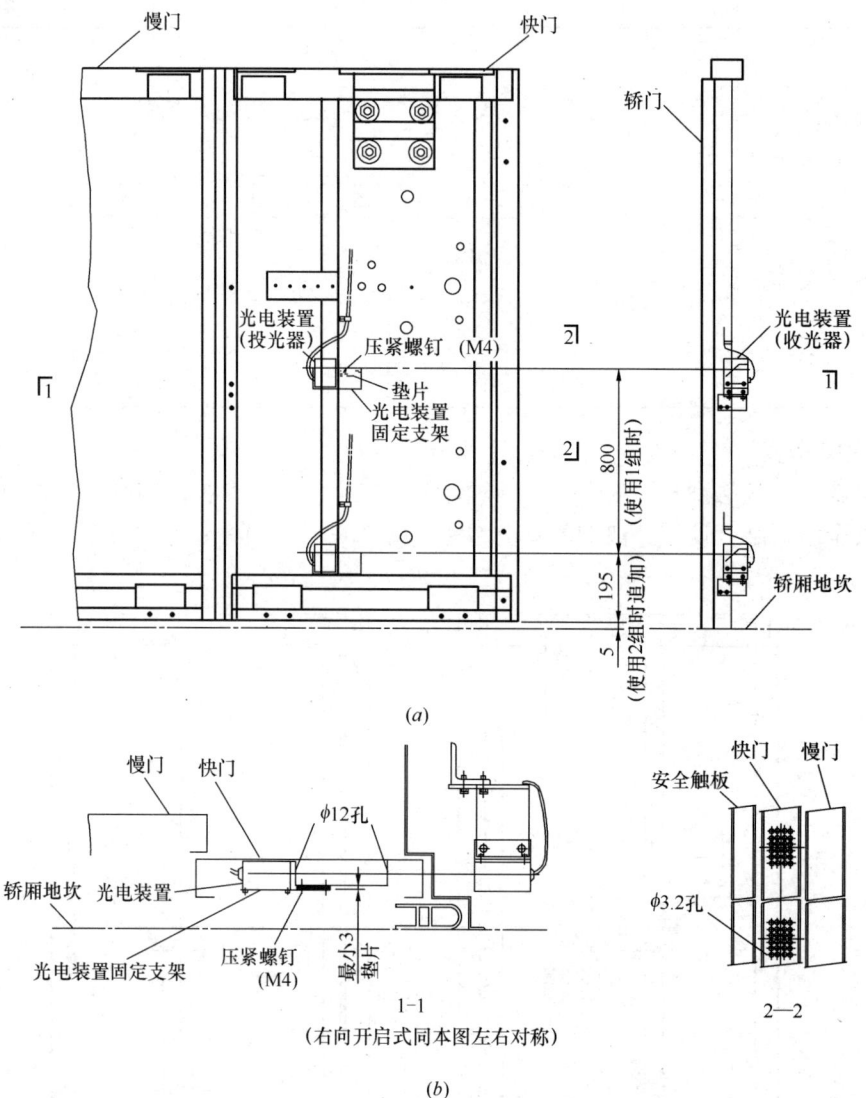

图 7.8-26 旁开门光电装置的安装示意
(a) 旁开门光电装置的安装（一）；(b) 旁开门光电装置的安装（二）

(1) 安装时首先把光电装置的发射器、接收器装配在支架上。

(2) 对于中分门，按照发射器在左，接收器在右，将光电装置的发射器和接收器连同支架用压紧螺钉预连接在轿门加固板上。

(3) 对于旁开门，将光电装置的发射器连同支架用压紧螺钉预连接在轿厢快门加固板上，将光电装置的接收器连同支架用压紧螺钉预连接在轿厢的门机立柱上。

(4) 调整发射器和接收器的左右水平度为 $0\pm3mm$ 的状态下拧紧螺钉。

3. 光幕安装

光幕属于非接触型轿门安全保护装置，它采用多束红外线，保护了轿厢入口的整个高度范围，典型的安全方法如图 7.8-27、图 7.8-28 所示。

1) 安装时首先把光幕的发射器、接收器装配在支架上。

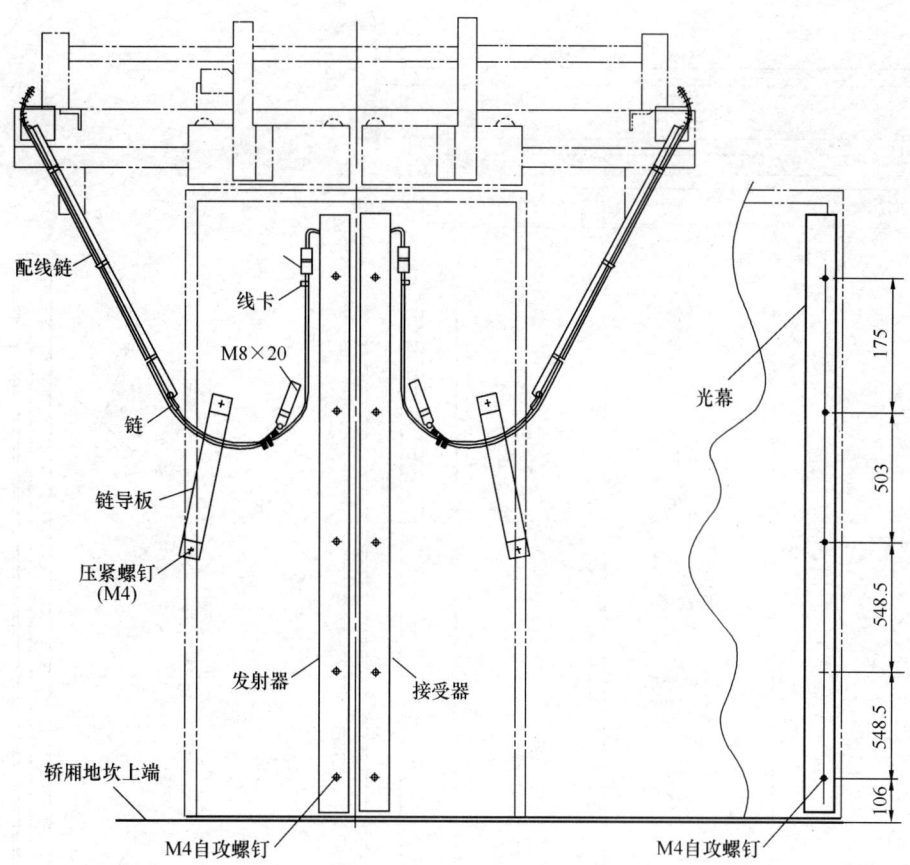

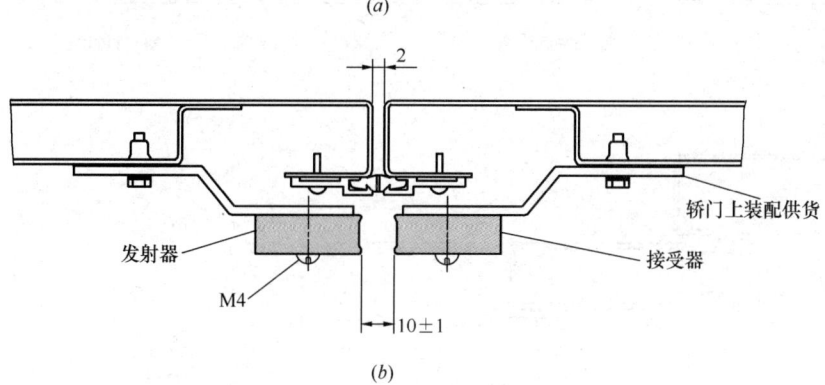

图 7.8-27 中分门光幕装置的安装
(a) 中分门光幕装置安装位置图；(b) 中分门光幕装置安装剖面图

2) 对于中分门，按照发射器在左，接收器在右，将光幕的发射器和接收器连同支架用压紧螺钉预连接在轿门加固板上。

3) 对于旁开门，将光幕的发射器连同支架用压紧螺钉预连接在轿厢快门加固板上，将光幕的接收器连同支架用压紧螺钉预连接在轿厢的门机立柱上。

4) 调整发射器和接收器的左右水平度为 $0 \pm 3mm$ 的状态下拧紧螺钉。

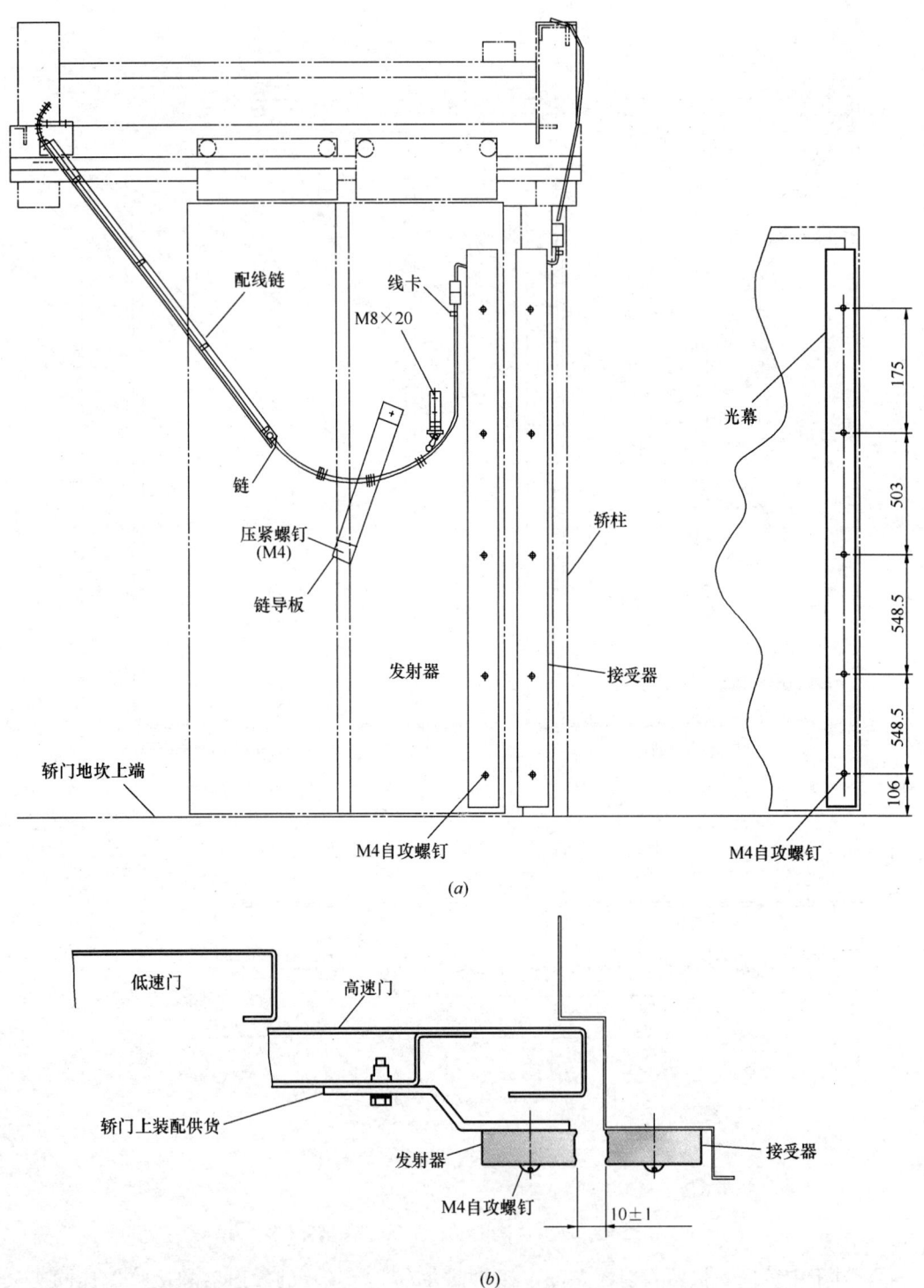

图 7.8-28 旁开门光幕装置的安装
(a) 旁开门光幕装置安装位置图；(b) 旁开门光幕装置的安装剖面图

7.9 其他相关部件安装

1. 护脚板安装

轿厢护脚板是载人电梯必须设置的安全保护设施，其安装如图 7.9-1 所示。

（1）轿厢地坎均须装设护脚板。护脚板为 1.5mm 厚的钢板，其宽度等于相应层站入口净宽，该板垂直部分的高度不小于 750mm，并向下延伸一个斜面，与水平面夹角应大于 60°，该斜面在水平面上的投影深度不得小于 20mm。

（2）护脚板的安装应垂直、平整、光滑、牢固，必要时增加固定支撑，以保证电梯试运行时不颤抖，防止与其他部件摩擦撞击。

2. 安装限位开关撞弓

（1）安装前对撞弓进行检查，若有扭曲、弯曲现象要调整。

（2）撞弓的安装要牢固，要采用加弹簧垫圈的螺栓固定。要求撞弓垂直，偏差不应大于 1‰，最大偏差不大于 3mm（撞弓的斜面除外）。

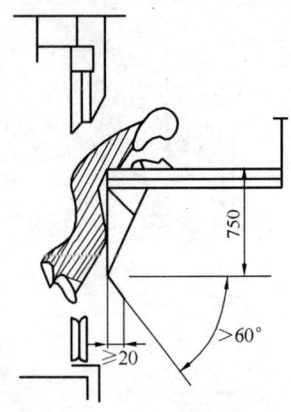

图 7.9-1 轿厢护脚板安装示意

3. 支承横梁的拆除

在轿厢对重全部装好，并用曳引钢丝绳挂在曳引轮上，将要拆除上端站所架设的支承轿厢的横梁和对重的支撑之前，一定要先将限速器、限速器钢丝绳、张紧装置、安全钳拉杆、安全钳开关等装接完成，才能拆除支承横梁。万一出现电梯失控打滑现象时，安全钳起作用将轿厢夹住在导轨上，而不发生坠落的危险。

4. 轿厢不平衡的调整步骤

（1）确认轿厢上所有部件已全部安装完毕。

（2）松开固定上滚动导靴的弹簧及限位块的螺母，使上滚动导靴处于自由状态，如图 7.9-2 所示。

（3）调整轿厢上横梁相对于导轨左右、前后分中，即如图 7.9-3 所示。

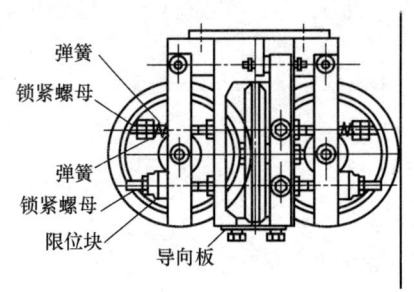

图 7.9-2 典型的滚轮导靴结构示意

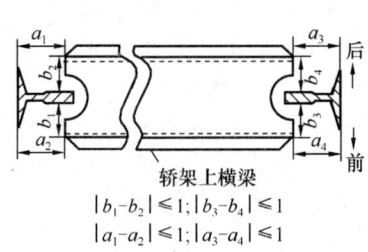

图 7.9-3 上梁的再调整

（4）如图 7.9-4 所示，调整轿厢上滚动导靴弹簧压缩尺寸 $B=30\sim31$mm，限位块的间隙 $A=0$。

（5）轿顶、轿厢不能放置任何物品，也不能站人。

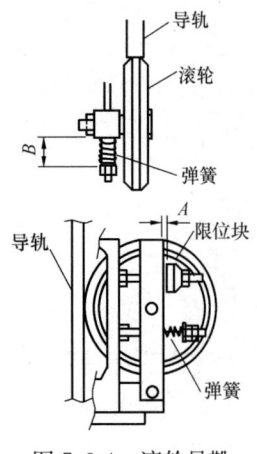

图 7.9-4 滚轮导靴调整示意

(6) 松开固定下滚动导靴的弹簧及限位块的螺母，使下滚动导靴处于自由状态，如图 7.9-5 所示。

(7) 利用平衡坨块进行调整，如图 7.9-6 所示。

根据安全钳嘴与导轨的间隙决定平衡砣块的加载位置。

1) 前后方向上：

A. 当 $g_1 > g_2$ 时，轿底框架的 A、D 位置加载坨块。

B. 当 $g_1 < g_2$ 时，轿底框架的 B、C 位置加载坨块。

2) 左右方向上：

A. 当 $g_3 > g_4$ 时，轿底框架的 A、B 位置加载坨块。

B. 当 $g_3 < g_4$ 时，轿底框架的 C、D 位置加载坨块。

(8) 用专用固定夹将平衡坨块固定在轿底框架上。

(9) 调整轿厢上、下滚动导靴弹簧压缩尺寸和限位块的间隙。

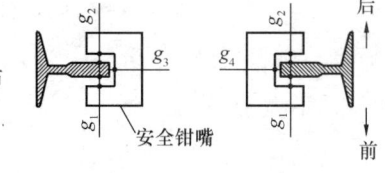

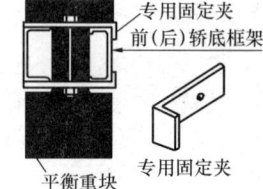

图 7.9-5　轿厢静平衡调整示意　　　图 7.9-6　轿厢静平衡配重坨安装示意

(10) 调整轿厢上、下滚动导靴导向板相对于导轨在 X 方向为 5mm，Y 方向为 4mm，如图 7.9-7 所示。

5. 后续工作

(1) 安装曳引绳（钢丝绳），具体方法请参考相关章节。

(2) 吊起对重架，拆去顶起木方，慢慢放下对重架，使曳引钢丝绳处于张紧状态。

(3) 拆除手拉葫芦，并添加对重块，添加的数量按前面章节首次添加对重数量。

(4) 拆除轿厢安装专用夹具或支撑木。

(5) 安装轿厢下导靴。

(6) 向上盘车释放安全钳楔块。

(7) 如图 7.2-22 所示，将 U 形码从提拉臂上拆下后与提拉杆用螺母连接，然后用连接销固定提拉臂与 U 形码，最后插入开口销。

注：提拉臂与 U 形码连接时，应通过调节 U 形码来确定连接位置，严禁将 U 形码提起后与提拉臂连接。安装后应确认连接销能够自由转动。

(8) 安装轿架上的其他设备、拉杆、立柱等。

(9) 拆除非限速器钢丝绳侧的限位螺栓，如图 7.9-8 所示。

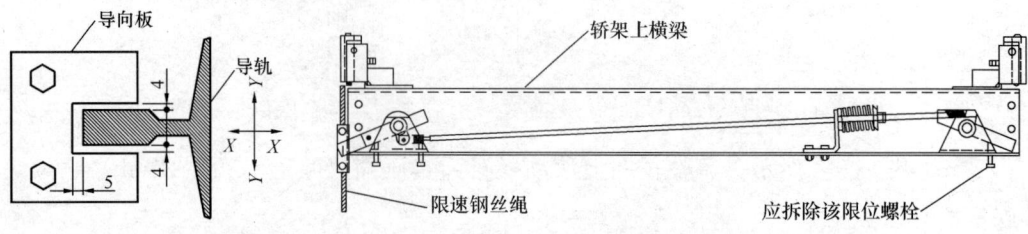

图 7.9-7　滚轮导靴调整示意　　　图 7.9-8　安全钳联动装置示意图

第8章 层门安装

层门也称"厅门",它既是进入电梯轿厢的入口,也是大厅或层站的装饰件,更是属于电梯的安全部件相当于电梯的外门。由于层门的原因而造成电梯的伤亡事故约占40%以上,因此它对电梯的安全运行具有举足轻重的作用,可以说层门是电梯候梯层出入口隔离电梯井道的一道安全保护门相当于电梯的外门。

8.1 层门部分组成

层门部分由地坎、门套、门立柱、门上坎、层门门扇等部分组成。具体的安装参考图8.1-1及图8.1-2所示。

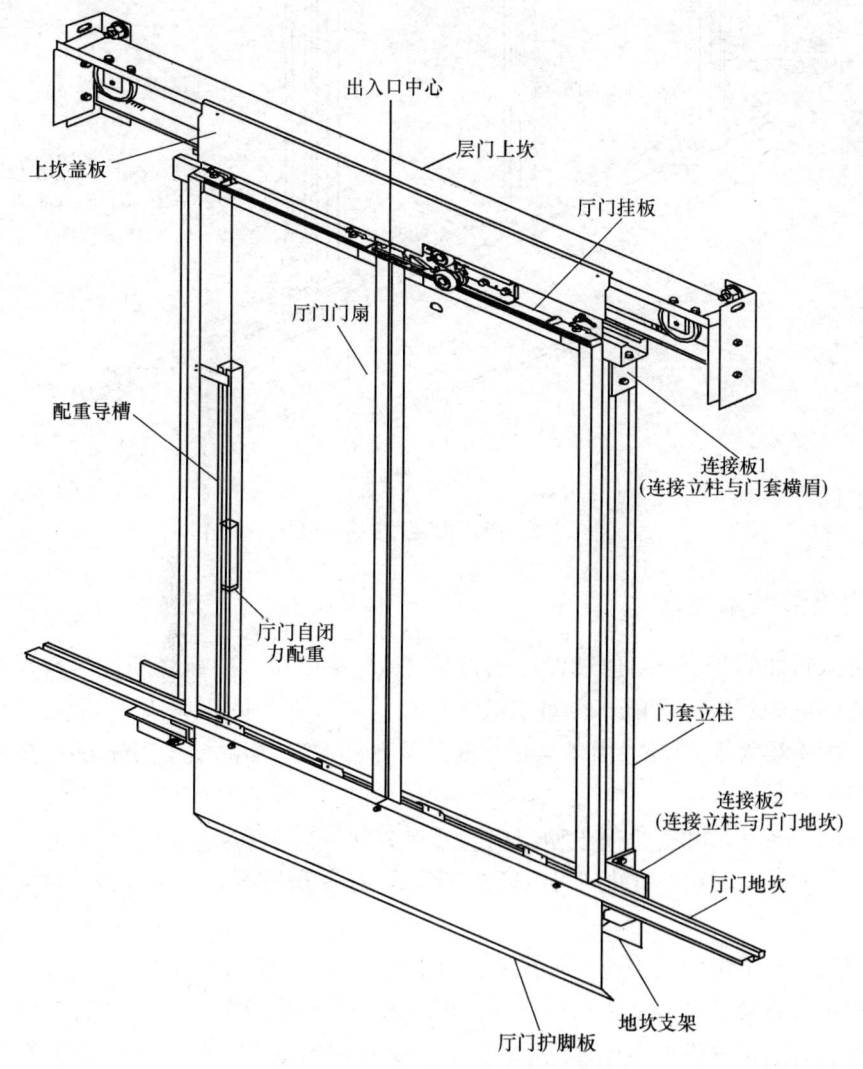

图 8.1-1 中分式层门安装示意图

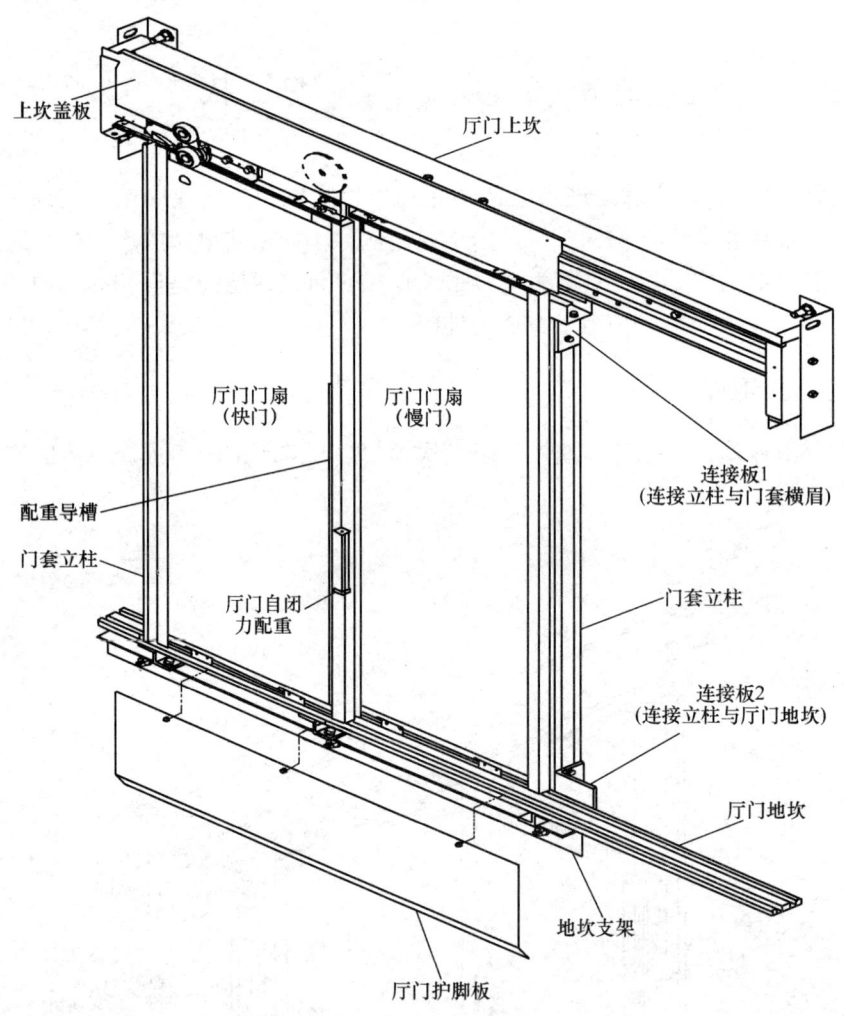

图 8.1-2　旁开式层门安装示意图

8.2　层门安装技术要求

（1）进入轿厢的井道开口应装设无孔的层门，门关闭后，门扇之间、门扇与立柱、门楣和地坎之间的间隙应尽可能小。对于载客电梯，此运行间隙不得大于 6mm；对于载货电梯，此间隙不得大于 8mm，由于磨损，间隙值允许达到 10mm。如果有凹进部分，上述间隙从凹底处测量。

（2）在水平滑动门和折叠门主动门扇的开启方向，以 150N 的人力（不用工具）施加在一个最不利的点上时，1 项间隙可以超过 6mm，对旁开门不大于 30mm，对中分门，总计不大于 45mm。

（3）层门及其框架的结构应有一定的强度，在使用一定时间后不产生变形，为此建议采用金属制造，只要满足强度要求，也允许用玻璃制作门扇。此强度测定时，层门及门锁在锁住位置应有这样的机械强度，用 300N 的力垂直作用在该层门的任何一个面上的任何位置，且均匀地分布在 $5cm^2$ 的圆形或方形面上时，应能：

1）承受后无永久变形；
2）承受后弹性变形不大于15mm；
3）试验期间和试验后，门的安全功能不受影响。

（4）层门应符合相应大楼有关防火要求的规定，依据公共安全行业标准《电梯层门耐火试验方法》GA 109—1995，要对候梯一侧受火的电梯层门进行耐火试验。

（5）层门的最小净高度为2m，层门的净入口宽度比轿厢入口净宽度在任一侧方向上均不应超过50mm。如图8.2-1所示。

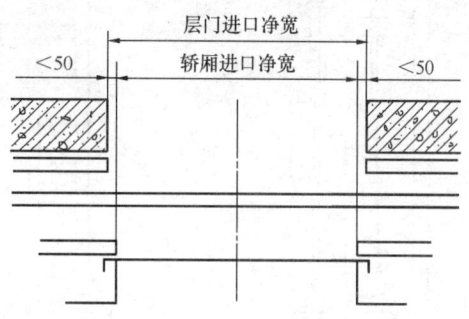

图8.2-1　层门宽度示意图

（6）每个层站入口均应装设一个具有足够强度的地坎，以承受通过它进入轿厢的载荷。层门地坎应具有足够的强度，水平度不大于2/1000，地坎应高出装修地面2～5mm。

注：在各层站地坎前面宜有稍许坡度，以防洗刷、洒水时，水流进井道。

（7）阻止关门力不应大于150N，这个力的测量不得在关门行程开始的1/3之内进行。

（8）层门及其刚性连接的机械零件的动能，在平均关门速度下的测量值或计算值不应大于10J。滑动门的平均关门速度是按其总行程减去下面的数字计算：

1）对中分式门，在行程的每个末端减去25mm；
2）对旁开式门，在行程的每个末端减去50mm。

注：例如测量时可采用一种装置，该装置包括一个带刻度的活塞。它作用于一个弹簧常数为25N/mm的弹簧上，并装有一个容易动的圆环，以便测定撞击瞬间的运动极限点。通过所得极限点对应的刻度值，可容易计算出动能值。

（9）阻止折叠门开启的力不应大于150N。这个力的测量应在门处于下列折叠位置时进行，即：折叠门扇的相邻外缘间距或与等效件（如门框）距离为100mm时进行。

（10）门刀与层门地坎，门锁滚轮与轿厢地坎间隙应为5～10mm。

（11）层门地坎至轿门地坎水平距离偏差为$^{+3}_{0}$mm。

8.3　层门安装准备工作

1. 确认层门安装形式

根据电梯井道层门部分的施工情况，电梯的层门安装分为凸壁式和凹壁式，如图8.3-1及图8.3-2所示。

凹壁式与凸壁式相比较的好处就是，井道内表面与轿厢地坎、轿门或门框之间的距离较小，容易满足国标要求的此尺寸不大于150mm的要求，缺点是土建的施工复杂。

2. 层门安装的安全事项

（1）层门防护：井道内施工时，层门洞口必须设置不低于1.2m的防护栏杆。

（2）安全网防护：井道内施工时每隔四层设一道安全网。

（3）层门安全装置：调试过程严禁封掉层门电锁安全回路，保证开门状态不能走车。

（4）在安装层门前，未安装层门的门口应使用护栏进行遮挡，防止人或物品坠落井道。

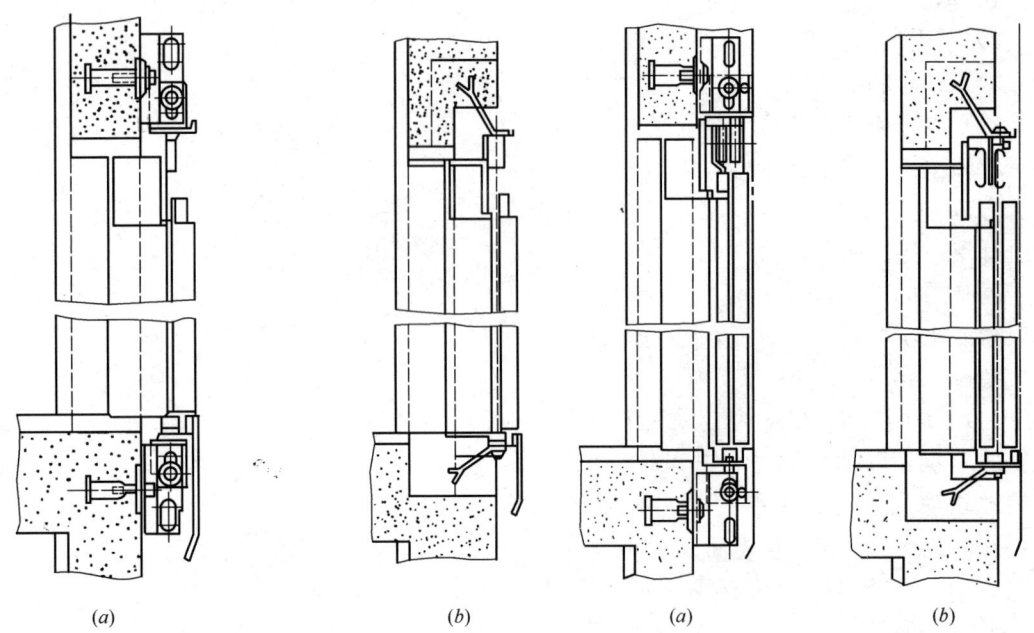

图 8.3-1　中分式层门的安装方式示意图
(*a*) 凸壁式；(*b*) 凹壁式

图 8.3-2　旁开式层门的安装方式示意图
(*a*) 凸壁式；(*b*) 凹壁式

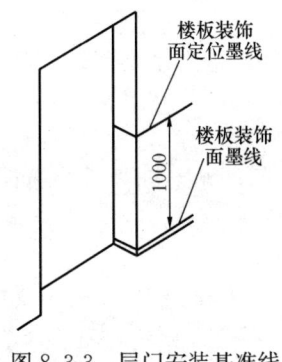

图 8.3-3　层门安装基准线确定示意图

（5）在安装层门过程中应戴手套，防止层门钢板锋利的边缘划伤手指。等层门安装后，必须马上安装层门锁，这样能有效防止扒门坠落。

3. 基准的获得与确认

由于电梯安装一般早于土建的地面装饰，为了保证电梯安装完成后，电梯的层门地坎与装饰面协调，就必须在安装层门之前，向土建单位获取书面的竣工地面标高。通常土建单位会在各层楼的建筑墙壁上划有一条楼板装饰面定位墨线，该墨线旁边同时注明了基准尺寸（通常为 1000mm，但应与甲方进行确认），以楼板装饰面定位墨线为基准向下方偏移基准尺寸弹一条墨线，则该墨线的位置即为楼板装饰面的位置，作为电梯层门地坎安装的依据，如图 8.3-3 所示。

8.4　层门地坎安装

层门地坎俗称层门踏板，是电梯井道出入口开口部紧贴地面的金属水平构件，对于承重较小的客梯，多采用铝型材，对于承重较大的货梯，多采用铸铁件。其基本的形状如图 8.4-1 所示。

层门地坎有两个作用，一是地坎上设有槽，作为门滑块的导轨；二是精确的保证层门和轿厢的相对位置。根据土建施工有无混凝土牛腿结构，地坎的安装一般分有混凝土牛腿和无混凝土牛腿两种类型，对于无混凝土牛腿时，有焊接和膨胀螺栓两种钢固定制牛腿的

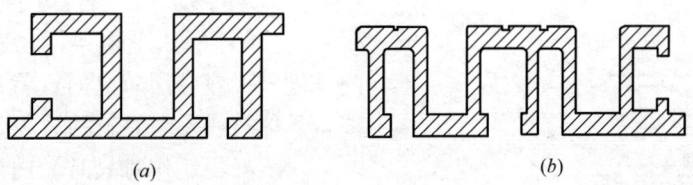

图 8.4-1 层门地坎的常见形状
(a) 中分门地坎；(b) 双折门地坎

方法。

1. 地坎安装技术要求

(1) 地坎和建筑基准线的安装误差：

层门地坎相对建筑的中心基准线的安装误差，前后、左右、上下均应在±1.0mm以内。

(2) 地坎安装位置允许误差值参见表 8.4-1 规定。

地坎安装位置误差表　　　　　　　　　　　　　　表 8.4-1

误差部位	允许误差	测定范围	图　　示
左右的水平度	不大于 1/1000	在 OP 间的尺寸	
前后的水平度	±0.5mm	在地坎宽度上的尺寸	
地坎间隙	A^{+2}_{-1} mm	相对于轿厢地坎在 OP 间，A 为轿厢地坎与层门地坎之间的间隙	

对于很长的层门地坎，用一般 600mm 水平尺难以对其进行水平度找正，可以用水管测量地坎多点，从而确定其水平度。

(3) 轿厢地坎与层门地坎之间的间隙不能大于 35mm。对于同一层的最大地坎间隙与最小地坎间隙之差，在 OP 之间应在 2.0mm 以下。

(4) 层门地坎要高于土建完工装饰面 2～5mm，在装饰面施工时制作 1∶50 的斜坡，方便人员和货物的进出。在地下室等容易进水的楼层，要提高此尺寸，必要时要加装大理石挡水，防止消防水等流入电梯井道，烧坏电梯电子部件。

2. 层门放线

在层门安装前要对层门的基准线进行复核或重新放线。

(1) 根据电梯层门地坎中心及净开门宽度，用划针在地坎上画出净开门中心线和净开门宽度线 3 条，相应的位置打上 3 个卧点，以作为以后地坎定位的标记。

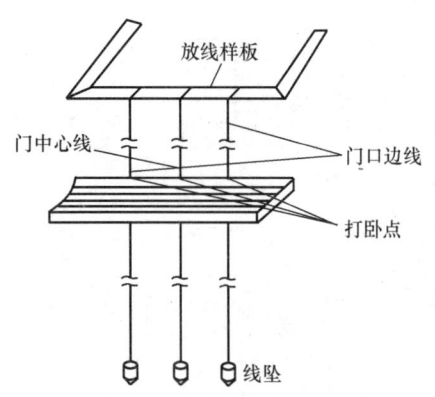

图 8.4-2 层门放线示意图

(2) 对于样板制作时有层门样板架的,如图 8.4-2 所示,由样板放下两条层门宽度标准线,对于开门宽度较大或楼层较高时,就加放层门净开门中心线,具体放线参考导轨的放线要求。

(3) 对于样板制作时只有轿门样板架的,由样板放下两条轿门宽度标准线,对于开门宽度较大时,就加放轿门净开门中心线,具体放线参考导轨的放线要求。

8.4.1 用混凝土牛腿时地坎安装

混凝土牛腿地坎安装方式在早期电梯中广泛采用,但这种方法缺点比较明显,需要土建制作井道时预留层门口牛腿或在安装过程中现场浇筑,安装过程中还需要养护,工期较长,对土建要求较多,影响土建的施工进度,加上土建施工的精度不高,大多数混凝土牛腿在安装层门地坎时要进行修正,所以现在电梯大多已经不采用了,只在一些需要更高强度的货梯中采用。

1. 土建预留牛腿

一般土建施工单位按照电梯制造厂家提供的牛腿图纸施工,误差很大,对于预留的牛腿修正难度较大,采用很少,在此不详细介绍,具体施工可参考现浇牛腿施工方法。

2. 现浇牛腿

现浇浇混凝土牛腿时的地坎安装工艺如下:

(1) 如图 8.4-3 所示,在牛腿位置打入两条支承模板用钢筋(使用 $\phi 10 \times 200mm$ 螺纹钢)。

(2) 用内径为 $\phi 20$ 的钢管套住支承模板用钢筋,然后向上弯曲约 $90°$,如图 8.4-4 所示。

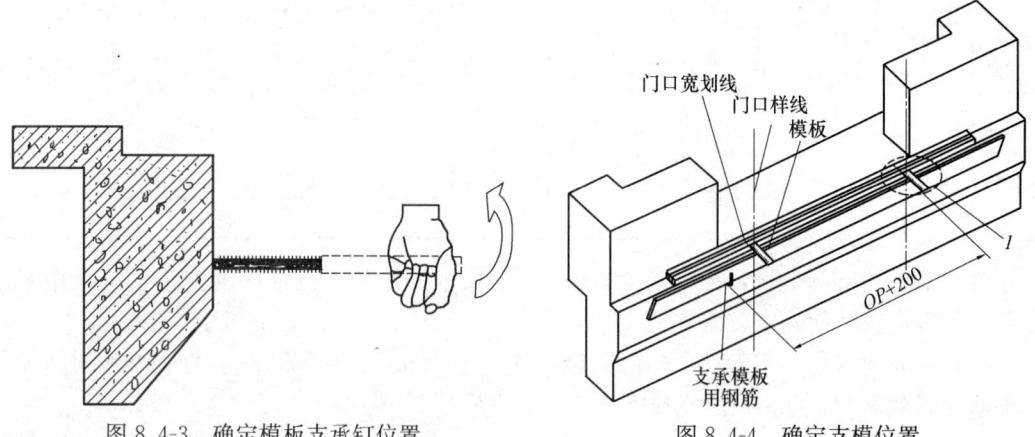

图 8.4-3 确定模板支承钉位置　　图 8.4-4 确定支模位置

(3) 如图 8.4-4 所示,在支承模板用钢筋上放置一条厚 10mm、长 L 的模板,L 尺寸参考表 8.4-2。

模板尺寸(mm)　　表 8.4-2

OP	800	900	1000	1100
L	1750	1950	2070	2270

(4) 将地脚爪与层门地坎连接紧固。

(5) 在模板与牛腿之间倒入水泥砂浆（水泥：砂＝1：2.5；水泥使用强度为42.5），然后在水泥砂浆上放置地坎组件，如图8.4-5所示。

(6) 地坎的定位

1) 地坎端面与轿厢门口样线距离为 $A\pm 1mm$，该尺寸与放线尺寸相关，不同电梯可以根据实际放线尺寸来确定该尺寸，但不能超过35mm，在门口宽上，该距离的误差应在1mm以内。如图8.4-6所示。

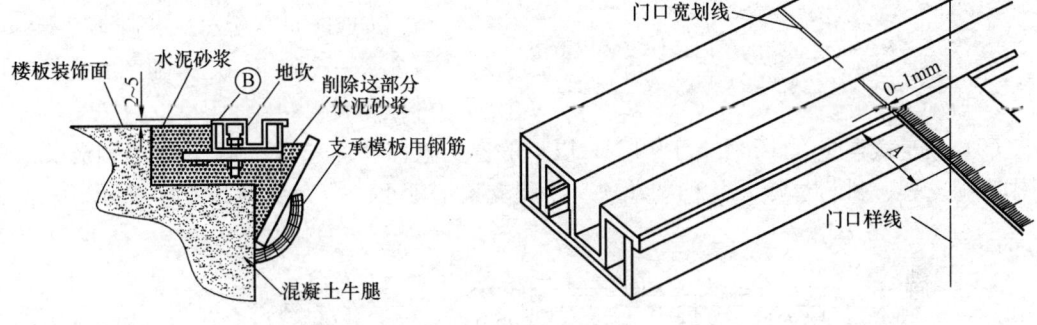

图8.4-5 混凝土牛腿浇筑　　　　图8.4-6 地坎定位

2) 地坎 B 面上门口宽划线应与门口样线对齐，偏差在1mm以内，如图8.4-6所示。

3) 根据地坎标高线和地坎与铁组合件确定地脚钢筋或螺栓高度。地坎 B 面的水平误差不超过 $1/1000$，校正方法：用水平尺校核，用手锤柄敲正。

4) 地坎 B 面应高出楼板装饰面 $2\sim 5mm$，在装饰面施工时制作1：50的斜坡，方便人员和货物的进出，如图8.4-7所示。

图8.4-7 层门地坎挡水斜坡示意

(7) 水泥砂浆阴干约8h后方可拆除模板，并且用抹子削除水泥砂浆的多余部分。

(8) 下一道与地坎有关的作业，必须在水泥完全凝固后方可进行。

(9) 对于带有垃圾托盘的层门地坎，参见图8.4-8所示安装。

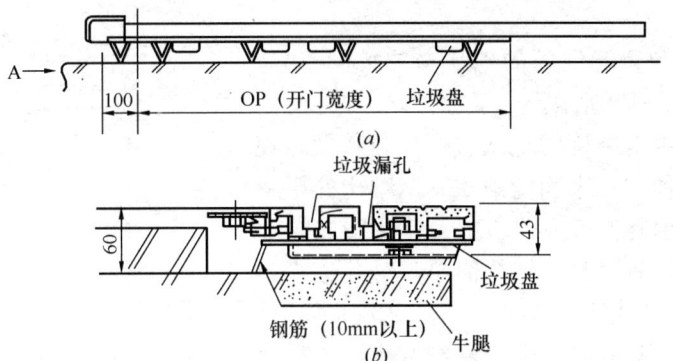

图8.4-8 带有垃圾托盘的地坎安装示意图
(a) 带有垃圾托盘的地坎；(b) A向

8.4.2 用预埋钢板焊接牛腿时地坎安装

如果层门部位无混凝土牛腿，对于事先在土建施工时就已经预埋了预埋铁件的，也可在预埋铁上焊支架，安装钢牛腿以便于安装地坎。具体施工分两种情况：

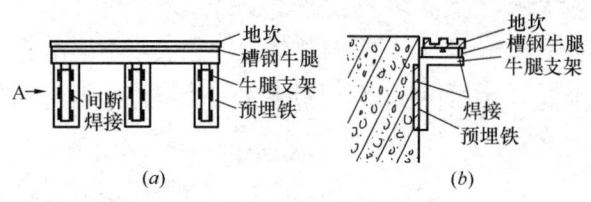

图 8.4-9　角钢支架的层门地坎安装示意图
(a) 角钢支架的层门地坎；(b) A 向

（1）额定载重量在 1000kg（10kN）及以下的各类电梯，可用不小于 65mm 等边角钢做支架，进行焊接，并稳装地坎，如图 8.4-9 所示。牛腿支架不少于 3 个。一般应使用厂家随产品配发的钢牛腿部件。

（2）额定载重量在 1000kg（10kN）以上的各类电梯，可采用 $\delta=10mm$ 的钢板及槽钢制作牛腿支架，进行焊接，并稳装地坎。牛腿支架不少于 5 个，如图 8.4-10 所示。

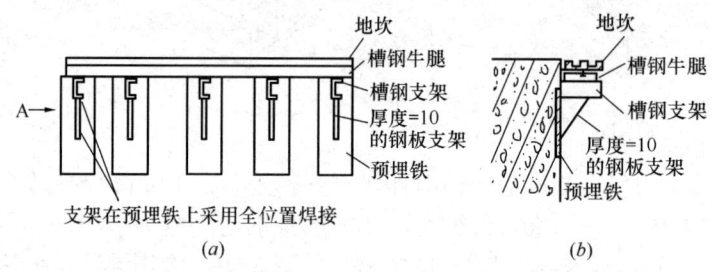

图 8.4-10　槽钢支架的层门地坎安装示意图
(a) 槽钢支架的层门地坎；(b) A 向

牛腿支架安装完成后，按照前述的地坎安装技术要求进行安装。

（3）所有部件的安装位置经检验无误后，在焊接位置刷上油漆。

8.4.3 用膨胀螺栓固定钢制牛腿时地坎安装

对于额定载重量在 1000kg（10kN）以下（包括 1000kg）的各类电梯，若层门地坎处既无混凝土牛腿又无预埋铁，可采用 M14 以上的膨胀螺栓固定牛腿支架来稳装地坎，如图 8.4-11 所示。

对于中分层门和旁开层门的地坎安装大同小异，如图 8.4-12 及表 8.4-13 所示。

由于此种钢制牛腿结构的地坎应用比较普及，现在电梯大多采用这种方式来固定地坎。钢结构的牛腿也可以现场采用角钢制作，方便快捷，使用膨胀螺栓固定，安装速度快，效率高，结构简单，对井道土建没有额外要求，所以应用比较普遍。其工艺流程如下：

（1）在层门地坎上标记出入口左右宽度，此宽度标记应与中心线垂直。如图 8.4-14 及图 8.4-15 所示。

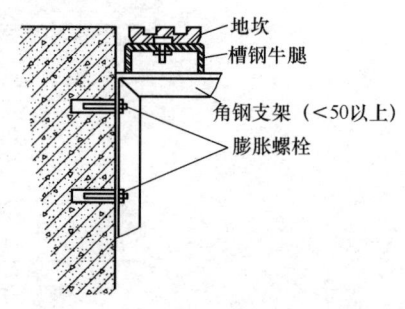

图 8.4-11　膨胀螺栓固定牛腿的层门地坎安装示意图

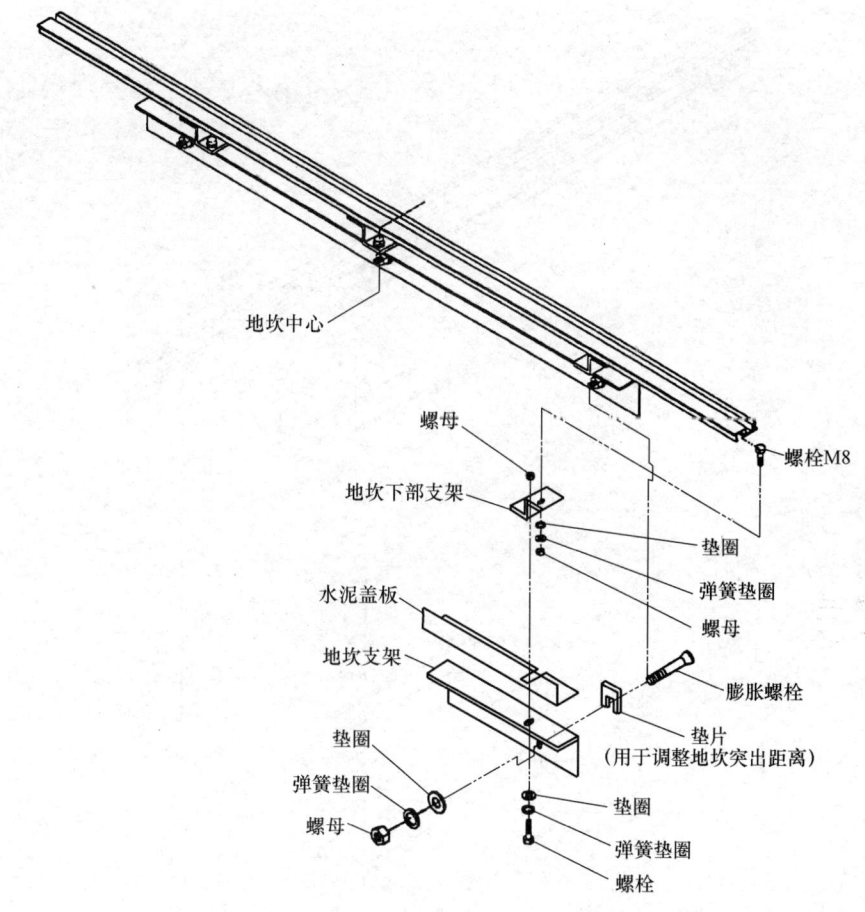

图 8.4-12 中分式层门地坎安装示意图

(2) 预安装地坎支架,如图 8.4-16 及图 8.4-17 所示,定位尺寸参考表 8.4-3 及表 8.4-4。

中分门膨胀螺栓定位表　　　　　　　　　　　　　表 8.4-3

层门宽度	L_2	L_3	L_4	膨胀螺栓数
700～900	30	360	219.5	3
950～1100	30	360	210	5

旁开门膨胀螺栓定位表　　　　　　　　　　　　　表 8.4-4

层门宽度	L_1	L_2	L_3	膨胀螺栓数
700～900	360	120	1219	3
950～1100	360	120	1400	5

(3) 把支架对准地面基准线和门口标准线,标记膨胀螺栓位置并使其固定。

(4) 用膨胀螺栓装配地坎支架,如图 8.4-18 所示。

(5) 地坎的定位

1) 确定中心线,调整前后左右水平度。

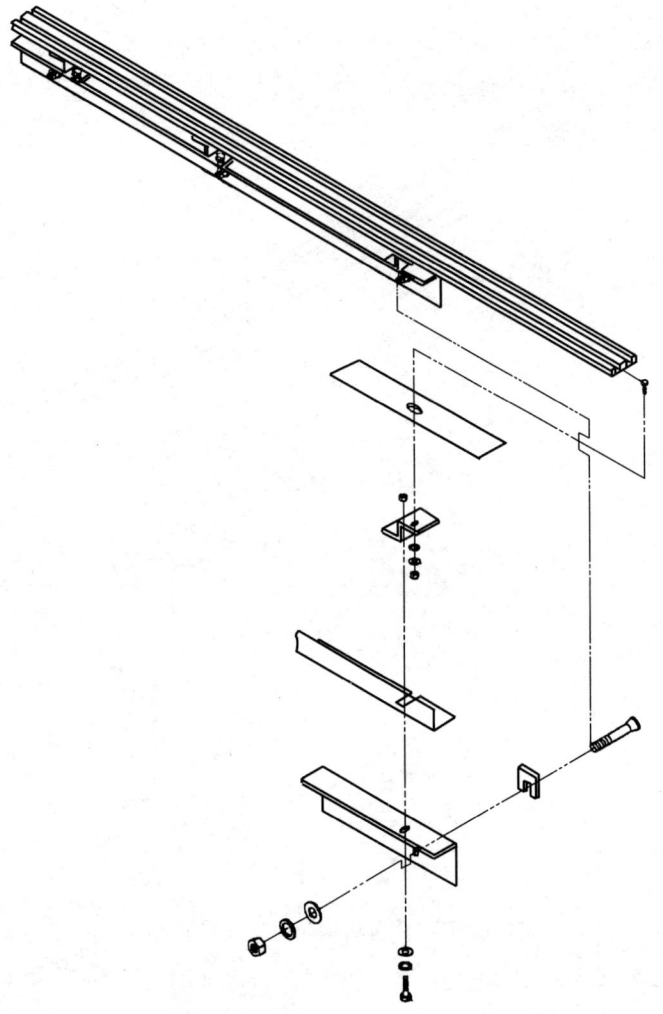

图 8.4-13　旁开式层门地坎安装示意图

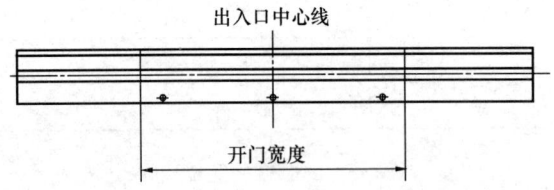

图 8.4-14　中分式层门地坎标记

地坎端面与轿厢门口样线距离为 $A\pm1mm$，该尺寸与放线尺寸相关，不同电梯可以根据实际放线尺寸来确定该尺寸，但不能超过 35mm，在门口宽上，该距离的误差应在 1mm 以内。

2) 地坎 B 面上门口宽划线应与门口样线对齐，偏差在 1mm 以内，如图 8.4-19 所示。

3) 地坎 B 面的水平误差不超过 1/1000，校正方法：用水平尺校核，加适量的垫片调整。

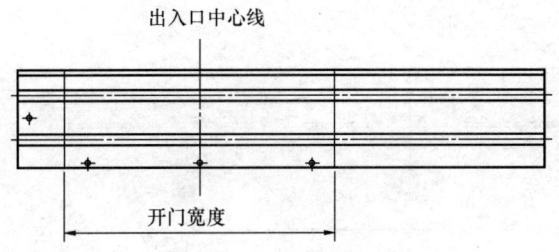

图 8.4-15　旁开式层门地坎标记

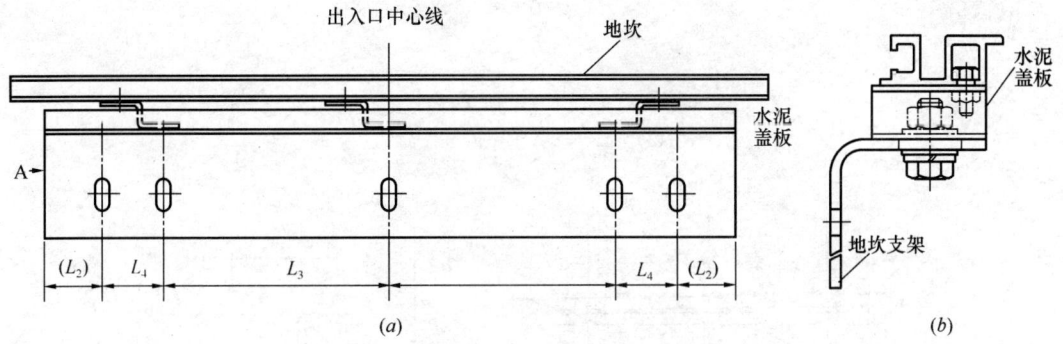

图 8.4-16　中分门地坎支架与层门地坎预装配
(a) 中分门地坎支架间距；(b) A 向

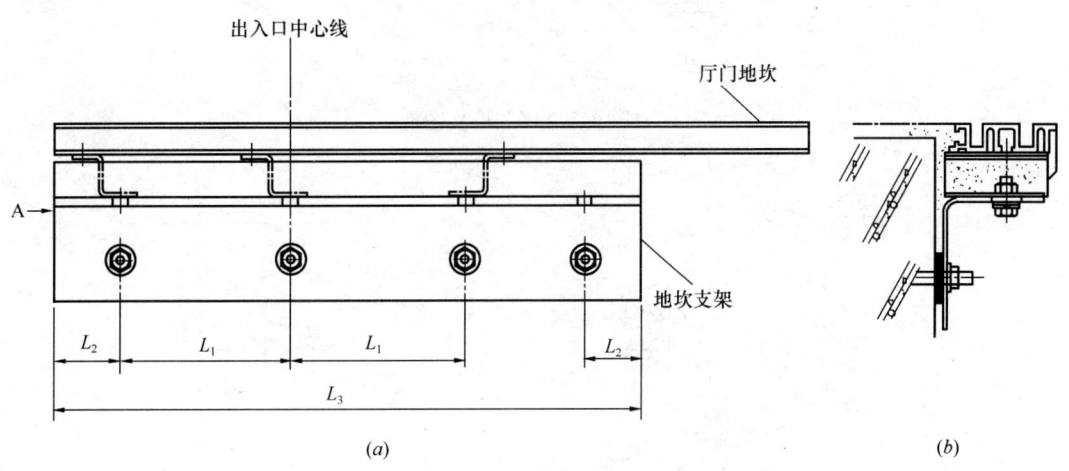

图 8.4-17　旁开门地坎支架与层门地坎预装配
(a) 旁开门地坎支架间距；(b) A 向

4) 地坎 B 面应高出楼板装饰面 2~5mm，在装饰面施工时制作 1∶50 的斜坡，方便人员和货物的进出，类似图 8.4-7 所示。

5) 调整层门地坎后焊接。在层门的地坎调整到位后，要对螺栓连接的支架之间进行点焊。如图 8.4-20 所示。

(6) 在焊接位置刷上油漆。

(7) 对于分离地坎托架和支架的，也可以采用图 8.4-21 及图 8.4-22 的方法。

1) 用撞拉式膨胀螺栓将层门踏板托架如图 8.4-22 (a) 紧固在层门侧井道壁上。

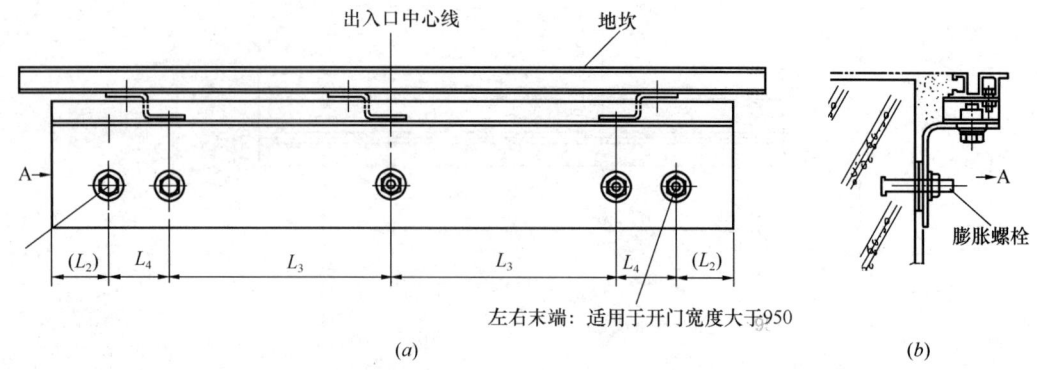

图 8.4-18 地坎支架与层门地坎装配图
(a) 地坎支架紧固;(b) A 向

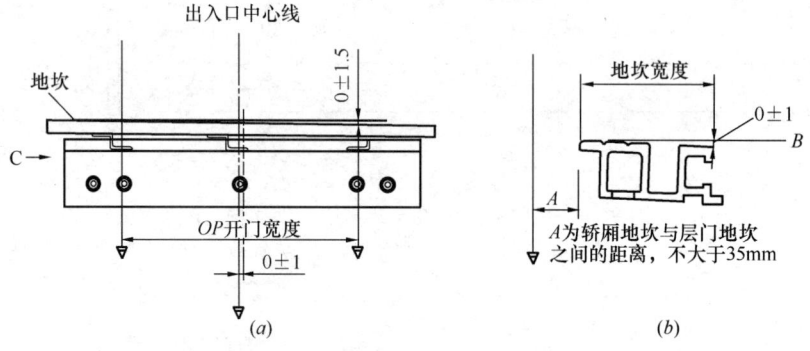

图 8.4-19 调整层门地坎图(一)
(a) 地坎偏差;(b) C 向

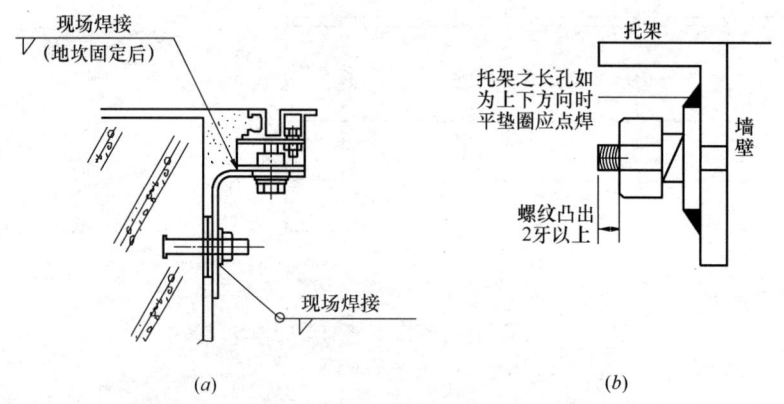

图 8.4-20 调整层门地坎图(二)
(a) 平垫电焊接示意图(一);(b) 平垫电焊接示意图(二)

2) 然后把层门地坎与层门踏板支架紧固在一起,用螺栓临时紧固层门踏板支架和层门踏板托架,如图 8.4-22 (b) 所示。

3) 当层楼间的土建尺寸偏差较大时,井道墙壁距离层门地坎大于 110mm 时,应使用双地坎支架,如图 8.4-22 (c) 所示。

4) 通过层门踏板支架和层门踏板托架上的长圆孔前后、左右、上下移动地坎组件,

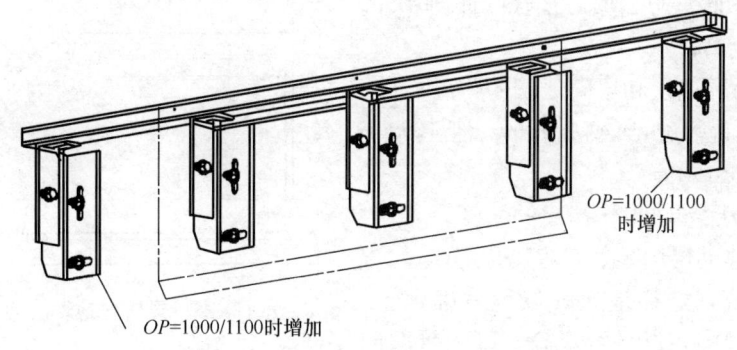

图 8.4-21　组合式托架与支架地坎装配图

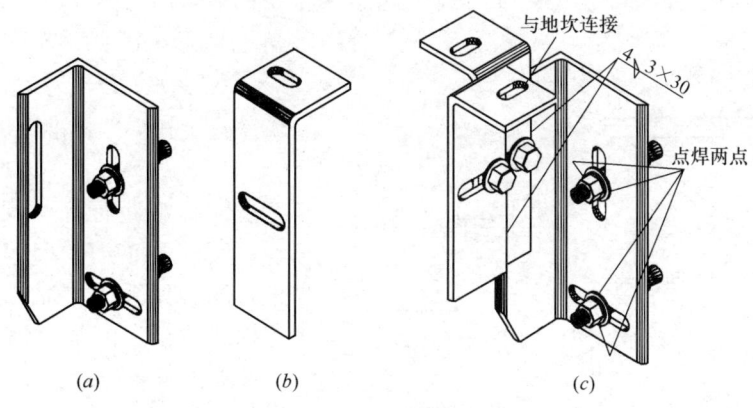

图 8.4-22　加强型地坎连接图
(a) 层门地坎托架；(b) 层门地坎支架；(c) 加强型托架与支架的连接

使地坎组件的安装精度达到要求。

5) 将所有的紧固螺栓紧固。

6) 点焊（2 个位置）撞拉式膨胀螺栓的平垫圈与层门踏板托架，另焊接层门踏板支架与层门踏板托架两端部，如图 8.4-22 (c) 所示。

7) 当开门宽度为 1000mm 及 1100mm 时，需要增加两挡层门踏板支架，如图 8.4-21 所示。

8) 在焊接位置涂上灰色油漆。

8.4.4　导轨与地坎间关系安装法

对于高层电梯，为防止基准线被碰造成误差，可以先安装和调整好导轨。然后以轿厢导轨为基准来确定地坎的安装位置，安装方法如图 8.4-23 所示。

(1) 在层门地坎中心 M 两侧的 $L/2$（L 是轿厢导轨间距）处的 M_1 及 M_2 点分别做上标记。

(2) 稳装地坎时，用直角尺测量尺寸，使层门地坎距离轿厢两导轨前侧面尺寸均为：

$$T = B + H - d/2$$

式中　T——轿厢导轨侧面至层门地坎外边缘的距离；

B——轿厢导轨中心线至轿厢地坎的距离；

H——轿厢地坎和层门地坎的距离，(一般是 25mm 或 30mm，但不大于 35mm)；

d——轿厢导轨工作端面的厚度。

(3) 左右移动层门地坎，使 M_1、M_2 与直角尺的外角对齐，这样地坎的位置就确定了。但为了复核层门中心点是否正确，可测量层门地坎中心点 M 距轿厢两导轨外侧棱角的距离，S_1 与 S_2 应相等。

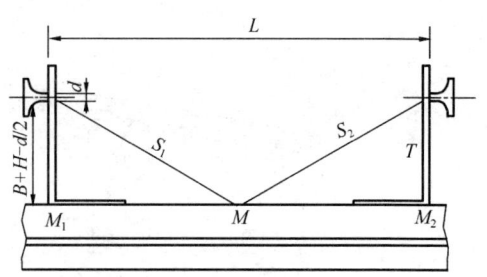

图 8.4-23 导轨与地坎间关系安装法

从上图可以看出：如 S_1、S_2、L 三个尺寸测量准确的话，即与净开门 1/2 距离构成直角三角形。因此，$S_1^2 - T^2 = S_2^2 - T^2$，$(T=B+H-d/2)$，即地坎中心偏差肯定在误差标准范围之内。

在 S_1、S_2、T、地坎水平度及参考地坎标准距标高线尺寸全部找正后，用电焊将层门地坎与地脚螺栓固定。注意先采用点焊，后采用满焊。工作完成后，由于电焊本身有应力，可能对以上各尺寸有所影响。待电焊冷却后，再次进行复验，并作好相应记录，以便查验。

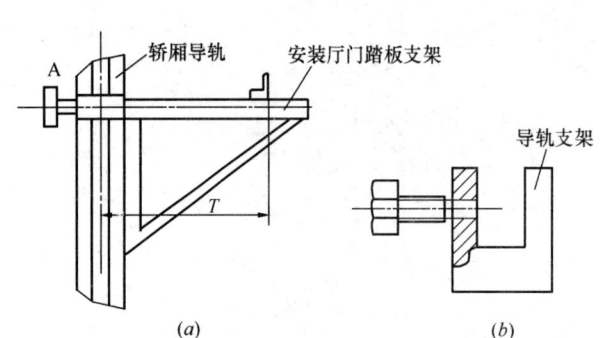

图 8.4-24 层门地坎的安装用支架图
(a) 调整厅门地坎支架；(b) A 放大图

也有在轿厢导轨上做副安装层门地坎的支架，再以两根层门地坎标准线为参考基准，采用此方法，可以保证层门地坎安装的准确性。如图 8.4-24 所示。

8.4.5 护脚板安装

在层门安装完成后，要安装层门护脚板，如图 8.4-25 及图 8.4-26 所示。

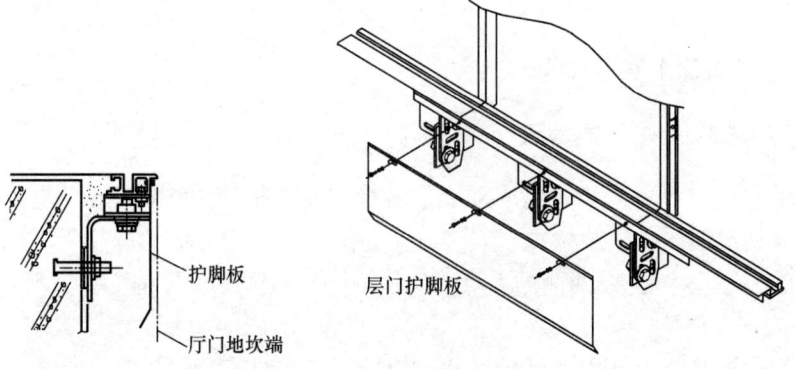

图 8.4-25 安装层门护脚板图　　图 8.4-26 护脚板的安装法

8.5 门套安装

安装完层门地坎后，就可以开始安装层门门套、立柱和层门上坎了。一般门套是安装在层门上坎上的。为了叙述的方便，本节先单独介绍门套的安装，对于门套与层门上坎或立柱组合安装时，可以在上坎的位置确定后，进行门套的精调整和焊接固定。

8.5.1 门套安装技术要求

（1）门套上框架安装时的水平误差应≤1/1000。
（2）门套直框架安装时的垂直度应≤1/1000，如图 8.5-1 所示。
（3）门套安装完成后，要有足够的固定强度，防止在土建灌注时移位。

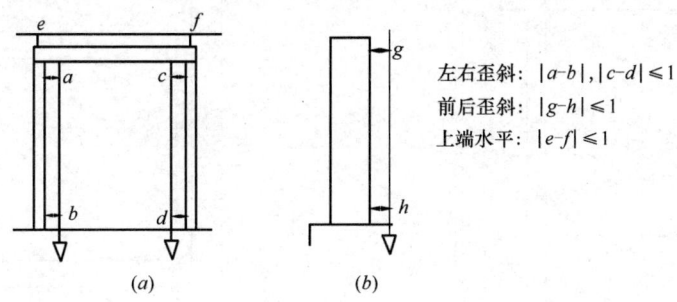

图 8.5-1 门套安装误差示意图
（a）门套正面图；（b）门套侧面图

8.5.2 门套常见形式

门套常见的形式有标准型（小门套）和宽门套型（大门套）两种，如图 8.5-2 所示。对于宽门套，还有的将门套的横楣制作的很高，显得非常气派，在以后的章节叙述。根据开门的方式，门套也有中分式和旁开式之分。

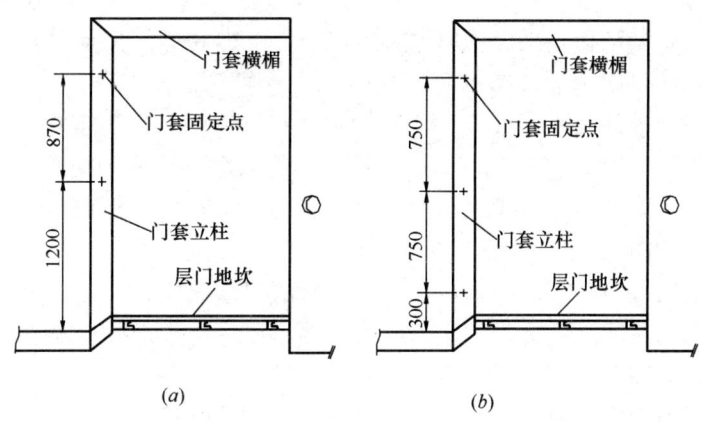

图 8.5-2 门套形式示意图
（a）标准型；（b）宽门套型

8.5.3 门套安装

门套由门套横楣和左右立柱组成的,通常为了安装方便和保证安装精度,都是先将门套在层门外组装好,然后整体安装到层门地坎和上坎上。其基本的步骤如下:

1. 门套拼装

(1) 用螺栓连接门套横楣和门套立柱,该工作应该在平坦的地方垫上木板或保护方木进行,以免划伤门套。如图 8.5-3 ~ 图 8.5-5 所示。

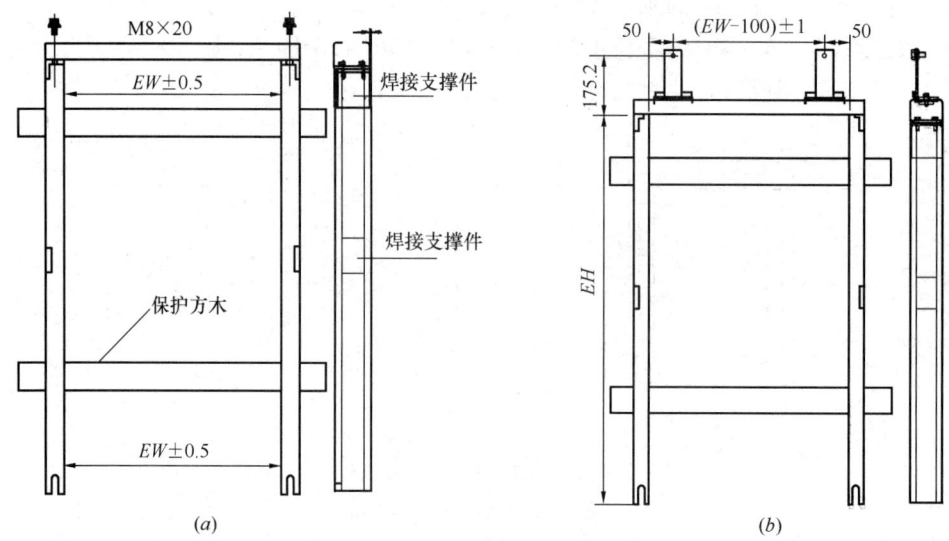

图 8.5-3 中分式标准门套拼装示意图
(a) 拼法一;(b) 拼法二

(2) 调整门套横梁与门套立柱相互平齐、垂直,必要时加入垫片进行调整。同时,确认在横梁位置左、右门套立柱的间距为开门宽度±0.5mm,如图 8.5-6 所示。

2. 门套定位

电梯井道如为砖墙结构,采用预埋地脚螺栓法,电梯井道如果是混凝土结构,可以打膨胀螺栓或钢筋,加以固定。具体的定位方法如下:

(1) 按门套加强板的间距将 $\phi 10 \times 100$mm 钢筋打入墙中。水泥墙使用 $\phi 10$ 的钻头在墙上钻孔;砖墙使用 $\phi 8$ 的钻头在墙上钻孔,其相应的间距参考厂家的随机文件,一般按照每侧门套分上、中、下 3 档,对于大门套,要适当增加钻孔数量,减少间距,便于门套的固定焊接的强度。如图 8.5-7 ~ 图 8.5-9 所示。

(2) 在地坎上放置组装好的门套,确认左、右的门套立柱与地坎的出入口宽点划线重合,在出入口方向上按照厂家提供的距离地坎槽端的尺寸初步定位(对于日立电梯此尺寸为 21.5±0.5m),如图 8.5-10 所示。

对于部分层门门套安装时不是放在层门地坎上,而是以层门地坎的边缘来安装时,要按照轿厢地坎距离门套的尺寸初步定位,如图 8.5-11 所示。

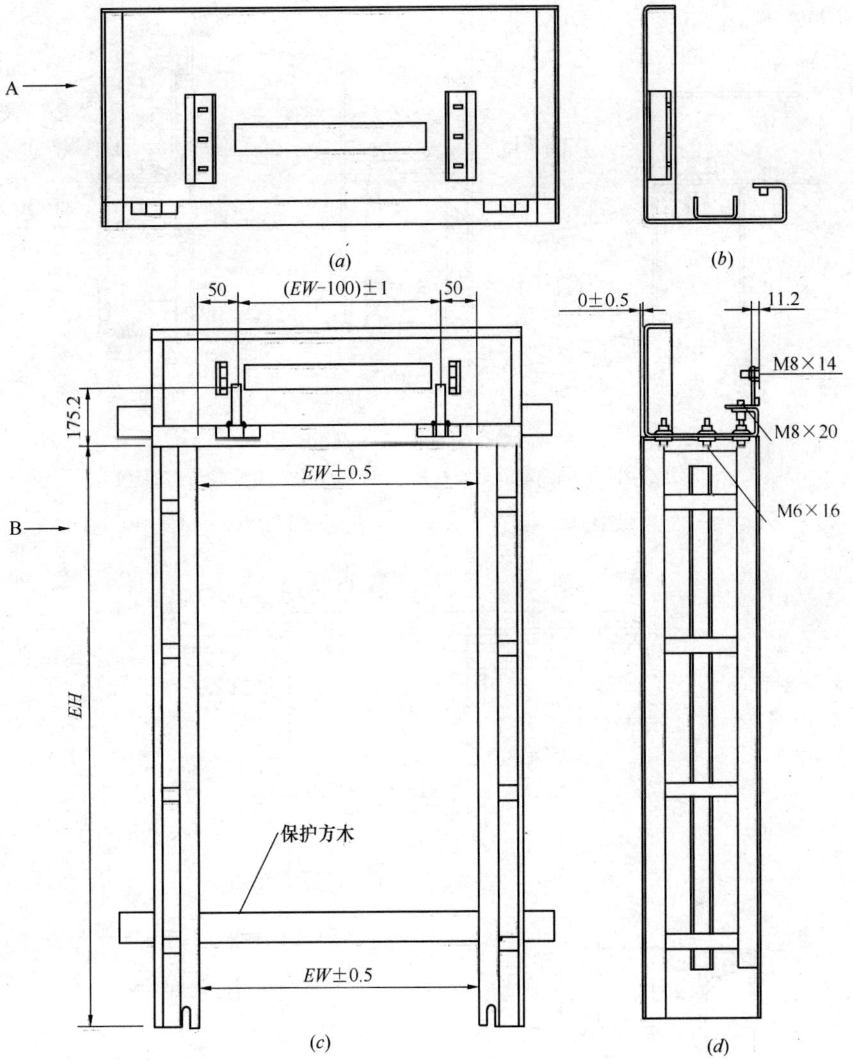

图 8.5-4　中分式大门套拼装示意图
(a) 门楣示意图；(b) A 向；(c) 大门套正面图；(d) B 向

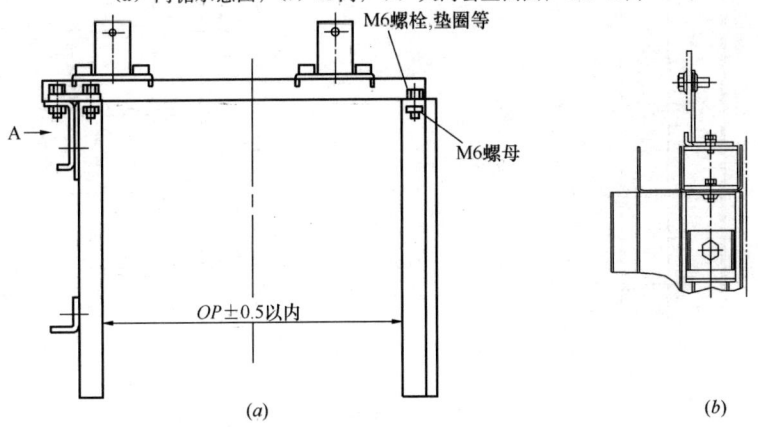

图 8.5-5　旁开式标准门套拼装示意图
(a) 旁开门套正面图；(b) A 向

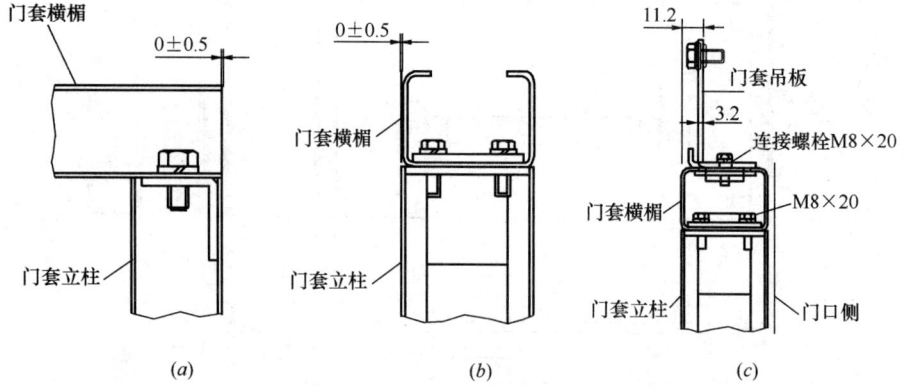

图 8.5-6 门套拼装步骤示意图
(a) 门套拼装图；(b) 门套立柱与横楣连接一；(c) 门套立柱与横楣连接二

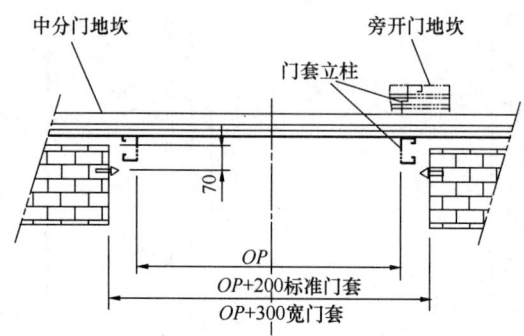

图 8.5-7 砖墙门套固定点确定示意图

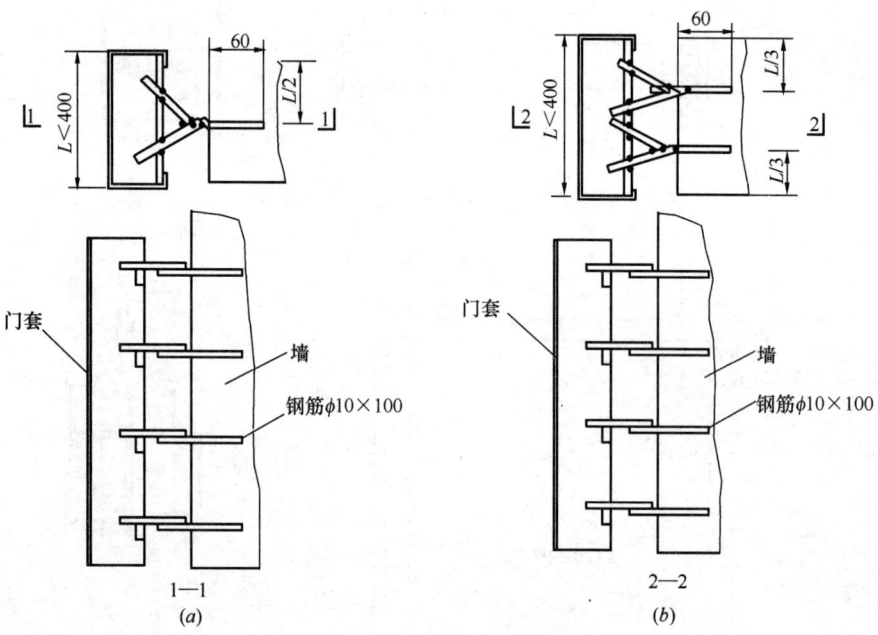

图 8.5-8 大门套固定示意图
(a) 固定法一；(b) 固定法二

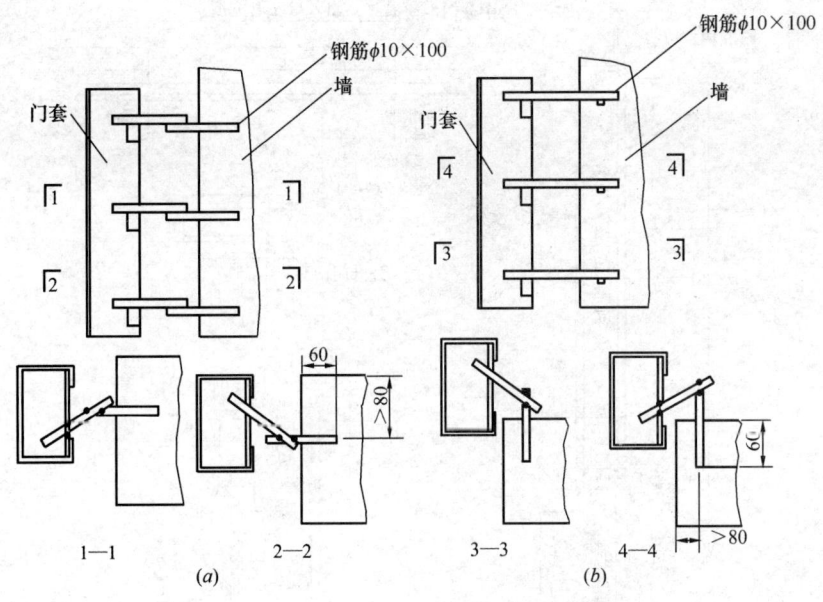

图 8.5-9 小门套固定示意图
(a) 连接方法一；(b) 连接方法二

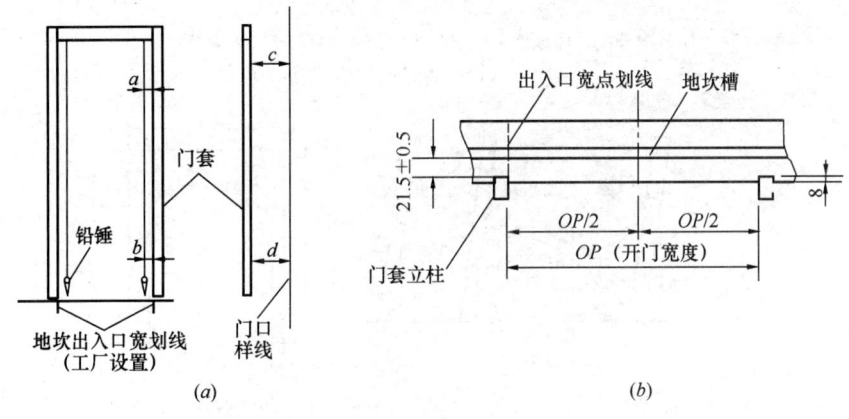

图 8.5-10 门套按厅门地坎槽定位示意图
(a) 定位一；(b) 定位二

(3) 按照上述尺寸，吊线坠检查门套的垂直度。

一般门套前后、左右方向垂直度偏差为≤1/1000，门套横楣的挠曲误差小于 1mm，门套立柱的挠曲误差小于 1.5mm。如图 8.5-12 所示。

通常对门套校正测量时，在门套立柱的左右侧面放重锤线，使其保持在 0 ± 1.5mm 以内，在门套立柱的前后侧面放重锤线使倾斜度保持在 0 ± 1.5mm 以内，如图 8.5-13 所示，然后要检查门套的对角线尺寸 D_1，D_2，保证门套的方正，如图 8.5-14 所示。在安装门套时，还要考虑门套与厅门间隙是否为 2~6mm，门套中心与层门装置中心是否在同一直线上，净开门距离是否准确无误，最后才拧紧门套立柱与地坎之间的紧固螺栓。

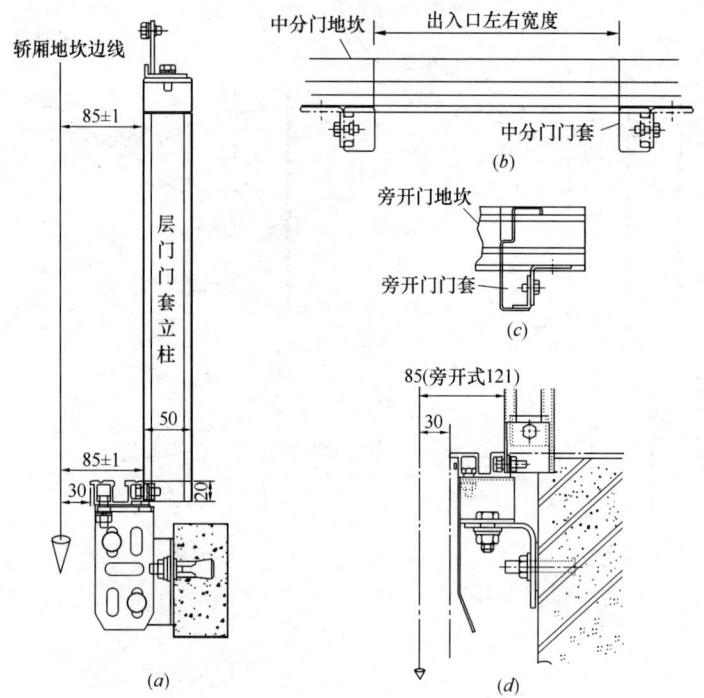

图 8.5-11 轿厢地坎边线定位门套
(a) 中分门轿厢地坎边线定位法；(b) 中分门；(c) 旁开门；
(d) 旁开门轿厢地坎边线定位法

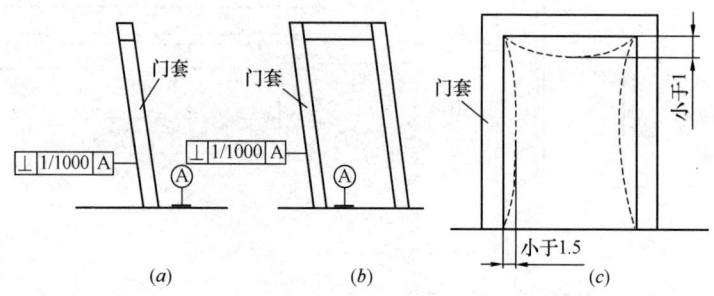

图 8.5-12 门套误差示意图
(a) 前后垂直度；(b) 左右垂直度；(c) 扭曲度

(4) 在门套整体校正定位后，为了保证长期的位置不变，用钢筋将门套内筋（门套支撑件）与墙内钢筋或膨胀螺栓焊接固定，一般按照每侧门套分上、中、下均匀焊接 3 根钢筋，对于大门套还要加强固定。在焊接前先将钢筋弯成弓形，如图 8.5-15 所示，以免焊接变形影响门套的变形。焊接时电焊机电流调整要合适，以免烧坏门套。切记，固定钢门套时，要焊在门套的加强内筋上，不可在门套上随意焊接，焊接操作的焊缝高为 4mm。

(5) 在焊接时为了减少应力，应该按照上部从左侧到右侧，下部从左侧到右侧，然后中间这样的顺序，即按照 a, b, c, d, e, f 的焊接顺序，如图 8.5-16 所示。按对角焊接以后，再次确定倾斜度的要求。焊接完成后，要及时消除焊接处的焊渣，涂上防

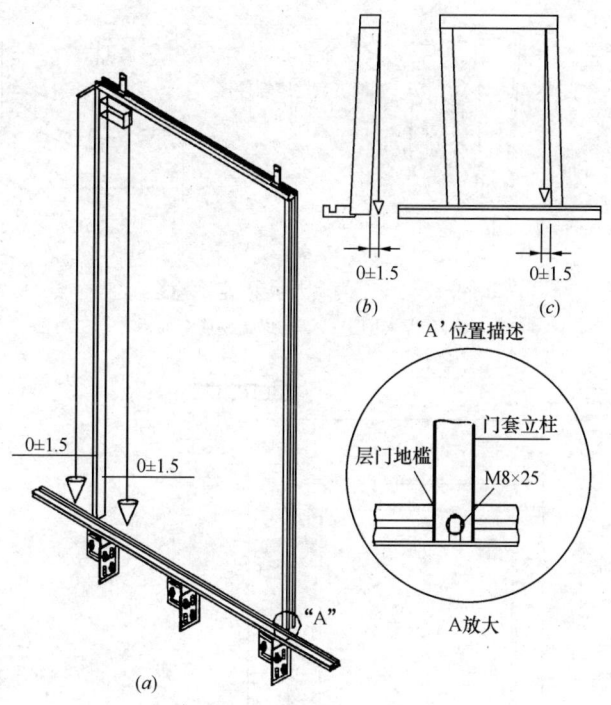

图 8.5-13 门套的垂直度检查
（a）门套垂直度测量；（b）外测测量；（c）内侧测量

锈漆。

3. 门套安装空隙的封堵与灌注

在门套安装完成后，要对门套安装空隙进行封堵与灌注。

作业的基本的原则是：层门侧以不影响墙壁抹灰为准，填入混凝土，井道侧以不影响门的开关为准，填入混凝土。为防止浇灌混凝土时门套变形，用方木或木板在层门口加以固定、支撑，以防在浇注水泥砂浆时立柱变形。待水泥浇筑阴干72h后，将临时固定支撑木拆掉。

为了灌注方便，常见的方法就是在门套靠近井道内侧用木板封堵，然后灌注。有的厂家是在门套与混凝土墙联结处加2～3mm封闭井道铁板或安装门套盖板，图8.5-17所示。其作用是：1）可以防止异物坠入井道，造成不安全因素；2）可以在门套与墙壁之间灌浆时，避免混凝土浆流入地坎和形成凸墙面，造成厅门不能开启或将门面划伤。

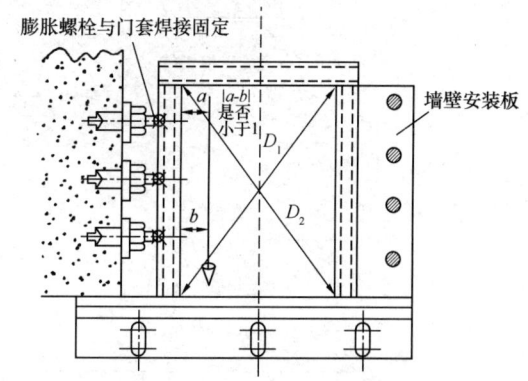

图 8.5-14 门套找正示意图

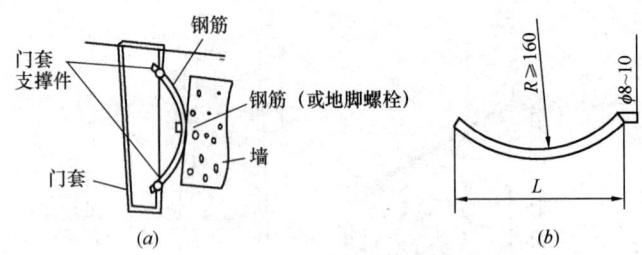

图 8.5-15 门套焊接固定示意图
(a) 门套焊接固定；(b) 焊接钢筋弯曲示意

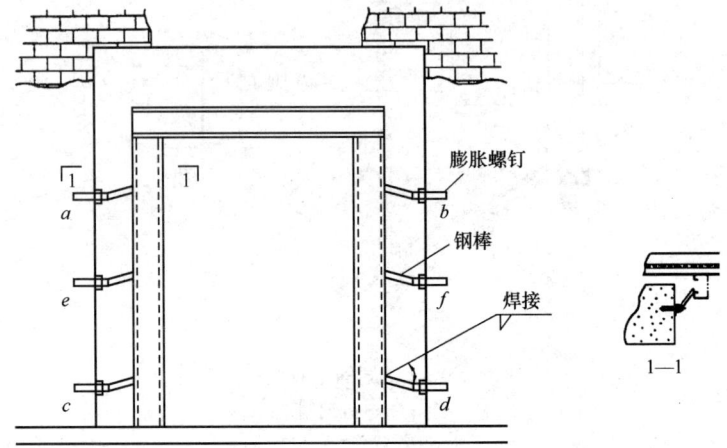

图 8.5-16 门套焊接固定顺序图

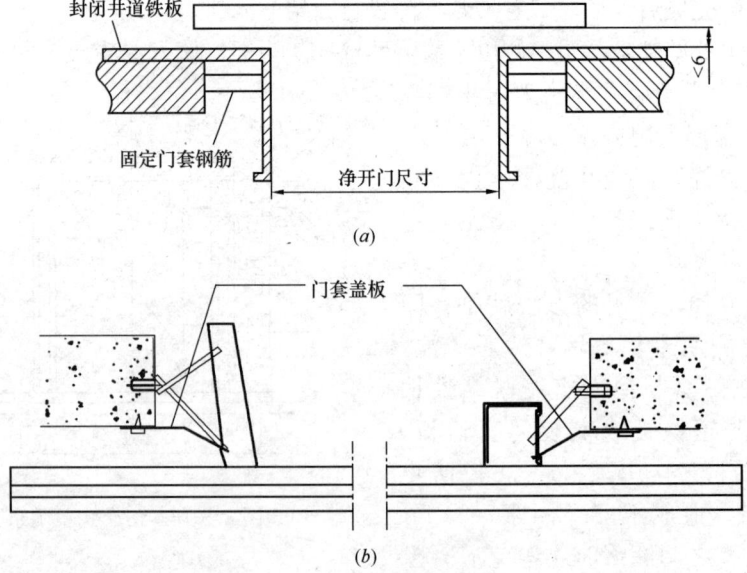

图 8.5-17 门套封堵示意图
(a) 安装井道封闭板；(b) 安装门套盖板

8.6 层门上坎安装

层门上坎通常又称为"层门传动装置"、"厅门机"、"层门门头",主要用于悬挂层门,是层门开关的悬挂和传动机构组合体。在安装层门上坎时,对于开门宽度较大的货梯,由于上坎的跨度大,自重较大,往往要在层门上坎的两端安装支撑立柱。层门上坎的总装图如图 8.6-1 所示。

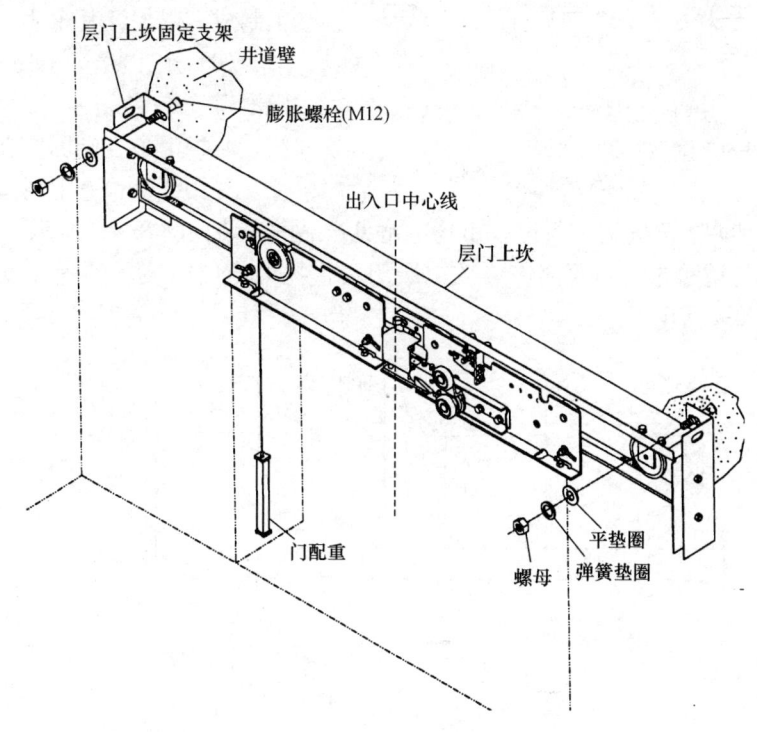

图 8.6-1 层门上坎总装示意图

8.6.1 层门上坎安装技术要求

(1) 安装前应对厅门上坎进行检查,对不符合要求处应进行修整,对转动部分应进行清洗加油,做好安装准备。

(2) 砖墙采用剔墙洞埋地脚螺栓;混凝土结构墙若有预埋铁,可将固定螺栓直接焊于预埋铁上。

(3) 混凝土结构墙若没有预埋铁,可在相应的位置用 M12 膨胀螺栓、2 块 150mm×100mm×10mm 的钢板作为预埋铁使用,如图 8.6-2 所示。对于大多数情况下,使用撞拉式膨胀螺栓更方便施工。

(4) 将层门装置和门套连接好后,用 M12×100 膨胀螺栓(无预埋件)、预埋地脚

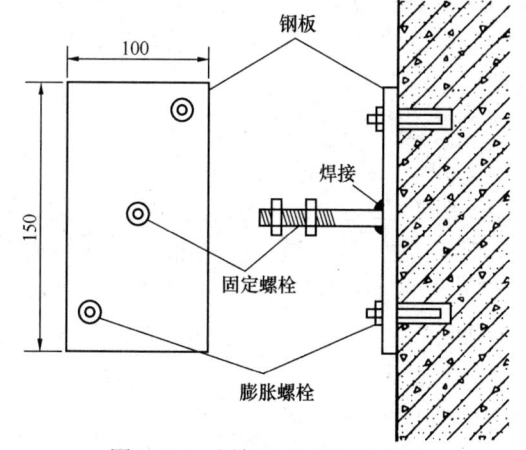

图 8.6-2 层门上坎总装示意图

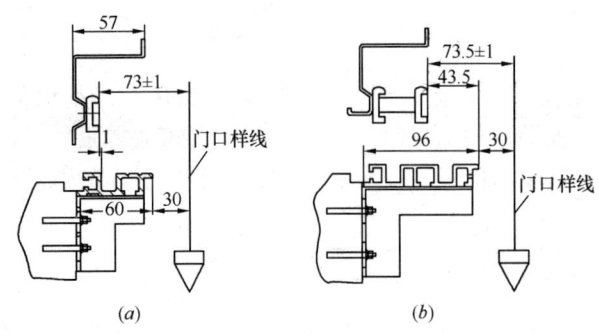

图 8.6-3 层门上坎导轨的安装要求示意图
(a) 中分客梯厅门地坎宽 60mm；(b) 偏分货梯厅门地坎宽 96mm

螺栓或焊接（有预埋件）将层门装置托架固定在井道壁上，待调整完毕后再拧紧螺栓螺母。

(5) 若门导轨、门立柱离墙超过 30mm，应加垫圈固定。若垫圈较高宜采用厚铁管两端加焊铁板的方法加工制成，以保证其牢固。

(6) 用 400～600mm 水平仪测量门滑道安装是否水平。如果是侧开门，两根滑道上端面应在同一水平面上，并用线坠检查上滑道与地坎槽两垂面水平距离和两者之间的平行度。市场上常见产品的安装如图 8.6-3 所示。

上坎两侧与轿厢导轨的距离应一致，层门装置托架与层门装置的垂直度误差不大于 1mm，如图 8.6-4 所示。

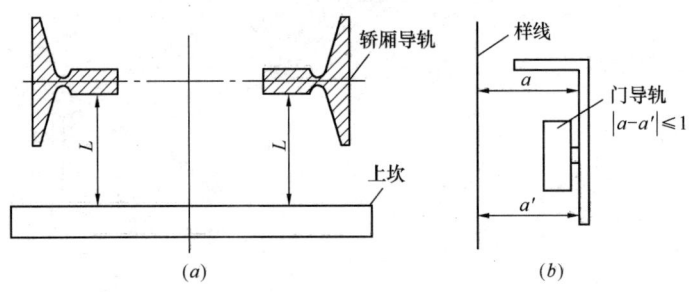

图 8.6-4 层门上坎位置示意图
(a) 导轨定位；(b) 样线检查

(7) 要保证层门上坎架中心与出入口中心的偏差应在 0±1mm 以内。

8.6.2 层门上坎安装

层门上坎一般采用支架，通过膨胀螺栓、地脚螺栓或预埋铁焊接与井道壁固定，同时层门门套立柱与层门地坎连接起来，形成了一个相对稳定的出入口通道。

层门上坎的固定有两种方法，一种是左右侧固定上坎托架，另一种是上托式固定上坎托架。

左右侧托式上坎托架一般设计成一边长，一边短，可以根据样板线和出入口墙壁的距离来选择使用哪一边。例如像 SIGAMA 电梯，如图 8.6-5 所示，支架尺寸为从出入口墙壁到样板线间距，如果间距小于 136mm，使用短的一边，如果间距超过 136mm，则使用长的一边。

对于上托式层门上坎，标准层门开门宽度 OP 为 800mm 或 900mm 的用两只托架就可以了，当开门宽度为 1000mm 或大于 1000mm 时，需增加两件门上坎托架，如图 8.6-6 所示。下面就以上托式层门上坎的安装为例，就其安装方法列举如下：

(1) 首先将门上坎搬入井道，与门套立柱上焊接固定着的连接螺栓（M8×20）进行固定，如图 8.6-7 所示。

(2) 确定门上坎托架的安装位置，然后用 M12 撞拉式膨胀螺栓（无预埋件）或焊接

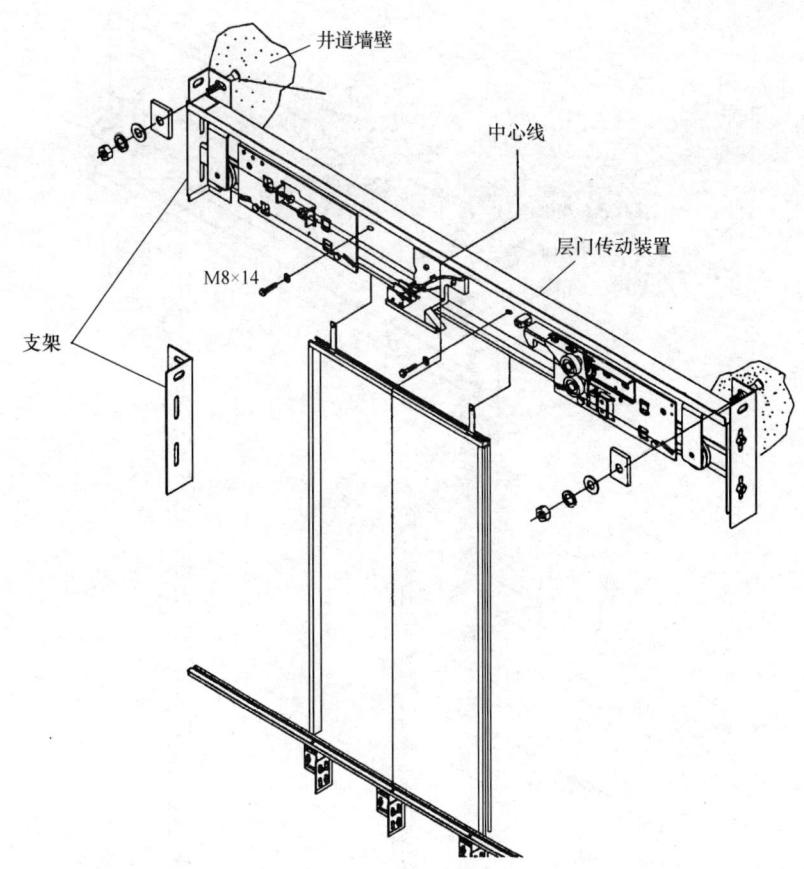

图 8.6-5　层门上坎与门套组装示意图（侧托架式）

法（有预埋件）将门上坎托架固定在井道壁上。在确定上坎安装位置时，要按样板架挂线定出层门的出入口中心、门导轨的位置、层门上坎前后方向的歪斜及从地坎面算起的安装高度，然后根据情况固定，如图 8.6-8 所示。

（3）关于层门上坎托架的安装方法一般分以下 3 种情况：

1）门口样线至前墙距离在 115～150mm 之间

这是正常情况下的安装，具体安装方法有下面两种：

（a）当井道的靠近层门侧的墙壁（前墙）是混凝土结构且无预埋件时，按图 8.6-9 所示用 M12×100 撞拉式膨胀螺栓直接紧固门上坎托架。紧固后，如图示将垫圈两点焊接在门上坎托架上。

（b）当井道的靠近层门侧的墙壁（前墙）是砖墙或混凝土结构且有预埋件时，按图 8.6-10 所示用焊接方法固定门上坎托架。

2）门口样线至前墙距离在 151～350mm 之间

这种情况下，属于层门上坎距离较大的情形。通常采用加长上坎固定空间的方法按图 8.6-11 所示进行安装，具体安装方法有下面两种：

（a）门口样线至前墙距离在 151～205mm 时，安装方法是：先将长约 100mm 的两根 L75×75×8 的角钢竖起，通过膨胀螺栓或焊接固定在墙上，然后焊接上坎的托架。对于墙壁（前墙）是混凝土结构且无预埋件时固定上坎托架如图 8.6-12 所示。

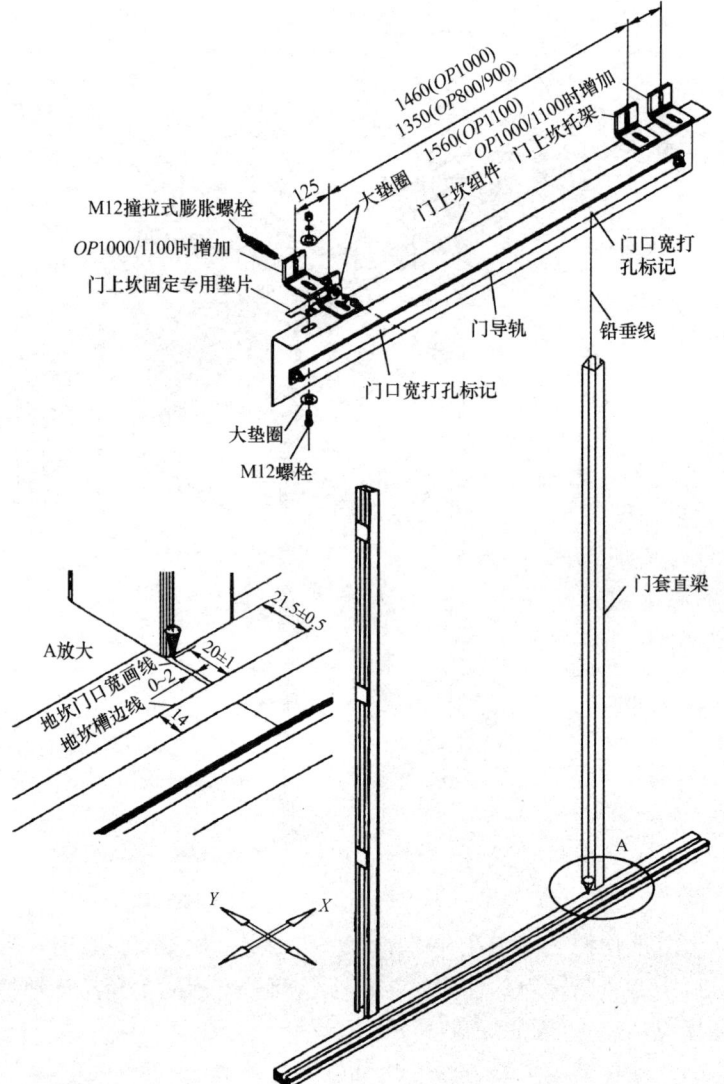

图 8.6-6　层门上坎与门套组装示意图（上托架式）

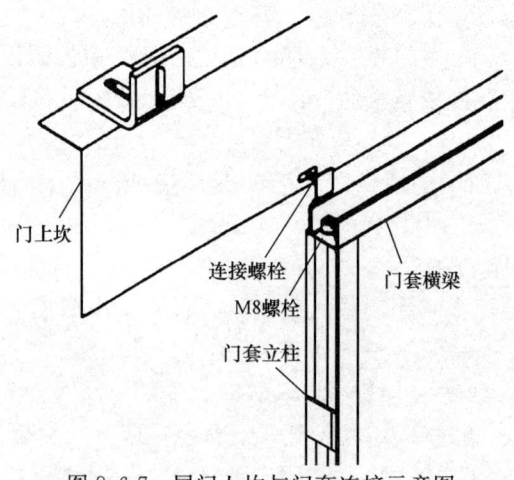

图 8.6-7　层门上坎与门套连接示意图

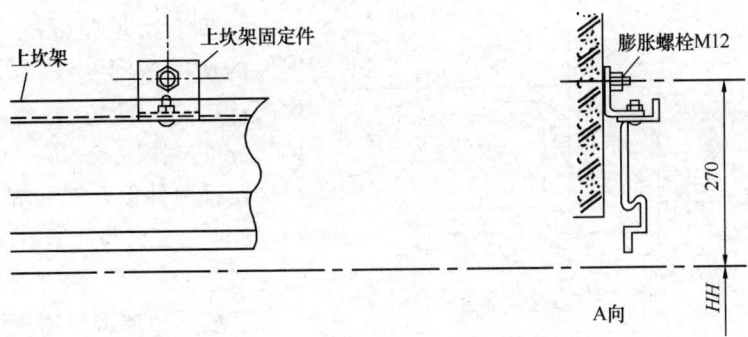

图 8.6-8 层门上坎固定位置示意图

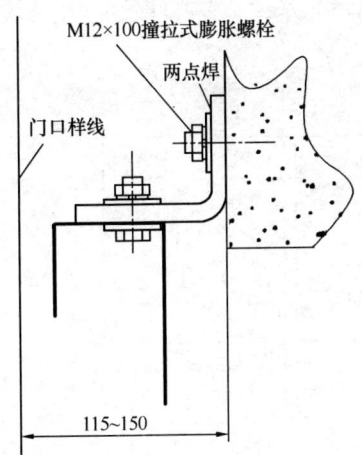

图 8.6-9 膨胀螺栓固定层门上坎

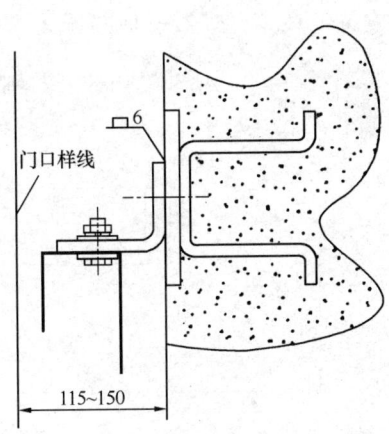

图 8.6-10 焊接固定层门上坎

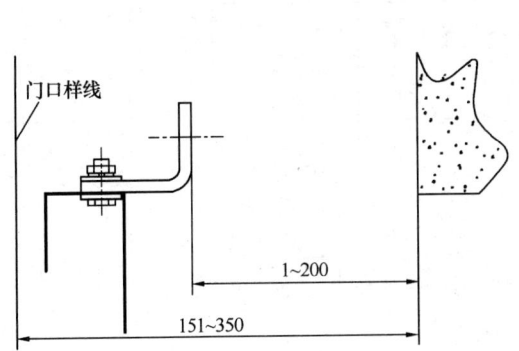

图 8.6-11 层门上坎距井道前壁过大情形

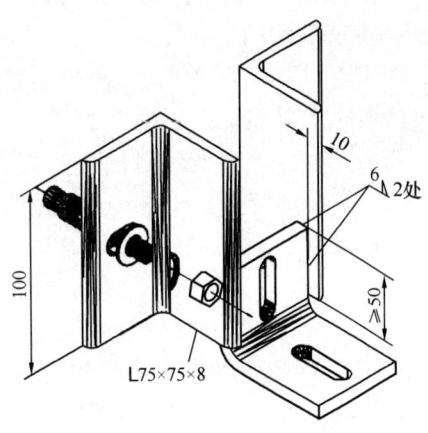

图 8.6-12 层门上坎距井道前壁过大处理图一

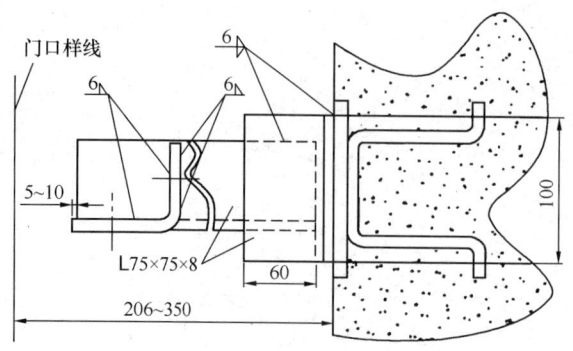

(b) 门口样线至前墙距离在 206～350mm 时，前墙是混凝土结构且有预埋件的情况按图 8.6-13 所示固定门上坎托架。安装方法是：先将长约 100mm 的一根 L75×75×8 的角钢竖起焊接在预埋件上，然后焊接一根 L75×75×8 的角钢做挑梁，在其上焊接上坎的托架。

图 8.6-13 层门上坎距井道前壁过大处理图二

前墙是砖墙或混凝土结构且无预埋件的情况时，按图 8.6-14 所示固定门上坎托架。安装时先是将长约 100mm 的一根 L75×75×8 的角钢用膨胀螺栓或地脚螺栓固定在墙上，然后焊接一根 L75×75×8 的角钢做挑梁，在其上焊接上坎的托架。

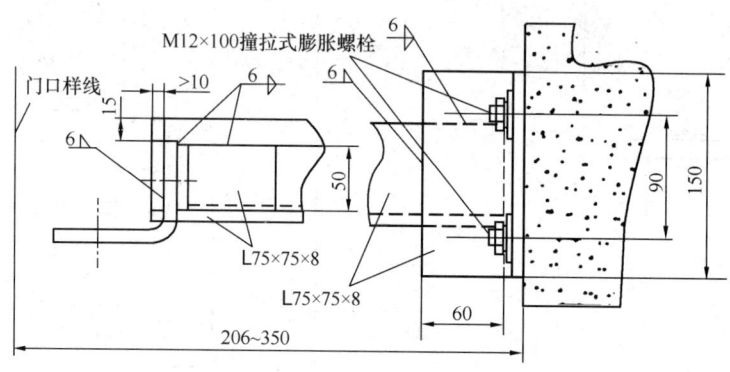

图 8.6-14 层门上坎距井道前壁过大处理图三

3) 特殊情况下门上坎托架的安装

(a) 当门上坎预埋件向上偏移时，可采用焊接角钢逐步过渡，按图 8.6-15 及图 8.6-16 所示方法安装门上坎托架。

(b) 当门上坎预埋件向左或向右偏移时，采用焊接角钢逐步过渡，按图 8.6-17 所示方法安装门上坎托架。但当偏移量超过图 8.6-17 所示要求所示要求值时，则应按前述图 8.6-9 所示的方法安装门上坎托架。

(c) 当无门上坎预埋件且井道壁不垂直时，如图 8.6-18 所示，如果门上坎托架与门上坎的间隙 $L \leqslant 5mm$ 时，则可插入门上坎固定专用垫片（如图 8.6-19 所示）进行调整。如果 $L > 5mm$ 时，则必须用铁錾将井道壁削为垂直后再安装门上坎托架。

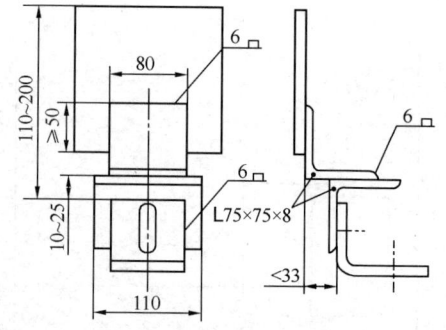

图 8.6-15 层门上坎预埋件偏上时处置示意图一

(4) 安装完上坎托架后，通过门上坎托架的长圆孔及门上坎与门套立柱连接的长圆孔，前后、左右移动门上坎，确认门上坎及门套的位置。具体调整方法如下：

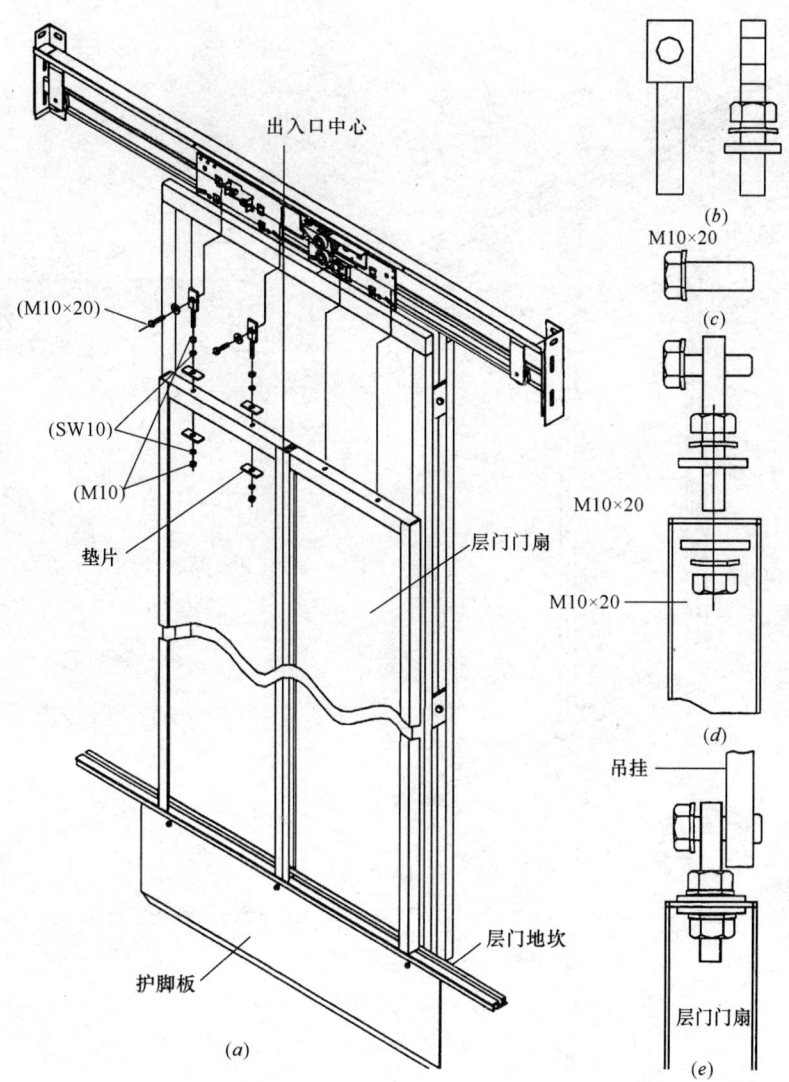

图 8.7-1 吊挂式层门安装示意图
(a) 总装图；(b) 吊挂螺栓；(c) 固定螺栓；(d) 连接示意图；(e) 紧固连接图

组件与门扇之间插入垫片来调整；门扇的闭端位置与地坎中心线的中心偏移超标时，应松开门绳两端的调整螺栓进行调整。门扇对口处不平面度≤0.5mm。

2) 对旁开式门：将第一门扇关闭。使门扇的垂直度偏差在 2mm 以下，此时装在门旁挡板侧的门防振橡胶与门扇的间隙，其上部应为 0mm，下部应小于 2mm，如图 8.7-6 (b) 所示。

(4) 层门与门扇、门套重叠量的调整

在门扇全闭的状态下，确认门扇与门套框架及门扇相互之间的叠合尺寸在 12mm 以上。旁开式门应再确认第二门扇与门套上框端面的间隙为 2～6mm，如图 8.7-7 所示。

(5) 门扇位置的调整

在门扇全开的状态下，确认门扇的位置，如图 8.7-8 所示。

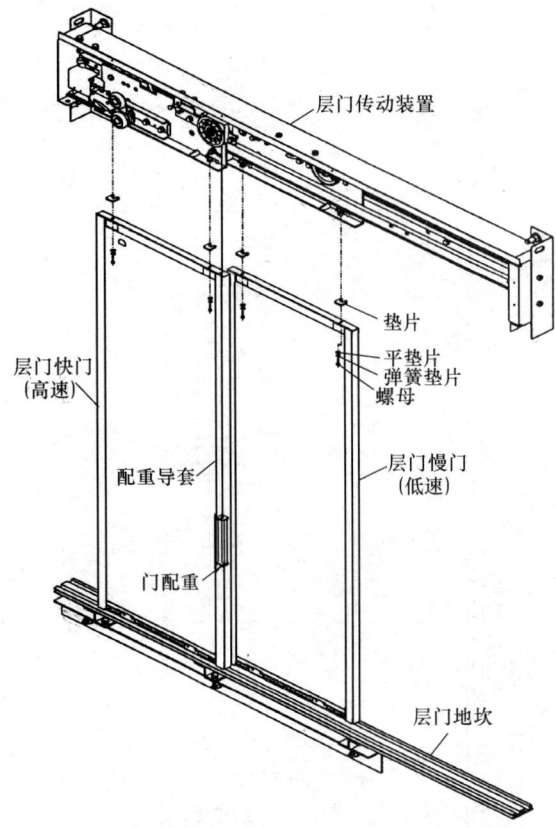

图 8.7-2 挂板式层门安装示意图

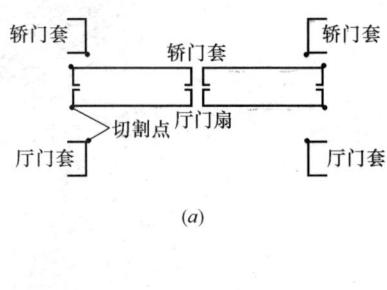

(a)

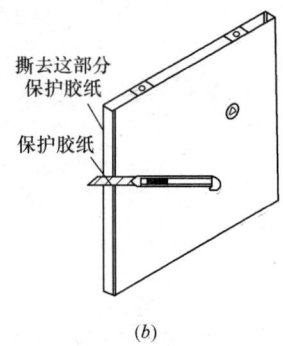

(b)

图 8.7-3 层门门扇与门套保护膜处置示意图
(a) 不锈钢门保护膜切割点；(b) 不锈钢门保护膜切割法

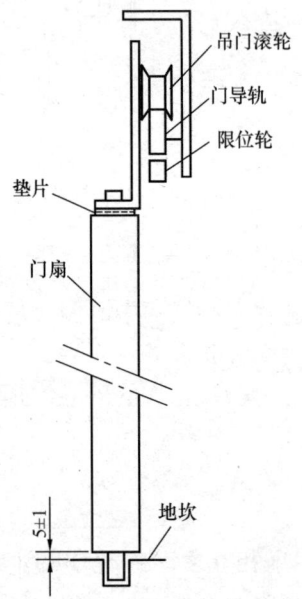

图 8.7-4 层门门扇安装示意图

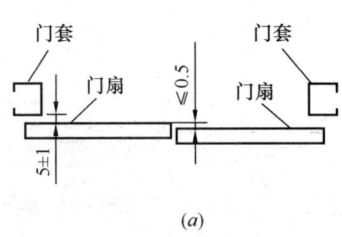

(a)

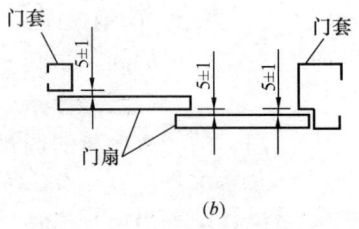

(b)

图 8.7-5 层门门扇与门套示意图
(a) 中分门；(b) 旁开门

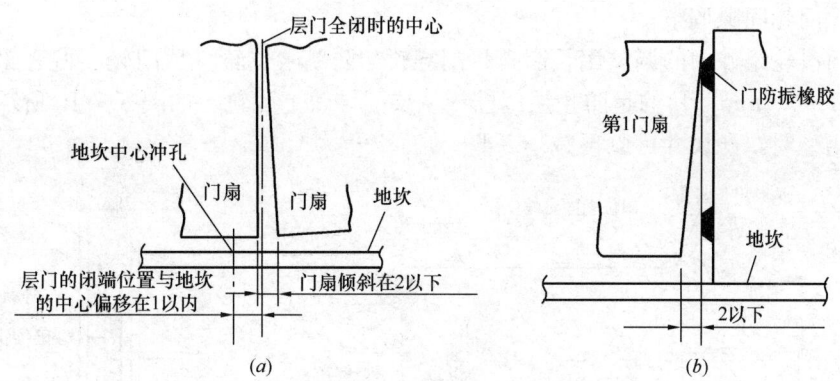

图 8.7-6 层门门扇间隙示意图
(a) 中分门；(b) 旁开门

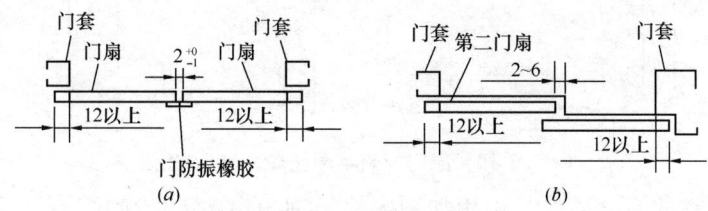

图 8.7-7 层门门扇重叠量示意图
(a) 中分门；(b) 旁开门

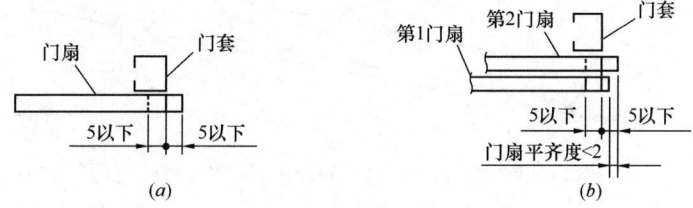

图 8.7-8 层门门扇位置示意图
(a) 中分门；(b) 旁开门

1) 中分式门扇的边缘相对于门套端面的平齐度在±5mm以内。

2) 旁开式门扇边缘相对于门套端面的平齐度在±5mm以内，且第1扇门与第2扇门的平齐度应在2mm以内。

(6) 层门传动钢丝绳的调整

在门扇全开的状态下，用10N力按下层门传动钢丝绳的中央位置，确认钢丝绳间的距离为55~65mm或钢丝绳竖直方向变形量为10~20mm。钢丝绳张力不适当的时候，应将门关闭，用钢丝绳两端的调整螺栓进行调整。需要注意的是，为了避免门扇中心发生位移，应同时放松或收紧两侧的调整螺栓。如图8.7-9所示。

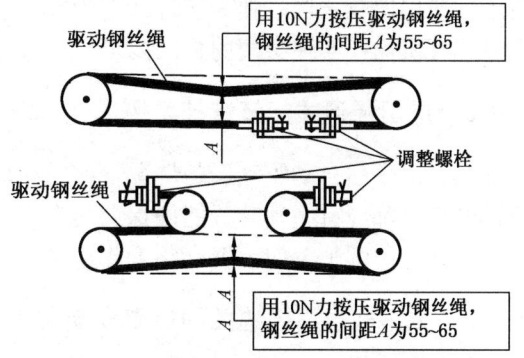

图 8.7-9 层门传动钢丝绳的调整示意图

（7）顶门轮间隙调整

利用门滑轮组件中的调整用长圆孔将门导轨与防跳限位轮（顶门轮、偏心轮）的间隙调整为 0.3~0.7mm，目的是防止层门挂板从层门导轨上脱轨，如图 8.7-10 所示。对于偏心轮为树脂型时，此尺寸可以再减小一些。

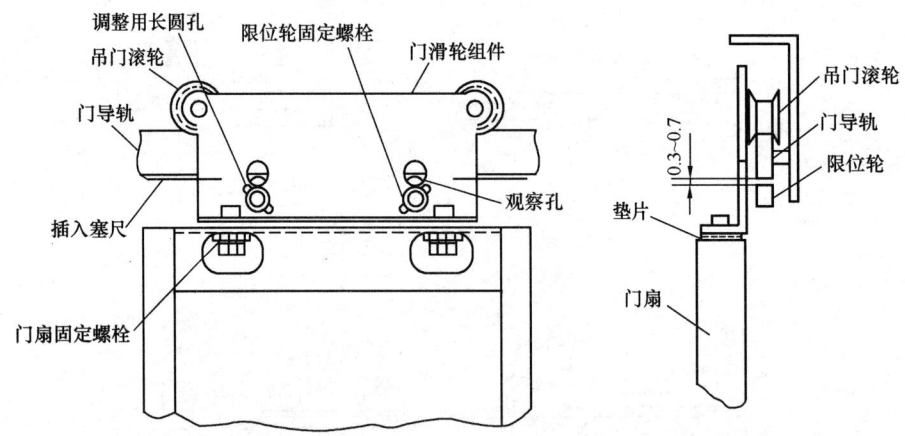

图 8.7-10　层门导轨与限位轮调整示意图

为了保证调整的精度要求，利用如图 8.7-11 所示调整门轮间隙专用塞尺来判断是否满足规定的要求。

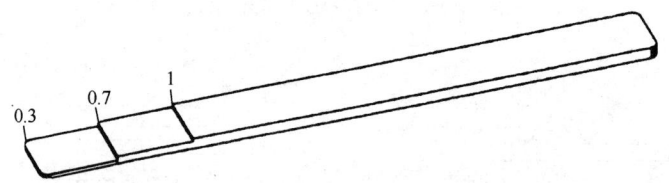

图 8.7-11　层门导轨与限位轮调整专用塞尺示意图

8.8　层门强迫关门装置安装

8.8.1　层门强迫关门装置常见形式

层门强迫关门装置的常见形式分为重锤式、连杆和弹簧式 3 大类。重锤式如图 8.8-1 所示，使用比较普遍；弹簧连杆式如图 8.8-2 所示，多用于货梯，采用弹簧的拉力或弹力操纵连杆机构，实现层门的自闭要求。

8.8.2　层门强迫关门装置技术要求

（1）由轿门自动驱动层门情况下，当轿厢在开锁区域以外时，无论层门由于任何原因而被开启，都应有一种装置能确保层门自动关闭。

（2）层门强迫关门装置必须动作正常。

8.8.3　重锤式层门强迫关门装置安装要点

重锤式层门强迫关门装置应用普遍，下面就以此介绍其安装方法，如图 8.8-3 所示。

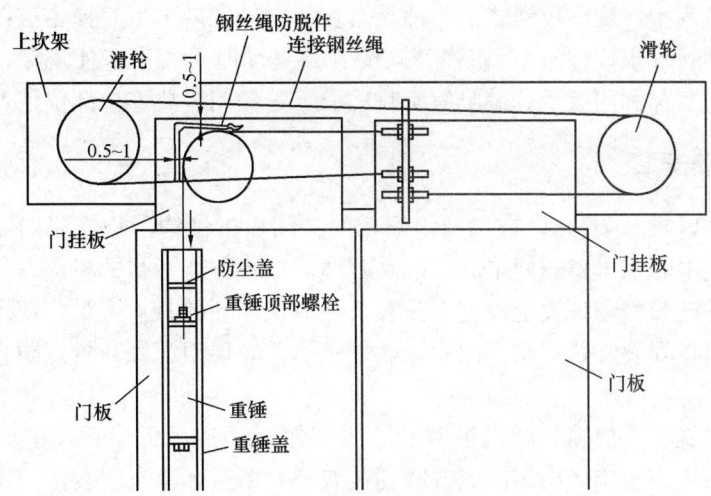

图 8.8-1 重锤式层门自闭装置安装示意图

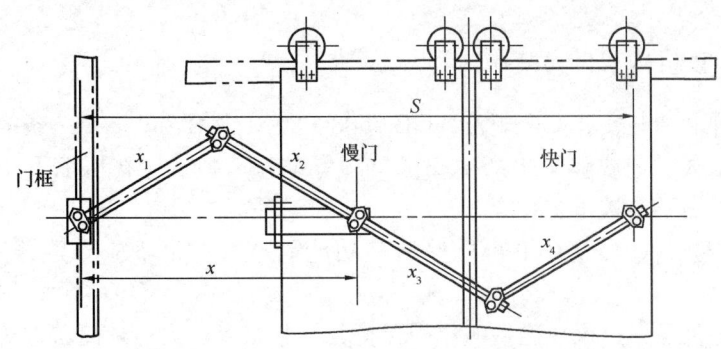

图 8.8-2 连杆式层门自闭装置安装示意图

(1) 先将重锤盖（重锤导杆）安装在门扇上，上部与门扇侧面连接，下部与门扇下封头连接。然后将重锤装入重锤盖（重锤导杆），将钢丝绳挂在绳轮上，另一端固定在门吊板上的固绳板上，用螺栓固定挡绳板，使其与绳轮的间隙小于 2.5mm，但不能碰到绳轮。

(2) 强迫关门装置装好以后，要确认下述事项：

1) 用手上下扯动重锤时，重锤应在导向件内轻轻滑动。如图 8.8-3 所示，

2) 钢丝绳护挡止铁和滑轮的间隙应在 0.5～1mm 内。

3) 重锤的下行程末端位置要加装防脱落机构，防止重锤钢丝绳断裂时，重锤引发危险。

图 8.8-3 弹簧式层门自闭装置安装示意图（局部）

8.8.4 层门强迫关门装置测试

在测试每层层门的自闭力时，检查人员将层门开到 1/3 行程、1/2 行程、全行程处将外力取消，层门均应能自行关闭，才算合格。

在门开关过程中，观察重锤式的重锤是否在导向装置内（上）撞击层门其他部件（如门头组件及重锤行程限位件）；观察弹簧式的弹簧运动时是否有卡住现象、是否碰撞层门上金属部件；观察和利用扳手、旋具等工具检验强迫关门装置连接部位是否牢靠。

8.9 层门门锁安装

门锁也称"联锁开关"，设在层门内侧，门关闭后机械钩子锁将层门锁紧，同时层门安全触点接通门电联锁电路，门电联锁电路接通后电梯方能运行的机电联锁安全装置，因此层门的门锁是电梯的一种安全设施，只有持相应操作证的专业人员，使用专用三角钥匙才能从外面开启。安装好每一层厅门后，必须马上安装层门门锁装置，防止人员扒开厅门后坠落。

对于电气联锁有主门锁和副门锁两套。主门锁是通过门刀带动，主要锁闭层门的装置，副门锁一般用来防止当层门门绳或联动装置断开以后，没有安装主门锁的另一扇门会有可能被扒开而设立的防护门锁。有些电梯可能只设计有主门锁，副门锁使用的是电气开关来检测。

8.9.1 层门门锁机构常见安装形式

根据《电梯制造与安装安全规范》GB 7588－2003 中第 7.7.3.1.7 条的规定：层门门锁应由重力、永久磁铁或弹簧来产生和保持锁紧动作。弹簧应在压缩下作用，且应有导向，开锁时，弹簧不会被压实并圈。

即使永久磁铁（或弹簧）不再能保持其功能时，重力也不应导致开锁，如图 8.9-1 所示。

如果锁紧元件是通过永久磁铁的作用保持其锁紧位置，则一种简单方法（如加热或冲击）不应使其失效。

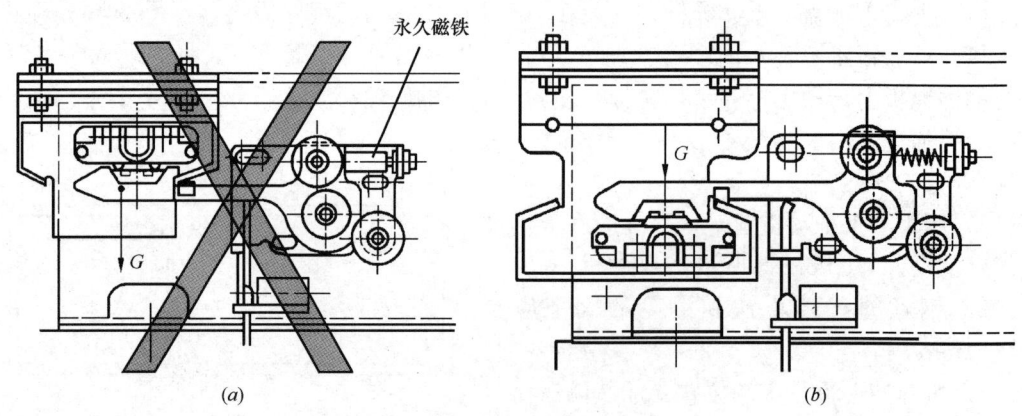

图 8.9-1 永久磁铁改进为弹簧式
(a) 不正确；(b) 正确

据此常见的层门门锁就有如图 8.9-2 及图 8.9-3 所示的两种。对于使用永久磁铁的上钩式门锁由于不符合上述规范的要求，已经被弹簧式下钩式门锁淘汰。

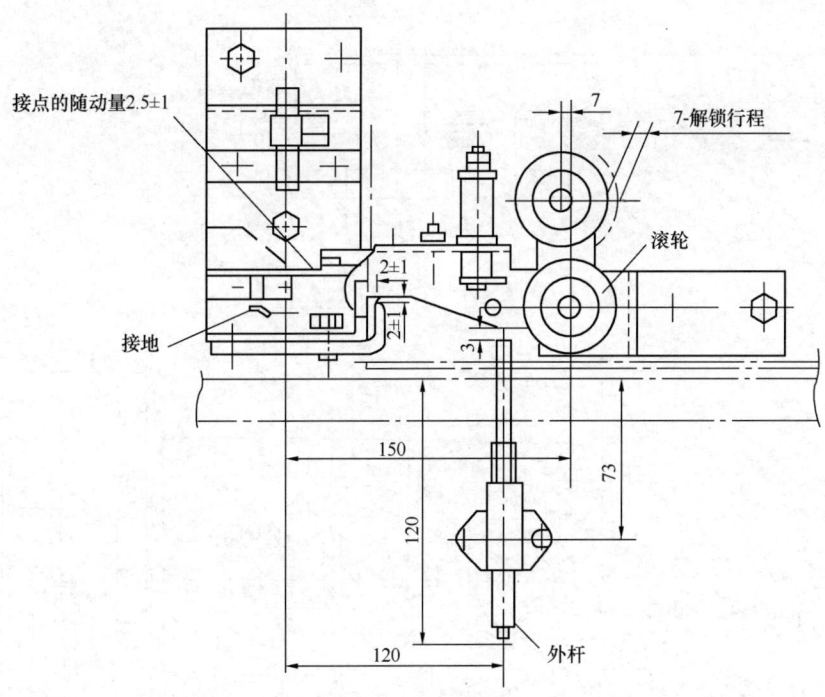

图 8.9-2　常见的层门门锁示意图Ⅰ（三菱）

8.9.2　层门门锁技术要求

（1）层门锁钩、锁臂及动接点动作灵活，在证实锁紧的电气安全装置动作之前，锁紧元件的最小啮合长度为 7mm。也就是轿厢应在锁紧元件啮合不小于 7mm 时验证电气安全触点接通，电梯才能启动，如图 8.9-4 所示。

（2）层门及其门锁在锁住位置时应有这样的机械强度：即用 300N 的力垂直作用于该层门的任何一个面上的任何位置，且均匀地分布在 5cm² 的圆形或方形面积上时，应能：

1）无永久变形；

2）弹性变形不大于 15mm；

3）试验期间和试验后，门的安全功能不受影响。

8.9.3　典型层门门锁安装

一般的层门门锁安装在层门上坎上，整装出厂，在现场主要以调整为主。对于要现场安装的门锁，主要的安装控制点如下：

（1）安装前应对锁钩、锁臂、滚轮、弹簧等进行检查调整。

（2）层门关好后，门锁开关与触点接触必须良好。

（3）因为可调部分为长孔，须用定位螺栓加以固定。

（4）厅门关好后，无论何种门锁均应将门锁住，为使其动作灵活，锁钩上留有 2mm 以上活动间隙，锁钩啮合深度不小于 7mm，锁住后在层门外扒门，门锁不应脱钩。如图 8.9-5 所示。

（5）对于门锁电气部分的调整：

1）调整门吊板上主锁钩与上坎底板上副锁钩的相对位置，同时要保证主触点的压缩

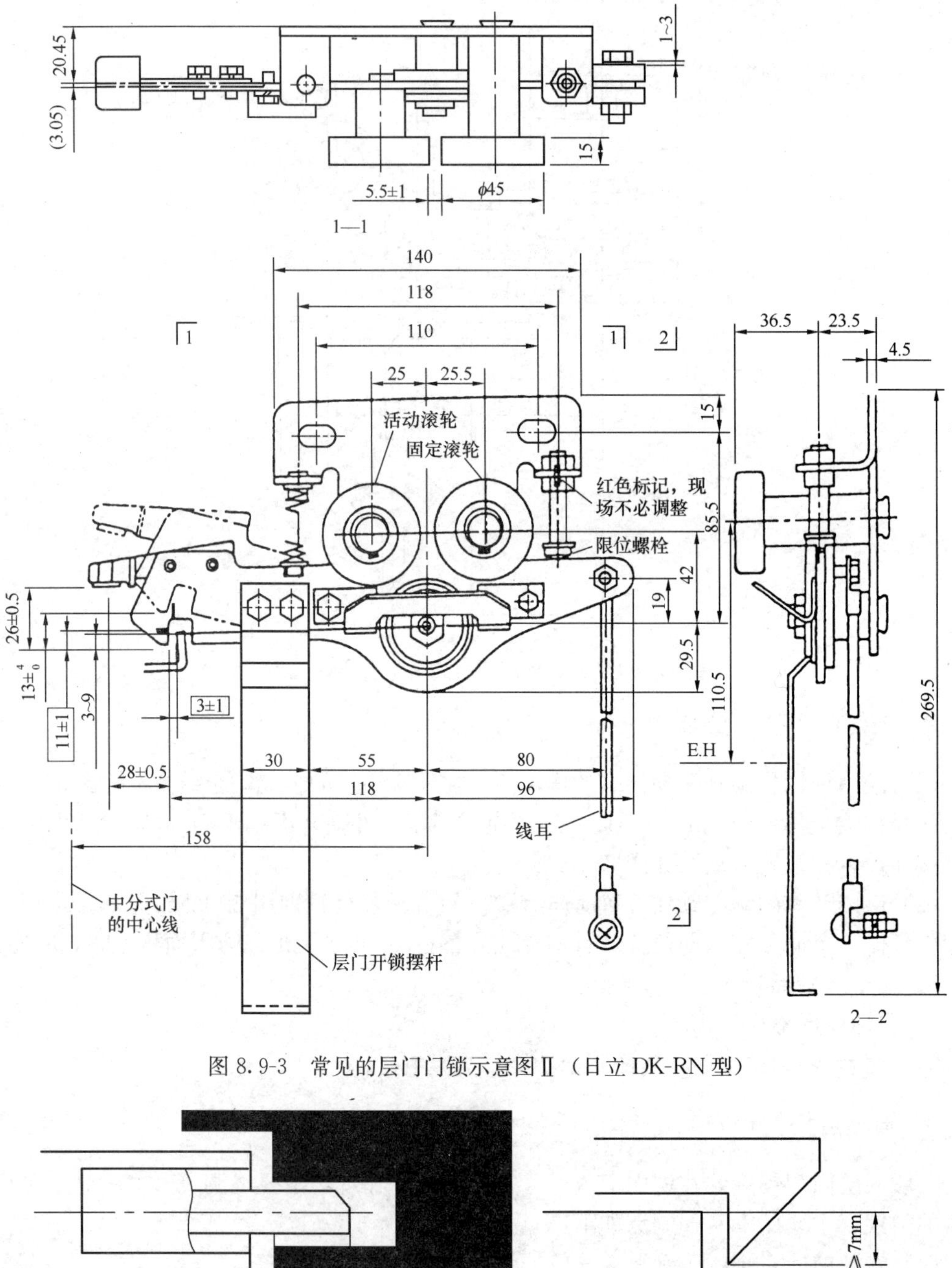

图 8.9-3 常见的层门门锁示意图Ⅱ（日立 DK-RN 型）

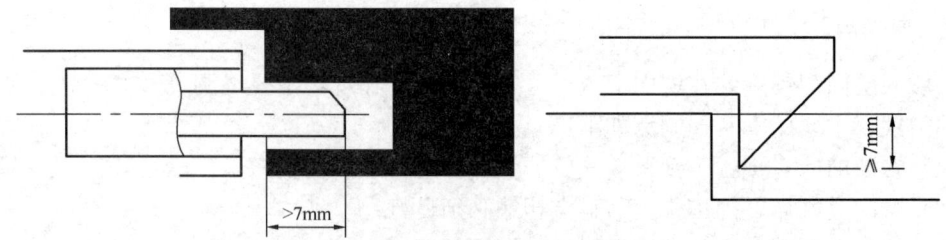

图 8.9-4 弹簧式层门自闭装置安装示意图（局部）

行程为 4±1mm，如图 8.9-6（a）及图 8.9-7 所示。调整时用板尺测量触点压缩行程；用塞尺测量锁钩间隙。

2）通过调整动触点板与左锁盒的相对位置来调整副触点的压缩行程，保证压缩行程为 4±1mm，如图 8.9-6（b）、图 8.9-8 及图 8.9-9 所示。调整时用板尺进行测量。

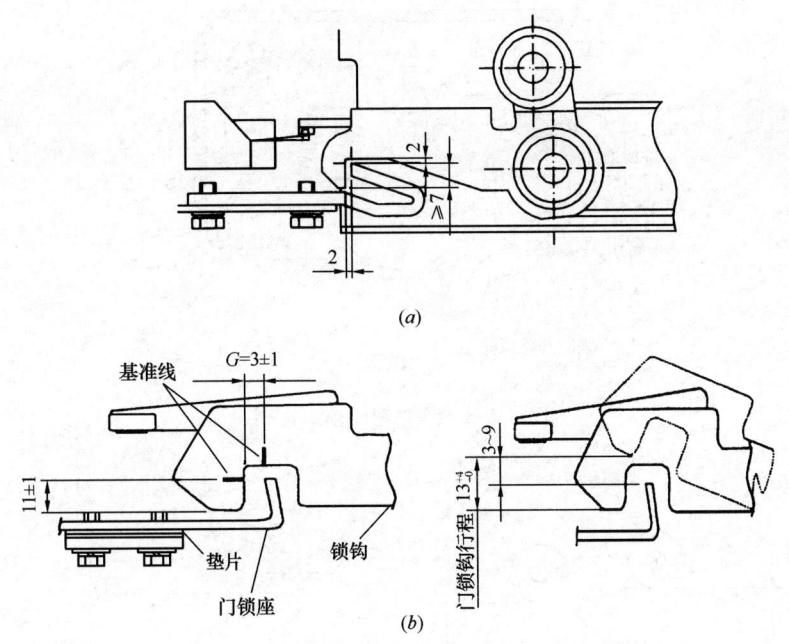

图 8.9-5 层门门锁机械调整示意图
(a) 三菱门锁的调整；(b) 日立门锁的调整

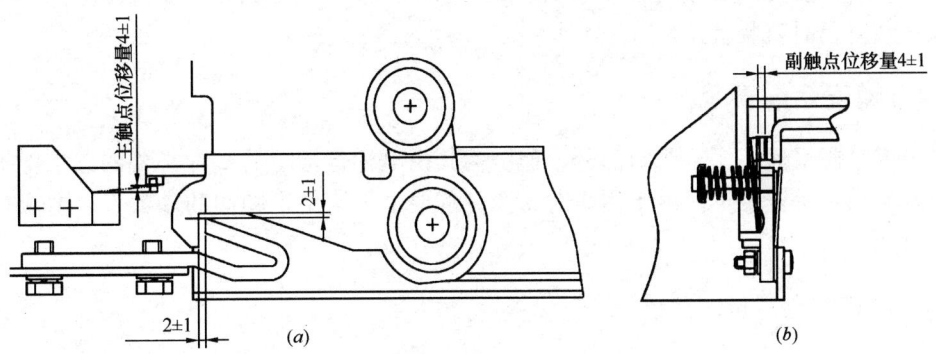

图 8.9-6 三菱层门门锁电气调整示意图
(a) 主门锁触点调整；(b) 副门锁触点调整

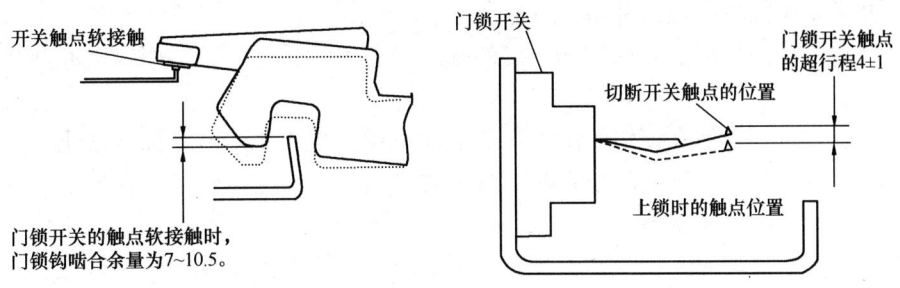

图 8.9-7 日立主门锁调整示意图

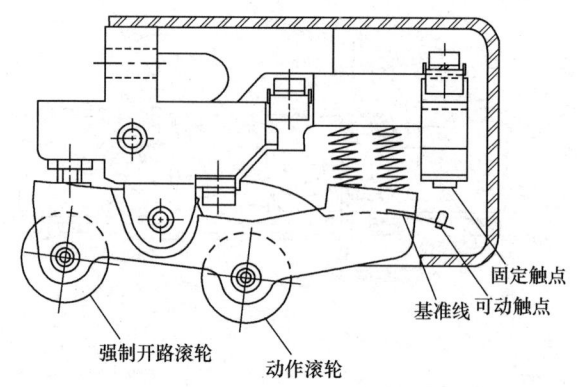

图 8.9-8 日立副门锁示意图

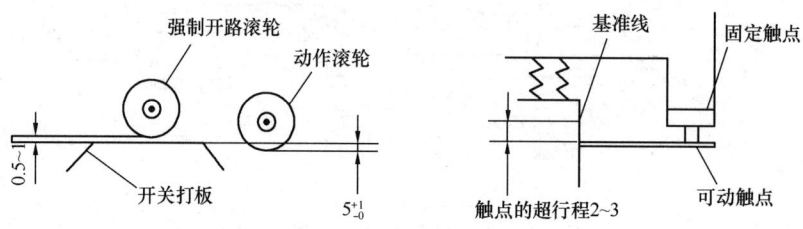

图 8.9-9 日立副门锁调整示意图

(6) 在门锁装置的机械间隙和电气触点的动作行程调整完成后,要及时把门锁装置的防尘保护装置及时安装就位。

8.10 井道安全门安装

井道安全门虽然不属于层门部分,但因为其是电梯运行时的一种必要的逃生保护,一般由电梯用户负责安装,而由于用户对安全门的要求不清楚,制作的多数不合要求,故在此做以介绍。

8.10.1 井道安全门技术要求

(1) 当相邻两层门地坎间的距离大于 11m 时,其间应设置安全门,以确保相邻地坎间的距离不大于 11m。

(2) 安全门的高度不小于 1.8mm,宽度不小于 0.35mm。

(3) 井道安全门均不应向井道内开启。

(4) 井道安全门均应装设用钥匙开启的锁。当上述门开启后,不用钥匙亦能将其关闭和锁住。

(5) 井道安全门即使在锁住情况下,也应能不用钥匙从井道内部将门打开。

(6) 井道安全门均处于关闭位置时,电梯才能运行。为此,应采用安全触点的电气安全装置证实上述门的关闭状态。

(7) 井道安全门均应无孔,并应具有与层层门一样的机械强度,且应符合相关建筑物防火规范的要求。

8.10.2 井道安全门安装

(1) 首先确认出入口土建尺寸符合井道安全门安装要求，参见图 8.10-1。对于不符合要求的应在土建单位的配合下进行整改。

(2) 安装井道安全门

1) 在安全门出入口两边墙上按图 8.10-2 所示尺寸各打入三档由 $C100\times200$ 钢筋，与安全门的固定加强板焊接，焊接作业的焊缝高度为 4mm。

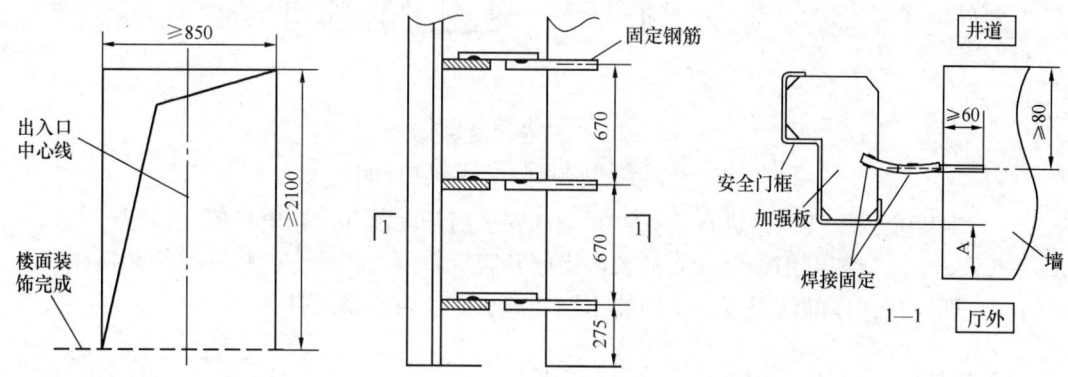

图 8.10-1 安全门土建预留示意图　　图 8.10-2 安全门固定示意图

2) 安全门框固定后，前后、左右方向尺寸偏差应达到图 8.10-3 所示，前后左右的上下偏差都应在 1mm 以内，安全门的中心线与电梯厅门口的中心线偏差 ≤3mm。

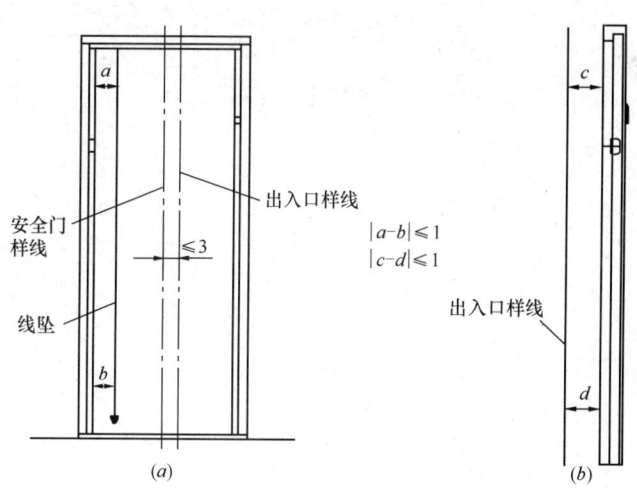

图 8.10-3 安全门偏差示意图
(a) 左右偏差；(b) 前后偏差

3) 将安全门扇的门铰轴套套进安全门框的门铰转轴，然后确认安全门扇开闭转动灵活，锁开启灵活，锁紧可靠，参见 8.10-4 所示。

4) 安全门安全开关电缆从安全门横梁背部的引线孔引入井道，电缆在井道壁上可靠固定。

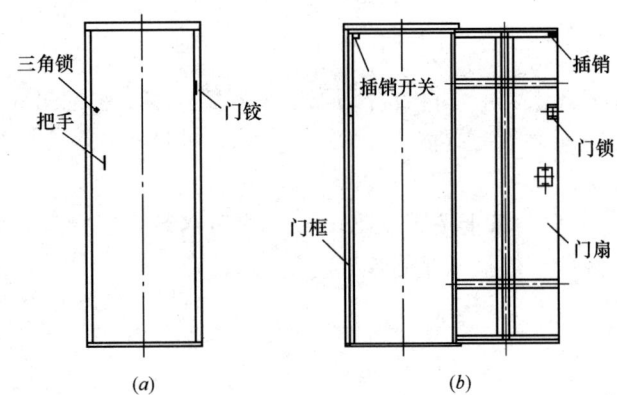

图 8.10-4 安全门偏差示意图
(a) 安全门闭合时；(b) 安全门开启时

5) 对安全门电气回路进行检查，并确认安全门开关断开后，电梯停止运行。
6) 安全门应装设用钥匙开启的锁，当门开启后，不用钥匙应能将其关闭和锁住。
7) 即使在锁住的情况下，也应能不用钥匙从井道内部将门打开。

第9章 井道机械设备安装

井道内的机械设备，主要有缓冲器、限速器张紧装置、限速器钢丝绳，还有补偿链或补偿绳装置等。主要的安装工艺流程为：安装缓冲器底座→安装缓冲器→安装限速器张紧装置、限速器钢丝绳→安装补偿链或补偿绳装置。

9.1 缓冲器组装

9.1.1 缓冲器分类

缓冲器设于井道底坑中，作用是减小轿厢在重大事故情况下发生蹾底时的冲击力，是最后一道安全保护措施。常见的缓冲器有蓄能型和耗能型的缓冲器，近年来对于额定速度小于 1.0m/s 的电梯也有使用聚氨酯缓冲器，常见的蓄能型多为弹簧式，常用的耗能型多为液压式。如图 9.1-1 所示。

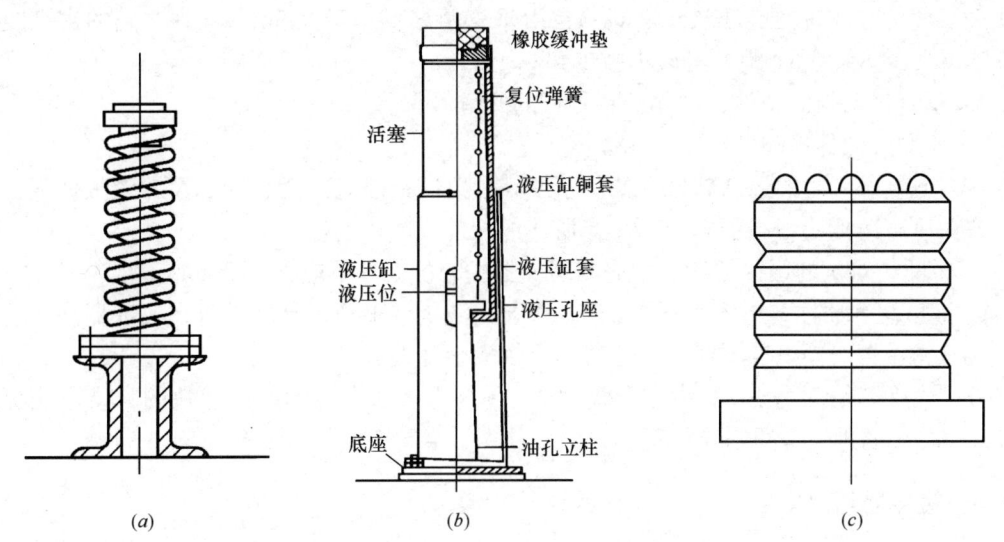

图 9.1-1 缓冲器的分类
(a) 弹簧缓冲器；(b) 液压缓冲器；(c) 聚氨酯缓冲器

（1）弹簧式缓冲器，用于额定速度为 1.0m/s 以下的电梯，如图 9.1-1 (a) 所示。弹簧缓冲器的制停特性是，其制停力随着压缩行程的增大而渐渐增大，一般压缩力与压缩行程成正比（组合弹簧除外）。

（2）液压式缓冲器，用于任何速度的电梯，如图 9.1-1 (b) 所示。液压缓冲器在制停过程中，其设计的制停力近似常数，从而使轿厢近似匀减速，所以可适用于任何额定速度的电梯。其工作原理为在液压缓冲器的液压缸内充入机械油或汽缸油，当柱塞受压时，液压缸内的油压增大，并通过油孔立柱、油孔座和油嘴向柱塞喷射，这时液压产生的阻力缓冲了柱塞上的压力。当柱塞完成了有效工作缓冲行程并消除了柱塞上的压力后，由于柱塞中复位弹簧的作用,促使柱塞复位,完成一次缓冲行程。液压缓冲器缓冲过程是连续均匀的,因此作用比较平稳。

(3) 聚氨酯缓冲器,也称为非线性蓄能型缓冲器。如图 9.1-1(c) 所示。

9.1.2 缓冲器安装技术要求

1. 缓冲器应设置在轿厢与对重的行程底部极限位置。
2. 缓冲器的适用范围:
(1) 蓄能型缓冲器(包括线形和非线形)只能用于额定速度不大于 1m/s 的电梯。
(2) 耗能型缓冲器可用于任何额定速度的电梯。
3. 轿厢在两端站平层位置时,轿厢、对重的缓冲器撞板与缓冲器顶面间的距离应符合土建布置图要求。一般按照耗能型缓冲器应为 150~400mm,蓄能型缓冲器应为 200~350mm 来安装,但要满足在电梯冲顶、蹲底时轿厢和对重不能超出导轨。
4. 当轿厢完全压在缓冲器上时,应同时满足下列 3 个条件:
(1) 底坑中应有足够的空间,该空间的大小以能放进一个不小于 0.5m×0.6m×1.0m 的长方体为准,可以任何平面朝下放置。
(2) 底坑底和轿厢最低部件之间的自由垂直距离不小于 0.5m,下列之间的水平距离在 0.15m 之内时,这个距离可最小减少到 0.1m。
1) 垂直滑动门的部件、护脚板和邻近的井道壁;
2) 轿厢最低部件和导轨。
(3) 底坑中固定的最高部件,如位于最高位置的补偿绳张紧装置和轿厢的最低部件之间的自由垂直距离应不小于 0.3m,2) 所述的除外。
5. 轿厢、对重的缓冲器撞板中心与缓冲器中心的偏差不应大于 20mm。
6. 液压缓冲器柱塞铅垂度不大于 0.5%,充液量应正确,且应设有在缓冲器动作后未恢复到正常位置时使电梯不能正常运行的电气安全开关。
7. 当轿厢完全静止压缩在缓冲器上时,平衡重(如果有的话)导轨的长度应能提供不小于 0.3m 的进一步的制导行程。

9.1.3 缓冲器底座安装

首先清扫底坑,测量底坑深度,安装时,全面考虑缓冲器数量及布置和缓冲器的中心位置、垂直偏差、水平度偏差等指标,检查缓冲器底座与缓冲器是否配套,并进行试组装,确立其高度,无问题时方可将缓冲器安装在导轨底座上,如图 9.1-2 所示。除蓄能型缓冲器外,在安装前,要检查缓冲器上的铭牌,核对:1) 缓冲器制造厂名称;2) 形式试验标志及其试验单位。

对于没有导轨底座时,可采用混凝土基座或加工型钢基座。如采用混凝土底座,则必须保证不破坏井道底的防水层,避免渗水后患,且需采取措施,使混凝土底座与井道底连成一体。

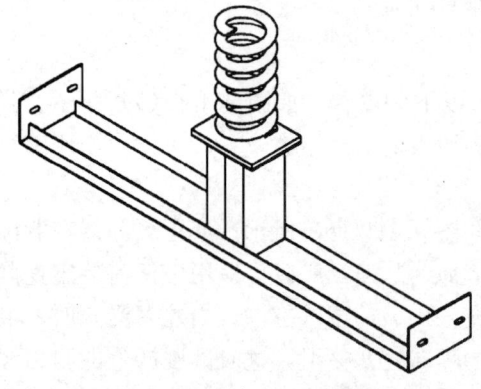

图 9.1-2 缓冲器的底座安装

1. 对于缓冲器混凝土底座高度的确定，依据以下步骤：
(1) 轿厢侧缓冲器混凝土底座高度
$$H_1 = H - h_1 - h_2 - h_3$$
式中　H——实际的底坑深度（mm）；
　　　h_1——轿厢地坎面与轿架下横梁底面的距离（mm）；
　　　h_2——缓冲器的自身高度（mm）；
　　　h_3——缓冲距（mm）（见表 9.1-1）。
(2) 对重侧缓冲器混凝土底座高度
$$H_2 = H_3 - h_5 - h_6$$
式中　H_3——轿厢顶层平层时对重缓冲座底部至底坑的距离（mm）；
　　　h_5——缓冲器的自身高度（mm）；
　　　h_6——缓冲距（mm）（见表 9.1-1）。

2. 将缓冲器座（在两对角插入两支地脚螺栓后）放在混凝土墩上。

3. 确认弹簧缓冲器座的水平度在 3/1000 之内，确认液压缓冲器座的水平度在 1/1000 之内。

4. 确认缓冲器座的水平位置，在轿厢（或对重）撞板中心放一线坠，移动缓冲器，使其中心对准线坠来确定缓冲器的位置，两者在任何方向的偏移不得超过 20mm，如 9.1-3 所示。

5. 对于轿厢液压缓冲器，应使其在导轨中心线方向的偏差≤20mm，在前后方向（垂直于导轨中心线方向）只能向厅门方向偏移，且偏移值≤20mm，如图 9.1-4 所示。

6. 轿厢侧使用两个弹簧缓冲器时，应确认两个弹簧缓冲器座之间的相互高度差在 2mm 以内，如图 9.1-5 所示。

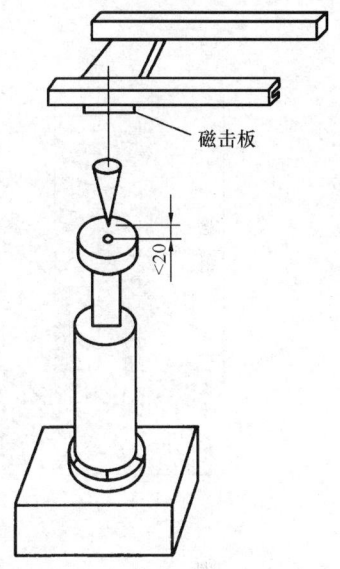

图 9.1-3　缓冲器的中心找正

9.1.4 缓冲器安装

待混凝土凝固后，紧固地脚螺栓，将缓冲器与缓冲器座用螺栓进行连接。

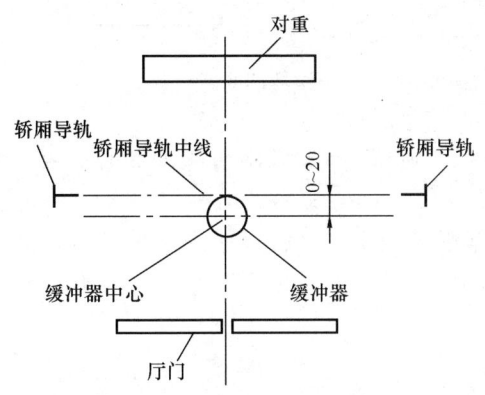

图 9.1-4　轿厢缓冲器的偏差方向

1. 将弹簧缓冲弹簧放在缓冲器座上，并用固定带固定缓冲弹簧，见图 9.1-6 所示。

2. 用水平尺测量缓冲器顶面，要求其水平误差小于 4S/1000，如图 9.1-7 所示。

3. 如果作用于轿厢（或对重）的缓冲器由两个组成一套时，两个缓冲器顶面应在一个水平面上，相差不应大于 2mm，如图 9.1-8 所示。

4. 液压缓冲器的活塞柱垂直度的测量：其中 a（上端距离）和 b（下端距离）的差不得大于 1mm，测量时，应在相差 90°的两个方向进

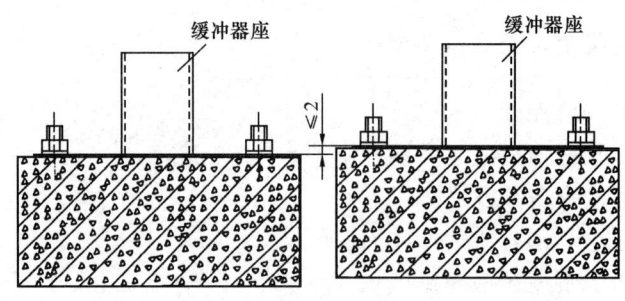

图 9.1-5 双缓冲器的安装

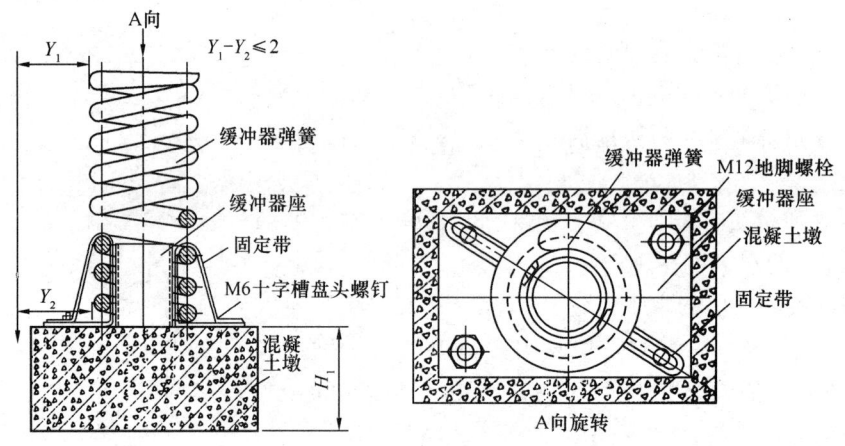

图 9.1-6 弹簧缓冲器安装示意

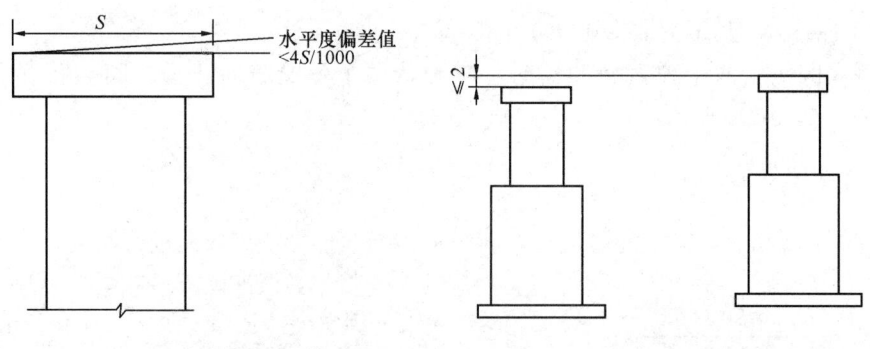

图 9.1-7 缓冲器的顶面水平度　　图 9.1-8 两个缓冲器的高度偏差

行，如图 9.1-9 所示。如垂直度超标，可用垫片进行调整。（安装对重缓冲器时，应将缓冲器的油量检查口朝向轿厢侧）。

5. 缓冲器底座必须按要求安装在混凝土或型钢基础上，接触面必须平整严实，如采用金属垫片找平，其面积不小于底座的 1/2。地脚螺栓应紧固，螺纹要露出 3~5 扣，螺母加弹簧垫或用双螺母紧固。

6. 轿厢在端站平层位置时，轿厢或对重撞板至缓冲器上平面的距离 s 称越程距离，如表 9.1-1 所示。

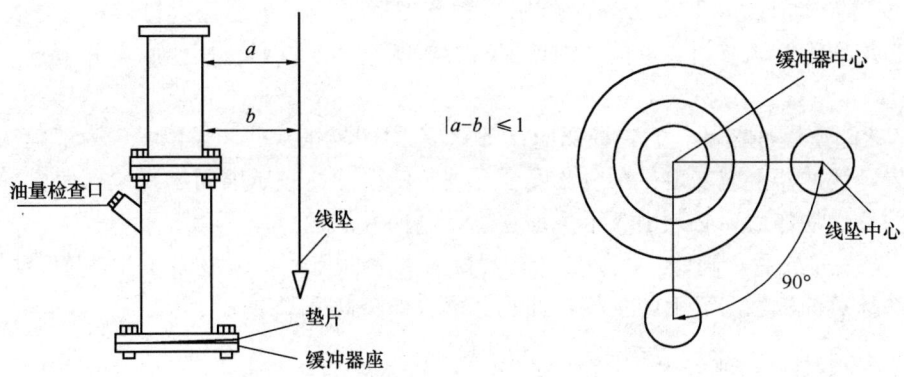

图 9.1-9　液压缓冲器的柱塞垂直度的调整

轿厢、对重越程距离 s 范围　　　　　表 9.1-1

电梯额定速度（m/s）	缓冲器形式	越程距离 s/（mm）
≤1.0	蓄能缓冲器	200～350
任何速度	耗能缓冲器	150～400

7. 在给液压缓冲器注油时，油号应符合产品要求，松开缓冲器柱塞上部（橡胶板）的螺栓，将油注入检查口下端 10mm 位置，安装好胶板，如图 9.1-10 所示。在检查完油量后，应同时排除油缸内空气。油路应畅通，并检查有无渗油情况，以保证其功能可靠。

8. 安装对重缓冲器时，应将缓冲器的电气开关朝向不在补偿链的一侧，防止补偿链与缓冲器开关相碰。参见图 9.1-11。

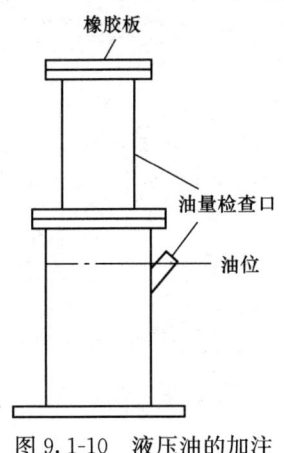

图 9.1-10　液压油的加注

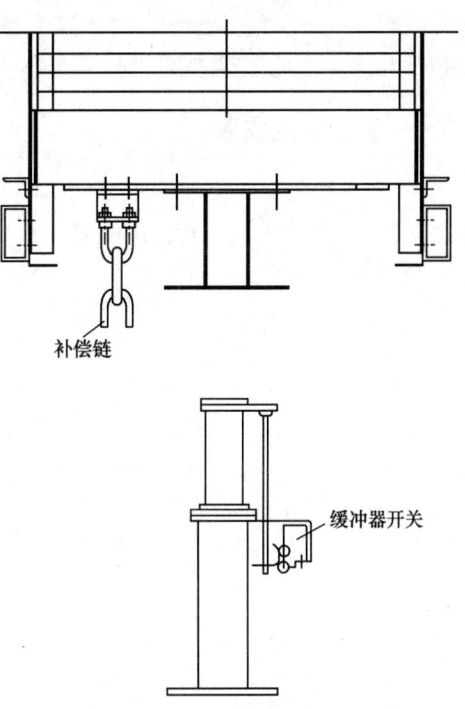

图 9.1-11　电气开关的安装方向

9. 安装瞬动开关，如图 9.1-12 所示。触点支撑必须用手通过螺钉连接在油缸上，操作托架必须准确地调节至触点槽的中点，然后将触点支架拧紧，操作触点并检查间隙是否仍然在 1mm 左右。

10. 耗能型缓冲器动作后，柱塞应在 120s 之内回复正常的伸长位置，为了确认柱塞的回复位置，缓冲器上应安装一个电气安全开关，使缓冲器被压缩而未复位时使电梯不能运行。开关每次动作后，必须由人工手动复位，电梯方能运行。

11. 安装完成后，确认液压缓冲器行程部分的表面未附有异物及灰尘等杂物后，应在其表面涂抹黄油。然后套上防尘袋，捆扎严密，如图 9.1-13 所示。

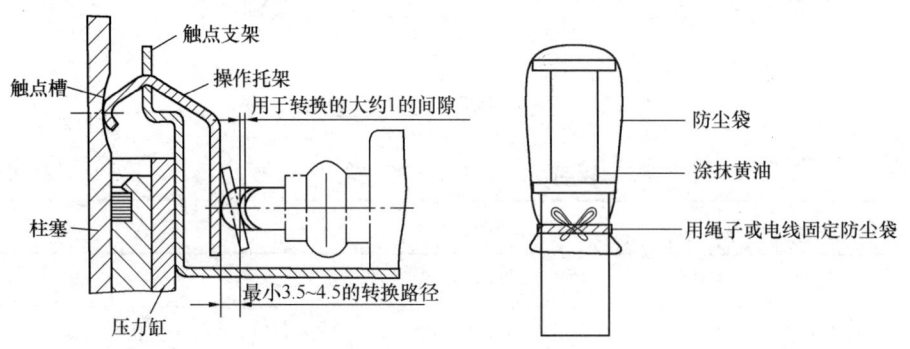

图 9.1-12　电气开关的调整　　　　图 9.1-13　液压缓冲器的防尘保护

9.2　限速器张紧装置安装

限速器张紧装置一般设在电梯底坑内，是给限速器钢丝绳以适当张力，从而保证限速器绳有至少 500N 预（涨）紧力，限速器绳每一分支中张力应不小于 150N，以便提起安全钳拉杆系统，通常安装有绳松弛开关和压重装置。

9.2.1　张紧轮的安装

1. 对于相关尺寸有明确标示的，按图 9.2-1 所示，安装限速器张紧装置，确认与导轨的相关尺寸 H_1、H_2、H_3、L 按照各个厂家的安装说明。下面以日立电梯为例来作说明，相关尺寸符合表 9.2-1 的要求。

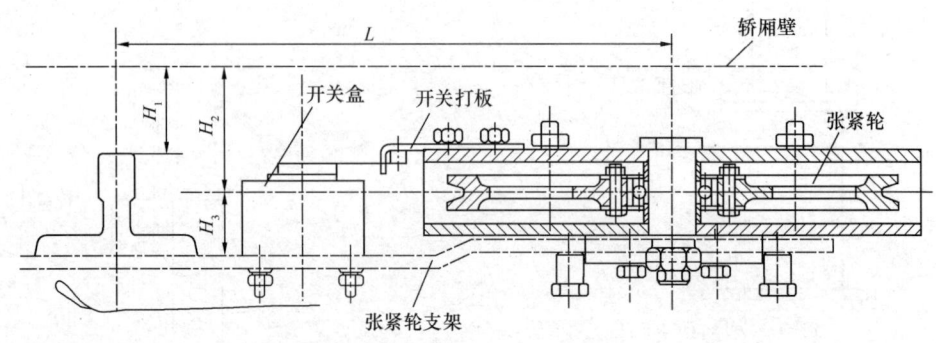

图 9.2-1　限速器张紧装置示意

限速器张紧装置安装要求　　　　　　　　表 9.2-1

适用范围	H_1	H_2	H_3	L
日立牌客梯	45	73	34	325
F-1000 货梯	38	76	24	425

2. 按图 9.2-2 调整限速器张紧装置，确保张紧轮重锤底部距底坑的高度 D 底部距底坑平面距离符合表 9.2-2 的要求，可以用木块垫起，来保证 D 值。

限速器张紧装置安装高度尺寸　　　　　　表 9.2-2

速度 $v/$（m/s）	≤1	1<v≤1.75	v≥1.75
$D/$（mm）	400±50	550±50	750±50

3. 对于相关尺寸没有明确标示的，按照图 9.2-3 所示，由轿厢拉杆下绳头中心向其对应的张紧轮绳槽中心点 a 吊一垂线 A，同时由限速器绳槽中心向张紧轮另一端绳槽中心 b 吊垂线 B，调整张紧轮位置，使垂线 A 与其对应中心点 a 误差小于 5mm，使垂线 B 与其对应中心点 b 误差小于 10mm。

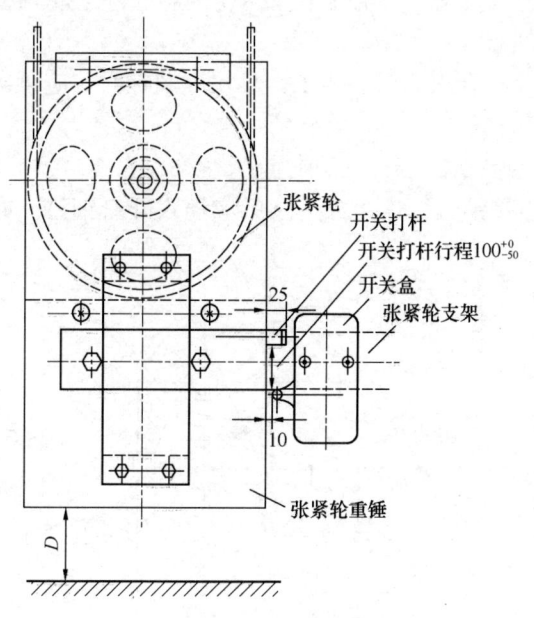

图 9.2-2　限速器张紧装置安装

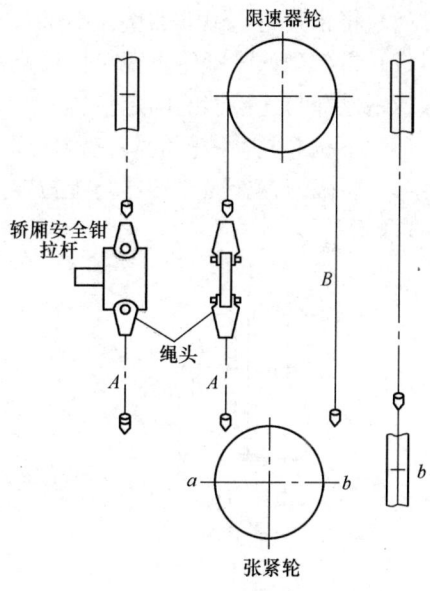

图 9.2-3　限速器张紧装置安装示意

9.2.2　限速器钢丝绳安装

1. 前提条件

（1）对重架、轿架的总装已完成。

（2）安装限速钢丝绳应在电梯行慢车前。

（3）限速器已安装。

（4）底坑张紧轮已安装。

2. 准备工作

（1）清除限速器轮槽和底坑张紧轮槽内的杂物。

（2）将张紧轮重锤用垫块（砖块或木块）垫起，垫高尺寸 D 取表 9.2-2 中的最大值。

（3）将限速钢丝绳搬入机房。

（4）人员分工明确。机房、轿顶、底坑各有 1 名员工。如楼层高，机房应至少有 2 名员工。

3. 直接把限速器钢丝绳挂在限速轮和张紧轮上进行测量，根据所需长度断绳，做绳头的方法与主钢丝绳绳头相同，然后将绳头与轿厢安全钳拉杆板固定。

（1）在机房将限速钢丝绳的一头从限速器钢丝绳孔下行方向（制动锤侧）放到轿顶。

（2）轿顶人员将限速钢丝绳与轿顶安全钳拉杆机构上限速钢丝绳连接器进行连接，如图 9.2-4 所示。

（3）将限速钢丝绳连接器从提拉臂上拆下，将限速钢丝绳连同连接器一起放到底坑，直至机房剩下限速钢丝绳的另一头为止。

（4）将限速钢丝绳的另一头由限速器钢丝绳孔（非制动锤侧）放到井道，直至限速钢丝绳的另一头到底坑为止。

（5）在底坑将限速钢丝绳的另一头穿过张紧轮后与限速钢丝绳连接器进行连接。

（6）将张紧轮重锤下的垫块拆除。

（7）再次确认张紧轮重锤离底坑高度 D 符合表 9.2-2 要求。D 尺寸超标时，应再次调整限速钢丝绳与连接器的固定位置。

（8）下拉非制动锤侧的限速钢丝绳直至连接器上升至轿顶为止。

（9）将限速钢丝绳连接器与提拉臂用连接销进行连接，连接后应插入开口销钉。如图 9.2-5 所示。

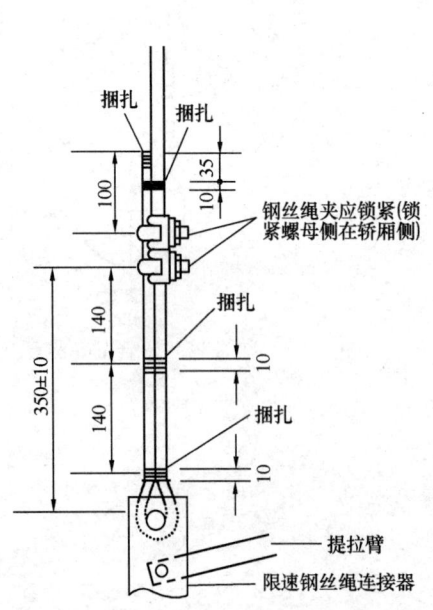

图 9.2-4　限速器钢丝绳安装示意

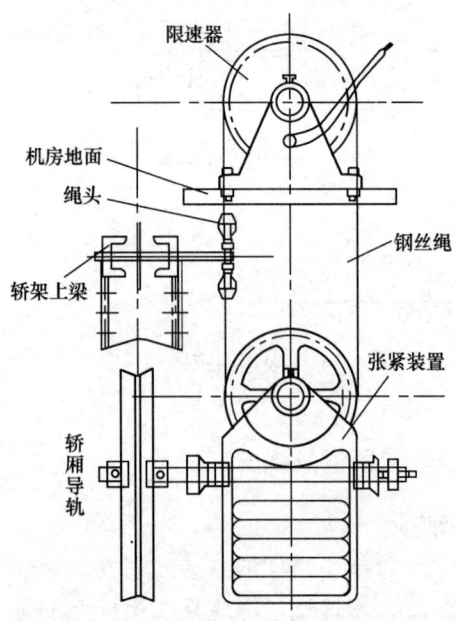

图 9.2-5　限速器与张紧装置联接示意图

4. 限速器钢丝绳至导轨导向面 a 与顶面 b 两个方向的偏差均不得超过 10mm，如图 9.2-6 所示。

5. 在天气变化时，电梯限速器钢丝绳的热胀冷缩造成钢丝绳天气冷时伸长，天气热时缩短往往会引起张紧轮安全开关的动作，对于较高提升高度的电梯，张紧轮（或其配重）应有导向装置。

6. 轿厢各种安全钳的止动尺寸 F 应根据产品要求进行调节。

7. 限速器钢丝绳与安全钳连杆连接时，应用 3 只钢丝绳卡夹紧，卡的压板应置于钢丝绳受力的一边。每个绳卡间距应大于 $6d$（d 为限速器绳直径），限速器钢丝绳短头端应用镀锌钢丝加以扎结。

8. 限速器钢丝绳要无断丝、锈蚀、油污或死弯现象，限速器直径要与夹强制动块间距相对应。

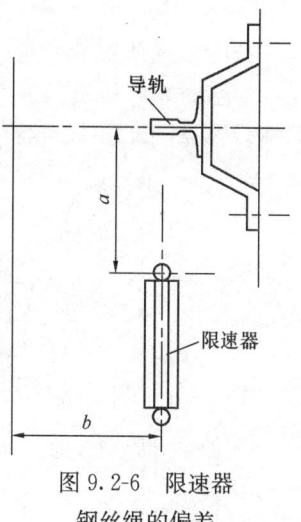

图 9.2-6 限速器钢丝绳的偏差

9.3 补偿装置安装

补偿装置是用来平衡电梯运行过程中钢丝绳和随行电缆重量的装置。当电梯的提升高度大于 30m 时，这种不平衡对于电梯的运行就会产生很明显影响，为此就要增加装电梯补偿装置，消除曳引钢丝绳和随行电缆的重量引起的不平衡。当电梯轿厢在底层端站和顶层端站时，曳引钢丝绳的重量会全部集中到对重或者轿厢的一边，影响电梯平衡系数和曳引力，重量补偿装置是减少电梯运行中曳引绳在对重和轿厢两侧重量差，使电梯平衡系数和曳引力保持稳定的装置。

9.3.1 补偿装置的常见形式

重量补偿装置常用有采用补偿绳和补偿链两种见表 9.3-1。

补偿装置的常见形式　　　　表 9.3-1

类　型	使　用　特　点
补偿绳	以钢丝绳为主体，悬挂在轿厢与对重的下面，此种装置具有运行较稳定的优点，常用于速度大于 2.5m/s 的电梯。其结构如图 9.3-1 所示。补偿绳采用钢丝绳，其单位长度的重量与曳引绳重量基本一致，在底部需设置张紧轮，以保证补偿绳处于张紧状态
补偿链	普通补偿链以铁链为主体，悬挂在轿厢与对重的下面，为降低运行中铁链碰撞引起的噪声，在铁链中穿有麻绳，或者采用包塑补偿链（如图 9.3-2 所示）。此种装置结构简单，一般适用于速度小于 1.75m/s 的电梯
	当电梯速度在 1.75～2.5m/s，可采用全塑补偿链（如图 9.3-3 所示）来平衡曳引钢丝绳的重量。在结构上，其内部为锚链，外部为复合材料 PVC 或橡胶，其优点是弹性好、弯曲半径小、阻燃、耐老化、温度适应范围广，使用后平稳性能好，噪声低

9.3.2 补偿装置安装技术要求

1. 补偿绳、链、缆等补偿装置的端部应固定可靠。

2. 补偿链（绳）安装位置的确定

按图纸确认安装位置，补偿链一般采用2根，但根据结构要求也可设1根。当使用1条补偿链时，补偿链的安装位置应根据随行电缆的安装位置而定，即安装在随行电缆的对向侧，参见图9.3-4，这样可以避免随行电与补偿链摩擦，也可以使轿厢平衡更好。

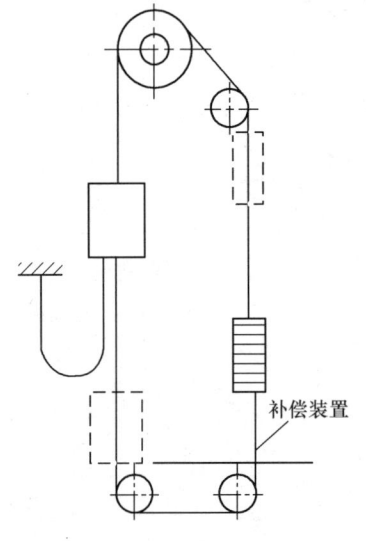

图9.3-1 补偿绳安装示意图

图9.3-2 包塑补偿链

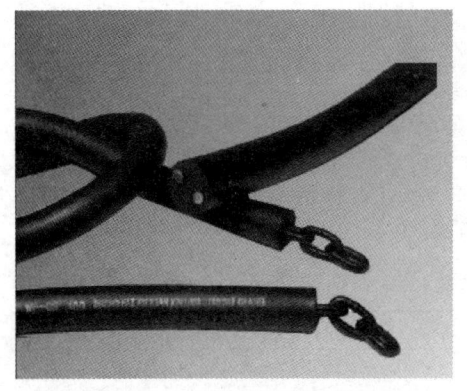

图9.3-3 全塑补偿链

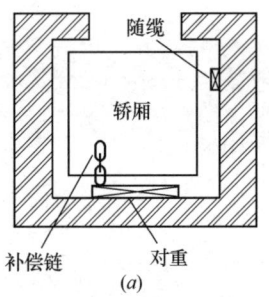

图9.3-4 补偿链的位置确定
(a) 补偿链安装在对重左侧；(b) 补偿链安装在对重右侧

3. 常见的补偿链（绳）在轿厢和对重上的悬挂形式如图9.3-5所示。

4. 补偿装置如果是采用链条的，则应在没有扭转时进行悬挂，为了消除工作噪声，应当采用润滑剂进行润滑，并有消声措施。

5. 当电梯额定速度小于2.5m/s时，应采用有消声措施的补偿链，补偿链固定在轿厢底部及对重底部的两端且有防补偿链脱链的保险装置，当轿厢将缓冲器完全压缩后，补偿链不应拖地，且在轿厢运行过程中补偿链不应碰擦轿厢壁。

6. 补偿绳使用时必须符合下列条件：

(1) 使用张紧轮；

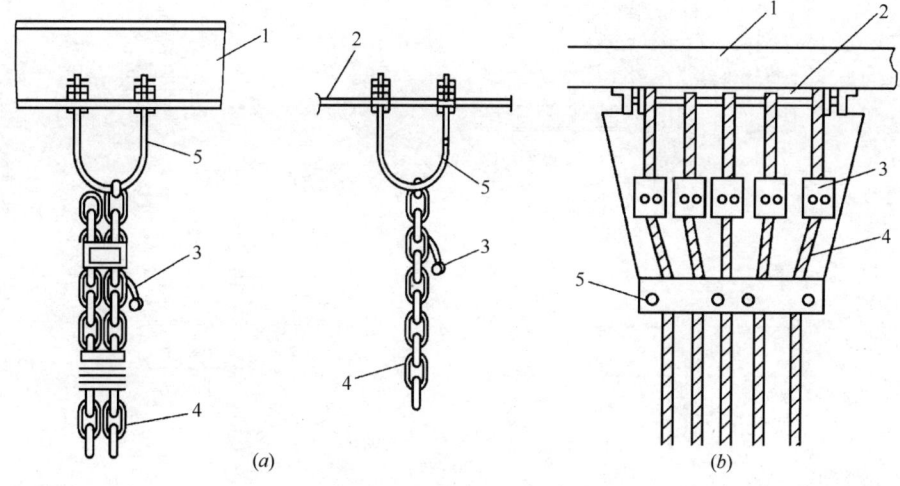

图 9.3-5 补偿链（绳）悬挂示意图
(a) 补偿链悬挂
1—轿厢底；2—对重底；3—麻绳；4—铁链；5—U形卡箍
(b) 补偿绳悬挂
1—轿厢底梁；2—挂绳架；3—钢丝绳卡；4—钢丝绳；5—定位卡板

（2）张紧轮的节圆直径与补偿绳的公称直径之比不小于30；

（3）张紧轮应设置安全防护装置；

（4）用重力保持补偿绳的张紧状态；

（5）对补偿绳的张紧轮，用一个使用安全触点的电气安全装置来检查补偿绳的最小张紧位置，此补偿绳张紧的电气安全开关应动作可靠。

（6）当电梯额定速度大于 3.5m/s 时，应采用有张紧装置的补偿绳，并应设有防止该装置的防跳装置，当防跳装置动作时，应有一个电气限位开关动作，使电梯驱动主机停止运转，该开关应动作灵敏、安全可靠。

9.3.3 补偿装置安装

1. 补偿链的安装

（1）先将补偿链靠近井道里侧拐角部位由上而下悬挂 48h，以消除补偿链自身的扭曲应力。

（2）将轿厢慢车运行到底坑上方适当位置，必须严格按照随机图纸仔细安装齐全，以保证安全。对于补偿链缠绕在补偿链悬挂管子的安装，由于链承受了横向负载，将会严重影响其寿命和安全使用，图 9.3-6 所示。采用 U 形螺栓就会避免补偿链的链扣横向受力，如图 9.3-7 及图 9.3-8 所示。

（3）补偿链在对重上的安装及固定

补偿链在轿厢上安装固定完毕校核无误以后，将轿厢慢车运行到最高层楼，使补偿链低端离开底坑地面后，自然悬挂消除内应力后，在对重上进行安装固定，如图 9.3-9 所示，如果试运行时发现补偿链扭曲应力未完全消除，在轿底可悬挂可转轴心装置，消除扭

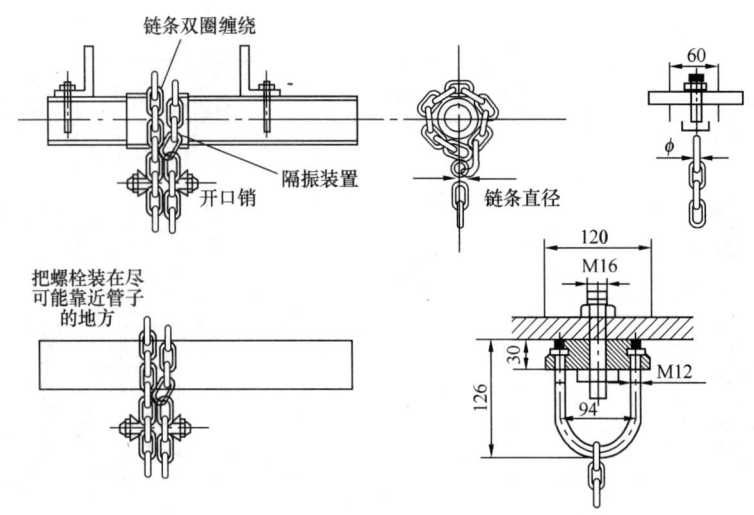

图 9.3-6 轿厢侧补偿链的安装

曲应力,如图 9.3-10 所示。

(4) 当电梯轿厢在最高位置时补偿链距离底坑地面距离要求在 100mm 以上,一般在 150~250mm,补偿链导向杆距离底坑地面距离要求在 400~500mm,补偿链的弯曲直径在 350~370mm,如图 9.3-11 所示。为了减少补偿链与补偿链导向杆相碰撞时发生响声,一般在导向杆上一般套上聚氯乙烯管,如图 9.3-12 所示。

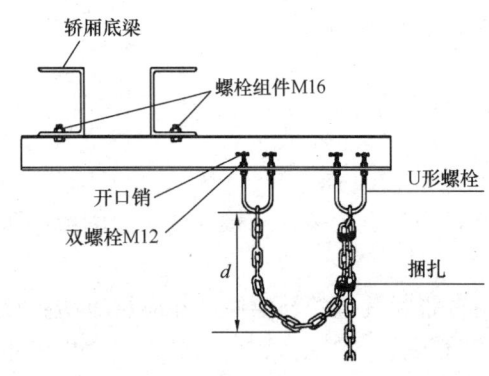

图 9.3-7 轿厢侧补偿链的安装方式一

补偿链的各链环开口必须焊牢,安装后应串绕旗绳或涂消声油,也可用有塑料套的防声链,以减少运行时发出的噪声。

(5) 补偿链与随行电缆在轿底的固定位置要考虑到它们的重量平衡,以减轻靴衬与导轨的磨损。

2. 补偿绳的安装

(1) 若电梯用补偿绳来补偿时,除按施工图施工外,还应注意补偿轮的导靴与补偿轮导轨之间间隙为 1~2mm,如图 9.3-13 所示。轨道顶部应有挡铁,以防电梯突然停止时补偿轮脱出导轨。导轨上下端的限位开关安装应牢固,位置应正确,以保证补偿轮在非正常位置时,电梯停止运行,确保安全,如图 9.3-14 所示为一种常见的补偿链轮安装方式。

(2) 补偿绳轮应设置防护装置以避免人身伤害、异物进入绳与绳槽之间、钢丝绳松弛时而脱离绳槽,该防护装置不得妨碍对补偿绳轮的检查和维修。

(3) 补偿绳应选用不易松散和扭转的交互捻钢丝绳,如用同向捻钢丝绳时,容易产生扭转和打结。

常见的补偿钢丝绳见表 9.3-2。

第 9 章 井道机械设备安装

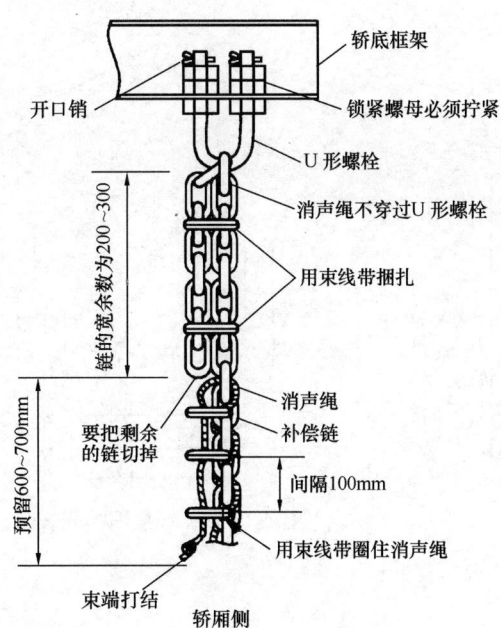

图 9.3-8 轿厢侧补偿链的安装方式二

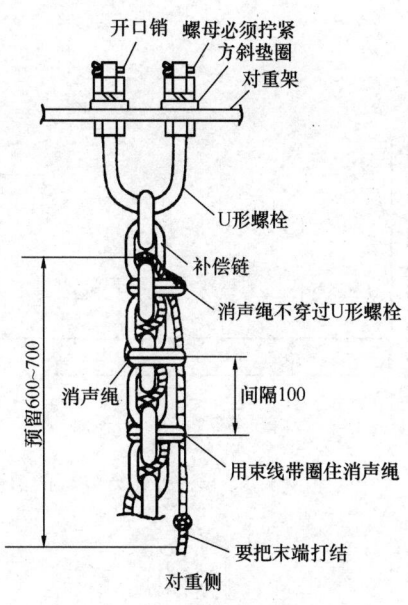

图 9.3-9 对重侧补偿链的安装

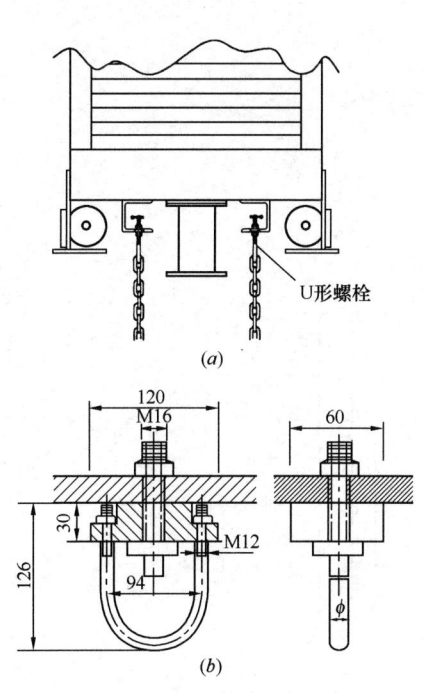

图 9.3-10 应力消除措施
(a) U形螺栓安装；(b) 旋转U形螺栓安装详图

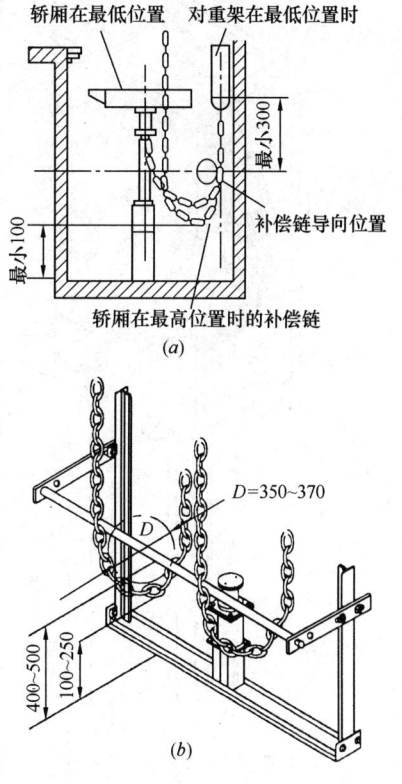

图 9.3-11 补偿链离地距离与弯曲直径
(a) 离地距离；(b) 弯曲半径安装尺寸

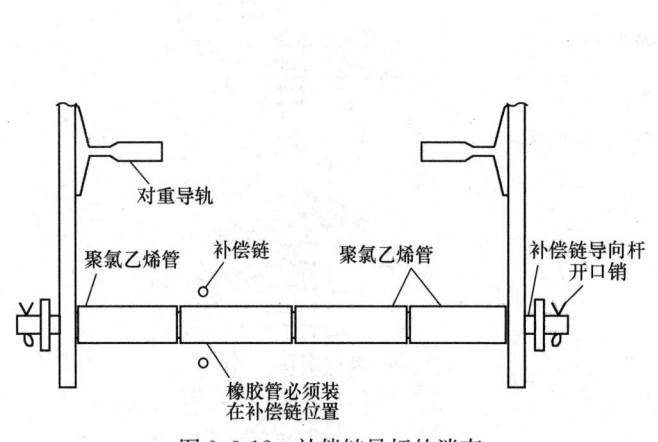

图 9.3-12 补偿链导杆的消声

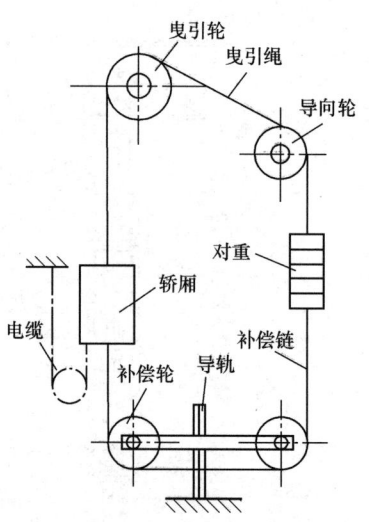

图 9.3-13 补偿绳的安装示意

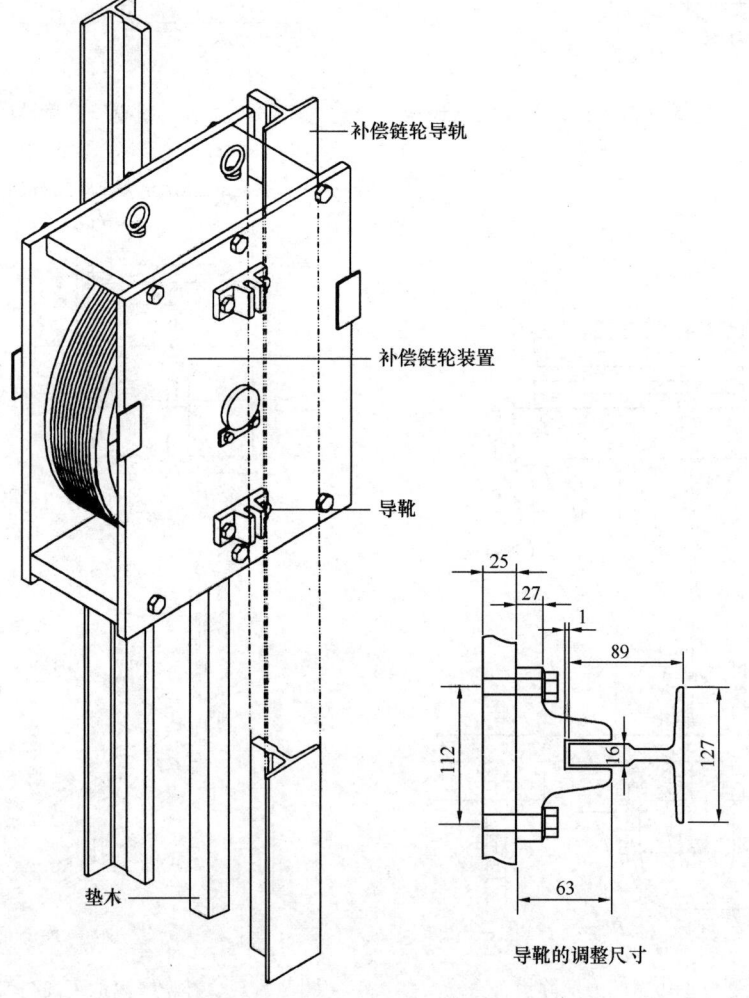

(a) (b)

图 9.3-14 补偿绳轮的安装示意
(a) 补偿轮导向装置；(b) 导轨与导靴间隙

光面钢丝、大直径的补偿用钢丝绳　　　　　　　表 9.3-2

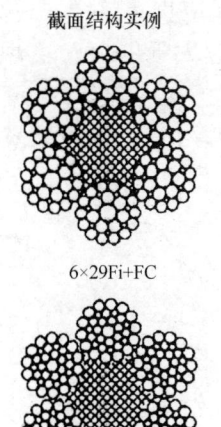

截面结构实例
6×29Fi+FC
6×36WS+FC

钢丝绳结构		股 结 构	
项 目	数 量	项 目	数 量
股数	6	钢丝	25~41
外股	6	外层钢丝	12~16
股的层数	1	钢丝层数	2~3
钢丝绳钢丝数		150~246	

典型例子		外层钢丝的数量		外层钢丝系数① a
钢丝绳	股	总数	每股	
6×29Fi	1+7+7F+14	84	14	0.056
6×36WS	1+7+7/7+14			

钢丝绳类别：6×36
最小破断拉力系数　$K_1 = 0.330$
单位重量系数①　$W_t = 0.367$
金属截面积系数①　$C_1 = 0.393$

钢丝绳公称直径 (mm)	参考重量① (kg/100m)	钢丝绳类别	最小破断拉力 (kN)		
			1570MPa 等级	1770MPa 等级	1960MPa 等级
24	211	6×36 类别（包括 6×36WS 和 6×29Fi）	298	336	373
25	229		324	365	404
26	248		350	395	437
27	268		378	426	472
28	288		406	458	507
29	309		436	491	544
30	330		466	526	582
31	353		498	561	622
32	376		531	598	662
33	400		564	636	704
34	424		599	675	748
35	450		635	716	792
36	476		671	757	838
37	502		709	800	885
38	530		748	843	934

① 仅作参考。

9.4 底坑其他设备安装

1. 底坑爬梯

当底坑深度大于 1600mm 时，要设置底坑爬梯。底坑爬梯需要安在底层地坎以下的位置，要求爬梯的任何部位不能够凸出地坎边缘；爬梯应该在合适的位置设置扶手，方便上、下底坑。

2. 底坑隔离网

国家标准规定，在井道下部，在不同电梯的运动部件（轿厢与轿厢、轿厢与对重）之间，应设置隔离装置。这种隔离装置应至少从运动部件行程的最低点延伸到底坑地面以上 2.5m 的高度。当电梯运动部件之间的水平距离小于 0.3m 时，隔障应贯穿整个井道高度，且宽度符合要求。在隔障宽度方向上隔障与井道壁之间的间隙不应大于 150mm。现行的安装要求此隔离网为无孔的。

对于贯通井道，如图 9.4-1 所示，根据底坑实际尺寸确定 L 尺寸，将隔离装置焊接（或用膨胀螺栓）安装在井道之间的隔离梁上。

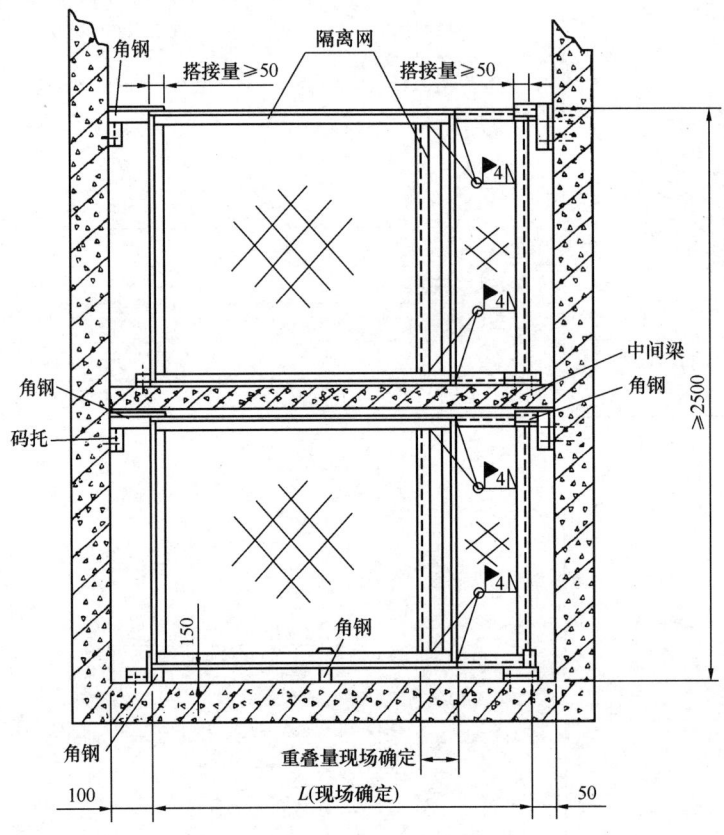

图 9.4-1 底坑隔离网的安装示意

对重防护网使用导轨压板直接安装在对重导轨上。安装好护网后，应检修运行电梯上、下运行，检查补偿链是否刮碰对重护栏。

第10章 曳引钢丝绳的安装

电梯的曳引钢丝绳通过绳头组合悬挂着轿厢和对重,不仅要靠与曳引轮的摩擦产生和传递动力,还要有足够的安全系数保证安全,因此曳引钢丝绳是电梯中的重要构件。在电梯运行时弯曲次数频繁,并且由于电梯经常处在起、制动状态下,所以不但承受着交变弯曲应力,还承受着不容忽视的动载荷。由于使用情况的特殊性及安全方面的要求,决定了电梯用的曳引钢丝绳必须具有较高的安全系数,并能很好地抵消在工作时所产生的振动和冲击。从某种意义上讲,钢丝绳安装质量的好坏,影响电梯的安全使用和寿命。

10.1 电梯用曳引钢丝绳介绍

1. 钢丝绳的标记

电梯用钢丝绳是按照《电梯用钢丝绳》GB 8903-2005生产,其标记示例如图10.1-1所示:

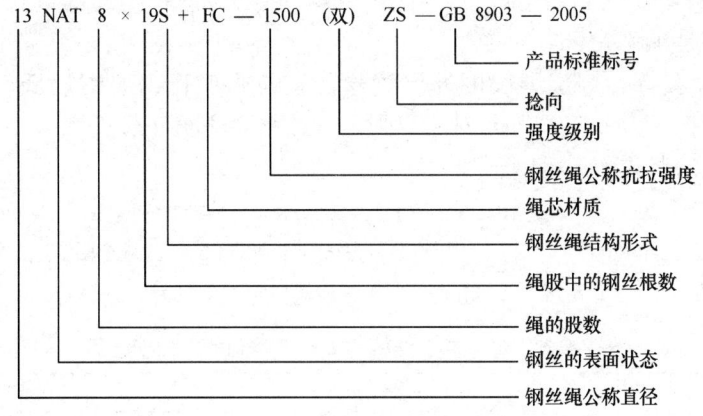

图10.1-1 电梯用钢丝绳的标记方法

(1) 钢丝绳的公称直径:

《电梯用钢丝绳》GB 8903-2005与GB 8903-88相比,增加了7个结构类别(8×19S钢芯股,6×19W、6×25Fi、8×19W、8×25Fi的纤维芯或钢芯股、6×29Fi、6×36WS纤维芯)和13个规格(6.3 6.5 9.0 9.5 11 12.7 14 14.7 15 17.5 18 20 20.6 单位:mm)以及15个大直径规格(22 24 25 26 27 28 29 30 31 32 33 34 35 36 37 38 单位:mm);以上大直径规格中,24mm以上14种规格的只作为电梯的补偿钢丝绳。常用曳引钢丝绳的规格选用参见表10.1-1。

常用曳引钢丝绳的公称直径规格　　　　表10.1-1

钢丝绳公称直径规格表	新电梯的优先尺寸(mm)							备选尺寸(mm)						
	8	10	11	13	16	19	22	9	9.5	12	12.7	14	15	18	20

(2) 钢丝的表面状态:

《电梯用钢丝绳》GB 8903-2005规定,电梯用钢丝绳采用光面钢丝,其代号标记为NAT。

(3) 钢丝绳的结构形式：

钢丝绳结构形式采用下列简称代号标记：

1) 西鲁式：S；

2) 瓦灵顿式：W；

3) 填充式：Fi。

(4) 钢丝绳绳芯：

钢丝绳（股）芯用下列代号标记：

1) 纤维芯（天然或合成的）：FC；

2) 天然纤维芯：NF；

3) 合成纤维芯：SF；

4) 金属丝绳芯：IWR；

5) 金属丝股芯：IWS。

(5) 钢丝绳绳的强度：

电梯的钢丝绳有单强度和双强度之分。

1) 单强度钢丝绳：外层绳股的外层钢丝具有和内层钢丝相同的抗拉强度，如内层、外层钢丝全部都是1570MPa。

2) 双强度钢丝绳：外层绳股的外层钢丝的抗拉强度比内层钢丝低，如外层钢丝为1370MPa，内层钢丝为1770MPa，对于双强度一般都要注明（双）。

(6) 钢丝绳的股数和每股钢丝数

钢丝绳的类别由股的数量和股的结构来划分，一般股的总数与每股的钢丝总数用"×"号隔开，其后再用"＋"号与芯的代号隔开。如：6×19＋NF。常见的电梯钢丝绳有6×19、8×19、6×25等规格，如表10.1-2～表10.1-4所示。

光面钢丝、纤维芯、结构为6×19类别的电梯钢丝绳　　表10.1-2

截面结构实例	钢丝绳结构		绳 股 结 构	
	项 目	数 量	项 目	数 量
6×19S+FC	股数	6	钢丝	19～25
	外股	6	外层钢丝	9～12
	股的层数	1	钢丝层数	2
	钢丝绳钢丝		114 至 150	

	典型例子		外层钢丝的数量		外层钢丝系数[①]
	钢丝绳	股	总数	每股	a
6×19W+FC	6×19S	1+9+9	54	9	0.080
	6×19W	1+6+6/6	72	12　6	0.0738
				6	0.0556
6×25Fi+FC	6×25Fi	1+6+6F+12	72	12	0.064
	最小破断拉力系数　$K_1=0.330$				
	单位重量系数[①]　$W_1=0.359$				
	金属截面积系数[①]　$C_1=0.384$				

续表

钢丝绳公称直径 (mm)	参考重量[1] (kg/100m)	最小破断拉力 (kN)						
		双强度（MPa）				单强度（MPa）		
		1180/1770 等级	1320/1620 等级	1370/1770 等级	1570/1770 等级	1570 等级	1620 等级	1770 等级
6	12.9	16.3	16.8	17.8	19.5	18.7	19.2	21.0
6.3	14.2	17.9	—	—	21.5	—	21.2	23.2
6.5[2]	15.2	19.1	19.7	20.9	22.9	21.9	22.6	24.7
8[2]	23.0	28.9	29.8	31.7	34.6	33.2	34.2	37.4
9	29.1	36.6	37.7	40.1	43.8	42.0	43.3	47.3
9.5	32.4	40.8	42.0	44.7	48.8	46.8	48.2	52.7
10[2]	35.9	45.2	46.5	49.5	54.1	51.8	53.3	58.4
11[2]	43.4	54.7	54.3	59.9	65.5	62.7	64.7	70.7
12	51.7	65.1	67.0	71.3	77.9	74.6	77.0	84.1
12.7	57.9	72.9	75.0	79.8	87.3	83.6	86.2	94.2
13[2]	60.7	76.4	78.6	83.7	91.5	87.6	90.3	98.7
14	70.4	88.6	91.2	97.0	106	102	105	114
14.3	73.4	92.4	—	—	111	—	—	119
15	80.8	102	—	111	122	117	—	131
16[2]	91.9	116	119	127	139	133	137	150
17.5	110	138	—	—	166	—	—	179
18	116	146	151	160	175	168	173	189
19[2]	130	163	168	179	195	187	193	211
20	144	181	186	198	216	207	214	234
20.6	152	192			230			248
22[2]	174	219	225	240	262	251	259	283

[1] 只作参考。
[2] 对新电梯的优先尺寸。

光面钢丝、纤维芯、结构为 8×19 类别的电梯钢丝绳　　　　　表 10.1-3

截面结构实例	钢丝绳结构		绳股结构	
	项目	数量	项目	数量
　8×19S+FC	股数	8	钢丝	19～25
	外股	8	外层钢丝	9～12
	股的层数	1	钢丝层数	2
	钢丝绳钢丝		152 至 200	
	典型例子		外层钢丝的数量	外层钢丝系数[1]
　8×19W+FC	钢丝绳	股	总数	每股	a
	8×19S	1+9+9	72	9	0.0655
	8×19W	1+6+6/6	96	12　6　6	0.0606　0.0450
	8×25Fi	1+6+6F+12	96	12	0.0525
8×25Fi+FC	最小破断拉力系数　$K_1=0.293$			
	单位重量系数[1]　$W_1=0.340$			
	金属截面积系数[1]　$C_1=0.349$			

续表

钢丝绳公称直径 (mm)	参考重量[①] (kg/100m)	最小破断拉力 (kN)						
		双强度 (MPa)				单强度 (MPa)		
		1180/1770 等级	1320/1620 等级	1370/1770 等级	1570/1770 等级	1570 等级	1620 等级	1770 等级
8[②]	21.8	25.7	26.5	28.1	30.8	29.4	30.4	33.2
9	27.5	32.5	—	35.6	38.9	37.3	—	42.0
9.5	30.7	36.2	37.3	39.7	43.6	41.5	42.8	46.8
10[②]	34.0	40.1	41.3	44.0	48.1	46.0	47.5	51.9
11[②]	41.1	48.6	50.0	53.2	58.1	55.7	57.4	62.8
12	49.0	57.8	59.5	63.3	69.2	66.2	68.4	74.7
12.7	54.8	64.7	66.6	70.9	77.5	74.2	76.6	83.6
13[②]	57.5	67.8	69.8	74.3	81.2	77.7	80.2	87.6
14	66.6	78.7	81.0	86.1	94.2	90.2	93.0	102
14.3	69.5	82.1	—	—	98.3	—	—	—
15	76.5	90.3	—	98.9	108	104	—	117
16[②]	87.0	103	106	113	123	118	122	133
17.5	104	123	—	—	147	—	—	—
18	110	130	134	142	156	149	154	168
19[②]	123	145	149	159	173	166	171	187
20	136	161	165	176	192	184	190	207
20.6	144	170	—	—	204	—	—	—
22[②]	165	194	200	213	233	223	230	251

① 只作参考。
② 对新电梯的优先尺寸。

光面钢丝、钢芯、结构为 8×19 类别的钢丝绳　　表 10.1-4

截面结构实例	钢丝绳结构		股 结 构	
	项目	数量	项目	数量
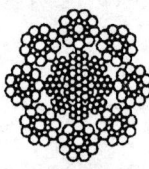 8×19S+IWR[③]	股数	8	钢丝	19～25
	外股	8	外层钢丝	9～12
	股的层数	1	钢丝层数	2
	外股钢丝数	152 至 200		

	典型例子		外层钢丝的数量		外层钢丝系数[①]

8×19W+IWR[③]	钢丝绳	股	总数	每股	a
	8×19S	1+9+9	72	9	0.0655
	8×19W	1+6+6/6	96	12　6	0.0606
				6	0.0450
	8×25Fi	1+6+6F+12	96	12	0.0525
8×25Fi+IWR[③]	最小破断拉力系数　$K_z=0.356$				
	单位重量系数[①]　$W_z=0.407$				
	金属截面积系数[①]　$C_z=0.457$				

续表

钢丝绳公称直径 (mm)	参考重量① (kg/100m)	最小破断拉力（kN）				
		双强度（MPa）			单强度（MPa）	
		1180/1770 等级	1370/1770 等级	1570/1770 等级	1570/1770 等级	1770 等级
8②	26.0	33.6	35.8	38.0	35.8	40.3
9	33.0	42.5	45.3	48.2	45.3	51.0
9.5	36.7	47.4	50.4	53.7	50.4	56.9
10②	40.7	52.5	55.9	59.5	55.9	63.0
11②	49.2	63.5	67.6	79.1	67.6	76.2
12	58.6	75.6	80.5	85.6	80.5	90.7
12.7	85.6	84.7	90.1	95.9	90.1	102
13②	68.8	88.7	94.5	100	94.5	106
14	79.8	102	110	117	110	124
15	91.6	118	126	134	126	142
16②	104	134	143	152	143	161
18	132	170	181	193	181	204
19②	147	190	202	215	202	227
20	163	210	224	238	224	252
22②	197	254	271	288	271	305

①只作参考。
②对新电梯的优先尺寸。
③钢丝绳外股与钢丝绳芯分层捻制。

(7) 捻向

根据捻制方向用两个字母（Z 或 S）表示；第一个字母表示钢丝绳的捻向，第二个字母表示股的捻向；字母"Z"表示右向捻，字母"S"表示左向捻。"ZZ"或"SS"表示右同向捻或左同向捻，"ZS"或"SZ"表示右交互捻或左交互捻。电梯曳引钢丝绳通常为右交互捻，即 ZS。

2. 曳引钢丝绳绕法分类

(1) 半绕式。钢丝绳在曳引轮槽上最大包角为 180°，又可分为：

1) 1∶1 绕法。轿厢速度＝曳引钢丝绳速度，如图 10.1-2 (a)、(d) 所示。

2) 2∶1 绕法。轿厢速度＝1/2 曳引钢丝绳速度。如图 10.1-2 (g)。

(2) 全绕式。钢丝绳在曳引轮上的包角为 360°，除可分为图 10.1-2 (b) 所示的 1∶1 和图 10.1-2 (c)、(f) 所示 2∶1 两种绕法外，还有 3∶1，如图 10.1-2 (h)。全绕式常采用于载重量较大的电梯传动。

(3) 曳引钢丝绳绕法分类参见图 10.1-2 及表 10.1-5。

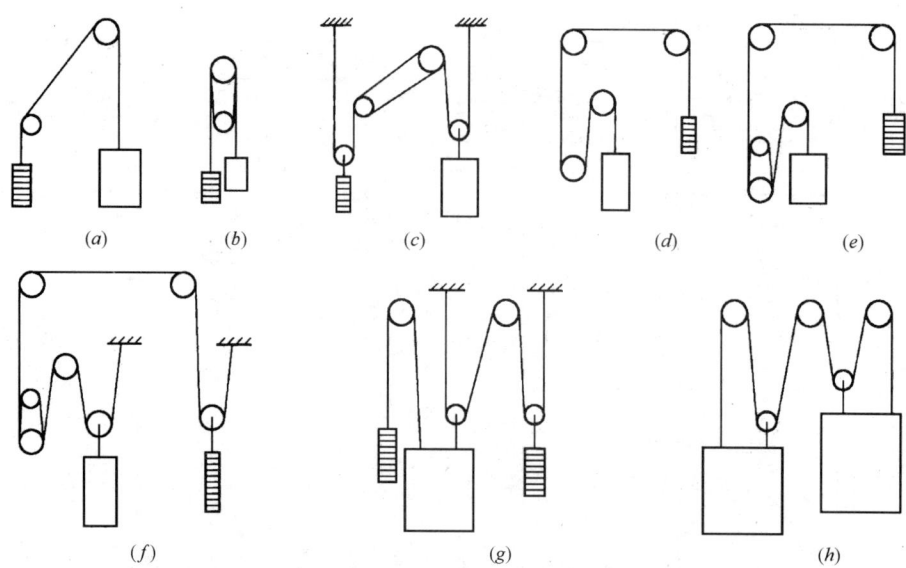

图 10.1-2 电梯的不同曳引比

(a) 1:1; (b) 1:1; (c) 2:1; (d) 1:1; (e) 1:1; (f) 2:1; (g) 2:1; (h) 3:1

曳引钢丝绳绕法分列表   表 10.1-5

分图号	绕法	钢丝绳绕式	驱动主机位置	驱动主机承受的动载荷比	用途
(a)	1:1	半绕式	上部	1	速度 0.5m/s 以上有齿轮电梯
(b)	1:1	全绕式	上部	2	速度 3m/s 以上无齿轮电梯
(c)	2:1	全绕式	上部	1	速度 3m/s 以下无齿轮电梯
(d)	1:1	半绕式	下部	1	同 (a)
(e)	1:1	全绕式	下部	1	同 (b)
(f)	2:1	全绕式	下部	2	同 (c)
(g)	2:1	半绕式	上部	$\frac{1}{2}(W_1+W_2-W_3)$	减少驱动主机轴承所承受的重量
(h)	3:1	半绕式	上部	1/3	用于大载重、低速度电梯

10.2 绳头组合

绳头组合的作用是固定曳引钢丝绳和调整钢丝绳张力。无论钢丝绳多结实，如果绳头松动将会发生危险，所以绳头的强度很重要。《电梯制造与安装安全规范》GB 7588—2003 规定绳头组合的拉伸强度应不低于钢丝绳的拉伸强度的 80%。

在电梯检验规程中，规定曳引钢丝绳的张力与平均值偏差不应大于 5%。如果没有绳头组合对钢丝绳的受力进行调整平衡，会造成钢丝绳对曳引轮的磨损不均匀，影响电梯的曳引能力。可以通过调节绳头组合上压紧弹簧的螺母来调节钢丝绳的张力，当螺母拧紧时，弹簧受压，曳引钢丝绳的拉力随之增大，曳引绳被拉紧。反之，当螺母放松时，弹簧伸长，曳引钢丝绳受力减小，曳引绳就变得松弛。

绳头组合与绳头板配合用于将曳引钢丝绳与其他部件相连接。在曳引方法为 1:1 的曳引系统中，曳引绳绳头组合将曳引钢丝绳连接在轿厢和对重装置的绳头板上。在 2:1

的曳引系统中，曳引绳绳头组合将曳引钢丝绳连接在机房曳引机承重梁及绳头板大梁上。当电梯安装完毕时，通过调节绳头组合，曳引钢丝绳的张力调整到基本一致，但是经过一段时间的使用后，各根钢丝绳的受力有可能出现受力程度的变化，如有的拉力变大，有的则拉力变小，这就需要电梯维护人员经常注意调节钢丝绳受力，以保证电梯在良好的曳引状态下工作。

常用的钢丝绳绳头组合形式如表 10.2-1。

常用的钢丝绳绳头组合形式　　　　　　　　　表 10.2-1

安装形式	图例	应用说明
绳卡法	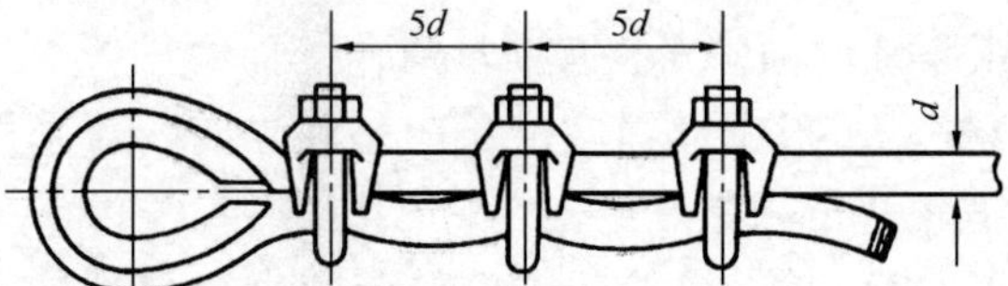	应用在限速器钢丝绳与安全钳联动机构的连接
自锁楔形绳套法	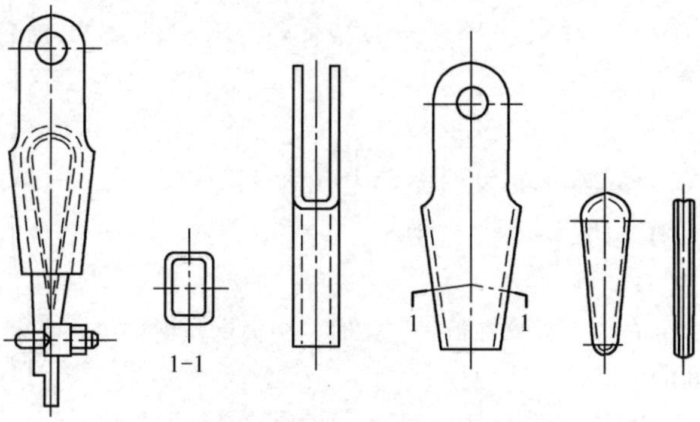	自锁楔形绳套法用于电梯曳引头组合，对于调整电梯的钢丝绳张力方便
巴氏合金浇注法	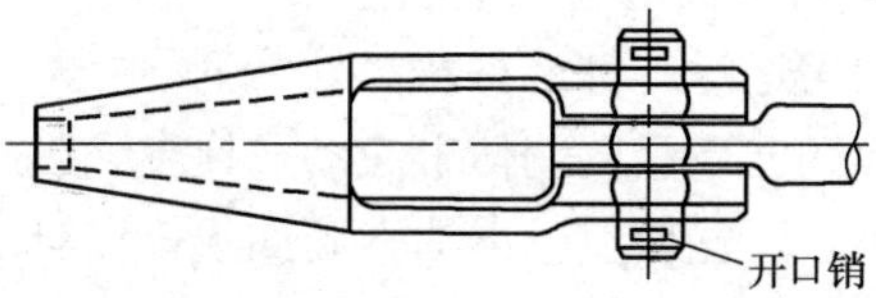 铰接式 整体式 螺纹联接式	巴氏合金浇注法应用于电梯曳引头组合，由于巴氏合金的浇注工艺较繁琐，对于调整电梯的钢丝绳张力不方便

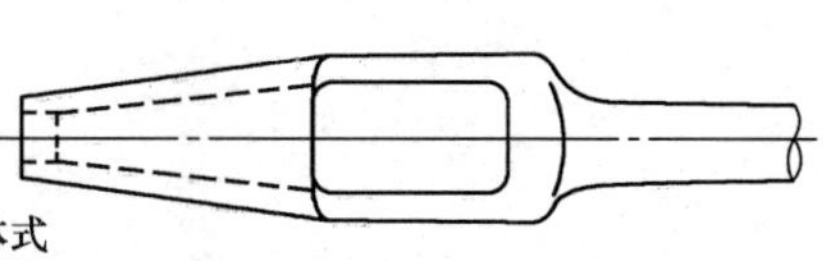

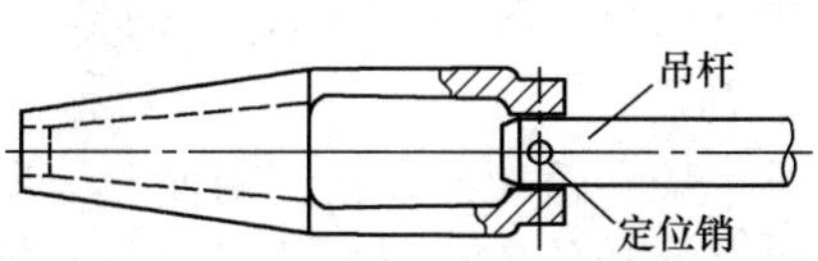

10.3 曳引钢丝绳安装技术要求

1. 钢丝绳应符合下列条件：
（1）钢丝绳的公称直径不小于 8mm；
（2）钢丝绳的抗拉强度：
1）对于单强度钢丝绳，宜为 1570MPa 或 1770MPa；
2）对于双强度钢丝绳，外层钢丝为 1370MPa，内层钢丝 1770MPa；
3）钢丝绳的其他特性（结构、延伸率、圆度、柔性、试验等）应符合 GB 8903—2005 的规定；曳引绳头组合应安全可靠，并使每根曳引绳受力相近，其张力与平均值偏差均不大于 5%，且每个绳头锁紧螺母均应安装有锁紧销。

2. 钢丝绳或链条最少有两根，每根钢丝绳或链条应是独立的。若采用复绕法，应考虑钢丝绳或链条的根数而不是其下垂的根数。

3. 不论钢丝绳的股数多少，曳引轮、滑轮或卷筒的节圆直径与悬挂绳的公称直径之比应不小于 40。

4. 曳引绳表面应清洁，不粘有杂质，并宜涂有薄而均匀的 ET 极压稀释型钢丝绳脂。钢丝绳严禁有死弯。

5. 悬挂绳的安全系数：
（1）对于用 3 根或 3 根以上钢丝绳的曳引驱动电梯为 12；
（2）对于用两根钢丝绳的曳引驱动电梯为 16；
（3）对于卷筒驱动电梯为 12。

注：安全系数是指装有额定载荷的轿厢停靠在最底层站时，一根钢丝绳的最小破断负荷（N）与这根钢丝绳所受的最大力（N）之间的比值。

6. 钢丝绳的绳头组合，至少应能承受钢丝绳最小破断负荷的 80%。

7. 钢丝绳的装卸、搬运和保管方面的注意事项：
（1）在任何情况下，装卸和搬运时，都不得从高处落下。
（2）不得在小石子或钢材等凹凸不平的物体上滚动或拖曳。
（3）在工地上保管钢丝绳时，不能使钢丝绳沾上雨或水，而且应避免阳光的直射。
（4）钢丝绳不得直接放在地面上，也不应在钢丝绳上放置其他重物。

10.4 钢丝绳安装

1. 曳引钢丝绳的安装工艺流程
（1）单绕式钢丝绳的安装工艺流程：
测量钢丝绳长度→断钢丝绳→做绳头、挂钢丝绳→调整钢丝绳。
（2）复绕式钢丝绳的安装工艺流程：
测量钢丝绳长度→断钢丝绳→挂钢丝绳、做绳头→安装绳头→调整钢丝绳。

2. 曳引钢丝绳长度的计算方法

曳引钢丝绳长度确定前，对重架和轿架必须按照前面章节要求组装好，并且在轿厢和对重上分别各装好一个绳头装置（注意使用相同形状，不同长短的绳头组合时，要长短混合成组），其双螺母位置以刚好能装入开口销为准。

当轿厢组装完毕停在最高层平层位置,对重位于底层时,对重底面与缓冲器顶面恰好等于 S_2,此时,必须核对轿厢和对重的上缓冲量及空程量,保证电梯在冲顶或蹲底时,电梯轿厢和对重上方有足够的越程空间,不至于电梯轿厢或对重冲到顶层的楼板。在上缓冲量及空程符合要求的前提下 S_2 应取最大值。

为减少测量误差,测量绳长时宜用截面为 2.5mm² 以上的铜线进行。首先测量轿厢和对重曳引绳头组合之间的曳引行程 X,测量方法是:使用一条铜线穿过主机的曳引轮和导向轮,铜线的一端与轿厢侧曳引绳头组合顶点重合,另一端与对重侧曳引绳头组合顶点重合,该铜线的长度即为 X。

而后测量出 Q 和 Z 值,如图 10.4-1 所示按照如下公式计算出曳引钢丝绳长度:

单绕式电梯

$$L = X + 2Z + Q$$

复绕式电梯

$$L = X + 2Z + 2Q$$

式中　X——由轿厢绳头锥体出口处至对重绳头出口处的长度(m);

　　　Z——钢丝绳在锥体内的长度(包括钢丝绳在绳头锥套内回弯部分)(m);

　　　Q——为轿厢在顶层安装时垫起的高度(m);

　　　L——总长度(m)。

安装轿厢时使其高出顶层地坎 0.5m 的余量,将作为新装曳引绳的拉长长度,以免电梯运行一个月左右又截缆。(拉长度大约为绳长的 1% 左右)。

3. 截断曳引钢丝绳

在计算好曳引钢丝绳长度后,就可以放绳,从发运来的钢丝绳卷上按照所需长度截取。截取钢丝绳前,先用抹布将钢丝绳擦拭干净,消除钢丝绳的打结、扭曲、松股现象。

现在,大部分电梯几乎都采用锥套式、用巴氏合金浇铸的钢丝绳绳头。轿厢安装完以后,不能长时间用葫芦吊挂,要立即制作、安装曳引钢丝绳,以免已安装的轿厢下坠。

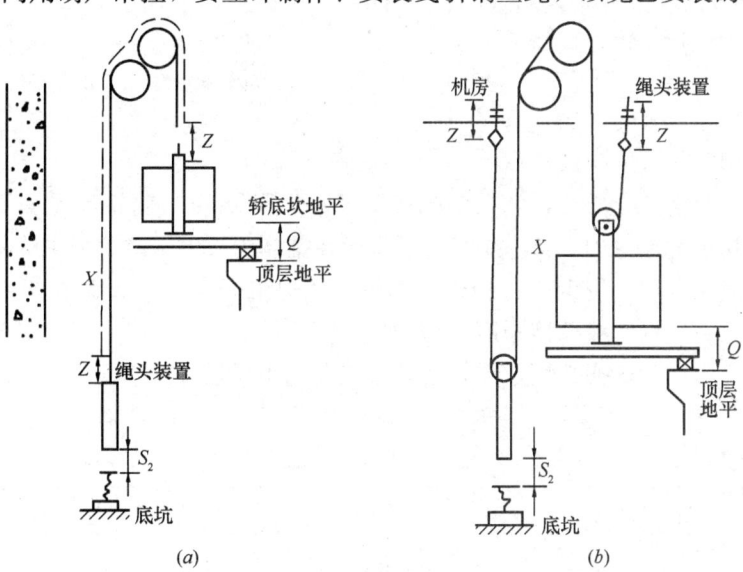

图 10.4-1　曳引钢丝绳长度的计算示意
(a) 单绕式;(b) 复绕式

(1) 放绳方法

放钢丝绳时，切记勿使钢丝绳扭曲致使他扭结，现场有条件时，按下述正确方法进行；无条件时，应找一块平坦无其他杂物的宽阔空间放钢丝绳。对于不同的钢丝绳发运标准，有不同的解开钢丝绳方法。

1) 滚筒卷放绳法

对于成卷的钢丝绳，可以在滚筒的中心穿入管子，然后将管子固定，转动滚筒，将钢丝绳从下（上）侧笔直地拉出，见图 10.4-2 所示，然后根据需要长度进行截断。

2) 转台放绳法

对于局部成卷的钢丝绳，将钢丝绳装在能旋转的架子上，然后将钢丝绳笔直地拉出，如图 10.4-3 所示，然后根据需要长度进行截断。

3) 地滚式放绳法

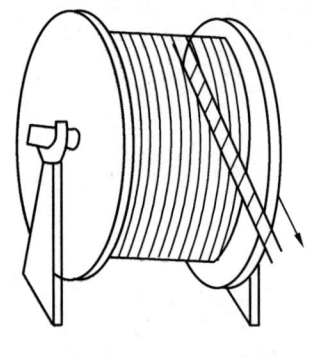

图 10.4-2 滚筒卷放绳法

现在的电梯厂家，多数将电梯的钢丝绳已经按照电梯的土建图，计算好后并截好了每根钢丝绳的单根长度，在现场安装时，可以滚动钢丝绳卷，缓缓的放开，如图 10.4-4（a）所示，注意不要散开，绝对不允许随意撕扯。

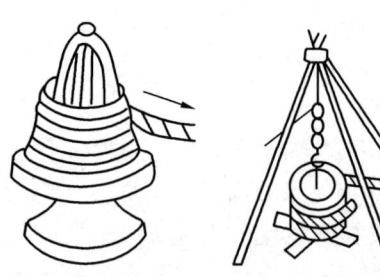

图 10.4-3 转台放绳法

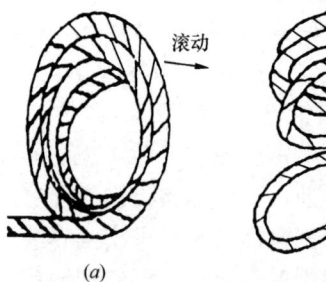

图 10.4-4 地滚式放绳法
(a) 地滚式放绳法；(b) 错误的散绳法

(2) 曳引钢丝绳的截断

测量好要截断钢丝绳长度，就在距截绳剁口处两端 5mm 处将钢丝绳用 $\phi 0.7 \sim \phi 1$ 铅丝进行绑扎，绑扎长度最少 15mm，并留出钢丝绳在锥体内长度 Z，如图 10.4-5 及图 10.4-6 所示，确认长度无误后，用钢凿、砂轮切割机、压力钳等工具截断钢丝绳，不得使用电、气焊截断，以免破坏钢丝绳机械强度，如图 10.4-7 所示。

近年来也有用细钢丝捆扎钢丝绳，用乙烯胶带（电工胶布）绑扎切口的，如图 10.4-6 所示。

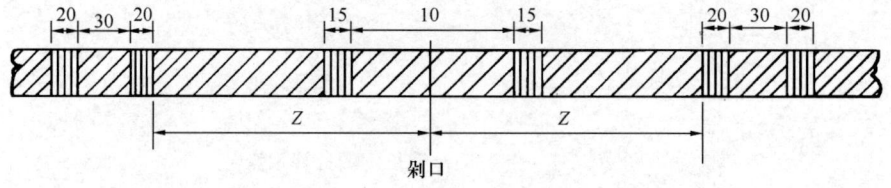

图 10.4-5 确定剁口长度

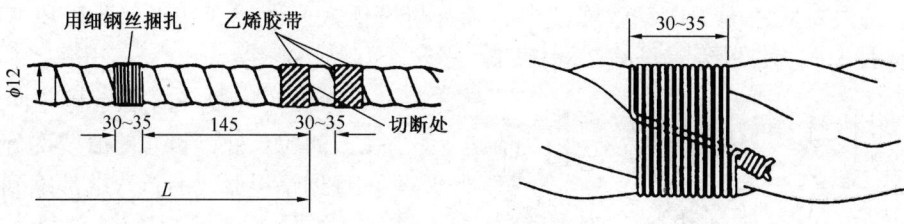

图 10.4-6　曳引钢丝绳的绑扎

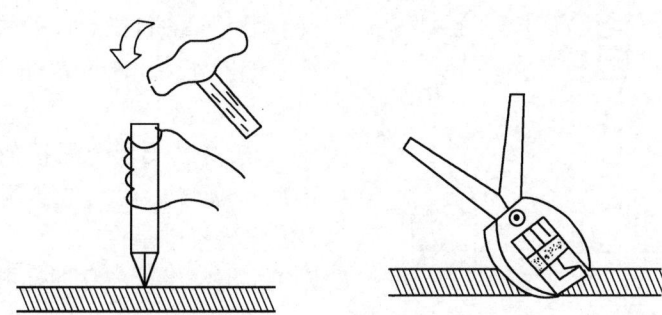

图 10.4-7　曳引钢丝绳截断

4. 制作绳头

绳头做法可采用金属或树脂充填的绳套、自锁紧楔形绳套，至少带有 3 个合适绳夹的鸡心环套、带绳孔的金属吊杆等，如图 10.4-8 所示。

（1）在做绳头、挂绳之前，应先将钢丝绳放开，使之自由悬垂于井道内，消除内应力。

挂绳之前若发现钢丝绳上油污、渣土较多，可用棉丝浸上煤油，拧干后对钢丝绳进行擦拭，禁止对钢丝绳直接进行清洗，防止润滑脂被洗掉。

（2）单绕式电梯先做绳头后挂钢丝绳。复绕式电梯由于绳头穿过复绕轮比较困难，所以要先挂绳后做绳头。或先做好一侧的绳头，待挂好钢丝绳后再做另一侧绳头。

（3）对于用巴氏合金浇注的绳头组合，其制作工艺如下：

1）准备好钢丝绳、绳头组合、巴氏合金、软钢丝、喷灯、熔化容器、布块、夹子丝钳、锯条，还有钢凿、砂轮切割机、压力钳任意一件；具体的制作过程如图 10.4-9 所示。

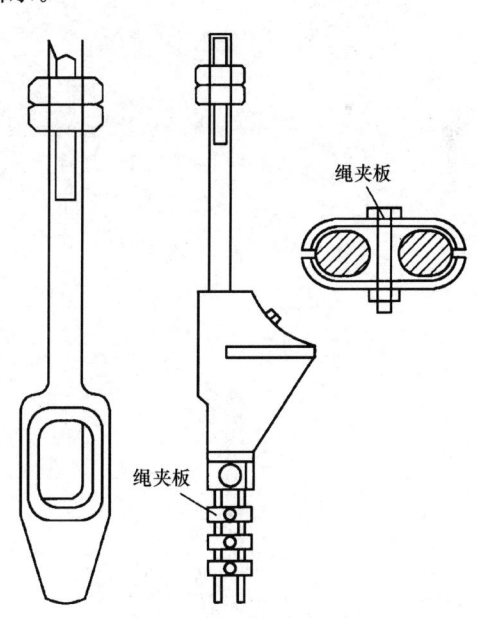

图 10.4-8　曳引钢丝绳绳头示意

2）洗绳：用煤油（或汽油，但特别要注意防火！）清洗锥套，将断开的钢丝绳穿入锥体，将剁口处的绑扎铅丝或乙烯胶带拆去，松开绳股、除去麻芯，用煤油（或汽油）将绳股清洗干净；

3）编花：做好绳头花，如图 10.4-10 所示。在编制绳花时按照图 10.4-9 中 a、b、c、

d 所示将每根绳股的端头向钢丝绳的中心部分折弯插入，做成菊花形，要避免弯折或尖角，插入长度应为钢丝绳直径的 25 倍以上。

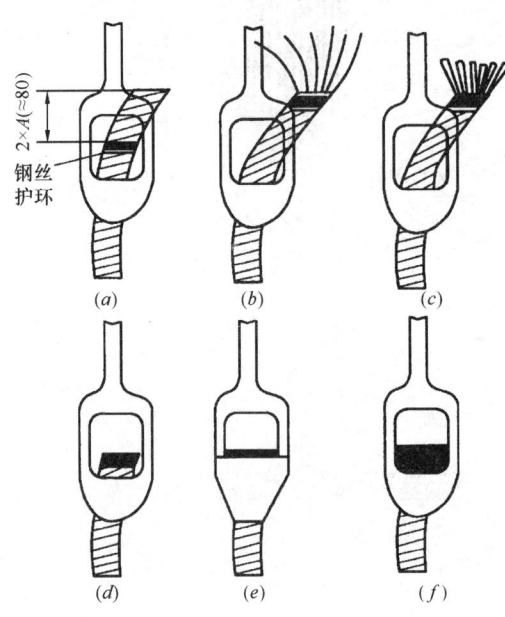

图 10.4-9　曳引钢丝绳绳头制作过程
(a) 穿孔；(b) 松股；(c) 窝回；(d) 拉入；
(e) 包扎；(f) 浇灌合金

4) 入锥：将做好的钢丝绳花向绳头锥套小孔方向拉，使已折弯的股线部分缩进大口里，直到每根股线的折弯端部缩到与钢丝绳锥套大口拉平或稍微露出一些为止。通常用脚压紧钢丝绳，一只手拉锥套螺杆，另一只手用木棒敲打锥套口处的钢丝绳，确认钢丝绳弯折处凸出锥套浇注口 2~3mm，如图 10.4-11 所示。

5) 将巴氏合金间接加热至摄氏 270~350℃，温度可用热电偶测量，一般在现场温度实验标准是在巴氏合金熔液中插入小木片或水泥袋纸，应立即烧焦但不燃烧为宜。

6) 浇注巴氏合金之前，对锥套及绳头应进行预加热至 40~50℃，将钢丝绳和锥套垂直放置，使用喷灯或者现场安装用的水焊割枪预热锥套（必须要预热锥套，否则将因为冷热不均而影响质量）；

7) 在浇注巴氏合金时，应使锥体下面约有 1m 的长度保持直线，避免钢丝绳被烤热发生变形，用布带或棉丝在锥套小口处缠好，使绳锥套大口向上竖放，将浇口处用水泥袋包或布扎好，然后将熔解的巴氏合金从锥套大口处不间断浇入，一边浇铸一边敲击，直至浇满为止，并且，在锥套小口下面有巴氏合金流出。浇铸要求保证一次浇注成功，不许进行多次浇注。否则，绳头报废，需重新浇铸，如图 10.4-12 所示。

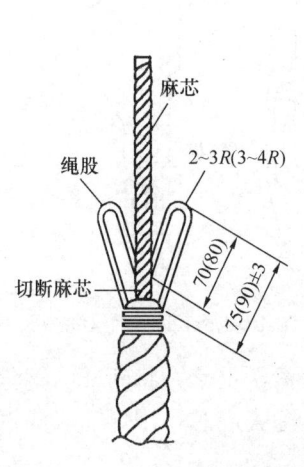

图 10.4-10　曳引钢丝绳绳头编花

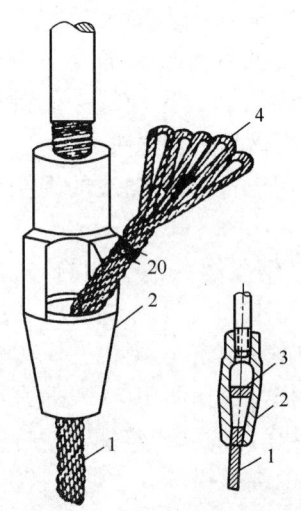

图 10.4-11　编花绳头拉入锥套
1—钢丝绳；2—锥套；3—巴氏合金；4—编花

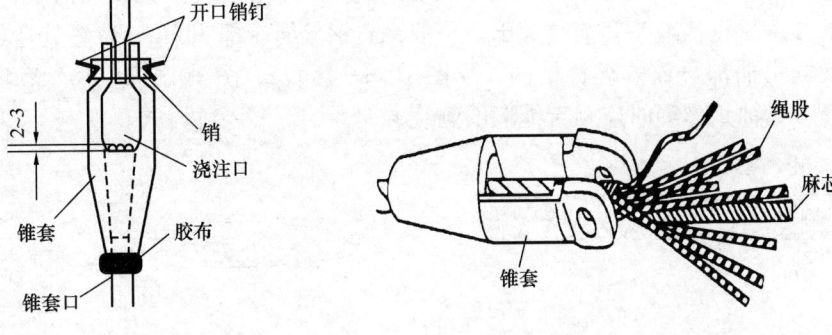

图 10.4-12 编花绳头拉入锥套　　图 10.4-13 分离式巴氏合金浇注绳头

8) 若巴氏合金在灌注进锥套后约 1～2min 才完全凝固，则浇灌时的温度为适合，这时的巴氏合金表面圆滑，有少许凹陷。在巴氏合金完全凝固之前，不得冲击或动弹绳头组件。待巴氏合金完全凝固后，取下缠绕在锥套上的胶布，再次检查浇注质量。巴氏合金浇铸完毕的状态应该能够看出菊花图样的各股弯曲顶部。

9) 对于分离式绳头组合要先将锥套和绳头连接杆分开，然后再穿绳，如图 10.4-13 所示。

(4) 楔形自锁式绳头组合，因不用巴氏合金而无需加热，更加快捷方便。其具体的制作工艺如图 10.4-14 所示。

1) 用钢丝捆扎钢丝绳的端部（防止钢丝绳散股），然后将钢丝绳穿过锥套，如图 10.4-15 所示。

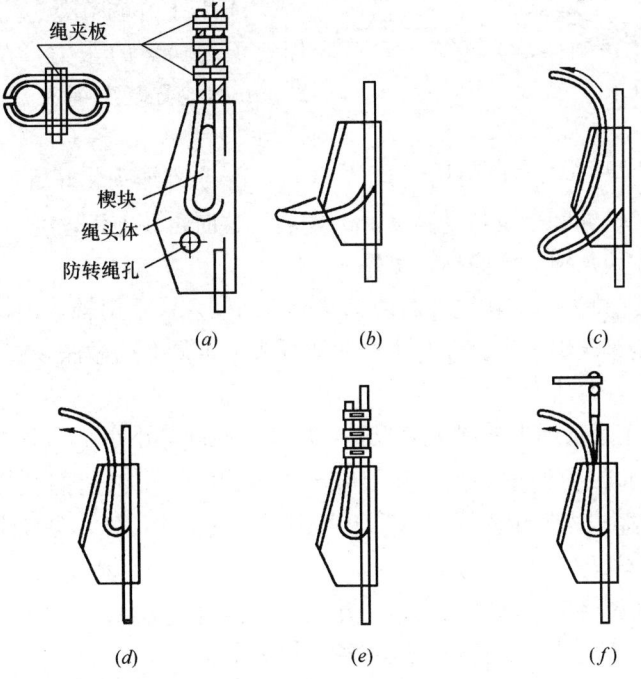

图 10.4-14　自锁紧楔形绳套制作过程
(a) 总完工图；(b) 穿孔；(c) 绕绳；(d) 拉紧；(e) 装夹；(f) 紧缩

2)将钢丝绳比充填绳套法多 300mm 长度断绳,向下穿出绳头拉直、回弯,留出足以装入楔块的弧度后再从绳头套前端穿出。一般距离钢丝绳端部 360mm 位置处弯曲钢丝绳,然后将钢丝绳弯曲部分放入楔块槽内,见图 10.4-14(a)、图 10.4-14(b)和图 10.4-16 所示。注意:弯曲钢丝绳时应顺着绳股的缠绕方向。

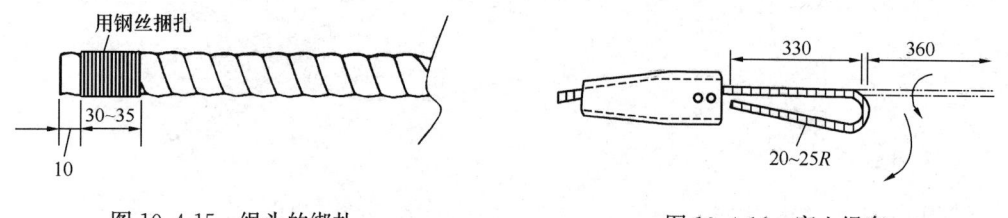

图 10.4-15 绳头的绑扎   图 10.4-16 穿入绳套

3)把楔块放入绳弧处,一只手向下拉紧钢丝绳,同时另一只手拉住绳端用力上提使钢丝绳和楔块卡在绳套内;见图 10.4-14(a)及图 10.4-14(b)和图 10.4-17 所示。

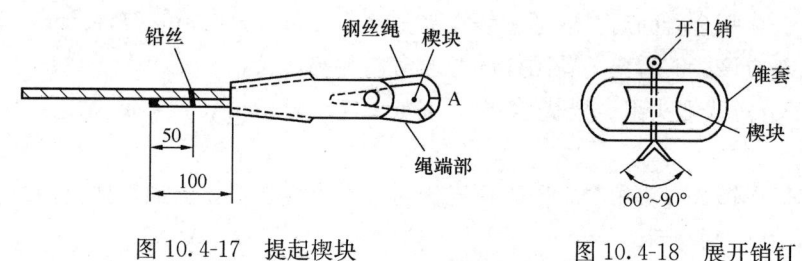

图 10.4-17 提起楔块   图 10.4-18 展开销钉

4)将开口销插入楔块上的销孔,然后将其开口部分张开,见图 10.4-18 所示。

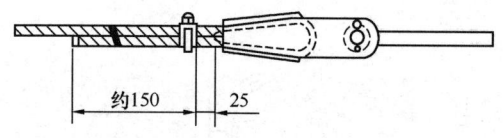

图 10.4-19 绳头安装销钉

5)装上并调节绳头拉杆,在钢丝绳上施加大于 200kg 的张力,在距离锥套尖端约 25mm 的地方装上绳夹头并临时固定。如图 10.4-19 所示。

6)全部绳头装好后,使轿厢和对重的质量全加上。此时钢丝绳和楔块将升高 25mm 左右,这时再装上钢丝绳卡,以防止在轿厢或对重撞击缓冲器时楔块从绳套中脱出,见图 10.4-20 所示。

7)调整钢丝绳拉力时应在绳套内两钢丝绳之间插入一个销轴,用榔头轻敲销轴顶部,使楔块下滑,直至钢丝绳滑出。在每个过紧的绳头上重复上述做法,直至各钢丝绳张力相等,如图 10.4-14(e)所示。

8)当采用 3 个合适绳夹的绳头夹板时,应使绳夹间隔不小于钢绳直径的 5 倍。

9)在钢丝绳的张力调整完后,将 2 条钢丝绳用 $\phi 0.5$ 钢丝捆扎在一起,捆扎宽度 15mm,并在钢丝绳末端处用乙烯胶带卷上几圈,使其不能绽开,见图 10.4-21 所示。

5.安装钢丝绳

安装曳引绳前先将曳引绳搬入机房,并放置在干净场地上。

机房需要至少 2 名员工,轿顶、底坑各安排 1 人。

(1)1∶1 挂绳法

机房人员负责将钢丝绳放入井道,轿顶人员负责将钢丝绳与轿厢连接及防止钢丝绳间相互缠绕。防止办法是将已连接好的钢丝绳用电线捆绑在对重导轨上。底坑人员负责将钢丝绳与对重连接，并配合轿顶人员防止钢丝绳间相互缠绕。参考图10.4-22及图10.4-23所示排列钢丝绳头。

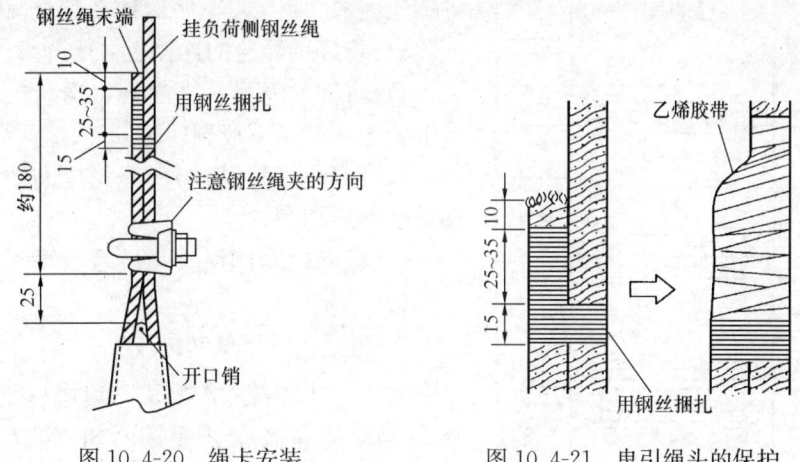

图10.4-20　绳卡安装　　　　图10.4-21　曳引绳头的保护

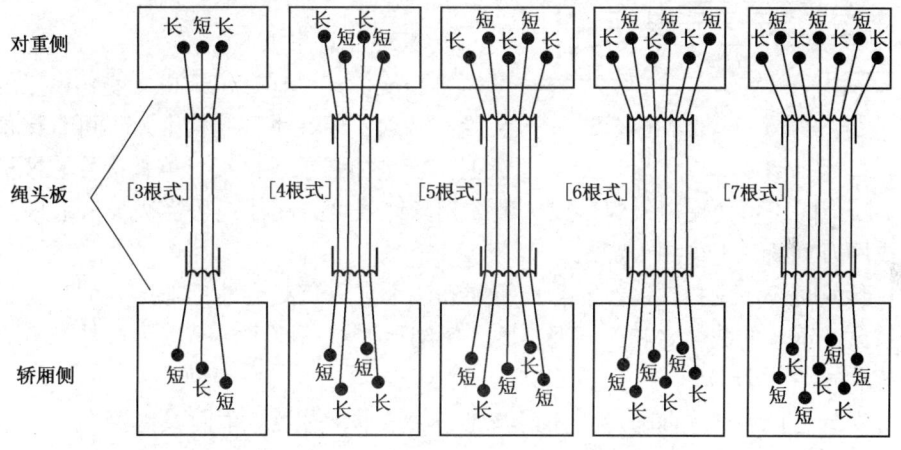

图10.4-22　对重后置式曳引绳安装示意

安装时，将钢丝绳一头的绳头从曳引轮侧放下，另一头锥套从导向轮侧放下井道，对于整体绳头组合，直接将放下的绳头与轿厢或对重绳头吊板直接连接；对于铰接式或螺杆连接式，垂下的绳头与对应的绳头锥套螺杆用连接销连接后，再与轿厢或对重的绳头板连接。依次将其他几根钢丝绳顺序安装好，并确保不存在缠绕现象，每条曳引钢丝绳的锥套螺杆是一长一短配合安装的，然后拧紧锥套螺母与锁紧螺母，安装保护好开口销。最后检查各绳头的销、开口销钉及锁紧螺母齐备，如图10.4-24所示。

（2）2∶1式挂绳法（如图10.4-25所示）

对于2∶1电梯单绕式（如图10.4-26所示）和复绕式（如图10.4-27所示）的挂绳，安装的基本的思路同1∶1式，只是钢丝绳要穿过轿厢和对重的反绳轮，钢丝绳的绳头一边可以先做好，另一边要在完成钢丝绳的穿越后，才能制作绳头。有时为了穿绳方便，要吊起对重反绳轮，此种方法如图10.4-25所示。其安装步骤如下：

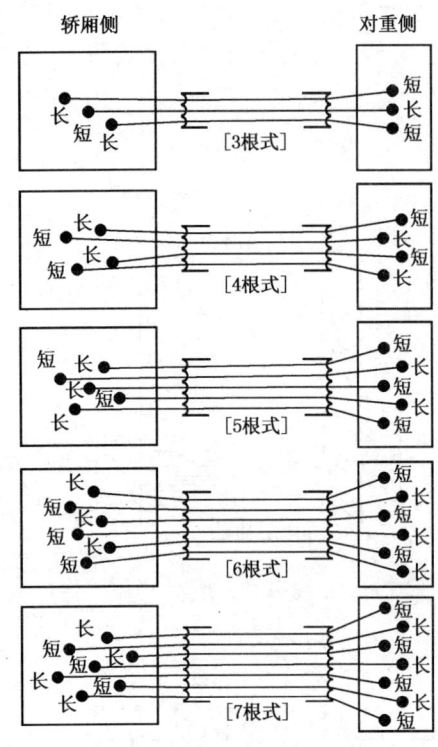

图 10.4-23 对重侧置式曳引绳安装示意

1）先将对重侧反绳轮轴用钢丝绑住，卸下反绳轮的连接板；

2）将对重侧曳引钢丝绳固定在绳头固定板上，将钢丝绳成"U"形下坠后挂在对重反绳轮上；

3）装好反绳轮的连接板，解开绑住的钢丝；

4）将钢丝绳另一端提到机房，挂在导向轮和曳引轮上，然后下放到轿顶；

5）钢丝绳通过轿厢反绳轮提升至机房，测定有效长度后切断；

6）做好轿厢侧绳头，最后把绳头组合固定在绳头板。

6．防止钢丝绳旋转措施

为了防止钢丝绳的侧捻（扭松），必须用 $\phi 6$ 或 $\phi 8$ 的钢丝绳将各钢丝绳锥套相互之间扎结起来，钢丝绳头用钢丝绳卡子连接固定，同时也起一定的安全保护作用，如图 10.4-28 所示。

7．其他注意事项

（1）复绕式电梯其位于机房或隔声层的绳头板装置，必须安装在承重结构上，不可直接稳装于楼板上（若是加强承重楼板，可直接稳装楼板上）。

（2）断绳时不可使用电气焊，以免破坏钢丝绳强度。在作绳头需去掉麻芯时，应用锯条锯断或用刀割断，不得用火烧断。

（3）断绳时应注意扣除钢丝绳悬挂轿厢和对重自重负载会使钢绳产生伸长，这与钢绳的弹性系数、钢丝的截面之和、钢绳长度和钢绳所受载荷有关，一般可按伸长量为钢绳总长度的 20%～40% 计算。

（4）安装悬挂钢丝绳前一定要使钢丝绳自然悬垂于井道，消除其内应力。

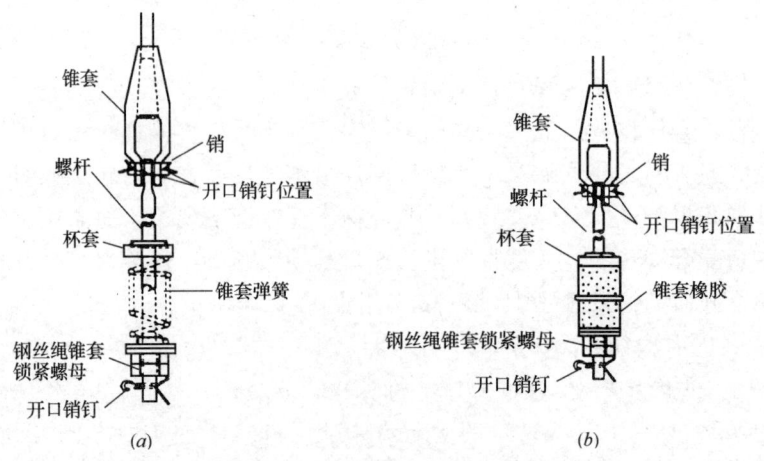

图 10.4-24 对重侧置式曳引绳安装示意
(a) 对重侧；(b) 轿厢侧

第 10 章 曳引钢丝绳的安装

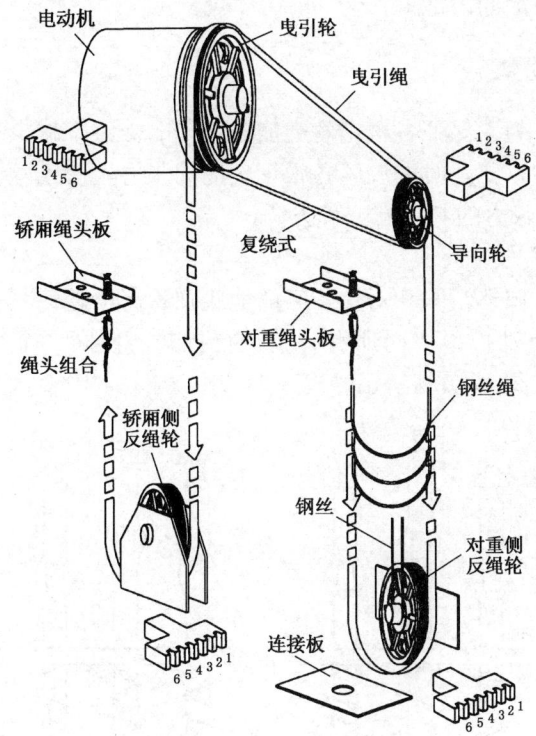

图 10.4-25　2∶1 式曳引绳安装示意

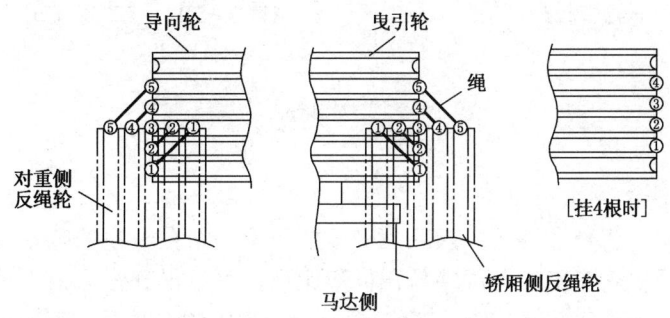

图 10.4-26　2∶1 式单绕式曳引绳布置示意

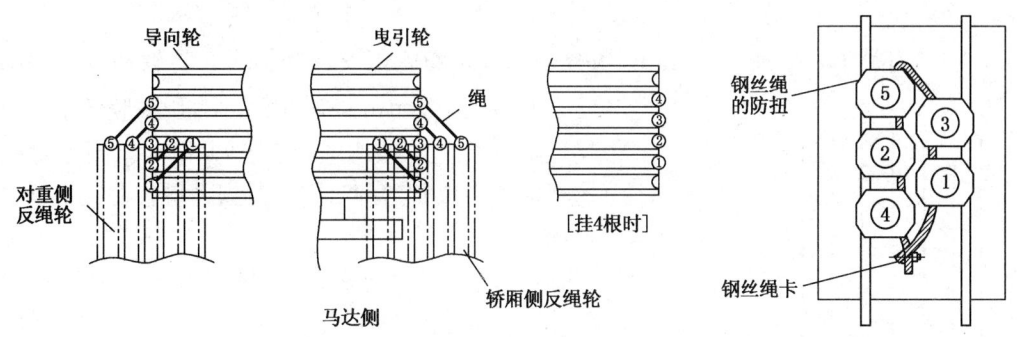

图 10.4-27　2∶1 式复绕式曳引绳布置示意　　图 10.4-28　防止钢丝绳扭转措施

（5）曳引钢绳严禁涂润滑油。

10.5 钢丝绳张力调整

安装完钢丝绳后，为了保证各根钢丝绳能够均匀的受力，减少曳引轮和钢丝绳的不均匀磨损，在慢车运行后，要及时的调整各根钢丝绳的张力，使钢丝绳相互间的张力差不超过 5%。通常对钢丝绳张力的判定有 3 种方法：

1. 测量弹簧高度法

此种方法就是测量调整轿厢和对重各组的绳头弹簧高度，使其一致。其高度允许误差不可大于 2mm。采用此法应事先对所有弹簧进行挑选，使同一个绳头板装置上的弹簧高度要一致，绳头装置见图 10.5-1 所示。

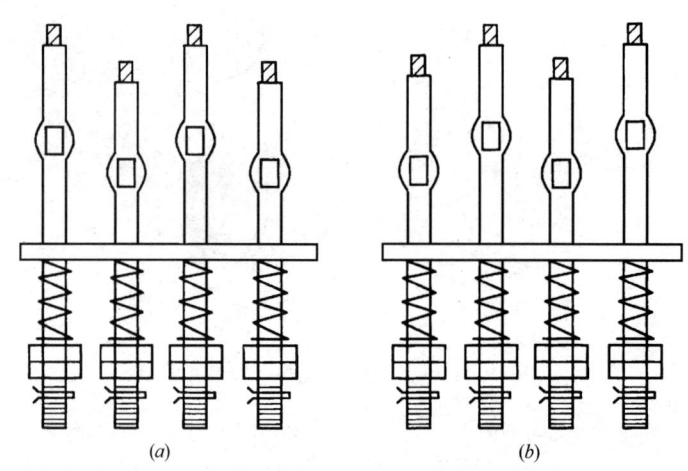

图 10.5-1　测量弹簧高度法
(a) 轿厢侧；(b) 对重侧

2. 拉秤测量法

在电梯动车后，将轿厢停于井道高度 2/3 的位置，站在轿顶的测量人员用 100～150N 的弹簧拉秤将对重侧各曳引钢丝绳横拉出同等距离，测量得到张力值，计算出各钢丝绳张力误差不大于 5% 就满足要求；如果不能满足，可利用拧紧或放松绳头拉杆的方法来调整各钢丝绳的张紧力，直至满足要求为止，如图 10.5-2 所示。

3. 锤击法

（1）对于电梯行程大于 40m 的场合，调整轿厢侧钢丝绳张力时，将轿厢置于中间层站，在轿厢上方 1m 处以相同的力用橡胶锤子对每根钢丝绳进行侧向敲击，使其产生振动，测定每根钢丝绳往返 5 次所需的时间，其误差应控制在下列计算值内。

（最大往复时间－最小往复时间）/最小往复时间≤0.2

对重侧钢丝绳张力调整时，将轿厢置于中间层站，用上述方法测定钢丝绳张力。

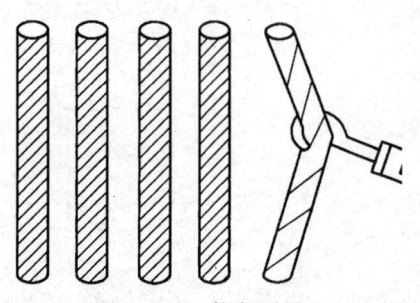

图 10.5-2　拉秤测量法

（2）对于电梯行程不大于 40m 的场合，调整轿厢侧钢丝绳张紧时，将轿厢置于最下层，在轿厢上方 1m 处以相同的力用橡胶锤子对每根钢丝绳进行侧向敲击方法来测定钢丝绳的张力，方法同上。对重侧钢丝绳张力调整时，将轿厢置于最上层，用上述方法测定钢丝绳张力，并在中间层根据实测值进行张力调整。钢丝绳张力调整时，应该在钢丝绳锥套固定的状态下进行，不允许采用旋转钢丝绳来增减张力。在调整过程中，为了防止钢丝绳头受力旋转，应用扳手或旋具卡住锥套浇注口。上、下多次全程运行电梯，再次检查曳引绳头压缩长度的偏差是否符合要求，确认后拧紧锥套锁紧双螺母，开口销钉穿好劈好尾，绳头紧固后，绳头杆上需留有 1/2 的调整量，至此曳引绳调整完毕。钢丝绳张力调整后，绳头上螺母必须拧紧。

第11章 曳引式电梯电气部分安装

电梯的电气系统安装占整体安装工作量的 1/3 左右，但重要性却与机械系统安装同样重要。正确安装好电气系统，将有效避免电梯在以后的运行中发生故障。电气系统安装前，首先要了解并熟悉电梯的电气系统，包括熟悉随机的电气原理图、电气接线图。

11.1 电气安装一般要求

1. 在机房和滑轮间内，必须采用防护罩壳以防止直接触电。所用外壳防护等级不低于 IP2X。

注：IP2X 是防护等级表征符号，具体含义是：能够防止直径大于 12mm，长度不大于 80mm 的固体异物进入壳内；能防止手指触及壳内带电部分或运动部件。

2. 电气安装的绝缘电阻符合《建筑物电气装置》GB/T 16895.23—2005。

绝缘电阻应测量每个通电导体与地之间的电阻。绝缘电阻的最小值应按照表 11.1-1 来取。

绝缘电阻的最小值　　　　　　　　　　表 11.1-1

标称电压（V）	直流测试电压（V）	绝缘电阻（MΩ）
安全电压	250	≥0.25
≤500	500	≥0.50
>500	1000	≥1.0

当电路中包含有电子装置时，测量时应将相线和中性线连接起来。

1) 绝缘是防止发生电气短路和直接触电事故的基本措施，本条按照电路的标称电压等级分别给出了电路的测试电压值与绝缘电阻的要求。

2) 绝缘电阻的测试应在装置与电源隔离的条件下，在装置的电源进线端进行；如该电路中包含电子装置，测量时应将相线和中性线连接起来，然后测量其对地之间的绝缘电阻，以防止电子器件因过高的电压击穿而损坏。

3. 电源线进入电梯电路开关以后的电路部分零线和接地线应始终分开，实现电梯电气系统接地保护，保障人身和设备安全。

4. 电梯电源应专用并应由建筑物配电间直接送至机房，电梯电源的电压波动范围不应超过 7%。

5. 机房照明电源应与电梯主电源分开，并应在机房内靠近入口处设置照明开关，电梯机房内应有足够的照明，其地面照度不应低于 200lx（勒克斯）。

6. 轿厢照明和通风电路的电源可由相应的主开关进线侧获得并在相应的主开关近旁设置电源开关进行控制。

7. 轿顶应装设照明装置或设置以安全电压供电的电源插座，轿顶检修用 220V 电源插座（2P+PE 型）应装设明显标志。

8. 为了保证机械强度，门电气安全装置导线的截面积不应小于 $0.75mm^2$。

11.2 电气安装前的准备工作

在电气系统安装之前,要准备并熟悉电气图纸。首先要看懂各主要回路,清楚电梯电气系统每个部件的代号所表述的含义,一般代号是由该部件的英文单词缩写或者拼音缩写组成的。同时,为了接线和维修检测方便,所有的接线端子、测量点,也都被赋予了一个代号,这些也需要掌握和了解。由于每个电梯厂家执行的图纸标准不同,所以图纸上的符号也不同,在安装前有必要对其加以了解。

一般的电气安装工艺流程为:安装控制柜→安装电源配电箱→安装中间接线盒→配管、电线槽及金属软管→安装换速开关、限位开关及开关磁铁→安装感应开关和感应板→指示灯盒、呼梯按钮盒、操纵盘的安装→安装底坑检修盒→安装井道照明→导线敷设及连接。对于此流程可以根据安装实际,进行适当的调整。

11.3 控制柜安装

电梯的控制柜是电梯的核心控制系统,其放置一般要遵循操作和维修方便,便于进出电线管、槽的敷设。能够防雨。

1. 为了便于操作和维修,控制柜周围应有比较大的空地,《电梯安装验收规范》GB 10060—1993 中规定,维修侧与墙壁的距离必须在 600mm 以上,其封闭侧宜不小于 500mm。而且最好把控制柜稳固在高约 50～100mm 的水泥墩上。双面维修的屏、柜成排安装时,当宽度超过 5m 时,两端均应留有出入通道,通道宽度不应小于 600mm。屏、柜与机械设备距离不应小于 500mm,如图 11.3-1 所示。

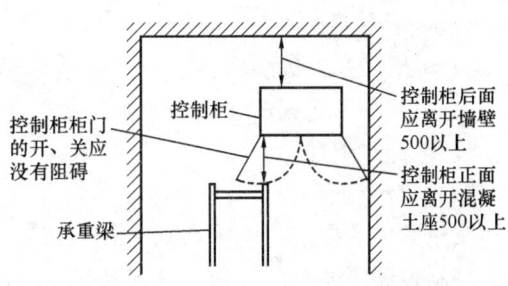

图 11.3-1 控制柜的周边尺寸要求

2. 稳固控制柜时,一般先用砖块把控制柜垫到需要的高度,然后敷设电线管或电线槽,待电线管或电线槽敷设完后再浇灌水泥墩子,把控制柜固定在混凝土墩子上。

3. 控制柜的过线盒要按安装图的要求用膨胀螺栓固定在机房地面上。若无控制柜过线盒,则要 10 号槽钢制作控制柜型钢底座或混凝土底座,底座高度为 50～100mm。如图 11.3-2 所示。控制柜与型钢底座采用镀锌螺栓连接固定,连接螺栓由下向上穿过。控制柜与混凝土底座采用地脚螺栓连接固定。控制柜要和槽钢底座、混凝土底座连接固定牢靠,控制柜底座更要与机房地面固定可靠。控制柜底座安装前,应先除锈、刷防锈漆、装饰漆。

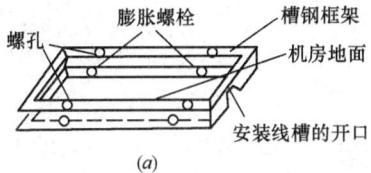 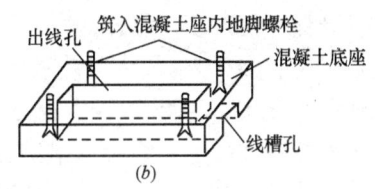

图 11.3-2 控制柜底座

(a) 用型钢制作的控制柜底座;(b) 控制柜混凝土底座

4. 控制柜安装固定要牢固。其垂直度偏差不应大于 2/1000，水平误差不大于 1/1000。多台柜并排安装时，其间应无明显缝隙，且柜面应在同一平面上。

11.4　电源配电箱安装

电源配电箱的安装技术要求

在《电梯工程施工质量验收规范》GB 50310—2002、《电梯安装验收规范》GB 10060—1993、《电梯制造与安装安全规范》GB 7588—2003 中，均对电梯的配电箱提出了具体的安装技术要求：

（1）每台电梯应单独设有 1 个切断该电梯的主电源开关，该开关安装的位置应能从机房入口处方便、迅速地接近主开关的操作机构。

电源配电箱要安装在机房门口附近，以便于操作，高度距地面 1.3～1.5m。

（2）如几台电梯共用同一机房，各台电梯主电源开关的操作机构应易于识别。

（3）主电源开关的容量应能切断电梯正常使用情况的最大电流，但该开关不应切断下列供电电路：

1) 轿厢照明和通风；（如有）
2) 轿顶电源插座；
3) 机房和滑轮间照明；
4) 机房、滑轮间和底坑的电源插座；
5) 电梯井道照明；
6) 报警装置。

按照本条的要求，电源不被主开关切断，至少还应与主开关并列另设两个电源开关，一个控制轿厢照明电路、通风（如果有的话）以及轿顶电源插座电源；另一个控制电梯井道内照明和底坑内照明及电源插座。

正常使用情况下的最大工作电流，对于不同参数、不同拖动类型的电梯有较大差别。判定时，可参表 11.4-1 的一组测试数据。

载荷 1000kg 梯速 1.0m/s 乘客电梯运行电流（A）　　　　表 11.4-1

工况＼类型	交流双速蜗轮付曳引机	交流调压调速蜗轮付曳引机	交流变频调速蜗轮付曳引机	永磁同步无齿轮曳引机
满载向上稳速运行	22	24	20	14
满载向上启动运行	110	120	36	22

（4）主开关应具有稳定的断开和闭合位置，并且在断开位置时应能用挂锁或其他等效装置锁住，以确保不会出现误操作。

（5）如果机房有多个入口，或同一台电梯有多个机房，而每一机房又有各自的一个或多个入口，则可以使用一个断路器接触器，其断开应由符合安全规范的电气安全装置控制，该装置接入断路器接触器线圈供电回路。断路器接触器断开后，除借助上述安全装置外，断路器接触器不应被重新闭合或不应有被重新闭合的可能。断路器接触器应与一手动分断开关连用。

这就要求机房有多个入口时每个入口的地方都要装一个主电源开关或者利用一个电路，通过控制断路器接触器来达到主电源开关的目的。如图 11.4-1 所示是一个有 3 个入口的机房电梯电源主开关设置的方案。图中 KM1 为断路器接触器，它满足以上对主开关规定的所有要求，并与主开关 QF1 连用。断路器接触器 KM1 受安全装置开关 SA1、SA2 的控制，SA1、SA2 分别设置在机房其他两个入口处。

（6）对于一组电梯，当一台电梯的主开关断开后，如果其部分运行回路仍然带电，这些带电回路应能在机房中被分别隔开，必要时可切断组内全部电梯的电源。

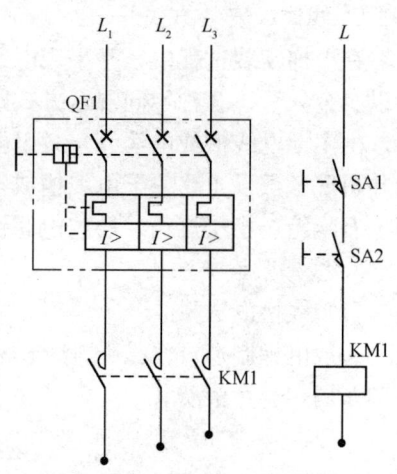

图 11.4-1　3 个入口的机房电梯
电源主开关方案

KM1—断路器接触器；QF1—主开关
SA1—安全装置开关；SA2—安全装置开关

本条款所述"一组电梯"应该是指并联或群控的一组电梯，例如 A、B、C 3 台电梯并联，一般并联调度部分的电路安装在 A 梯的控制柜内。而并联调度部分的电路是 3 台电梯公用的，由单独的电源控制开关供电。这样，当 A 梯切断电源停止运行时，B、C 梯仍能并联运行。本条主要是针对并联或群控电梯中不受主开关控制的并联调度电路提出安全要求。

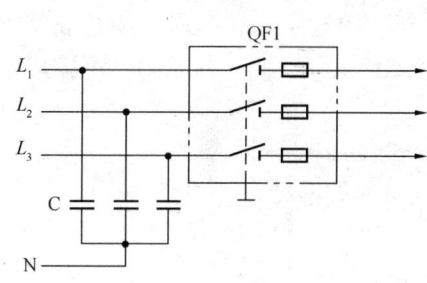

图 11.4-2　电力电容器连接位置

（7）任何改善功率因数的电容器，都应连接在动力电路主开关的前面。如果有过电压的危险，例如，当电动机由很长的电缆连接时，动力电路开关也应切断与电容器的连接线。

按照本条款的要求，如果供电部门提出要装设改善电梯动力电路功率因数的电容器，其接线位置可按图 11.4-2 所示。因为容器断电后还有个放电过程，要防止电梯维修人员在动力电路主开关下闸后触及电容器及其相连线路时被放电电击。

11.5　线槽、安装

1. 线槽、安装技术要求

（1）机房和井道内应按产品要求配线。软线和无护套电缆应在导管、线槽或能确保起到等效防护作用的装置中使用。护套电缆和橡套软电缆可明敷于井道或机房内使用，但不得明敷于地面。

（2）导管、线槽的敷设应整齐牢固。线槽内导线总面积不应大于线槽净面积 60%；导管内导线总面积不应大于导管内净面积 40%；软管固定间距不应大于 1m，端头固定间距不应大于 0.1m。

因此，机房和井道内的配线，应使用电线管和电线槽保护，严禁使用可燃性及易碎性材料制成的管、槽。不易受机械损伤和较短分支处可用软管保护。金属电线槽沿机房地面明设时，其壁厚不得小于 1.5mm。

2. 线槽、安装方式

在电梯安装过程中，常采用电线槽和金属软管、电线管和金属软管，或电线槽和电线管以及金软管等 3 种不同混合方式敷设的电气控制线路。敷设主干线时采用电线槽或电线管，由主干电线槽或电线管至各电器部件则采用金属软管。在一般情况下，常在层门两侧的井道壁各敷设 1 路主干电线槽或电线管，分别敷设由控制柜至井道中间接线箱、分接线箱、召唤箱、指层灯箱、层门电联锁开关、限位开关、换速传感器的线路等。

3. 线槽敷设方法

（1）线槽的数量

一般电梯制造厂家按照表 11.5-1 所列的数量来配发线槽，在现场安装时，要合理计划和布局，避免浪费。

电梯线槽的发货数量（参考）　　　　表 11.5-1

机房（板厚1.5mm）		井道（板厚0.8mm）	
宽度	长度	宽度	长度
$A=75$	10m	$A=75$	井道总高/2
$A=100$	6m	$A=100$	井道总高

上表为单台电梯的线槽配给量，多台电梯时，线槽配给量为单台配给量×N（N 为电梯台数），为了运输便利，单条线槽一般标准长度为 2m，线槽配给量为 2m 的整数倍。

（2）线槽规格选择

按照《电梯工程施工质量验收规范》GB 50310—2002 的规定，线槽内导线总面积不应大于线槽净面积 60%；导管内导线总面积不应大于导管内净面积 40% 原则，可按以下方法计算出所选用线槽的规格：

导线条数×导线截面积（包括绝缘皮截面积）/线槽净面积≤60%

假设所有线槽的高度等于 H，由于线槽面积≈线槽宽×线槽高，

则线槽的最小宽度为：导线条数×导线截面积/60%×H

所以，所选线槽的高度和宽度不能小于上面计算的值。

（3）线槽弯曲安装工艺要求

所有的连接螺栓必须由线槽内往外穿，然后用螺母紧固。线槽敷设需要遵守下列工艺要求：

1）线槽应平整，无扭曲变形，内壁无毛刺，线槽采用射钉和膨胀螺栓固定，每根电线槽固定点应不少于两点。底脚压板螺栓应稳固，露出线槽不大于 10mm。

2）安装后应横平竖直，其水平度和垂直度误差应小于 2/1000，且全长偏差小于 20mm。

3）槽盖应齐全，盖好后应平整，无翘角，出线口无毛刺，槽盖应用螺栓固定。线槽并列安装时，应使线槽便于开启，接口应平直，接板应严密。

4）切断线槽需用手锯操作，不能用电气焊。拐弯处不允许锯直口，应沿穿线方向弯成直角保护口，以防划伤电线，所有弯角应有橡胶护垫保护，如图 11.5-1

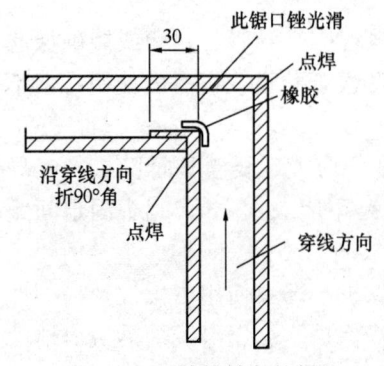

图 11.5-1　线槽转角的保护

所示。所有接口应封闭，转角应圆滑，固定牢固，槽内无杂物。

5) 电线槽应有良好的保护，电线槽接头应严密并作明显可靠的跨接地线。但电线槽不得作为保护线使用，镀锌电线槽可利用电线槽连接固定螺栓跨接 $1.5mm^2$ 黄绿双色绝缘铜芯导线。如图 11.5-2 所示。

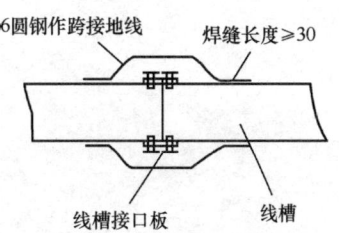

图 11.5-2 线槽的接头接地连接

6) 机房和井道内的电线槽、电线管、随行电缆架、箱盒与可移动的轿厢、钢丝绳、电缆的距离：机房内不得小于 50mm，井道内不得小于 20mm。

7) 电线槽、箱和盒要用开孔器开孔，孔径不大于管外径 1mm，所有出口应无毛刺，位置准确，并应有保护引出线的防护物，如橡胶衬套、软管接头等。

8) 具体的线槽特殊工艺如图 11.5-3 及图 11.5-4 所示。

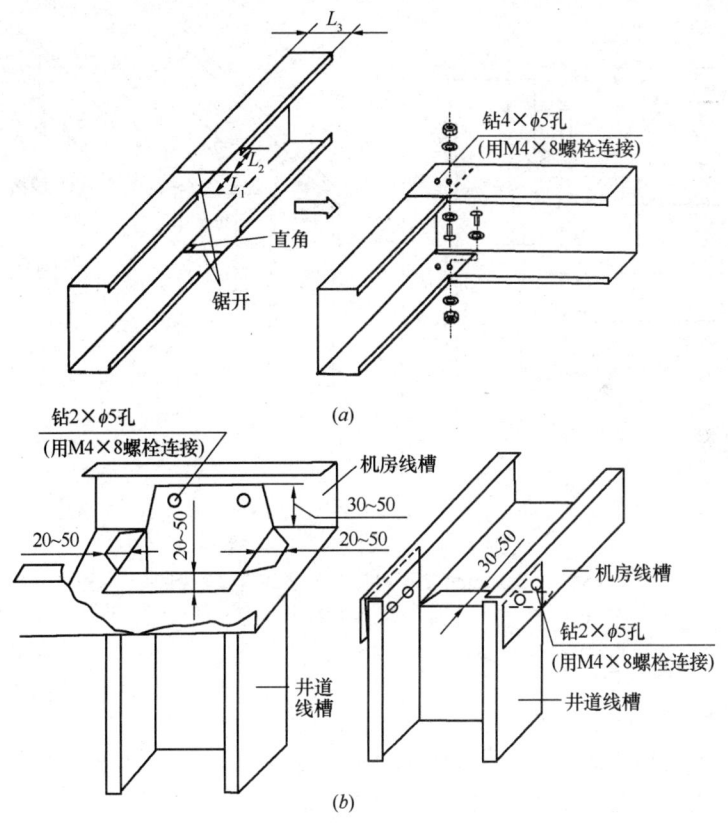

图 11.5-3 线槽直角搭接连接
(a) 水平直角搭接；(b) 竖直直角搭接

(4) 机房线槽作业

1) 机房线槽包括：

(a) 控制柜→引入电源配电箱（包括低压供电箱）；

(b) 控制柜→井道；

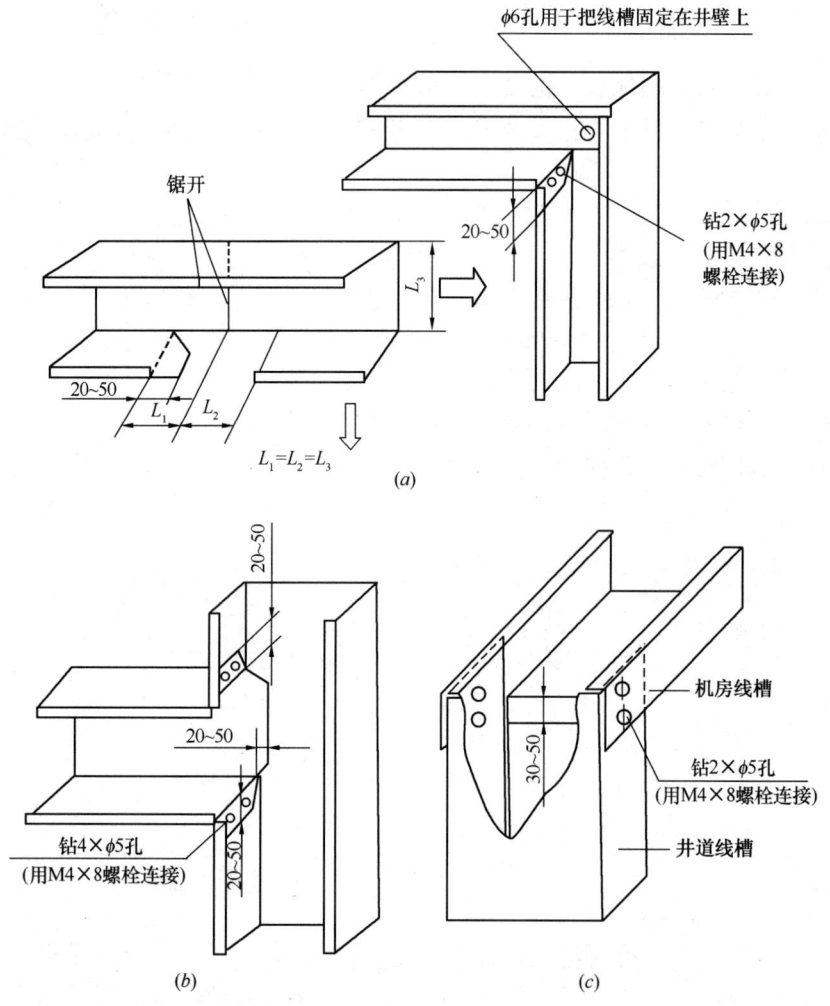

图 11.5-4 线槽的弯曲连接
(a) 井壁或墙壁直角弯曲连接；(b) 主线槽与分线槽连接；
(c) 线槽与井道线槽转角连接

　　(c) 控制柜→限速器；

　　(d) 电抗箱→曳引机（如有）。

　　2) 为了保证足够的强度，机房线槽应该使用厚度不少于 1.5mm 板材的线槽。如果是地面敷设，则要注意固定、稳固，并且要有警惕标志，防止绊脚。

　　3) 在线槽敷设时，要坚持电梯的动力线与控制线始终分开敷设。如图 11.5-5 及图 11.5-6 所示，如果动力线不得不与控制线在同一线槽内敷设，则要求动力线装在金属线管内。敷设时，不允许动力线与控制线平行敷设，而应该交叉敷设，那样可以减少干扰。

　　(5) 井道线槽作业

　　1) 井道内线槽应该敷设在轿厢导轨与厅门之间靠近外呼装置的井道壁上。在顶层楼板下紧贴墙壁处放一条铅垂线，作为安装线槽的垂直定位依据，并按照井道土建布置图所示尺寸进行定位安装，如图 11.5-7 所示。

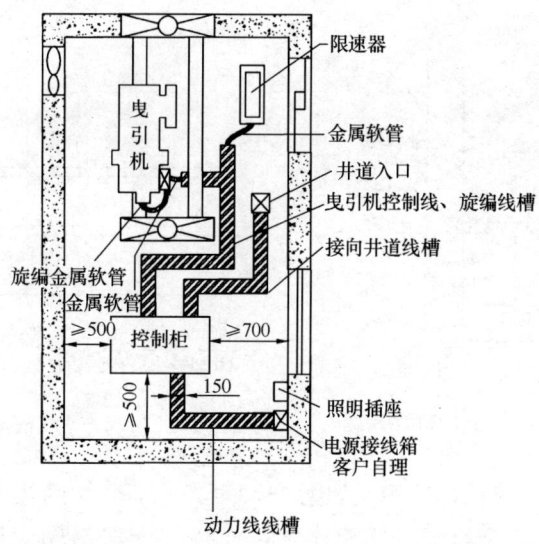

图 11.5-5　机房线槽敷设

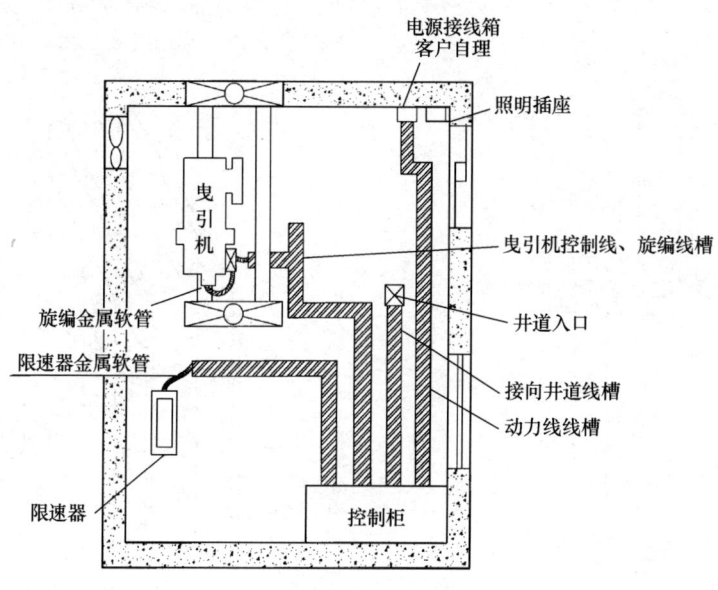

图 11.5-6　小机房线槽敷设

2) 井道线槽引出分支线，如果距指示灯、按钮盒较近，可用金属软管敷设；若距离超过 2m，应采用管道敷设。井道线槽到每层的分支导线较多时，应设分线盒并考虑加端子板。

3) 井道线槽最下端距离底坑地面距离应该在 400～500mm，线槽的底端应用底坑检修箱封闭，封闭方法如图 11.5-8 所示操作。

4) 在固定和连接线槽前，应该注意在各层楼层显示箱、厅门联锁和底坑检修箱，张紧轮断绳开关、缓冲器电气开关、上、下极限开关等井道电气设施引线对应于线槽位置上开孔，线槽对应各电器部件引线位置，开孔应使用合适的开孔器，开孔后必须安装橡胶衬套，用以保护引线。

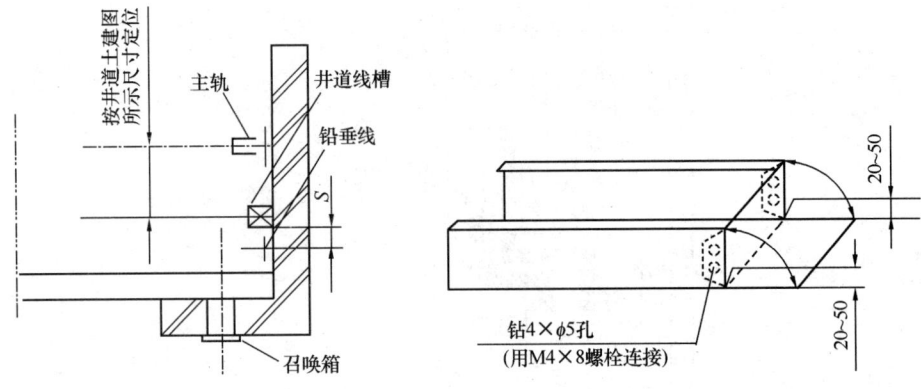

图 11.5-7 井道线槽安装位置　　　　图 11.5-8 线槽末端封闭

5) 井道如有中间接线箱,就按照如图 11.5-9 所示,将中间接线箱与线槽的连接。

6) 最顶端一条线槽应与机房线槽连接,连接的方法参阅上述的相应图示,同时,要开吊线闩孔,其位置为距机房地面 1000~1500mm 处,如图 11.5-10 所示。当井道高度超过 30m 时,每隔 30m 要安装一个吊线闩装置,将导线固定,以防止导线因自重而断裂。

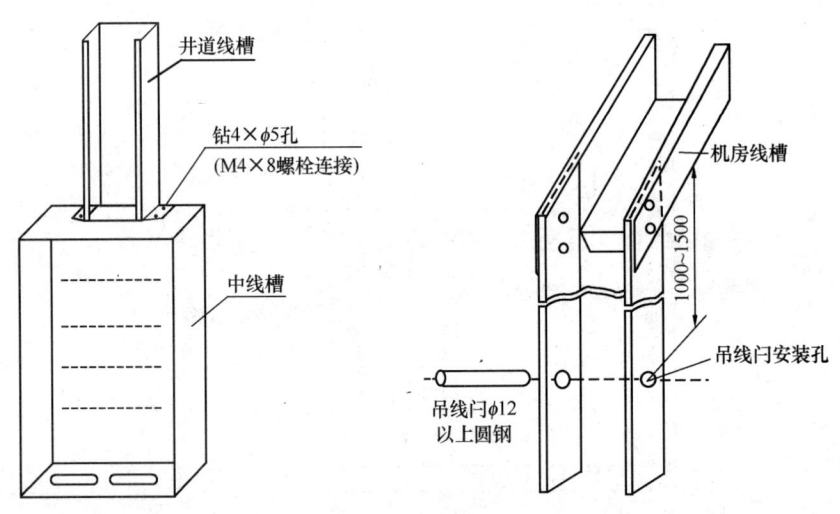

图 11.5-9 线槽与中间接线箱的连接　　　　图 11.5-10 井道线槽吊闩示意图

(6) 线槽固定

1) 在线槽固定时,使用 φ6 钻头打孔,用膨胀胶塞和木螺钉将线槽固定在墙壁上,如图 11.5-11 (a)、图 11.5-11 (b) 所示。

2) 如果井道是金属结构的,也可以使用螺栓将线槽固定在金属构架上,但严禁焊接线槽,如图 11.5-11 (c)、图 11.5-11 (d) 所示。

3) 每根线槽必须有两点以上的固定点,在安装吊线闩位置应该增加 4 个固定点。

4) 机房线槽每段至少和机房、楼面有两个固定点,采用如图 11.5-4 所示固定方法。

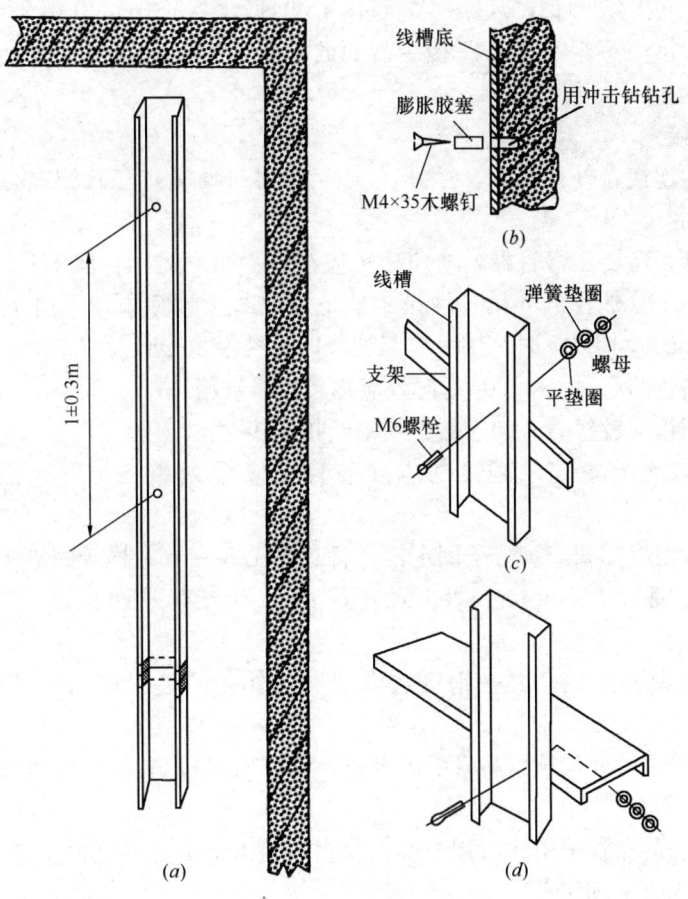

图 11.5-11 井道线槽的固定

11.6 金属线管敷设

金属线管可分为金属管（如铅水管）和金属软管两类。在敷设时，根据用途选用。

1. 规格确定

由于金属管、金属软管内导线的总面积不能大于管内净面积的 40%，因此可按以下方法计算出所选用的金属管或金属软管的规格（内径 D）。

导线条数×导线截面积（包括绝缘皮面积）/管内净面积≤40%

管内净面积＝$\pi \times (D/2)^2$

$D_{最小值} = \sqrt{导线条数 \times 导线截面积 / 0.1\pi} = 0.56\sqrt{导线条数 \times 导线截面积}$

2. 金属管敷设要求

（1）电线管的弯曲处，不应有折皱、凹陷和裂纹等。弯扁程度不大于管外径的 10%，管内无铁屑及毛刺，电线管不允许用电气焊切割，切断口应锉平，管口应倒角光滑。

（2）钢管连接方法有丝扣连接和套管连接两种。

1) 丝扣连接

管端套丝长度不应小于管箍长度的 1/2，钢管连接后在管箍两端应用圆钢焊跨接地线，

其中 $\phi15\sim\phi20$ 管用 $\phi5$ 圆钢，$\phi32\sim\phi38$ 管用 $\phi6$ 圆钢，$\phi50\sim\phi63$ 管用 25mm×3mm 扁钢。跨接地线两端焊接面不得小于该跨接线截面的 6 倍，焊缝应均匀牢固，焊接处要清除焊渣，刷防腐漆。

2）套管连接

套管长度为连接管外径的 2.5～3 倍，连接管对口处应在套管的中心，焊口应焊接牢固、严密。

（3）电线管拐弯要用弯管器，弯曲半径应符合：明配时，一般不小于管外径的 4 倍；暗配时，不应小于管外径的 6 倍；埋设于地下或混凝土楼板下，不应小于管径的 10 倍。一般管径为 25mm 及其以下时，用手扳弯管器；管径为 25mm 及以上时，使用液压弯管器和加热方法。当管路超过 3 个 90° 弯时，应加装接线盒箱。

（4）薄壁铜管（镀锌管）的连接必须用丝扣连接。

（5）进入落地配电箱（柜）的电线管路，应排列整齐，管口高于基础面不小于 50mm。

（6）明配管需设支架或管卡子固定：竖管每隔 1.5～2m，横管每隔 1～1.5m，拐弯处及出入箱盒两端 150～300mm，每根电线管不少于 2 个支架或管卡子；管子不能直接焊在支架或设备上。

（7）钢管与设备连接，要把钢管敷设到设备外壳的进线口内。也可采用以下两种方法。

1）在钢管出线口处加软塑料管引入设备，钢管出线口与设备进线口距离应在 200mm 以内。

2）设备进线口和管子出线口用配套的金属软管和软管接头连接，软管应在距离进出口 100mm 以内用管卡固定。

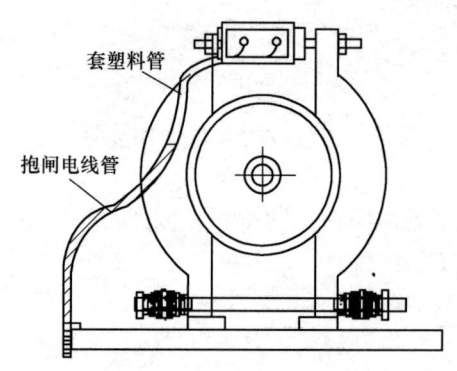

图 11.6-1　设备表面的敷线示例

（8）设备表面上的明配管或金属软管应随设备外形敷设，以求美观。如图 11.6-1 所示。

（9）井道内敷设电线管时，各层应装分支接线盒（箱），并根据需要加装接线端子板。

3. 金属软管（蛇皮管）敷设要求

（1）金属软管不得有机械损伤、松散，敷设长度不应超过 2m。

（2）金属软管安装应尽量平直，弯曲半径不应小于管外径的 4 倍。

（3）金属软管安装固定点均匀，间距小于或等于 1m，不固定端头长度小于或等于 1m，固定点要用管卡子固定。管卡子要用膨胀螺栓或塑料胶塞等方法固定，不允许用塞木楔的方法来固定管卡子。

（4）金属软管与箱、盒、槽连接时，应使用专用管接头连接。

（5）金属软管安装在轿厢上应防止振动和摆动。与机械配合的活动部分，其长度应满足机械部分的活动极限，两端应可靠固定。轿顶上的金属软管应有防止机械损伤的措施。

（6）金属软管内电线电压大于 36V 时，要用大于或等于 $5mm^2$ 黄绿双色绝缘铜芯导线焊接保护地线。

(7) 不得用金属软管作为接地导体。

(8) 机房地面和底坑地面不得敷设金属软管。

4. 机房金属线管作业示例

(1) 机房金属线管包括：

1) 控制柜线槽——电动机接线；

2) 控制柜——旋转编码器；

3) 控制柜线槽——限速器。

(2) 控制线和电机大线的敷设（如图 11.6-2 所示）

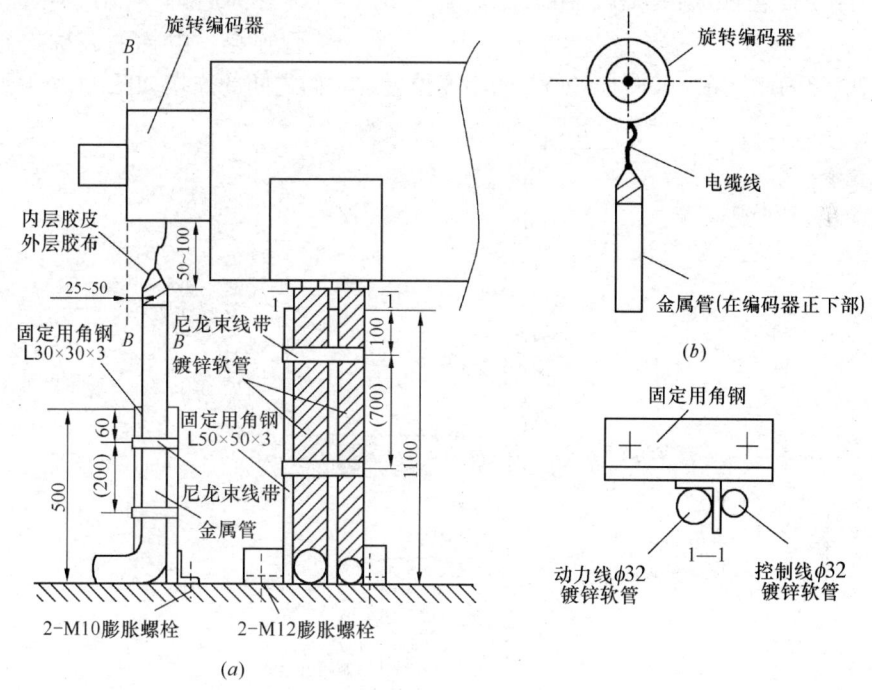

图 11.6-2　主机金属软管和金属管的固定

(a) 主机侧线管布置图；(b) 编码器侧线管固定

1) 控制线在线槽内、外都应穿 $\phi 20$ 镀锌软管，线槽至主机接线盒镀锌软管的两端用软管接头固定，当控制线和电机大线分开线槽敷设时，控制线在线槽内不用穿镀锌软管。

2) 电机大线在线槽至主机接线盒的部分用 $\phi 32$ 镀锌软管敷设，软管两端用软管接头固定。

(3) 旋转编码器屏蔽线的敷设

屏蔽线应用金属管敷设，在金属出线口的屏蔽线，先裹一层橡胶皮，再用胶布包扎，屏蔽线在金属管至旋转编码器的裸露部分应有弧度，且不能超出图 11.6-2 的 BB 平面，当金属管不够长时，不够长的部分用线槽敷设。当线槽内有其他线路时，线槽内的屏蔽线应穿镀锌软管。

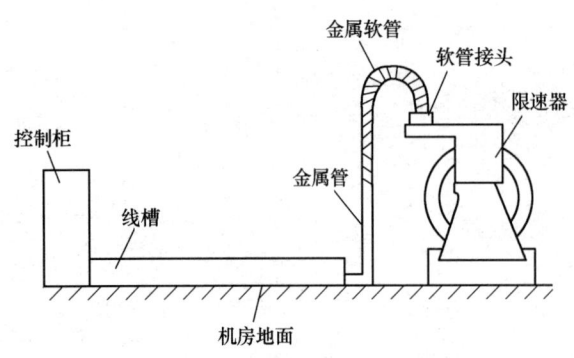

图 11.6-3 控制柜与限速器之间的线管连接

(4) 控制柜到限速器的金属线管作业

控制柜到限速器之间一般沿着地面敷设部分都是用线槽，竖起部分用金属管，弯头部分采用金属软管和软管接头。金属软管要套住金属管，外部用塑料胶带包裹 3 层以上，然后用胶布包扎。如图 11.6-3 所示。

5. 底坑金属线管作业示例

电梯的底坑安全开关之间应用金属线管连接，电梯的底坑检修装置安装在距离电梯的底坑在 800~1000mm 的高度位置，它们之间的连接如图 11.6-4 所示。

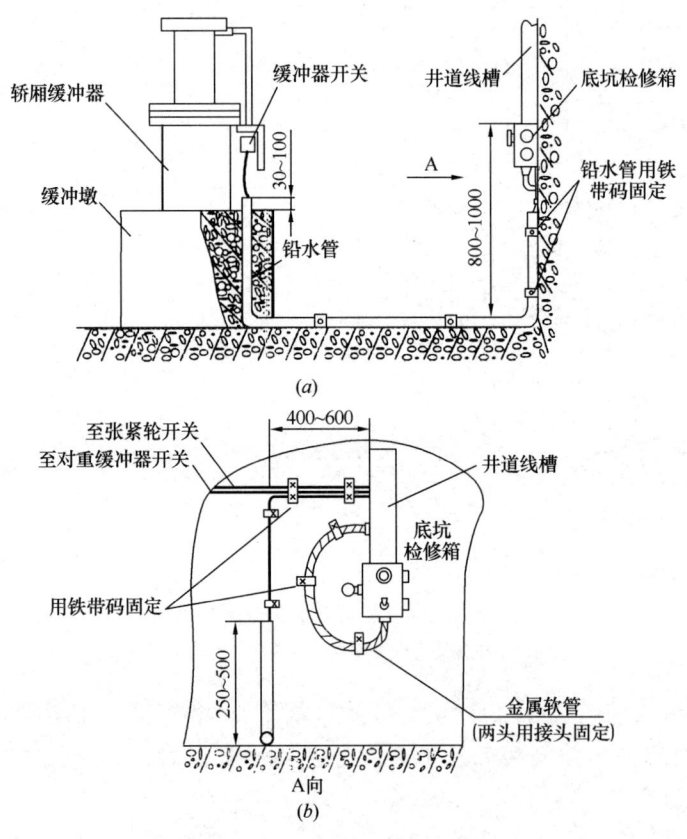

图 11.6-4 底坑金属线管作业示意图
(a) 底坑开关布线方式一；(b) 底坑开关布线方式二

6. 井道电缆、金属软管固定

井道内从线槽到电梯的召唤箱之间一般用金属软管连接，如图 11.6-5 所示。其金属软管的固定间距参考表 11.6-1。

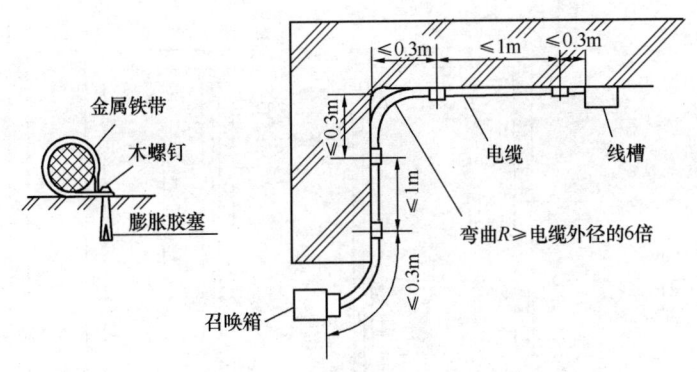

图 11.6-5　金属软管及电缆的固定

井道金属软管的固定间距　　　　　　　　　　　　　　　　表 11.6-1

架设方法	最大固定间隔	
	电缆	金属软管
垂直方向	0.6m	0.6m
水平方向	1m	1m
箱体出口处的固定	0.3m	0.3m
转弯处	0.3m	0.3m

11.7　井道电气设备安装

井道内的电气设备有随行电缆、极限开关、中间接线箱（如有）、召唤箱、泊梯开关（如有）、消防开关（如有），如图 11.7-1 所示。

11.7.1　中间接线盒安装

中间接线盒位置（如有）：

(1) 中间接线盒设在梯井内，其高度按下式确定：高度（最底层厅门地坎至中间接线盒底的垂直距离）＝1/2 电梯行程＋1500mm＋200mm，如图 11.7-2 所示。若中间接线盒设在夹层或机房内，其高度（盒底）距夹层或机房地面不低于 300mm。若电缆直接进入控制柜时，可不设中间接线盒。

(2) 中间接线盒水平位置要根据随行电缆既不能碰轨道支架又不能碰厅门地坎的要求来确定。若梯井较小，轿门地坎和中间接线盒在水平位置上距离较近时，要统筹计划，其间距不得小于 40mm，如图 11.7-3 所示。

(3) 中间接线盒用 M10 膨胀螺栓固定于井道壁上。

11.7.2　随行电缆安装

轿厢运行时均有一条或几条电缆随之运行，称随行电缆简称随缆。一般随行电缆的一端绑扎固定在井道中部的电缆架上。随行电缆是连接于运行的轿厢与固定点之间的电缆，起联系轿厢与层站、机房之间控制信号联络之用。电缆安装方式应根据井道内轿厢、对重、导轨等设备位置的布置而定。为了安装方便，现在大多数随行电缆已从机房直接连接，不再用中间接线箱。

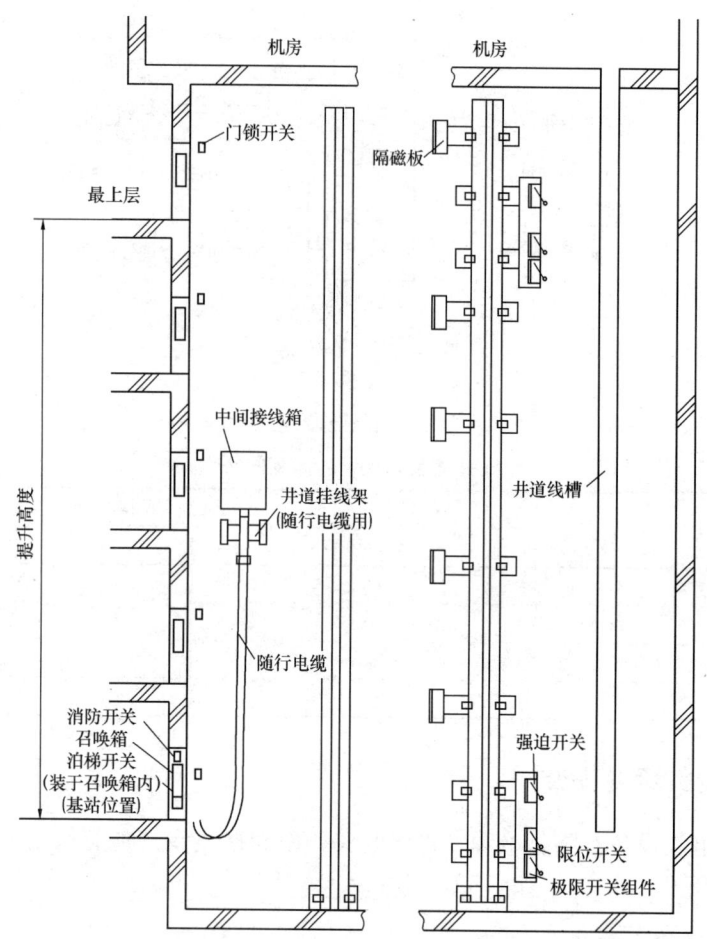

图 11.7-1　井道电气设备布置图

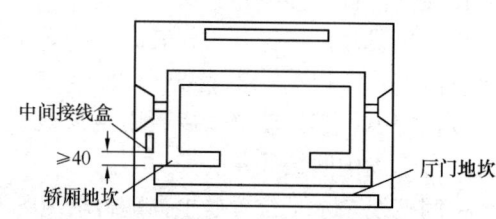

图 11.7-3　井道中间分线箱的位置确定

1. 随行电缆支架安装

（1）在中间接线盒底面下方 200mm 处安装随行电缆支架。固定随行电缆支架要用两个以上不小于 M10 的膨胀螺栓，以保证其牢固，如图 11.7-4 所示。

（2）若电梯无中间接线盒时，井道随缆架应装在电梯正常提升高度 h_1 处的井壁上，其中 h_1=1/2 电梯行程 +1500mm。

（3）随行电缆架安装时，应使电梯随行电缆避免与

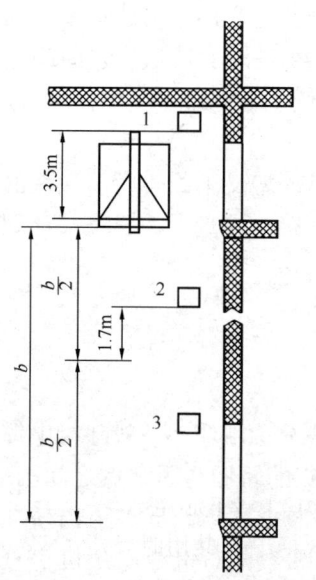

图 11.7-2　井道中间分线箱的位置确定

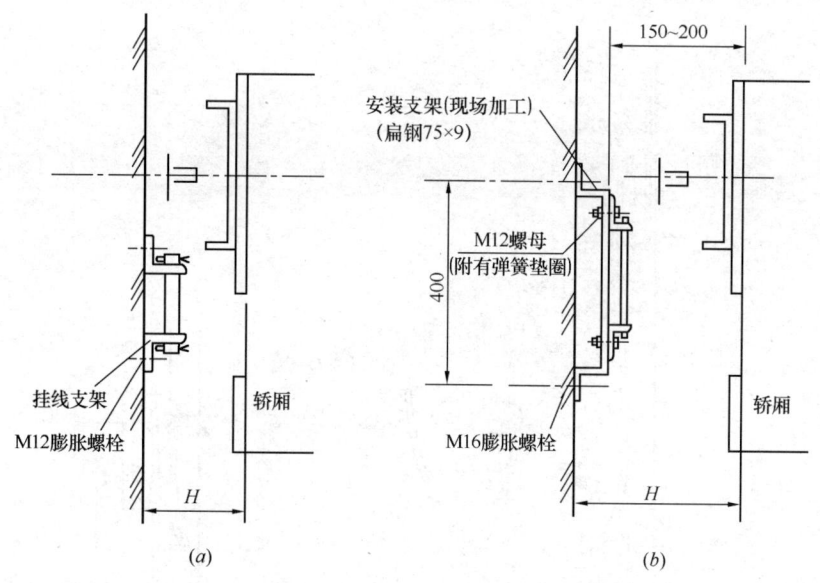

图 11.7-4　随行电缆架的安装

(a) 当 150＜H≤200 时；(b) 当 200＜H≤600 时

限速器钢丝绳、限位开关、换速开关、感应器和对重装置等接触或交叉，以保证随行电缆在运动中不得与电线槽、线管、导轨支架等发生碰触及卡阻。

（4）轿底电缆架的安装方向应与井道随行电缆架一致，并使电梯电缆位于井道底部时，能避开缓冲器且保持不小于 200mm 的距离。

（5）井道全高小于 50m 时，为两个随行电缆挂架，位置分别在井道顶部和井道全高的 1/2 以上加高 1.5m 处，大于及等于 50m 时为 3 个挂架，即在两个随缆挂架中间位置再加装一个。

（6）随行电缆支架的挂线架应能够旋转，如图 11.7-5 所示。

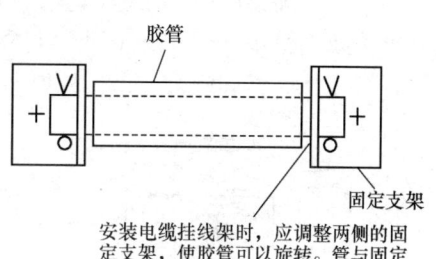

图 11.7-5　挂线架的安装

2. 随行电缆安装

（1）随行电缆的长度应根据中线盒（如有）及轿厢底接线盒实际位置，加上两头电缆支架绑扎长度及接线余量确定。保证在轿厢蹲底和撞顶时不使随行电缆拉紧，在正常运行时不蹭轿厢和地面，蹲底时随缆距地面 100～200mm 为宜，截电缆前，模拟蹲底确定其长度为宜。

（2）挂随行电缆前应将电缆自由悬垂，使其内应力消除。安装后不应有打结和波浪扭曲现象。多根电缆安装后长度应一致，且多根随缆不宜绑扎成排，以防因电缆伸缩量不同导致电缆受力不均。

（3）随行电缆的另一端绑扎固定在轿底下梁的电缆架上，称轿底电缆架。轿底电缆架安装位置应以下述原则确定：8 芯电缆弯曲直径为 500mm；16-24 芯电缆弯曲直径为 800mm。一般弯曲直径不小于电缆直径的 20 倍；如果多种规格电缆共用时，应按最大移动弯曲半径为准，如图 11.7-6 所示。

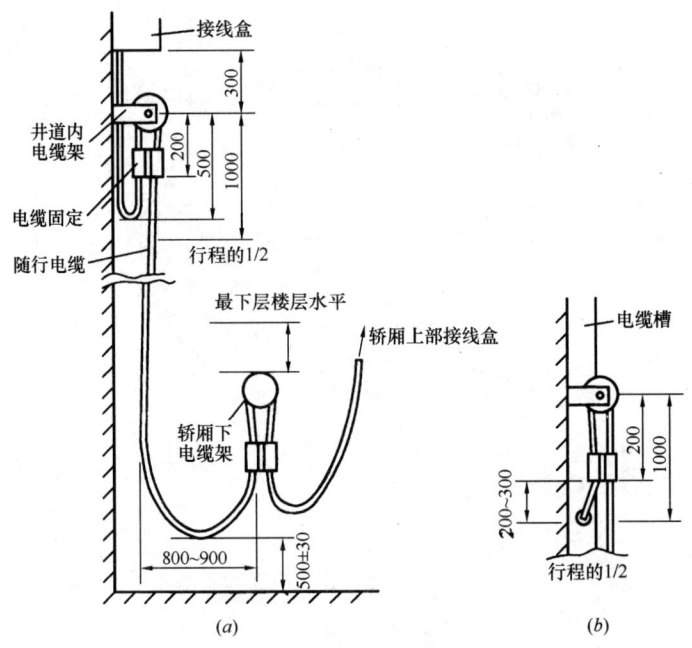

图 11.7-6 随行电缆安装示意图
(a) 安装方法一;(b) 安装方法二

(4) 圆形随行电缆的芯数不宜超过 40 芯,绑扎时用塑料绝缘导线(BV1.5mm²)在离开电缆架钢管 100~150mm 处,将随行电缆牢固地绑扎在随缆支架上,其绑扎应均匀、牢固,绑扎长度为 30~70mm,每根电缆要用电缆卡子固定牢固,不允许用钢丝和其他裸

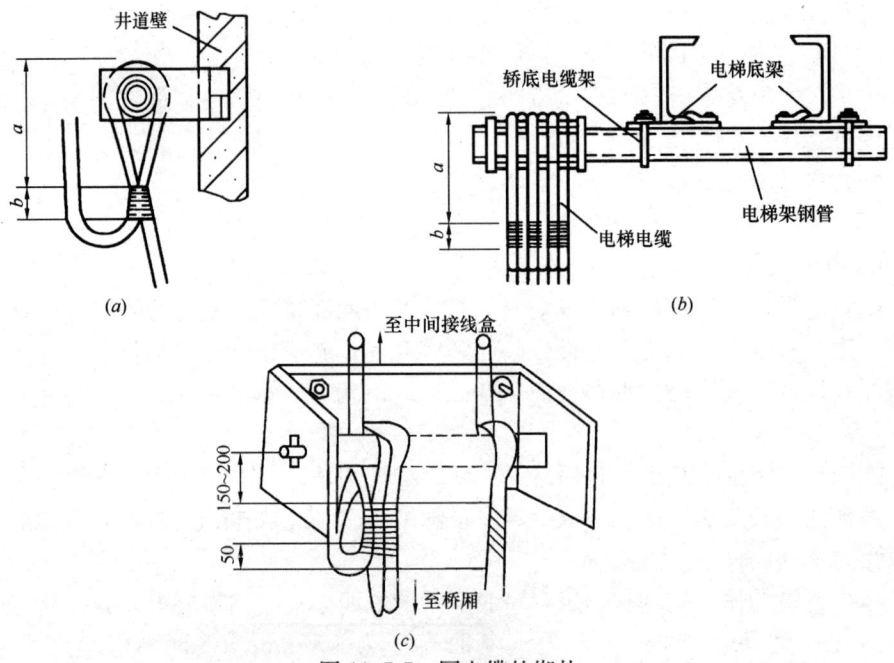

图 11.7-7 圆电缆的绑扎
(a) 井道挂线架部分电缆绑扎;(b) 轿底电缆架随缆的绑扎;(c) 随行电缆的绑扎
a—钢管直径的 2.5 倍,且不大于 200mm;b—30~70mm

导线绑扎。如图 11.7-7 所示。

(5) 扁平型随行电缆可重叠安装，重叠根数不宜超过 3 根，每 2 根之间应保持 30~50mm 的活动间距。扁平型电缆的固定应使用楔形插座或专用卡子。如图 11.7-8 所示。

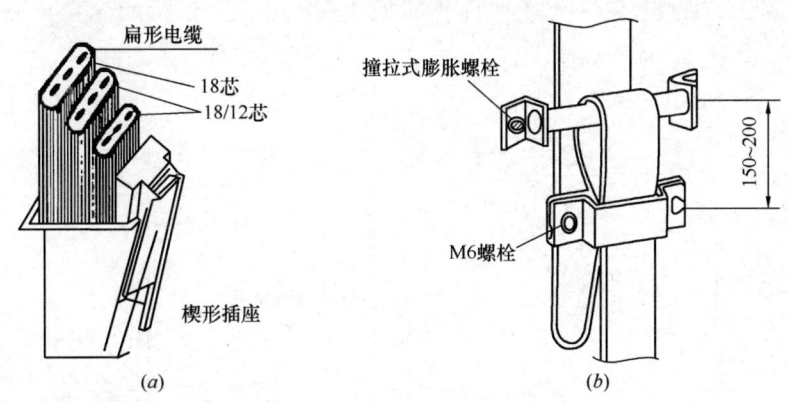

图 11.7-8　扁平电缆的绑扎

(6) 随行电缆两端以及不运动部分应可靠固定。电缆入接线盒应留出适当余量，压接牢整齐。

(7) 随行电缆在运动中有可能与井道内其他部件挂、碰时，必须采取防护措施。当随缆距导轨支架过近时，为了防止随缆损坏，可自底坑沿导轨支架焊 $\phi 6$ 圆钢至高于井道中部 1.5m 处，或设保护网。

(8) 随行电缆悬挂于轿底挂线架上后，沿轿底、轿厢侧壁整齐敷设，并用扎带固定，把随行电缆引入轿顶接线箱，不能斜向凌乱敷设。如图 11.7-9 所示。

(9) 随行电缆悬挂后的长度应使轿厢缓冲器完全压缩后有余量，但不得托地。折弯处的悬吊直径为 350 ± 50mm，如有重叠安装的两根电缆，之间要有 30~50mm 的活动间距，随行电缆安装数量不宜超过 3 根。如图 11.7-10 所示。

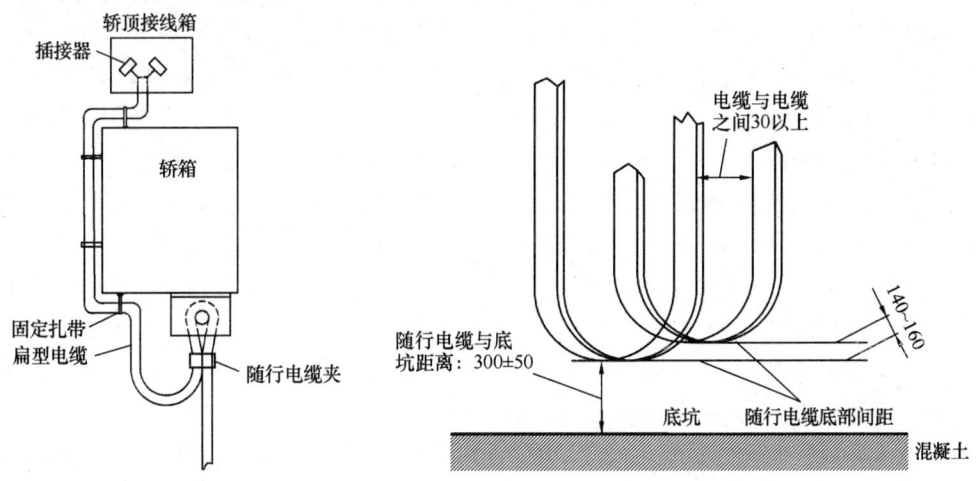

图 11.7-9　随行电缆的绑扎　　图 11.7-10　随行电缆与底坑的距离

11.7.3 越程保护开关及开关碰铁安装

为了防止电梯在顶层或底层时因电气控制失灵,一般要设越程保护装置,通常设置有强迫减速开关、终端限位开关和极限开关。常见的有三类开关组合和分离两种安装方式,如图 11.7-11 所示。图 11.7-11(b)所示的机械式极限开关(俗称的铁壳开关)已经用行程开关代用。

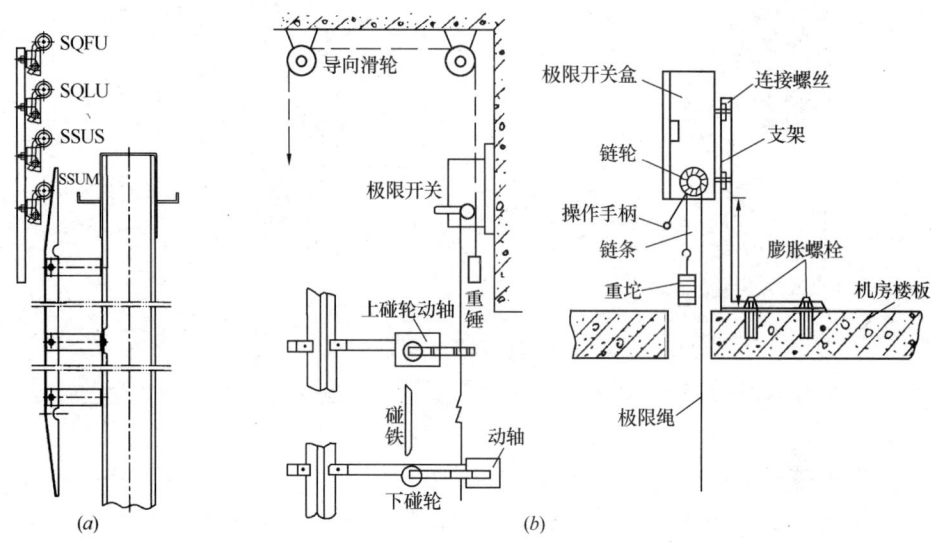

图 11.7-11 三类越程保护开关的安装形式
(a)组合式;(b)分离式

越程保护开关及开关碰铁安装的一般要求:

(1)碰铁一般安装在轿厢侧面,应无扭曲、无变形,表面应平整光滑。安装后调整其垂直度偏差不大于 1‰,最大偏差不大于 3mm(碰铁的斜面除外)。

(2)强迫减速开关安装在井道的两端。当电梯失控冲向端站时,首先要碰撞强迫减速开关,该开关在正常换速点相应位置动作,以保证电梯有足够的换速距离。强迫减速开关之后为第二级保护的限位开关,当电梯到达端站时,当电梯到达端站平层超过 50~100mm 时,碰撞限位开关,切断控断制回路,当平层超过 100mm 时,碰撞第三级即极限开关,切断主电源回路。

(3)快、高速电梯在短距离(单层)运行时,因未有足够的距离使电梯达到额定速度,需要减少缓速距离,需在端站强迫缓速开关之后加设一级或多级短距离(单层)减速开关,这些开关的动作时间略滞后于同级正常减速动作时间,当正常减速失效时,该装置按照规定级别进行减速。

(4)开关安装应牢固,不得焊接固定,安装后要进行调整。调整时应使其碰轮与碰铁可靠接触,开关触点可靠动作,碰轮沿碰铁全长移动不应有卡阻,且碰轮被碰撞后还应略有压缩余量。当碰铁脱离碰轮后,其开关应立即复位,碰轮距碰铁边≥5mm。如图 11.7-12 所示。

(5)开关碰轮的安装方向应符合要求,以防损坏。如图 11.7-13 所示。

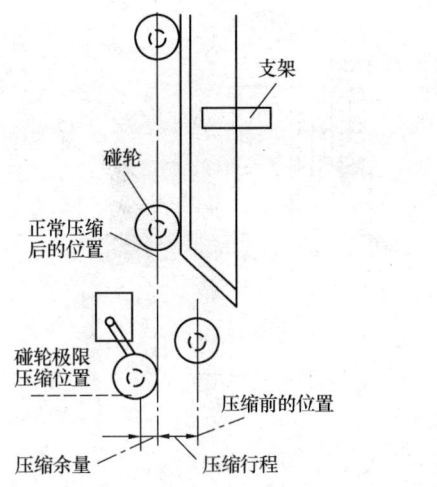
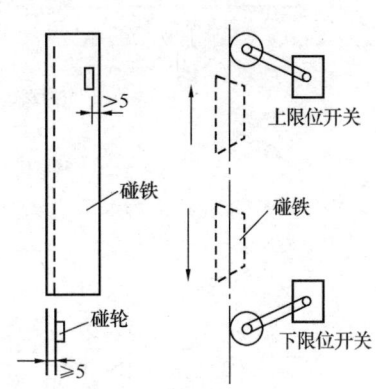

图 11.7-12　终端越程开关的调整　　图 11.7-13　终端越程开关的安装方向

11.7.4　井道信号系统安装

电梯的井道信号部分常见的有两种形式，一种采用位置感应器和隔磁板，一种采用位置感应器和井道磁铁，如图 11.7-14 所示。不管哪种形式，一定要按照厂家的安装要求调整，确保信号传输准确灵敏。

由于位置感应器与井道隔磁板系统安装简单，成本较低，现在被广泛的采用。隔磁板的安装如图 11.7-15 所示，当感应器隔磁板的支架刚好位于导轨连接板处时，应使用连接杆。

11.7.5　指示灯盒、呼梯按钮盒安装

此部分设备按照厂家的随机图纸安装，保证美观实用。

根据安装平面布置图的要求，把各层站的召唤箱和指层灯箱稳固安装在各层站层门外。一般情况下，指层灯箱装在层门正上方距离门框 0.25～0.30m 处。召唤箱装在层门右侧，距离门框 0.20～0.30m 处，距离地面约 1.3m 处。也有把指层灯箱和召唤箱合并为一个部件装在层门侧面的。指层灯箱和召唤箱经安装调整校正校平后，面板应垂直水平，凸出墙壁 2～3mm。

层门召唤盒、指示灯盒及开关盒的安装应符合下列规定：

1. 盒体应平正、牢固，不变形；埋入墙内的盒口不应突出装饰面；
2. 面板安装后应与墙面贴实，不得有明显的凹凸变形和歪斜；
3. 安装位置当无设计规定时，应符合下列规定（图 11.7-16 及图 11.7-17）：

（1）层门指示灯盒应装在层门口以上 0.15～0.25m 的层门中心处，指示灯在召唤盒内的除外；

（2）层门指示灯盒安装后，其中心线与层门中心线的偏差应不大于 5mm；

（3）召唤盒应装在层门右侧距地 1.2～1.4m 的墙壁上，且盒边与层门边的距离应为 0.2～0.3m；

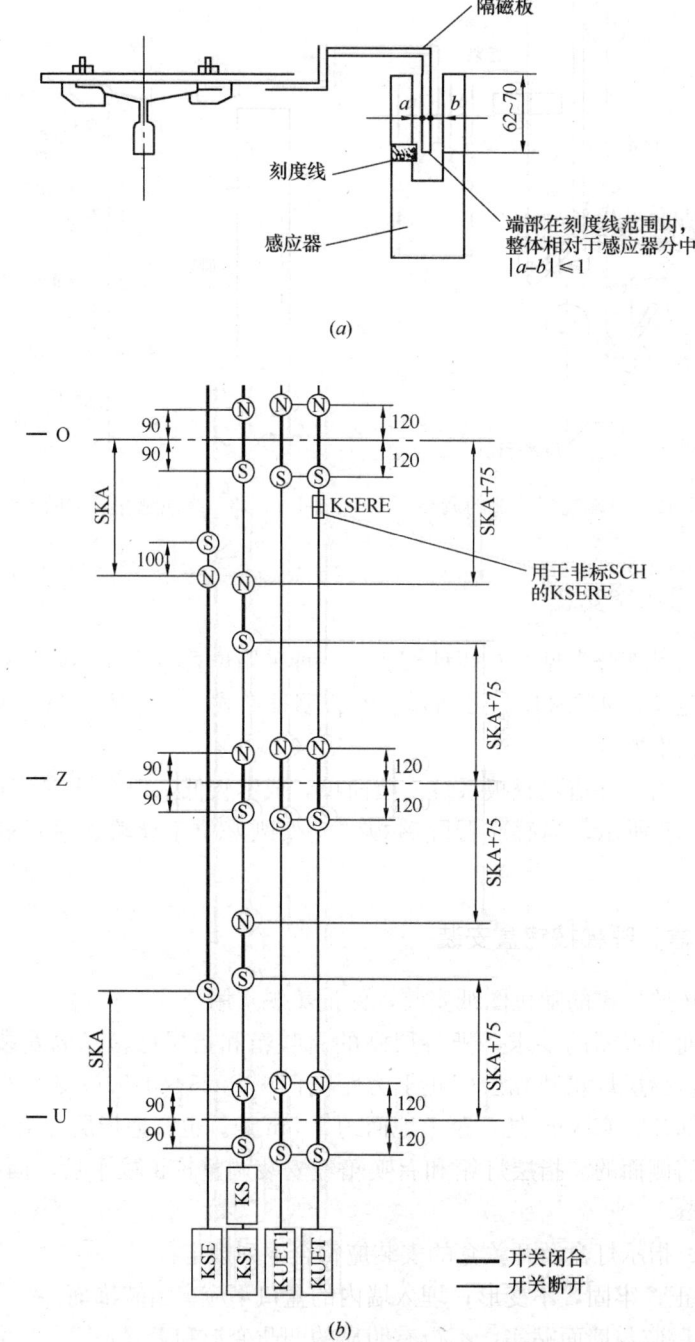

图 11.7-14 井道信号系统的安装
(a) 位置感应器与井道隔磁板信号系统；(b) 位置感应器与井道磁铁信号系统

(4) 并联、群控电梯的召唤盒应装在两台电梯的中间位置；

4. 在同一候梯厅有 2 台及 2 台以上电梯并列或相对安装时，各层门对应安装位置的对应位置应一致，并应符合下列规定（图 11.7-18 及图 11.7-19）：

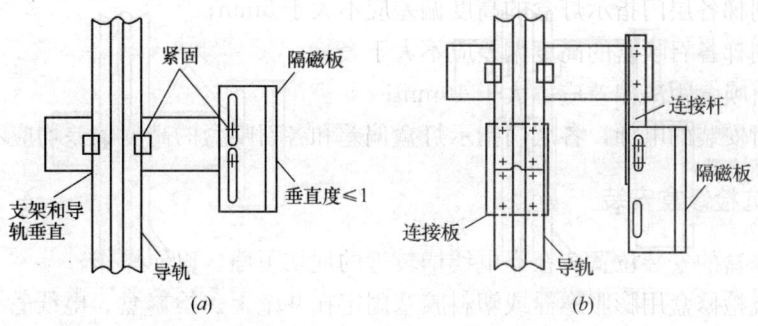

图 11.7-15 隔磁板的安装
(a) 隔磁板的安装；(b) 带连接杆的隔磁板安装

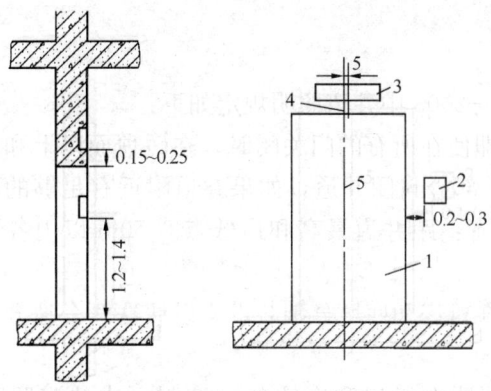

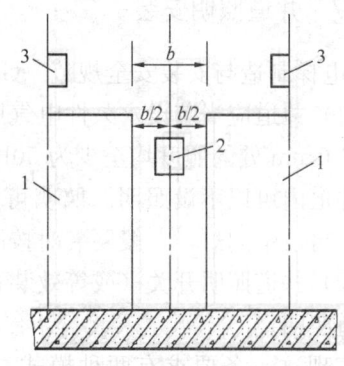

图 11.7-16 单梯层门装置位置
1—层门（厅门）；2—召唤盒；3—层门指示灯盒；
4—层门中心线；5—指示灯盒中心线

图 11.7-17 并联、群控电梯召唤盒
1—层门；2—召唤盒；3—层门指示灯盒

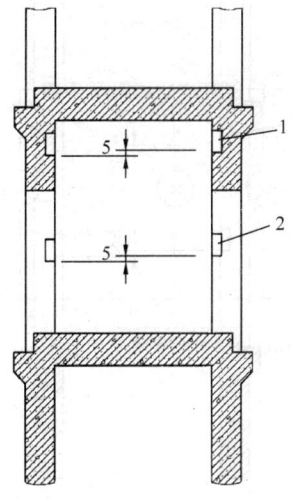

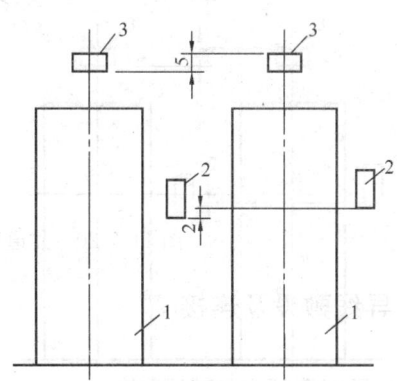

图 11.7-18 同一候梯厅层门装置对应高差
1—层门指示灯盒；2—召唤盒

图 11.7-19 并列梯层门装置相应位置差
1—层门；2—召唤盒；3—层门指示灯盒

(1) 并列梯各层门指示灯盒的高度偏差应不大于 5mm；

(2) 并列梯各召唤盒的高度偏差应不大于 2mm；

(3) 各召唤盒距离偏差应不大于 10mm；

(4) 相对安装的电梯，各层门指示灯盒偏差和各召唤盒的高度偏差均应不大于 5mm。

11.7.6 底坑检修盒安装

(1) 检修盒的安装位置应在靠电线槽较近的地坎下面，以便操作。

(2) 底坑检修盒用膨胀螺栓或塑料胶塞固定在井壁上。检修盒、电线管、电线槽之间都要跨接地线。

(3) 在检修盒上或附近适当的位置，须装设照明和电源插座，照明应加控制开关，应注意选用 2P＋PE 型 250V 的电源插座，以供维修时插接电动工具使用。

11.7.7 井道照明安装

《电梯制造与安装安全规范》GB 7588—2003 中井道照明规定如下：

(1) 井道应当装设永久性电气照明，即使在所有的门关闭时，在轿顶面以上和底坑地面以上 1mm 处的照度均至少为 50lx。对于部分封闭井道，如果井道附近有足够的电气照明，井道内可以不设照明。照明可这样设置：距井道最高和最低点 0.50m 以内各装设一盏灯，再设中间灯，一般要装时按间隔 7m。

(2) 井道照明开关（或等效装置）应在机房和底坑分别装设，以便这两个地方均能控制井道照明。

实现这一条要求有两种模式：井道照明在机房和底坑独立控制；或井道照明在机房和底坑双联控制。一般为了方便，采用图 11.7-20 所示的两地控制线路，图中的"机房指示灯"安装在机房开关附近，可方便操作者确定井道照明灯点亮或熄灭，可以不设。

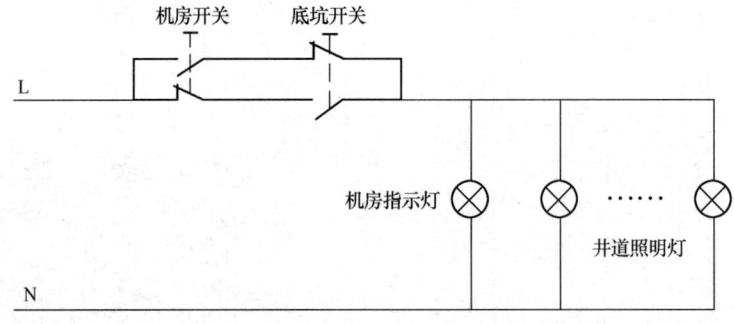

图 11.7-20　井道照明的机房和底坑两地控制

11.8　导线敷设及连接

11.8.1　导线敷设的一般要求

(1) 穿线前将电线管或电线槽内清扫干净，不得有积水、污物。电线管要检查各个管口的护口是否齐全，如有遗漏和破损，均应补齐和更换。

（2）电梯电气安装中的配线，应使用额定电压不低于500V的铜芯导线。

（3）根据管路的长度留出适当余量进行断线。穿线时不能出现损伤线皮、扭结等现象，并留出适当备用线（10~20根备1根，20~50根备2根，50~100根备3根），其长度应与箱、盒、柜内最长的导线相同。

（4）导线要按布线图敷设，电梯的供电电源必须单独敷设，并应由建筑物配电间直接送至机房。动力和控制线路应分别敷设。微信号及电子线路应按产品要求单独敷设或采取抗干扰措施。若在同一电线槽中敷设，其间要加隔板。

（5）在电线槽的内拐角处要垫橡胶板等软物，以保护导线。导线在电线槽的垂直段，用尼龙绑扎带绑扎成束，并固定在电线槽底板下，以防导线下坠。

（6）出入电线管或电线槽的导线无专用保护时，导线应用绑扎带或塑套管等加以保护。

（7）导线截面为6mm^{2}及以下的单股铜芯线和25mm^{2}及以下的多股铜芯线与电气器具的端子可直接连接，但多股铜芯的线芯应先拧紧，涮锡后再连接；导线截面超过2.5mm^{2}的多股铜芯线的终端，应焊接或压接端子后，再与电气器具的端子连接（设备自带插接式的端子除外）。

（8）导线接头包扎按下述两个步骤进行。

1）首先用橡胶（或粘塑料）绝缘带从导线接头处始端的完好绝缘层开始，缠绕1~2个绝缘带幅宽度，再以半幅宽度重叠进行缠绕。在包扎过程中应尽可能收紧绝缘带。最后在绝缘层上缠绕1~2圈后，再进行回缠。

2）再用黑胶布包扎，以半幅宽度边压边进行缠绕，在包扎过程中收紧胶布，导线接头处两端应用黑胶布封严密。

（9）引进控制盘（柜）的控制电缆橡胶绝缘芯线应外套绝缘管保护。

（10）控制柜压线前应将导线沿接线端子方向整理成束，排列整齐，用小线或尼龙卡于分段绑扎，绑扎时做到横平竖直、整齐美观。绑扎导线不能用金属裸导线和电线进行绑扎。

（11）配线应绑扎整齐，并有清晰的接线编号。保护线和电压220V及以上线路的接线端子应有明显的标记。

（12）导线压接要严实，不能有松脱、虚接现象。

（13）为了保证机械强度，门电气安全装置导线的截面积不应小于0.75mm^2。

11.8.2 导线敷设方法

1. 线束吊线闩固定方法

（1）导线的绑扎

对于井道线采用单根绑扎成捆的线束，采用吊线闩来固定。吊线闩应选用直径ϕ12mm以上，长度为井道线槽宽度+100mm的圆钢，用绝缘胶布将整条圆钢缠绕4层以上。吊线闩部分导线的绑扎和固定要领，如图11.8-1所示。在吊线闩位置往上大约60mm处，用1~1.25mm^{2}导线将井道线分匝整齐地扎好。（每匝导线不应超过150条）。

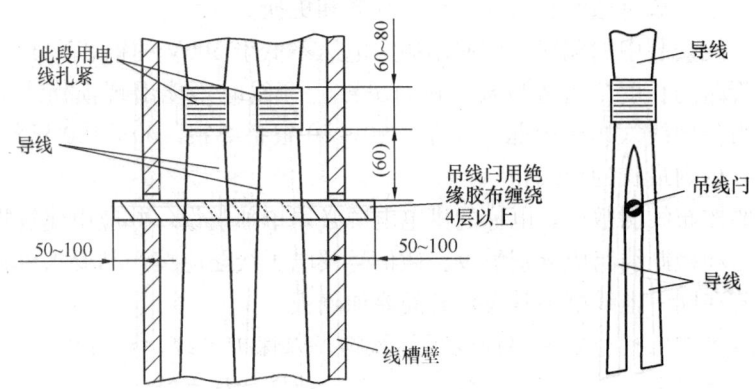

图 11.8-1 线束的绑扎

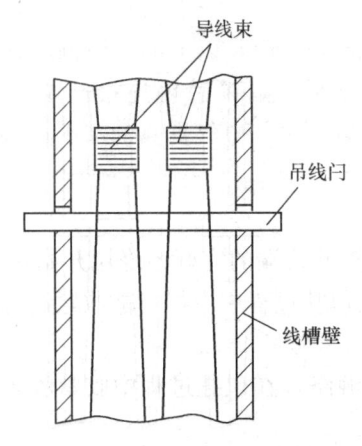

图 11.8-2 线束的绑扎

（2）导线的吊挂

将吊线闩穿过已扎好的导线，架设于井道线槽上，吊线闩的两边应凸出线槽50mm或以上，如图11.8-1所示。在撤除机房上的临时搭设的吊线架后，慢慢地把所有井道线放下，使每一吊线闩应支承该吊线闩以下的井道导线的重量，如图11.8-2所示。

2. 导线配线方法

导线的配线可按表11.8-1所示的作业要领进行，对于采用线缆时可参考施行。

导线的配线作业要领　　　表 11.8-1

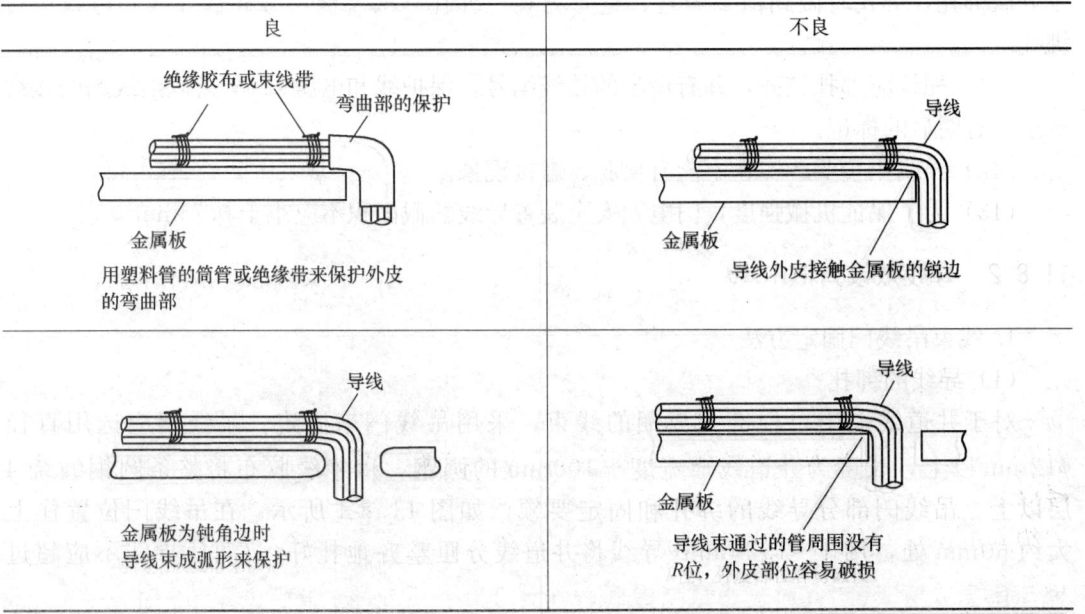

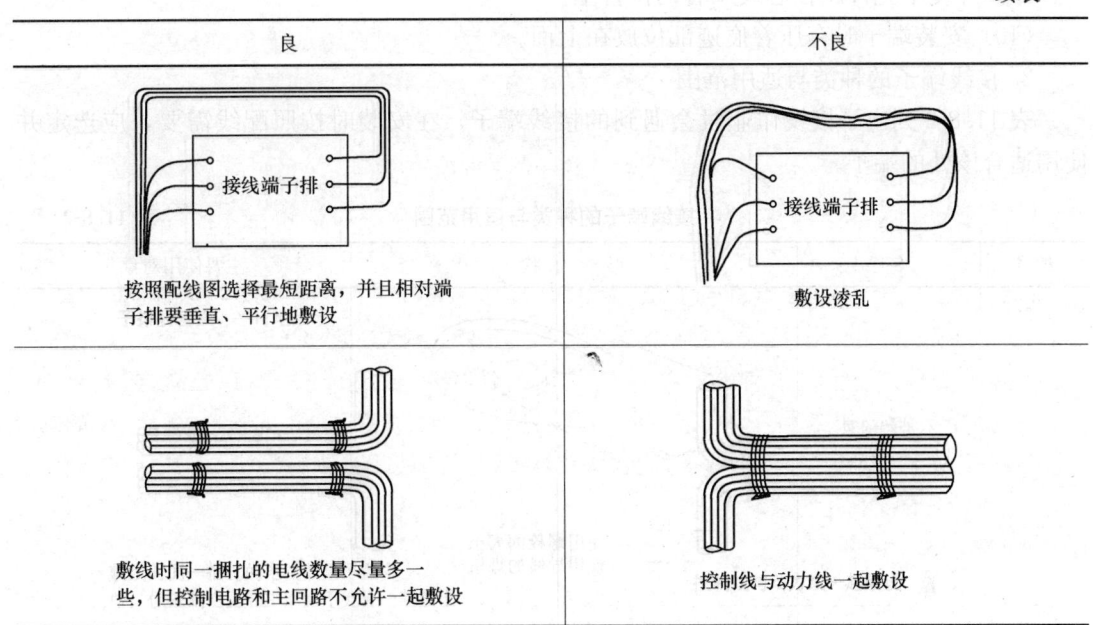

11.8.3 导线接线方法

1. 压接作业的要求

压接端子（线耳、闭端端子）通过短暂的压着，能形成可靠的连接。工作中必须使用专用工具和设备。如果使用方法不当或使用工具有缺陷，可能会引至重大事故。因此要遵守规则，注意操作。工具和设备要经常保养检查，并且定期校正，才能维持其性能。

在压线操作中，必须遵守下列作业要求：

（1）使用规定型号的端子和规定尺寸的导线。

（2）压接端子原则上使用电梯厂家指定的，不允许随意进行端子形状的加工和端子焊锡。

（3）压接前应检查一下端子和工具的压着部分是否有灰尘等异物，清理干净之后才可以进行压接工作。

（4）电线的外皮剥离应在规定的尺寸范围内进行。

（5）同一压接端子里不允许有两根以上的导线，除闭端压接端子外。

（6）压接后，还应仔细检查：

1）剥离外皮的线头长度如何；

2）是否有铜线外露；

3）端子中心是否压着了；

4）有没有裂痕；

5）芯线中是否有断丝；

6）线是否容易拔出。

（7）压接导线前，不能焊锡。

（8）外皮剥离的芯线不允许有损伤。

(9) 外皮不允许压在芯线压着的位置上。
(10) 安装端子时有压着痕迹部位放在上面。

2. 接线端子的种类与适用范围

表 11.8-2 列出了接线作业时会遇到的接线端子,在安装时按照配线需要,应选定并使用适合该处的端子。

接线端子的种类与适用范围　　　　　表 11.8-2

编号	名称	形　状	主要使用对象
1	不带绝缘外皮圆形线耳	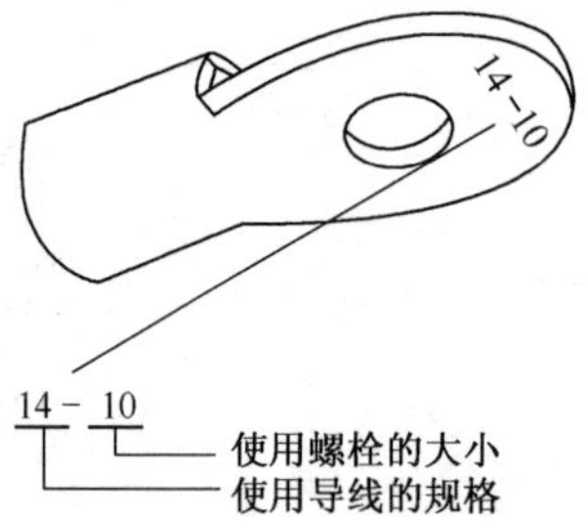 14-10　使用螺栓的大小／使用导线的规格	引入电源、电动机、停电柜等动力线
2	闭端端子（奶嘴）	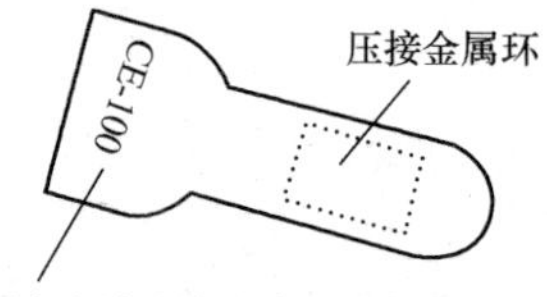 压接金属环；内侧印有端子的型号：CE-100、CE-230	控制柜内,轿顶接线箱、中线箱内等电气接线
3	开口线耳	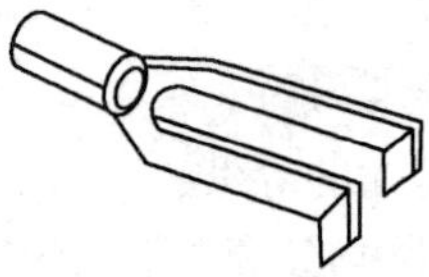 带钩的开口线耳	端子排接线用
		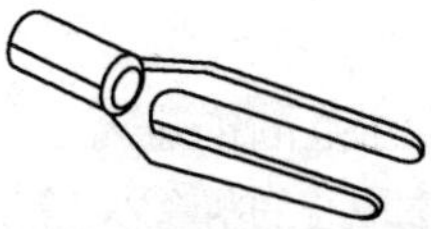 不带钩的开口线耳	端子排接线用
4	带绝缘外皮圆形线耳	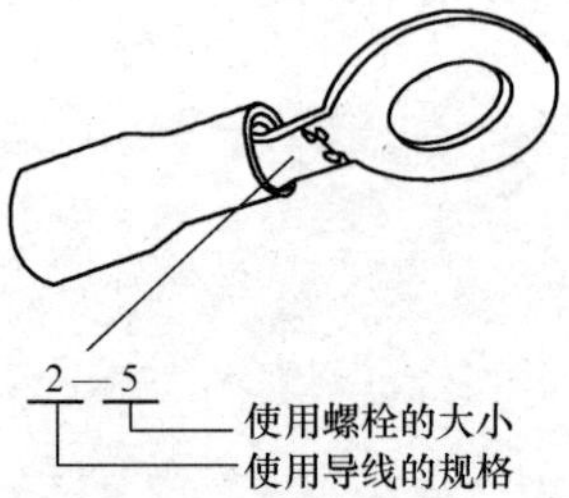 2-5　使用螺栓的大小／使用导线的规格	端子排接线用

3. 圆形、开口线耳的压接

线耳的压接要领根据种类不同而有所不同，应加以注意，不能弄错作业，见表 11.8-3。

线耳压接作业要领　　　　　　　　表 11.8-3

序号	作业顺序	作业内容
1	选定压接工具	(1) 线耳的压接应使用专用压线钳。 (2) 压接线耳时，选择的压线口规格应与线耳的规格相匹配 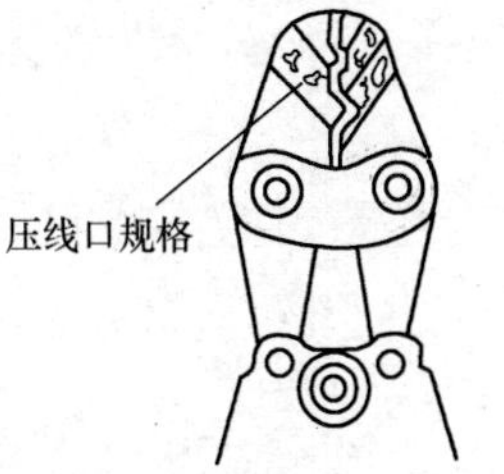 （图示：压线口规格；压线钳(压接线耳用)）
2	剥去导线外皮 （不允许损伤芯线）	(1) 圆形线耳 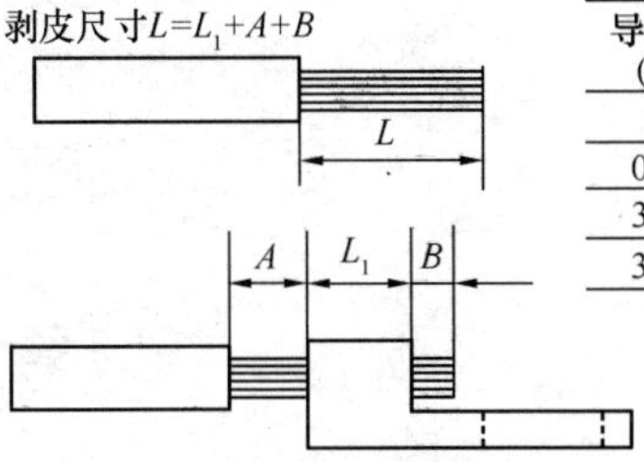 剥皮尺寸 $L=L_1+A+B$ 	导线尺寸 (mm^2)	A(mm)	B(mm)
0.24	0~1	1±0.5
0.3~2.0	0~1	1±0.5
3.5~5.5	0~1	1±0.5
38以下	2~3	1~2 | (2) 带绝缘外皮的圆形线耳 | 导线尺寸 (mm^2)	L(mm)	A(mm)	B(mm)
---	---	---	---
0.25~1.65	6.5±0.5	1±0.5	0~1
1.04~2.63	6.5±0.5	1±0.5	0~1	 (3) 开口线耳 适用导线范围：0.5~2mm^2　ϕ1.2mm （图示：压接在中心上，0~1，1~1.5）

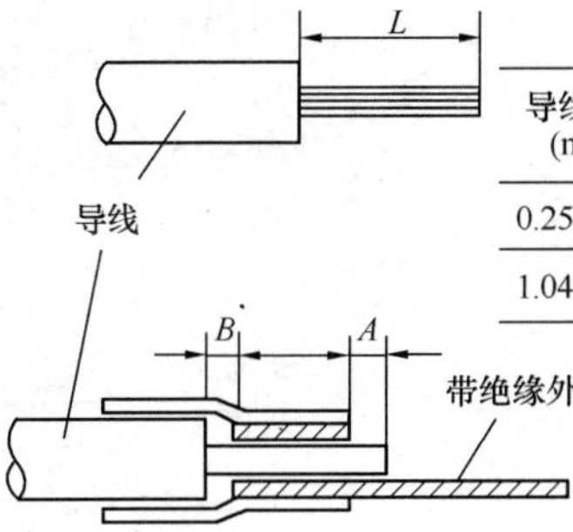

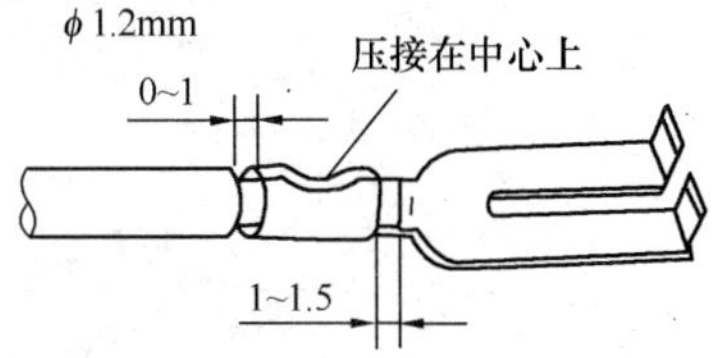

续表

序号	作业顺序	作业内容	
3	张开压线钳的压线口,将线耳放入到压线口	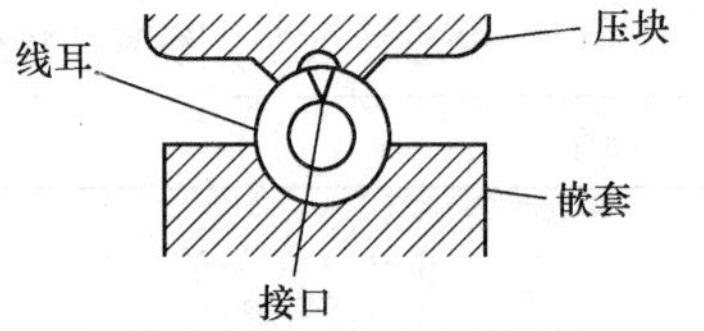 线耳、压块、嵌套、接口 将线耳的接口对向压块的中心	
4	往线耳里插入导线,满足A、B尺寸要求后压接	确认A、B尺寸后压紧　　压线钳压线口	
5	取出压接后的线耳进行检查	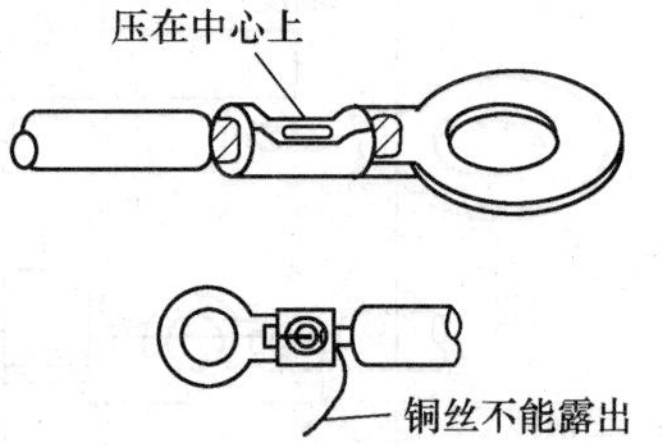 压在中心上 铜丝不能露出	
6	将线耳接入端子排	一只线耳的场合	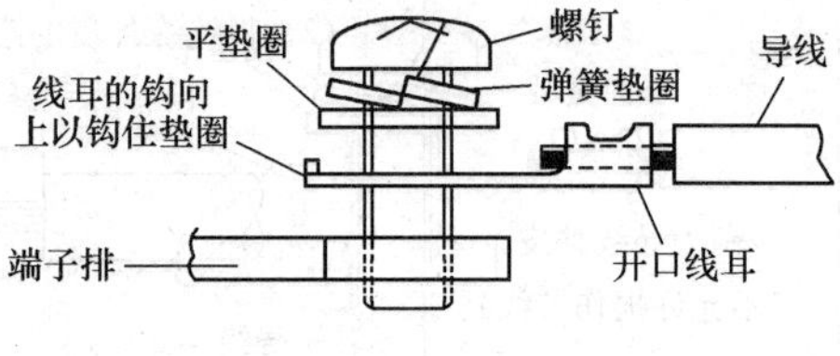 平垫圈、螺钉、导线 线耳的钩向上以钩住垫圈 端子排　　弹簧垫圈　　开口线耳
		二只线耳的场合	两线耳背部重合 开口线耳(2) 开口线耳(1)
		拧紧扭矩 上限值:7.5kg·cm 下限值:1kg·cm 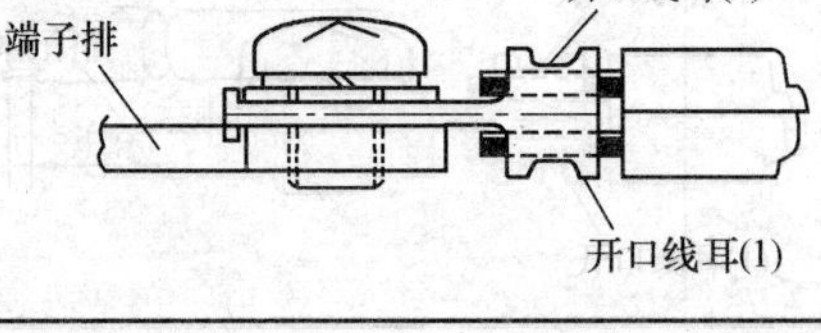 端子排　　开口线耳(2) 开口线耳(1)	

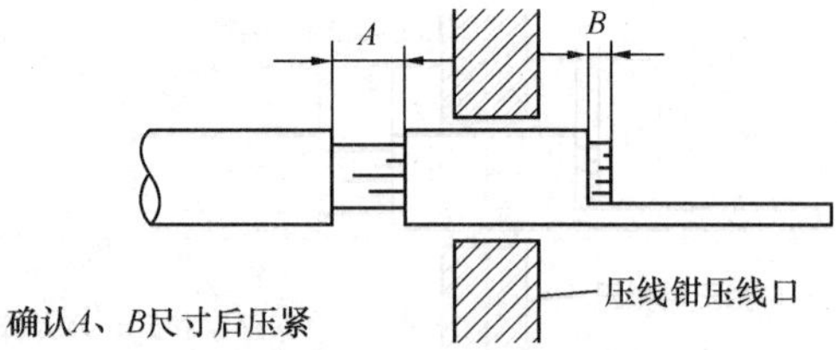

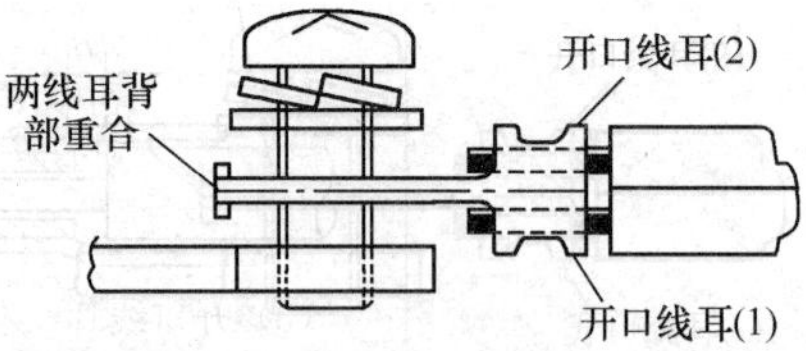

4. 闭端端子（奶嘴）的压接

用闭端端子接线时，导线种类的组合不同，端末处理不一样，如表11.8-4所示。

闭端端子（奶嘴）的压接操作原则　　　　　　表11.8-4

编号	操作方法	操作内容
1	单线与单线的压接	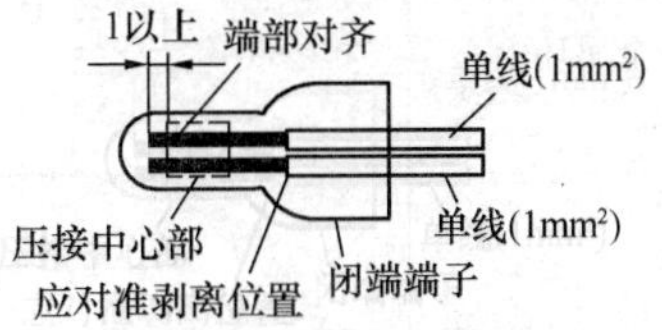 1以上　端部对齐；单线($1mm^2$)；单线($1mm^2$)；压接中心部应对准剥离位置；闭端端子
2	单线与绞合线的压接	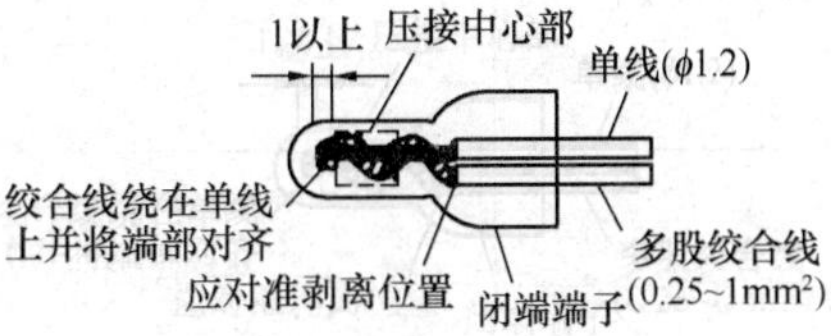 1以上　压接中心部；单线($\phi1.2$)；绞合线绕在单线上并将端部对齐；多股绞合线($0.25\sim1mm^2$)；应对准剥离位置；闭端端子
3	绞合线与绞合线的压接	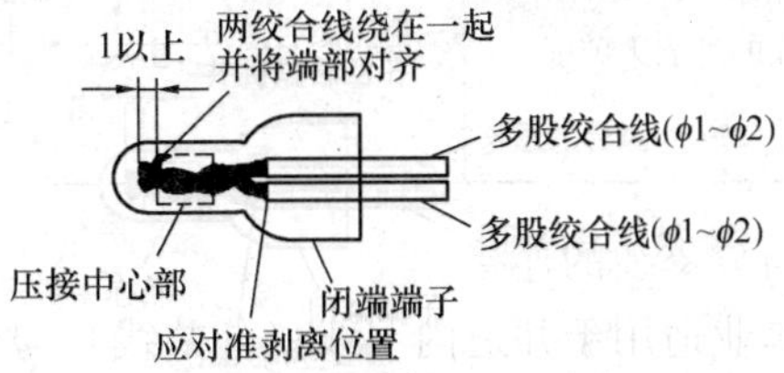 1以上　两绞合线绕在一起并将端部对齐；多股绞合线($\phi1\sim\phi2$)；多股绞合线($\phi1\sim\phi2$)；压接中心部；应对准剥离位置；闭端端子

压接后，还需要检查无铜丝露出闭端端子外面以及闭端端子外皮无破损。具体的作业如表11.8-5所列。

闭端端子（奶帽）的压接作业要领　　　　　　表11.8-5

序号	作业顺序	作业内容
1	选定压接工具	（1）闭端端子的压接应使用专用压线钳。 （2）压接闭端端子时，选择的压线钳口规格应与闭端端子的规格相匹配。 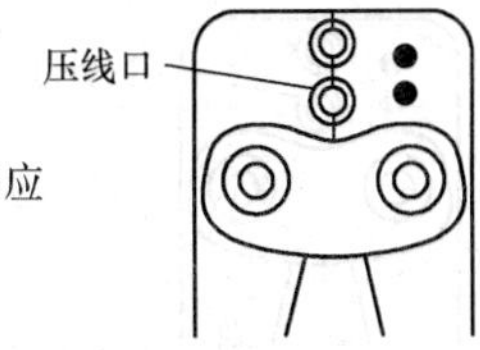　压线口；压线钳（压接闭端端子用）
2	剥去导线外皮（不允许损伤芯线）	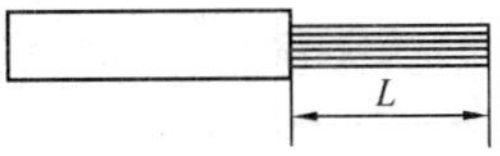 适用导线范围 导线规格：$0.5\sim1.5mm^2$，端子型号 CE-100；$1.0\sim3.0mm^2$，端子型号 CE-230；$L=13\sim14$（mm）

续表

序号	作业顺序	作业内容
3	在压线口放入闭端端子,然后轻轻压紧,此时压线口位于闭端端子金属环中心	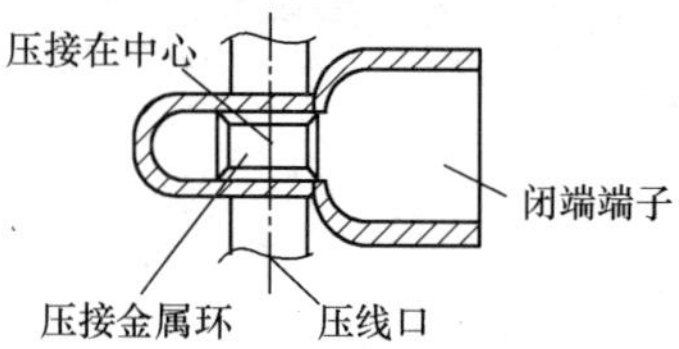 （图示：压接在中心、闭端端子、压接金属环、压线口）
4	将绞合在一起的导线插入压接金属环,并凸出1mm以上	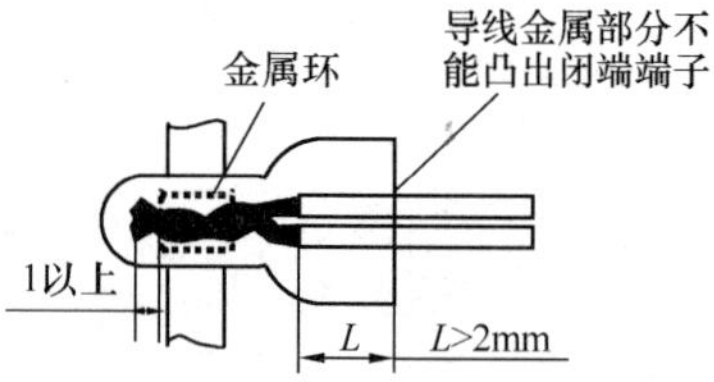 （图示：金属环、导线金属部分不能凸出闭端端子、1以上、L、L>2mm）
5	检查压接后闭端端子的中心,确认无铜丝外露,闭端端子和导线的外表无破损	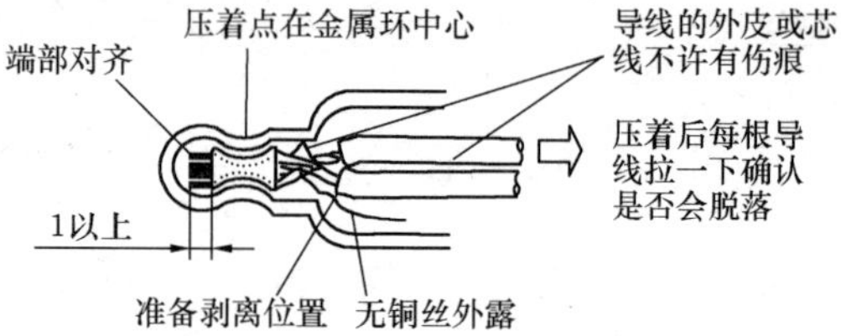 （图示：压着点在金属环中心、端部对齐、导线的外皮或芯线不许有伤痕、压着后每根导线拉一下确认是否会脱落、1以上、准备剥离位置、无铜丝外露）

5. 干线与分支线的连接

"T"线作业适用于井道内干线（公共线）与分支线的连接。（如厅外数显,井道金属接线盒等的接地线盒等的接地线),具体的作业如表11.8-6所列。

"T"形接线作业要领　　　　　　　　　表11.8-6

序号	作业顺序	作业内容
1	工具	（1）剥线钳; （2）电烙铁（75W以上）; （3）焊锡; （4）绝缘胶布
2	剥去导线外皮 （不允许损伤芯线）	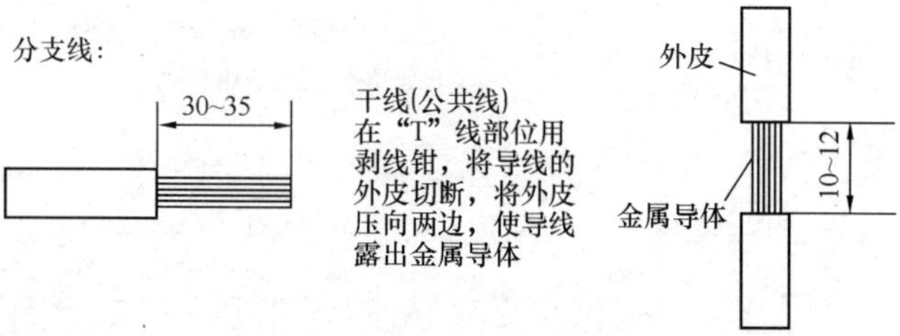 分支线:（图示：30~35）　干线(公共线)在"T"线部位用剥线钳,将导线的外皮切断,将外皮压向两边,使导线露出金属导体（图示：外皮、10-12、金属导体）
3	连接	将分支线一圈接一圈地缠绕在干线的金属导体部位上（图示：干线、分支线、4~5圈） 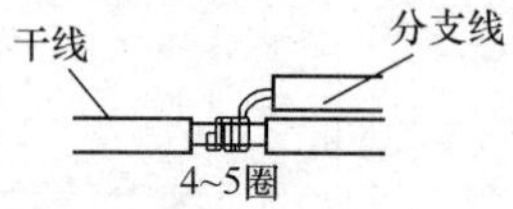

序号	作业顺序	作业内容
4	焊锡	用电烙铁、焊锡,对导线的金属连接部分进行上锡焊接
5	焊锡后检查	(1) 焊锡表面要有光泽; (3) 能看到连接部的轮廓; (3) 不许有焊柱、突起、虚焊
6	"T"线部位的包扎	(1) 用绝缘胶布在"T"线部位进行包扎。 (2) 包扎时,胶布要紧贴被包扎部表面,胶布不能有松散现象

11.9 接地安装

电梯的电源采用三相五线制。电源采用三相五线制地线必须始终与零线分开,其接地电阻值不大于4Ω。厂家对接地电阻值有特殊要求的按厂家要求施工。接地点均要与三相五线制中的地线连接,不允许连接其零线。

对于采用 TN-S(俗称三相五线制电源)供电的电梯,供电系统本身的零线和接地线是分开的,可以和电梯的电气系统直接对应连接,见图 11.9-1 (a)。

对于采用 TN-C-S(俗称三相四线制电源)供电的电梯,应在电梯电源进入机房后再将保护线 PE(地线)与中性线 N(零线)分开,见图 11.9-1 (b),分离点的接地电阻值要求不大于4Ω。在采用三相四线制供电的接零保护(即 TN)系统中严禁电梯电气设备单独接地。

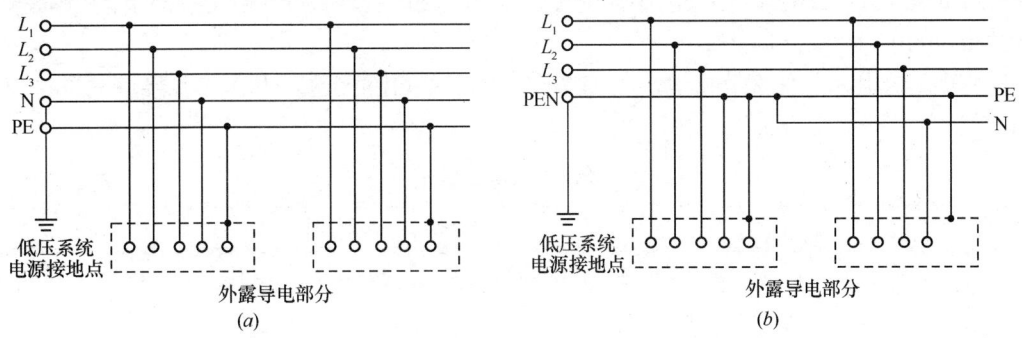

图 11.9-1 电梯的供电形式
(a) TN-S 系统;(b) TN-C-S 系统

1. 电梯电气设备的接地要求

(1) 电气设备保护线的连接应符合供电系统接地形式的设计要求,电气设备接地必须符合下列规定:

1) 所有电气设备及导管、线槽的外露可导电部分均必须可靠接地(PE);

2) 接地支线应分别直接接至接地干线接线柱上,不得互相连接后再接地。

(2) 接地支线应采用黄绿相间的绝缘导线。

(3) 电梯动力与控制线路应分离敷设,最少从进机房电源起零线和接地线应始终分开,接地线的颜色为黄绿双色绝缘电线,除36V以下安全电压外的电气设备金属罩壳均应设有易于识别的接地端,且应有良好的接地。接地线应分别直接接至接地线柱上,不得互相串接后再接地。

(4) 在机房和滑轮间内,必须采用防护罩壳以防止直接触电。所用外壳防护等级不低于IP2X。

(5) 电梯轿厢可利用随行电缆的钢芯或芯线作保护线,当采用电缆芯线作保护线时不得少于2根。

(6) 采用计算机控制的电梯,其逻辑地应按产品要求处理,当产品无要求时,可按下列方式之一进行处理:

1) 接到供电系统的保护线(PE线)上;

2) 悬空逻辑地;

3) 与单独的接地装置连接,该装置的对地电阻值不得大于4Ω。

2. 接地方法及施工

(1) 电梯的电气设备也必须作接地保护。其接地线必须用不小于$5.5mm^2$的铜线,或8号镀锌钢丝。

(2) 机房内的接地线必须穿管敷设,与电气设备的连接必须采用线接头,并设有防松脱的弹簧垫圈。

(3) 井道内的电气部件、接线箱、四路过线盒与电线槽或电线管之间可用$\phi1.6$的铜线或8号镀锌钢丝焊成一体。

(4) 轿厢的接地线可由软电缆的结构形式决定,采用钢芯支持绳的电缆可利用钢芯支持绳作接地线,采用尼龙芯的电缆则可把若干根电缆芯线合股作为接地线,但其截面应不小于$5.5mm^2$。

(5) 每台电梯的各部分接地设施应连成一体,并可靠接地,电梯需要接地的部件见表11.9-1。

需接地的电梯部件 表11.9-1

位置	需接地的电梯部件
机房	(1) 控制屏;(2) 主回路电源变压器;(3) 电抗器;(4) 限速器;(5) 电动机;(6) 停电柜;(7) 机房各线槽
轿厢	(1) 操纵箱;(2) 轿顶电器箱;(3) 轿门锁;(4) 轿顶照明箱
井道	(1) 各厅门锁;(2) 指层器;(3) 召唤箱;(4) 底坑检修;(5) 中线箱;(6) 限位开关装置;(7) 消防开关箱;(8) 泊梯开关箱;(9) 张绳轮开关

电梯的接地系统如图 11.9-2 所示。

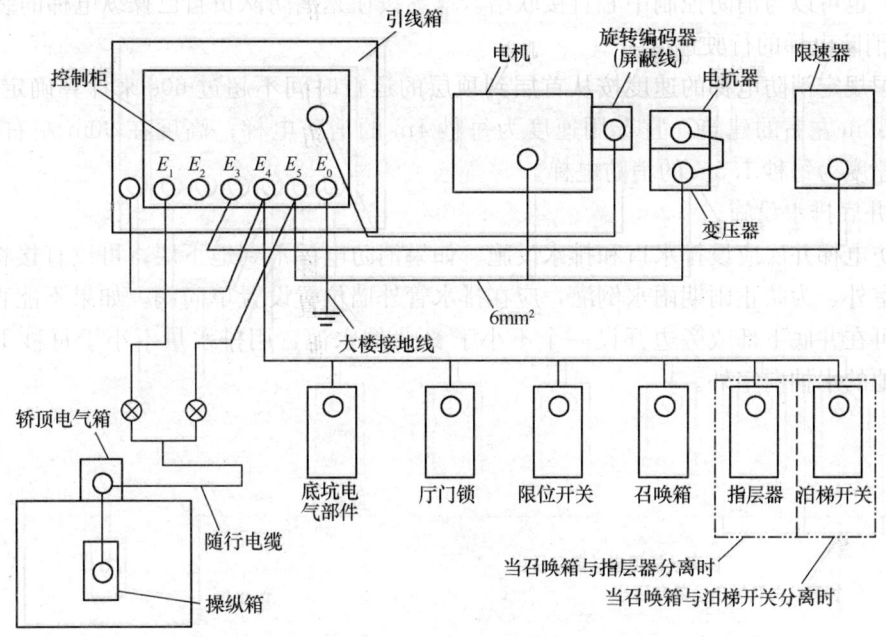

图 11.9-2　电梯的接地系统

（6）明敷接地线的表面应涂 15～100mm 宽度相等的绿色和黄色相间的条纹。在每个导体的全部长度上或只在每个区间或每个可接触到的部位上宜作出标志。

（7）当使用胶带时，应使用双色胶带，中性线宜涂淡蓝色标志。

11.10　消防电梯要求

消防电源及电气系统是消防电梯正常运行的可靠保障，所以，电气系统的防火安全也是至关重要的一个环节。

1. 消防电源

消防电梯应有两路电源。除日常线路所提供的电源外，供给消防电梯的专用应急电源应采用专用供电回路，并设有明显标志，使之不受火灾断电影响，其线路敷设应当符合消防用电设备的配电线路规定。

2. 专用按钮

消防电梯应在基站设有供消防人员专用的操作按钮，这种装置是消防电梯特有的万能按钮，设置在消防电梯门旁的开锁装置内。消防人员一按此钮，消防电梯能迫降至底层或任一指定的楼层，同时，工作电梯停用落到底层，消防电源开始工作，排烟风机开启。

3. 功能转换

平时，消防电梯可作为工作电梯使用，火灾时转为消防电梯。其控制系统中应设置转换装置，以便火灾时能迅速改变使用条件，适应消防电梯的特殊要求。

4. 应急照明

消防电梯及其前室内应设置应急照明，以保证消防人员能够正常工作。

5. 专用电话及操纵按钮

消防电梯轿厢内应设有专用电话和操纵按钮，以便消防队员在灭火救援中保持与外界的联系，也可以与消防控制中心直接联络。操纵按钮是消防队员自己操纵电梯的装置。

6. 消防电梯的行驶速度

我国规定消防电梯的速度按从首层到顶层的运行时间不超过 60s 来计算确定，例如，高度在 60m 左右的建筑，宜选用速度为每秒 1m 的消防电梯；高度在 90m 左右的建筑，宜选用速度为每秒 1.5m 的消防电梯。

7. 井底排水设施

消防电梯井底应设排水口和排水设施。如果消防电梯不到地下层，可以直接将井底的水排到室外，为防止雨期雨水倒灌，应在排水管外墙位置设置单向阀。如果不能直接排到室外，可在井底下部或旁边开设一个不小于 $2m^3$ 的水池，用排水量不小于每秒 10L 的水泵将水池的水抽向室外。

第 12 章　曳引式电梯调试与验收

电梯安装过程中和安装后的调试和检测不同于电梯的定期检测，即不同于电梯使用和维修中的定期检测。前者是为了保证电梯安装的质量，以利于以后电梯的运行；而后者是为了保证在用电梯的质量，不出事故。只有保证了电梯的调试和施工单位检测合格，才能保证电梯的安装质量，也才能保证日后电梯的正常运行。电梯安装过程中和安装后的调试和检测非常重要，马虎不得。整个电梯的调试人员不仅要完成电梯技术调试，而且要完成制造厂家的自我检验，对电梯的安装工程、安装质量进行控制，并对其他安装单位的安装能力和水平进行评估。

12.1　电梯的调试

整个电梯的调试是非常复杂和系统的工程，不仅是电梯控制系统的调试，而且与其他电梯部件的调试紧密相关。现场的调试工作一定要遵守预定的调试顺序逐项去完成，在任何一个步骤未完成前，必须找到原因并解决问题，然后才能进入下一个步骤。

本章介绍的一些调试流程和要求，是基于电梯的最基本要求，在调试过程中，要以电梯制造厂家的调试手册为主。

12.1.1　调试工艺流程

基本的电梯调试工艺流程如下：准备工作→电气线路检查试验→静态测试调整→曳引机试运转→快车试运行→各安全装置检查试验→载荷试验→功能试验。

12.1.2　整机调试方法

1. 准备工作

（1）随机文件的有关图纸、说明书应齐全。调试人员必须掌握电梯调试大纲的内容、熟悉该电梯的性能特点和测试仪器仪表的使用方法，调试认真负责、细致周到，并严格做好安全工作。

（2）对导轨、层门导轨等机械电气设备进行清洁除尘。

（3）对全部机械设备的润滑系统，均应按规定加好润滑油，齿轮箱应冲洗干净，加好符合产品设计要求的齿轮油。

2. 电气线路检查试验

（1）电气系统的安装接线必须严格按照厂方提供的电气原理图和接线图进行，要求正确无误，连接牢固，编号齐全准确，不得随意变更线路标号，如发现错误或必须变更时，必须在安装图上标注并向生产厂家备案。

（2）测试各有关电气设备、线路的绝缘电阻值均不应小于 0.5MΩ，并做好测试记录（当电梯采用 PC、微型计算机控制时，不得用摇表测试）。

（3）所有电气设备的外露金属部分均应可靠接地。

（4）曳引电动机过电流、短路等保护装置的整定值应符合设计和产品要求。

(5) 检查控制柜（屏）内各电器、元件应外观良好，标志齐全，安装牢固，所有接线接点应接触良好无松动，继电器、接触器动作灵活可靠。微型计算机插件的电子元器件应不松动、无损伤，各焊点无虚焊、漏焊现象。插接件的插拔力适当，接触可靠，插接后锁定正常，标志符号清晰齐全。

(6) 在机房控制柜（屏）处，取掉曳引机连线，采用手动吸合继电器、短接开关、按钮开关控制导线等方法模拟选层按钮。注意开关门的相应动作，观察控制柜上的信号显示、继电器及接触器的吸合状况，检查电梯的选层、定向、换速、截车、平层、停止等各种动作程序是否正确；门锁、安全开关、限位开关是否在系统中起作用；继电器、接触器的机械、电气联锁是否正常；电动机启动、换速、制动的延时是否符合要求，以及电气元件动作是否正常可靠，有无不正常的振动、噪声、过热、粘接、接触不良等现象。

3. 静态测试调整

静态测试调整应在电气系统接线正常无误的前提下进行。此时电气线路与电动机不连接，曳引机不带轿厢。

4. 运动间隙的检查

手动盘车或检修慢车运行，检查开门刀与各层门地坎间隙；各层门锁轮与轿厢地坎间隙；平层装置的有关间隙；限位开关、强迫缓速开关等与碰铁的位置关系；轿厢最外端与井道壁间隙；轿厢部件与导轨支架、电线槽、中间接线盒的间隙；随行电缆、补偿链、对重等与井道各部件的距离。对不符合要求的应及时调整，保证轿厢及对重在井道全程运行时无任何卡阻碰撞现象，安全距离满足规范要求。

5. 曳引机试运转

(1) 吊起轿厢将电梯曳引绳从曳引轮上摘下，恢复电气线路检查试验时摘除的电动机及抱闸线路。

(2) 制动器试验调整。

单独给抱闸线圈送电，闸瓦与制动轮间隙应均匀，不得有摩擦；线圈的接头应可靠无松动，线圈外部必须绝缘良好，合理调整其电流值，电流过小会使吸合力不足，过大会使吸合过急，并导致线圈温升过高，线圈的温升不得超过60℃。为了防止吸合时两铁心相互撞击，应调整吸合后两铁心底部间隙为0.5~1mm，但此间隙不应影响铁心的迅速吸合；不应出现松闸滞后现象，正常情况下，松闸时间不应大于0.08s。制动器弹簧应调整适当，如果制动力过小会影响平层准确性，甚至会发生平层时溜车，发生危险；制动力过大将影响轿厢平层的平稳性，在电梯作静载试验和超载运行时，制动弹簧的压紧力应能使电梯可靠制动；制动器的松闸装置应试验可靠；各调整螺栓、锁紧螺母不得松动，各销轴应转动自由，制动轮和闸瓦应无油污或油漆。

(3) 用手盘动电动机使其旋转，如无卡阻及响声正常时，启动电动机使之慢速运行；检查各部件运行情况及电动机轴承温升情况，若有问题，及时停车处理；如运行正常，试5min后改为快速运行；并对各部件运行及温度情况继续进行检查。轴承温度的要求为：油杯润滑油油温不超过75℃，滚动轴承不应超过85℃。若是直流电梯，应检查直流电动机的电刷，接触是否良好，位置是否正确，并观察电动机转向应与运行方向一致，如情况正常，正反向连续运行各2.5h后，试运行结束。试车时，要对电动机空载电流进行测量，测量数据应符合要求。

6. 快车试运行

(1) 在检修状态试运行正常后，各层层门关好，门锁可靠后，方可进行快车运行。

(2) 封掉开门机构，快车运行，继续对各运动部位检查，重点检查蜗杆轴伸部位润滑油渗漏情况，允许有油迹，但擦干后要求运行 5min 内不见油，15min 不成滴。润滑油油温不得超过 80℃，轴承温度要求同前。检查曳引机运行的平稳性、噪声、减速器内有无啃齿声、撞击声、轴承研磨声及各密封面的密封情况、制动器的松闸和制动情况等。在电动机最大转速下；正反向连续运行各 2h 后试运转结束。试车中对电动机的电流应进行检测。

(3) 开慢车将轿厢停于中间层，轿厢内不载人，按照操作要求，在机房控制柜处于手动模拟开车。先单层，后多层，上下往返数次（暂不到上、下端站）。如无问题，试车人员进入轿厢，进行实际操作。试车中对电梯的信号系统、控制系统、驱动系统进行测试、调整，使之全部正常，对电梯的启动、加速、换速、制动、平层及强迫缓速开关、限位开关、极限开关、安全开关等的位置进行精确的调整，应动作准确、安全可靠。外呼按钮、指令按钮均起作用，同时试车人员在机房内对曳引装置、电动机（及其电流）、抱闸等进行进一步检查测试。

(4) 加、减速时间的整定。

调整控制电位器或变频器的参数，使电梯启动、制动时无台阶，舒适感良好。整定其目的是为了既要减小速度切换时的机械和电流冲击，又要保证电梯的加、减速要求。

(5) 平层感应器的调整。

初调时，轿顶装的上、下平层感应器的距离可取井道内装的隔磁板长度减约 100mm；精调时以基站为标准，调准感应器的位置，其他站则调整井道内各感应板的位置。

(6) 自动门按下述方法调整。

1) 调整门杠杆，应使门关好后，其两臂所成角度小于 180°，以便必要时，人能在轿厢内将门扒开。

2) 在轿顶用手盘门，调整控制门速行程开关的位置。

3) 通电进行开门、关门试验，调整门电动机控制系统使开关门的速度符合要求。开门时间一般调整在 2.5~4s 左右，关门时间一般调整在 3~5s 左右。

4) 安全触板及光电保护装置应功能可靠。

7. 安全装置检查试验

电梯由安装人员安装完毕调试运行后，应由电梯生产厂家的质检技术人员依据生产厂的电梯检验标准对该电群进行检验。当然，电梯生产厂的电梯检验应执行《电梯制造与安装安全规范》GB 7588—2003、《电梯试验方法》GB/T 10059—2009、《电梯安装验收规范》GB 10060—1993、《电气装置安装工程电梯电气装置施工及验收规范》GB 50182—1993、《电梯工程施工质量验收规范》GB 50310—2002 等有关的国家标准。检验过程中要做一些必要的试验，将检测的结果、数据、检验处理意见填入"电梯检验报告书"中。有关安装人员应依据报告书中的意见对电梯进行认真整改并交质检人员复验。

(1) 过负荷及短路保护

1) 电源主开关应具有切断电梯正常使用情况下最大电流的能力，其电流整定值、熔体规格应符合负荷要求，开关的零部件应完整无损伤。

2) 电源主开关不应切断轿厢照明、通风、机房照明、电源插座、井道照明、报警装置等供电电路。

3) 开关的接线应正确可靠，位置标高及编号标志应符合要求。

（2）相序与断相保护：三相电源的错相可能引起电梯冲顶、撞底或超速运行，电源断相会使电动机缺相运行而烧毁。要求断相和错相保护必须可靠。对于变频电梯只进行断相试验即可，不用进行错相试验。

（3）电动机过热保护：一般电动机绕组埋设了热敏元件，以检测温升。当温升大于规定值即切断电梯的控制电路，使其停止运行；当温度下降至规定值以下时，则自动接通控制电路，电梯又可启动运行。

（4）方向接触器及开关门继电器机械联锁保护应灵活可靠。

（5）极限保护开关：应在轿厢或对重接触缓冲器之前极限保护开关起作用，在缓冲器被压缩期间保持其接点断开状态。极限开关不应与限位开关同时动作。

（6）限位（越程）保护开关：当轿厢地坎超越上、下端站地坎平面 50mm 至极限开关动作之前，电梯应停止运行。

（7）强迫缓速装置：开关的安装位置应按电梯的额定速度、减速时间及制停距离而定，具体安装位置应按制造厂方的安装说明及规范要求来确定。试验时置电梯于端站的前一层站，使端站的正常平层减速失去作用，当电梯快车运行，碰铁接触开关碰轮时，电梯应减速运行到端站平层停靠。

（8）安全（急停）开关

1) 电梯应在机房、轿顶及底坑设置使电梯立即停止的安全开关。

2) 安全开关应是双稳态的，需手动复位，无意的动作不应使电梯恢复服务。

3) 该开关在轿顶或底坑中，距检修人员进入位置不应超过 1m，开关上或近旁应标出"停止"字样。

4) 如果电梯为无司机运行时，轿内的安全开关应能防止乘客操纵。

（9）检修开关及操作按钮

1) 轿顶的检修控制装置应易于接近，检修开关应是双稳态的，并设有无意操作的防护。

2) 检修运行时应取消正常运行和自动门的操作。

3) 轿厢运行应依靠持续按压按钮，防止意外操作，并标明运行方向，轿厢内检修开关必须有防止他人操作的装置。

4) 检修速度不应超过 0.63m/s，不应超过轿厢正常的行程范围。

5) 当轿顶、轿内及机房均设这一装置时，应保证轿顶控制优先的形式，在轿顶检修接通后，轿内和机房的检修开关应失效。检查时注意不允许有层门开着走车的现象。

（10）紧急电动运行装置。

1) 紧急电动运行开关及操作按钮应设置在易于直接观察到曳引机的地点。

2) 该开关本身或通过另一个电气安全装置可以使限速器、安全钳、缓冲器、终端限位开关的电气安全装置失效，轿厢速度不应超过 0.63m/s。

3) 该操作装置给电梯的调试工作、检修工作及故障处理带来便利。注意该装置不应使层门锁的电气安全保护失效。

（11）限速器动作保护开关。

1) 当轿厢运行达到 115% 额定速度时，限速器动作保护开关应可靠地切断电动机和制动器的电源，使曳引机停止运转。

2) 该开关应是非自动复位的，在限速器未复位前，电梯不能启动。

(12) 安全钳动作保护开关：该开关一般装在轿厢架上梁处，由安全钳联动装置动作带动其动作，迫使曳引机停止运转。该开关必须采用人工复位的形式。

(13) 安全窗保护开关：有的电梯设有安全窗，开启方向只能向上，开启位置不得超过轿厢的边缘，当开启大于 50mm 时，该开关应使检修或快车运行的电梯立即停止。

(14) 限速器钢丝绳张紧保护开关：当其配重轮下落大于 50mm 或钢丝绳断开时，保护开关应立即断开，使电梯停止运行。

(15) 补偿绳装置保护开关

1) 当电梯额定速度超过 2.5m/s 时，应使用带张紧轮的补偿绳，由重力保持张紧状态，并由电气安全开关来检查张紧情况。

2) 若电梯额定速度超过 3.5m/s，还应增设一个防跳装置，防跳装置动作时，由一个电气安全开关迫使电梯曳引机停止运转。

3) 补偿装置的尾端连接须牢固可靠，补偿绳张力以钢丝绳不松弛为宜。保护开关的安装位置应合理，动作应可靠。

(16) 液压缓冲器压缩保护开关：耗能型缓冲器在压缩动作后，须及时回复正常位置。当复位弹簧断裂或柱塞卡住时，在轿厢或对重再次冲顶或撞底时，缓冲器将失去作用是非常危险的。因此必须设有验证这一正常伸长位置的电气安全开关接通后，电梯才能运行。

(17) 安全触板、光电保护、关门力限制保护：在轿门关闭期间，如有人被门撞击时，应有一个灵敏的保护装置自动地使门重新开启。阻止关门所需的力不得超过 150N。

(18) 层门锁闭装置：切断电路的接点与机械锁紧之间必须直接连接，应易于检查，宜采用透明盖板，检查锁紧啮合长度至少 7mm 时，电梯才能启动。每一层门必须认真检查。

(19) 测速发电机断带保护开关：采用传动带与电动机连接的测速发电机应装断带保护开关。如发生断带则保护开关动作使电梯急停，因为测速发电机停转后将使速度控制回路失去反馈，电梯速度会猛增造成危险。传动带还应设置防护罩。

(20) 制动器行程开关：当磁铁动作行程约 1.5mm 以后，制动器行程开关闭合；当磁铁复位时，行程开关应有足够的断开间隙。

(21) 满载超载保护

1) 当轿厢内载有 90% 以上的额定载荷时，满载开关应动作，此时电梯顺向截车功能取消。

2) 当轿内载荷大于额定载荷时，超载开关动作，操纵盘上超载灯亮铃响，且不能关门，电梯不能启动运行。

(22) 轿内报警装置

1) 为使乘客在需要时能有效向外求援，轿内应装设易于识别和触及的报警装置。

2) 该装置应采用警铃、对讲系统、外部电话或类似装置。建筑物内的管理机构应能及时有效地应答紧急呼救。

3) 该装置在正常电源一旦发生故障时,应自动接通能够自动充电的应急电源。

(23) 闭路电视监视系统

为了准确统计客流量和及时地解救乘客突发急病的意外情况以及监视轿厢内的犯罪行为,可在轿厢顶部装设闭路电视摄像机,摄像机镜头的聚焦应包括整个轿厢面积,摄像机经屏蔽电缆与保安部门或管理值班室的监视荧光屏连接。

8. 电梯功能试验

电梯的功能试验根据电梯的类型、控制方式的特点,按照产品说明书逐项进行。

9. 曳引能力试验

(1) 平衡系数测定与调整(平衡系数试验)

1) 平衡系数的测定依据:

交流电梯的曳引力矩主要由曳引电动机的驱动电流值来反映(或电压值——对直流电梯而言),同时与曳引电动机的转速有关。当电梯在一定的载荷下运行,并且对重和轿厢处于同等高度时,假如此时的电梯上行曳引力矩等于下行曳引力矩,说明电梯轿厢与对重是平衡的。则认定该载荷率(处于40%~50%)即为该电梯的平衡系数。

为了能正确地反映曳引力矩与载荷率的变化规律,在《电梯试验方法》GB/T 10059—2009 中规定,电梯应分别在空载,25%,40%,50%,75%,100%,110%的额定载荷下,测量其上行和下行时对重和轿厢在同一水平位置时的电流值或电压值。通过录制上行时的电流(电压)——负荷曲线和下行时的电流(电压)——负荷曲线,找出这两条曲线的相交点,该交点所对应的载荷率即为该电梯平衡系数。

A. 对于直流电动机,应录制电压——负荷曲线;

B. 对于交流电动机,录制电动机入端电流——负荷曲线;

C. 对 VVVF 控制的交流电梯,测试用的电流表必须夹持在靠近变频器的进线端,保证测试均以其上行和下行曲线相交点所对应的载荷率进行判断。如果测试结果表明电梯的平衡系数不在 40%~50%之间,由于电梯的额定载荷已定,就应该调整对重侧对重块的数量,再做同样的测试,直到平衡系数达到要求为止。

2) 平衡系数粗略测试法:

给轿厢加入额定载重量的 50%,将电梯运行到提升高度的一半处,在机房关掉电梯总电源,盘车设法使轿厢与对重在同一水平面上;由两人配合,一人松闸,一人用手紧握盘车手轮并转动,如果左右转动感觉用力相当,并且轻松、自如,在手松开时电梯不向任何方向溜车,说明平衡系数差不多;否则,应该调整对重块数量使之达到平衡。

3) 平衡系数精确测定方法:

交流双速电梯、ACVV 电梯可以测试电动机的进线端(或在总电源盒的出线端);直流电梯可以测试电动机进线电压或功率值;而 VVVF 电梯必须测试变频器的进线端。下面以测试交流电梯平衡系数为例,说明实验步骤:

A. 将电梯开到提升高度的中间位置,使轿厢与对重在同一水平面上。此时,在曳引轮中的钢丝绳上用粉笔做一个较明显的记号(便于试验时电梯运行到此时,方便、及时测量电流值)。

B. 准备上行——负载、下行——负载两个合并在一起的表格,由 4 人配合:两人在机房(一人记录和看曳引轮上标记;一人用钳形电流表测量电流值);两人在底层搬运配重块（兼开电梯）。

C. 轿厢空载：使电梯从底层往顶层满速直达（注意：中途不能停止），当轿厢运行到与对重在同一水平位置时，机房测量电流数据的人立即读取此刻电动机某相电流值，填入上行——负载表中；当电梯再从顶层往底层运行时，同样在对重与轿厢在同一水平位置时，读取此刻电梯下行时的电动机进线端同一相的电流值，填入下行——负载表中。

D. 在底层，给轿厢加入25%的额定载重量，重复上述步骤，读取在此负载情况下的两个电流值，分别填入上行——负载和下行——负载数据表中。

E. 重复以上C步骤的做法，分别给轿厢加入额定载重量的40%，50%，75%，100%，110%，读取每个不同负载下的上行和下行两个电流值，填入相应的表中。

F. 以负载量的额定百分比为横坐标，以电流大小为纵坐标。将上行数据归纳在一起，在负载——电流坐标上画一条上行——负载曲线；同样，将下行数据归纳，也画一条下行——负载曲线。两条曲线的交点所对应的横坐标值就是平衡系数值。如图12.1-1所示。

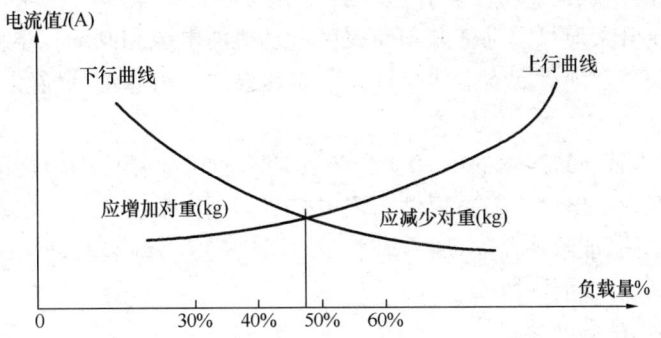

图12.1-1 平衡系数试验（电流——负载曲线）

4）平衡系数的调整

如果平衡系数偏小（低于40%），说明电梯的载重量变小，应该增加对重的重量；由不足的百分比和额定载重量换算出对重侧对重块的数量，加到对重架上。反之，平衡系数偏大，应该减少对重的重量。在调整了对重大小以后，应重复3）程序再做一次，重新画曲线，直到平衡系数达到要求为止。

（2）空载上行试验

首先将空载电梯运行到顶层，然后切断电梯总电源，手动松闸，使电梯慢慢上行，直到当对重支承在被其压缩的缓冲器上时，短接极限、对重缓冲器安全开关，合上电梯电源开关，使电梯以检修速度上行，空载轿厢不能被曳引绳提起。

（3）额定载荷的125%曳引试验

电梯在行程下部范围，轿厢中加入额定载重量的125%负载下行，分别停3次以上，轿厢应被可靠地制停（不考核平层精度）。

使电梯运行到底层，用粉笔在机房曳引轮和钢丝绳上划线作记号。再将电梯运行到顶层，在载荷125%额定负载下以正常运行速度下行，当电梯下行到提升高度的下半部分时，切断电动机和制动器供电，与此同时，用粉笔开始在钢丝绳上画线，当轿厢完全被可靠制动以后，用卷尺测量所划钢丝绳的长度。不同的运行速度，制停距离要求也不同。最后，使电梯运行到底层，测量曳引钢丝绳与曳引轮之间的滑动距离，记入这两个数据，它们之和就是该电梯的制动距离。

注：也可使电梯空载上行，在电梯运行到提升高度的上半部分时进行试验。

10. 安全试验

（1）限速器——安全钳试验

1）对限速器的检查：

限速器的作用是当轿厢超速下行时，迫使电梯曳引机停止运行，并且带动安全钳动作将轿厢或对重（若对重侧设安全钳）停滞于导轨上。限速器的动作值在出厂时已经确定，并且加铅封和漆封，禁止除生产厂以外任何人私自改动（必须强调试验记录应在随机文件中）。

安装现场对限速器的检验主要包括以下工作：

A. 外观检查：核对限速器的铭牌、型号规格、编号等应与出厂试验记录一致。出厂标定的动作值与电梯额定运行速度匹配（动作速度应大于电梯额定运行速度的115%）。检查调节部位的铅封应完好无损，心轴润滑良好，抛块移动灵活，无锈蚀、卡阻现象。

B. 手动模拟动作试验：用手动托起限速器抛球，使楔块夹持住限速器钢丝绳。轿厢继续下行时，安全开关应可靠动作并切断曳引电动机的电源和制动器电源，迫使曳引机停止运转，同时限速钢丝绳提起安全钳拉杆，安全钳楔块应可靠地将轿厢（或对重）夹持在导轨上。

C. 限速器动作后，其连锁的电气安全装置是不能自动复位的，在限速器复位前，电气安全装置应绝对保证电梯不能再启动，需要时只能手动复位。

D. 如果要现场验证限速器的动作值时，应采用速度可调节的动力装置来带动限速器绳轮，以便测定其实际动作速度。

2）安全钳动作试验及要求

A. 安全钳试验前检查：轿厢两侧的安全钳楔块与导轨两侧顶面的间隙应均匀，牵动安全钳与限速器连接的绳头拉紧时，轿厢两侧安全钳两边的楔块应同时接触导轨的工作面。

B. 安全钳的试验是为了检查其安装是否正确、调整是否合理以及轿厢、安全钳、导轨与建筑物各连接件是否坚固。安全钳有瞬时式和渐进式两种，轿厢侧安全钳试验应在轿厢往下运行时进行。当安全钳动作时，安全钳的楔块应将轿厢紧紧地卡在两列导轨上。除此以外，就是曳引轮继续动作，曳引钢丝绳也应在曳引轮绳槽上打滑，电梯绝对不能再继续向下运行。

3）限速器——安全钳的试验方法

A. 对瞬时式安全钳装置，轿厢装载额定载重量，以检修速度向下运行，进行试验。

B. 对渐进式安全钳装置，轿厢应载有均匀分布的125%额定载重量，安全钳装置的动作应在减低的速度（即平层速度或检修速度）进行试验：

（A）人在机房，将电梯运行到提升高度的下半部分，使电梯处于检修状态。以检修速度下行。试验时，手动使限速器动作，限速器电气开关动作，此时电机停转；短接限速器电气安全开关，使电梯继续下行，限速器使限速器钢丝绳制动并提起安全钳拉杆装置，此时，安全钳电气开关也应动作，再次使电动机停转；然后短接安全钳电气开关，使电梯继续下行，安全钳应动作，将轿厢紧紧地夹在导轨上。轿厢一旦被制停，曳引钢丝绳摩在曳引轮上打滑。且在载荷试验后，轿厢底倾斜度不大于5%。

(B) 将电梯以检修速度上行一段距离，安全钳应自动脱开、恢复（安全钳电气安全开关可以是自动复位的），人为恢复限速器电气安全开关和机械装置，上行一段距离后使电梯再继续下行，安全钳不应该再动作。

(C) 恢复限速器上的电气安全开关后，电梯可以正常运行。

(D) 试验完成以后，检查导轨有无被划伤，必要时要进行打磨、修光到正常状态；将电梯开到底层，在底坑检查安全钳的楔块应无损坏、无变形。

(E) 当对重侧设有安全钳时（用于底坑下面是空的的时候），其检查和试验方法与轿厢侧安全钳的检查和试验方法相似，但是，要注意电梯的运行方向正好相反！另外，当对重侧安装限速器时，对重限速器的动作速度应略高于轿厢侧限速器的动作速度，但不应超过 10%。从而保证对重安全钳略滞后于轿厢安全钳动作。

由于安全钳的动作试验会对导轨造成不同程度的损伤，试验后必须对导轨的卡痕进行修复。应引起注意的是：此类试验次数不宜过多，以免对电梯造成不必要的伤害！

(2) 缓冲器负荷试验

缓冲器有蓄能型（弹簧式）和耗能型（液压式）两种，安装在井道底坑轿厢和对重行程的极限位置。当轿厢失控蹲底（超越下终端开关）或冲顶（超越上终端开关）时，缓冲器对轿厢起缓冲保护作用。缓冲器应根据电梯额定运行速度正确选用。缓冲器的检测内容包括负荷特性试验和复位试验两个方面。

1) 缓冲器的负荷特性试验

缓冲器负荷特性是指缓冲器被轿厢以特定的运行撞击时，其变形（压缩量）的规律。试验时，检查缓冲器的压缩量应与制造厂提供的特性曲线相符。各有关零部件应牢固、无损伤、无变形等影响电梯正常运行的现象。这里强调指出的是蓄能型缓冲器（弹簧式）仅适用于电梯额定运行速度小于 1m/s 的电梯，而耗能型（液压式）缓冲器适用于任何类型的电梯速度。

2) 缓冲器复位试验

复位试验只对耗能型（液压）缓冲器有用，对蓄能型缓冲器不作规定。试验时，轿厢以额定载重量和减低的速度使缓冲器全压缩，然后使轿厢脱离缓冲器，缓冲器应恢复到正常位置。恢复的时间是指：从轿厢离开缓冲器瞬间起到缓冲器完全恢复原状止，该时间应少于 120s。

检查缓冲器开关，应是自动（保证在缓冲器未恢复前此开关不起作用）、或非自动复位的安全触点开关。电气开关动作时，电梯不能运行。

3) 对蓄能型缓冲器，轿厢将缓冲器全压缩，并静压 5min，然后轿厢脱离缓冲器，缓冲器应恢复正常位置。

轿厢空载，对重装置对对重缓冲器进行静压 5min，然后对重脱离缓冲器，缓冲器应同样恢复到原来的正常位置。

11. 运行可靠性试验

(1) 电梯运行速度测试

电梯安装完以后，其满速运行速度是否达到设计要求，必要时可以验证电梯运行速度。

具体测试方法如下：

1) 首先用转速表测出曳引电动机在正常满速情况下的转速,要求测量两次以上,保证数据的准确性;

2) 根据下式计算出轿厢的运行速度

$$V_1 = \frac{\pi D n}{1000 \times 60 i_1 i_2}$$

式中　V_1——轿厢的运行速度,m/s;
　　　D——曳引轮节圆直径,mm;
　　　n——实测电动机转速,r/min;
　　　i_1——曳引机减速比;
　　　i_2——曳引比。

通过以上计算,得出轿厢的运行速度 V_1,还可以按下式计算出电梯实际运行速度与额定速度(设计速度)的偏差大小:

$$速度偏差值 = \frac{运行速度 - 额定速度}{额定速度} \times 100\%$$

轿厢的运行速度也可以用测速装置直接测量曳引钢丝绳的线速度而得出,但要注意曳引比是 1∶1 还是 2∶1,如果是 2∶1,所测的数据还应该除以 2 才是轿厢的实际运行速度。

(2) 电梯运行试验

电梯运行试验是综合考核曳引机、减速箱、制动器、门机、电气装置等部件质量和安装质量的综合试验。

1) 电梯运行试验应分别在空载、平衡载荷(根据平衡系数测定时的平衡载荷率确定,一般为 40%～50%)和满载三种状态下,以通电持续率大于 40% 以上,往复运行,历时 1.5h,电梯应运行平稳、制动可靠、曳引机上的电动机和减速箱温升小于 60℃。

注意:通电持续率是指在单位时间里,曳引电动机通电运行时间相对总试验时间的百分比。例如:通电持续率为 40%,即在 1.5h 内,曳引电动机通电运行的累计时间应为 36min。

2) 运行试验过程中的检测内容

A. 轿厢运行时振动的检测:包括启动、运行和制动过程的加、减速度的测定。

B. 制动器工作状态检查:电梯运行时,制动闸皮应均匀离开制动轮,不产生摩擦。当电梯制动时,制动闸皮应均匀紧贴在制动轮上(能将载以 150% 额定载荷的轿厢可靠地刹紧)。

C. 曳引机及减速箱检查:曳引机在运行中不应明显的跳动或振动,减速箱不应有冲击声或异常摩擦声。

D. 曳引电动机电流及电梯速度的测量:电梯空载下行或满载上行时(两个最大曳引力矩状态),曳引电动机的最大工作电流不应超过其额定电流(电梯启动电流不应超过曳引电动机额定电流的 2.5 倍);电梯以平衡负载作上、下行时,其上行电流与下行电流应基本相同,差值不应超过 5%;电梯以正常速度运行时,其曳引速度应接近电梯额定速度(可略低于额定速度 5%)。

E. 电梯控制系统功能的确认:电梯控制功能应能达到设计要求功能,运行平稳、制动可靠。

F. 试运行后的检测内容:对减速箱的油温及温升、制动器的温升以及各轴承的温升一般不允许超过 60℃（温升是指实测的温度值减去环境温度值的差值），但最大不超过 85℃。

(3) 超载试验

电梯超载试验是指在电梯运行试验正常后，对其超载能力进行的检验。超载试验不属于曳引试验。

1) 超载试验前，若电梯设有超载保护安全装置，应先将超载保护装置移开。轿厢内载以 110% 的额定载荷，在通电持续率为 40% 的条件下，电梯做上升、下降运行，在全程内启动、运行、制动 30 次。电梯应能可靠地启动、运行和停止（平层可以不考虑），曳引机工作无异常，制动器可靠制动。

2) 超载保护安全装置的检验：超载保护安全装置是载客电梯必备的功能，如果电梯载重量超过额定载重量的 110% 时，自动运行状态下的电梯应不关门，不走梯，超载灯亮，超载蜂鸣器响。此状态一直维持到减轻载荷到规定重量以内为止。

12. 整机性能检测确认

(1) 平层准确度检查

电梯的平层准确度直接影响电梯的安全性。影响电梯平层准确度的因素较多，特别是调试质量的好坏影响较大。

1) 平层准确度测试方法：平层准确度是指电梯到站后，轿厢地坎上平面与层门地坎上平面的水平误差。由于电梯单层或多层运行的速度不同，上行与下行的曳引力矩不同，满载与空载的惯量不同，其平层准确度也会有所不同。因此，对老式的交流双速电梯而言，平层准确度一般比较难调；而对电脑控制的 VVVF 电梯，平层精度可以调到很小（误差在 1~2mm 以内）。

2) 平层精度的评定标准：平层准确度的评定应从所有层站所测量的数据中找出最大偏差值，不能超过表 12.1-1 中的规定值。

电梯平层精度评定标准（mm） 表 12.1-1

电梯种类	合格品	一等品	二等品
交流双速（$V<0.63$m/s）	±15	±12	±10
交流双速（$V<1.00$m/s）	±30	±20	±15
交直流调速（$V<2.50$m/s）	±15	±10	±5
VVVF 电梯（$V<2.50$m/s）	±5	±3	±2

(2) 噪声测定

电梯运行时产生的噪声，如果超过一定程度后会给乘客带来极不舒适的感觉。因此，电梯投入运行前应对噪声进行测定，并加以控制。电梯噪声的测定包括电梯运行时轿厢内的噪声、开关门过程的噪声和机房内的噪声三个方面。

1) 电梯运行时轿厢内的噪声测定：当电梯以额定速度上行和下行运行时所产生的噪声，取其最大值。

2) 开关门过程的噪声：开关门过程应分别对轿厢门和层门的噪声进行测量，而且每层站都要测量，记录其噪声峰值。

3) 机房内的噪声测定：机房内的噪声测定应在电动机运行过程中进行，在声源的前、后、左、右和上方 1m 处共取五点，然后计算其平均值。

噪声等级评定应符合表 12.1-2 的要求。

噪声评定标准 [dB（A）]　　　　表 12.1-2

项　目	合格品（国标要求）	一等品	二等品
机房噪声	≤80	≤75	≤70
运行中轿厢内噪声	≤55	≤52	≤48
开、关门过程噪声	≤65	≤60	≤50

（3）门联锁装置

电梯每套层门必须设置闭锁装置。在正常情况时，各层门如不借厅外开锁钥匙，则闭锁装置应始终保持层门处于关闭锁定状态，层门平时是不可开启的，唯独轿厢到达本层以后，本层门才能被打开。闭锁装置的检验应包括以下内容：

1) 层联锁装置可靠性检查：层门联紧装置应能承受不大于 150N 外力的作用，保持门扇在锁紧状态。门扇闭合时，门锁锁紧件的机械啮合深度不小于 7mm，在此基础上，门联锁上的电气触点才接通。

2) 电气闭锁装置检查：层门电气开关装置必须保证只有所有层门都完全关闭，且在机械啮合深度达到 7mm 以后，电梯才能够启动运行。而正在运行中的电梯，任何一层的层门被人为打开，电梯都必须立刻停止运行。只有被打开的层门完全关闭后，电梯方可继续运行。门电气接点的通断必须是直接的，绝不允许用间接的电路代替或用导线直接短接，防止触点粘连。

（4）报警装置及电源中断应急装置检验

1) 为方便乘客在电梯万一发生故障时能够及时向外界求援，电梯轿厢内都安装有乘客容易识别和方便触及的紧急（EMERGENCY）报警装置（包括：紧急按钮、警铃、对讲电话、应急照明、可视系统等）。该装置的供电应来自可自动充电的备用电源（如：蓄电池组），并且能在正常电源中断后至少维持工作 1h 以上。

一旦轿内发出紧急呼救信号后，大厦内的消防或保安值班室应能及时、有效地给予应答，并采取紧急救援措施将乘客及时放出。

2) 电源中断应急装置（MELD）属于电梯业主自选配置项目。它的功能是当外界供电系统出现故障，电梯处于两个楼层之间而乘客无法逃出时，电梯应急装置启动，在备用电池的驱动下，经过电源逆变器提供电梯主控板电源，使电梯控制系统正常工作，并实际判别电梯上或下的最小电流方向，然后松闸，在最小负载的前提下将轿厢自动就近平层，然后开门放人。实验时可以人为在轿厢运行到两楼层之间时突然切断电梯供电电源，稍停片刻，轿厢自动找回平层，开门、放人，随后处于待命状态。

12.2　电梯的整机验收

电梯交付前的检验是对电梯的安装调试质量，电梯的整体性能和功能以及主要部件和安全部件的状况进行检验。交付使用前的检验包括安装单位的自检和质量技术监督部门的监督检验，监督检验一年后，就每年进行电梯的定期检验。

12.2.1 电梯的企业竣工自检

对于电梯的自检，每个厂家都有《电梯安装质量手册》之类的文件规定，均是按照自身产品的设计要求来进行电梯安装质量的终检，此过程均要求电梯项目的建设单位或监理单位参加，共同来完成电梯的竣工自检，随着最新检验规范的实行，此过程对于保证用户的利益，非常的重要。政府部门对电梯的监督检验（验收）一定要在企业自检合格后进行，企业的自检要求必须覆盖监督检验的所有内容。

12.2.2 电梯监督检验

12.2.2.1 安装竣工的检验规范的新规定

为了加强对曳引与强制驱动电梯安装、改造、维修、日常维护保养、使用和检验工作的监督管理，规范曳引与强制驱动电梯安装、改造、重大维修监督检验和定期检验行为，提高检验工作质量，促进曳引与强制驱动电梯运行安全保障工作的有效落实，根据《特种设备安全监察条例》，国家质量监督检验检疫总局与2009年12月4日颁布了《特设设备安全技术规范（TSGT 7001—2009）电梯监督检验和定期检验规则—曳引与强制驱动电梯》的要求，监督检验和定期检验（以下统称检验）是对电梯生产和使用单位执行相关法规标准规定、落实安全责任，开展为保证和自主确认电梯安全的相关工作质量情况的查证性检验。电梯生产单位的自检记录或者报告中的结论，是对设备安全状况的综合判定；检验机构出具检验报告中的检验结论，是对电梯生产和使用单位落实相关责任、自主确定设备安全等工作质量的判定。

1. 电梯检验项目的分类要求

电梯检验项目分为A、B、C三个类别。各类别检验程序如下：

1) A类项目，检验机构按照表12.2-1的相应规定，对提供的文件、资料进行审查，对该类项目进行检验，并与自检记录或者报告对应项目的检验结果（以下简称自检结果）进行对比，按照判定依据规定对项目的检验结论做出判定；不经检验机构审查、检验，或者审查、检验结论为不合格，施工单位不得进行下道工序的施工。

2) B类项目，检验机构按照表12.2-1的相应规定，对提供的文件、资料进行审查，对该类项目进行检验，并与自检结果进行对比，按照判定依据的规定对项目的检验结论做出判定。

3) C类项目，检验机构按照表12.2-1的相应规定，对提供的文件、资料进行审查，认为自检记录或者报告等文件和资料完整、有效，对自检结果无质疑（以下简称资料审查无质疑），可以确认为合格；如果文件和资料欠缺、无效或者对自检结果有质疑（以下简称资料审查有质疑），应当按照表12.2-1的规定的检验方法，对该类项目进行检验，并与自检结果进行对比，按照判定依据的规定对项目的检验结论做出判定。

A、B类项目要由检测机构完成检验，C类项目完成抽检，这是本次电梯检验规则的一个亮点，充分地体现了企业的电梯生产主体安全意识，落实了企业对生产行为长效负责的主体责任。

2. 电梯的验收内容和方法

曳引与强制驱动电梯监督检验和定期检验内容、要求与方法见表12.2-1。

曳引与强制驱动电梯监督检验和定期检验内容、要求与方法　　　表 12.2-1

项目及类别		检验内容与要求	检验方法
1 技术 资料	1.1 制造 资料 A	电梯制造单位提供了以下用中文描述的出厂随机文件： （1）制造许可证明文件，其范围能够覆盖所提供电梯的相应参数； （2）电梯整机型式试验合格证书或者报告书，其内容能够覆盖所提供电梯相应参数； （3）产品质量证明文件，注有制造许可证明文件编号、该电梯的产品出厂编号、主要技术参数，以及门锁装置、限速器、安全钳、缓冲器、含有电子元件的安全电路（如果有）、轿厢上行超速保护装置、驱动主机、控制柜等安全保护装置和主要部件的型号和编号等内容，并且有电梯整机制造单位的公章或者检验合格章以及出厂日期； （4）门锁装置、限速器、安全钳、缓冲器、含有电子元件的安全电路（如果有）、轿厢上行超速保护装置、驱动主机、控制柜等安全保护装置和主要部件的型式试验合格证，以及限速器和渐进式安全钳的调试证书； （5）机房或者机器设备间及井道布置图，其顶层高度、底坑深度、楼层间距、井道内防护、安全距离、井道下方人可以进入的空间等满足安全要求； （6）电气原理图，包括动力电路和连接电气安全装置的电路； （7）安装使用维护说明书，包括安装、使用、日常维护保养和应急救援等方面操作说明的内容。 注 A-1：上述文件如为复印件则必须经电梯整机制造单位加盖公章或者检验合格章；对于进口电梯，则应当加盖国内代理商的公章	电梯安装施工前审查相应资料
	1.2 安装 资料 A	安装单位提供了以下安装资料： （1）安装许可证和安装告知书，许可证范围能够覆盖所施工电梯的相应参数； （2）施工方案，审批手续齐全； （3）施工现场作业人员持有的特种设备作业人员证； （4）施工过程记录和自检报告，检查和试验项目齐全、内容完整，施工和验收手续齐全； （5）变更设计证明文件（如安装中变更设计时），履行了由使用单位提出、经整机制造单位同意的程序； （6）安装质量证明文件，包括电梯安装合同编号、安装单位安装许可证编号、产品出厂编号、主要技术参数等内容，并且有安装单位公章或者检验合格章以及竣工日期。 注 A-2：上述文件如为复印件则必须经安装单位加盖公章或者检验合格章	审查相应资料。第（1）～（3）项在报检时审查，第（3）项在其他项目检验时还应查验；第（4）、（5）项在试验时查验；第（6）项在竣工后审查
	1.3 改造 、 重大 维修 资料 A	改造或者重大维修单位提供了以下改造或者重大维修资料： （1）改造或者维修许可证和改造或者重大维修告知书，许可证范围能够覆盖所施工电梯的相应参数； （2）改造或者重大维修的清单以及施工方案，施工方案的审批手续齐全； （3）所更换的安全保护装置或者主要部件产品合格证、形式试验合格证书以及限速器和渐进式安全钳的调试证书（如发生更换）； （4）施工现场作业人员持有的特种设备作业人员证； （5）施工过程记录和自检报告，检查和试验项目齐全、内容完整，施工和验收手续齐全； （6）改造后的整梯合格证或者重大维修质量证明文件，合格证或者证明文件中包括电梯的改造或者重大维修合同编号、改造或者重大维修单位的资格证编号、电梯使用登记编号、主要技术参数等内容，并且有改造或者重大维修单位的公章或者检验合格章以及竣工日期。 注 A-3：上述文件如为复印件则必须经改造或者重大维修单位加盖公章或者检验合格章	审查相应资料。第（1）～（4）项在报检时审查，第（4）项在其他项目检验时还应查验；第（5）项在试验时查验；第（6）项在竣工后审查

续表

项目及类别		检验内容与要求	检验方法
1 技术 资料	1.4 使用 资料 B	使用单位提供了以下资料： （1）使用登记资料，内容与实物相符； （2）安全技术档案，至少包括1.1、1.2、1.3所述文件资料（1.2的（3）项和1.3的（4）项除外），以及监督检验报告、定期检验报告、日常检查与使用状况记录、日常维护保养记录、年度自行检查记录或者报告、应急救援演习记录、运行故障和事故记录等，保存完好（本规则实施前已经完成安装、改造或重大维修的，1.1、1.2、1.3项所述文件资料如有缺陷，应当由使用单位联系相关单位予以完善，可不作为本项审核结论的否决内容）； （3）以岗位责任为核心的电梯运行管理规章制度，包括事故与故障的应急措施和救援预案、电梯钥匙使用管理制度等； （4）与取得相应资格单位签订的日常维护保养合同； （5）按照规定配备的电梯安全管理和作业人员的特种设备作业人员证	定期检验和改造、重大维修过程的监督检验时查验；新安装电梯的监督检验进行试验时查验（3）、（4）、（5）项，以及（2）项中所需记录表格制定情况（如试验时使用单位尚未确定，应当由安装单位提供（2）、（3）、（4）项查验内容范本，（5）项相应要求交接备忘录）
2 机房 （机器 设备 间）及相 关设备	2.1 机房 通道 与通 道门 C	（1）应当在任何情况下均能够安全方便地使用通道。采用梯子作为通道时，必须符合以下条件： 1）通往机房或者机器设备区间的通道不应当高出楼梯所到平面4m； 2）梯子必须固定在通道上而不能被移动； 3）梯子高度超过1.50m时，其与水平方向的夹角应当在65°～75°之间，并不易滑动或者翻转； 4）靠近梯子顶端应当设置把手。 （2）通道应当设置永久性电气照明； （3）机房通道门的宽度应当不小于0.60m，高度应当不小于1.80m，并且门不得向房内开启。门应当装有带钥匙的锁，并且可以从机房内不用钥匙打开。门外侧应当标明"机房重地，闲人免进"，或者其他类似警示标志	审查自检结果，如对其有质疑，按照以下方法进行现场检验（以下C类项目只描述现场检验方法）；目测或者测量相关数据
	2.2 机房 （机 器设 备） 专用C	机房（机器设备间）应当专用，不得用于电梯以外的其他用途	目测
	2.3 安全 空间 C	（1）在控制屏和控制柜前有一块净空面积，其深度不小于0.70m，宽度为0.50m或屏、柜的全宽（两者中的大值），高度不小于2m； （2）对运动部件进行维修和检查以及人工紧急操作的地方有一块不小于0.50m×0.60m的水平净空面积，其净高度不小于2m； （3）机房地面高度不一并且相差大于0.50m时，应当设置楼梯或者台阶，并且设置护栏	目测或者测量相关数据
	2.4 地面 开口 C	机房地面上的开口应当尽可能小，位于井道上方的开口必须采用圈框，此圈框应当凸出地面至少50mm	目测或者测量相关数据

续表

项目及类别		检验内容与要求	检验方法
2 机房（机器设备间）及相关设备	2.5 照明与插座 C	（1）机房应当设置永久性电气照明；在机房内靠近入口（或多个入口）处的适当高度应当设有一个开关，控制机房照明； （2）机房应当至少设置一个 2P＋PE 型电源插座； （3）应当在主开关旁设置控制井道照明、轿厢照明和插座电路电源的开关	目测，操作验证各开关的功能
	2.6 断错相保护 C	每台电梯应当具有断相、错相保护功能；电梯运行与相序无关时，可以不装设错相保护装置	（1）断开主开关，在其输出端，分别断开三相交流电源的任意一根导线后，闭合主开关，检查电梯能否启动； （2）断开主开关，在其输出端，调换三相交流电源的两根导线的相互位置后，闭合主开关，检查电梯能否启动
	2.7 主开关 B	（1）每台电梯应当单独装设主开关，主开关应当易于接近和操作；无机房电梯主开关的设置还应当符合以下要求： 1）如果控制柜不是安装在井道内，主开关应当安装在控制柜内，如果控制柜安装在井道内，主开关应当设置在紧急操作屏上； 2）如果从控制柜处不容易直接操作主开关，该控制柜应当设置能分断主电源的断路器； 3）在电梯驱动主机附近 1m 之内，应当有可以接近的主开关或者符合要求的停止装置，且能够方便地进行操作。 （2）主开关不得切断轿厢照明和通风、机房（机器设备间）照明和电源插座、轿顶与底坑的电源插座、电梯井道照明、报警装置的供电电路； （3）主开关应当具有稳定的断开和闭合位置，并且在断开位置时用挂锁或其他等效装置锁住，能够有效地防止误操作； （4）如果不同电梯的部件共用一个机房，则每台电梯的主开关应当与驱动主机、控制柜、限速器等采用相同的标志	目测主开关的设置；断开主开关，观察、检查照明、插座、通风和报警装置的供电电路是否被切断
	2.8 驱动主机 B	（1）驱动主机工作时应当无异常噪声和振动； （2）曳引轮外侧面应当涂成黄色； （3）曳引轮轮槽不得有严重磨损（适用于改造、维修监督检验和定期检验），如果轮槽的磨损可能影响曳引能力时，应当进行曳引能力验证试验	目测；认为轮槽的磨损可能影响曳引能力时，进行 8.11 项试验，对于轿厢面积超过规定的载货电梯还需进行 8.12 项试验，综合 8.6、8.10、8.11、8.12 项试验结果验证轮槽磨损是否影响曳引能力

续表

项目及类别		检验内容与要求	检验方法
2 机房（机器设备间）及相关设备	2.9 制动装置 C	（1）所有参与向制动轮或盘施加制动力的制动器机械部件应当分两组装设； （2）电梯正常运行时，切断制动器电流至少应当用两个独立的电气装置来实现，当电梯停止时，如果其中一个接触器的主触点未打开，最迟到下一次运行方向改变时，应当防止电梯再运行	（1）对照型式试验报告，查验制动器； （2）根据电气原理图和实物状况，结合模拟操作检查制动器的电气控制
	2.10 紧急操作 B	（1）手动紧急操作装置应当符合以下要求： 1）对于可拆卸盘车手轮，设有一个电气安全装置，最迟在盘车手轮装上电梯驱动主机时动作； 2）松闸扳手涂成红色，盘车手轮是无辐条的并且涂成黄色，可拆卸盘车手轮放置在机房内容易接近的明显部位； 3）在电梯驱动主机上接近盘车手轮处，明显标出轿厢运行方向，如果手轮是不能拆卸的可以在手轮上标出； 4）能够通过操纵手动松闸装置松开制动器，并且需要以一持续力保持其松开状态； 5）进行手动紧急操作时，易于观察到轿厢是否在开锁区	目测；通过模拟操作检查电气安全装置和手动松闸功能
		（2）紧急电动运行装置应当符合以下要求： 1）依靠持续揿压按钮来控制轿厢运行，此按钮有防止误操作的保护，按钮上或其近旁标出相应的运行方向； 2）一旦进入检修运行，紧急电动运行装置控制轿厢运行的功能由检修控制装置所取代； 3）进行紧急电动运行操作时，易于观察到轿厢是否在开锁区	目测；通过模拟操作检查紧急电动运行装置功能
		（3）应急救援程序：在机房内应当设有清晰的应急救援程序	目测
	2.11 限速器 B	（1）限速器上应当设有铭牌，标明制造单位名称、型号、规格参数和型式试验机构标识，铭牌和形式试验合格证、调试证书内容应当相符； （2）限速器或者其他装置上应当设有在轿厢上行或者下行速度达到限速器动作速度之前动作的电气安全装置，以及验证限速器复位状态的电气安全装置； （3）使用周期达到2年的电梯，或者限速器动作出现异常、限速器各调节部位封记损坏的电梯，应当由经许可的电梯检验机构或者电梯生产单位对限速器进行动作速度校验，并且由该单位出具校验报告	（1）对照检查限速器型式试验合格证、调试证书、铭牌； （2）目测电气安全装置的设置； （3）审查限速器动作速度核验报告，对照限速器铭牌上的相关参数，判断动作速度是否符合要求
	2.12 接地 C	（1）供电电源自进入机房或者机器设备间起，中性线（N）与保护线（PE）应当始终分开； （2）所有电气设备及线管、线槽的外露可以导电部分应当与保护线（PE）可靠连接	目测，必要时测量验证

续表

项目及类别		检验内容与要求	检验方法
2 机房（机器设备间）及相关设备	2.13 电气绝缘 C	动力电路、照明电路和电气安全装置电路的绝缘电阻应当符合下述要求： | 标称电压（V）	测试电压（直流）(V)	绝缘电阻（MΩ） | |---|---|---|
安全电压	250	≥0.25
≤500	500	≥0.50
>500	1000	≥1.00		由施工或者维护保养单位测量，检验人员现场观察、确认
	2.14 轿厢上行超速保护装置 B	轿厢上行超速保护装置上应当设有铭牌，标明制造单位名称、型号、规格参数和型式试验机构标识，铭牌和型式试验合格证内容应当相符；电梯整机制造单位应当在控制屏或者紧急操作屏上标注轿厢上行超速保护装置的动作试验方法	对照检查上行超速保护装置型式试验合格证和铭牌；目测动作试验方法的标注情况
3 井道及相关设备	3.1 井道封闭 C	除必要的开口外井道应当完全封闭；当建筑物中不要求井道在火灾情况下具有防止火焰蔓延的功能时，允许采用部分封闭井道，但在人员可正常接近电梯处应当设置无孔的高度足够的围壁，以防止人员遭受电梯运动部件直接危害，或者用手持物体触及井道中的电梯设备	目测
	3.2 曳引驱动电梯顶部空间 C	（1）当对重完全压在缓冲器上时，应当同时满足以下条件： 1）轿厢导轨提供不小于 $0.1+0.035v^2$（m）的进一步制导行程； 2）轿顶可以站人的最高面积的水平面与位于轿厢投影部分井道顶最低部件的水平面之间的自由垂直距离不小于 $1.0+0.035v^2$（m）； 3）井道顶的最低部件与轿顶设备的最高部件之间的间距（不包括导靴、钢丝绳附件等）不小于 $0.3+0.035v^2$（m），与导靴或滚轮、曳引绳附件、垂直滑动门的横梁或部件的最高部分之间的间距不小于 $0.1+0.035v^2$（m）； 4）轿顶上方应当有一个不小于 0.5m×0.6m×0.8m 的空间（任意平面朝下即可）。 注 A-4：当采用减行程缓冲器并对电梯驱动主机正常减速进行有效监控时 $0.035v^2$ 可以用下值代替： 1）电梯额定速度不大于 4m/s 时，可以减少到 1/2，但是不小于 0.25m 2）电梯额定速度大于 4m/s 时，可以减少到 1/3，但是不小于 0.28m （2）当轿厢完全压在缓冲器上时，对重导轨有不小于 $0.1+0.035v^2$（m）的制导行程	（1）测量轿厢在上端站平层位置时的相应数据，计算确认是否满足要求； （2）用痕迹法或其他有效方法检验对重导轨的制导行程
	3.3 强制驱动电梯顶部空间 C	（1）轿厢从顶层向上直到撞击上缓冲器时的行程不小于 0.50m，轿厢上行至缓冲器行程的极限位置时一直处于有导向状态； （2）当轿厢完全压在上缓冲器上时，应当同时满足以下条件： 1）轿顶可以站人的最高面积的水平面与位于轿厢投影部分井道顶最低部件的水平面之间的自由垂直距离不小于 1.0m； 2）井道顶部最低部件与轿顶设备的最高部件之间的自由垂直距离不小于 0.30m，与导靴或滚轮、钢丝绳附件、垂直滑动门横梁等的自由垂直距离不小于 0.10m； 3）轿厢顶部上方有一个不小于 0.50m×0.60m×0.80m 的空间（任意平面朝下均可）。 （3）当轿厢完全压在缓冲器上时，平衡重（如果有）导轨的长度能提供不小于 0.30m 的进一步制导行程	（1）测量轿厢在上端站平层位置时的相应数据，计算确认是否满足要求； （2）用痕迹法或其他有效方法检验平衡重导轨的制导行程

续表

项目及类别		检验内容与要求	检验方法
3 井道及相关设备	3.4 井道安全门 C	(1) 当相邻两层门地坎的间距大于11m时，其间应当设置高度不小于1.80m、宽度不小于0.35m的井道安全门（使用轿厢安全门时除外）； (2) 不得向井道内开启； (3) 门上应当装设用钥匙开启的锁，当门开启后不用钥匙能够将其关闭和锁住，在门锁住后，不用钥匙能够从井道内将门打开； (4) 应当设置电气安全装置以验证门的关闭状态	(1) 测量相关数据； (2) 打开、关闭安全门，检查门的启闭和电梯启动情况
	3.5 井道检修门 C	(1) 高度不小于1.40m，宽度不小于0.60m； (2) 不得向井道内开启； (3) 应当装设用钥匙开启的锁，当门开启后不用钥匙能够将其关闭和锁住，在门锁住后，不用钥匙也能够从井道内将门打开； (4) 应当设置电气安全装置以验证门的关闭状态	(1) 测量相关数据； (2) 打开、关闭安全门，检查门启闭和电梯启动情况
	3.6 导轨 C	(1) 每根导轨应当至少有2个导轨支架，其间距一般不大于2.50m（如果间距大于2.50m应当有计算依据），端部短导轨的支架数量应满足设计要求； (2) 支架应当安装牢固，焊接支架的焊缝满足设计要求，锚栓（如膨胀螺栓）固定只能在井道壁的混凝土构件上使用； (3) 每列导轨工作面每5m铅垂线测量值间的相对最大偏差，轿厢导轨和设有安全钳的T型对重导轨不大于1.2mm，不设安全钳的T型对重导轨不大于2.0mm； (4) 两列导轨顶面的距离偏差，轿厢导轨为0～+2mm，对重导轨为0～+3mm	目测或者测量相关数据
	3.7 轿厢与井道壁距离 B	轿厢与面对轿厢入口的井道壁的间距不大于0.15m，对于局部高度小于0.50m或者采用垂直滑动门的载货电梯，该间距可以增加到0.20m。 如果轿厢装有机械锁紧的门并且门只能在开锁区内打开时，则上述间距不受限制	测量相关数据；观察轿厢门锁设置情况
	3.8 层门地坎下端的井道壁 C	每个层门地坎下的井道壁应符合以下要求： 形成一个与层门地坎直接连接的连续垂直表面，由光滑而坚硬的材料构成（如金属薄板）；其高度不小于开锁区域的一半加上50mm，宽度不小于门入口的净宽度两边各加25mm	目测或者测量相关数据
	3.9 井道内防护 C	(1) 对重（或者平衡重）的运行区域应当采用刚性隔障保护，该隔障从底坑地面上不大于0.30m处，向上延伸到离底坑地面至少2.5m的高度，宽度应当至少等于对重（或者平衡重）宽度两边各加0.10m； (2) 在装有多台电梯的井道中，不同电梯的运动部件之间应当设置隔障，隔障应当至少从轿厢、对重（或平衡重）行程的最低点延伸到最低层站楼面以上2.50m高度，并且有足够的宽度以防止人员从一个底坑通往另一个底坑，如果轿厢顶部边缘和相邻电梯的运动部件之间的水平距离小于0.5m，隔障应当贯穿整个井道，宽度至少等于运动部件或者运动部件的需要保护部分的宽度每边各加0.10m	目测或者测量相关数据

续表

项目及类别		检验内容与要求	检验方法
3 井道及相关设备	3.10 极限开关 B	井道上下两端应当装设极限开关，该开关在轿厢或者对重（如有）接触缓冲器前起作用，并且在缓冲器被压缩期间保持其动作状态。 强制驱动电梯的极限开关动作后，应当以强制的机械方法直接切断驱动主机和制动器的供电回路	（1）将上行（下行）限位开关（如果有）短接，以检修速度使位于顶层（底层）端站的轿厢向上（向下）运行，检查井道上端（下端）极限开关动作情况； （2）短接上下两端极限开关和限位开关（如果有），以检修速度提升（下降）轿厢，使对重（轿厢）完全压在缓冲器上，检查极限开关动作状态； （3）目测判断强制驱动电梯极限开关切断供电的方式
	3.11 随行电缆 C	随行电缆应当避免与限速器绳、选层器钢带、限位与极限开关等装置干涉，当轿厢压实在缓冲器上时，电缆不得与地面和轿厢底边框接触	目测
	3.12 井道照明 C	井道应当装设永久性电气照明。对于部分封闭井道，如果井道附近有足够的电气照明，井道内可以不设照明	目测
	3.13 底坑设施与装置 C	（1）底坑底部应当平整，不得渗水、漏水； （2）如果没有其他通道，应当在底坑内设置一个从层门进入底坑的永久性装置（如梯子），该装置不得凸入电梯的运行空间； （3）底坑内应当设置在进入底坑时和底坑地面上均能方便操作的停止装置，停止装置的操作装置为双稳态、红色并标以"停止"字样，并且有防止误操作的保护； （4）底坑内应当设置2P+PE型电源插座，以及在进入底坑时能方便操作的井道灯开关	目测；操作验证停止装置和井道灯开关功能
	3.14 底坑空间 C	轿厢完全压在缓冲器上时，底坑空间尺寸应当同时满足以下要求： （1）底坑中有一个不小于 0.50m×0.60m×1.0m 的空间（任一面朝下即可）； （2）底坑底面与轿厢最低部件的自由垂直距离不小于 0.50m，当垂直滑动门的部件、护脚板和相邻井道壁之间，轿厢最低部件和导轨之间的水平距离在 0.15m 之内时，此垂直距离允许减少到 0.10m；当轿厢最低部件和导轨之间的水平距离大于 0.15m 但小于 0.5m 时，此垂直距离可按比例增加至 0.5m； （3）底坑中固定的最高部件和轿厢最低部件之间的距离不小于 0.30m	测量轿厢在下端站平层位置时的相应数据，计算确认是否满足要求

续表

项目及类别		检验内容与要求	检验方法
3 井道及相关设备	3.15 限速绳张紧装置 B	(1) 限速器绳应当用张紧轮张紧，张紧轮（或者其配重）应当有导向装置； (2) 当限速器绳断裂或者过分伸长时，应当通过一个电气安全装置的作用，使电梯停止运转	(1) 目测张紧和导向装置； (2) 电梯以检修速度运行，使电气安全装置动作，观察电梯运行状况
	3.16 缓冲器 B	(1) 轿厢和对重的行程底部极限位置应当设置缓冲器，强制驱动电梯还应当在行程上部极限位置设置缓冲器；蓄能型缓冲器只能用于额定速度不大于1m/s的电梯，耗能型缓冲器可以用于任何额定速度的电梯； (2) 缓冲器上应当设有铭牌或者标签，标明制造单位名称、型号、规格参数和型式试验机构标识，铭牌或者标识和型式试验合格证内容应当相符； (3) 缓冲器应当固定可靠； (4) 耗能型缓冲器液位应当正确，有验证柱塞复位的电气安全装置； (5) 对重缓冲器附近应当设置永久性的明显标识，标明当轿厢位于顶层端站平层位置时，对重装置撞板与其缓冲器顶面间的最大允许垂直距离；并且该垂直距离不超过最大允许值	(1) 对照检查缓冲器型式试验合格证和铭牌或者标签； (2) 目测缓冲器的固定、液位和电气安全装置及对重越程距离标识； (3) 定期检验时，查验轿厢位于顶层端站平层位置时，对重装置撞板与其缓冲器顶面间的垂直距离
	3.17 对重（平衡重）下方空间的防护 C	如果将对重（平衡重）之下有人能够到达的空间，应当将对重缓冲器安装于一直延伸到坚固地面上的实心桩墩，或者在对重（平衡重）上装设安全钳	目测
4 轿厢与对重（平衡重）	4.1 轿顶电气装置 C	(1) 轿顶应当装设一个易于接近的检修运行控制装置，并且符合以下要求： 1) 由一个符合电气安全装置要求，能够防止误操作的双稳态开关（检修开关）进行操作； 2) 一经进入检修运行时，即取消正常运行（包括任何自动门操作）、紧急电动运行、对接操作运行，只有再一次操作检修开关，才能使电梯恢复正常工作； 3) 依靠持续揿压按钮来控制轿厢运行，此按钮有防止误操作的保护，按钮上或其近旁标出相应的运行方向； 4) 该装置上设有一个停止装置，停止装置的操作装置为双稳态、红色并标以"停止"字样，并且有防止误操作的保护； 5) 检修运行时，安全装置仍然起作用； (2) 轿顶应当装设一个从入口处易于接近的停止装置，停止装置的操作装置为双稳态、红色并标以"停止"字样，并且有防止误操作的保护。如果检修运行控制装置设在从入口处易于接近的位置，该停止装置也可以设在检修运行控制装置上； (3) 轿顶应当装设 2P+PE 型电源插座	(1) 目测检修运行控制装置、停止装置和电源插座的设置； (2) 操作验证检修运行控制装置、安全装置和停止装置的功能

续表

项目及类别		检验内容与要求	检验方法
4 轿厢与对重（平衡重）	4.2 轿顶护栏 C	井道壁离轿顶外侧水平方向自由距离超过0.3m时，轿顶应当装设护栏，并且满足以下要求： （1）由扶手、0.10m高的护脚板和位于护栏高度一半处的中间栏杆组成； （2）当自由距离不大于0.85m时，扶手高度不小于0.70m，当自由距离大于0.85m时，扶手高度不小于1.10m； （3）护栏装设在距轿顶边缘最大为0.15m之内，并且其扶手外缘和井道中的任何部件之间的水平距离不小于0.10m； （4）护栏上有关于俯伏或斜靠护栏危险的警示符号或须知	目测或者测量相关数据
	4.3 轿厢安全窗（门）C	如果轿厢设有安全窗（门），应当符合以下要求： （1）设有手动上锁装置，能够不用钥匙从轿厢外开启，用规定的三角钥匙从轿厢内开启； （2）轿厢安全窗不能向轿厢内开启，并且开启位置不超出轿厢的边缘，轿厢安全门不能向轿厢外开启，并且出入路径没有对重（平衡重）或者固定障碍物； （3）其锁紧由电气安全装置予以验证	操作验证
	4.4 轿厢和对重（平衡重）间距 C	轿厢及关联部件与对重（平衡重）之间的距离应当不小于50mm	测量相关数据
	4.5 对重（平衡重）的固定 C	如果对重（平衡重）由重块组成，应当可靠固定	目测
	4.6 轿厢面积 C	（1）轿厢有效面积应当符合下述规定： | $Q^①$	$S^②$	$Q^①$	$S^②$	$Q^①$	$S^②$	$Q^①$	$S^②$
---	---	---	---	---	---	---	---
$100^③$	0.37	525	1.45	900	2.20	1275	2.95
$180^④$	0.58	600	1.60	975	2.35	1350	3.10
225	0.70	630	1.66	1000	2.40	1425	3.25
300	0.90	675	1.75	1050	2.50	1500	3.40
375	1.10	750	1.90	1125	2.65	1600	3.56
400	1.17	800	2.00	1200	2.80	2000	4.20
450	1.30	825	2.05	1250	2.90	$2500^⑤$	5.00	 注A-5：①额定载重量，kg；②轿厢最大有效面积，m^2；③一人电梯的最小值；④二人电梯的最小值；⑤额定载重量超过2500kg时，每增加100kg，面积增加$0.16m^2$。对中间的载重量，其面积由线性插入法确定	（1）测量计算轿厢有效面积；

续表

项目及类别		检验内容与要求	检验方法
4 轿厢与对重（平衡重）	4.6 轿厢面积 C	（2）对于为了满足使用要求而轿厢面积超出上述规定的载货电梯，必须满足以下条件： 1）在从层站装卸区域总可看见的位置上设置标志，表明该载货电梯的额定载重量； 2）该电梯专用于运送特定轻质货物，其体积可保证在装满轿厢情况下，该货物的总质量不会超过额定载重量； 3）该电梯由专职司机操作，并严格限制人员进入	（2）检查层站装卸区域额定载重量标志、电梯专用等措施
	4.7 轿厢铭牌 C	轿厢内应当设置铭牌，标明额定载重量及乘客人数（载货电梯只标载重量）、制造厂名称或商标；改造后的电梯，铭牌上应当标明额定载重量及乘客人数（载货电梯只标定载重量）、改造单位名称、改造竣工日期等	目测
	4.8 紧急照明和报警装置 B	轿厢内应当装设符合下述要求的紧急报警装置和应急照明： （1）正常照明电源中断时，能够自动接通紧急照明电源； （2）紧急报警装置采用对讲系统以便与救援服务持续联系，当电梯行程大于 30m 时，在轿厢和机房（或者紧急操作地点）之间也设置对讲系统，紧急报警装置的供电来自前条所述的紧急照明电源或者等效电源；在启动对讲系统后，被困乘客不必再做其他操作	断开正常照明供电电源，分别验证紧急照明系统、紧急报警装置的功能
	4.9 地坎护脚板 C	轿厢地坎下应当装设护脚板，其垂直部分的高度不小于 0.75m，宽度不小于层站入口宽度	目测或者测量相关数据
	4.10 超载保护装置 C	电梯应当设置轿厢超载保护装置，在轿厢内的载荷超过 110% 额定重量（超载量不少于 75kg）时，能够防止电梯正常启动及再平层，并且轿内有音响或者发光信号提示，动力驱动的自动门完全打开，手动门保持在未锁状态	进行加载试验，验证超载保护装置的功能
	4.11 安全钳 B	（1）安全钳上应当设有铭牌，标明制造单位名称、型号、规格参数和形式试验机构标识，铭牌、形式试验合格证、调试证书内容与实物应当相符； （2）轿厢上应当装设一个在轿厢安全钳动作以前或同时动作的电气安全装置	（1）对照检查安全钳型式试验合格证、调试证书和铭牌； （2）目测电气安全装置的设置

续表

项目及类别		检验内容与要求	检验方法
5 悬挂装置、补偿装置及旋转部件防护	5.1 悬挂装置、补偿装置的磨损、断丝、变形等情况 C	出现下列情况之一时,悬挂钢丝绳和补偿钢丝绳应当报废: (1) 出现笼状畸变、绳芯挤出、扭结、部分压扁、弯折; (2) 断丝分散出现在整条钢丝绳,任何一个捻距内单股的断丝数大于4根;或者断丝集中在钢丝绳某一部位或一股,一个捻距内断丝总数大于12根(对于股数为6的钢丝绳)或者大于16根(对于股数为8的钢丝绳); (3) 磨损后的钢丝绳直径小于钢丝绳公称直径的90%。 采用其他类型悬挂装置的,悬挂装置的磨损、变形等应当不超过制造单位设定的报废指标	(1) 用钢丝绳探伤仪或者放大镜全长检测或者分段抽测;测量并判断钢丝绳直径变化情况。测量时,以相距至少1m的两点进行,在每点相互垂直方向上测量两次,四次测量值的平均值,即为钢丝绳的实测直径。 (2) 采用其他类型悬挂装置,按照制造单位提供的方法进行检验
	5.2 端部固定 C	悬挂钢丝绳绳端固定应当可靠,弹簧、螺母、开口销等连接部件无缺损。 对于强制驱动电梯,应当采用带楔块的压紧装置,或者至少用3个压板将钢丝绳固定在卷筒上。 采用其他类型悬挂装置的,其端部固定应当符合制造单位的规定	目测,或者按照制造单位的规定进行检验
	5.3 补偿装置 C	(1) 补偿绳(链)端固定应当可靠; (2) 应当使用电气安全装置来检查补偿绳的最小张紧位置; (3) 当电梯的额定速度大于3.5m/s时,还应当设置补偿绳防跳装置,该装置动作时应当有一个电气安全装置使电梯驱动主机停止运转	(1) 目测补偿绳(链)端固定情况; (2) 模拟断绳或者绳跳出时的状态,观察电气安全装置动作和电梯运行情况
	5.4 钢丝绳的卷绕 C	对于强制驱动电梯,钢丝绳的卷绕应当符合以下要求: (1) 轿厢完全压缩缓冲器时,卷筒的绳槽中应当至少保留两圈钢丝绳; (2) 卷筒上只能卷绕一层钢丝绳; (3) 应当有措施防止钢丝绳滑脱和跳出	目测
	5.5 松绳(链)保护 B	如果强制驱动电梯的轿厢悬挂在两根钢丝绳或者链条上,则应当设置检查绳(链)松弛的电气安全装置,当其中一根钢丝绳(链条)发生异常相对伸长时,电梯应当停止运行	轿厢以检修速度运行,使松绳(链)电气安全装置动作,观察电梯运行状况
	5.6 旋转部件的防护 C	在机房(机器设备间)内的曳引轮、滑轮、链轮、限速器,在井道内的曳引轮、滑轮、链轮、限速器及张紧轮、补偿绳张紧轮,在轿厢上的滑轮、链轮等与钢丝绳、链条形成传动的旋转部件,均应当设置防护装置,以避免人身伤害、钢丝绳或链条因松弛而脱离绳槽或链轮、异物进入绳与绳槽或链与链轮之间	目测

续表

项目及类别		检验内容与要求	检验方法
6 轿门与层门	6.1 门地坎距离 C	轿厢地坎与层门地坎的水平距离不得大于35mm	测量相关尺寸
	6.2 门间隙 C	门关闭后,应当符合以下要求: (1) 门扇之间及门扇与立柱、门楣和地坎之间的间隙,对于乘客电梯不大于6mm;对于载货电梯不大于8mm,使用过程中由于磨损,允许达到10mm; (2) 在水平移动门和折叠门主动门扇的开启方向,以150N的人力施加在一个最不利的点,前条所述的间隙允许增大,但对于旁开门不大于30mm,对于中分门其总和不大于45mm	测量相关尺寸
	6.3 玻璃门 C	层门和轿门采用玻璃门时,应当符合以下要求: (1) 玻璃门上有供应商名称或者商标、玻璃的形式等永久性标记; (2) 玻璃门上的固定件,即使在玻璃下沉的情况下,也能够保证玻璃不会滑出; (3) 有防止儿童的手被拖曳的措施	目测
	6.4 防止门夹人的保护装置 B	动力驱动的自动水平滑动门应当设置防止门夹人的保护装置,当人员通过层门入口被正在关闭的门扇撞击或者将被撞击时,该装置应当自动使门重新开启	模拟动作试验
	6.5 门运行和导向 C	层门和轿门正常运行时不得出现脱轨、机械卡阻或者在行程终端时错位;由于磨损、锈蚀或者火灾可能造成层门导向装置失效时,应当设置应急导向装置,使层门保持在原有位置	目测
	6.6 自动关闭层门装置 B	在轿门驱动层门的情况下,当轿厢在开锁区域之外时,如果层门开启(无论何种原因),应当有一种装置能够确保该层门自动关闭。自动关闭装置采用重块时,应当有防止重块坠落的措施	抽取基站、端站以及20%其他层站的层门,将轿厢运行至开锁区域外,打开层门,观察层门关闭情况及防止重块坠落措施的有效性

续表

项目及类别		检验内容与要求	检验方法
6 轿门与层门	6.7 紧急开锁装置 B	每个层门均应当能够被一把符合要求的钥匙从外面开启;紧急开锁后,在层门闭合时门锁装置不应当保持开锁位置	抽取基站、端站以及20%其他层站的层门,用钥匙操作紧急开锁装置,验证其功能
	6.8 门的锁紧 B	(1) 每个层门都应当设置门锁装置,其锁紧动作应当由重力、永久磁铁或者弹簧来产生和保持,即使永久磁铁或者弹簧失效,重力亦不能导致开锁; (2) 轿厢应当在锁紧元件啮合不小于7mm时才能启动; (3) 门的锁紧应当由一个电气安全装置来验证,该装置应当由锁紧元件强制操作而没有任何中间机构,并且能够防止误动作; (4) 如果轿门采用了门锁装置,该装置也应当符合以上有关要求	(1) 目测门锁及电气安全装置的设置; (2) 目测锁紧元件的啮合情况,认为啮合长度可能不足时测量电气触点刚闭合时锁紧元件的啮合长度; (3) 使电梯以检修速度运行,打开门锁,观察电梯是否停止
	6.9 门的闭合 B	(1) 正常运行时应当不能打开层门,除非轿厢在该层门的开锁区域内停止或停站;如果一个层门或者轿门(或者多扇门中的任何一扇门)开着,在正常操作情况下,应当不能启动电梯或者不能保持继续运行; (2) 每个层门和轿门的闭合都应当由电气安全装置来验证,如果滑动门是由数个间接机械连接的门扇组成,则未被锁住的门扇上也应当设置电气安全装置以验证其闭合状态	(1) 使电梯以检修速度运行,打开层门,检查电梯是否停止; (2) 将电梯置于检修状态,层门关闭,打开轿门,观察电梯能否运行; (3) 对于由数个间接机械连接的门扇组成的滑动门,抽取轿门和基站、端站以及20%其他层站的层门,短接被锁住门扇上的电气安全装置,使各门扇均打开,观察电梯能否运行
	6.10 门刀、门锁滚轮与地坎间隙 C	轿门门刀与层门地坎,层门锁滚轮与轿厢地坎的间隙应当不小于5mm;电梯运行时不得互相碰擦	测量相关数据

续表

项目及类别		检验内容与要求	检验方法
7 无机房电梯附加检验项目	7.1 井道内作业场地总要求 C	（1）作业场地的结构与尺寸应当保证工作人员能够安全、方便地进出和进行维修（检查）作业（参见2.3）； （2）作业场地应当设置永久性电气照明，在靠近工作场地入口处应当设置照明开关	目测
	7.2 设在轿顶上或轿厢内的作业场地 C	检查、维修驱动主机、控制柜的作业场地设在轿顶上或轿内时，应当具有以下安全措施： （1）设置防止轿厢移动的机械锁定装置； （2）设置检查机械锁定装置工作位置的电气安全装置，当该机械锁定装置处于非停放位置时，能防止轿厢的所有运行； （3）若在轿厢壁上设置检修门（窗），则该门（窗）不得向轿厢外打开，并且装有用钥匙开启的锁，不用钥匙能够关闭和锁住，同时设置检查检修门（窗）锁定位置的电气安全装置； （4）在检修门（窗）开启的情况下需要从轿内移动轿厢时，在检修门（窗）的附近设置轿内检修控制装置，轿内检修控制装置能够使检查门（窗）锁定位置的电气安全装置失效，人员站在轿顶时，不能使用该装置来移动轿厢；如果检修门（窗）的尺寸中较小的一个尺寸超过0.20m，则井道内安装的设备与该检修门（窗）外边缘之间的距离应不小于0.30m	（1）目测机械锁定装置、检修门（窗）、轿内检修控制装置的设置； （2）通过模拟操作以及使电气安全装置动作，检查机械锁定装置、轿内检修控制装置、电气安全装置的功能
	7.3 设在底坑内的作业场地 C	检查、维修驱动主机、控制柜的作业场地设在底坑时，如果检查、维修工作需要移动轿厢或可能导致轿厢的失控和意外移动，应当具有以下安全措施： （1）设置停止轿厢运动的机械制停装置，使工作场地内的地面与轿厢最低部件之间的距离不小于2m； （2）设置检查机械制停装置工作位置的电气安全装置，当机械制停装置处于非停放位置且未进入工作位置时，能防止轿厢的所有运行，当机械制停装置进入工作位置后，仅能通过检修装置来控制轿厢的电动移动； （3）在井道外设置电气复位装置，只有通过操纵该装置才能使电梯恢复到正常工作状态，该装置只能由工作人员操作	（1）对于不具备相应安全措施的，核查电梯整机形式试验合格证书或者报告书，确认其上有无检查、维修工作无需移动轿厢且不可能导致轿厢失控和意外移动的说明； （2）目测机械制停装置、井道外电气复位装置的设置； （3）通过模拟操作以及使电气安全装置动作，检查机械制停装置、井道外电气复位装置、电气安全装置的功能

续表

项目及类别		检验内容与要求	检验方法
7 无机房电梯附加检验项目	7.4 设在平台上的作业场地 C	检查、维修机器设备的作业场地设在平台上时，如果该平台位于轿厢或者对重（平衡重）的运行通道中，则应当具有以下安全措施： （1）平台是永久性装置，有足够的机械强度，并且设置护栏； （2）设有可以使平台进入（退出）工作位置的装置，该装置只能由工作人员在底坑或者在井道外操作，由一个电气安全装置确认平台完全缩回后电梯才能运行； （3）如果检查、维修作业不需要移动轿厢，则设置防止轿厢移动的机械锁定装置和检查机械锁定装置工作位置的电气安全装置，当机械锁定装置处于非停放位置时，能防止轿厢的所有运行； （4）如果检查（维修）作业需要移动轿厢，则设置活动式机械止挡装置来限制轿厢的运行区间，当轿厢位于平台上方时，该装置能够使轿厢停在上方距平台至少2m处，当轿厢位于平台下方时，该装置能够使轿厢停在平台下方符合3.2井道顶部空间要求的位置； （5）设置检查机械止挡装置工作位置的电气安全装置，只有机械止挡装置处于完全缩回位置时才允许轿厢移动，只有机械止挡装置处于完全伸出位置时才允许轿厢在前条所限定的区域内移动。 如果该平台不位于轿厢或者对重（平衡重）的运行通道中，则应当满足上述（1）的要求	（1）目测平台、平台护栏、机械锁定装置、活动式机械止挡装置的设置； （2）通过模拟操作以及使电气安全装置动作，检查机械锁定装置、活动式机械止挡装置、电气安全装置的功能
	7.5 紧急操作与动态试验装置 B	（1）用于紧急操作和动态试验（如制动试验、曳引力试验、限速器-安全钳动作试验、缓冲器试验及轿厢上行超速保护试验等）的装置应当能在井道外操作；在停电或停梯故障造成人员被困时，相关人员能够按照操作屏上的应急救援程序及时解救被困人员； （2）应当能够直接或者通过显示装置观察到轿厢的运动方向、速度以及是否位于开锁区； （3）装置上应当设置永久性照明和照明开关； （4）装置上应当设置停止装置	（1）目测或者结合相关试验，验证动态试验装置的功能； （2）在空载、半载、满载等工况（含轿厢与对重平衡的工况），模拟停电或停梯故障，按照相应的应急救援程序进行操作。定期检验时在空载工况下进行。由施工或者维护保养单位进行操作，检验人员现场观察、确认； （3）操作停止装置，验证其功能
	7.6 附加检修控制装置 C	如果需要在轿厢内、底坑或者平台上移动轿厢，则应当在相应位置上设置附加检修控制装置，并且符合以下要求： （1）每台电梯只能设置1个附加检修装置；附加检修控制装置的型式要求与轿顶检修控制装置相同； （2）如果一个检修控制装置被转换到"检修"，则通过持续按压该控制装置上的按钮能够移动轿厢；如果两个检修控制装置均被转换到"检修"位置，则从任何一个检修控制装置都不可能移动轿厢，或者当同时按压两个检修控制装置上相同方向的按钮时，才能够移动轿厢	（1）目测附加检修装置的设置； （2）进行检修操作，检查检修控制装置的功能

续表

项目及类别		检验内容与要求	检验方法
8 试验	8.1 轿厢上行超速保护装置试验 C	当轿厢上行速度失控时,轿厢上行超速保护装置应当动作,使轿厢制停或者至少使其速度降低至对重缓冲器的设计范围;该装置动作时,应当使一个电气安全装置动作	由施工或者维护保养单位按照制造单位规定的方法进行试验,检验人员现场观察、确认
	8.2 耗能缓冲器试验 C	缓冲器动作后,回复至其正常伸长位置电梯才能正常运行;缓冲器完全复位的最大时间限度为120s	(1) 将限位开关(如果有)、极限开关短接,以检修速度下降空载轿厢,将缓冲器压缩,观察电气安全装置动作情况; (2) 将限位开关(如果有)、极限开关和相关的电气安全装置短接,以检修速度下降空载轿厢,将缓冲器完全压缩,测量从轿厢开始提起到缓冲器回复原状的时间
	8.3 轿厢限速器-安全钳动作试验 B	(1) 施工监督检验:轿厢装有下述载荷,以检修速度下行,进行限速器-安全钳联动试验,限速器-安全钳动作应当可靠: 1) 瞬时式安全钳,轿厢装载额定载重量,对于轿厢面积超出规定的载货电梯,以轿厢实际面积按规定所对应的额定载重量作为试验载荷; 2) 渐进式安全钳,轿厢装载1.25倍额定载荷,对于轿厢面积超出规定的载货电梯,取1.25倍额定载重量与轿厢实际面积按规定所对应的额定载重量两者中的较大值作为试验载荷; 3) 对于轿厢面积超过相应规定的非商用汽车电梯,轿厢装载150%额定载重量。 (2) 定期检验:轿厢空载,以检修速度下行,进行限速器-安全钳联动试验,限速器-安全钳动作应当可靠	(1) 施工监督检验:由施工单位进行试验,检验人员现场观察、确认; (2) 定期检验:短接限速器和安全钳的电气安全装置,轿厢空载,以检修速度向下运行,人为动作限速器,观察轿厢制停情况
	8.4 对重(平衡重)限速器-安全钳动作试验 B	轿厢空载,以检修速度上行,进行限速器-安全钳联动试验,限速器-安全钳动作应当可靠	短接限速器和安全钳的电气安全装置(如果有),轿厢空载以检修速度向上运行,人为动作限速器,观察对重(平衡重)制停情况

续表

项目及类别		检验内容与要求	检验方法
8 试验	8.5 平衡系数试验 C	曳引电梯的平衡系数应当在 0.40~0.50 之间，或者符合制造（改造）单位的设计值	轿厢分别空载、装载额定载重量的 25%、40%、50%、75%、100%、110%作上下全程运行，当轿厢和对重运行到同一水平位置时，记录电动机的电流值，绘制电流-负荷曲线，以上、下行运行曲线的交点确定平衡系数。以电动机电源输入端为电流检测点
	8.6 空载曳引力试验 B	当对重压在缓冲器上而曳引机按电梯上行方向旋转时，应当不能提升空载轿厢	将上限位开关（如果有）、极限开关和缓冲器柱塞复位开关（如果有）短接，以检修速度将空载轿厢提升，当对重压在缓冲器上后，继续使曳引机按上行方向旋转，观察是否出现曳引轮与曳引绳产生相对滑动现象，或者曳引机停止旋转
	8.7 运行试验 C	轿厢分别空载、满载，以正常运行速度上、下运行，呼梯、楼层显示等信号系统功能有效、指示正确、动作无误，轿厢平层良好，无异常现象发生	轿厢分别空载、满载，以正常运行速度上、下运行，观察运行情况
	8.8 消防返回功能试验 B	如果电梯设有消防返回功能，应当符合以下要求： （1）消防开关应当设在基站或者撤离层，防护玻璃应当完好，并且标有"消防"字样； （2）消防功能启动后，电梯不响应外呼和内选信号，轿厢直接返回指定撤离层，开门待命	电梯在停止或者运行过程中，选择一些楼层呼梯，动作消防开关，检查电梯运行和开门状况
	8.9 电梯速度 C	当电源为额定频率，电动机施以额定电压时，轿厢承载 0.5 倍额定载重量，向下运行至行程中段（除去加速和减速段）时的速度，不得大于额定速度105%，不宜小于额定速度的92%	用速度检测仪器进行检测
	8.10 上行制动试验 B	轿厢空载以正常运行速度上行时，切断电动机与制动器供电，轿厢应当被可靠制停，并且无明显变形和损坏	轿厢空载以正常运行速度上行至行程上部时，断开主开关，检查轿厢制停情况

续表

项目及类别		检验内容与要求	检验方法
8 试验	8.11 下行制动试验 A（B）	轿厢装载 1.25 倍额定载重量，以正常运行速度下行至行程下部，切断电动机与制动器供电，曳引机应当停止运转，轿厢应当完全停止	由施工单位（定期检验时由维护保养单位）进行试验，检验人员现场观察、确认 注 A-6：定期检验如需进行此项目，按 B 类项目进行
	8.12 静态曳引试验 A（B）	对于轿厢面积超过相应规定的载货电梯，以轿厢实际面积所对应的 1.25 倍额定载重量进行静态曳引试验，对于轿厢面积超过相应规定的非商用汽车电梯，以 1.5 倍额定载重量做静态曳引试验，历时 10min，曳引绳应当没有打滑现象	由施工单位（定期检验时由维护保养单位）进行试验，检验人员现场观察、确认 注 A-7：定期检验如需进行此项目，按 B 类项目进行

第 13 章 液压电梯介绍

液压电梯是通过液压动力源，把油压入油缸使柱塞作直线运动，直接或通过钢丝绳间接地使轿厢运动的电梯。它与曳引驱动电梯的最大区别在于动力的产生方面靠油泵，动力的传递依靠油缸柱塞，由于油缸柱塞行程有限制，液压电梯特别适合在低层建筑、上部不能设机房的场合和大载重量的场合使用。

13.1 液压电梯部分名词术语

1. 速度控制（speed control）

通过控制进出液压缸的液体流量，实现轿厢运行过程的速度调节。

2. 多极开关控制阀调速系统（speed control system with multiple on-off valve）

利用常规的开关阀使多台并联的节流阀油路通断而组成对电梯运行速度进行有级调节的固定节流调速系统。

3. 电液比例调速系统（speed control system with electro-hydraulic proportional flow control valve）

利用电液比例流量控制阀对电梯运行速度进行无级调节的节流调速系统。

4. 容积调速系统（speed control system with adjustable displacement pump）

利用变量泵对进入液压缸的流量进行控制，从而达到对电梯运行速度进行无级调速的系统。

5. 变频调速系统（variable frequency speed control system）

利用改变电动机的供电频率从而改变进入液压缸流量，即对电梯运行速度进行无级调速的系统。

6. 上行额定速度（nominal speed of up motion）

轿厢空载上行时的设计速度。

7. 下行额定速度（nominal speed of down motion）

轿厢载以额定载重量下行时的设计速度。

8. 运行速度（motion speed）

轿厢上行额定速度与下行额定速度两者中的较高值。

9. 液压电梯机房（machine room of hydraulic lift）

安装液压泵站和电控柜（屏）等有关电梯设备的房间。

10. 绕绳比（Rope Ratio）

间接驱动的液压电梯，两端均具有独立的端接装置的一根钢丝绳或链条，在液压电梯的一个液压油缸驱动装置上缠绕的次数，与它在轿厢上缠绕的次数之比。此比值不能约分。

11. 间接驱动；非直顶式驱动（Indirect Acting）

液压油缸通过钢丝绳或链条，间接地与轿厢架连接，驱动轿厢运行的方式。

12. 直接驱动；直顶式驱动（Direct Acting）

液压油缸直接与轿厢架连接，同步驱动轿厢运行的方式。

13.2　液压电梯应用

液压电梯与曳引驱动电梯相比有以下的应用优势：

1. 土建优势

（1）井道上方无需机房，顶层高度 3.5m 以上即可安装；

（2）机房可设在井道半径 20m 的范围内，占有面积仅 3～4m^2；

（3）液压电梯一般不设置对重装置，提高井道面积利用率；

（4）液压电梯负荷、载重通过油缸直接作用于基坑，井道强度要求低，砖结构或砖混结构井道即可。现在大量的别墅电梯采用了型材骨架和夹层玻璃做井道。

2. 安全稳定性优势

液压电梯在具备传统曳引式电梯的安全装置的同时，还设有：

（1）溢流阀

可防止上行运动时系统压力过高；

（2）应急手动阀

电源发生故障时，可使轿厢应急下降到最近的层楼位置开启厅、轿门，使乘客安全走出轿厢。

（3）手动泵

当系统发生故障时，可操纵手动泵打出高压油使轿厢上升到最近的层楼位置。

（4）管路破裂阀

当液压系统管路破裂轿厢失速下降时，可自动切断油路停止下降。

（5）油箱油温保护

当油箱中油温超过标准设定值时，油温保护装置发生信号，暂停电梯使用，当油温下降后方可启动电梯。

3. 运行成本优势

（1）故障率低

由于采用了先进的液压系统，且有良好的控制方式，电梯运行故障率可降至最低。

（2）耗电量少

液压电梯下行时，靠自重产生的压力驱动，大幅度节能。

13.3　液压电梯分类

1. 按顶升方式分

按顶升方式分为直接顶式和间接顶升式两种。

（1）直接顶式

直接顶式就是柱塞直接与轿厢结构相连，柱塞的运动速度与轿厢运行速度相同。而柱塞与轿厢的连接可以在轿厢底部中间，也可以在侧面。

（2）间接顶升式

间接顶升式柱塞通过滑轮和钢丝绳拖动轿厢，这样可以利用液压顶升力大的优势，使其传动速比为 1∶2，即柱塞上升 1m，轿厢将上升 2m。提高了电梯运行速度，也减小了油缸的长度。提升钢丝绳应不少于两根，一端固定在油缸或其他固定结构上，一端绕过柱塞顶部的滑轮，固定在轿架底部。柱塞顶部的滑轮由导轨导向，也可利用轿厢导轨进行导向。

2. 按液压液体的种类分

按液压液体的种类分为：油压、水压等；

3. 按液压系统的流量的控制分

按液压系统的流量的控制分为：容积调速控制式、节流调速控制、复合控制。

(1) 容积调速

使用变量泵或改变电动机的转速，以达到改变泵的输出流量来控制电梯速度，称为容积调速。

(2) 变量调速

通过改变阀组中阀门开启的大小，来改变输出流量来控制电梯速度，称为变量调速。

(3) 复合调速

既改变泵的输出流量又改变阀组中阀门开启的大小来控制电梯速度，称为复合调速。目前，使用复合调速方式来调速的液压电梯较多。

13.4 液压电梯基本构成

液压电梯是一种高科技的机、电、液一体化系统。它可以分为多个相对独立，但又相互协调配合的子系统。不同形式的液压电梯在建筑物中可以有广泛的应用，其系统组成大致分为油泵系统、液压系统、液压缸及支承系统、轿厢、电气控制系统、门系统、导向系统、安全保护系统，非直接驱动的还有对重系统，如图13.4-1所示。

1. 油泵系统

主要由油箱、电动机、油泵以及附属设备等组成，主要作用是把电机的电能，转化为液体的压力。

(1) 电动机

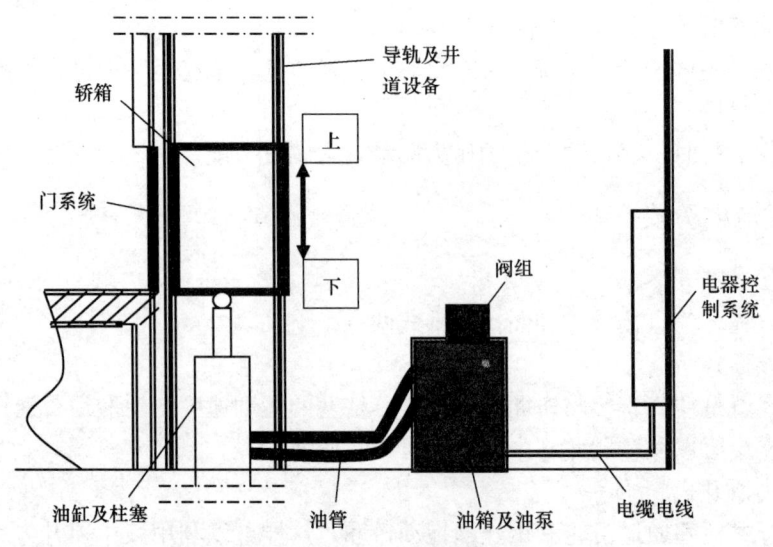

图 13.4-1 液压电梯基本组成

为液压泵提供稳定的输入动力。

(2) 液压泵

将电动机输入的机械动力转化为压力能，为液压系统提供在一定压力下的流量，输出压力一般为 0~10MPa 之间。

(3) 油箱

主要功能有储油、散热、分离混入油中的空气、沉淀油液中的污染物等。

2. 液压系统

液压控制系统由集成阀块、止回阀、液压系统控制电路等组成；其功能是控制电梯的运行速度，接收输入信号并操纵电梯的启动、运行、停止。

(1) 集成阀块

对于阀控系统，在泵站输入恒定流量的情况下，控制输出流量的变化，并具有超压保护、锁定、压力显示等功能。

(2) 止回阀

用于停机后锁定系统。

(3) 液压系统控制电路

有开环系统和闭环比例系统之分。闭环比例系统，电路一般比较复杂，具有自动生成理想速度变化曲线，并有利用 PID、模糊控制等技术来控制系统流量变化的功能；开环控制系统，电路比较简单，只能利用多个输入信号来控制液压系统电磁阀的启闭。

3. 液压缸及支承系统

液压缸及支承系统功能是直接带动轿厢的运动。

(1) 液压缸

将液压系统输出的压力能转化为机械能，利用柱塞的机械运动来带动轿厢的运动。

(2) 支承系统

随支承方式的不同，支承机械部件有很大差别，如图 13.4-2 所示。

4. 轿厢

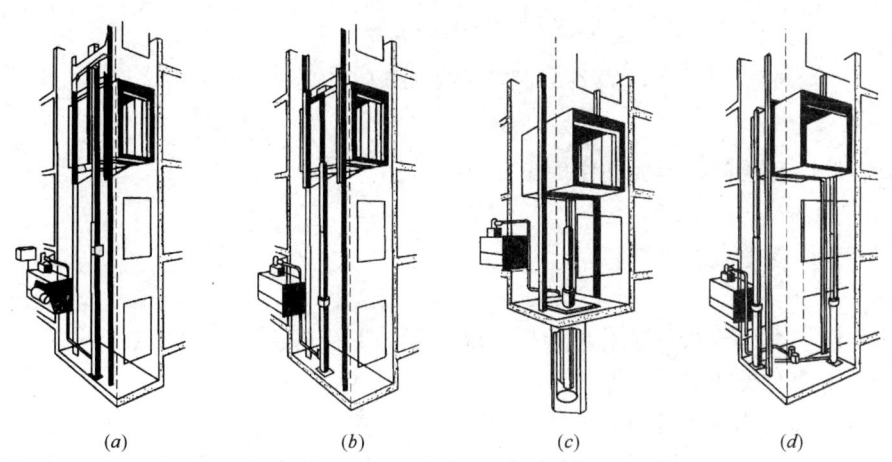

图 13.4-2 不同支承方式的液压电梯剖面图
(a) 侧置 2∶1；(b) 侧置直顶；(c) 中心直顶；(d) 双缸直顶

承载物体的设备，组成和作用参考曳引电梯。

5. 电气控制系统

液压电梯的控制可看成为两部分：一部分为电气控制；另一部分为电气控制下的液压部分。

（1）电气控制部分：由控制柜、外呼、显示、操纵盘、内显示以及各种电气功能，主要作用是各种功能的控制与实现。整体系统的构成如图 13.4-3 所示。主要接受和发出各种指令，使电梯在各种正常指令下运行，并在接收到不正常指令时中断电梯运行，所有的逻辑运算、判断的均由它处理。

（2）电气控制下的液压部分，主要包括执行电器控制部分的指令、反馈各液压元件的执行情况、各个电磁阀所控制的液压元件中的液体的流量等，是整个电梯的驱动、调速部分。油缸的伸缩速度与电梯的运行速度成正比，所以，控制电梯的速度就是控制油缸的伸缩速度，而油缸的伸缩速度与油箱向油缸的油量直接有关，所以只要控制油箱向油缸的输出油量，即可改变电梯的速度。

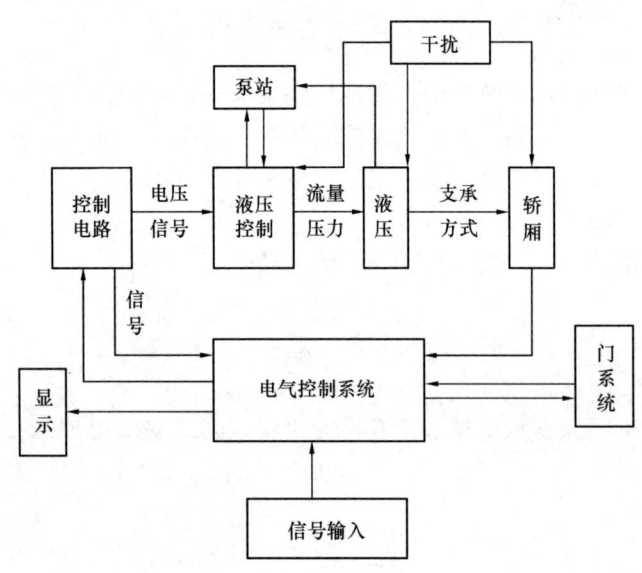

图 13.4-3　控制系统的构成

6. 门系统

包括轿厢门和层门，组成和作用参考曳引电梯。

7. 导向系统

组成和作用参考曳引电梯。

8. 安全保护系统

与曳引电梯类似，同时还增加了防沉降功能、下行超速（油管破裂防止）、液压阀中的溢流阀、平衡阀等特有的功能。

9. 对重系统（或平衡系统）

为了节约功率，部分（相当少）的液压电梯还加有平衡配重系统，使其运行的电能更为节约，主要应用在大吨位电梯上。

13.5 各种液压元件结构与原理、符号介绍

在液压系统中用液压控制阀（简称液压阀）对液流的方向、压力的高低以及流量的大小进行控制，是直接控制工作过程和工作特性的重要器件。控制阀是靠改变阀内通道的关系或改变阀口过流面积来实现控制的。常见的液压元件的结构与原理及符号见表13.5-1所示。

常见液压元件的结构与原理及符号　　　　表 13.5-1

序号	结构原理简图	符号	名称	备注
1	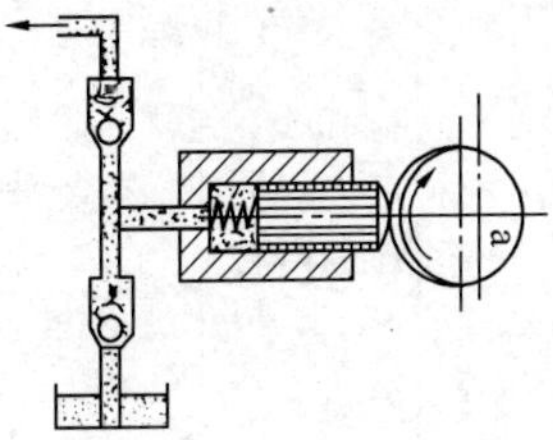	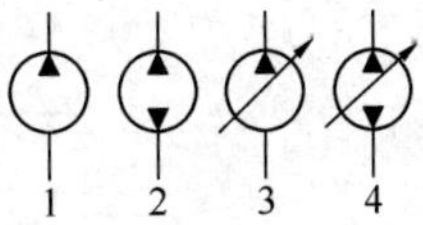	液压泵	1为单向定量泵；2为双向定量泵；3为单向变量泵；4为双向变量泵
2	无	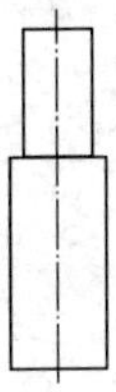	液压缸（油缸）	
3	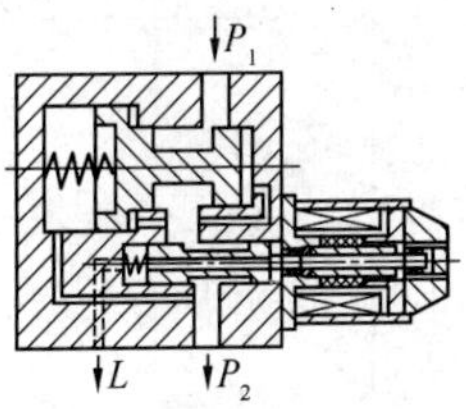	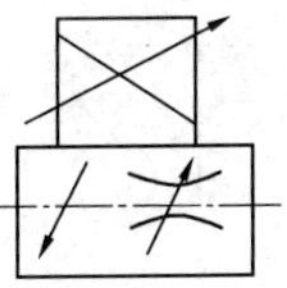	电液调速阀	液压阀
4	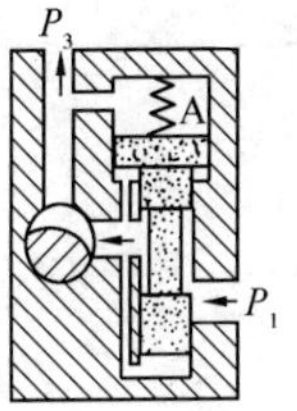	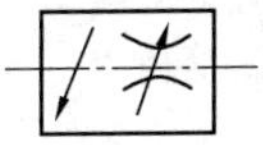	调速阀	液压阀
5	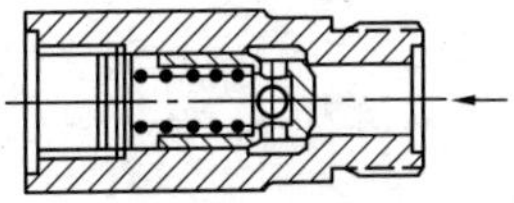	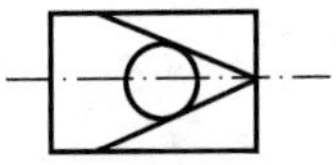	单向阀	液压阀
6	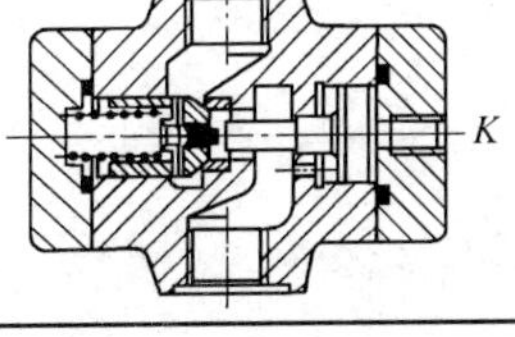	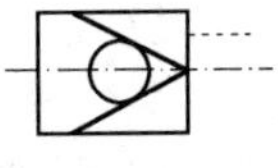	液控单向阀	液压阀

序号	结构原理简图	符号	名称	备注
7	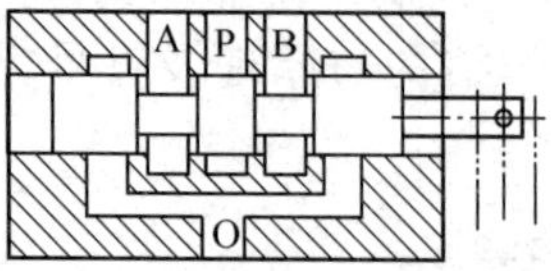	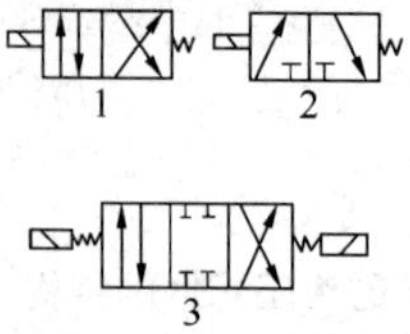 1, 2, 3	换向阀	1 为二位四通电磁换向阀；2 为二位二通电磁换向阀；3 为三位四通电磁换向阀
8	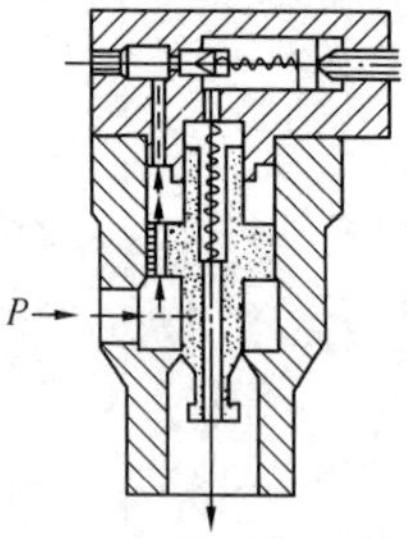	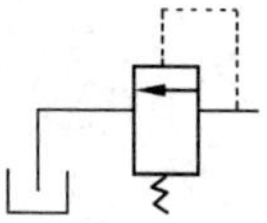	溢流阀（安全阀）	液压阀
9	无	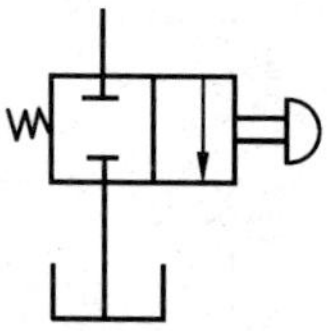	手动下降阀	
10	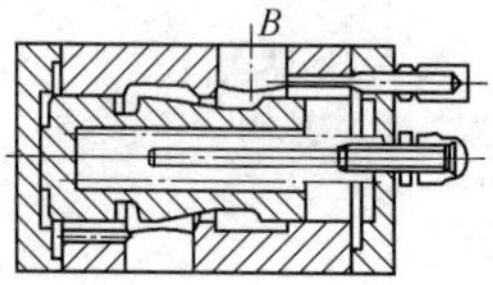	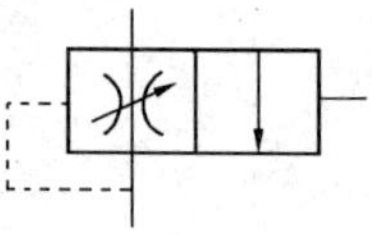	限速切断阀	

第14章　液压电梯安装

液压电梯除了动力驱动和传递部分与曳引电梯不同外，其余部分均可参考前面章节的内容。

14.1　安装前准备工作

14.1.1　编写施工方案

在安装开始前，由于液压电梯与曳引电梯安装方面有差异，熟悉安装基本顺序图（如图14.1-1所示），有利于识别液压电梯的安装难点，并合理使用曳引电梯的安装工艺。按照顺序图，按照第3章的施工方案编制原则，编写具体的安装施工方案。

14.1.2　土建勘查与交接验收

工地勘查的内容跟曳引电梯大致相同，关键点要看液压油缸的进出口是否存在（根据土建图）。

依据液压电梯相关规定，在进行土建勘查时除遵守制造工厂的土建图外，还应遵守以下一般要求：

1. 液压电梯机房一般要求

（1）电梯的动力液压油缸应与所驱动的轿厢处于同一个井道，动力液压油缸可以伸到地下或其他空间。

（2）井道的结构应该能承受以下载荷：

1）来自主机、滑轮悬挂装置（链轮悬挂装置）和导轨；

2）来自运行时的缓冲器，各种安全机构、夹紧装置或制动爪装置等；

3）由于轿厢负荷偏心而引起的附加力。

（3）井道墙、底面和顶板应使用非燃性、坚固、无粉尘的材料建造。

（4）不带轿门的电梯，其面朝电梯入口的井道壁必须具有足够的机械强度。当一个300N的力垂直作用于墙体任何部位的一个平面上，这个平面有$5cm^2$的面积，形状可为圆形或方形，此时不应产生永久变形或不产生10mm以上的弹性变形。

（5）设置于室外的钢结构架井道，除层门外，必须设密封式可拆卸式防护板。室外钢结构架井道应能防止雨水浸入，底坑应便于排水。

（6）采用中心提升式的液压电梯，在井道上方所设置的承重梁梁端应超过墙厚中心，梁下应垫以能承受其全部载荷的钢筋混凝土过梁或金属过梁。

（7）井道四周应有密封的防护墙壁或用网眼钢丝网进行防护。

（8）井道内应配有永久性的电气照明。

2. 液压电梯底坑一般要求

（1）电梯的井道下部的底坑，除了安装缓冲器、导轨底板以及液压悬挂装置支架和排水装置等各种基础外，应大体呈水平状，且作防潮处理，底坑深度应不小于1.2m。

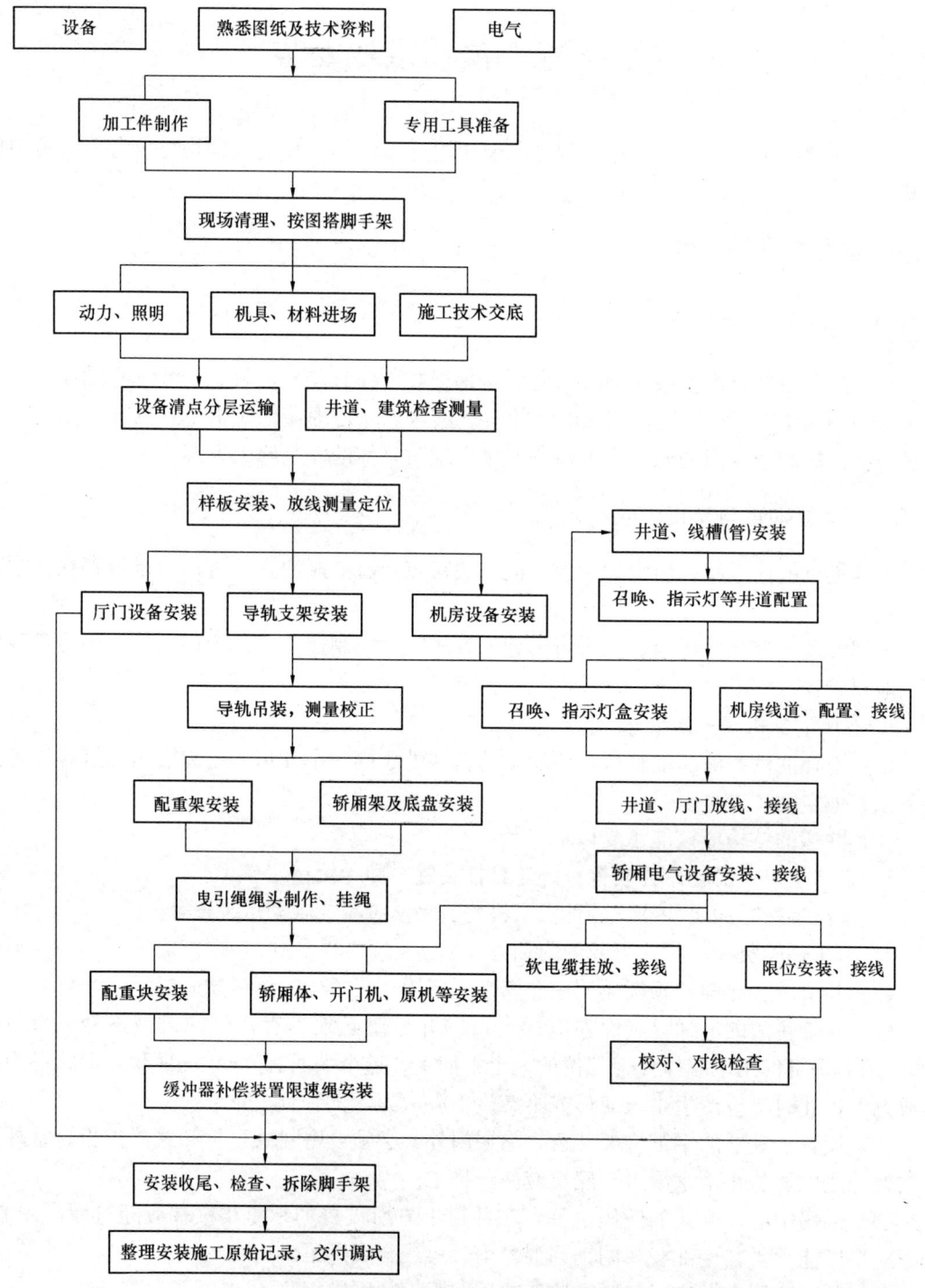

图 14.1-1 液压电梯安装工艺流程图

(2) 当轿厢压紧在缓冲器上时，底坑中应具有不小于 0.5m×0.6m×1.0m 的长方体空间。

(3) 当轿厢压紧在缓冲器上时，轿厢底最底部分与坑底底面之间的垂直方向净空距离不应小于 0.5m。

（4）当轿厢压紧在缓冲器上时，坑底与滚动导靴、滚轮、安全钳楔块或夹紧装置等部件，下端护板或垂直滑动门等的最低部分之间的距离不应小于 0.1mm。

（5）固定在底坑中的部件的最高点与厢底之间的距离不应小于 0.3mm。

（6）直顶式液压电梯轿厢以下多节活塞杆导向架最低点与底坑面之间的垂直方向活动距离不应小于 0.5m。

（7）底坑中应有一套使轿厢停止的装置，以免发生停止状态下的误动作。

（8）底坑中应设置一个电源插座。

（9）底坑中应具有集油装置，当液压系统一旦漏油时，必须把全部流出的油液收集起来。

对于提升高度较高的液压电梯，由于液压缸的长度较长，尤其是采用不可拆卸单节液压缸时，在井道的土建结构设计阶段，最迟在井道的土建施工阶段，应考虑液压缸进入井道的方法和时机，防止在土建主体结构完成后，液压缸无法运入井道，给电梯的安装工程带来困难和不必要的经济损失。液压缸进入井道的方法和要求，参见电梯生产厂的土建布置图。

土建查勘完成后，要有土建查勘记录，对于符合要求的，在安装队伍进场后就可以办理土建交接验收手续。

14.1.3　设备进场验收与开箱清点

液压电梯设备的进场验收与开箱清点和液压电梯内容基本相同，只是随机文件内容及验收时应体现液压电梯的特点。

1. 随机文件必须包括的资料

随机文件必须包括下述七部分资料：

（1）土建布置图；

（2）产品出厂合格证；

（3）门锁装置、限速器（如果有）、安全钳（如果有）及缓冲器（如果有）的型式试验合格证书复印件。

由于液压电梯防止轿厢自由坠落或超速下降的安全装置，有多种组合形式来实现，可根据具体的液压电梯产品设计。如果采用了限速器、安全钳及缓冲器，则应提供型式试验合格证书复印件。

另外，当采用管路破裂阀来防止液压电梯轿厢自由坠落或超速下降时，也应提供相应的型式试验合格证书复印件。

（4）装箱单；

（5）安装、使用维护说明书；

（6）动力电路和安全电路的电气原理图；

（7）液压系统原理图。

液压系统原理图是液压系统工作原理的示意图，图中各液压元件用符号表示。这些符号应符合《液压气动图形符号》GB/T 786.1—1993 相应规定，它们只能表示元件的职能，连接系统的通路，并不表示元件的具体结构和参数。当无法用职能符号表示，或者有必要特别说明系统中某一重要元件的结构及动作原理时，也可以采用结构简图表示。液压系统原理图是液压系统安装、调试、检修等工作中不可缺少的技术文件。

2. 设备零部件应与装箱单内容相符

设备的装箱单取出后，请依据装箱单核对零部件，零部件名称和数量应与装箱单相符。

3. 设备外观不应存在明显的损坏

对于液压电梯，所谓"明显损坏"除指因人为或意外而造成的明显的凹凸、断裂、永久变形、表面涂层脱落等缺陷外，还指液压泵站、蓄能器（如果有）、液压顶升机构、油管、管接头等液压系统所有接口的包装和防护（如油纸及塑料布等）必须保持完好，以防止异物及尘土进入到液压系统中，影响液压系统的工作性能。液压系统中一旦有异物或尘土进入，将带来大量的清洗工作，并且有时很难清洗干净。安装人员在施工时，应注意在没有连接某一接口前，不应拆掉其包装和防护。

检查轿厢及液压部件的主要尺寸，并与土建图上主导轨轨距，油缸导轨轨距及主导轨与油缸导轨中心距核对，是否有错误及矛盾之处。在点件检查中，如质量、数量有问题时，须及时提出，在错缺件记录中注明，经双方签字、盖章确认。

14.1.4 后续准备工作

1. 零部件的摆放

在完成设备的进场验收清点后，将控制柜及液压泵站等运至机房；轿厢各部件运至顶层（直顶式则运到底层）；油缸底座，缓冲器，油缸底导向轮，导轨运至底层；厅门运至各对应层，若有堆放条件，应放入库房；其他零部件均应妥善存入现场库房，特别应注意易变形的部件，如导轨、门扇等必须放平垫实。

2. 开工准备

后续的施工告知、人员配备、导轨的检查及修整、脚手架的搭设同第3章曳引电梯的相关内容。搭设脚手架时要依照随机的土建图纸。

14.2 液压电梯安装

由于液压电梯的安装与曳引式电梯的许多工序过程是一样的，本章就对液压电梯的特殊工艺作描述，未述及部分，请参阅曳引式电梯安装部分。

14.2.1 液压油缸安装

1. 液压系统油缸种类

液压系统的种类较多，分单缸直顶式、单缸侧置直顶式、单缸侧顶倍率式、双缸侧置直顶式、双缸侧置倍率式等，见图14.2-1所示。

2. 液压缸体安装

（1）缸体的搬运

1）液压缸支架按图纸固定好。

2）在轨道支架适当高度横放两根钢管，拴上吊索和吊链葫芦。

3）用手推车配合人力把缸体运到井道门口，注意缸体中心不能受力，搬运时应使用

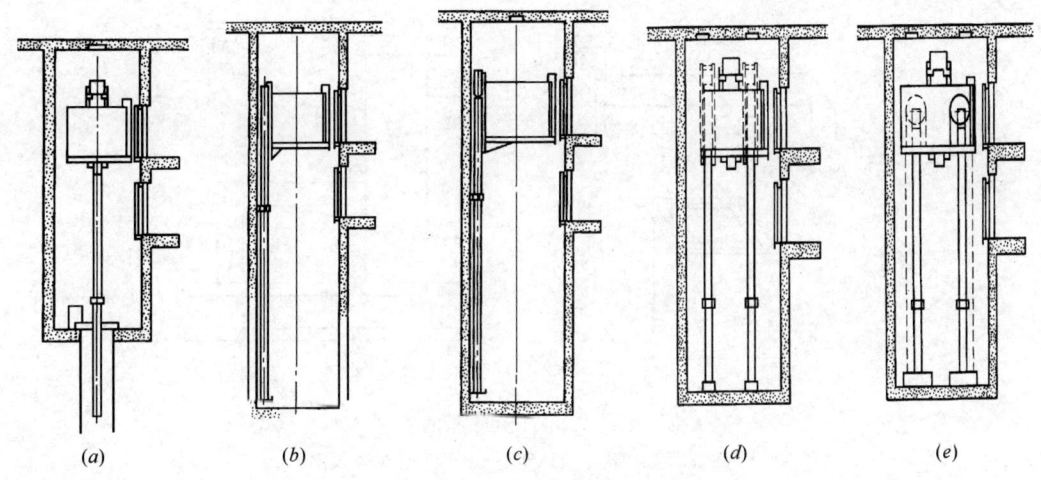

图 14.2-1 液压油缸的布置图
(a) 单缸直顶式；(b) 单缸侧置直顶式；(c) 单缸侧顶倍率式；
(d) 双缸倒置直顶式；(e) 双缸侧顶倍率式

搬运护具，以确保运输途中不磕碰、扭曲，如图 14.2-2 所示。

4）在层门口铺上木板或方木，拆除缸体上的护具，将液压缸体按吊装方向慢慢移入井道内，用吊链并配以吊索将液压缸慢慢放入地坑，放入两轨道之间并临时固定，注意吊点要使用液压缸的吊装环，如图 14.2-3 所示。

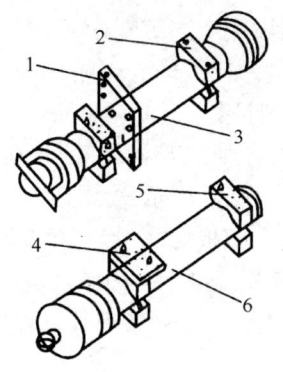

图 14.2-2 油缸搬运时的防护
1—中置底板；2—搬运护具；3—上段液压缸；
4—边置底板；5—搬运护具；6—下段液压缸

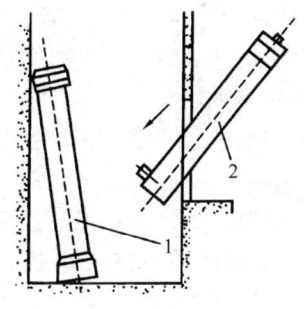

图 14.2-3 液压油缸缸吊装示意图
1—上段液压缸；2—下段液压缸

5）油管、液压缸、泵站在搬运安装过程中严禁划伤、碰撞。

(2) 底座安装

1）液压油缸底座用配套的膨胀螺栓固定在基础上，中心位置与图纸尺寸相符，液压油缸底座的中心与液压油缸中心线的偏差不大于 1mm，如图 14.2-4（a）所示。

2）液压油缸底座顶部的水平偏差不大于 6‰。液压油缸底座立柱的垂直偏差（正、侧面两个方向测量全高）不大于 0.5mm，如图 14.2-4（b）所示。

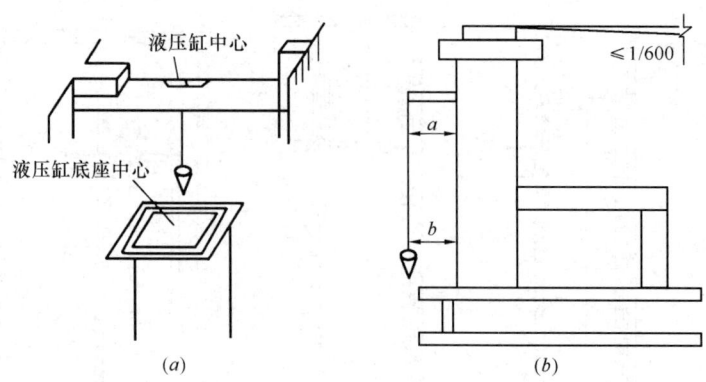

图 14.2-4　液压缸底座的安装
(a) 液压缸底座定位；(b) 液压缸底座偏差规定

3) 液压缸底座垂直度可用垫片配合调整。

4) 如果液压油缸和底座不用螺栓连接，可采用下述方法固定：液压油缸在底座平台上的固定在前后左右4个方向用四块挡铁三面焊接，挡住液压油缸以防其移动，如图14.2-5所示。

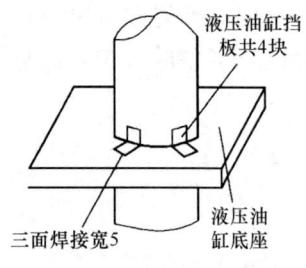

图 14.2-5　液压油缸挡板三面焊接

(3) 液压缸安装

1) 在对着将要安装的液压缸中心位置的顶部固定吊链。

2) 用吊链慢慢地将液压缸吊起，当液压缸底部超过液压缸底座200mm时停止起吊，使液压缸慢慢下落，并轻轻转动缸体，对准安装孔，然后穿上固定螺栓。

3) 用U形卡子把液压缸固定在相应的液压缸支架上，但不要把U形卡子螺栓拧紧（以便调整）。

4) 调整液压缸中心，使之与样板基准线前后、左右偏差小于2mm，如图14.2-6 (a) 所示。

(4) 用通长的线坠、钢板尺测量液压缸的垂直度

从正面、侧面进行测量，测量点在离液压缸端点或接口15~20mm处，全长偏差要在0.4‰以内。按上述所规定的要求找好液压缸安装固定后，上紧螺栓，然后再进行校验，直到合格为止，如图14.2-6 (b) 所示。

液压缸安装固定后，应把支架可调部分焊接以防移位。

(5) 上液压缸顶部安装有一块压板，下液压缸顶部装有一吊环，该板及吊环是液压缸搬运过程中的保护装置、吊装点，安装时应拆除。

(6) 两液压缸对接部位应连接平滑，丝扣旋转到位，无台阶，否则必须在厂方技术人员的指导下方可处理，不得擅自打磨。

(7) 液压缸抱箍与液压缸接合处，应使液压缸自由垂直，不得使缸体产生拉力变形。

(8) 液压缸安装完毕，柱塞与缸体结合处必须进行防护，严禁进入杂质。

3. 直顶式油缸安装

直顶式油缸安装，一般采用在地下埋设油缸保护管（由用户解决），将油缸直接吊放其中，保证其上下倾斜在2mm以内．对中心可通过水平移动油缸来完成，如图14.2-7、

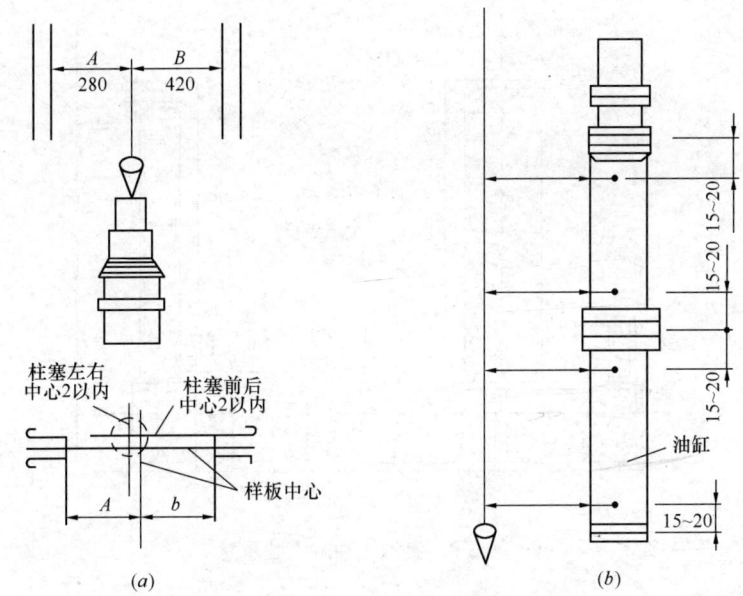

图 14.2-6 液压缸中心偏差调整
(a) 液压缸定位；(b) 液压缸偏差规定

图 14.2-8 及图 14.2-9 所示。

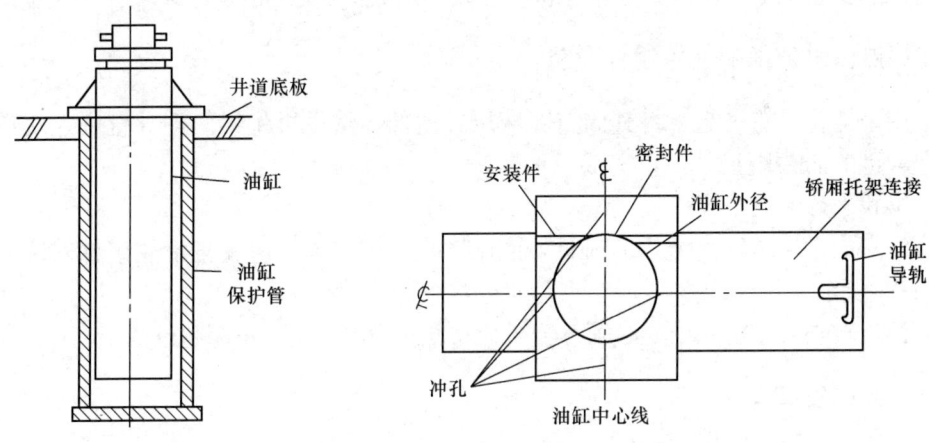

图 14.2-7 直顶式油缸安装示意　　图 14.2-8 直顶式油缸安装俯视图

当底坑深度超过 1500mm 时必须加高油缸台，施工方法根据工程负责人的指导。

4. 侧置式油缸安装

侧置式油缸一般放置在油缸台上，并用 U 形螺栓固定在井道壁上，每个侧置式油缸都有其安装图，按此安装图来决定其安装方式和固定方式，大致情况如图 14.2-10 所示，油缸台的安装（参见图 14.2-9）一般步骤：

(1) 进行定中心，使油缸台上部的冲孔位于平面图（参见图 14.2-8）所示的位置，油缸台的上、下倾斜应在 2mm 以内。

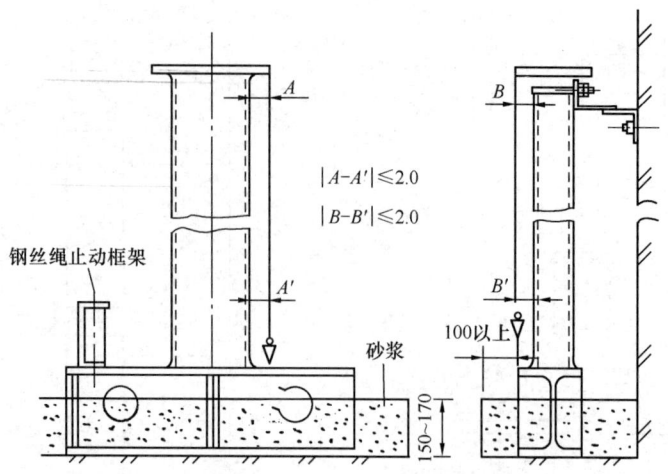

图 14.2-9 直顶式油缸安装示意

(2) 定中心后将其用托架固定在壁上。
(3) 把钢丝绳绳头框架安装在油缸台上，此时应注意框架的朝向。
(4) 用砂浆固定油缸台的下部。

当底坑深度超过 1500mm 时必须加高油缸台，施工方法根据工程负责人的指导。

完工后填写《液压电梯安装中间检查记录》中液压缸安装检查记录。

14.2.2 液压缸顶部的滑轮组件安装

1. 用吊链将滑轮吊起，将其固定在液压缸顶部，然后再将梁两侧导靴嵌入轨道，落到滑轮架上并安装螺栓。
2. 梁找平后紧固螺栓。
3. 注意如果液压缸离结构墙较近，液压缸找直固定前，应先把滑轮组件安装上。如图 14.2-11 所示。
4. 液压缸中心、滑轮中心必须符合图纸及设计要求，误差不应超过 0.5mm。

14.2.3 泵站安装

1. 泵站运输及吊装

(1) 液压电梯的电动机、油箱及相应的附属设备集中装在同一箱体内，称为泵站。泵站的运输、吊装、就位要由起重工配合操作。
(2) 泵站吊装时用吊索拴住相应的吊装环，在钢丝绳与箱体棱角接触处要垫上布垫、纸板等细软物，以防吊起后钢丝绳将箱体的棱角、漆面磨坏。
(3) 泵站运输要避免磕碰和剧烈的振动。

2. 泵站设备就位

(1) 机房的布置要按厂家的平面布置图且参照现场的具体情况统筹安排。一般泵站箱体距墙留出 500mm 以上的空间，以便维修，如图 14.2-12 所示。

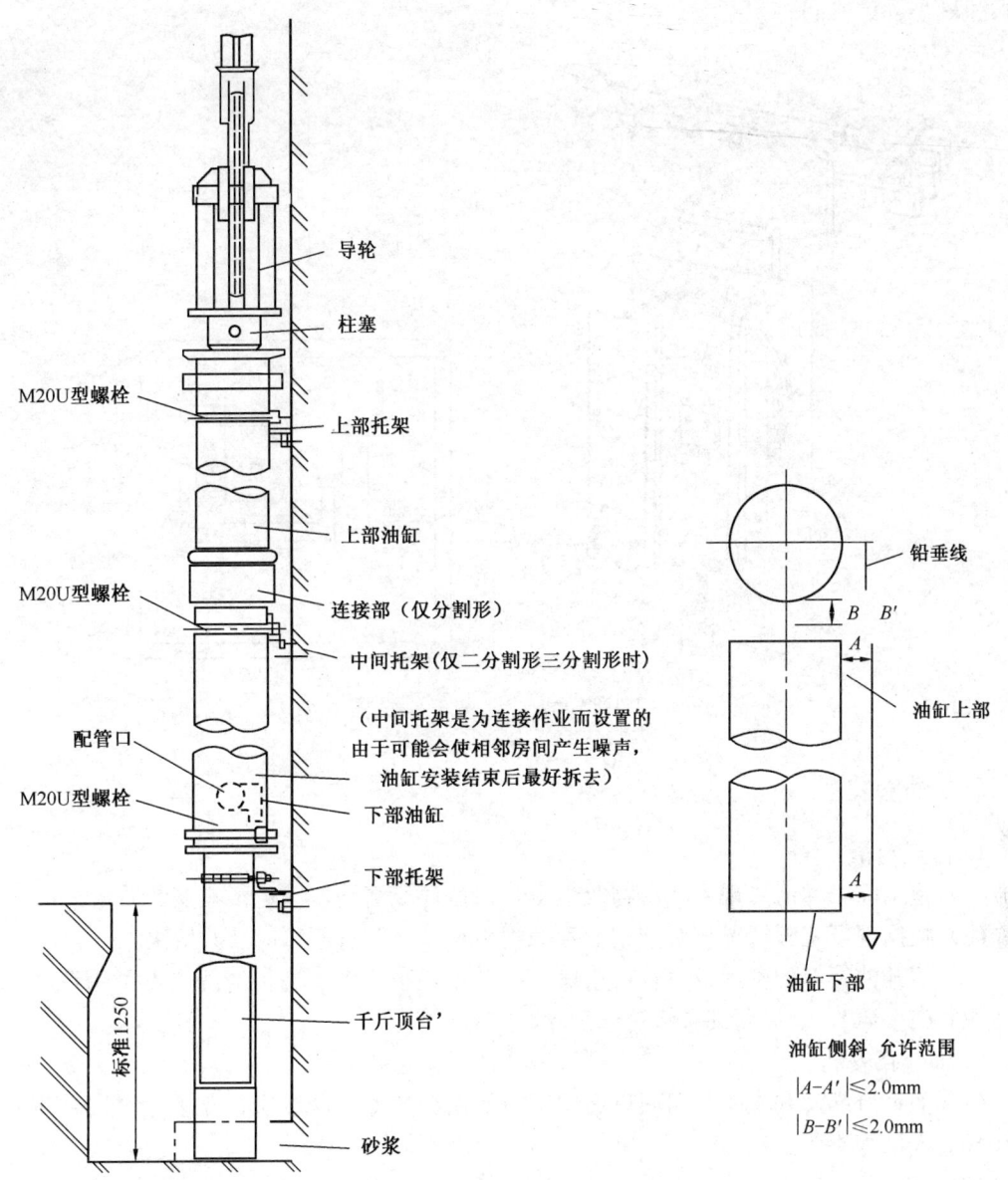

图 14.2-10 侧置式油缸安装示意

（2）无底座、无减振橡胶垫的泵站可按厂家规定直接安放在地面上，找平找正后用膨胀螺栓固定。

（3）泵站按图 14.2-12 所示的要求就位后，要注意防振胶皮要垂直压下，不可有搓、滚现象。

（4）液压泵站油位检查

泵站安装时应进行消洗，注油前注意放油螺母是否拧紧，注油时需 600 目铜膜过滤，以保证液压油的纯净。液压泵站的油量过少会破坏液压系统的热平衡，使液压油温升高，黏度降低，影响液压系统的正常工作，影响电梯的平层准确度；油量过多，液压电梯工作时，可能造成液压油外溢，环境污染。因此，应经常观察油箱的油位显示器，确保油量在最大和最小标记之间。

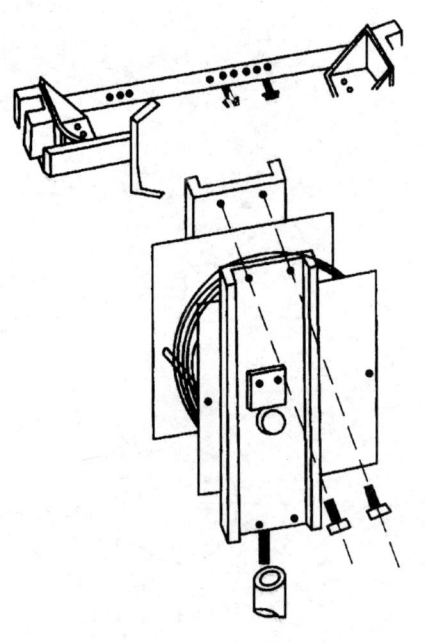

图 14.2-11　液压缸顶部的滑轮组件的安装　　　　图 14.2-12　泵站布置

14.2.4　油管安装

1. 清点与清理

（1）施工前必须清除现场的污物及尘土，保持环境清洁，以免影响安装质量。

（2）根据现场实际情况核对配用油管的规格尺寸，若有不符应及时解决。

（3）拆开油管口的密封带对管口用煤油或全损耗系统用油进行清洗（不可用汽油，以免使橡胶团变质），然后用细布将锈末清除。

2. 油管路安装

（1）油管口端部和橡胶封闭圈里面用干净的白绸布擦干净以后，涂上润滑油，将密封圈轻轻套入油管头。

（2）把密封圈套入出油管口后，把要组对的两管口对接严密。

（3）把密封圈轻轻地推向两管接口处，使密封圈封住的两管长度相等。

（4）用手在密封圈的顶部及两侧均匀地轻压，使密封圈和油管头接触严密。

（5）在橡胶密封圈外均匀地涂上润滑油，用两个管钳一边固定，一边用力紧固螺母。其要求应遵照厂家技术文件的规定，无规定的应以不漏油为原则。

（6）油管与油箱及液压缸的连接均采用此方法。

3. 柔性管接头安装

（1）事前准备及确认事项

1）确认在管子密封面无异物黏附及伤痕，如有异物及伤痕时使用砂纸（100目以上）打光修整．所谓异物是指锈、油漆片、焊接飞溅物、氧化膜以及其他残留片，所谓伤是指轴向连续伤痕，至于打痕等局部伤，只要无毛刺也无妨。

2）确认管子角部无毛刺等尖锐凸起部分，如有尖锐凸起部分，用砂纸等修正到 $R0.5$ 以下程度。

(2) 安装方法

1）在橡胶密封圈的凸缘部及管的密封面上薄薄地涂上润滑脂，参见图 14.2-13（a）。

2）将橡胶密封圈嵌入管并靠近管端，参见图 14.2-13（b）。

3）对接上管端，使橡胶密封圈处于中央，参见图 14.2-14。

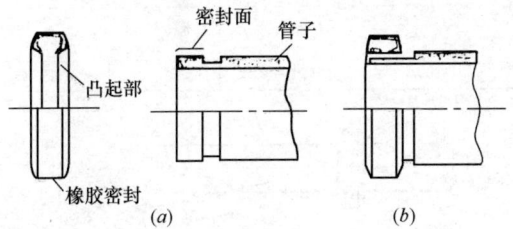
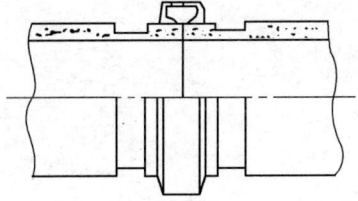

图 14.2-13　橡胶密封圈安装步骤一
(a) 橡胶密封圈涂脂；(b) 橡胶密封圈定位

图 14.2-14　橡胶密封圈的安装步骤二

4）用手敲击，使橡胶密封圈紧贴管外壁，参见图 14.2-15。

5）在橡胶密封圈外面及机壳内面涂上薄薄一层润滑脂，参见图 14.2-16。

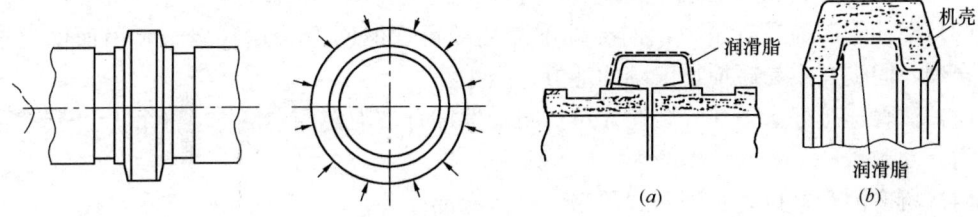

图 14.2-15　橡胶密封圈安装步骤三

图 14.2-16　橡胶密封圈安装步骤四
(a) 外侧润滑脂涂抹；(b) 内侧润滑脂涂抹

6）平行地盖上机壳，插入螺栓，使螺栓头的角根部与机壳的螺栓孔对准，然后交替拧紧左右螺母，使图 14.2-17 所示的 a、b 尺寸的间隙大致相同，并拧紧到表 14.2-1 指定力矩为止。

紧固力矩（参考）　　　　　　　　　　表 14.2-1

配管尺寸	型号（图号）	螺栓	紧固力矩
2″（外径 $\phi 60.5$）	G2—50（YA016D092G01）	W1/2	5 ± 1 kg·m
$2\frac{1}{2}$″（外径 $\phi 76.3$）	GH—$2\frac{1}{2}$″（YA036D150-01）	M14	7.5 ± 1 kg·m
3″（外径 $\phi 89.1$）	R—2　3″	1/2-13UNC	7.5 ± 1 kg·m

7）如果单侧紧固，就会产生橡胶被咬现象，会造成曳漏、橡胶断裂等。

8）如果使劲拧外壳也合不拢时，就是产生了橡胶被咬，应重新拧紧。

(3) 其他注意事项

1) 配管互成挠角时，配管相互的挠角允许在表 14.2-2 的范围内，但应尽量保持配管的直线连接（参见图 14.2-18）。

2) 有关管的相互偏心两根相互偏心的管是不能联接的，必须予以修正。

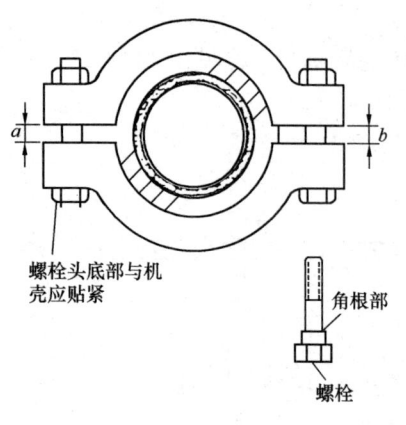

图 14.2-17　橡胶密封圈安装步骤五

配管挠角范围　　　　表 14.2-2

管尺寸	允许挠角	配管每米偏离量
2″	3°	52mm
2 $\frac{1}{2}$ ″	2°24″	42mm
3″	1°10′	20mm

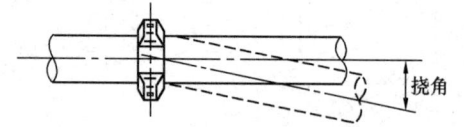

图 14.2-18　配管挠角示意图

4．回油管安装

(1) 在轿厢的连续运行中，由于柱塞的反复升降，会有部分液压油从液压缸顶部密封处压出。为了减少油的损失，在液压缸顶部都装有接油盘，接油盘里的油通过回油管送回到储油箱。回油管头和接油盘的连接应十分仔细。

(2) 回油管因为没有压力，连接处不漏油即可。但回油管途径较长，因而固定要美观、合理，固定在不易碰撞、践踏的地方。

(3) 油管连接处必须在安装时才可拆封，擦拭时必须使用白绸布，擦拭后严禁残留任何杂物。

(4) 所有油管接口处必须密封严密，严禁漏油。

14.2.5　油管紧固

在要固定的部位包上专用的齿形胶皮，使齿在外边，然后用卡子加以固定。也有沿地面固定的，其方法是直接用 O 形卡打膨胀螺栓固定，固定间距为 1000～1200mm 为宜，如图 14.2-19 所示。

1. 支撑间隔和支撑位置

(1) 柔性管接头连接的场合（见表 14.2-3）支撑部配置还需注意以下两点：

1) 直管长度 $500 < L \leqslant 3000$ 范围内，若配管支撑在地板下面或顶棚上，或配管竖直方向配置则允许用两个支撑。

2) 配管支撑处应尽量有较大的刚性，并且尽量避免在隔壁是居室或候梯厅的墙上配置，因为这样会引起噪声。

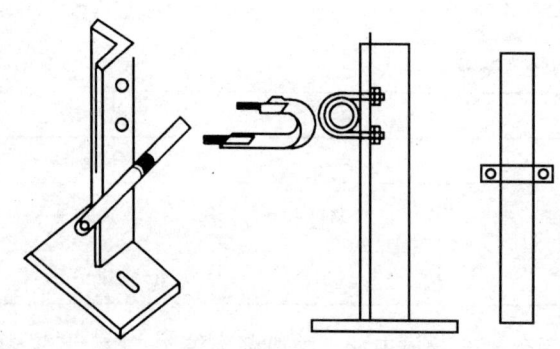

图 14.2-19　油管固定示意图

第14章 液压电梯安装

油管支撑点确定　　　　　　　　　　　表 14.2-3

直管长度 l（mm）	支撑数	支撑位置
l≤150	0	
150＜l≤500	1	管长方向中央部
500＜l≤1600	2	距接头 200mm 处，或 200mm 以内
1600＜l≤3000	3	距接头 200mm 处，或 200mm 以内各部置一个，中间一个

（2）其他管接头形式（见表 14.2-4）

油管的支撑间距确定　　　　　　　　　　表 14.2-4

配管规格		支撑间隔 (mm)	配管规格		支撑间隔 (mm)
公称直径（时）	管外径（mm）		公称直径（时）	管外径（mm）	
	22～25	760 以下	1 1/4，1 1/2	36～50	1200 以下
3/4～1	27～35	860 以下	2～3	50～90	1400 以下

当配管在直角弯曲处或直线部接头处，应按图 14.2-20 所示，在直角部或接头部起 200mm 以内的点上，从两侧进行支撑。

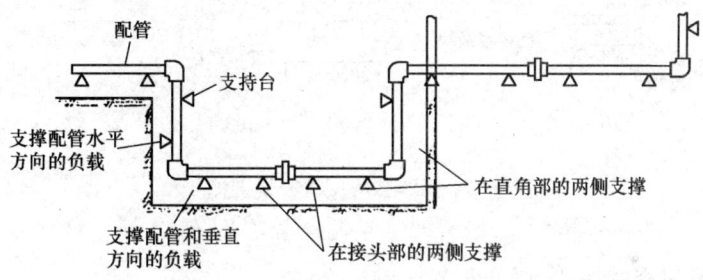

图 14.2-20　配管直角部及接头部支撑

2. 支撑方法

（1）配管在支撑台上的支撑方法

1）用防振橡胶块＋U 形螺栓

按图 14.2-21 所示在钢管上包上防振橡胶块，用 U 形钢带把配管固定在支撑台上，U 形钢带应紧固到防振橡胶的压缩余量达 1～2mm。

2）用防振橡胶衬套＋U 形螺栓

在安装到支撑台上时，应使防振橡胶衬套开口部的狭缝处于 U 形螺栓的紧固方向，及配管重量的作用方向以外的方向进行固定，如图 14.2-22 所示。

（2）配管在壁贯穿部的支撑方法

配管贯穿井道的壁或顶棚时的支撑方法，应按图 14.2-23 及图 14.2-24 所示施工。无论何时均应安装防振橡胶，并结实地堵上砂浆以防机房的噪声传递到

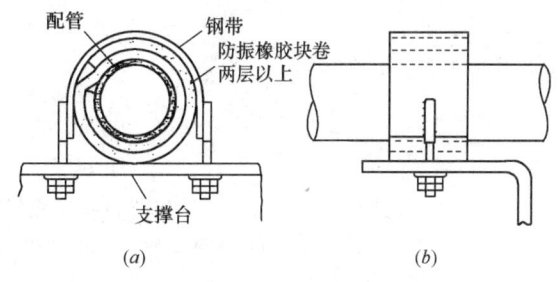

图 14.2-21　U 形螺栓＋防振橡胶块
(a) 防振橡胶块的卷入方法；(b) 卡箍的连接

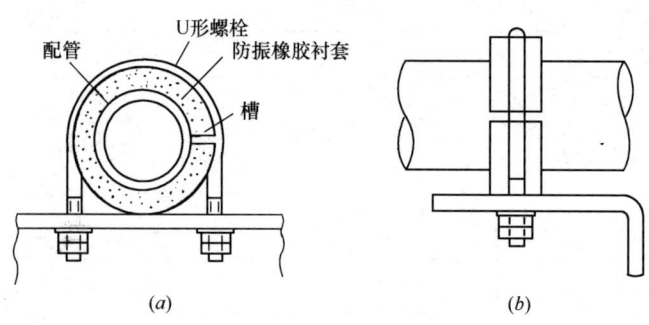

图 14.2-22　U 形螺栓＋防振橡胶衬套
(a) 防振橡胶衬套的卷入方法；(b) U 形螺栓的连接

井道。

1) 防振橡胶块减振法（如图 14.2-23）

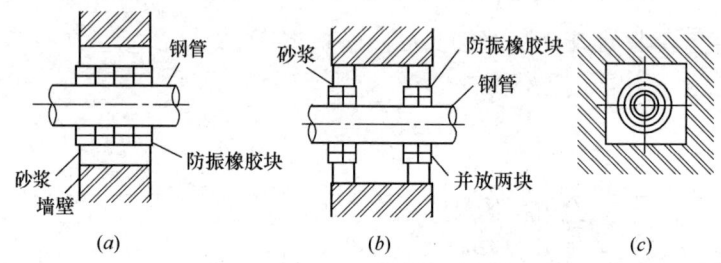

图 14.2-23　防振橡胶块支撑
(a) 薄墙的减振胶块安装；(b) 厚墙的减振胶块安装；(c) 断面视图

2) 防振橡胶衬套减振法（如图 14.2-24）

安装在墙壁或顶棚贯穿部时，应将防振橡胶衬套在轴向相互紧贴地包上两个以上，以求隔声，而且它们的狭缝的位置也应错开安装。

此外，壁较厚时，应将防振橡胶衬套每三个组合在一起，如图 14.2-24（c）所示安装在壁的上端附近。

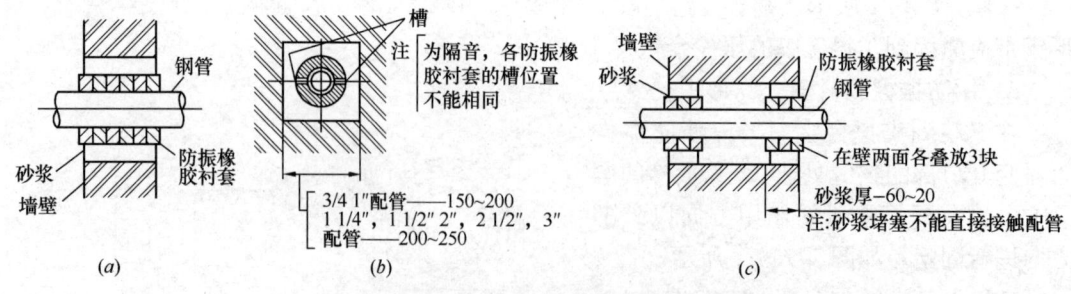

图 14.2-24　防振橡胶衬套支撑
(a) 薄墙的减振安装；(b) 断面视图；(c) 厚墙的减振安装

3. 支撑台形式

支撑台的基本形式原则上有以下 3 种，但如果没有合适的就使用相当于或高于本书介绍的支撑台强度的支撑台来代替，但不要用各支撑台右侧所标明的使用方法以外的支撑方法。

支撑台各部的焊接的腰高应在规定的板厚以上。

(1) 三角支架

三角架支撑的形式如图 14.2-25 所示，具体的尺寸见表 14.2-5。

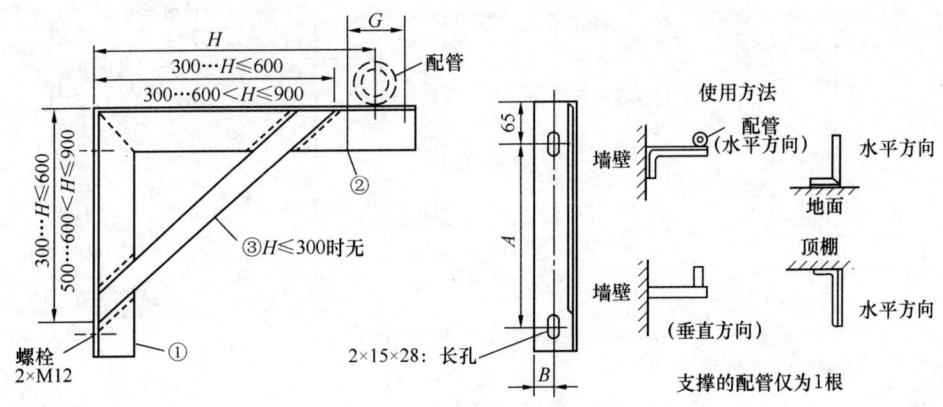

图 14.2-25 三角架支撑

三角架支撑件的尺寸　　　　　　表 14.2-5

H（mm）	件①	件②	件③	A	B
160≤H≤300	L65×65×6 长 250mm	L65×65×6（H+100mm）	无	150mm	30mm
300＜H≤600	L75×75×6 长 400mm	L75×75×6（H+100mm）	50×6 长 425mm	300mm	35mm
600＜H≤900	L75×75×6 长 600mm	L75×75×6（H+100mm）	50×6 长 780mm	500mm	35mm

(2) 丁字形支架

丁字形支撑的形式如图 14.2-26 所示，具体的尺寸见表 14.2-6。

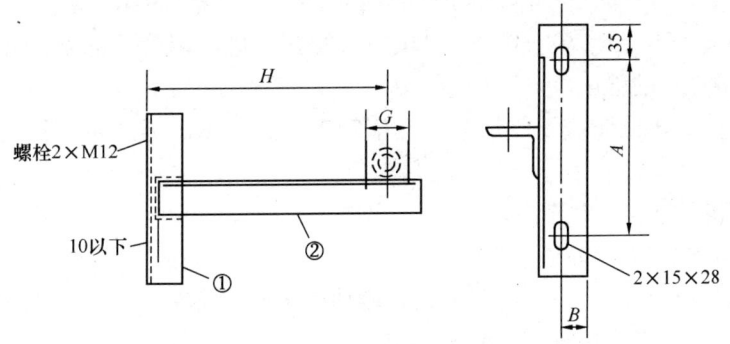

图 14.2-26 丁字形支撑

丁字形支撑件的尺寸　　　　　　表 14.2-6

H（mm）	件①	件②	A	B
160≤H≤300	L65×65×6 长 220mm	L65×65×6（H+90mm）	150mm	30mm

(3) 角钢支架

角钢支撑的形式如图 14.2-27 所示，具体的尺寸见表 14.2-7。

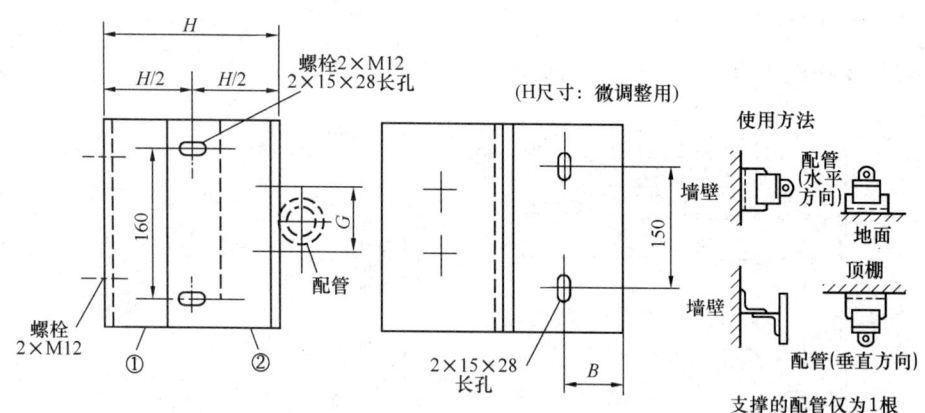

图 14.2-27 角钢支撑

角钢支撑件的尺寸　　　　　表 14.2-7

H (mm)	件①	件②	B
85≤H≤100	L65×65×6 长 200mm	L65×65×6 长 200mm	30mm
100≤H≤120	L75×75×6 长 200mm	L75×75×6 长 200mm	35mm
120≤H≤150	L90×90×7 长 200mm	L90×90×7 长 200mm	40mm
150≤H≤220	L125×75×10 长 200mm	L127×75×75×10 长 200mm	35mm

(4) 配管支撑台安装方面的注意事项

1) 支撑台的 H 尺寸，标准应按 H≤300mm 来决定配管通路。

2) 将支撑台安装在地基上时，可以用地脚螺栓，也可用砂浆固定，此时，砂浆应浇到有相当于地脚螺栓的强度。

3) 卷绕在配管下的防振橡胶块包卷在配管下以后应用乙烯胶带，钢丝等固定，勿使之脱落。

4. 配管安装到支撑台顺序

(1) 从液压油缸向动力装置部件

边设置临时支撑台，边进行配管安装，若使用柔性管接头，在配管安装结束后送油加压，配管会移动，所以应在管端作临时固定；

(2) 按每个规定的支撑间隔安装临时支撑台；

(3) 卷绕防振橡胶块，用钢丝，乙烯胶带固定；

(4) 利用支撑台的地脚螺栓孔及 H 尺寸微调用安装件的螺钉孔进行定位，以免使配管受到不应有的弯曲力，随后把支撑台固定在地基壁上。

(5) 如配管为两根平行排列，用一个支撑台支撑时，支撑台应具有普通支持台一倍以上的强度。

5. 支撑台检查及添补

(1) 配管作业结束后，直到轿厢可以作自动升降后，检查配管的振动状况。

进行下面指定的轿厢运行，检查配管有无异常振动。

1) 自动 UP（上升）Down（下行）。

2) 利用电源切断时进行 UP（上升），Down（下行）紧急停止。

3) 手动 UP（上升）、Down（下行）。

(2) 异常振动的补救措施。

1) 肉眼可见配管振动时需加大支撑台刚性，增加支撑处。

2) 虽然无肉眼可见的配管振动，但用手一碰配管有很长一段高频振动时．需补充支撑台。

3) 相邻的支撑台之间配管振动大时在中间补加支撑台。

14.2.6 部分安全装置安装

1. 限速切断阀

限速切断阀亦称为安全阀、破裂阀等。液压电梯限速切断阀直接与液压柱塞连接，在系统正常运行时，限速切断阀基本不起作用。当发生管道爆裂、控制阀失控、液压锁失灵等意外故障时，限速切断阀能自动切断油路，防止工作装置发生坠落事故；当故障排除后，能够自动接通油路。

直顶式液压电梯如没有设置限速器-安全钳装置，则必须设置限速切断阀；限速切断阀的安装方式应符合下列任一方法：

(1) 与油缸组成一个整体；

(2) 用法兰盘直接和刚性地安装在油缸上；

(3) 把它靠近油缸，用一段较短的刚性管子，采用焊接、安装法兰盘或螺纹连接的方法连接到油缸；

(4) 通过螺纹连接的方式直接连接到油缸。

(5) 限速阀安装时应注意：

1) 限速切断阀安装时具有方向性（Z 口接油缸，P 口接泵站），安装时一定要注意，否则限速阀将不起作用。

2) 限速切断阀两侧连接的管道均为刚性，不允许使用柔性管道。

3) 限速切断阀动作流量由生产厂家调定，现场安装不能随意调整。

4) 限速阀，油管装完后不能与轿厢或其他运行部件相擦。

5) 采用多个油缸并行工作的液压电梯，可以使用一个共同的限速切断阀，或是将几个限速切断阀从内部加以连接，使其能同时关闭，以避免轿厢地板的倾斜度超过正常位置的 5%。

2. 下沉开关

装在轿厢或井道上，电梯处于正常状态，当电梯轿厢下沉到平层平面以下最大为 120mm 至电梯开锁区下端区间时，起作用。如图 14.2-28 所示。

当电梯下沉到此位置时，该开关动作，电梯只能上方向运行，不能再下沉。

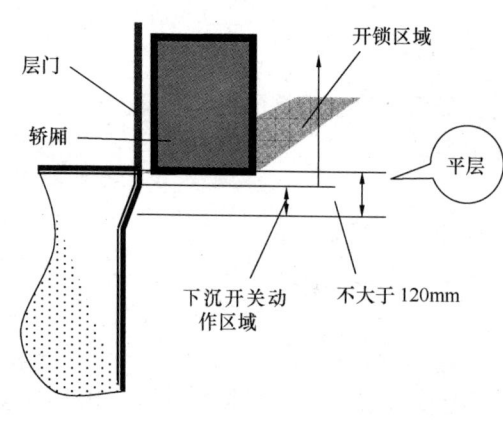

图 14.2-28　下沉开关安装图

3. 油温开关

一般情况下，油温开关安装于油箱箱体内，不需要现场安装，只需要现场核对其正确的位置及功能的正确性。

如果该开关动作，电梯将就近平层，开门并保持开门状态，直至油温开关恢复正常的状态。

4. 手动上升装置

当电梯装有安全钳或可以装安全钳时，在阀组的位置，装有手动上升装置，也作为电梯溢流阀压力试验使用。

5. 手动下降装置

电梯均应设有手动下降装置，该装置为液压电梯的必须安全装置，当需要紧急救援时使用，也作为试验限速切断阀压力试验用。

第 15 章　液压电梯调试及验收

15.1　液压电梯调试

15.1.1　液压电梯调试前准备工作

液压电梯调试和曳引电梯的调试基本相同，是基于电梯所有部件已安装完成后进行的。常规的检查有：

1. 控制柜检查

打开控制柜的门，检查是否有连接处松动和元件损坏，保管好随机资料，更换已损坏的部件，紧固控制柜中所有连接处。紧固时请特别注意电源线、动力线连接。

2. 接线检查

按接线图，检查磁阀线、随行电缆的临时接线、限位开关的临时接线，检查每个设备的接地线是否可靠接地。

3. 绝缘检查

脱开接地线和井道联络线的连接，拔出电脑板或控制器上的所有插件，将所有的空气开关都置于"OFF"位置，用绝缘表测量地线和井道联络线、电源线、电机动力线、门机、照明两端的绝缘电阻值，确保绝缘电阻值在规定值之内。重新接上地线和电脑板或控制器上的插件。

4. 所用管路检查

（1）检查管路是否是最短的距离，是否与设计安装图纸一致，管路上的标识是否与厂家提供的型号相符，与设计的图纸、所到工地的液压系统相配套等等。

（2）液压站以外的管道应尽可能用整根管道连接，如果要续接，则其连接应用焊接、焊接法兰或螺纹接头等连接，不得采用扩接或压紧的连接。

5. 管路接头检查

（1）限速切断阀的连接必须应用刚性管道，连接是否可靠。

（2）检查管路的外观，不能有裂纹、刚性折弯、破损等影响高压油通过的缺陷。

6. 油箱油确认

（1）加油前，确保油箱、油缸等的清洁，油应过滤后才能加入。

（2）液压油的型号相对应的该系统要求是否一致。

（3）冷却系统是否接入。

7. 清洗阀门

（1）按上锁挂牌程序，将电梯控制柜断电。

（2）放油将轿厢完全压在缓冲器上，锁定阀门。

（3）将阀系统用柴油清洗。

（4）重新装好阀，手动打油至油表有压力。

（5）打开球阀。

8. 检查井道

(1) 确认钢丝绳没有脱开。

(2) 检查各层厅门是否安装完毕,并且已经关上。

(3) 确认限速器绳已经紧固,限速器开关已经连接(如有)。

(4) 确认导轨已上油。

15.1.2 液压电梯调试

为了介绍方便,本步骤参考西子奥的斯 HY21 型电梯说明。

1. 检查输入电压

切断主电源空气开关和控制柜内的其他空气开关,检查三相输入电压是否在规定范围之内(±7%),检查照明电压是否为 220V±10%。

2. 检查控制变压器输出电压

合上主电源空气开关,检查变压器的输出端电压是否和图纸相符。

3. 检查 LCBII 的输入输出电压

切断电压,拔去 LCBII 板上的所有插件,然后合上所有的空气开关,用万用表测量 LCBII 的 P8 插件的 3,4 脚,检查电压是否为 AC24V±10%,如果不符,请检查控制变压器和 P8 的连线,如果符合,切断主电源,将 P8 插件插上,上电检查 P8 插件的电压应符合表 15.1-1。

电 压 检 查 表　　　　　　　表 15.1-1

插　针	信　号	信号类型	电压测量
1	HL1	input	
2	not used		
3	24 VAC	input	P8/3～P8/4:24 VAC±10%
4	24 VAC	input	P8/5～P8/6:24 VDC±10%
5	24 VDC	output	
6	GND	output	

如果所测的电压值和上表所列出的不同,请检查:

(1) 从控制变压器到插件 P8 的连线;

(2) 检查 LCBII 板子上的 F1 保险丝。

如果接线和保险丝都没问题,请更换 LCBII。

4. 上电检查 LCBII 的状态

(1) 切断主电源开关,插上所有的插件。

(2) 检查 LCBII 电子板上的 SW1(CHCS)和 SW2(DDO)开关所处的位置。微动开关 SW1 和 SW2 具有如下功能:

SW1(CHCS)——OFF:正常操作。

——ON:取消厅外召唤。

SW2(DDO)——OFF:正常操作。

——ON:取消门操作。

SW3——TL:呼梯至顶层。

SW3——BL：呼梯至底层。

（3）确认控制柜内 ERO 开关处于检修位置。

（4）确认所有的厅门和轿门已经正确关闭。

（5）合上主电源开关。

（6）观察 LCBII 电子板上的指示灯，检查表 15.1-2 所列输入信号是否正确：

LCBII 电子板上的指示灯状态　　　　　　　　表 15.1-2

指示灯	说明	状态	指示灯	说明	状态
MP	马达保护装置	不亮	DW	厅门关闭信号	亮
BC	抱闸电流控制设备	不亮	DFC	厅门轿门全部关闭信号	亮
VLC	电压检测（5V）	亮	DOL	开门到位开关	不亮
GRP/J	三相电源错相或缺相	不亮	DOB	开门按钮开关	不亮
NOR/D	正常操作	不亮	LV	轿厢在门区	亮（仅在门区）
INS	检修操作	亮	RSL	远程串行通信	闪烁
ES	紧急停止操作	不亮			

5. 检修运行

（1）紧急电动运行（ERO）

1）将控制柜紧急电动运行开关（ERO）拨到检修位置，将轿顶检修开关（TCI）拨到正常位置。

2）用服务器观察（M-1-1-2）LCBII 的输入 tci，uib，dib，ero 的状态，此时服务器上应显示"tci uib dib ERO"。

3）点动 ERO 盒子上的上行按钮，观察确认继电器 U 应吸合，服务器上的显示"uib"应变为大写。

4）点动 ERO 盒子上的下行按钮，观察确认继电器 D 应吸合，服务器上的显示"dib"应变为大写。

5）持续按住上行按钮，确认电梯向上运行。

6）持续按住下行按钮，确认电梯向下运行。

（2）轿顶检修运行（TCI）

1）将轿顶检修开关（TCI）拨到检修位置，机房控制柜的紧急电动开关（ERO），拨到正常位置。（注意：上轿顶操作检修开关时，一定要遵照"进入轿顶操作程序"，否则 LCBII 会保护，电梯将不能运行，此时服务器上会显示"TCI-LOCK"的闪烁信息，同时 LCBII 电子板上的 INS 指示灯会闪烁。）

2）此时服务器上的 tci 变为大写。

3）同时按住检修盒上的上行按钮 U 和 C 按钮，确认电梯向上运行。

4）同时按住检修盒上的下行按钮 D 和 C 按钮，确认电梯向下运行。

5）谨慎地让电梯以检修状态在井道内运行，确保井道内无突出障碍物阻挡电梯的运行。如有，则采取相应措施。

6）在轿顶检查确认 TES（轿顶急停开关）、EEC（安全窗开关）、SOS（安全钳开关）和上下极限开关的功能是否有效。

6. 轿厢导靴和安全钳调整

(1) 用轿顶检修按钮作上下运行，检查导轨的结合处，如有必要，用导轨刨刨平，清洁后给导轨加油润滑。

(2) 把导靴从轿厢横梁上拆下来并彻底清洁。

(3) 重新安装导靴并作以下调整：

1) 上下导靴应在同一垂直线上，不允许有歪斜、偏扭现象，达到上下导靴与安全钳嘴中心三点成一线。

2) 固定式导靴两侧面的间隙应一致，内衬与轨道顶面间隙每端均为 0.5~2mm，且应两端一致。

3) 采用双楔块安全钳，安全钳的间隙要达到保证导轨侧面与导靴侧面有 2~3mm 的间隙。

4) 安装完轿厢侧的导靴后，检查确认导靴能沿着导轨表面自由滑动。

5) 一个可行的检查导靴自由滑动的方法是：顶住导靴弹簧往后拉，放手后在弹簧回复力的作用下导靴应该能自由复位。

7. 油缸导靴调整

(1) 调整导靴使其凹字楔与导轨平行。

(2) 当把导靴框架往导轨中心一侧拉时，凹字锲与导轨间应有 2~4mm 的间隙。

8. 安全钳调整

(1) 调整轿底侧的安全钳机构以使两侧的安全楔块能同时动作（提升），确保安全钳动作时安全楔块同时在轿厢两侧到位。

(2) 调整安全钳联动触板，使安全钳动作时安全钳电气开关（SOS）能同时断开。调整完后使 SOS 电气开关恢复闭合后才能继续检修运行。

9. 终端开关调整

根据下表调整终端开关的距离，这些距离的允许误差不能超过 20mm，数值前面的正负号是这样确定的：以电梯在上、下终端楼层平层位置为基准，在导轨处作一记号表示 0mm，对于顶楼，正号表示在此记号之上，负号表示在此记号之下，对于底楼，正号表示在此记号之下，负号表示在此记号之上，具体数据见表 15.1-3。

终端开关的距离　　　　　　　　　　表 15.1-3

梯速（m/s）	1LS/2LS（mm）	SS1/SS2（mm）	5LS/6LS（mm）	7LS/8LS（mm）
0.5	−800	—	+50	150±50

注：这里所指的距离是指极限开关的触点打开时的距离，而不是极限开关滚轮压住连杆时的距离。

10. 轿厢调整

(1) 轿底调整

检查所有楼层，确保每层的厅门地坎与轿门地坎间的运行间隙保持在 30±1mm 的范围内．使用水平尺检查底盘是否水平，并通过调整轿底防振的高度来达到水平。

(2) 轿厢垂直度测量

通过对轿厢壁板的垂直度测量，确定是否要求安装工进行轿厢垂直度调整。

(3) 轿底防跳螺栓，防压螺栓的调整

1) 在轿厢空载时，调整使防跳螺栓预留空隙 1~2mm。

2) 在轿厢满载时，使防压螺栓留空 2～3mm，但是现在仍未开始调整"负载开关"的操作，因此，先把防压螺杆暂时留空 6～8mm。

11. 轿门调整

(1) 检查并清洁门头及门导轨（但不允许加油）。

(2) 轿门需做如下调整：松开门板与门连接板间的连接螺栓，调整门板的垂直度及其与轿厢门套、轿厢地坎间的间隙，必要时可以在门板与门连接板间垫垫片，使门板上部和下部的垂直度误差在 1mm 之内。与门套的间隙为 4～6mm，且均匀。与轿厢地坎的间隙不小于 4mm。

12. 门机定位调整

(1) 通过门机架上的门机固定架与固定在轿厢直梁上的横杆相连接，拧上螺钉，要求初步调整水平，同时调整门机中心与轿厢中心，使两者相一致。

(2) 调整门机进出位置，门机挂板中心到轿厢踏板槽中心的误差为 ±1mm。

(3) 通过增减门机固定架上的调整垫片，使门机导轨底部到轿厢踏板上平面距离为 $(HH+71)$ mm，HH 为净开门高度。

(4) 门机架水平通过测量导轨水平来实现，导轨水平度要求为 1/1000mm。

(5) 以上项目调整完毕，拧紧门机固定架上的螺钉便可。

13. 轿门的对中调整

(1) 把轿门用手推开，看轿门的导向缘是否同时达到门套，与门套持平，如不是则表示轿门没有对中。

(2) 松开门翼与轿门连接板之间的紧固螺栓，这时的轿门变得自由。

(3) 让两扇轿门紧挨在一起，使其门缝移到轿厢门套地坎中心线上。

(4) 同时使门机的连臂间隙均匀，稍微锁紧紧固螺栓，之后再把门打开，检查两扇门的导向缘是否与门套齐平，是则锁紧紧固螺栓。

14. 门刀位置和运行间隙调整

(1) 轿厢上的开门刀片两侧与厅门门锁两个胶皮轮侧面间距安装时应符合图纸规定，开门刀前端面与各层厅门踏板间隙最小 5mm，最大 8mm，各层厅门锁上两个胶皮轮端面距轿厢踏板间隙最小 5mm，最大 8mm。

(2) 调整固定门刀板运行间隙调节螺杆，使固定门刀板与厅门的间隙为 6mm。

15. 各层楼的厅门的位置，对中，厅门与地坎的间隙调整

(1) 调整厅门连接板与厅门间的 2 个垂直度调节螺杆，使两扇门的垂直度误差在 1mm 之内，且厅门与厅门地坎的间隙为 4～6mm，门闭合后不呈 V 型或 A 型（之前必须先松开门连接板与门板间的 4 个紧固螺栓才能调节 2 个垂直度调节螺栓）。

(2) 调整两门连接板上的"门对中钢丝绳调节螺栓"。使开门时两厅门板的门胶能同时到达门套，并与之持平。

16. 厅门闸锁调整

要求门关好后，厅门主闸锁轮与固定门刀间的距离为 6mm。方法是松开闸锁轮底座的 3 个固定螺栓，因为底座上有 3 个左右方向的长孔，所以可以左右移动底座使 6mm 的间隙存在，闸锁轮后端的弹簧长度应设定为 30mm。

17. 厅门门头的闸锁盒调整

(1) 松开把闸锁盒固定在门头上的2个螺栓,左右移动闸锁盒,使锁舌与闸锁门钩的间隙为1～2mm。

(2) 在门头与闸锁盒之间垫垫片,使其保持2～3mm间隙。

(3) 清理每层厅门地坎,并检查厅门立柱内金属棒与圆套是否存在较大摩擦。

(4) 检查门头钢丝绳的张紧程度是否适当。

18. 轿顶光电开关和井道隔光板调整

(1) 往轿厢内放入平衡负载(大约45%的负载)。

(2) 将电梯开到每层的平层位置,调整光电开关1LV、2LV的隔光板。

(3) 调整好1LV、2LV的隔光板后,以此为基准,调整IPU和IPD的隔光板,使其尺寸达到随机文件要求。

19. 门机调试

由于门机的控制方式各异,请在门机的调试前参看门机附带文件。下面以XRDS电阻门机为例来说明。

(1) 门机速度曲线的调整

门机的速度曲线的一般状态出厂时已调节完毕,现场如有必要,可以按照以下方法重新调节:

1) 调节前,将各变阻触点做好标记。

2) 关门速度不好,调节R_1的变阻触点;

3) 开门速度不好,调节R_2的变阻触点;

4) 关门速度好,速度曲线不好,调节R_4的13,14变阻触点;

5) 开门速度好,速度曲线不好,调节R_4的23,24变阻触点;

6) 当调节到预期效果后,锁定螺母;

7) 如果与预期效果相反,则将电阻的活动片往标记的反方向调节。

(2) 门过负荷反转保护装置调节

XRDS门机除设安全触板外,还特设门过负荷反转保护装置,当阻止关门所需要的力大于设置力时,弹簧压缩,微动开关动作,使门机反转开门。

调下方法如下:

当阻力大于所设定的力时,门还未自动打开,应压缩弹簧后至预期效果锁定螺母;反之,应松开弹簧至预期效果,锁定螺母。

20. 正常运行

(1) 根据接线图检查远程站RS5的地址有无剪错,管脚接线是否正确。

(2) 根据参数表和I/O口的输入输出表,确认所有的EEPROM内的参数和输入输出地址正确。

(3) 用服务器输入呼梯信号

1) 把服务器连至LCBII的服务器接口上。

2) 依次按服务器的M-1-1-1,然后输入呼梯信号,按所要呼的楼层数字键。(1楼对应0键,2楼对应1键,依次类推)

3) 按蓝色键,再按"ENTER"键,电梯就会运行到呼梯楼层。

4) 检查确认所有与RS5和RSEB有关的功能均正常。

21. 高压开关调整

(1) 观察电梯额定载重上行全过程的最高压力 M。

(2) 关梯，关断球阀，打油至压力适当高于压力 M，让高压开关动作，调整溢流阀的压力为满载压力的 110%。

22. 检查电梯的合同速度

电梯速度计算参考液压电梯技术说明。

23. LCBII 的速度控制调整

(1) 高速时由电子板 P_2，P_4 电位器设定速度。

(2) 减速时 T 释放速度由 P_1、P_3 控制，该速度为爬行速度，也是检修运行速度。

(3) 两个平层光电进入插板后，电子板上 K_5 闭合，速度进一步降低，待延时继电器动作，电梯停车。适当调节电子板 P_{14} 和延时时间会影响舒适感，以及平层点。

(4) 当液压梯下沉至 DIS 光电探出插板时并且门是关上的，电梯做再平层运行。

24. 轿厢负载开关调整

轿厢的负载开关一般只有 3 个（ANSS，LNS，LWS），调整负载开关，使它们在表 15.1-4 的动作负载条件下动作，在轿厢满载时，调整轿底的防压螺栓，使它离轿底 2mm。

负载开关调整　　　　　表 15.1-4

符号	名称	开关动作时的负载	符号	名称	开关动作时的负载
ANSS	防捣乱开关	10%的额定负载	LWS	超载负载开关	100%的额定负载
LNS	满载负载开关	80%的额定负载			

25. 安装数据设定

对于安装数据的设定参见表 15.1-5。

安装数据设定　　　　　表 15.1-5

INSTALL-DRIVE			EN-OTS	1	（过热有效）
参数	数据	备注	J-T	1	（相序有效）
DRIVE	13	选择液压梯	EN-BCD	0	（取消）
C-TYPE	2	选择 MCS120	INSTALL-POSITION REFERENCE		
HY-TYPE	0	星-三角形启动	参数	数据	备注
L-T	10	星型延时	LV-MOD	2	
EN-MPD	1	（有效）	DZ-TYO	1	
EN-PLS	1	（高压有效）	EN-RLV	1	

其他的电梯功能数据根据电梯的性能参考相应随机文件设定。

15.1.3 液压电梯整机性能及部件试验

液压电梯运行调试完成后，要对整机性能及部件是否达到设计和调试的要求进行试验。

1. 性能试验

(1) 额定速度试验

在液压液体处于正常工作温度条件下，当电源为额定频率、额定电压时，空载轿厢上行速度不应超过上行额定速度 8%，额定载荷轿厢下行速度不应超过下行额定速度 8%。

在液压电梯平稳运行区段（不包括加、减速度区段），事先确定一个不少于 2m 的试验距离。电梯启动以后，用行程开关或接近开关和电秒表分别测出通过上述试验距离时，空载轿厢向上运行所消耗的时间和额定载重量轿厢向下运行所消耗的时间，并按式 (15.1-1) 和式 (15.1-2) 计算速度（试验分别进行 3 次，取其平均值）：

$$v_1 = \frac{L}{t_1} \tag{15.1-1}$$

$$v_2 = \frac{L}{t_2} \tag{15.1-2}$$

式中　L——试验距离（m）；
　　　v_2——额定载重量轿厢下行速度（m/s）；
　　　t_2——额定载重量轿厢运行时间（s）。

空载轿厢上行速度对于上行额定速度的相对误差按式 (15.1-3) 计算：

$$\Delta v_1 = \frac{|v_1 - v_m|}{v_m} \times 100\% \tag{15.1-3}$$

式中　Δv_1——相对误差；
　　　v_m——上行额定速度（m/s）。

额定载重量轿厢下行速度对下行额定速度的相对误差按式 (15.1-4) 计算：

$$\Delta v_2 = \frac{|v_2 - v_d|}{v_d} \times 100\% \tag{15.1-4}$$

式中　Δv_2——相对误差；
　　　v_d——下行额定速度（m/s）。

(2) 噪声试验

试验方法同第 12 章的规定进行。

(3) 平层精度

试验方法同第 12 章的规定进行。

(4) 液压油清洁度测定

待电梯运行 1h 后，油箱内油液得到充分循环，按 JG/T 69—1999 从液压站油箱中抽取液样，然后按 JG/T 70—1999 的方法进行测量。

(5) 运行试验

在轿厢空载和额定载重量情况下，由底层至最高层站逐层进行各 4h，观察电梯运行中各部件的工作情况，记录油温变化，电机发热等情况。

(6) 超载试验

轿厢中均匀装有 110% 的额定载重量，由底层至顶层往复运行 30min，观察电梯各部件的工作情况。

(7) 超载静负荷试验

轿厢停止在底层平层位置，在轿厢中连续平稳、对称地施加 150% 的额定载重量；保持 10min，观察各构件有无发生永久变形和损坏。钢丝绳结头有无松动，液压装置各部位有无渗漏，轿厢有无不正常沉降。

（8）额定载重量沉降试验

将额定载重量的轿厢停靠在最高层站，观察和测量 10min 后轿厢的沉降量。

（9）外观质量检查

2. 部件试验

试验的目的在于考核用于液压电梯的各部件是否达到设计要求和制造装配的质量要求。

（1）液压泵站

1）外渗漏试验：将液压油加至规定的油位，观察油箱、配管各密封面。有无渗漏现象。

2）保压试验：将压力管路的压力调至系统工作压力的 1.5 倍，运转 10min，检查系统各处有无外漏。

3）调速特性试验：根据系统的压力、流量的要求，测定启动、加速、运行、减速、平层、停止的特性参数。

（2）液压油缸

1）低启动压力试验：在液压油缸柱塞杆头部不受力的情况下（油缸可横置）。调节压力阀使系统压力逐渐上升，直至柱塞杆均匀向前运动时，记录其压力值。

2）超压试验：将液压油缸加压至额定工作压力的 1.5 倍，保压 5min，检查有无明显变形，各处有无外漏。

3）稳定性试验：将液压油缸柱塞头部加载至设计值，测量柱塞杆中部挠度在加载前后的变化值，检查有无明显残余变形。

4）耐久性试验：在油缸柱塞杆头部加载至额定值，柱塞杆按设计速度往复运动全行程不少于 2×10 次，检查柱塞杆有无明显磨损，密封面有无渗漏现象。

（3）限速切断阀

1）耐压试验：在额定工作压力的 1.5 倍的情况下，保压 5min，检查阀体及接头处有无外漏。

2）限速性能试验：在额定工作压力和流量的情况下，突然降低阀入口处的压力，试验阀芯关闭液压油缸中的逆流回油所需时间。

3）调节限速切断阀的调节螺钉，测定该阀的正常工作流量范围。是否符合设计要求。

4）耐久性试验：在额定工作压力下工作 1000 次，要求无故障。

（4）电动单向阀

1）耐压试验：在额定工作压力的 1.5 倍的情况下保压 5min，检查阀体及接头处有无外漏，检查单向阀处有无内漏。

2）启闭特性试验：在额定工作压力和流量的情况下，分别测定在背压为 0 及背压为额定压力时单向阀主阀芯的开启和关闭时间。

3）耐久性试验：在额定工作压力和流量的情况下，按以下的要求工作 10000 次后。应保持阀的原性能不变。

换向频率每分钟 15～20 次。

每次换向中保压时间不少于 2s。

（5）手动下降阀（手动单向阀/截止阀）

1）内泄漏试验：在额定工作压力的 1.5 倍的情况下保压 10min，检查有无内泄漏。

2）调节特性试验：在额定工作压力和流量的情况下，开启阀芯，测量通过阀的流量。

15.2 验收

2003年4月1日《液压电梯监督检验规程（试行）》开始在全国实施，此规程的技术指标和要求主要参照国际有关先进标准以及《液压电梯制造与安装规范》GB 21240—2007、《电梯制造与安装安全规范》（GB 7588—2003）的规定。

15.2.1 验收分类

1. 验收检验（新装检）

安装、大修或改造后拟投入使用的液压电梯，应当按照本规程对验收检验规定的内容进行检验；遇可能影响其安全技术性能的自然灾害或者发生设备事故后的液压电梯，以及停止使用一年以上再次使用的液压电梯，进行设备大修后，应按照验收检验的要求进行检验。

2. 定期检验（年检）

在用液压电梯应当按照本规程对定期检验规定的内容，每年进行一次检验。

15.2.2 验收条件

1. 机房空气温度应保持在5～40℃之间，温度应保持在液压电梯及检验所允许的范围内；

2. 电网输入电压应正常，电压波动应在额定电压值±7%的范围内；

3. 环境空气中不应含有腐蚀性和易燃性气体及导电尘埃；

4. 检验现场（主要指机房、轿顶、底坑）应整洁，不应有与液压电梯工作无关的物品和设施，相关现场应放置表明正在进行检验的警示牌。

15.2.3 验收器具

从事液压电梯验收检验、定期检验的单位，至少应当配备《液压电梯监督检验必备仪器设备表》（见表15.2-1）所列的检测检验仪器设备、计量器具和相应的检测工具，其精度应当满足《必备仪器设备表》中提出的要求，属于法定计量检定范畴的，必须经检定合格，且在有效期内。

液压电梯监督检验必备仪器设备表　　　　表15.2-1

序号	仪器设备和计量器具	精度要求	备注
1	万用表	±2%	
2	钳型电流表	±2%	
3	绝缘电阻测量仪	±1.5%	
4	转速表	±1km/h	
5	限速器动作速度测试设备	±1%	
6	游标卡尺	0.02mm	
7	钢直尺	1级	
8	卷尺	1级	
9	压力表	压力 $P \leqslant 200$kPa 时±1% 压力 $P > 200$kPa 时±5%	

续表

序号	仪器设备和计量器具	精度要求	备注
10	计时器	±1%	
11	温湿度计	±2%	
12	照度计	±5%	
13	放大镜（20倍）		
14	线坠		
15	常用电工工具		
16	便携式检验照明灯		
17	钢丝绳探伤仪		选用
18	便携式超声波探伤仪	水平<1%；垂直<5%	选用
19	便携式磁粉探伤仪	A1试片	选用
20	照相机		选用

15.2.4 检验项目与方法

电梯检验机构应当在安装、大修或改造等施工单位自检合格的基础上进行验收检验。施工单位自检的内容、要求与方法应当符合国家有关法规和标准的规定，并应当出具完整的自检报告。液压电梯监督检验内容要求与方法见表15.2-2。

对于《检验报告》中有测试数据要求的项目，应在"检验结果"一栏中填写实测或经统计、计算处理后的数据；无测试数据要求但有需要说明情况的项目，可在"检验结果"一栏中简要说明；既无测试数据又无需要说明情况的项目，可在"检验结果"一栏中填写"符合"、"/"（无此项）或"不符合"。"结论"一栏中只得填写"合格"、"不合格"、"/"（无此项）等单项结论。

液压电梯监督检验内容要求与方法　　　　　　　　表15.2-2

检验项目	项目编号	检验内容与要求	检验方法
1. 技术资料	1.1*	制造单位应提供下列资料和文件： (1) 装箱单； (2) 产品出厂合格证； (3) 机房井道布置图； (4) 满负荷压力的设计值； (5) 液压油的特性或型号； (6) 使用维护说明书（应含液压电梯润滑汇总图表和液压电梯标准功能表）； (7) 动力电路和安全电路的电气原理图及符号说明； (8) 液压原理图； (9) 电气敷线图； (10) 部件安装图； (11) 安装说明书； (12) 安全部件：门锁装置、限速器、安全钳、限速切断阀、缓冲器的形式试验报告结论副本，其中限速器与渐进式安全钳还须有调试证书副本； (13) 高压软管的出厂检验合格证明； (14) 限速切断阀调定合格证及调节示意图	查阅资料

续表

检验项目	项目编号	检验内容与要求	检 验 方 法
1. 技术资料	1.2*	安装单位应提供下列资料和文件： (1) 施工情况记录和自检报告； (2) 安装过程中事故记录与处理报告； (3) 安装过程中由使用单位提出、经制造单位同意的变更设计的证明文件	查阅资料
	1.3*	改造（大修）单位除提供1.2项要求的内容外，还应提供改造（大修）部分的清单、主要部件合格证、型式试验报告副本、改造部分经改造单位批准并签章的图样和计算资料	查阅资料
	1.4*	使用单位应提供注册登记和运行管理制度（如故障状态救援操作规程，电梯钥匙使用保管制度等）资料以及设备技术档案（内容包括1.1、1.2和1.3项要求的资料，维修保养、常规检查和故障与事故的记录等）。 新增设备验收检验时，仅核查运行管理制度资料	查阅资料
2. 机房	2.1	液压站、电控柜及其附属设备应设置在一个专用的房间里，该房间应有由实体材料制成的墙壁、房顶、门和地面，不允许使用带孔或栅格的材料	观察检查
	2.2	机房不得作为电梯以外的其他用途，也不得设置非电梯专用的线槽、电缆、管道等装置，但它可设置： (1) 杂物梯或自动扶梯的主机； (2) 为此房间而设置的空调或采暖设备，但不包括热水或蒸汽采暖设备； (3) 火灾探测器和灭火器	观察检查
	2.3	机房门窗应防风雨，门上应标有"机房重地，闲人免入"字样；机房门不得向内开启，且应装带有钥匙的锁，并可从机房内不用钥匙将其打开	观察检查并操作试验
	2.4	通往机房的通道应畅通、安全，并设有永久性电气照明装置，通道地面的亮度不低于50lx。如需使用专用梯子，应检查是否满足下列条件： (1) 梯子连接的高度差不应超过4m，梯子不易滑动或翻转； (2) 梯子的踏板应能承受1500N的力，且在靠近梯子顶端设置容易握到的拉手	观察检查，必要时测量
	2.5	机房通风应良好，机房内的环境温度应保持在5~40℃之间；从建筑物其他部分抽出的陈腐空气不得排入机房内；机房应配备合适的消防设施，灭火器应适用于电气设备及油类，火灾探测器应设定为当房间稳定处于高工作温度下一段时间后报警，火灾探测器和灭火器均有防止意外碰撞的保护	观察检查，必要时测量

续表

检验项目	项目编号	检验内容与要求	检验方法
2. 机房	2.6	机房内应有固定的电气照明装置，其开关应设在靠近机房入口处的适当高度，并保证在打开照明时，需要进行检查、紧急操作和维修处地板表面的照度应不小于200lx。应设置一个或多个电源插座，电源插座应该是2P+PE型250V或以安全电压供电	观察检查，必要时测量
	2.7*	机房中每台电梯都应单独装设主电源开关，并有易于识别且与该梯控制柜相对应的标志，如几台电梯共用同一机房，各台电梯主电源开关的标志还应易于区别。该开关位置应能从机房入口处方便、迅速地接近，并应具有切断液压电梯正常使用情况下最大电流的能力，但该开关不应切断下列供电电路： (1) 轿厢、机房、滑轮间、井道的照明电路； (2) 机房、轿顶、底坑的电源插座； (3) 轿厢内的通风电路； (4) 报警装置。 主开关在断开位置应能通过挂锁或等效物锁住	观察检查主电源开关的容量，应不小于液压电梯制造厂在机房布置图或电气线路敷设图中所要求的数值；切断主电源开关，用万用表检查各部分电路是否有电。 观察检查主电源开关的设置位置，如果机房内有多台电梯，应检查各主电源开关标识是否清晰、易于区别，且与各电梯控制柜是否一一对应
	2.8	控制柜、屏的安装应符合：在其前面应有一块水平面积深度不小于0.7m，宽度为0.5m或控制柜屏的全宽度，在需要进行维修检查或紧急操作的地方，需要有一块不小于0.5m×0.6m的水平净空面积，且通往那些净空场地的通道宽度不小于0.5m，在无运动部件的地方可减小到0.4m	观察检查，必要时测量
	2.9	电动机、线槽、轿厢等易于意外带电的部件与机房接地端连通性应良好	断开主电源，用万用表的导通档测量电动机、线槽、轿厢等部件与机房接地端的连通性
	2.10*	通电导体与地之间的绝缘电阻应符合下表要求： | 名义电压(V)	测试电压(直流)(V)	绝缘电阻(MΩ)
---	---	---
SELV	250	≥0.25
≤500	500	≥0.5
>500	1000	≥1.0		断开主电源开关及其他所有电路电源，当电路中含有电子装置时，测量时应先将相线和零线连接起来，并拆下主电源处零线与接地端子之间的连接；针对不同的电压等级使用不同的测试电压分别测量动力电路、电气安全装置电路和照明回路导体对地的绝缘电阻
	2.11*	液压电梯的上行运动控制应符合下列任一方法： (1) 电动机的电源用至少两个独立的、主触点串联在电动机供电电路中的接触器来切断； (2) 电动机的电源由一个接触器来切断，而分流阀的电源，要用至少两个独立的、串联在分流阀供电电路中的电气装置来切断。 上述任一方法中，如两个串联接触器或电气装置中的任意一个接触器的主触点未打开或是其中一个电气装置保持闭合，必须防止液压电梯再启动	查阅电气原理图并现场对照，必要时模拟触点故障状态，检查液压电梯是否能启动

续表

检验项目	项目编号	检验内容与要求	检 验 方 法
2.机房	2.12*	液压电梯下行阀的电源应采用下列任一方法来控制： （1）由至少两组互相独立且串联的电气装置控制； （2）直接使用电气安全装置，但它必须符合电气的额定值	查阅电气原理图并现场对照，必要时模拟触点故障状态进行检查
	2.13*	在连接油泵到单向阀之间的管路上应设置安全溢流阀，安全溢流阀的调定工作压力不应超过满负荷压力值的140%。考虑到液压系统过高的内部损耗，可以将溢流阀的压力数值整定得高一些，但不得高于满负荷压力的170%，在此情况下应提供相应的液压管路（包括油缸）的计算说明	由随机资料查出系统的满负荷压力值，在机房将经校准的压力表接入液压系统中上行方向阀与截止阀之间的压力检测点上，关闭截止阀，检修点动上行，让液压站系统压力缓慢上升，当压力值不再上升，压力表显示压力值即为溢流阀的工作压力值并判断是否符合要求
	2.14*	在停电状态下，机房内手动控制的下降阀功能可靠，能将轿厢以不大于0.3m/s的速度下降到平层位置。在此过程中为了防止间接式液压电梯的驱动钢丝绳或链条出现松弛现象，当系统压力低于该阀的最小操作压力时，手动下降操作应无效。手动下降阀必须是在人力持续的操作下才有效；手动下降阀应加以防护，防止误动作	（1）将液压电梯在下端站平层后打开轿门，在机房切断主电源，操作手动下降阀，观察轿厢是否下降。 （2）对于间接式液压电梯还应检查当系统压力低于最小操作压力时该阀是否处于无效状态。该试验可在安全钳联动试验中进行，当安全钳夹住导轨后轿厢停止，操作手动下降阀，应不能使油缸的柱塞下降从而导致钢丝绳或链条松脱
	2.15*	当轿厢装有安全钳时，在机房内必须设置一个手动泵来提升轿厢，手动泵应连接在单向阀或下行方向阀与截止阀之间的管路上并应配置溢流阀，溢流阀的调定压力不应超过满负荷压力值的2.3倍	对照液压原理图查看手动泵的设置位置，并手动试验其功能： （1）将液压电梯在底层端站平层，打开轿门，机房切断主电源开关，操作手动泵观察轿厢能否被提升； （2）将检测压力表接入液压系统中，关闭截止阀，操作手动泵直至系统压力不再上升，表明与手动泵相连的溢流阀已工作，其工作压力应不超过满负荷压力值的2.3倍
	2.16*	液压系统油温监控装置功能应可靠，当油箱油温超过预定值时，该装置应能立即将液压电梯就近停靠在平层位置上并打开轿门，只有经过充分冷却之后，液压电梯才能自动恢复上行方向的正常运行	（1）对于油温监控装置的动作温度可调的液压电梯，将其设定值调低至接近正常油温，启动液压电梯以额定速度持续运行，直至该装置动作，检查液压电梯能否就近平层并打开轿门； （2）对于油温监控装置的动作温度不可调的液压电梯，在液压电梯正常运行过程中，模拟温度检测元件动作的状态（如拆下热敏电阻的接线端子），检查油温监控装置的功能是否符合上述要求

续表

检验项目	项目编号	检验内容与要求	检 验 方 法
2.机房	2.17	液压管路及其附件,应可靠固定并易于检修人员的接近。如果管路在敷设时,需穿墙或地板,则在穿墙或地板处加金属套管,套管内应无管接头	观察检查
	2.18	油箱中的油位应符合设计要求且易于检查	观察检查
	2.19	用于机房液压站到油缸之间的高压软管上应印有制造厂名(或商标)、试验压力和试验日期,且固定软管时软管的弯曲半径应不小于制造厂规定的最小弯曲半径	进入机房及井道内查看软管上是否印有规定内容的标记,必要时根据制造厂规定,查验软管各转弯处的弯曲半径是否符合其要求
3.井道	3.1	封闭或部分封闭的井道其结构应符合《电梯制造与安装安全规范》GB 7588—2003 要求。当相邻两层门地坎之间的距离大于 11m 时,其间应设置井道安全门。在同一井道内,相邻轿厢间的水平距离不大于 0.75m,且大于等于 0.3m 时,可使用轿厢安全门	观察检查,必要时用卷尺测量相邻两层门(或井道安全门)地坎之间的距离,以及设有轿厢安全门时两轿厢间的水平距离
	3.2	检修门、井道安全门和检修活板门均不得朝井道内开启,且应有用钥匙开启的锁。当上述门开启后,不用钥匙也能将其关闭和重新锁住;上述门在锁住情况下,在井道内不用钥匙也能开启	观察检查并手动试验
	3.3	如设有检修门,其高度不得小于 1.4m,宽度不得小于 0.6m。 如设有井道安全门,其高度不得小于 1.8m,宽度不得小于 0.35m。 如设有检修活板门,其高度不得大于 0.5m,宽度不得大于 0.5m	观察检查,必要时卷尺测量
	3.4*	应设置电气安全装置,以保证只有当检修门、井道安全门和检修活板门全部关闭时,液压电梯才能运行	在检修运行过程中打开一扇门,液压电梯应立即停止运行,任一扇门开启时液压电梯应不能启动
	3.5*	当柱塞通过其行程限位装置而到达极限位置时,应同时满足以下 6 个条件: (1) 轿厢导轨应提供不小于 $0.1+0.035v_m^2$ (m) 的进一步制导行程; (2) 轿顶上可站人的最高水平面积,与位于轿顶投影部分的井道顶最低部件的水平面之间的自由垂直距离应不小于 $1.0+0.035v_m^2$ (m); (3) 井道顶的最低部件与 1) 固定在轿顶上设备的最高部件(不包括2)所述)之间的自由垂直距离应不小于 $0.3+0.035v_m^2$ (m); 2) 导靴或滚轮、钢丝绳连接件和垂直滑动门的横梁或部件的最高部分之间的自由垂直距离应不小于 $0.1+0.035v_m^2$ (m); (4) 轿厢上方的空间应能容纳一个不小于 $0.5×0.6×0.8m$ 的矩形体; (5) 井道顶的最低部件与向上伸出的柱塞头部组件的最高部件之间的自由垂直距离应不小于 0.1m; (6) 对于直顶式液压电梯,a、b 和 c 所述及的 $0.035v_m^2$ 的值不必考虑。 注:v_m:上行额定速度; v_d:下行额定速度	轿厢在上端站平层后,短接上限位装置和极限开关,使轿厢点动向上运行,直到无法再向上运行为止,测量检验内容所规定的各项尺寸,计算是否满足要求

续表

检验项目	项目编号	检验内容与要求	检验方法
3. 井道	3.6*	当轿厢完全压缩缓冲器时,对重导轨应提供不小于 $0.1+0.035v_{\rm d}^2$ (m) 的进一步制导行程	当轿厢在上端站平层时,检验人员站在轿顶,用粉笔在对重导轨上端部对重可能到达的范围(可通过观察导轨上油迹进行初步判定)涂上一层粉末,然后人撤离轿顶;将轿厢开至下端站平层,再将轿厢开至上端站,在轿顶用钢卷尺测量对重导靴在导轨留下的痕迹至导轨顶端的距离 L_1(如果对重导靴上面装有油杯,则上述痕迹为轿厢在上端站平层时油杯所处的位置,测量 L_1 时应加上油杯的高度);再进入液压电梯底坑,测量当轿厢在下端站平层时,轿厢底撞板至缓冲器的距离 S_1;最后计算轿厢缓冲器的压缩行程 S_3。验证是否满足 $L_1-S_1-S_3 \geqslant 0.1+0.035v_{\rm d}^2$
	3.7	井道内应设置永久性的电气照明装置,其最高点和最低点 0.5m 内各设一盏灯,再设中间灯。当所有的门关闭时,在轿顶和底坑地面以上 1m 处的照度至少为 50lx。对于非封闭式井道,如果井道周围有足够的照明,井道内可不设照明装置	关闭所有门观察检查,必要时在轿顶和底坑地面以上 1m 处用照度计测量
	3.8	导轨的形式、尺寸、安装方式及导轨垂直度应满足设计资料中的要求	查阅资料,并现场检查
	3.9	油缸的安装应符合安装说明书资料的要求。若用多个油缸顶升轿厢时,必须将多个油缸的液压系统连接起来,以保证压力的均衡	查阅资料,并现场检查
	3.10*	间接顶升的液压电梯必须设轿厢安全钳,且装在轿厢上的电气安全装置应在安全钳动作之前动作或同时使主机停止运转	轿厢停在下端站的上一层,短接限速器电气开关,人为使限速器动作,在轿顶操纵使轿厢以检修速度向下运行,观察在安全钳动作之前或同时,安全钳联动机构使安全钳开关动作,使液压电梯停止运行
	3.11*	限速器的标牌应标明经整定的动作速度。轿厢限速器的动作速度应至少等于下行额定速度的 115%,但应小于: (1) 除不可脱落滚柱式以外的瞬时式安全钳为 0.8m/s; (2) 不可脱落滚柱式安全钳为 1m/s; (3) 渐进式安全钳为 1.5m/s。平衡重限速器的动作速度应大于轿厢限速器的动作速度,但不能超过 10%。 对于额定载重量很大且速度较低的液压电梯,其限速器必须为此专门设计	先核对限速器的型号规格与所提交的形式试验报告副本是否一致,再检查限速器标牌是否标明动作速度,其动作速度是否符合要求

续表

检验项目	项目编号	检验内容与要求	检 验 方 法
3.井道	3.12*	限速器应设有超速保护电气开关,该开关最迟应在达到限速器动作速度时动作	液压电梯检修运行,人为使限速器电气开关动作,液压电梯应停止运行;并且在观察限速器动作时,其机构能将电气装置切断
	3.13*	如果安全钳释放后限速器未能自动复位,则电气安全装置应保限速器机械动作装置处于动作状态期间,液压电梯不能启动	人为使限速器动作,如果该装置与超速保护开关分别设置的话,将超速保护开关复位或短接后,液压电梯应仍不能启动
	3.14*	对于没有限速器调试证书副本的新安装液压电梯和限速器更换、封记移动、标牌不齐或动作出现异常的限速器及使用周期达到 2 年时,应进行限速器动作速度校验。其动作速度应符合标准规定	断开液压电梯主电源开关,将限速器绳拉起,脱离开限速轮。用限速器动作速度测试设备进行测试,当开关动作时自动记录限速器开关和夹钳动作的速度值
	3.15	若限速器装在井道内,应能在井道外面接近它。当同时满足下列条件时,可不作上述要求: (1) 在进行限速器—安全钳联动试验时,限速动作应能够从井道外用远距离控制的方式实现; (2) 能够从轿顶接近限速器进行以检查和维修; (3) 限速器动作后,提升轿厢或对重能使限速器自动复位	手动试验
	3.16	对于采用多个油缸间接驱动的液压电梯,任意一个油缸的悬挂绳出现断绳,都应使安全钳动作	手动试验
	3.17	如果油缸部分沉入地下,用于埋没油缸的底孔应采用套管的方法,若油缸需外伸到井道外的其他空间则应加以防护	观察检查
	3.18*	直顶式液压电梯如没有设置安全钳装置,则必须设置限速切断阀;限速切断阀的安装方式应符合下列任一方法: (1) 与油缸组成一个整体; (2) 用法兰盘直接和刚性地安装在油缸上; (3) 把它靠近油缸,用一段较短的刚性管子,采用焊接、安装法兰盘或螺纹连接的方法连接到油缸; (4) 通过螺纹连接的方式直接连接到油缸	观察检查
	3.19	采用多个油缸并行工作的直顶式液压电梯,可使用一个共同的限速切断阀或将各油缸限速切断阀从内部加以连接,使其能同时关闭,以避免轿厢地板倾斜度超过正常位置的 5%	观察检查

续表

检验项目	项目编号	检验内容与要求	检 验 方 法
3. 井道	3.20	如果设有限速切断阀，机房应设有使限速切断阀达到动作流量的手动试验装置，该装置应有防误动作的保护	观察检查
	3.21	油缸应有柱塞行程的限位装置，在柱塞行程末端，该装置能使其以缓冲的效果制停	轿厢在上端站平层后，短接上限位和极限开关，轿厢以检修速度向上运行，直到无法再向上运行为止，观察液压电梯在行程上端停止时有无缓冲效果
	3.22*	在与轿厢行程上端相对应的柱塞位置应设置一个极限位置保护开关。它应在柱塞缓冲制动之前起作用，并在柱塞进入缓冲制动区期间保持始终动作状态。极限开关动作后，即使轿厢以爬行的方式运行而离开了动作区，液压电梯不能应答呼梯及指令而运行	液压电梯在上端站平层后，短接上限位开关，轿厢点动向上运行，碰撞极限开关后，液压电梯应停止运行。然后短接极限开关，液压电梯应仍能继续向上运行。当达到柱塞伸出极限位置时，取掉极限开关短接线，液压电梯应不能向下运行，此时极限开关仍处于动作状态。操作手动下降阀，使轿厢下降至离开极限开关动作区后，恢复供电，层站呼梯或轿内指令均应不能使液压电梯运行
	3.23*	对于间接驱动的液压电梯，极限开关应通过柱塞直接来操作，或者利用一个与柱塞连接的装置（如钢丝绳、皮带或链条）间接来操作。该连接装置一旦断裂或松弛，应通过一个电气开关使主机停止运转	外观检查极限开关的操作方式；对于间接操作的，还应检查连接装置断裂或松弛时电气开关动作的可靠性。液压电梯以检修速度运行，人为使电气开关动作，液压电梯应停止运行
4. 轿厢	4.1	轿厢内应标明液压电梯的额定载重量及人数，制造单位的铭牌	观察检查
	4.2	如轿厢设有安全窗，其尺寸应不小于 0.35m× 0.50m；如果设有安全门，其尺寸应至少为 1.8m× 0.35m，且应设置一个电气安全装置来验证其锁紧状态	观察检查；液压电梯以检修速度运行，打开安全窗或安全门时，轿厢应停止运行
	4.3*	轿顶检修控制装置应由一个双稳态的，并设有误动作防护的开关来操纵，并应同时满足下列条件： (1) 一经进入检修运行，应取消正常运行（包括任何自动门操作）、对接操作、电气防沉降系统；只有再一次操作检修开关，才能使液压电梯重新恢复正常运行； (2) 轿厢运行仍应依靠安全装置； (3) 轿厢运行应依靠一种持续揿压按钮，标明运行方向，并防止误操作； (4) 检修控制装置应包括一个停止开关； (5) 不应超过轿厢的正常行程范围	(1) 外观检查，并手动试。 (2) 将轿顶置于检修状态，分别将层门打开和安全开关断开，进行检修运行操作，检查电梯能否启动；厅外呼梯，检查电梯能否应答。试验对接操作和电气防沉降系统是否有效。 (3) 检修运行过程中松开揿压按钮，检查液压电梯是否停止运行。 (4) 检修运行过程中，人为使停止开关动作，液压电梯应停止运行。 (5) 液压电梯以检修速度向上（下）运行，超过上（下）端站平层位置后，液压电梯应停止向上（下）运行，但仍能向下（上）运行

续表

检验项目	项目编号	检验内容与要求	检验方法
4. 轿厢	4.4	轿顶检修控制应优先于其他检修控制	在轿顶将检修控制开关置于检修控制状态,分别在轿箱和机房进行检修控制操作,确定优先顺序
	4.5*	轿顶应设置紧急停止开关,该开关应能使液压电梯停止,并保持非服务状态,包括自动门。轿顶停止装置应设置在距检修或维护人员入口不大于1m的易接近位置,如果检修控制装置上的停止开关至入口的距离不超过1m,可以将该停止开关作为轿顶的停止开关。 停止开关的操作机构应为红色,停止开关上或其旁边应标出"停止"字样,并且开关应是双稳态,能防止误动作释放的安全触点	(1) 检查停止开关的结构,应是双稳态的; (2) 检修运行过程中,按动停止开关,电梯应停止运行,且不能再启动。再将检修开关置于正常位置,按动轿厢内操纵盘的开、关门按钮,轿厢门应不能开启或关闭。 (3) 目测检查停止开关的安装位置及标识,必要时用卷尺测量停止开关至入口的距离。定期检验时测试急停开关的功能可靠
	4.6	当轿顶外侧边缘与井道壁之间的水平距离超过0.3m时,轿顶应装设护栏。护栏应由扶手、0.1m高的护脚板及在护栏高度一半的中间栏杆组成。当扶手与井道壁间水平距离不大于0.85m时,扶手高度应至少是0.7m,而当上述距离大于0.85m时,扶手高度应至少是1.10m	观察检查,必要时卷尺测量
	4.7	轿厢内部净高度不得小于2m,使用者正常出入口的净高度应不小于2m	观察检查,必要时卷尺测量
	4.8*	乘客液压电梯或载货液压电梯轿厢的最大有效面积应分别符合表15.2-3或表15.2-4的规定	卷尺测量并计算
	4.9*	轿厢内应装设紧急报警装置,该装置应采用一个对讲系统以便与救援服务保持联系;如机房与井道之间无法直接通过正常对话的方式进行联络,则在轿厢和机房之间应设置对讲系统或类似装置。上述装置在停电时应由自动再充电的紧急电源供电	分别在通电和断开供电电源的情况下,试验报警装置和对讲系统的功能
	4.10	轿厢应装备永久性的电气照明装置,在控制装置上和在轿厢地板上应该保证有不小于50lx的照度。要有可自动再充电的紧急电源,在正常照明电源被中断的情况下,它们至少供1W灯泡可用1h。在正常照明电源一旦发生故障的情况下,应自动接通照明紧急电源	使用照度计测量;模拟正常电源故障,检查紧急电源是否接通

续表

检验项目	项目编号	检验内容与要求	检验方法
4. 轿厢	4.11	轿厢应设超载装置；当轿厢载荷超过额定载荷10%，且不少于75kg时，超载装置应可靠动作。此时： (1) 轿内应有声音和/或发光信号通知使用者； (2) 自动门应保持在完全打开位置； (3) 手动门应保持在未锁状态	验收检验时，轿厢中均匀分布载荷，当超过额定载荷10%，且不少于75kg时，超载装置应起作用，在轿内任选一个楼层，然后按关门按钮，液压电梯应不能关门和启动。 定期检验时轿厢空载，人为使超载开关动作进行查验
	4.12	轿厢地坎下应有护脚板，其垂直部分高度不小于0.75m，宽度不小于层站入口宽度	观察检查，必要时测量
5. 层站层门与轿门	5.1	层门地坎应牢固。层门地坎与轿厢地坎的水平距离应不大于35mm，与设计值的偏差为$^{+3}_{0}$mm	轿厢至平层位置后观察检查层门地坎是否牢固及层门地坎与轿厢地坎的水平距离，必要时用直尺测量上述水平距离
	5.2	对于客梯，层门、轿门的门扇之间，门扇与门套之间，门扇与地坎之间的间隙不得大于6mm；货梯不得大于8mm。在水平滑动门开启方向，以150N的力，施加在最不利点上时，间隙应不大于30mm	用塞尺测量，在门扇底部水平拉动门扇，检查间隙
	5.3*	层门、轿门运行不应卡阻、脱轨或在行程终端时错位	运行试验
	5.4	轿门与闭合后的层门之间的水平距离，或各门之间在其整个正常操作期间的通行距离，不得大于0.12m	关闭层门，在轿内打开轿门，用卷尺测量轿门在整个行程内与层门之间的最大水平距离
	5.5	井道内表面与轿厢地坎、轿门或门框的水平距离不大于0.15m。下列情况允许水平距离为0.2m： (1) 在井道内表面局部一段距离不大于0.5m的范围内； (2) 带有垂直滑动门的载货液压电梯和非商业用汽车液压电梯；轿厢装有机械门锁且只能在开锁区内打开则可除外	液压电梯检修运行至适宜位置，打开轿门，用卷尺测量井道壁与轿厢地坎的水平距离。并且检查轿门机械门锁（如有）是否可靠。定期检验时只检查轿门机械门锁（如有）状况
	5.6	层门的净高度不得小于2m，并且层门净进口宽度比轿厢净入口宽度在任何一侧的超出部分均不应大于50mm	打开层门和轿门至净开门宽度，用卷尺测量
	5.7*	轿门自动驱动层门的情况下，当轿门在开锁区域以外时，每个层门都应有自动关闭层门装置，且工作有效。采用重锤式自动关闭装置应有防止重锤坠落的措施	轿门在开锁区域以外，打开层门，检查层门是否能在关门行程的任何位置处自动关闭

续表

检验项目	项目编号	检验内容与要求	检验方法
5. 层站层门与轿门	5.8	每个层门都应有紧急开锁装置，开锁后能自动复位	钥匙开锁试验
	5.9*	当层门锁紧装置保持锁紧的弹簧（磁铁）失效时，重力不应导致开锁	外观检查，并结合门锁的结构进行判断。必要时拆下弹簧（磁铁），检查门锁能否保持锁紧
	5.10*	锁紧元件及其附件应是耐冲击的，应用金属材料制造或加固；锁紧装置与安全触点元件间应是直接的和防止误动作的连接。门锁锁钩、锁臂及动接点动作灵活，在电气安全装置动作之前，锁紧元件最小啮合长度为7mm	外观检查，并用直尺测量电气装置触点刚刚闭合时，锁紧元件的啮合长度。定期检验时，检查门锁锁钩、锁臂及动接点动作是否灵活，并测量啮合长度
	5.11*	在正常运行和轿厢未停止在开锁区域内，层门应不能打开；并应有检查关闭位置的电气安全装置，如果一个层门（在多扇门中的任一扇门）打开，液压电梯应不能正常启动或继续正常运行	轿顶检修下行，逐层检查层门锁紧元件，手动打开层门时，液压电梯停止运行
	5.12*	当层门门扇间是由绳、链、带联接时，被动门需装有电气联锁保护装置，且动作可靠	短接层门主动门门锁电气开关，轿顶检修下行时，打开层门，液压电梯应不能运行
	5.13*	轿厢门应设有验证其闭合的装置，并且如果轿门（或在多扇门情况下的任一扇门）打开，在正常操作情况下，应不可能启动液压电梯，也不能使它保持运行	当液压电梯检修运行时，打开轿门，液压电梯应停止运行；液压电梯停止后打开轿门，液压电梯应不能启动
	5.14*	动力操纵的自动门应有防止门夹人的保护装置，且工作有效	人为使保护装置动作，检查液压电梯门是否重新开启
	5.15*	当轿厢具有在门开着的情况下平层、再平层、防沉降的功能时，应至少设一个开关来防止轿厢在开锁区域外的所有运行	将液压电梯检修运行至开锁区以外时，打开轿门，检查液压电梯平层、再平层功能应无效
	5.16*	如果5.15所述开关的动作是依靠一个不与轿厢直接机械连接的装置，如绳、带或链，应设有一个电气装置在连接件断开或松弛时，使液压电梯停止运行	手动试验
	5.17	呼梯、楼层显示等信号系统功能有效，指示正确，动作无误	外观检查并接通信号试验
	5.18	消防开关应设在基站或撤离层，防护玻璃应完好，并标有"消防"字样 消防开关动作后，此时外呼和内选信号无效，轿厢应直接回到指定撤离层，将轿门打开	外观检查。液压电梯在停梯或运行过程中，选择一些楼层呼梯，将消防开关打开，检查液压电梯是否按规定程序回到指定层站等待

续表

检验项目	项目编号	检验内容与要求	检验方法
6. 悬挂钢丝绳	6.1	非直顶式液压电梯的滑轮节圆直径与悬挂绳的公称直径之比应不小于40	卷尺测出滑轮节圆直径，用游标卡尺测出钢丝绳的直径，并计算二者之间的比值
	6.2*	非直顶式液压电梯的悬挂钢丝绳或链条不能少于两根，钢丝绳直径不小于8mm，安全系数不小于12；链条安全系数不小于10；钢丝绳绳端固定可靠，弹簧、螺母、开口销等部件无缺损	外观检查
	6.3*	非直顶式液压电梯的悬挂钢丝绳不应有过度磨损、断股等缺陷，断丝数不应超过报废标准。可见的断丝数报废标准如下表： | 钢丝绳类型		测量长度范围（d 为钢丝绳直径）	
		6d	30d
瓦灵顿式和填充式	6×19	10	19
	8×19	13	26
西鲁式	6×19	6	12
	8×19	10	19	 钢丝绳公称直径减少7%时，即使未发现断丝，该绳也应报废	目测检查是否有磨损和断股；必要时用游标卡尺测量钢丝绳的直径。在选定部位的 6d 或 30d 长度范围内（绳端处也应作为选择范围之一），目测检查钢丝绳的可见断丝数。必要时用钢丝绳探伤仪全长检测或分段抽测；对多层股钢丝绳应用钢丝绳探伤仪进行检测
	6.4	非直顶式液压电梯当使用两根钢丝绳悬挂轿厢时，应设有防止钢丝绳松弛的电气装置。该装置动作时，液压电梯不能启动及运行	外观检查电气安全装置的安装位置，并手动试验
7. 底坑	7.1*	底坑应设有双稳态且防误动作释放的紧急停止开关和电源插座。紧急停止开关应设置在从底坑入口及和底坑地面容易接近的位置。停止开关的操作机构应为红色，在停止开关上或其旁边应标出"停止"字样	外观检查停止开关的设置位置及标识，液压电梯以检修速度向上运行，人为使停止开关动作，液压电梯应停止运行
	7.2	液压缓冲器应设有在缓冲器动作后，未恢复到正常位置时使液压电梯不能正常运行的电气安全开关	检查电气安全开关安装位置，按动开关，液压电梯不能启动
	7.3*	当轿厢完全压缩缓冲器时，应同时满足下列五个条件： （1）底坑中应能放进一个 0.5m×0.6m×1.0m 的矩形体； （2）底坑地面和轿厢最低部件之间的自由垂直距离应不小于 0.5m。当下列两者之间的水平距离在 0.15m 之内时，这个距离可减小到不小于 0.1m：	当轿厢在下端站平层时，用钢卷尺测量各项尺寸和距离，测量轿厢撞板至缓冲器的距离 S_1，记录轿厢缓冲器行程 S_3，然后进行计算 （1）对于（1）、（2）和（3）项，将上述测得的各项尺寸和距离分别减去 S_1 和 S_3；

续表

检验项目	项目编号	检验内容与要求	检 验 方 法
7. 底坑	7.3	1) 护脚板或垂直滑动门部件与邻近的井道壁； 2) 轿厢最低部件与导轨； (3) 固定在底坑的最高部件，如油缸支座，管路和其他配件与轿厢最低部件（上述(2)1)和2)除外）之间的自由垂直距离应不小于0.3m； (4) 油缸柱塞处于最低位置时，底坑的设备顶部与油缸的柱塞头部组件的最低部件之间的自由垂直距离应不小于0.5m，如果不可能出现无意地进入到柱塞头部组件下方这种情况（例如装有符合标准的隔障），那么这个垂直距离就可以从0.5m减少到最小的0.1m； (5) 底坑地面与位于直顶式液压电梯轿厢下面的多级油缸最低导向架之间的自由垂直距离应不小于0.5m	(2) 对于(4)项，将上述测得的距离减去$(S_1+S_3)/K$（K为轿厢速度与柱塞速度之比）； (3) 对于(5)项，将上述测得的距离减去因轿厢(S_1+S_3)行程所引起的油缸最低导向架与底坑地面距离的变化值
	7.4	直顶式液压电梯轿厢完全压缩缓冲器时，轿厢下面各层导向架之间，以及最高导向架与轿厢最低部件之间的净空距离应不小于0.3m	当轿厢在下端站平层时，用卷尺测量各项距离，然后分别减去因轿厢(S_1+S_3)行程所引起的各层导向架之间以及最高导向架与轿厢最低部件之间距离的变化值（S_1和S_3同7.3项）
	7.5*	当底坑深度大于2.5m时，若设有检修门，应设置电气安全装置以保证只有当检修门关闭时，液压电梯才能运行	外观检查并手动试验
	7.6	除层门外，如果没有其他通道进入底坑，应在底坑内设置一个从层门进入底坑的永久性装置，此装置不得凸入液压电梯运行的空间	观察检查
	7.7	如果轿厢或对重之下确有人们能到达的空间存在，应将对重缓冲器安装在一直延伸到坚固地面上的实心桩墩上或对重上装有安全钳装置	检查土建图样并结合现场实际情况确认
	7.8	如多台电梯共用一井道，应在不同电梯的运动部件之间设置隔障，该隔障至少从轿厢或平衡重的最低点延伸到底坑地面以上2.5m的高度	观察检查，必要时用卷尺测量
	7.9	限速器绳应用张紧轮张紧，张紧轮或其配重应设有导向装置。张紧装置应设检查限速器绳松弛和断裂的电气安全装置，且动作可靠	目测检查张紧及导向装置的设置情况；并检查是否安装电气装置及安装位置的合理性，当绳松弛或断裂后，开关应能动作。液压电梯运行时按动开关，液压电梯应停止运行

续表

检验项目	项目编号	检验内容与要求	检验方法
8. 功能检验	8.1	液压电梯应设有一种装置,当启动液压电梯时,驱动油泵的电动机不旋转,此时该装置动作并使液压电梯停止运行并保持停车状态。该装置应在一定时间内起作用,时间不大于下列两个数中的较小值: (1) 45s; (2) 运行全程的时间加上 10s。 若全行程时间少于 10s,则最小值为 20s。 该装置必须手动复位,并且动作时也不得影响检修操作和防沉降系统的功能	切断主电源开关,将驱动油泵的电动机三相电源拆除,并用绝缘胶布包好,送电后给轿厢一个运行指令,观察该装置是否动作,并记录动作时间;检查该装置动作后是否手动复位
	8.2	额定载重量轿厢沉降试验:载有额定载荷的轿厢停靠在上端站,在 10min 内轿厢下沉距离不超过 10mm (应考虑油温变化可能造成的影响)	将轿厢停靠在上端站平层,切断主电源,在轿厢内均匀加以额定载荷,保持 10min 后,用钢直尺测量轿厢地坎与层门地坎之间的垂直距离;定期检验时,轿厢在空载状况下试验
	8.3*	电气防沉降系统应符合:当轿厢位于平层面以下最大 0.12m 至开锁区下端的区间内时,无论轿门处于任何位置,都应按上行方向给主机通电,使轿厢向上移动	轿厢装载均匀分布的额定载荷,操作手动下降阀使液压电梯进入检验内容规定的区域,检查轿厢能否自动向上移动至平层位置
	8.4*	轿厢安全钳试验:对于乘客液压电梯,轿厢内均匀分布额定载荷;对于载货液压电梯,当轿厢有效面积与额定载重量的关系符合表 15.2-3 的规定时,轿厢装均匀分布额定载荷。当轿厢有效面积大于表 15.2-3 规定的值时,轿厢装均匀分布的 125% 额定载荷,但不得超过表 15.2-3 中与该液压电梯轿厢有效面积相对应的载重量值。轿厢以检修速度向下运行,进行试验。安全钳工作应可靠。 如液压电梯采用其他的防坠落装置,则需按照上述的试验条件进行试验	轿厢按检验内容与要求装载试验载荷,将轿厢移动至下端站的上一层,短接限速器和安全钳电气开关,人为使限速器动作,在轿顶操纵轿厢以检修速度向下运行,安全钳应将轿厢可靠制停,钢丝绳松弛。定期检验时,轿厢空载检修进行试验
	8.5*	装有额定载重量的轿厢下行超速,当达到限速切断阀的动作速度时,限速切断阀应可靠动作,其调定速度应符合出厂资料的要求。 定期检验做空载相应试验	轿厢内均匀分布额定载荷并停在适当的楼层(楼层尽量低,足以使限速切断阀动作),在机房操作限速切断阀的手动试验装置,检查限速切断阀能否动作,从而将轿厢可靠制停。将限速切断阀的调整位置与制造厂的调整图进行比较,以检查限速切断阀动作速度的调整是否正确。定期检验时,空载实施上述检验
	8.6*	对重安全钳试验:轿厢空载,对重以检修速度向下运行,进行试验。安全钳动作应可靠	将空载轿厢移动至上端站的下一层,短接对重限速器电气开关,人为使对重限速器动作,轿厢以检修速度向上运行,安全钳应将轿厢可靠制停,连接平衡重与轿厢的钢丝绳松弛

续表

检验项目	项目编号	检验内容与要求	检验方法
8. 功能检验	8.7	耐压试验：对液压系统加以200%的满负荷压力，持续5min，液压系统应无明显的压力下降和泄漏。该试验应在安全钳试验完成后进行	液压电梯上端站平层，将带有溢流阀的手动泵和校准过的压力表接入液压系统中上行方向阀与截止阀之间的压力检测点上（如果系统配有手动泵，只需接入压力表即可），调节手动泵上的溢流阀工作压力为满负荷压力值的200%，操作手动泵使轿厢上行直至柱塞完全伸出，并且系统压力升至手动泵溢流阀的工作压力，停止操作，持续5min，观察系统有无明显的压力下降和泄漏

注：带"*"项为重要项目。

乘客液压电梯轿厢面积　　　　　　　　　　　　　　表15.2-3

额定载重量（kg）	轿厢最大有效面积（m²）	额定载重量（kg）	轿厢最大有效面积（m²）
100①	0.37	900	2.20
180②	0.58	975	2.35
225	0.70	1000	2.40
300	0.90	1050	2.50
375	1.10	1125	2.65
400	1.17	1200	2.80
450	1.30	1250	2.90
525	1.45	1275	2.95
600	1.60	1350	3.10
630	1.66	1425	3.25
675	1.75	1500	3.40
750	1.90	1600	3.56
800	2.00	2000	4.20
825	2.05	2500③	5.00

①一人液压电梯的最小值。
②两人液压电梯的最小值。
③超过2500kg时，每增加100kg轿厢面积增加0.16m²。
对中间载重量，其面积可通过线性插入法确定。

载货液压电梯轿厢面积　　　　　　　　　　　　　　表15.2-4

额定载重量（kg）	轿厢最大有效面积（m²）	额定载重量（kg）	轿厢最大有效面积（m²）
400	1.68	1000	3.60
450	1.84	1050	3.72
525	2.08	1125	3.90
600	2.32	1200	4.08
630	2.42	1250	4.20

续表

额定载重量（kg）	轿厢最大有效面积（m²）	额定载重量（kg）	轿厢最大有效面积（m²）
675	2.56	1275	4.26
750	2.80	1350	4.44
800	2.96	1425	4.62
825	3.04	1500	4.80
900	3.28	1600	5.04
975	3.52		

注：1. 超过1600kg时，每增加100kg轿厢面积增加0.40m²。
　　2. 对中间载重量，其面积可通过线性插入法确定。

注意事项：

除调试、实验部分所列外，液压电梯在检验时仍有下列事项应注意：

（1）在测量轿顶、底坑空间时，应分清最小距离所用的电梯速度，是上升还是下降速度。

（2）对于采用多个油缸间接驱动的液压电梯，任意一个油缸的悬挂绳出现断绳，都应使安全钳动作。

（3）采用多个油缸并行工作的液压电梯，可以使用一个共同的限速切断阀，或是将几个限速切断阀从内部加以连接，使其能同时关闭，以避免轿厢地板的倾斜度超过正常位置的5%。

（4）非直顶式液压电梯当使用两根钢丝绳悬挂轿厢时，应设有防止钢丝绳松弛的电气装置。该装置动作时，液压电梯不能启动及运行。

（5）当轿厢完全压缩缓冲器时，应同时满足下列5个条件，比曳引电梯多一个底坑地面与位于直顶式液压电梯轿厢下面的多级油缸最低导向架之间的自由垂直距离应不小于0.5m。

（6）直顶式液压电梯轿厢完全压缩缓冲器时，轿厢下面各层导向架之间，以及最高导向架与轿厢最低部件之间的净空距离应不小于0.3m。

15.2.5　检验结果判定

液压电梯验收检验和定期检验合格的判定条件为：

（1）重要项目（相应《检验报告》中注有"＊"的项目，下同）全部合格，一般项目（相应《检验报告》中未注有"＊"的项目，下同）不合格不超过3项（含3项）且满足本条第2款要求时，可以判定为合格。

（2）对上款条件中不合格但未超过允许项数的一般项目，检验机构应当出具整改通知单，提出整改要求。只有在整改完成并经检验人员确认合格后，或者在使用单位已经采取了相应的安全措施，并在整改情况报告上签署了监护使用的意见后，方可出具结论为"合格"或"复检合格"的《检验报告》。

（3）凡不合格项超过合格判定条件的，均判定为"不合格"或"复检不合格"并出具相应结论的《检验报告》。对判定为"不合格"或"复检不合格"的液压电梯，施工或使用单位修理后可申请复检。

判定为"不合格"或"复检不合格"的液压电梯，检验机构应将检验结果报当地质量技术监督行政部门特种设备安全监察机构，以便及时采取安全监察措施。

第16章 自动扶梯及自动人行道介绍

自动扶梯及自动人行道作为一种能在较短时间内输送大量人流的连续运输工具被广泛应用于商场、大厦、地铁、车站、机场、码头等公共场所。它带有循环运动梯路，用以在建筑物的不同层高间向上或向下倾斜输送或水平输送乘客的固定式电力驱动设备，是机电合一高科技的复合体，是一种连续输送机械。

16.1 自动扶梯和自动人行道名词术语

由于自动扶梯及自动人行道出厂多以整机形式，许多部件不可见，有必要对常见术语做以解释。

1. 自动扶梯（Escalator）

带有循环运行梯级，用于向上或向下倾斜输送乘客的固定电力驱动设备。

2. 自动人行道（Passenger Conveyor）

带有循环运行（板式或带式）走道，用于水平或倾斜角不大于12°输送乘客的固定电力驱动设备。

3. 倾斜角（Angle of Inclination）

梯级、踏板或胶带运行方向与水平面构成的最大角度。

4. 自动扶梯提升高度（Rise of Escalator）

自动扶梯进出口两楼层板之间的垂直距离。

5. 自动扶梯额定速度（Rated Speed of Escalator）

自动扶梯设计所规定的空载速度。

6. 理论输送能力（Theoretical Capacity）

自动扶梯或自动人行道，在每小时内理论上能够输送的人数。

7. 扶手装置（Balustrades）

在自动扶梯或自动人行道两侧，对乘客起安全防护作用，也便于乘客站立扶握的部件。

8. 扶手带（Handrail）

位于扶手装置的顶面，与梯级、踏板或胶带同步运行，供乘客扶握的带状部件。

9. 扶手带入口保护装置（Handrail Entry Guard）

在扶手带入口处，当有手指或其他异物被夹入时，能使自动扶梯或自动人行道停止运行的电气装置。

10. 扶手带断带保护装置（Control Guard for Handrail Breakage）

当扶手带断裂时，能使自动扶梯或自动人行道停止运行的电气装置。

11. 护壁板；护栏板（Interior Paneling）

在扶手带下方，装在内侧盖板与外侧盖板之间的装饰护板。

12. 围裙板（Skirting；Skirt Panel）

与梯级、踏板或胶带两侧相邻的金属围板。

13. 围裙板安全装置（Skirt Safety Device；Skirt Panel Switch；Skirt Panel Safety Device）

当梯级、踏板或胶带与围裙板之间有异物夹住时，能使自动扶梯或自动人行道停止运行的电气装置。

14. 内侧盖板（Interior Profile；Inner Deck）

在护壁板内侧、联接围裙板和护壁板的金属板。

15. 外侧盖板（Balustrade Decking；Outer Deck）

在护壁板外侧、外装饰板上方，联接装饰板和护壁板的金属板。

16. 外装饰板（Balustrade Exterior Paneling）

从外侧盖板起，将自动扶梯或自动人行道桁架封闭起来的装饰板。

17. 桁架；机架（Truss；Supporting Structure）

架设在建筑结构上，供支撑梯级、踏板、胶带以及运行机构等部件的金属结构件。

18. 中心支撑；中间支撑；第三支撑（Centre Support；Intermediate Support）

在自动扶梯两端支承之间，设置在桁架底部的支撑物。

19. 梯级（Step）

在自动扶梯桁架上循环运行，供乘客站立的部件。

20. 梯级踏板（Step Tread）

带有与运行方向相同齿槽的梯级水平部分。

21. 梯级踢板（Step Riser）

带有齿槽的梯级垂直部分。

22. 梯级、踏板塌陷保护装置（Step or Pallets Sagging Guard）

当梯级或踏板任何部位断裂下陷时，使自动扶梯或自动人行道停止运行的电气装置。

23. 驱动链保护装置（Drive Chain Guard）

当梯级驱动链或踏板驱动链断裂或过分松弛时，能使自动扶梯或自动人行道停止的电气装置。

24. 梯级导轨（Step Track）

供梯级滚轮运行的导轨。

25. 梯级水平移动距离（Step of Horizontally Moving Distance；Horizontally Step Run）

为使梯级在出入口处有一个导向过渡段，从梳齿板出来的梯级前缘和进入梳齿板梯级后缘的一段水平距离。

26. 踏板（Pallets）

循环运行在自动人行道桁架上，供乘客站立的板状部件。

27. 胶带（Belt）

循环运行在自动人行道桁架上，供乘客站立的胶带状部件。

28. 梳齿板（Combs）

位于运行的梯级或踏板出入口，为方便乘客上下过渡，与梯级或踏板相啮合的部件。

29. 楼层板（Floor Plate）

设置在自动扶梯或自动人行道出入口，与梳齿板连接的金属板。

30. 梳齿板安全装置（Comb Safety Device；Comb Contact）

当梯级、踏板或胶带与梳齿板啮合处卡入异物有可能造成事故时，能使自动扶梯或自动人行道停止运行的电气装置。

31. 驱动主机，驱动装置（Driving Machine）

驱动自动扶梯或自动人行道运行的装置。

32. 附加制动器（Auxiliary Brake）

当自动扶梯提升高度超过一定值时，或在公共交通用自动扶梯和自动人行道上，增设的一种制动器。

33. 主驱动链保护装置（Main Drive Chain Guard；Broken Drive Chain Contact）

当主驱动链断裂时，能使自动扶梯或自动人行道停止运行的电气装置。

34. 超速保护装置（Escalator Overspeed Governor；Overspeed Governor Switch）

自动扶梯或自动人行道运行速度超过限定值时，能使自动扶梯或自动人行道停止运行的装置。

35. 非操纵逆转保护装置（Unintentional Reversal of The Direction of Travel；Direction Reversal Device）

在自动扶梯或自动人行道运行中非人为的改变其运行方向时，能使其停止运行的装置。

36. 手动盘车装置；盘车手轮（Hand Winding Device；Handwheel）

靠人力使驱动装置转动的专用手轮。

37. 检修控制装置（Inspection Control Device）

利用检修插座，在检修自动扶梯或自动人行道时的手动控制装置。

38. 变速启动（Velocity Variation Startup）

自动扶梯或自动人行道，在无乘客乘坐时以预设的低速度运行，在有乘客乘坐时，借助于乘客经过，自动加速到额定速度运行的方式。

39. 自动启动（Automatically Startup）

自动扶梯或自动人行道，在无乘客乘坐时停止运行，在有乘客乘坐时，借助于乘客经过自动启动，以额定速度按预定方向运行的方式。

40. 名义宽度（Nominal Width）

对于自动扶梯与自动人行道设定的一个理论上的宽度值。一般指自动扶梯梯级或自动人行道踏板安装后横向测量的踏面长度。

41. 使用区段长度（Usage Sector Length）

乘客从自动人行道一端进入楼层板开始到从另一端楼层板离开，经过的曲线距离。

16.2 自动扶梯及自动人行道应用

1. 优势

自动扶梯及自动人行道是一种连续输送机械，与间歇工作的电梯比较，因有如下优点而得到广泛的使用。

（1）生产率即输送能力大，且与提升高度无关；

（2）自动扶梯可以逆转，能向上和向下运转，能连续运送人员，且运送客流量均匀；

（3）当停电时或重要零件损坏需要停车时，可作普通扶梯使用，让人员上下；自动人行道能同时运送乘客与购物手推车；

（4）不需井道，在建筑上不需附加构筑；

（5）外形美观而具有现代感，既是运输工具又是建筑物的特殊装点。

2. 劣势

自动扶梯及自动人行道与电梯比较有一些缺点，在使用上有部分局限性。

（1）自动扶梯结构有水平区段，有附加的能量损失；

（2）出于安全因素，自动扶梯和自动人行道的运行速度不允许很高。因此，大提升高度自动扶梯，人员在其上停留时间长；

（3）造价较高。

16.3 自动扶梯分类

1. 按驱动装置位置分类

（1）端部驱动自动扶梯

端部驱动自动扶梯的驱动装置置于自动扶梯头部，并以链条或齿轮为牵引构件的自动扶梯。如图 16.3-1 所示。

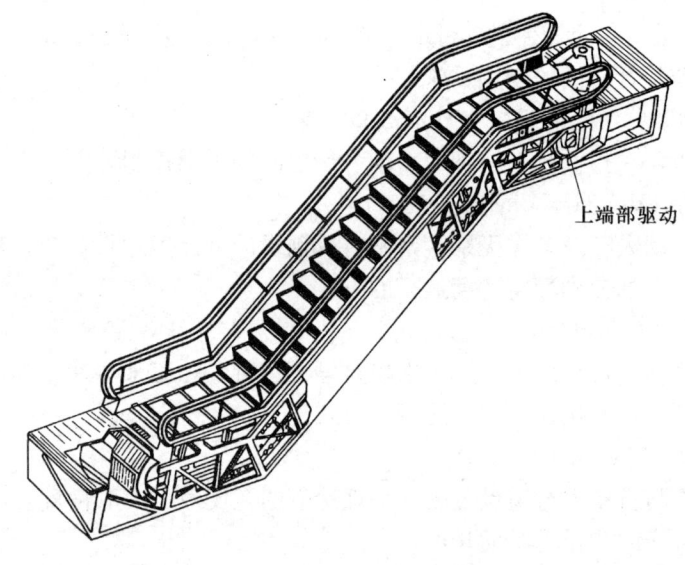

图 16.3-1 端部驱动扶梯

（2）中间驱动自动扶梯

中间驱动自动扶梯的驱动装置置于自动扶梯中部上分支与下分支之间，并以齿条为牵引构件的自动扶梯。一台自动扶梯可以装多组驱动装置，也称多级驱动组合式自动扶梯。如图 16.3-2 所示。

2. 按牵引构件型式分类

（1）链条式自动扶梯

以链条为牵引构件、驱动装置置于自动扶梯头部的自动扶梯。

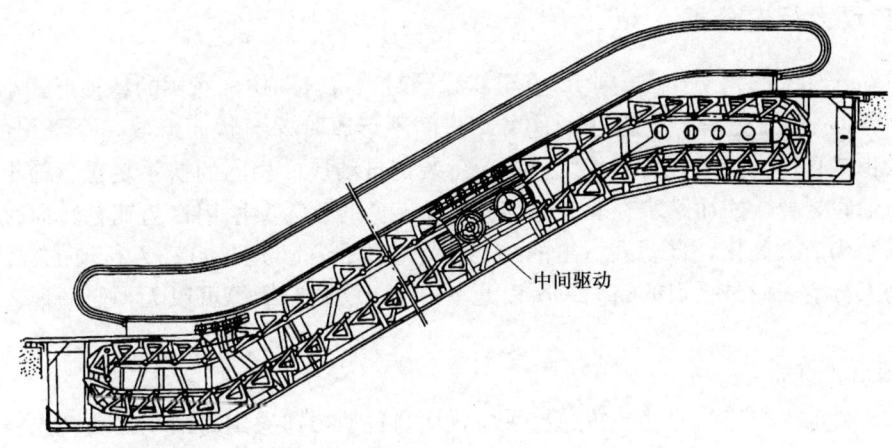

图 16.3-2 中间驱动扶梯

(2) 齿条式自动扶梯

以齿条为牵引构件、驱动装置组置于自动扶梯中部上分支与下分支之间的自动扶梯。

3. 按扶手外观分类

(1) 全透明扶手自动扶梯

扶手带采用全透明钢化玻璃支撑的自动扶梯。

(2) 半透明扶手自动扶梯

扶手带采用半透明钢化玻璃及少量撑杆支撑的自动扶梯。

(3) 不透明扶手自动扶梯

扶手带采用支架并覆以不透明板材支撑的自动扶梯。

4. 按梯路线型分类

(1) 直线型自动扶梯

扶梯梯路为直线型的自动扶梯。

(2) 螺旋型自动扶梯

扶梯梯路为螺旋型的自动扶梯。

5. 按有效宽度分类

扶梯的有效宽度作为主要的参数,有 600mm,800mm,1000mm 几种规格。

6. 按使用条件分类

(1) 普通型自动扶梯

每周少于 140h 运行时间。

(2) 公共交通型自动扶梯

每周大于 140h 运行时间。而且还要能适应下面两点:

1) 属于一个公共交通系统的组成部分,包括出口或入口;

2) 每周约正常运行 140h,且在任何 3h 的时间间隔内,达到 100% 制动载荷持续运行的时间不少于 0.5h。

此外还有按控制方式分为微机控制或继电器控制,是否有自启动功能,是否采用变频等其他分类方法,就不一一列举了。

16.4 自动人行道分类

将自动扶梯的倾角从 30°减到 12°直至 0°，同时，将自动扶梯所用的特种形式小车——梯级改为普通平板式小车——踏步，使各踏步间不形成阶梯形状而形成一个平坦的路面，就成为踏步式自动人行道。自动人行道两旁各装与自动扶梯相同的扶手装置。踏步车轮没有主轮与辅轮之分，因而踏步在驱动端与张紧端转向时不需要使用作为辅轮转向轨道的转向壁，使结构大大简化，自动人行道的结构高度也降低了。这是自动人行道的一大特点。由于自动人行道表面是平坦的路面，所以儿童车辆、购物车辆等可以无须照顾地放置在它的上面。

1. 踏步式自动人行道

踏步式自动人行道的驱动装置、扶手装置均与自动扶梯通用。踏步式自动人行道在结构上，由一系列踏步组成活动路面，两旁装有活动扶手，踏步铰接在两根牵引链条上。踏步节距为 400mm。由于自动人行道长度在不断增加，长度达 1000m 的也在设计中。

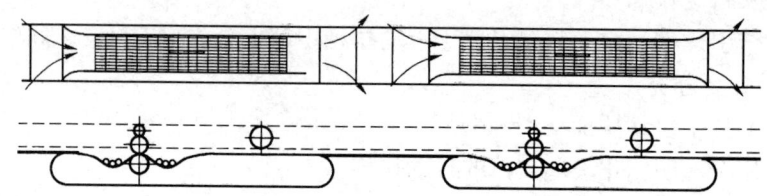

图 16.4-1　踏步式自动人行道简图

为改善链条的受力状态，前述的自动扶梯多级驱动装置，在自动人行道中也可以应用，如图 16.4-2 所示。

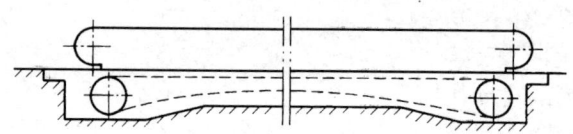

图 16.4-2　多级驱动的自动人行道简图

2. 钢带式自动人行道

钢带式自动人行道在整根钢带上覆橡胶层组成活动路面，两旁装有活动扶手。如图 16.4-3 所示。带式自动人行道的长度一般为 300～350m。当自动人行道长度为 10～12m 时，可采用滑动支承。

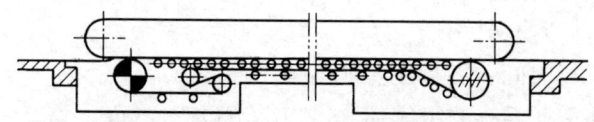

图 16.4-3　带式结构自动人行道简图

3. 双线式自动人行道

双线式自动人行道由一根销轴垂直放置的牵引链条构成来回两分支，在水平面内的闭合轮廓，以形成一来一回两台运行方向相反的自动人行道，两旁皆有活动扶手装置。如图 16.4-4 所示。自动人行道的驱动装置装在它的一端，并将动力传给轴线垂直的大链轮。电动机、减速器等就装在两台自动人行道之间。张紧装置装在自动人行道另一端的转向大链轮上。双线自动人行道的特点是结构的高度低，可以利用两台自动人行道之间的空间放置驱动装置，而且可以直接固接于地面之上。

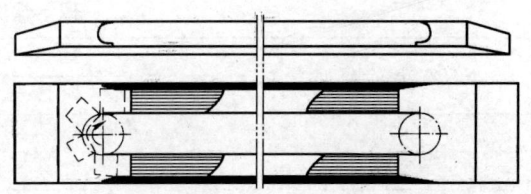

图 16.4-4　双线式结构的自动人行道简图

16.5　自动扶梯主要技术参数

自动扶梯的主要技术参数有提升高度 H、理论输送能力 c_t、额定速度 v、梯级名义宽度 Z_1、梯级的倾角 α 等。

为了保证自动扶梯的正常运行，在设计自动扶梯时，必须正确选用和确定自动扶梯的各主要参数。

1. 提升高度 H

建筑物上、下楼层间或地下铁道地面与地下站厅间的高度。

我国目前生产的自动扶梯系列为：小提升高度 $H=3\sim10\mathrm{m}$，中提升高度 $H=10\sim45\mathrm{m}$，大提升高度 $H=45\sim65\mathrm{m}$。

2. 理论输送能力 c_t

自动扶梯或自动人行道每小时内理论上能输送的人数。当自动扶梯的各梯级均站满人时，就达到了其理论输运能力。

为了确定理论输送能力，假定在一个平均深度为 0.4m 的梯级或每 0.4m 可见长度的踏板或胶带上能承载：

在名义宽度 $Z_1=0.6\mathrm{m}$ 时为 1 人；

在名义宽度 $Z_1=0.8\mathrm{m}$ 时为 1.5 人；

在名义宽度 $Z_1=1.0\mathrm{m}$ 时为 2 人。

理论输送能力按式（16-1）计算：

$$c_t = \frac{v}{0.4} \times 3600 \times k \tag{16.5-1}$$

式中　c_t——理论输送能力（人/h）；

　　　v——额定速度（m/s）；

　　　k——系数。

对常用的宽度其 k 值为：

当 $Z_1=0.6\mathrm{m}$ 时，$k=1.0$；

当 $Z_1=0.8\mathrm{m}$ 时，$k=1.5$；

当 $Z_1=1.0\mathrm{m}$ 时，$k=2.0$。

按公式（16.5-1）计算的理论输送能力结果见表 16.5-1 中。

理论输送能力　　　　　　　　　　　　　　表 16.5-1

名义宽度（m）	额度速度（m/s）		
	0.5	0.65	0.75
0.6	4500	5850	6750
0.8	6750	8775	10125
1.0	9000	11700	13500

由式（16.5-1）计算出的输送能力是按满载乘客时计算的。实际上乘客是否能完全站满梯级，需要考虑梯级运行速度对乘客上梯的影响。因此，应用一系数来考虑满载情况，这一系数称为满载系数 ψ。

3. 额定速度 v

自动扶梯和自动人行道的梯级踏板或胶带在空载情况下的运行速度也是由制造厂商所设计确定并实际运行的速度。自动扶梯运行速度的快慢，直接影响到乘客在扶梯上的停留时间。如果速度太快，影响乘客顺利登梯，满载系数反而降低。反之，速度太慢时，则不必要地增加了乘客在梯上的停留时间。因此，正确选用额定速度十分重要。

国标规定：自动扶梯倾斜角 α 不大于 30°时，其运行速度不应超过 0.75m/s；自动扶梯倾斜角 α 大于 30°，但不大于 35°时，其运行速度不应超过 0.50m/s。自动人行道的运行速度不应超过 0.75m/s，但如果踏板或胶带的宽度不超过 1.1m 时，自动人行道的运行速度最大允许达到 0.90m/s。

扶梯额定速度一般为 0.5m/s、0.65m/s、0.75m/s 3 种。扶梯运行速度与满载系数 ψ 密切相关，根据现场实测数据并经线性回归，得

$$\psi = 1.1 - 0.6v \tag{16.5-2}$$

将满载系数 ψ 与式（16.5-1）中算出的 c_t 相乘，就可得到扶梯的实际输送能力。表 16.5-2 是由式（16.5-2）计算出的不同额定速度下的满载系数。

满　载　系　数　　　　　　　　　　　　　表 16.5-2

$v/$（m/s）	0.5	0.65	0.75
ψ	0.80	0.71	0.65

4. 梯级名义宽度 Z_1

目前我国自动扶梯梯级名义宽度有三种规格：0.6m、0.8m 和 1.0m。

5. 倾角 α

梯级踏板或胶带运行方向与水平面构成的最大角度。

扶梯的倾角有 30°、35°、27.3° 3 种规格。国家标准规定自动扶梯的倾角 α 应不超过 30°，但如提升高度不超过 6m，运行速度不超过 0.5m/s，倾角最大可增至 35°。自动人行道的倾斜角不应超过 12°。

自动扶梯梯级的倾角一般为 30°。采用这一角度的主要原因是考虑自动扶梯的安全性及便于结构尺寸的处理和加工，同时倾角 30°的自动扶梯每个梯级一般的高度为 210mm，一般用于在自动扶梯停止时，可作为楼梯使用。

但有时为适应建筑物的特别需要，减少自动扶梯的占地面积，可采用倾角 35°，倾角 35°此梯级的高度为 230～240mm，一般用于在自动扶梯停止时，不作为楼梯使用。

为了与建筑物内普通扶梯的梯级尺寸比例 16:31 相一致，自动扶梯也可采用 27.3°，这样可在普通扶梯旁边同时并列安装自动扶梯。

16.6　自动扶梯构造

自动扶梯是带有循环运行梯级，用于向上或向下倾斜输送乘客的固定电力驱动设备，自动扶梯基本结构图如图 16.6-1 所示。

自动扶梯、自动人行道由桁架、驱动装置、制动系统、张紧装置、导轨系统、梯级（走道）、链条（或齿条）、扶手装置及各种安全装置所组成，主要部件及作用（以自动扶梯为例）如下所述。

16.6.1　金属结构架

桁架式金属结构架通常采用普通型钢（角钢、槽钢及扁钢）或方形与矩形管等焊制而成，如图 16.6-2 所示。其具有安装和支承各个部件、承受各种载荷及连接两个不同楼地面的作用。常见的桁架有整体焊接桁架与分体焊接桁架两种。分体焊接桁架加工成分段的形式，方便起吊和运输。

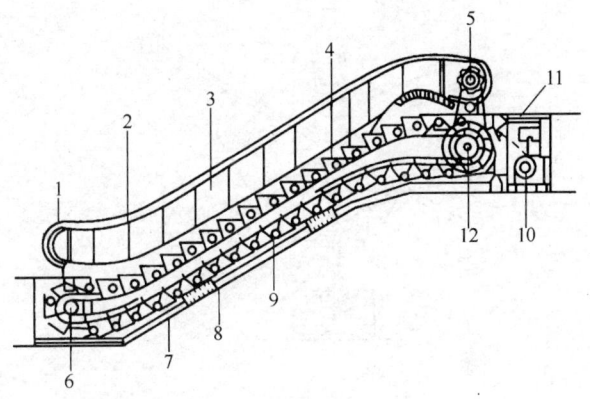

图 16.6-1　自动扶梯的构造
1—扶手传动滚轮；2—扶手带；3—栏板；4—梯级；5—扶手驱动链轮；6—从动张紧链轮；7—金属构架（桁架）；8—牵引导轨；9—牵引链条；10—动力装置；11—机房盖板；12—梯级牵引链轮

金属结构架的作用决定了它既要满足一定的刚度，也要满足一定的强度。国家标准规定：对于普通型自动扶梯或自动人行道，根据乘客载荷计算或实测的最大挠度，不应超过支承距离 L 的 1/750；对于公共交通型自动扶梯或自动人行道，根据乘客载荷计算或实测

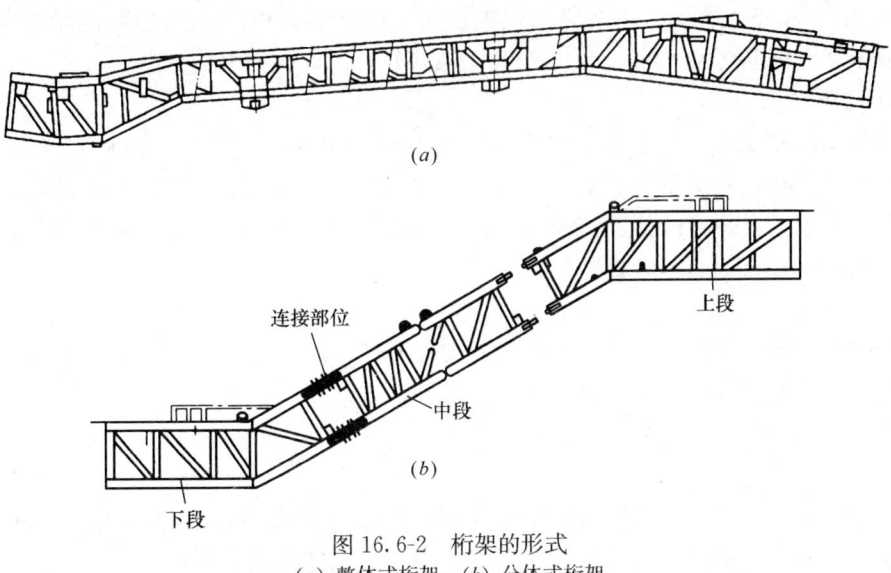

图 16.6-2　桁架的形式
(a) 整体式桁架；(b) 分体式桁架

的最大挠度，不应超过支承距离 L 的 $1/1000$。

为避免金属结构架的摆动或振动传到建筑物上，在金属结构架的支点与建筑物之间填有减震金属及减震橡胶。

一般地，当金属结构架的提升高度超过 6m 时，需在金属结构架与建筑物之间安装中间支撑，用来加强金属结构架的刚度，它不仅起支撑作用，而且可随桁架的胀和缩自行调节。如图 16.6-3 所示。

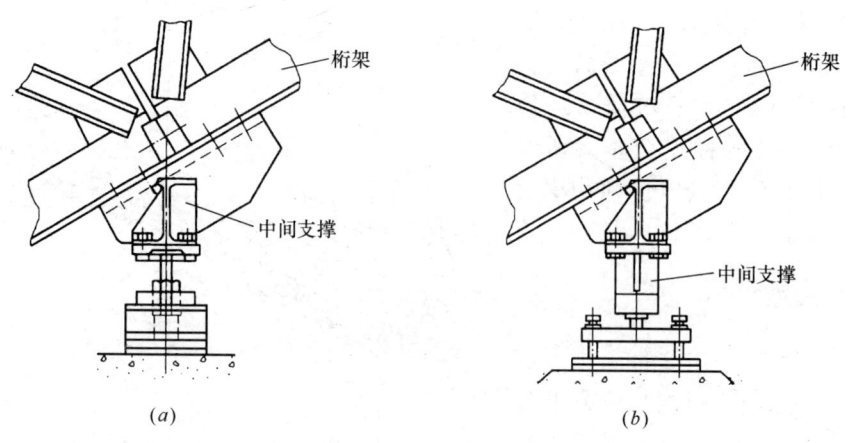

图 16.6-3 中间支撑
(a) 支撑竖放；(b) 支撑横放

16.6.2 驱动装置

驱动装置的作用是将动力传递给梯路系统及扶手系统。一般由电动机、制动器、减速器、传动链条或齿轮及驱动主轴等组成。常见有端部驱动和中间驱动两种形式。

1. 端部驱动

端部驱动的驱动装置通常位于自动扶梯或自动人行道的端部（即端部驱动装置），如图 16.6-4 及图 16.6-5 所示。端部驱动较为常用，驱动装置可配用蜗杆减速器，也可配用斜齿轮减速器以提高传动效率，端部驱动装置以牵引链条为牵引构件。

2. 中间驱动

中间驱动的驱动装置位于自动扶梯或自动人行道中部的（即中间驱动装置），即位于上、下两分支之间，如图 16.6-6 所示。中间驱动装置的电动机通过减速器将动力传递给两侧的两根构成闭合环路的传动链条，每侧的两根传动链条之间铰接一系列滚轮，滚轮与牵引齿条相互啮合，从而驱动梯路运行。

3. 驱动装置的技术要求

驱动主机的电源应由两个独立的接触器来控制，接触器触头应串连在供电电路中，如果停止运行，接触器任何一个主触头未断开，则应不能再启动。

16.6.3 制动系统

制动器是制动系统中依靠构成摩擦副的两者间的摩擦来使机构进行制动的重要部件。自动扶梯的制动系统包括：工作制动器、附加制动器和辅助制动器。

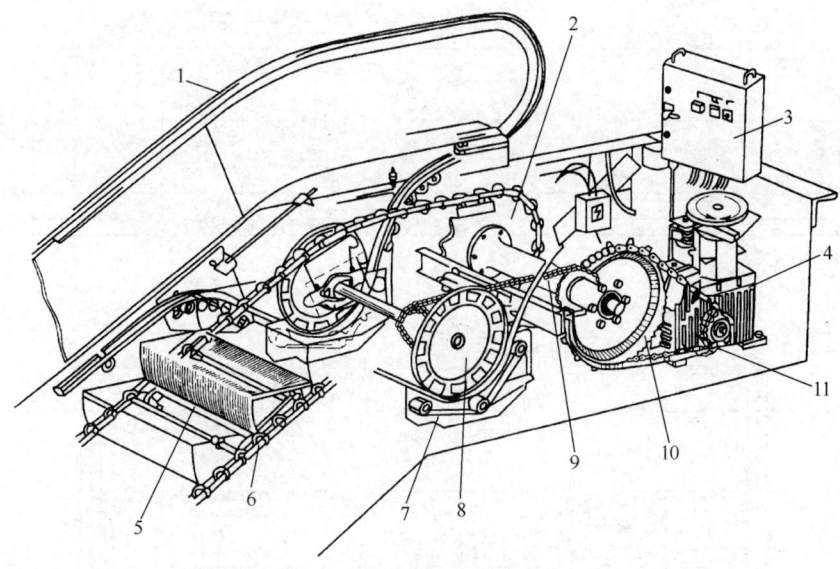

图 16.6-4　上端部带链条驱动自动扶梯

1—扶手胶带；2—牵引链轮；3—控制箱；4—驱动机组；5—梯级；
6—梯级链条；7—扶手胶带压紧装置；8—扶手驱动轮；9—驱动主轴；
10—传动链轮；11—传动链条

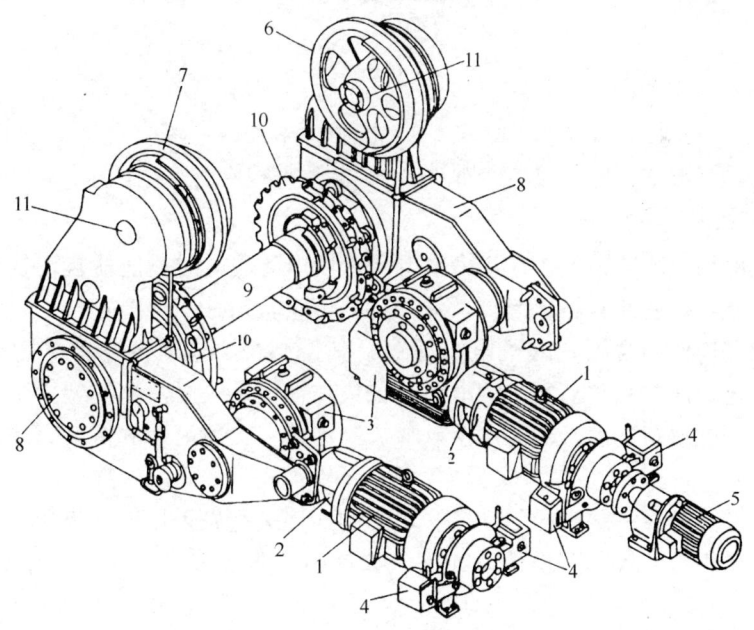

图 16.6-5　不用链传动的端部驱动装置

1—上端部电动机；2—弹性联轴器；3—蜗轮减速器；4—盘式制动器；
5—微驱动装置（检修用）；6、7—扶手驱动轮；8—圆柱斜齿轮传动；
9—主轴；10—牵引链轮；11—扶手驱动装置

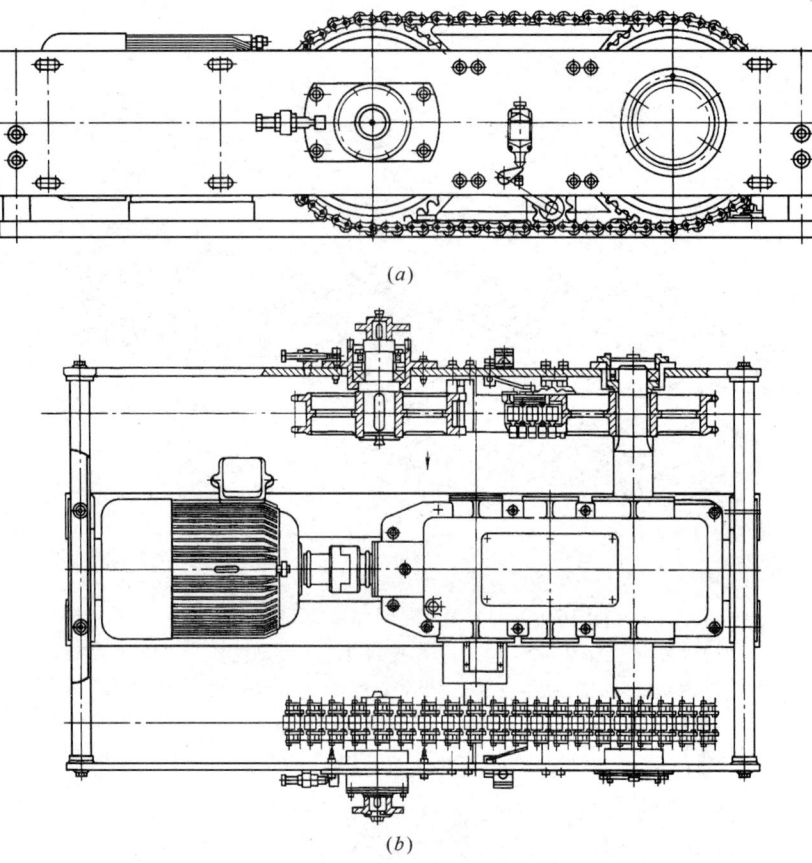

图 16.6-6 中间驱动装置
(a) 中间驱动；(b) 中间驱动装置布置

1. 工作制动器

一般装在电动机高速轴上，在动力电源或控制电源失电时，能使自动扶梯经过一个几乎是匀减速的制停过程使其停止运行，并保持其停止状态。

工作制动器应使用常闭式的机电制动器，其控制至少应有两套独立的电气装置来实现，这些装置还应能中断驱动主机的电源，如果扶梯停车以后，电气装置中任一个没有断开，则扶梯将不能重新启动。若能用手动释放制动器，必须由手的持续力才能保持制动器的松开状态。

工作制动器与梯级、踏板的驱动装置之间的连接应优先采用轴、齿轮、多排链、两根或两根以上的单根链条等非摩擦传动元件。如使用三角皮带传动（不允许用平皮带），应不少于3根。

自动扶梯在空载和有载两种工况下行时，制停距离应符合表16.6-1要求。

制 停 距 离 表 16.6-1

额定速度（m/s）	制停距离范围（m）	额定速度（m/s）	制停距离范围（m）
0.5	0.2~1.00	0.75	0.35~1.50
0.65	0.3~1.30		

工作制动器可分为带式制动器、盘式制动器、块式制动器等。

(1) 带式制动器

如图 16.6-7 所示为一种带式制动器。当单向电磁铁 1 通电时，内部的衔铁吸合并克服制动弹簧 3 的弹力带动制动弹簧螺杆运动，从而带动制动杆 2 绕支点按顺时针方向转动到与止动块接触。此时制动带 5 脱离制动盘 4，自动扶梯或自动人行道可以启动运行。在设备运行的过程中，单向电磁铁 1 始终处于通电吸合工作状态，只有当自动扶梯或自动人行道停止工作时，单向电磁铁 1 断电释放，制动杆 2 在制动弹簧 3 的作用下恢复到制动状态，制动带 5 重新抱闸。制动力矩的调节可通过调节制动弹簧 3 的张力而实现。带动制动器可使上、下方向运行时均能得到适当的制动力矩。一般上行制动扭力矩为下行制动扭力矩的 1/3，这样即可保证得到有效的制动力，同时在紧急制动时又不至于产生过大的制动力。

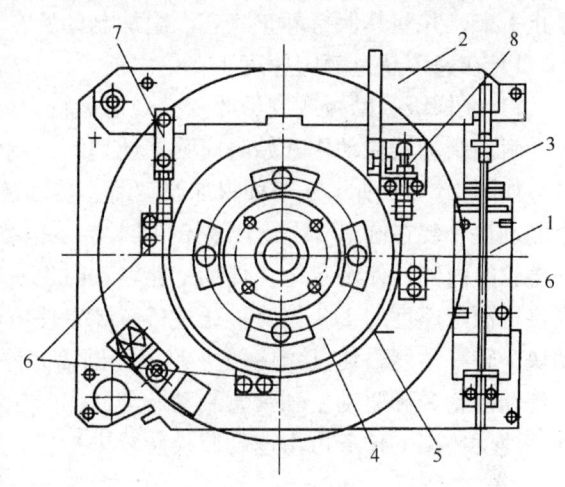

图 16.6-7 带式制动器
1—单向电磁铁；2—制动杆；3—制动弹簧；4—制动盘；
5—制动带；6—限位角铁；7—U 形弹簧夹；8—专用螺母

带式制动器构造简单、紧凑、包角大，但正反向运转时的制动力矩不相等，制动力是径向的，制动时对制动轮轴有较大的弯曲载荷。目前是自动扶梯中常用的制动器。

(2) 盘式制动器　如图 16.6-8 所示为一种盘式制动器。其制动力是轴向的，制动力矩的大小可以按制动块对数的多少而定。盘式制动器的优点是结构紧凑；制动轮转动惯量小；制动平稳、灵敏、散热性好。在自动扶梯中有广泛的应用前景。

(3) 块式制动器　块式制动器结构简单，主要由制动轮、制动臂、闸瓦、制动衬、释放器等组成。制动器通电后，释放器使制动臂上的闸瓦与制动轮分开，制动器释放。当制动器断电后，制动臂抱合，闸瓦上的制动衬与制动轮之间产生径向的制动力，但两边的制动块产生的制动力相互平衡，因此不会使制动轮轴产生弯曲载荷。

2. 附加制动器

在驱动机组与驱动主轴间用传动链条进行连接时，一旦传动链条突然断裂，两者之间即失去联系。此时，即使设备断电，电动机停转，也无法使梯路停止运行，这样会产生危险。在此情况下，应该为自动扶梯和倾斜式自动人行道设置一个附加制动器，该制动器直接作用于驱动主轴上。在下列任何一种情况下，应配用附加制动器：

(1) 工作制动器和梯级、踏板或胶带驱动轮之间不是用非摩擦元件（如轴、齿轮、多排链条、两根或单根链条）传动连接的；

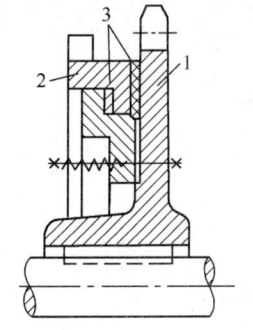

图 16.6-8 盘式制动器
的摩擦制停装置部分
1—牵引链轮；2—棘轮；
3—制动衬垫

(2) 工作制动器不是标准规定的机—电式制动器;

(3) 提升高度超过 6m;

(4) 公共交通型的自动扶梯。

附加制动器应为机械式的,应能使具有制动载荷的自动扶梯或自动人行道有效地减速停止下来,并使其保持静止状态。附加制动器在下列任何一种情况下都应起作用:

1) 在速度超过额定速度 1.4 倍之前;

2) 在梯级、踏板或胶带改变其规定运行方向时。

附加制动器在动作开始时应强制地切断控制电路。

如图 16.6-9 所示是一种附加制动器。传动链轮 2 带动驱动主轴 1,呈不对称扇形的多个制动块 4 装在圆盘 3 上。压簧 5 和挡块 11 也装在圆盘 3 上,压簧 5 将制动块 4 紧压在传动链轮的内侧,使圆盘 3 在传动链轮转动时也一起转动。当传动链断裂或自动扶梯运行速度接近额定速度的 1.4 倍时,通过传感装置使电磁铁 9 动作。电磁铁拉动拉杆 8 而带动止动块 7 转一角度,使其挡住挡块 11,使圆盘 3 停止转动,通过扇形制动块 4 的摩擦作用也使传动链轮 2 和驱动主轴紧急制动。与此同时拉杆 8 上的角形件与开关 12,使主机停止转动。速度传感的任务可由速度监控装置来担任,断链则应另有断链开关。

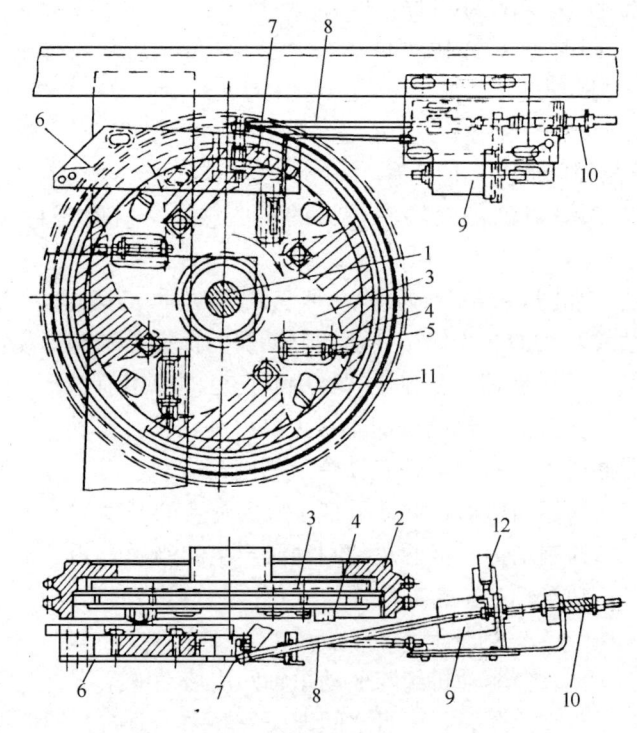

图 16.6-9 附加制动器

1—驱动主轴;2—传动链轮;3—圆盘;4—制动块;5—压簧;6—传感装置;
7—止动块;8—拉杆;9—电磁铁;10—弹簧;11—挡块;12—开关

3. 辅助制动器

辅助制动器可在自动扶梯或自动人行道停车时起保险作用,防止超速或欠速,在满载下降时,其辅助制动的作用更明显。工作制动器是必备的,辅助制动器可根据用户的要求和现场的实际情况选配。

16.6.4 牵引装置

自动扶梯所用牵引装置有牵引链条（或称梯级链）与牵引齿条两种。牵引装置是传递牵引力的构件。一台自动扶梯一般有两根构成闭合环路的牵引链条或牵引齿条。使用牵引链条的驱动装置装在上分支上水平直级区段的末端，即所谓端部驱动式。使用牵引齿条的驱动装置装在倾斜直线区段上、下分支的当中，即所谓中间驱动式。

1. 牵引链条（梯级链）

端部驱动装置所用的牵引链条一般为套筒滚子链，它由链片、小轴和套筒等组成。按联接方法牵引链条分为可拆式和不可拆式两种。目前不可拆式是国内常用形式，采用的牵引链条分段长度一般为 1.6m。为了减少左右两根牵引链条在运转中发生偏差而引起梯级的偏斜，对梯级两侧同一区段的两根牵引链条的长度公差应该进行选配，以使同一区段两根牵引链条的长度累积误差尽量接近。牵引链条出厂时应标明选配的长度公差。这一点在日后的电梯维修时要特别注意。

按梯级主轮的安装位置，又有主轮可置于牵引链条的内侧或外侧，如图 16.6-10 (b)，也可置于牵引链条的两个链片之间，如图 16.6-10 (a)。梯级主轮置于牵引链轮内、外侧的牵引链条的结构，可用较大的主轮，例如直径为 100mm 或更大，能承受较大的轮压，可以使用大尺寸的链片。置于牵引链条两个链片之间的主轮既是梯级的承载件，又是与牵引链轮相啮合的啮合件，因而主轮直径受到限制。一般直径为 70mm。主轮外圈由防油脂腐蚀的耐磨塑料浇铸而成，内装高质量的滚珠轴承。这种特殊塑料的轮外圈既可满足轮压的要求，又可降低噪声。适用于提升高度较低的普通型自动扶梯。

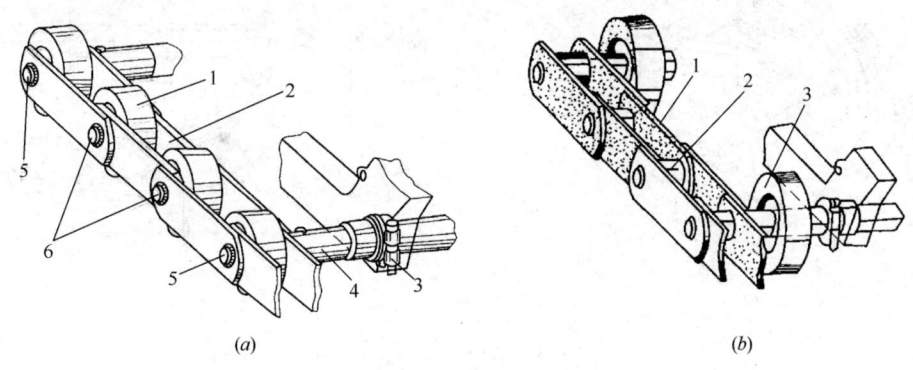

图 16.6-10 牵引链条的结构

(a) 主轮置于牵引链条两链片之间；
1—梯级链主轮；2—链片；3—定位夹紧环；
4—梯级轴；5—开口弹性挡圈；6—链销轴（铆接的）

(b) 主轮置于牵引链条内侧
1—链片；2—套筒；3—主轮

2. 牵引齿条

中间驱动装置所使用的牵引构件是牵引齿条，它的一侧有齿。两梯级间用一节牵引齿条连接，常见的牵引齿条节距为 400mm。中间驱动装置机组上的传动链条的销轴即与牵

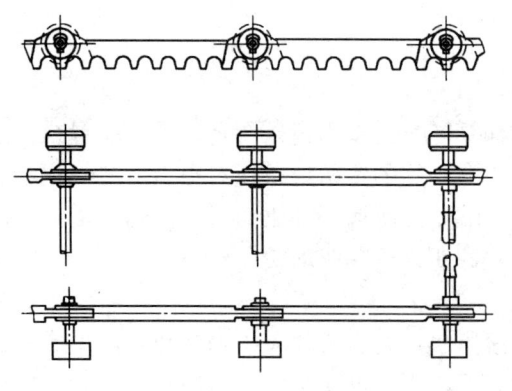

引齿条的牙齿相啮合以传递动力,如图16.6-11所示。

牵引齿条的另一种结构形式是:齿条两侧都制成齿形,一侧为大齿;另一侧为小齿。小齿用来驱动胶带,大齿用来带动梯级。

牵引构件的安全系数可取为:

对于大提升高度自动扶梯 $n=10$;

对于小提升高度自动扶梯 $n=7$。

我国自动扶梯国家标准规定不小于5。

图 16.6-11 牵引齿条

16.6.5 张紧装置

张紧装置的主要用途是使自动扶梯的牵引链条获得必要的初张力,以保证自动扶梯正常运转,补偿牵引链条在运转过程中的伸长,并有牵引链条及梯级由一个分支过渡到另一分支的改向功能,是梯路导向所必需的部件,如转向壁等均装在张紧装置上。其主要形式有重锤式和弹簧式。常用的为弹簧式。

弹簧式张紧由梯级链轮、轴、张紧小车及张紧梯级链的弹簧等组成,如图16.6-12所示。

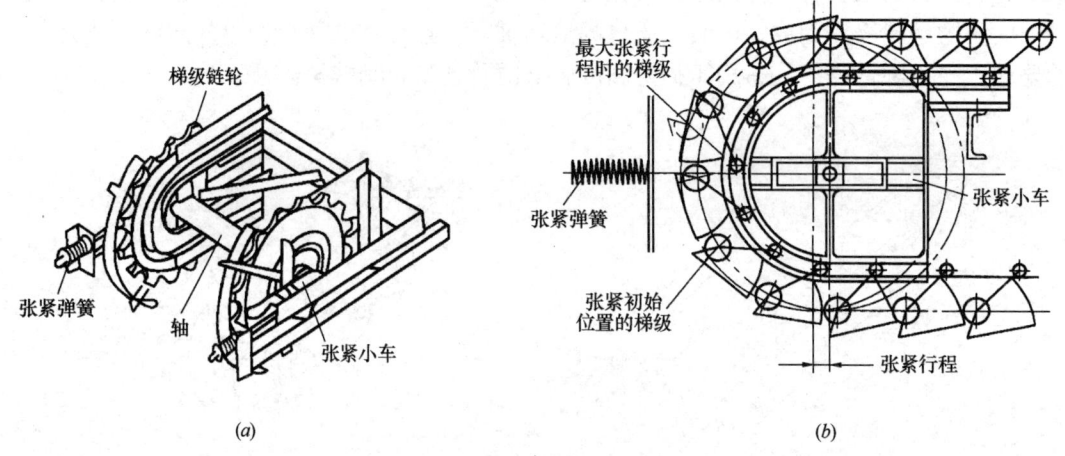

图 16.6-12 弹簧张紧装置结构简图
(a)张紧装置;(b)调整原理

这种结构形式的张紧装置链轮轴的两端各装在滑块内,滑块可在固定的滑槽中滑动,张紧弹簧可由螺母调节张力,使梯级链在扶梯运行时处于良好工作状态。当梯级链断裂或伸长时,张紧小车上的滚轮精确导向产生位移,使其安全装置(梯级链断裂保护装置)起作用,扶梯立即停止运行。

16.6.6 梯路导轨系统

梯路导轨系统的作用在于引导梯级或踏板按一定的线路运动,支承由梯级或踏板传递来的梯路载荷，以及避免梯级或踏板跑偏等。梯路导轨系统包括主、辅轮的全部导轨、压轨、反轨、导轨支架和转向壁等，其构造如图 16.6-13 所示。梯路是个封闭的循环系统，分成上分支和下分支。上分支用于运输乘客，是工作分支；下分支是返程分支，非工作分支。

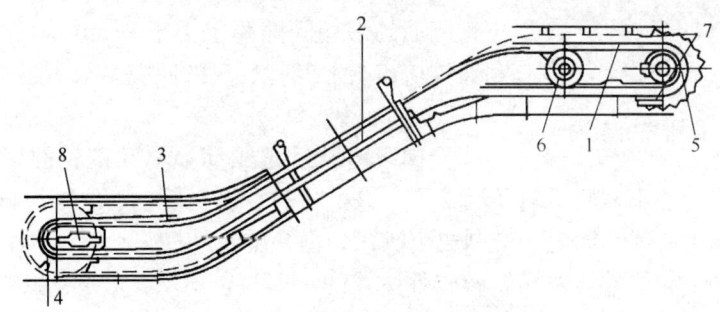

图 16.6-13　梯路导轨系统
1—上部曲线导轨；2—倾斜直线段导轨；3—下部曲线导轨；4—下部转向壁；
5—上部转向壁；6—扶手带驱动轴；7—切向导轨；8—张紧滑板

1. 导轨和反轨

导轨和反轨多用冷拔角钢、冷弯型材和异型钢组成，见图 16.6-14，表 16.6-2 列出了自动扶梯导轨及反轨等配置情况。

自动扶梯导轨系统表　　　　　　　　表 16.6-2

提升高度	区段代号 轨道名称	驱动端	I	II	III 上分支	III 下分支	IV	V	张紧端
小提升高度	主轨导机	×	—	—	—	—	—	—	×
	主轮反轨	×	—	—	×	×	—	—	×
	辅轮导轨	—	—	—	—	—	—	—	—
	辅轮反轨	—	—	—	×	×	—	—	—
	主轮防偏侧轨	—	—	—	—	—	—	—	—
大、中提升高度	主轨导机	×	—	—	—	—	—	—	×
	主轮反轨	×	—	—	—	—	—	—	×
	辅轮导轨	—	—	—	—	—	—	—	—
	辅轮反轨	—	—	—	×	—	—	—	—
	压链反板	×	×	—	—	—	—	—	—
	主轮防偏侧轨	—	—	—	—	—	—	—	—

从上面的图表看出，倾斜直线区段是自动扶梯的主要工作区段，也是梯路中最长的部分。其导轨的布置如图 16.6-15 所示。

在曲线区段内,各导轨、反轨之间的几何关系较复杂。为了准确地控制各导轨间的尺寸,通常在各区段金属结构内装一块附加板,将同一侧有关导轨、反轨固定在该板上,形成一个专用组件,整体装入自动扶梯金属结构的固定部位处。

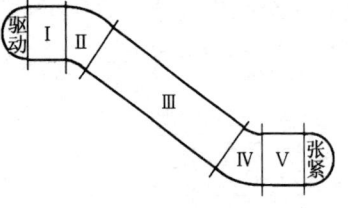

图 16.6-14 梯路导轨系统

在工作分支的上、下水平区段处,导轨侧面与梯级主轮侧面的平均间隙要求小于 0.5mm,以保证梯级能顺利通过梳齿板。其他区段的间隙要求小于 1mm。

2. 转向壁

当梯级链条通过驱动端驱动链轮和张紧端张紧链轮转向时,梯级主轮已不需要导轨及反轨了,该处将是导轨及反轨的终端。该导轨的终端不允许超过链轮的中心线,同时,应制成喇叭口。但是辅轮经过驱动端与张紧端时仍然需要转向导轨。这种辅轮终端转向导轨做成整体式的,即为转向壁,如图 16.6-16 所示。转向壁将与上分支辅轮导轨和下分支辅轮导轨相连接。

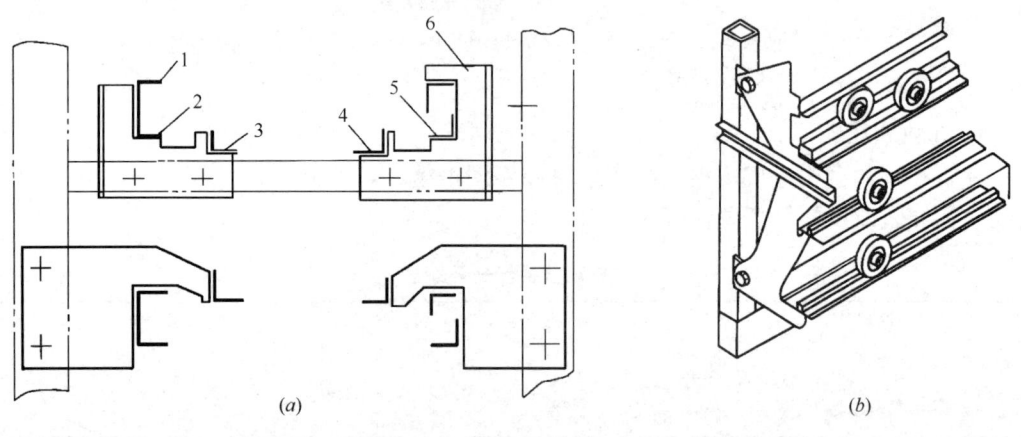

图 16.6-15 梯路导轨断面及连接图
(a) 直线段导轨的横截面图;(b) 导轨支架和异形钢材导轨
1—反轨;2—左主轨;3—左副轨;4—右副轨;5—右主轨;6—导向支架(支撑板)

16.6.7 扶手装置

扶手装置是供站立在自动扶梯梯路上的乘客扶手用的,自动扶梯自从有了活动扶手之后,才真正进入实用阶段。自动扶梯的活动扶手有如电梯中的安全钳一样,是重要的安全设备。扶手装置由扶手驱动装置、扶手带、扶栏、扶手等组成。

扶手装置是装在自动扶梯梯路两侧的两台特种结构形式的胶带输送机,扶手与梯级由同一驱动装置驱动,并应保证两者速度基本相同,且扶手速度不能滞后于梯级,其差值又不能大于 2%,相关的检测方法参见 18 章。

1. 驱动装置

扶手装置按驱动方式可分为压滚驱动型和摩擦轮驱动型两种。摩擦轮驱动型如图 16.6-17 (a) 所示,结构紧凑、应用广泛。压滚驱动型如图 16.6-17 (b) 所示,具有降低能耗和延长扶手带寿命的特点。

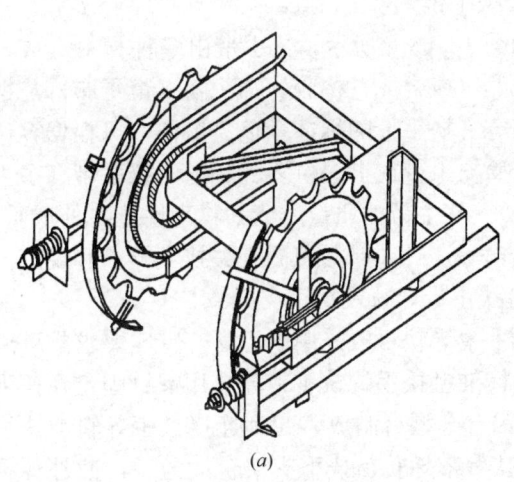
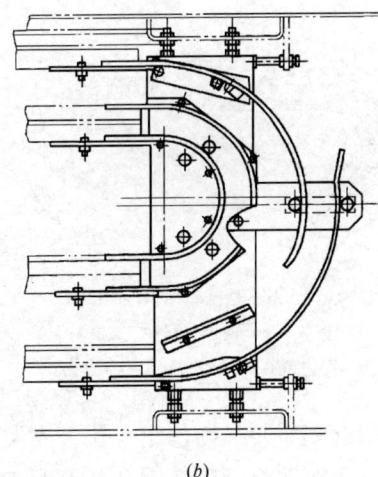

图 16.6-16 转向壁
(a) 端部驱动自动扶梯转向壁;(b) 中间驱动自动扶梯的转向壁

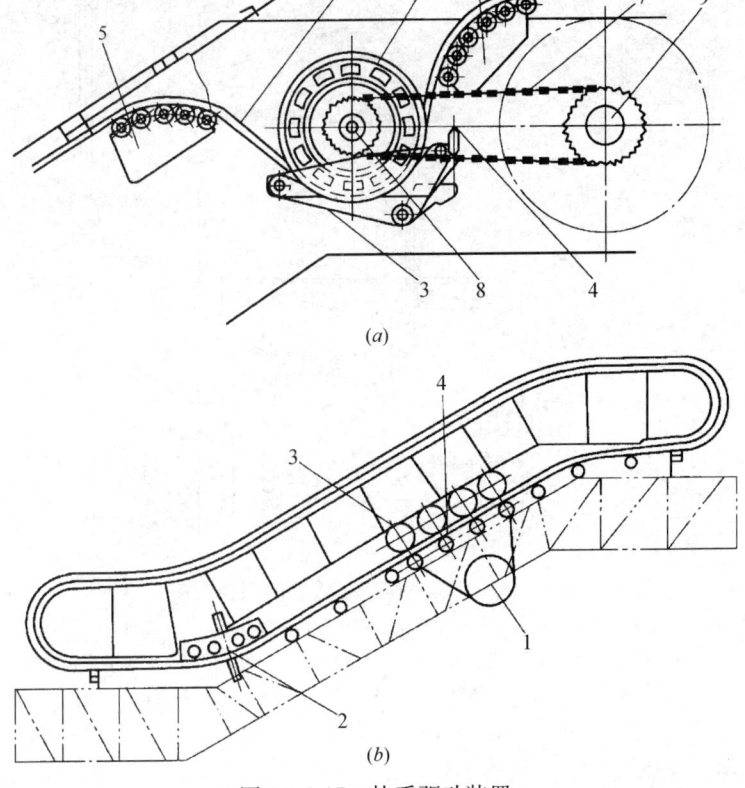

图 16.6-17 扶手驱动装置
(a) 摩擦轮驱动型的扶手带驱动系统
1—扶手带;2—摩擦轮;3—压带;4—压带张紧装置;5—张紧滚轮组件;6—换向滚轮组件
7—扶手带驱动链;8—扶手带驱动轴;9—驱动主轴;10—扶手带张紧装置
(b) 压滚驱动型的扶手带驱动系统
1—扶手带驱动装置;2—扶手带的张紧装置;3—上压滚组;4—下压滚组

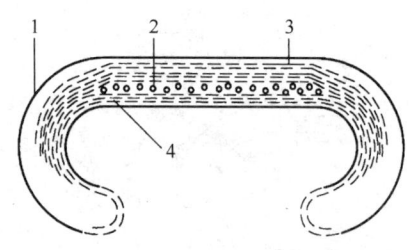

图 16.6-18 扶手带的横截面图
1—橡胶；2—钢芯（最少 18 根）；
3—棉衬或合成橡胶衬；4—棉织物

2. 扶手带

如图 16.6-18 所示，扶手带由多种材料组成，主要为天然（或合成）橡胶、棉织物（帘子布）与钢丝或钢带等。扶手带的标准颜色为黑色，可根据客户要求，按照扶手带色卡提供多种颜色的扶手带（多为合成橡胶）。扶手带的质量，诸如物理性能、外观质量、包装运输等，必须严格遵循有关技术要求和规范。

3. 扶手带导轨及扶手支架

扶手带导轨一般采用钢型材，特殊要求的可用不锈钢。标准型扶手的扶手带导轨用螺钉固定在扶手支架上，起扶手带导向作用。扶手支架可以用铝合金型材制成，起到连接扶手导轨、扶手栏板和扶手照明灯管的作用。苗条型扶手则将扶手带导轨与扶手支架合二为一，使外观更为简洁明朗，拆装也较为方便。如图 16.6-19 所示。

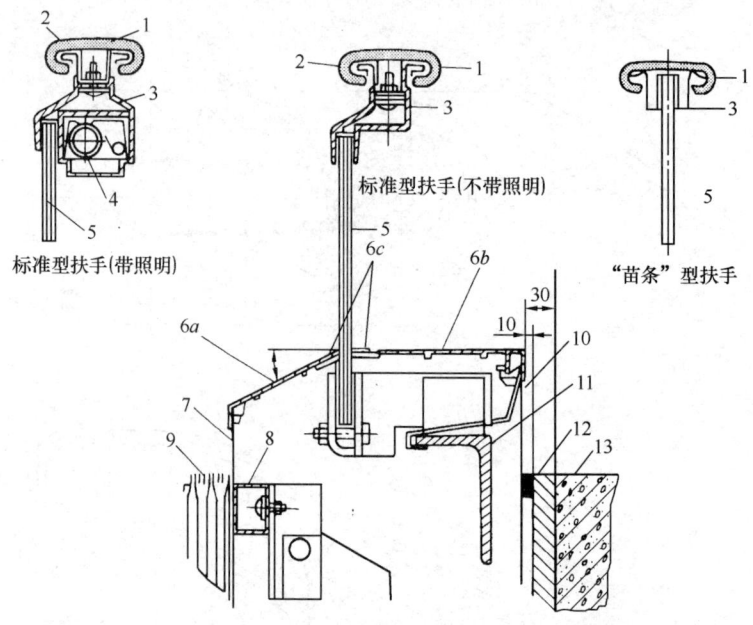

图 16.6-19 垂直型扶手装置的横截面图
1—扶手带；2—扶手带导轨；3—扶手支架；4—照明灯管；
5—扶手栏板；6a—内盖板；6b—外盖板；6c—夹紧条；7—围裙板；
8—C 形件；9—梯级；10—外装饰板；11—桁架上弦杆；
12—防振垫；13—建筑物楼面

4. 扶手栏板（护壁板）

自动扶梯或自动人行道常采用一定厚度的钢化玻璃板作为扶手栏板，也可根据使用场合的需要选用金属板材作为扶手栏板。它根据型式结构和材料不同，又有垂直扶栏和倾斜扶栏之分，如图 16.6-20 所示。这两类扶栏又可分为全透明无支撑、全透明有支撑、半透明及不透明 4 种。垂直扶栏为全透明无支撑扶栏，倾斜扶栏为不透明或半透明扶栏。由于扶栏结构不同，扶手带驱动方式也随之各异。国标允许采用玻璃做成护壁板，该种玻璃应当是不会裂成碎片的单层安全玻璃（钢化玻璃），并具有足够的强度和刚度，玻璃的厚度不应小于 6mm。

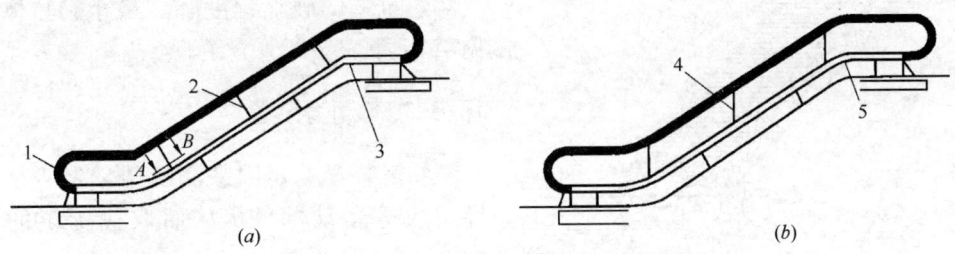

图 16.6-20　扶手扶栏
(a) 倾斜扶栏；(b) 垂直扶栏
1—半圆；2—接缝垂直梯级连线；3—尖角过渡；4—接缝垂直地面；5—圆角过渡

16.6.8　梯级（踏板）

梯级是自动扶梯中一个很关键的部件，它是直接承载输送乘客的特殊结构的四轮小车，如图 16.6-21 所示。梯级的踏板面在工作段必须保持水平。各梯级的主轮轮轴与牵引链条连接在一起，而它的辅轮轮轴则不与牵引链条连接。这样可以确保梯级在扶梯的上分支保持水平，而在下分支可以进行翻转。

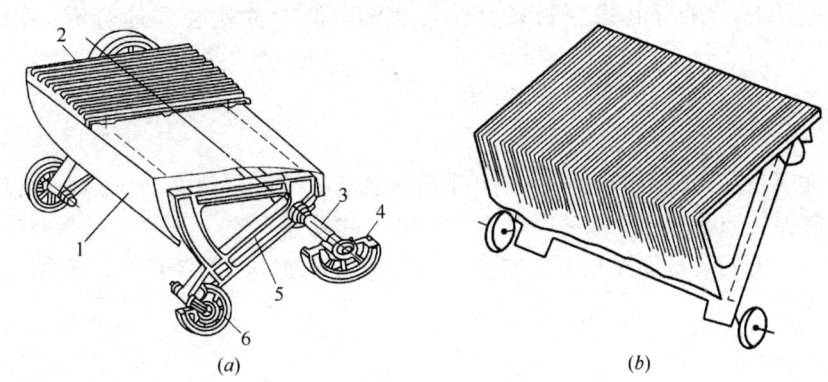

图 16.6-21　自动扶梯的梯级
(a) 装配式梯级；(b) 整体压铸梯级
1—踢板；2—踏板；3—轴；4—主轮；5—支架；6—辅轮

梯级的主轮与辅轮基距，一般为 310～350mm，两梯级间节距，一般为 400～405mm。踏板或胶带是自动人行道上直接承载输送乘客的部件。踏板一般为链式驱动，而扶手带一般为滚筒驱动。如图 16.6-22 所示。

16.6.9　安全装置

自动扶梯及自动人行道的安全性非常重要，国家标准对所需的安全装置有明确的规定。安全装置的主要作用是保护乘客，使其免于潜在的各种危险（如乘客疏忽大意导致的危险，以及由于机械电气故障而导致的危险等）。其次，安全装置对自动扶梯和自动人行道设备本身具有保护作用，能把事故对设备的破坏性降到最低；另外，安全装置也使事故对建筑物的破坏程度降到最小。具体内容见第17章安装部分介绍。

16.6.10 润滑装置

润滑装置主要用来润滑传动链条、梯级导向块等运动部件，从而取代传统的手工润滑。

常见的润滑装置主要有下列几种类型：

(1) 自动润滑装置　整套装置通常由油箱、油泵、电动机、油位开关、压力开关、油管、油刷、油路分配器、控制电路构成。自动润滑装置可在控制电路的调控下自动定期地滴油润滑。

(2) 电磁阀控制的润滑装置　这种润滑装置由油箱（油箱位置高于润滑点位置）、电磁阀、油管、油刷、节流卡、控制电路组成。控制电路通过控制电磁阀的通断实现定期的滴油润滑。

(3) 滴油式润滑装置　滴油式润滑装置由油箱（油箱位置高于润滑点位置）、油管、油刷、节流卡组成，无需电路控制只要油箱有油，润滑油就会经油管流向油刷，加油润滑。

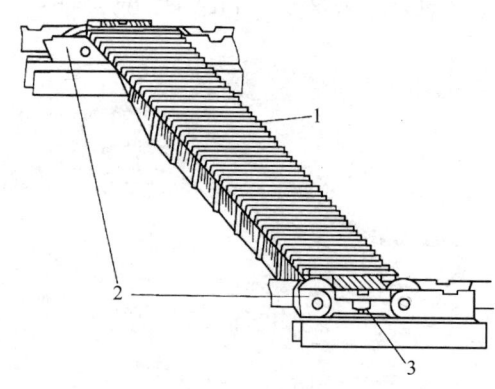

图 16.6-22　自动人行道的踏板
1—踏板；2—踏板链；3—踏板连接件

16.6.11　电气装置

自动扶梯或自动人行道的电气设备主要包括主电源箱、驱动电动机、电磁制动器、操纵开关、控制屏、照明电路、故障及状态指示器、传感器、安全开关、远程监控装置和报警装置等部分，电气设备部件和电气安装应符合国家规范中的有关规定。具体内容见第17章安装部分介绍。

第17章 自动扶梯及自动人行道安装

自动扶梯、自动人行道的安装工程与电力驱动的曳引式或液压电梯的安装工程相比有较大的差别，电力驱动的曳引式或强制式电梯及液压电梯以零部件出厂，现场完成组装、调试；而自动扶梯、自动人行道（除大长度水平人行道外），一般已在生产厂内进行了组装、调试、检查，工程施工主要工作是土建验收、吊装、整机安装及调试。

17.1 自动扶梯及自动人行道的排列类型

自动扶梯及自动人行道常见的排列方式如表17.1-1，这是确定施工方案的一个主要依据。

自动扶梯及自动人行道的排列类型　　　　表17.1-1

类　型	图　例	说　明
1. 单台安装	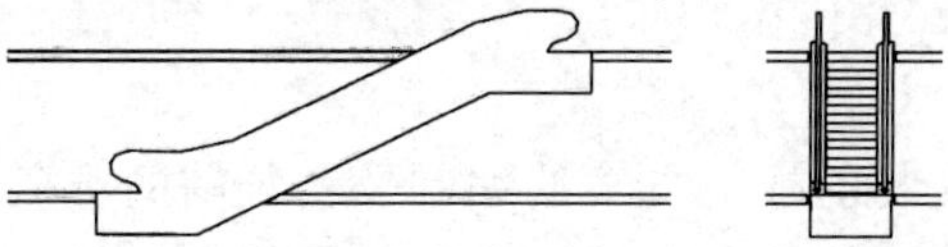	作为两层之间的运输用
2. 剪刀叉式安装	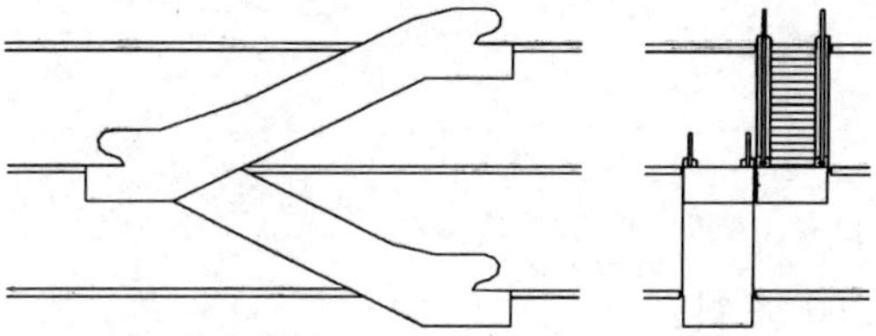	这种布置只用于单方向运输，作为三个层楼之间的联系，可由第一台梯直接进入第二台扶梯，连续运行
3. 并列安装	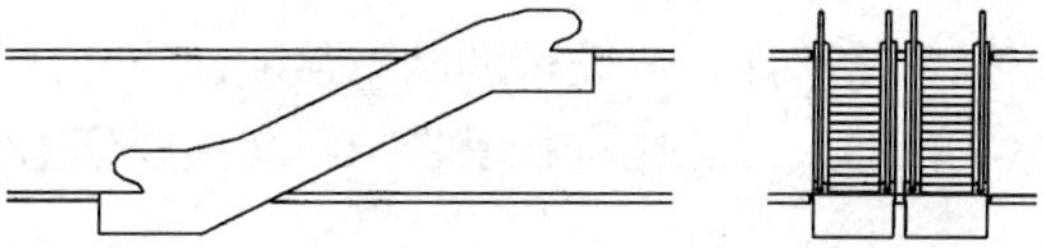	由于第一台扶梯不能直接进入到第二台扶梯，可将顾客引到指定的销售柜台，对商店有利
4. 十字交叉安装	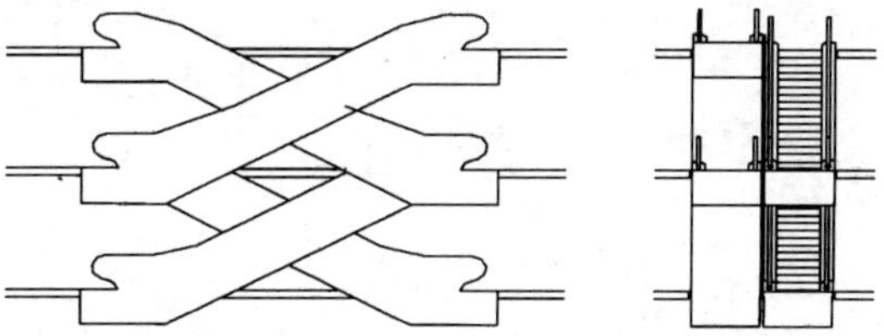	用于双向运行，可以减少运行时间
5. 双列剪刀叉式安装	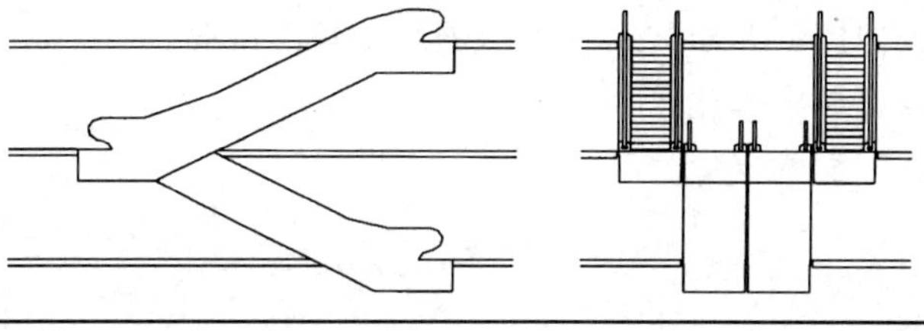	类似于十字交叉安装但排列简洁

17.2 自动扶梯及自动人行道到货方式

通常，自动扶梯、自动人行道有以下几种方式运往现场安装，这是确定施工方案的又一个重要依据：

(1) 完全整体出厂

连同扶手系统组装后整体运输，这种方式适用于提升高度比较小的自动扶梯，运输路况比较好，安装现场空间、吊装位置允许的场合，采用这种方式现场安装比较简单。

(2) 主要部件整体出厂

部分扶手系统拆下后整体运输，由于现场吊装空间或运输路况的限制，多数自动扶梯采用这种方式运输。采用这种方式，现场施工的主要工作是整体吊装、扶手系统的安装及整机调试。

(3) 分段出厂

分成若干段运输，这种方式适用于提升高度较大的自动扶梯或长度较长的自动人行道、现场安装空间相对比较小、运输路况比较差、受集装箱大小的限制、受运输设备的限制的情况。采用这种方式现场安装、调试、检查的工作量比较大。

17.3 安装前准备

自动扶梯、自动人行道的安装前施工方案的编制及安装前的准备工作类似第 3 章所述，在施工方案中，关键要确定吊装的方案，以及合理地使用机具，根据厂家的来货形式，选定系统的施工方案。

17.3.1 设备进场验收

1. 技术资料和随机文件

在设备到场后，必须提供以下资料：

(1) 技术资料

1) 梯级或踏板的形式试验报告复印件，或胶带的断裂强度证明文件复印件；

2) 对公共交通型自动扶梯、自动人行道应有扶手带的断裂强度证书复印件。

(2) 随机文件

1) 土建布置图；

2) 产品出厂合格证；

3) 装箱单；

4) 安装、使用维护说明书；

5) 动力电路和安全电路的电气原理图。

2. 设备验收

由于自动扶梯和人行道出厂都要包装，在安装前验收只能查验：

(1) 设备零部件应与装箱单内容相符；

(2) 设备外观不应存在明显的损坏。

3. 土建交接验收

(1) 井道复查测量

自动扶梯的井道复测工作应在产品进场前完成，井道尺寸必须严格按照土建图检查。如果相关的尺寸及施工要求不符合土建施工图的要求，应通知业主责成有关部门及时修正，如图 17.3-1 所示以倾角为 30°为例的主要尺寸。

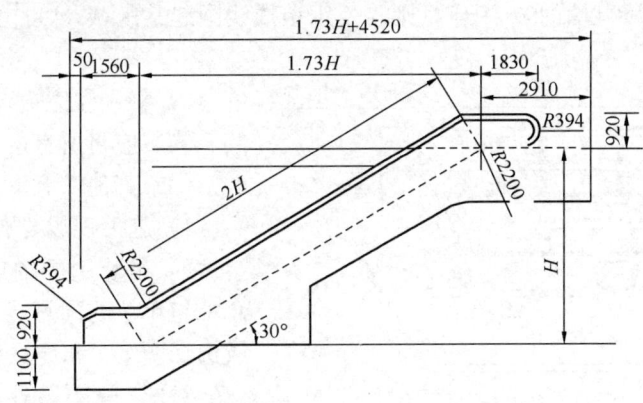

图 17.3-1　自动扶梯的土建示意图

为了保证楼面安装高度的正确，首先与客户协调，找出上下楼面的平面基准面，可以采用垂线直测量点，然后用钢卷尺（激光测距仪）测量层高，如图 17.3-2 中提升高度 H 的测量。

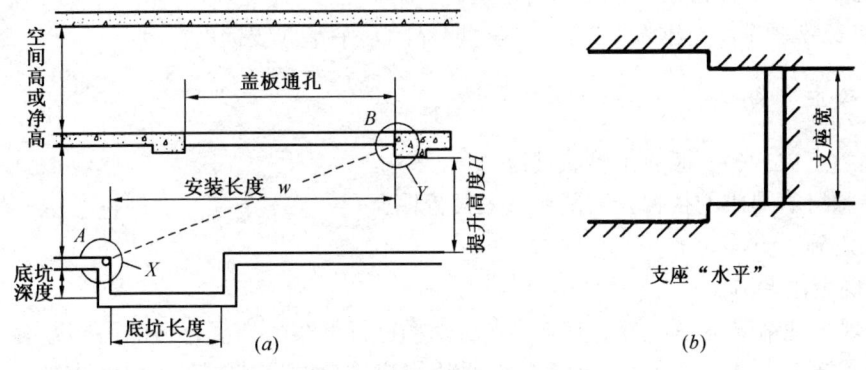

图 17.3-2　井道测量示意图
(a) 剖面尺寸；(b) 承重钢板

在上下两支承梁的净开档尺寸测量中，找出整个扶梯在井道中安装（上下机舱垫板）的中心点，做好标志，除按上下两中心测量 AB 的尺寸外，对于两支承梁的平行度必须引起重视，在扶梯（上下机舱垫板）全宽范围内，仍需保证上述 AB 值，允许误差值按土建图规定，土建图未作规定时，可按最大允差 10mm 处理，当测量 AB 值不方便时，可测量 w 值和高度后换算。

支承骨架的内侧面，在 1.1m 高度范围内必须平直不允许有墙面凸出的现象。

具有底坑的井道按土建要求测量，且底坑不允许渗水。

(2) 安全防护

1) 扶梯作业区周边应做防护，如图 17.3-3 所示。

底坑四周、第二层开口的四周，应设置封闭安全护栏，以保证施工人员不能掉下去。

安全护栏或屏障应从楼层底面起不大于 0.15m 的高度向上延伸至不小于 1.2m 的高度,并标有"扶梯井道,危险"等字样,如果工作需要拆除某端或某几面护栏,则需要设置成活动式护栏。但应与建筑物联结,目的是防止其他人员将其移走或翻倒。

2) 在起吊区域和起吊下方工作,则需要用警戒线围起某区域,禁止非工作人员进入,特别是起吊下方。

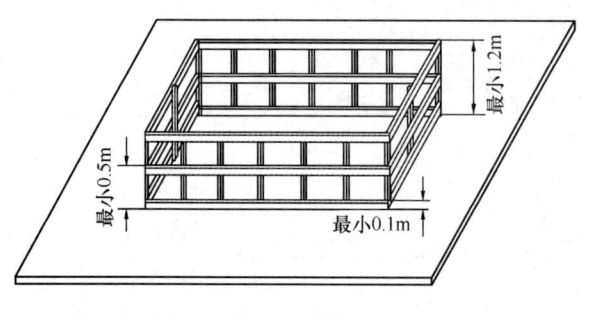

图 17.3-3　安全围栏布置图

3) 特别注意:在高于 2 层时,吊装、安装应将所有层相应区域做防护。

(3) 其他注意事项

1) 施工现场要有足够的照明;

2) 吊装用的锚点应先征得设计、总承包单位的同意,并办理签认手续,或选择图纸上指定的部位;

3) 扶梯安装处的基础应通过了验收;

4) 供施工用动力电源满足容量要求,并保证作业时连续供电。电源零线和接地线应始终分开。接地装置的接地电阻值应个大于 4Ω;

5) 现场提供材料库房,满足关键部件存放需要;

6) 现场具备扶梯桁架水平运输的通道;

7) 在安装之前,土建施工单位应提供明显的水平基准线标识。

17.3.2　技术准备

1. 熟悉有关扶梯安装质量验收规范。
2. 熟悉厂家提供的扶梯安装图册及安装说明。
3. 确定施工方案。

(1) 确定吊装方案

施工现场的情况不一,施工前应首先对现场进行勘察,选择合适的吊装方案,确保设备的完好及施工人员的安全。一般施工时采用半机械化的吊装方案,如果全部采用吊车吊装,虽然方便快捷,但投入较大,而且吊车所需的工作场地大,大部分施工现场难以满足自动扶梯、自动人行道安装的要求,应根据现场具体情况而定。

(2) 编写施工组织设计

根据安装合同和工地实际情况及产品特点编写施工组织设计,为工程施工提供可靠的指导性作业文件。

4. 办理好安装告知和开工手续。

17.3.3　材料准备

(1) 主材

扶梯设备零部件开箱后,应妥善保管,现场应能提供可封闭的库房,材料堆放应分类整齐码放,并挂好标示牌。

(2) 辅助材料

电焊条、型钢要有合格证及材质证明，不得使用不合格的材料，其他材料也要按照厂家的要求使用，若有厂家指定的材料或配件必须经过厂家确认。

17.3.4 主要机具

扶梯的专用工具要根据进货和现场的具体情况统筹安排，主要机具有卷扬机、葫芦、挂钩、滑轮、钢丝绳、"U"形环、卡环、滚杠、撬棍、水准仪、水平方块、线坠、卷尺、样板支架、电锤、电钻、电气焊及常用工具等。

17.4 安装步骤

在完成自动扶梯或自动人行道的准备后，就进入放线定位、水平运输、吊装等安装过程。

17.4.1 基础放线

在检查、修正自动扶梯或自动人行道的开度无误后，就要根据安装的形式来放线。

1. 确定扶梯中心线

通常在扶梯不远处都设计有建筑结构立柱以及100线（由±0向上返100mm作为基准标高）基准轴线，根据标准轴线确定自动扶梯中心线，如图17.4-1所示。如果为单梯井道一般应使扶梯置于井道中心。如果为多台并联或十字交叉排列时应先划出井道中心，然后在两台扶梯处分别划出中心。画线时，用经纬仪在下机坑的自动扶梯中心线上，找出上机坑的中心线，并用墨线画出。

2. 确定标高线

把相近两层的"100"线引至铅垂线处，找出地平线，并测出精确的提升高度，然后根据自动扶梯所安装的具体位置，确定机尾（桁架下端）、机头（桁架上端）标高线，做好墨线标识，如图17.4-2所示；

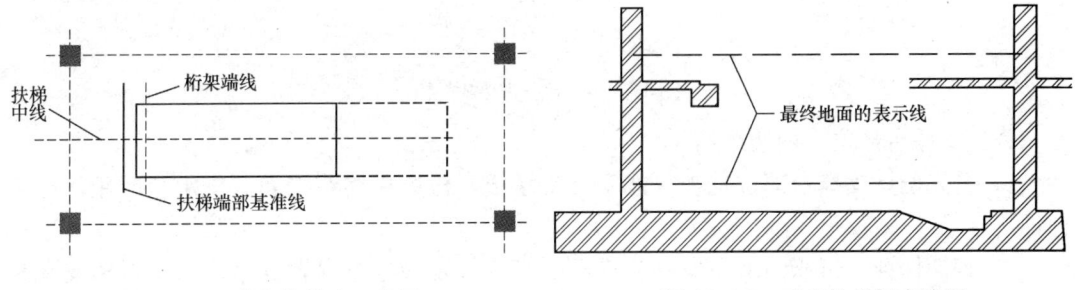

图17.4-1 确定扶梯中心线图　　　　图17.4-2 确定扶梯标高线图

3. 制作放线样板

在上机头前，用50mm×100mm方木作为放线用的样板，要求方木四面刨光、平直，然后于上机坑中心位置放一铅垂线于下一层地面，分别复核提升高度、坑的长度、坑的宽度，看是否在厂家允许的范围内，如图17.4-3所示。土建方面必须保证提升高度的偏差都不得超过20mm。

4. 确定机头、机尾承重钢板的标高

中心线确定之后用下面方法测量,利用上、下机头处100线,找出各层地平线,然后下返250mm于搁机牛腿上画出安装承重钢板的基准线,确定机头、机尾承重钢板的标高,如图17.4-4所示。

5. 桁架支承板的调整与固定

根据确定的支承板位置,对其进行调整与固定。

(1) 支撑台为混凝土内藏钢筋结构(如图17.4-5所示)

1) 在支撑台混凝土上安装支撑板前,应当把混凝土打碎,并把钢筋露出;

2) 在露出钢筋上面,按照图纸在最终装饰面下规定位置的地方安置支承板,并调整支承板的水平;

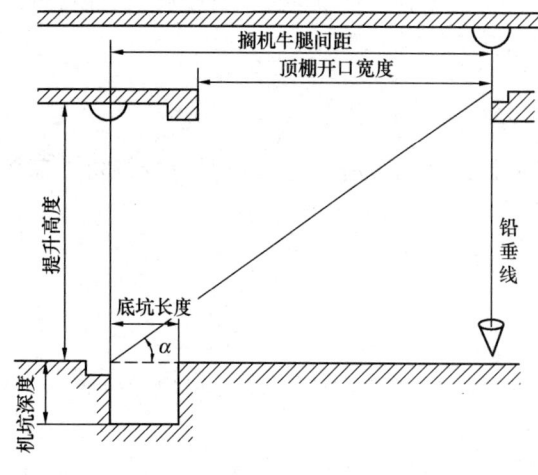

图 17.4-3 复核安装尺寸图

3) 为防止支承板窜动,需要临时固定住,然后通过焊接将支承板与钢筋固定为一体。

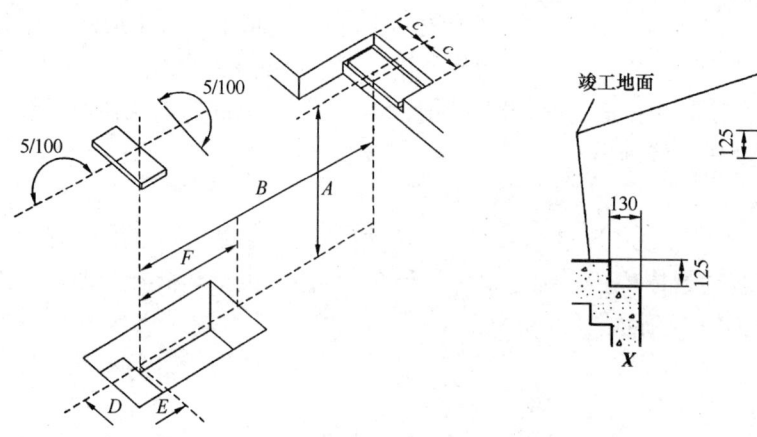

图 17.4-4 确定桁架支撑面

(2) 支撑台部位为钢架结构

1) 首先确认支撑台部位是否可能安装支承板,检查最终装饰面到支承板间距离能否保证规定尺寸;

2) 如能保证,按照图纸在最终装饰面下规定位置的地方安置支承板,并调整支承板的水平;

3) 为防止支承板窜动,然后通过焊接将支承板与钢架固定为一体。

17.4.2 水平运输

1. 确定运输路线

扶梯设备一般堆放在施工现场附近,在起吊前应首先运到建筑物内。现场勘察后,根据扶梯从现场的存放地与安装地点的通道畅通情况,确定运输路线。在确定运输路线时,注意以下事项：

(1) 所有运输地面、临时工作地面和竣工地面均需能承受载荷；

(2) 自动扶梯在建筑物内的驶入高度，也就是在吊运距离内的净高度绝对不得低于自动扶梯最小尺寸，更需注意建筑物顶部悬挂下来的管道、电线或灯具等；

(3) 自动扶梯的驶入宽度取决于自动扶梯宽度、自动扶梯长度（特别在转弯处）以及所选用的起重机械。

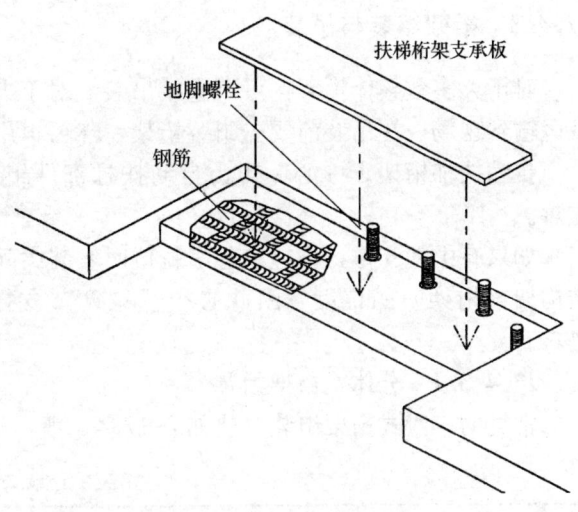

图 17.4-5　混凝土支承台固定支承板示意图

2. 确定锚固点

在安装位置附近，找到一个固定点，可以固定链条葫芦，有足够的强度，能承受水平移动扶梯桁架的拉力，如果没有合适的位置，应在安装位置附近埋设支架，充当锚固点。

3. 水平运输

采用多个手拉葫芦串联，首尾相接，设备底部设置 100mm×100mm×200mm 方木每头四根，方木下再设直径 80mm 的钢管滚筒，缓慢牵引至楼房入口处。室内的水平运输，方法类似，只是锚点可选择在承重梁（柱）上，水平运输时也可自行制作滚轮滑车，以提高工作效率。水平运输示意图如图 17.4-6 所示。

在自动扶梯运输线路上，必须始终畅通无阻并打扫干净，地面和敷设的临时盖板的负载能力必须满足要求，必要时应进行加固，如图 17.4-7 所示。预定的辅助材料必须准备就绪。已经竣工的和不平的楼板地面用木板盖好。要确保运输沿线的驶入高度与驶入宽度的尺寸，自动扶梯在运输情况下的各主要尺寸 H、h、L 在不同场合下可能有变化。

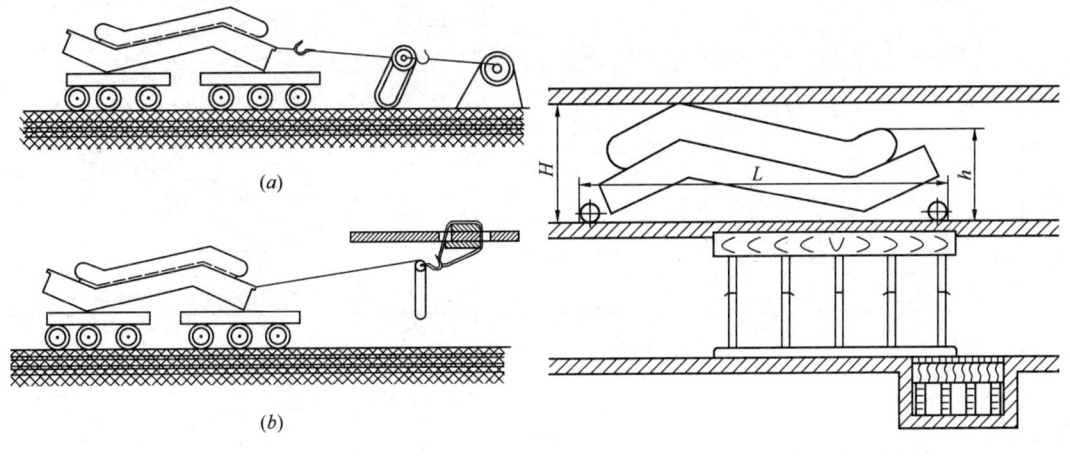

图 17.4-6　水平运输示意图
(a) 室外水平运输；(b) 室内水平运输

图 17.4-7　运输通道的加固

17.4.3 桁架组装与吊装

对于大多数整体桁架，可以直接吊装。对于大提升高度的扶梯和自动人行道，桁架分段运输到现场，在吊装前要先组装桁架，然后再吊装。

自动扶梯桁架定中心，作为自动扶梯部件组装的基础，是十分重要的工作，要充分注意。

如果有中间支撑，则应在起吊就位时安装中间支撑件。中间支撑件的高度将影响金属结构架（桁架）的挠度，因此必须注意调节支撑件的高度，使金属结构架的挠度符合要求。

17.4.3.1 分体式桁架组装

常见的三段式桁架组装方法如表 17.4-1 所示。

桁架的组装方法　　　　　　　表 17.4-1

	方法 1	方法 2	方法 3
1		把桁架放置在一条直线上	
2	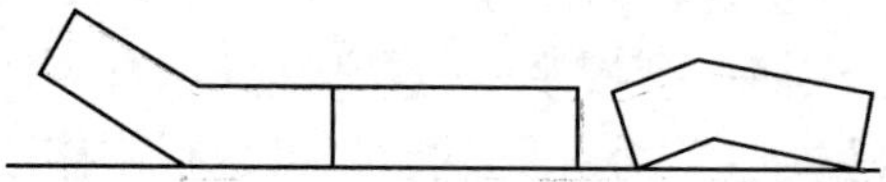 把下部同中部连接		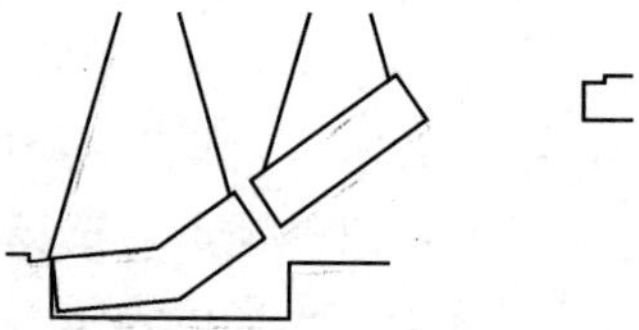 下部同中部连接
3	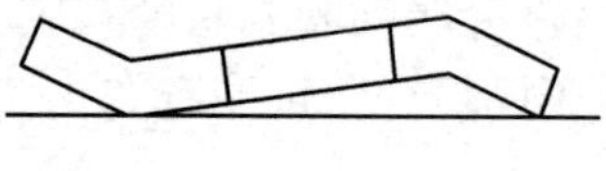 在地面把桁架装配上	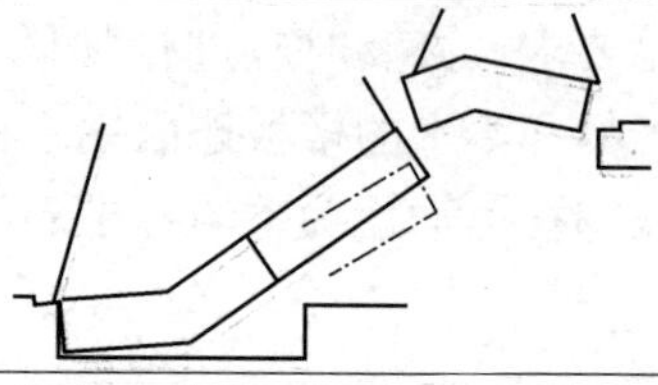 架起上部桁架，然后把下部架起	
4	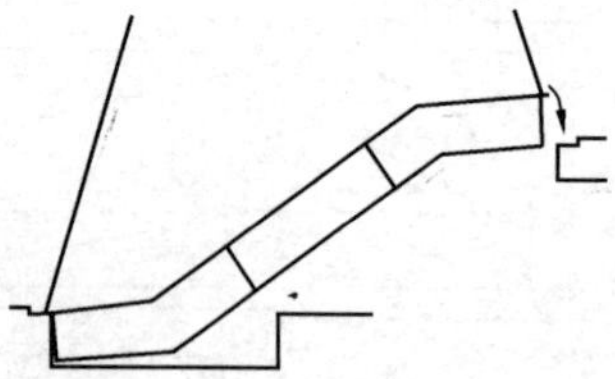 把下部放置在下部支撑台上		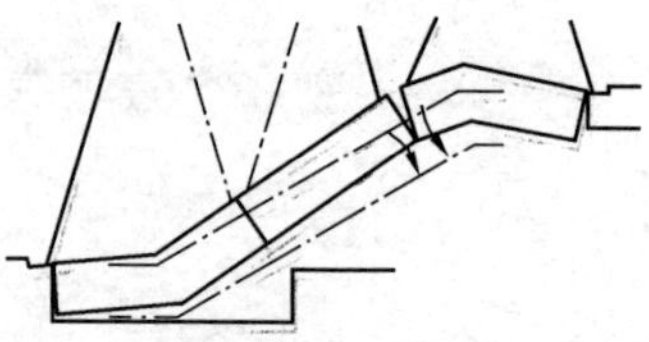 上部桁架同下部桁架连接
注意	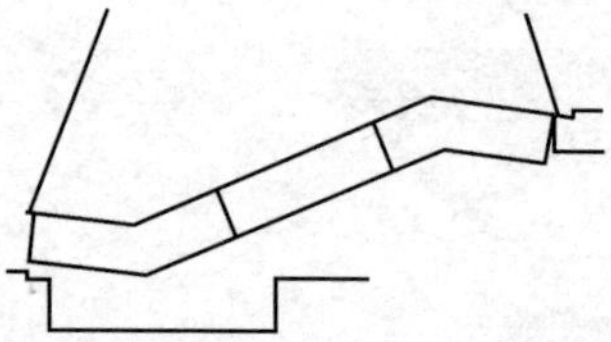	不能先放置上部然后安置下部	

不管采取哪种组装方法,在进行桁架拼接时,均采用端面配合连接法。在每个连接面上,用若干只 M24 高强度螺栓连接。由于在受拉面与受压面上都用高强度螺栓,所以必须使用专用工具,以免拧得太紧或太松。拼接可在地面上进行,也可悬吊于半空进行,主要取决于现场作业条件。拼接时,可先用紧固螺栓确定相邻两桁架组段的位置,然后插入高强度螺栓,用测力扳手拧紧。桁架拼接完成之后,即按起吊要求,使其就位。

1. 下桁架与中桁架接合

(1) 确认接合部的符号,在下桁架的吊索支架及折点附近的起吊位置处系好钢丝绳并挂在起吊用卷扬机或塔吊的吊钩上,如图 17.4-8 所示;

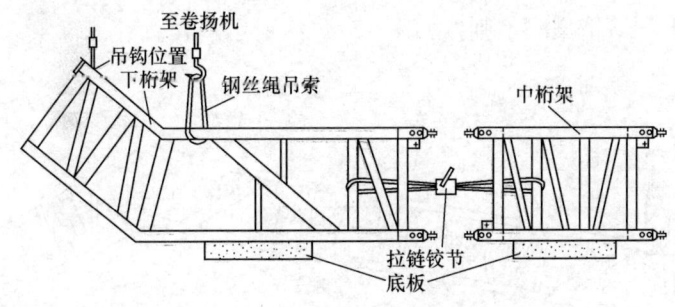

图 17.4-8 下桁架与中桁架的接合(一)

(2) 卷扬机或塔吊向上起吊,直至图 17.4-8 所示与中桁架的接合面能完全笔直接合;
(3) 在下、中桁架间安装拉链铰节,并使用此拉链铰节,使桁架接合面慢慢靠拢;
(4) 使用卷扬机及拉链铰节使桁架接合面的紧固螺栓孔位大致对准;
(5) 将螺栓插入桁架 4 处的螺孔,应将孔对准后再插入,如果孔位正确,依次安装螺栓,将桁架接合,此处必须使用厂家随设备来的螺栓,不得换小一号的螺栓;
(6) 螺栓接近锁完时,在螺栓头部用榔头敲击后再锁紧;
(7) 安装接续板的顺序依次如下,先接续块 A,再接续梁 B,最后在产品出厂时打的销孔处将弹簧销打入,如图 17.4-9 所示。

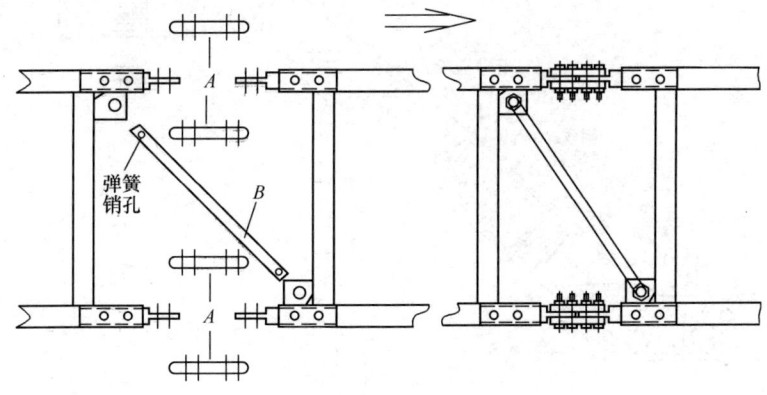

图 17.4-9 下桁架与中桁架的接合(二)

2. 中桁架与上桁架接合

(1) 确认与下桁架接合后的中桁架和上桁架接合部的符号;
(2) 在中桁架及上桁架起吊处系好钢丝绳,并挂在卷扬机的吊钩上;

(3) 卷扬机向上起吊直至图 17.4-10 所示，中桁架与上桁架接合面能完全笔直接合；

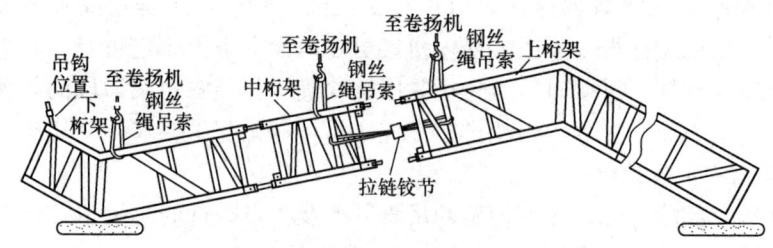

图 17.4-10　中桁架与上桁架的接合示意图

(4) 若仅有上、下桁架时，则按如图 17.4-11 所示接合。

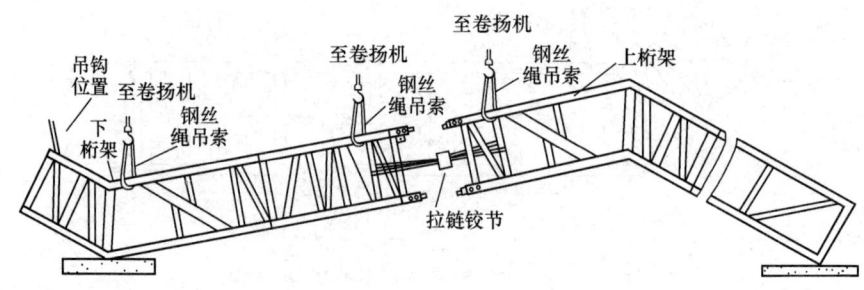

图 17.4-11　上桁架与下桁架的接合示意图

3. 起吊后接合

如果现场的条件不具备全部组装完毕后再起吊，此时可按如图 17.4-12 所示依次将上、下桁架起吊到预定位置，在此状态下，将上、下桁架接合并在一体接合完成后，将桁架放置在建筑物的支撑部位。

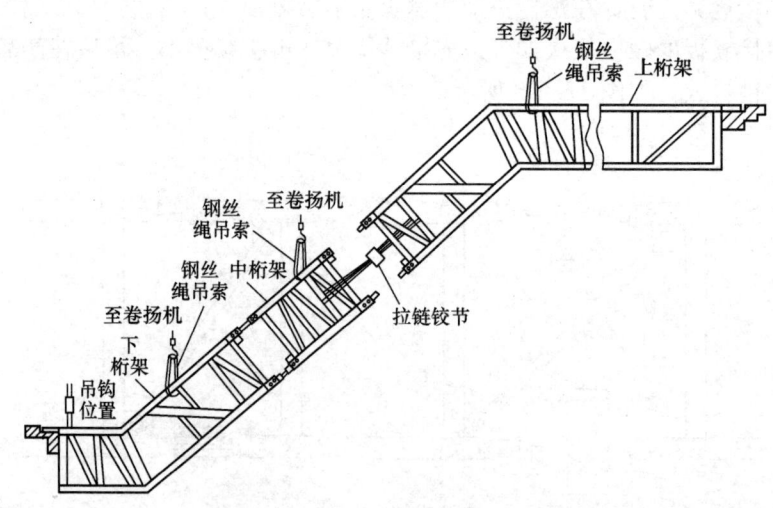

图 17.4-12　起吊后接合顺序示意图

17.4.3.2　桁架吊装

1. 吊挂受力点的确定

自动扶梯的吊挂受力点（电葫芦用工字钢轨）必须有规定的承载能力，设置位置必须正确。自动扶梯的楼面盖板要保证承载能力。

为起吊自动扶梯，吊挂的受力点只能在自动扶梯两端的支撑角钢上的起吊螺栓或吊装脚上如图 17.4-13 所示。在使用这些螺栓时，必须掀开自动扶梯的上、下端部盖板。为此，应在拧下盖板上的保护螺钉后，使用专用工具，以取下盖板。

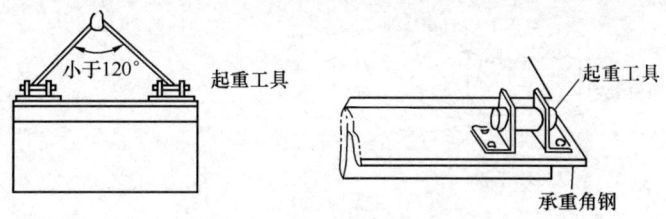

图 17.4-13　起吊后接合顺序示意图

严禁撞击自动扶梯其他部位，拉动和抬高自动扶梯时一律不得使其他部位受力。所用起重设备的各项参数，使用的各种起吊装置和吊挂方式均需符合起重机械安全规范的规定。

2. 起吊时注意事项：

在起吊的时候，为了保证安全和设备不被损坏，需注意以下事项：

（1）钢丝绳起吊位置应在附有加强角钢的垂直构件的上弦杆处，千万不要只是把钢丝绳挂在加强角钢或垂直构件上，如图 17.4-14 所示；

（2）在承载角钢上装上起重工具，然后在上面悬挂钢丝绳，参阅前图受力点；

（3）利用上层已装妥扶梯桁架吊装

1）在安装多层布置的自动扶梯时，如果桁架是用原先装妥的上层桁架的下弦杆起吊时，务必使用桁架悬吊加强工具，并按图 17.4-15 所示，在一下层桁架的下弦杆上悬挂钢丝绳；在用上层桁架起吊桁架时，必须在上层桁架的下弦杆上固定两个悬吊加强工具，钢丝绳挂在这两只工具之间；

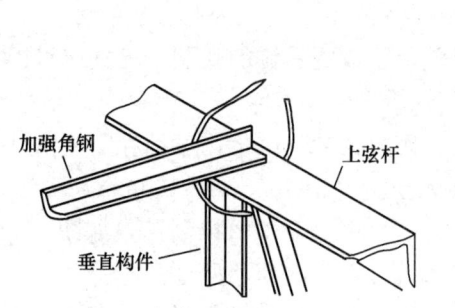

图 17.4-14　悬挂位置的选择

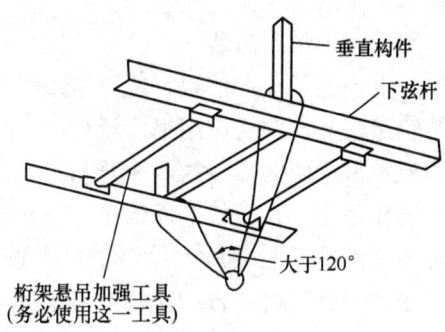

图 17.4-15　悬吊桁架加固方法

2）绝对不能用单根钢丝绳起吊桁架；

3）务必在垂直构件的下弦杆上挂钢丝绳，千万不要让钢丝绳与自动扶梯装置接触；

4）如图 17.4-16 所示，用上层桁架的每边末端部分起吊时，上层桁架的一端所受载荷应小于 4 吨，当桁架总重量大于 8 吨时，不能用上层桁架起吊；

5）如图 17.4-16 所示，不能用上层桁架中间部分起吊桁架；

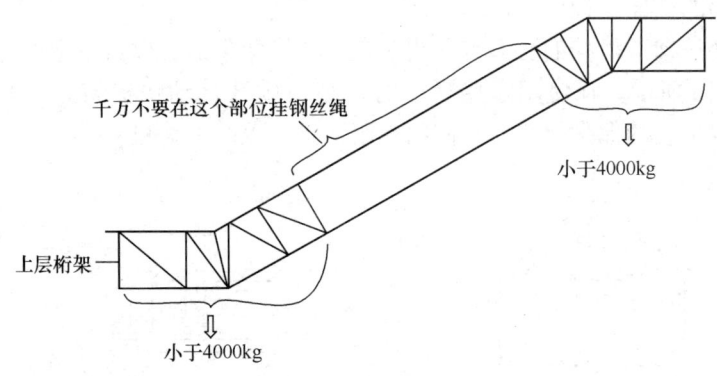

图 17.4-16　起吊重量

6) 悬吊角度取决于桁架的重量，然而应尽可能减小这一角度（小于 60°）应用桁架承载角钢上的起重工具时的悬吊角度，也尽可能小于 120°，如图 17.4-17 所示。

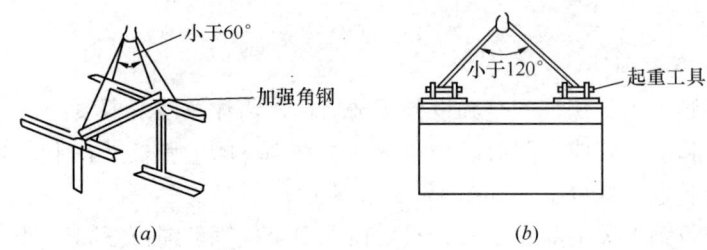

图 17.4-17　起吊桁架的悬挂角度
(a) 小于 60°；(b) 小于 120°

3. 起吊方法

自动扶梯和自动人行道的吊装方法有利用固定吊点法、自制门形吊架法、汽车吊或塔吊法三种起吊方法。

(1) 利用固定吊点吊装

若设计上提供了锚点位置，或有承重梁且预留了设置吊钩的孔洞，可直接采用捯链或卷扬机滑轮组吊装，此法应用最广泛。

在顶层承重梁两侧预留的两个骑马空洞内，用直径 22mm 的吊索拴在空洞内，为了防止起吊时磨损吊索，在楼板上面的吊索套内穿入至少两根 100mm×100mm×500mm 的木方；每部扶梯不少于四个吊点，每个吊点选用一台 HS 型 5t 手拉葫芦，如图 17.4-18 所示。但对于大提升高度的自动扶梯要考虑其自重选择匹配的葫芦型号。

在实际吊装的工作中，如图 17.4-18 所示，通过 A、B 点的捯链把扶梯向上移动，C 移动量为多少，则 A、C 点上就松开相应 B 长度的链条，桁架下部接近基坑时，则把 A 点捯链连接到桁架下部，把桁架的下部首先安放在支撑台上，确认好支承板的中心线及左、右间隔后，然后安装上，在安放上部时，下部不应当有错动发生。

(2) 自制门形吊架吊装

有的施工现场结构复杂，现场规定不许在楼板或墙体上、立柱上打洞安装吊钩，因此只能采用门形吊架。

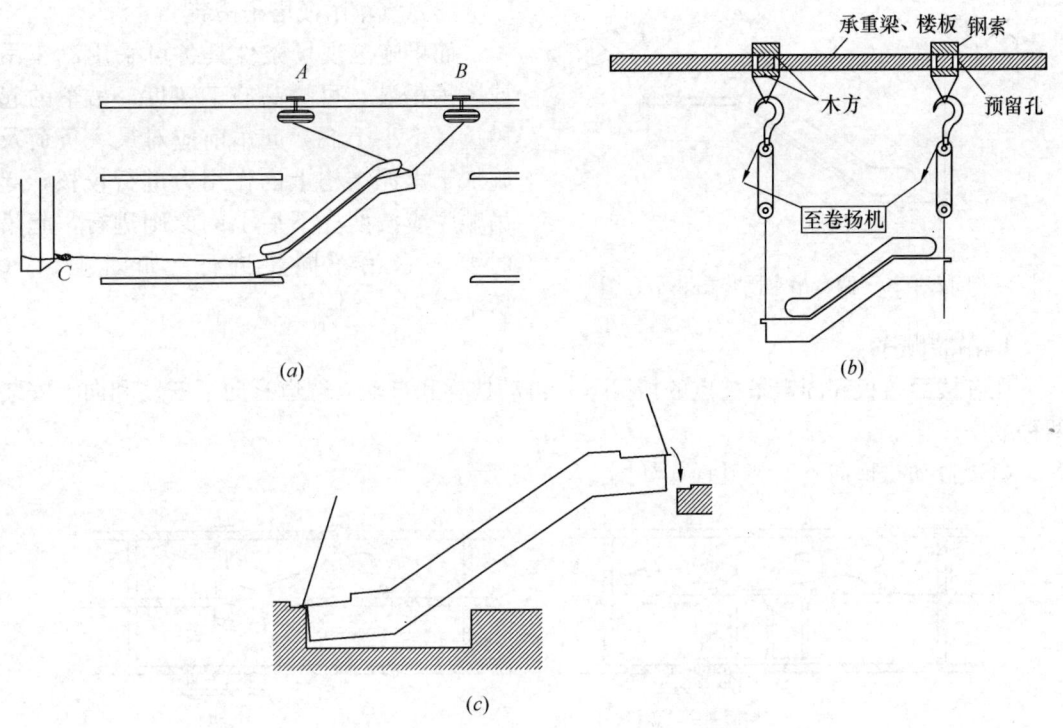

图 17.4-18 利用固定吊点吊装示意图
(a) 吊运示意图；(b) 垂直起吊；(c) 安放示意图

制作门形吊架时，一般单部扶梯自重约 6t，每部设置四个吊点，每个吊点承重约 1.5t，每个吊点采用捯链或卷扬机滑轮组吊装上位，根据实际经验及单个吊点的受力情况，一般选择Ⅰ125 号工字钢作为门形吊架承重梁的选材，门形吊架的立柱采用 DN150 的钢管，吊钩用直径 25mm 的钢筋焊接，架体用直径不小于 16mm 的膨胀螺栓固定于平整地面，辅以四根缆风绳稳固架体，吊点设滑轮组及扶梯捆绑，如 17.4-19 所示。

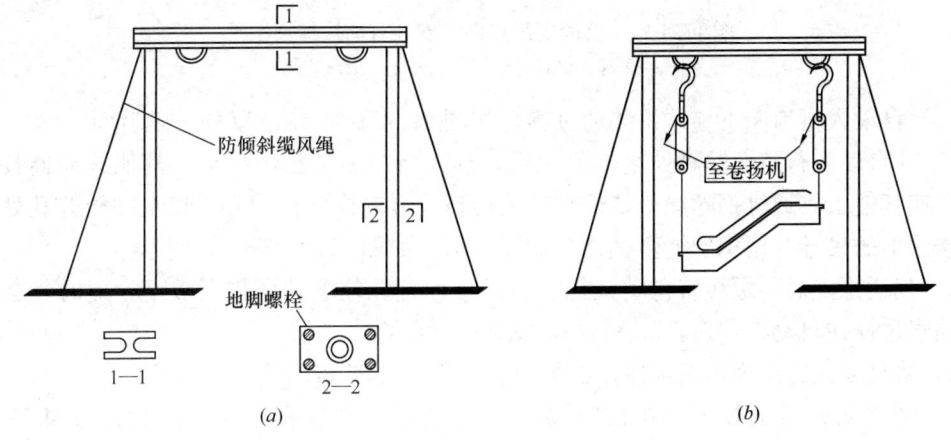

图 17.4-19 吊装架吊装示意图
(a) 自制门形吊架；(b) 吊装架吊装

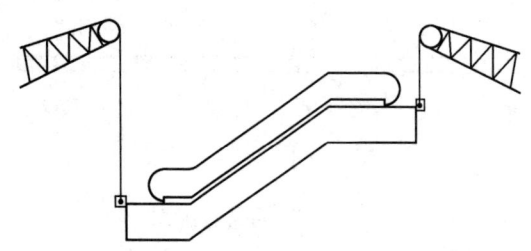

图 17.4-20 两台吊车同步吊装示意图

(3) 汽车吊或塔吊吊装

如果施工现场条件具备可采用汽车吊或塔吊吊装,可提高施工速度,吊车的起吊重量不小于 6t,起吊前应对最大负荷及施加于水泥结构上的作用力进行校核,起吊顺序应按照先下后上的原则进行,起吊时要两台吊车同步进行,如图 17.4-20 所示。

4. 吊装顺序

在有楼面盖板和固定吊挂点的情况下,自动扶梯和自动人行道有向下安装和向上安装两种顺序。

(1) 自动扶梯向下安装过程,如图 17.4-21 所示:

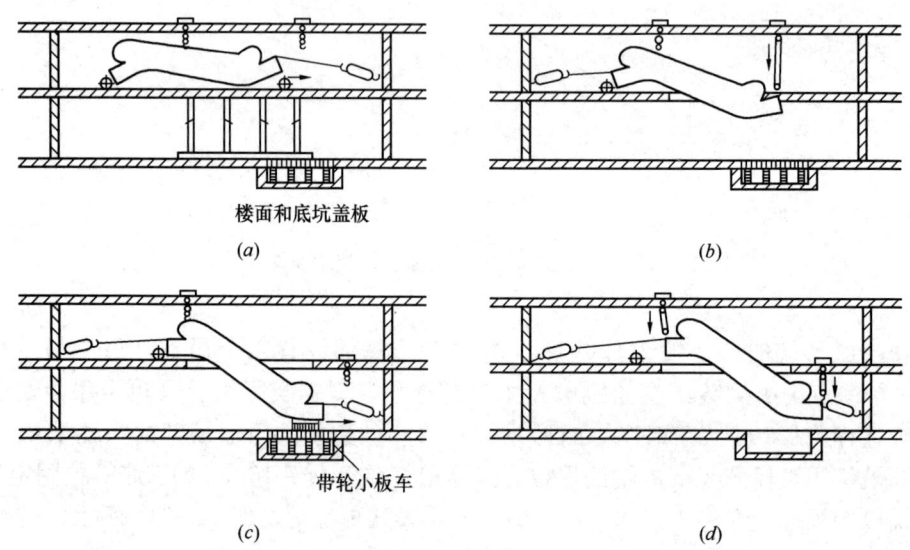

图 17.4-21 有固定吊点向下安装自动扶梯过程图
(a) 平移;(b) 选位;(c) 入坑;(d) 就位

(2) 自动人行道向下整体吊装的过程,如图 17.4-22 所示(以分三段为例)。

1) 在自动人行道运输脚处垫上可承载自动人行道的带轮小板车或其他滚动器具,用电葫芦或其他工具通过钢丝绳吊挂住自动人行道,慢慢拖拉自动人行道至楼板开孔处。并通过楼层上的吊挂孔用钢丝绳牵挂住自动人行道,如图 17.4-22 (a) 所示。

2) 到达位置后,缓缓将自动人行道通过楼面开孔往下在各楼层放下,此时,必须有钢丝绳索吊挂住自动人行道,如图 17.4-22 (b) 所示。

3) 将自动人行道拖拉至可以搁机的位置上空,如图 17.4-22 (c) 所示。

4) 把自动人行道放下,在指定位置上安装好并撤去吊装器具,如图 17.4-22 (d) 所示。

跨距超过 15m 的自动人行道,禁止在只有两个吊挂点的情况下起吊。

(3) 有固定吊点向上安装过程,如图 17.4-23 所示。

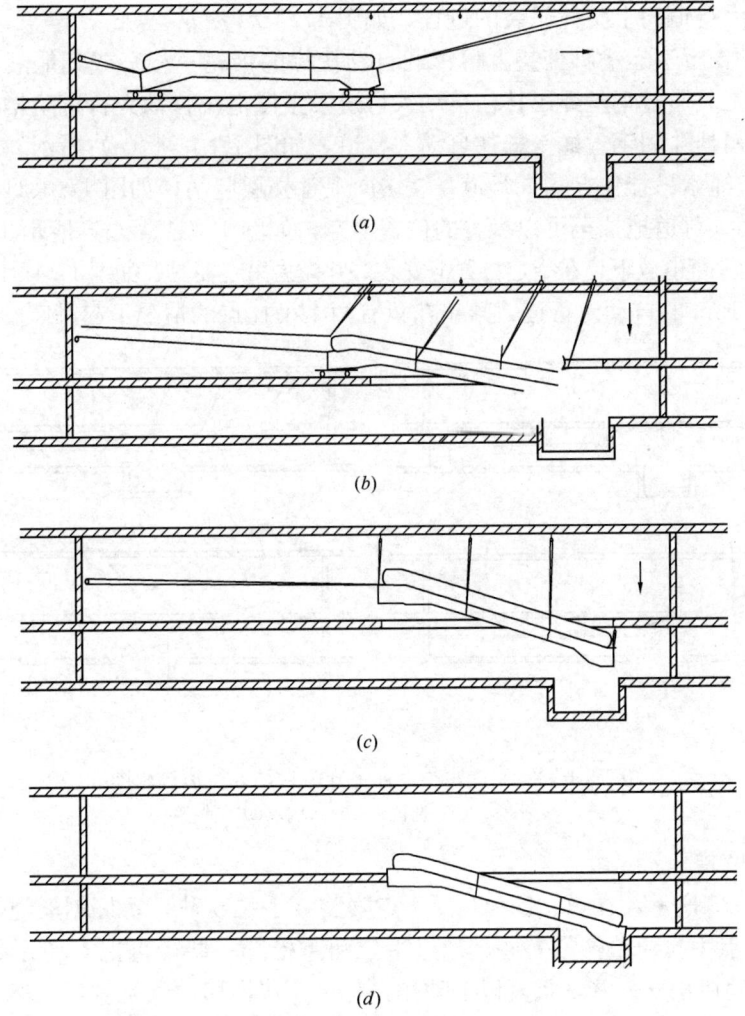

图 17.4-22　有固定吊点向下安装自动人行道过程图
(a) 平移；(b) 选位；(c) 入坑；(d) 就位

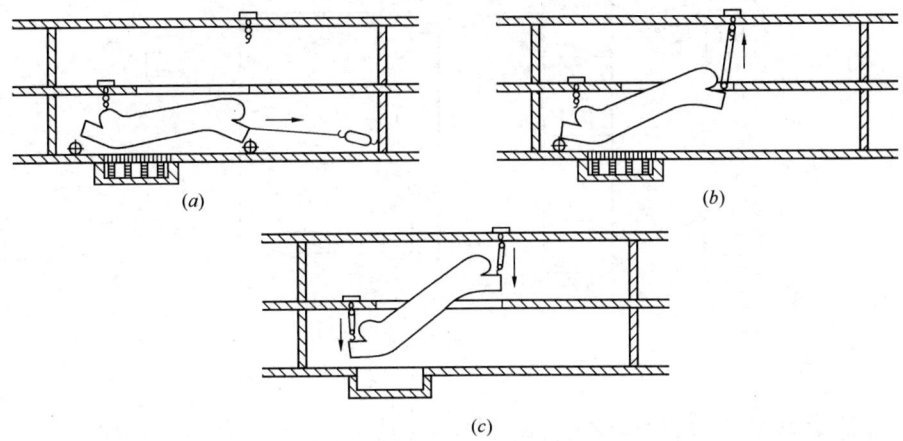

图 17.4-23　有固定吊点向上安装自动扶梯过程图
(a) 平移；(b) 选位起吊；(c) 就位

(4) 自动人行道向上整体吊装的过程，如图 17.4-24 所示。

1) 在自动人行道运输脚处垫上可承载自动扶梯的带轮小板车或其他滚动器具，用电动葫芦或其他工具通过钢丝绳吊挂住自动人行道，慢慢拖拉自动人行道至楼板开孔处。并通过楼层上的吊挂孔用钢丝绳牵挂住自动人行道，如图 17.4-24（a）所示。

2) 用钢丝绳索吊挂住自动人行道，缓缓向上各楼层起吊，如图 17.4-24（b）所示。

3) 将自动人行道拖拉至可以搁置的位置上空，如图 17.4-24（c）所示。

4) 把自动人行道放下，在指定位置上安装好并撤去吊装器具，如图 17.4-24（d）所示。跨距超过 15m 的自动人行道，禁止在只有两个吊挂点的情况下起吊。

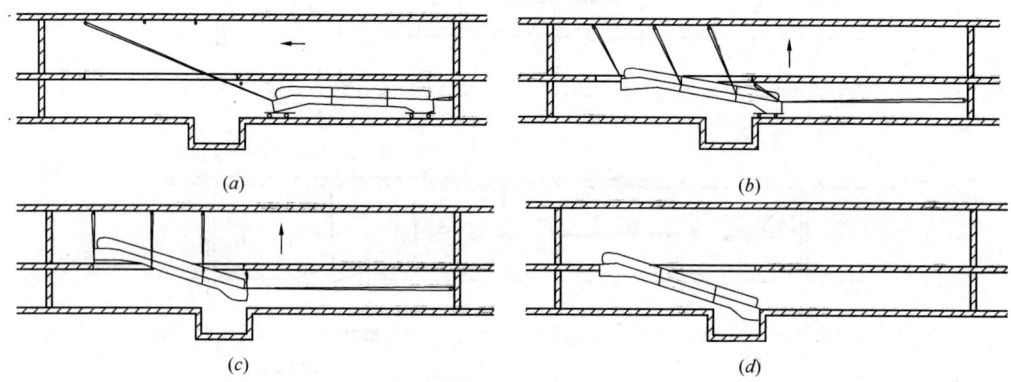

图 17.4-24　有固定吊点向上安装自动人行道过程图
(a) 平移；(b) 选位；(c) 入坑；(d) 就位

(5) 侧面吊装

如图 17.4-25 所示，在 A、B、C、D 4 点安装好手拉葫芦，系好钢丝绳，并处于张紧状态，先把 D 点手拉葫芦拉紧一些，B 点手拉葫芦松开一些，再把 C 点手拉葫芦拉紧一些，A 点手拉葫芦松开一些，重复以上动作，将自动扶梯移动到基坑口，然后依上两种方法完成吊装。安装时，按照先下部，后上部。

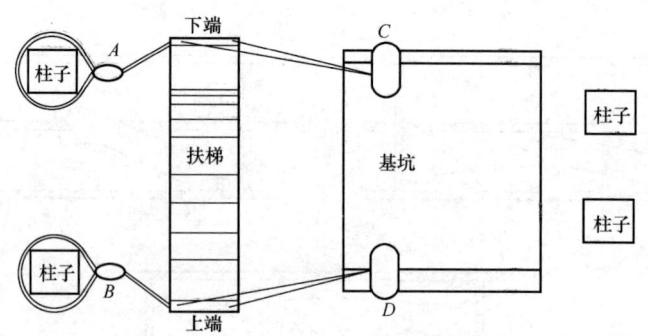

图 17.4-25　侧面吊装示意图

(6) 多台吊装

针对不同的楼层为自动扶梯或自动人行道的搬入通道，有不同的搬入顺序，如图 17.4-26 所示。

1) 1FL 层为搬入层时

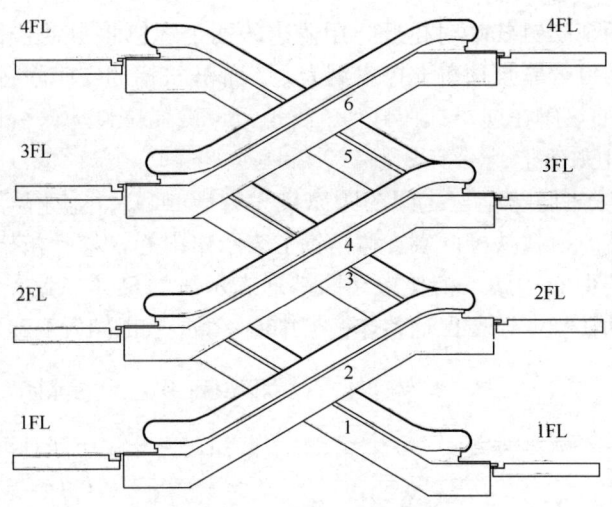

图 17.4-26 依据层的搬运顺序示意图

把自动扶梯或自动人行道按从 1FL 移入,按照 1→3→5 的机位起吊顺序,从上往下依次完成 5、3、1 号扶梯的安装;同样按照 2→4→6 的机位起吊顺序,从上往下依次完成 6、4、2 号扶梯的安装。

2) 2FL 层为搬入层时

把自动扶梯或自动人行道按从 2FL 移入,按照 3→5 的机位起吊顺序,往上完成 5 号扶梯的安装,按照 3→1 的机位起吊顺序,往下完成 1 号扶梯的安装,最后完成 3 号扶梯的安装;按照同样的道理顺次完成 6、2、4 号扶梯的安装。

3) 3、4 层为搬入层时

把自动扶梯或自动人行道按从 3FL 或 4FL 移入,按照 5→3→1 的机位起吊顺序,往下依次完成 1、3、5 号扶梯的安装,按照 5→3→1 的机位起吊顺序的道理,顺次完成 2、4、6 号扶梯的安装。

5. 安装支座

安装自动扶梯金属结构的支座,必须保证符合布置图上所给定的压力要求。支座表面必须保持平整、干净和水平。支座由扁钢与橡胶中间衬垫所组成,用两个辅助螺钉将自动扶梯金属结构的支撑角钢固定于上面,这两个辅助螺钉在金属结构放置在支座上之后必须去掉,然后以 4 个调节螺钉将自动扶梯金属结构调节到精确水平,如图 17.4-27 所示。调

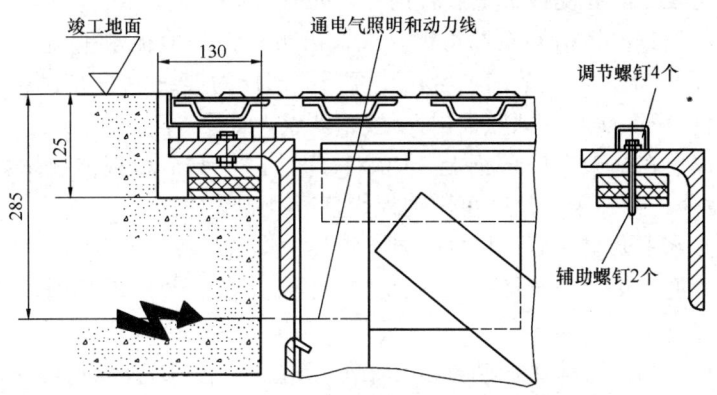

图 17.4-27 自动扶梯支座安装示意图

整时应注意：中间两个螺钉要临时松开，用两边的两个螺钉将自动扶梯调整到精确水平，然后把中间的两个螺钉拧紧至顶着支撑扁钢为止。部分扶梯的支座附在桁架的机头上。

6. 桁架就位

(1) 桁架上下机头对准

1) 水泥墙搁机梁牛腿与桁架之间的距离最大为 50mm。并使桁架的中线与建筑物的中心处于一致，调节时，在扶梯两端支撑角钢上表示出中心，移动桁架体，调整出扶梯的中心同扶梯安装用的中心一致，桁架末端同基准表示线的尺寸一致，如图 17.4-28 所示。对于多台安装的自动扶梯，还要保证整体桁架中心一致，如图 17.4-29 所示。

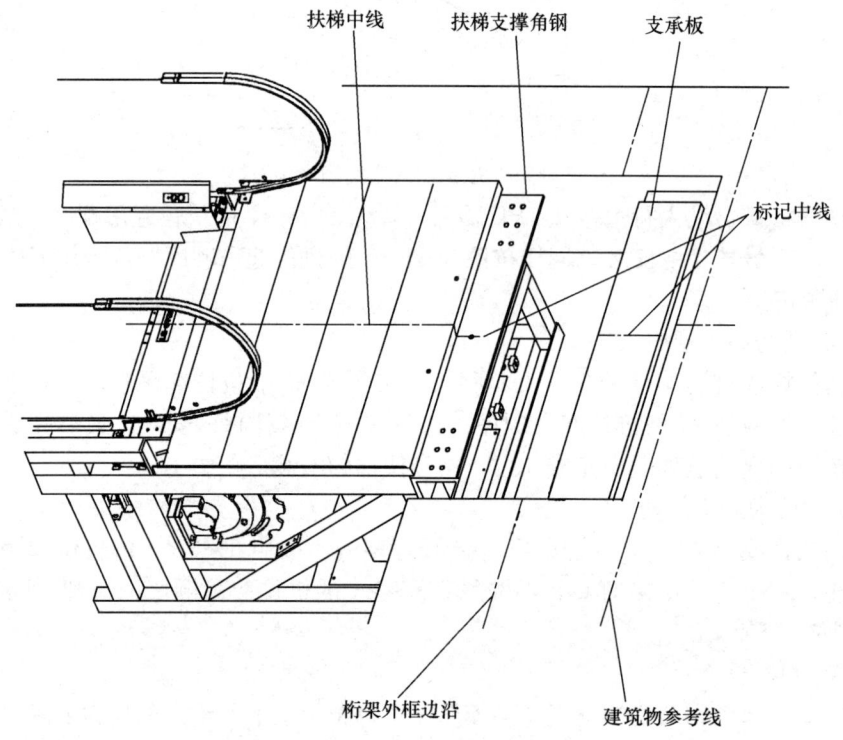

图 17.4-28 自动扶梯的中心对准

2) 将扶梯桁架上下机头放在水泥墙的支撑板上（底板）。

3) 在调整桁架之前在支撑板上放置垫片，如图 17.4-30 所示。

4) 用两只调整螺栓将桁架支撑角钢（或梳齿板）抬到地板水平面上，使桁架上下机头的上部与地板面层水平，调节前，可在高度调节螺栓的螺纹中加入适量润滑油。如果在调节时还没有提供完工地面，则要根据 50 线来调整，如图 17.4-31 所示。

5) 将水平仪放在桁架支撑角钢上，用调整螺栓进行调节，视情况增减垫片，但垫片数量不得超过 5 片，若多于 5 片时可用钢板代替适量的垫片。

6) 上下机头水平调整好后，根据需要是否移去调整螺栓。

7) 扶梯桁架的校正，先将楼面上扶梯的中心线，如两台扶梯并列，其中心线之间的距离允许偏差±1mm。

8) 两台扶梯并列，边缘保护凸板要求在一条直线上（用直靠尺测量），不齐度小于 2mm，而且两头均匀分开。

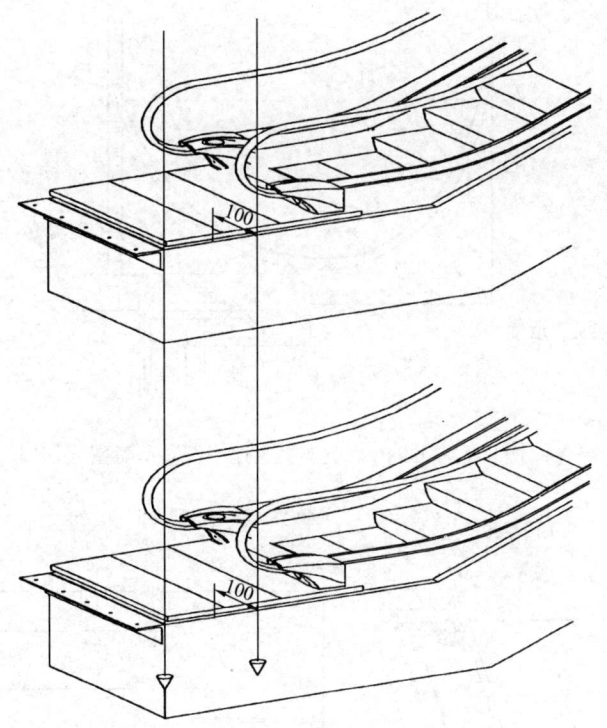

图 17.4-29 整列自动扶梯的中心对准

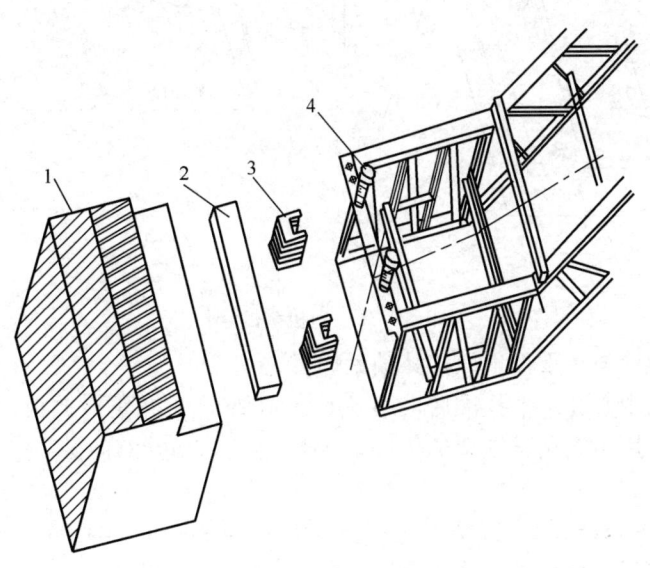

图 17.4-30 桁架上下机头对准示意图
1—地板面层；2—底板；3—垫片；4—调整螺栓

9）撤出承重板的圆钢，用机头上的螺栓调节，使扶梯机头框架与地面水平，并保证两机头的箱体与承重梁之间的距离一致。

10）用砂布将上、下机头末端齿轮轴中间段磨光（油漆部分），将钳工水平仪置于扶梯驱动主轴中部（未做喷粉处理段），调整机头螺栓，使其水平度为如图 17.4-32。

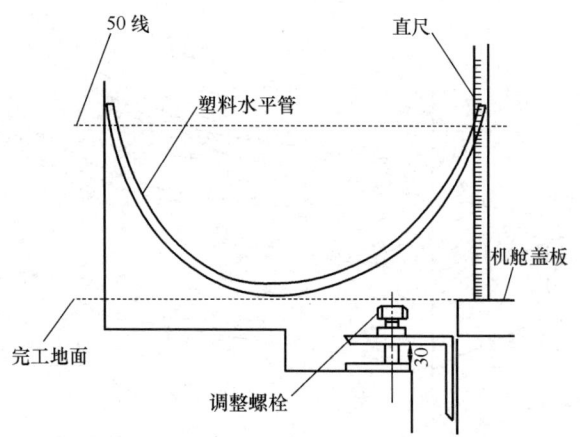

图 17.4-31 桁架上下机头地平调整示意图

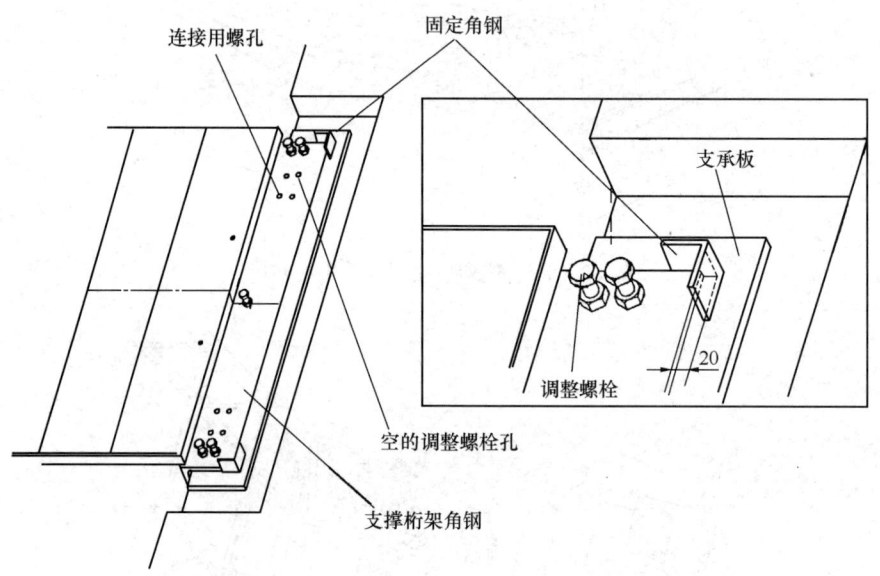

图 17.4-32 上机头的定位

11) 将机头螺栓与承重板顶死,并锁紧螺母。

12) 当扶梯的中心和水平找准后,用 60mm×50mm 的角钢做挡板,与承重板焊接。

13) 上机头,用角钢贴紧框架的侧面,上口留有 20mm 的间隙,作为扶梯的伸缩量。角钢与承重板焊接。

14) 下机头,挡板的固定方法同上,其下口用厚 15mm 以上的胶块填上,作为缓冲用,调节螺栓和挡板要焊接于支撑板上。

15) 在扶梯中间连接出油盘,按要求插入上油盘的下口,插入距离上、下一致,并用电焊在每 200mm 处焊接一次(断续焊)。

(2) 布置工作线

工作线的布置如图 17.4-34 所示,主要用于安装导轨及玻璃板,其水平尺寸均以桁架中心线为基准;中心线是用两根由螺栓固定并焊接在两支架角钢上的工作线杆上而设置的。

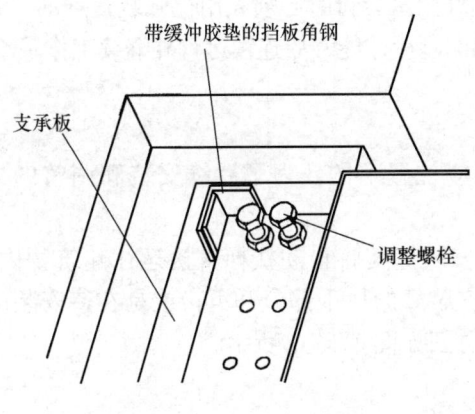
图 17.4-33 下机头的定位

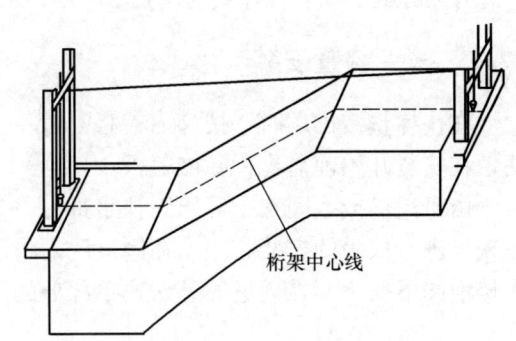
图 17.4-34 布置工作线示意图

(3) 桁架对准

1) 将两绳支撑杆（如图 17.4-34 所示）放于两机头支撑架上，将支撑杆焊接在上下桁架支撑板上。

2) 将准绳放到两支撑架上，放上重物使多接触点的相关钢丝（直径 0.5mm）有足够的张力。

3) 用水平仪检查主驱动轴地对准，在对准驱动轴时，可使用调整螺栓。

4) 根据图纸提供尺寸，梯级滚轮导轨及梯级滚轮安装尺寸应从准绳向两侧测量，如需要可松开导轨支架螺栓，可用垫片调整导轨，调好导轨后将固定螺栓拧紧。

(4) 调整

如果安装后的自动扶梯的提升高度和建筑物两层间应有的提升高度出现微小差异时，可采用两种方案来解决：

1) 保持倾角，修整建筑物楼面以减小误差。

2) 少许改变倾角，约为 0.5°，来调整误差。

17.5 电气安装

自动扶梯和自动人行道的电气在出厂时已经安装并进行过试运行，其电气部分主要是接外电源，检查各线路。主要的工艺参考曳引电梯的相关内容。

17.6 整装扶梯试运行

(1) 对于在工厂完成整装试运行的自动扶梯和人行道，吊装到位后，就可以打开扶梯包装纸，把置于扶梯本体上的内外盖板、扶手导轨、扶手支架等至平坦区域，因为以上提到的零部件均处于扶梯可见面，所以在搬动时切不可与其他硬物发生碰撞，也不可与尖锐物体发生摩擦。

(2) 彻底清理扶梯，从梯级上移去所有物品，以准备扶梯的试运行。

(3) 在用户电工的协助下，由安装电工把电源接入扶梯控制柜。

(4) 在用户电工的协助下再检查一次接线是否有误，并确认控制柜空气开关处于正常。

(5) 在试运行前请检查梯路在运输过程中是否有变形，零件脱落，梯路上是否有异物。确认无异后拔出运行插头插入检修插头。在刚开始试运行时必须先用检修装置点动,并注意有无异响,如有碰擦或物件脱落声则必须排除问题后才能开始连续运行并继续工作。

17.7 扶手装置安装

在扶梯整装出厂时,扶梯内盖板是安装在相应位置上的,为了后续安装和调整的方便,在安装开始前需先拆除内盖板。

由于运输或空间狭窄等原因扶手部分往往未安装好就将自动扶梯直接运往建筑物内,在现场进行扶手的安装;或是在制造厂内将已经安装好的扶手部分卸下,或是在待安装的大楼前卸下扶手,在现场安装。扶手部分的安装总图如图 17.7-1 所示。

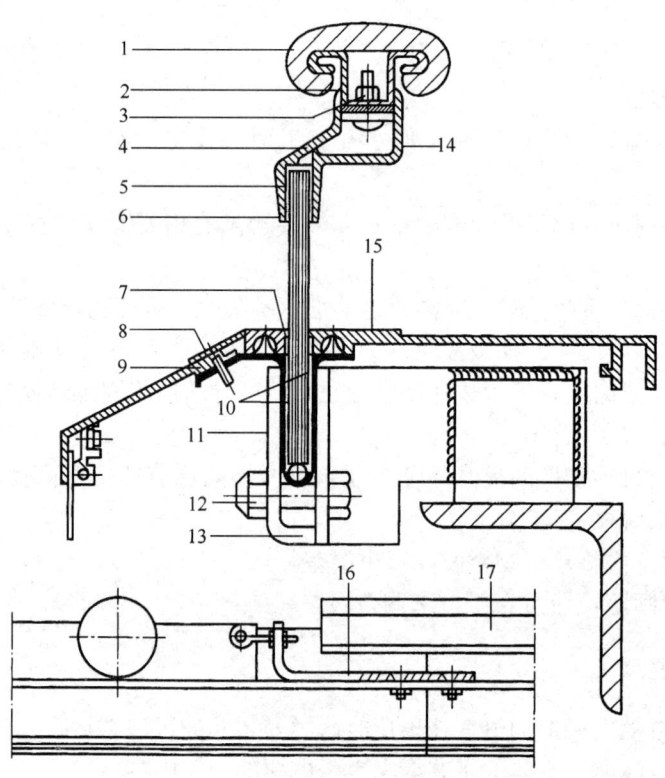

图 17.7-1 全透明无支撑扶手带装置图
1—扶手胶带;2—扶手导轨;3—固定螺母;4—扶手支撑型材;5—橡皮件;6—钢化玻璃;
7—内盖板;8—螺钉;9—斜角盖板;10—中间衬垫;11—支撑型材;12—夹紧螺母;
13—夹紧角材;14—栏杆型材;15—外盖板;16—防冲角钢;17—扶手导轨

由于扶手带是扶梯上的易损件之一而且购买价格也比较高,扶手部分的安装精度严重影响扶手带的寿命,并直接影响扶梯外观,所以在安装扶手系统时一定要认真细致。

1. 护壁板安装

扶梯的护壁板既是扶梯的装饰件,也是扶手的支撑件,有玻璃和金属两种材质。

(1) 玻璃护壁板安装

首先安装下头部玻璃并按自下而上的顺序安装,并且总是长度较短的玻璃在下,长度较长的在上。安装前应在有夹紧板的玻璃夹紧型件中放置 V 形垫片并让 V 形垫片的一角露出玻璃夹紧型件,以便玻璃能方便地插入中间。为保证玻璃之间的间隙在 2mm 左右,在安装第二块玻璃时以及以后的玻璃时应在玻璃之间夹入 U 形的橡胶衬垫。如图 17.7-2 所示。

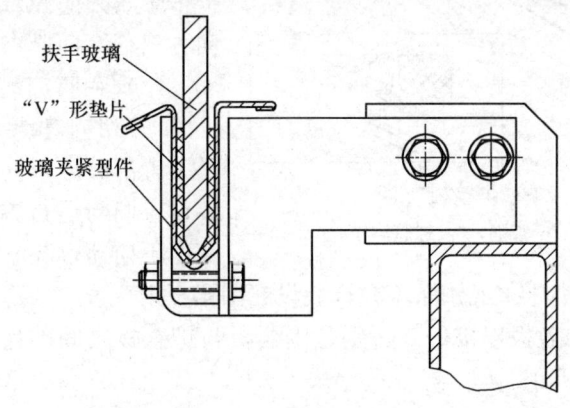

图 17.7-2 玻璃安装

1)下部曲线段玻璃板安装

将玻璃夹衬放入玻璃夹紧型材靠近夹紧座的地方,用玻璃吸盘将玻璃板慢慢插入预先放好的夹衬中,调整玻璃板的位置,调好后紧固夹紧座。

2)下部端头玻璃板安装

在玻璃夹紧型材中放入夹衬,在与上一块玻璃板接合处放置两个 U 形橡胶衬垫,将玻璃板放入夹衬中,正确调整玻璃板接缝间隙,使间隙上下一致,且间隙一般调整为 2mm,调好后紧固夹紧座,如图 17.7-3 所示。

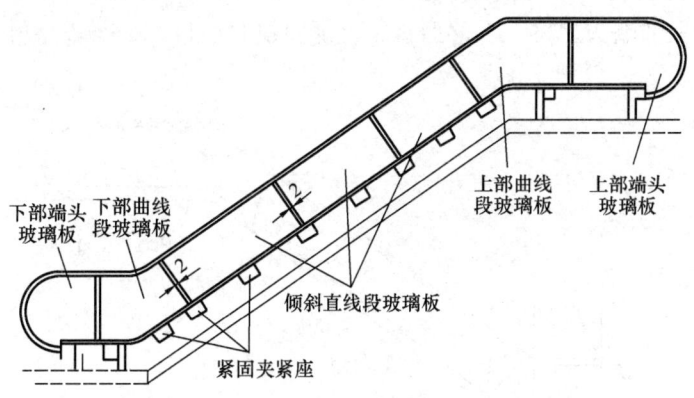

图 17.7-3 玻璃护壁板安装

3)其他玻璃板安装

安装方法与上面相同,安装时,在玻璃夹紧型材中均匀地放置玻璃夹衬,如图 17.7-4 所示,然后将玻璃板放置其中,注意保持两相邻玻璃板的间隙一致,玻璃板应竖直,并与夹紧型材垂直。确认位置正确后,用力矩扳手拧紧夹紧座上的螺栓,注意用力不能过猛,以免损坏玻璃(夹紧力矩一般为 35N·m)。

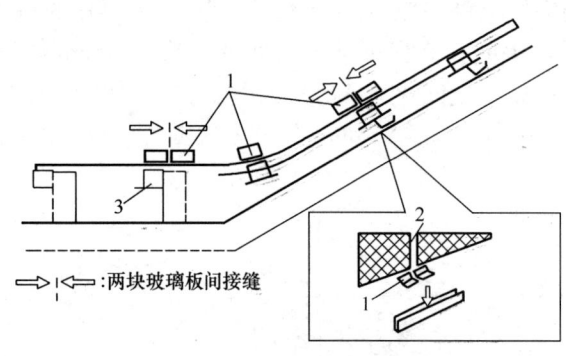

图 17.7-4 玻璃护壁板安装
1—玻璃夹衬；2—玻璃；3—橡胶垫片

在安装玻璃壁板时，对于弯曲部玻璃，将高度对齐，用橡胶垫片逐步调整到错位小于 2mm。调整各玻璃之间的间隙，使其基本相等。玻璃面板上贴的保护纸是用为防止焊接火花的，应保持到向客户移交前撕去。

(2) 金属护壁板的安装

1) 朝向梯级踏板和胶带一侧的扶手装置部分应是光滑的。压条或镶条的装设方向与运行方向不一致时，其凹凸高度不应超过 3mm，且应坚固和具有圆角或倒角的边缘。此类压条或镶条不允许装设在围裙板上。

2) 沿运行方向的盖板连接处（特别是围裙板与护壁板之间的连接处）的结构应使乘客被绊倒的危险降至极小。

3) 护壁板之间的空隙不应大于 4mm，其边缘应呈圆角和倒角状。

2. 扶手护壁型材（扶手导轨）安装

(1) 预先在玻璃护壁板的端面粘贴衬垫护壁型材的 U 形橡胶带，如图 17.7-5 所示。

(2) 将各段型材按如图 17.7-6 所示安装在护壁玻璃板上，安装顺序为：下部端头型材、下部型材、下部曲线段型材、中间型材、上部端头型材、上部型材、上部曲线段型材、补偿段型材。

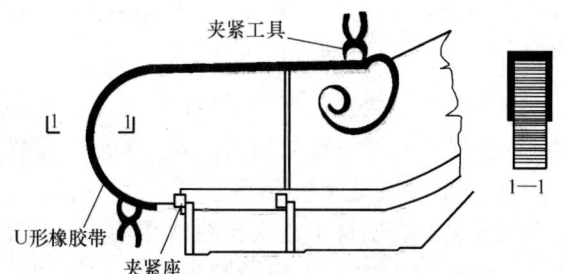

图 17.7-5 U 形橡胶带的安装

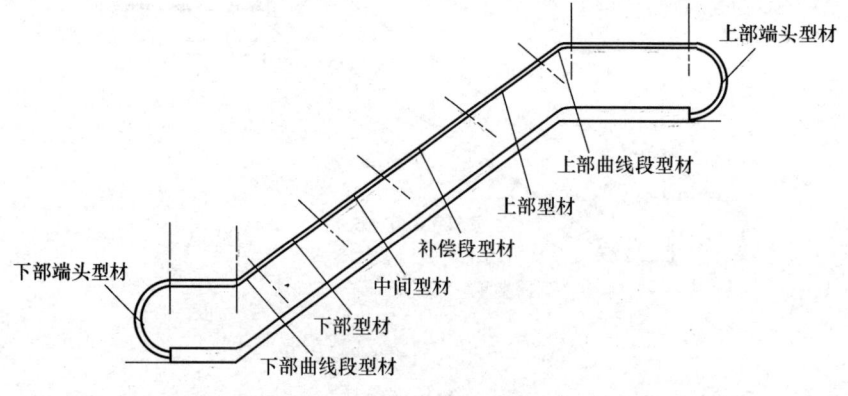

图 17.7-6 各段型材安装示意图

1) 弯头导轨安装

在安装弯头部分扶手导轨时，要按照工厂给定的尺寸吊线锤定位，如图 17.7-7 所示。

在安装时，沿图 17.7-7 (c) 所示方向将弯头部分导轨插入，并按图 17.7-7 (d) 所示将弯头部分导轨与回路扶手导向安装板相连。

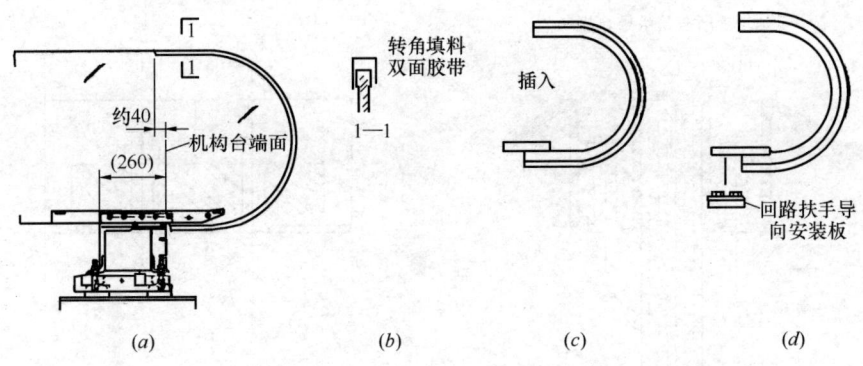

图 17.7-7 弯头部分的安装示意
（a）弯头安装图；（b）断面图；（c）弯头安装方向；（d）连接

2）中部导轨安装

中部扶手导轨装配按如图 17.7-8 所示要求将玻璃夹具嵌入玻璃面板。

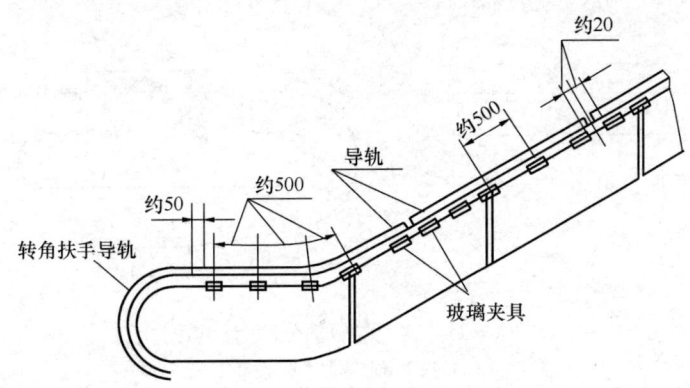

图 17.7-8 中部扶手导轨部分的安装示意

弯曲部、中部扶手导轨用木槌或橡胶锤打入，对于侧置式导轨还要配合打入工具按图 17.7-9 所示来完成。

（3）用型材连接件平整地对接相邻的型材，如图 17.7-10 所示。扶手导轨接头处的间隙也不得大于 0.5mm 同时接头处应平整，无毛刺。

3. 扶手带安装

对于整装出厂的自动扶梯出厂时扶手带的下分支已经在扶手带的工作回路中，在开始安装扶手带时，应先松开扶手带张紧装置，而后从上圆弧段开始安装扶手带，在上圆弧段装入后，可由一人或两人向下拉动扶手带，从而使整根扶手带装入扶手导轨。对于现场安装的扶手带，应按照如下步骤：

（1）用石蜡给回程扶手导轨和扶手充分涂蜡。但注意不要让导轨和扶手带中间部分沾上蜡，同时要检查导

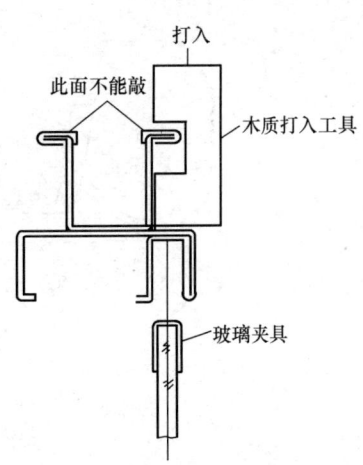

图 17.7-9 弯头部分的安装示意

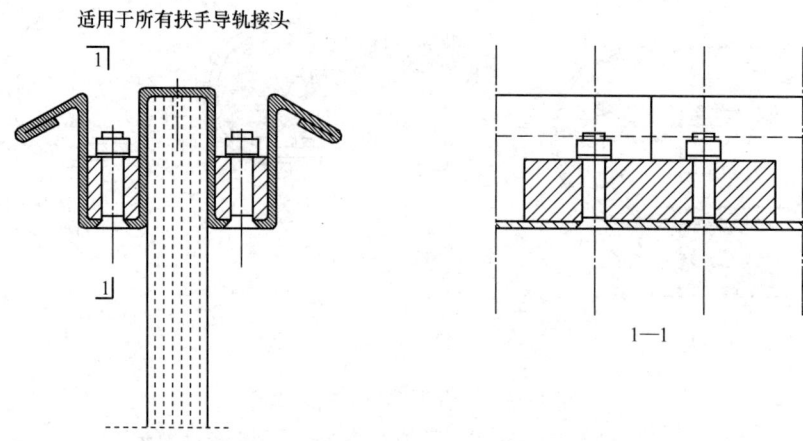

图 17.7-10　扶手导轨之间的连接示意图

轨接头是否平齐，表面有无刻痕、毛刺或粗糙接缝，必要时用锉刀修整。另外，涂蜡表面不应有大块的蜡，如图 17.7-11 所示。

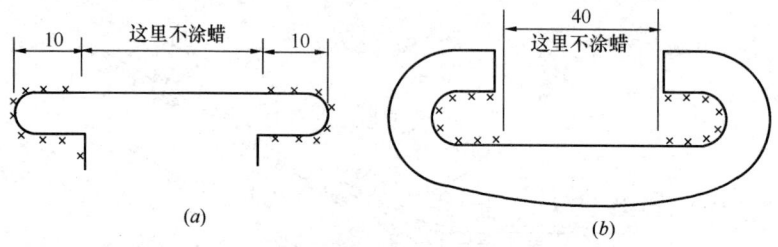

图 17.7-11　扶手导轨部分涂蜡示意图
(a) 扶手导轨；(b) 扶手带

（2）展开扶手带并将扶手带放到梯级上，松开扶手带张紧装置。

（3）把扶手带装到扶手驱动装置顶部的导轨上，用一把阔的硬油灰刀或扶手带专业工具，把扶手套到导轨上，如图 17.7-12 所示，注意不要用旋具，因为这样容易损坏扶手带和刮伤发纹栏杆的表面。

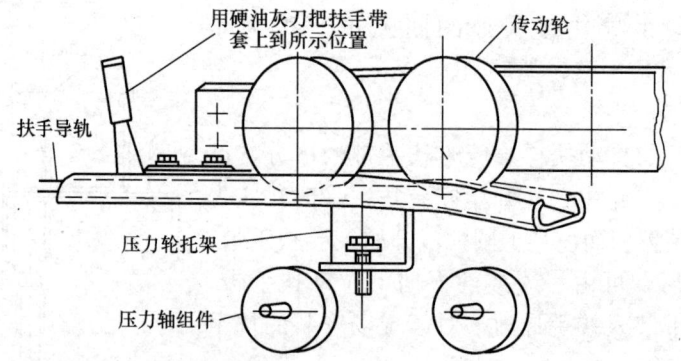

图 17.7-12　扶手带安装示意图

（4）将返程区域内的扶手带放置到位，防止扶手带从支撑轮、导向轮等部件上滑脱。

(5) 自上而下地将扶手带安装在扶手带导轨型材上。

(6) 通过压带弹簧上的螺栓调整弹簧张紧度，调整并张紧压带。

(7) 通过张紧轮组件上的调节弹簧对扶手带进行初步张紧。

(8) 测试运行扶手带：沿上行和下行方向多次运行扶手带，注意观察其运行轨迹和松紧度，并通过相应的部件进行调整，使其经过摩擦轮时应尽可能地对中；扶手带的运行中心与扶手带导轨型材的中心应对齐；用小于 0.7kN 的力人为地拉住下行中的扶手带时，扶手带应照常运行；当改变运行方向后，扶手带几乎不跑偏。

(9) 扶手带与护壁边缘之间的距离应不超过 50mm。

(10) 扶手带距梯级前缘或踏板面或胶带面之间的垂直距离应不小于 0.9m，且不大于 1.1m。

安装完成扶手带后，对于整装的扶梯基本完成了安装工作，对于其他部件的安装和调整，参见第 18 章的内容。

第18章 自动扶梯及自动人行道调试与验收

自动扶梯及自动人行道在现场调试的项目不多，主要是调整电气开关的功能、相关的机械间隙调整。

18.1 电气保护装置调整

当自动扶梯或人行道发生可能造成事故的不安全状态时，就要靠安全保护装置或触点使自动扶梯或人行道停止运行。

以现行国家标准《电梯工程施工质量验收规范》GB 50310—2002 为依据，在下列情况下，自动扶梯、自动人行道必须自动停止运行，且第4款至第11款情况下的各开关断开的动作必须通过安全触点或安全电路来完成。

1) 无控制电压；
2) 电路接地的故障；
3) 过载；
4) 控制装置在超速和运行方向非操纵逆转下动作；
5) 附加制动器（如果有）动作；
6) 直接驱动梯级、踏板或胶带的部件（如链条或齿条）断裂或过分伸长；
7) 驱动装置与转向装置之间的距离（无意性）缩短；
8) 梯级、踏板或胶带进入梳齿板处有异物夹住，且产生损坏梯级、踏板或胶带支撑结构；
9) 无中间出口的连续安装的多台自动扶梯、自动人行道中的一台停止运行；
10) 扶手带入口保护装置动作；
11) 梯级或踏板下陷。

按标准必须设置以下的安全装置，如图18.1-1、图18.1-2及表18.1-1所示。

主要安全开关表　　　　　　　　　　　　　　　　表18.1-1

序号	安全装置（英文名称）	开关名称（中文名称）	复位方式
1	D.C.S（Driving Chain Safety Device）	断链保护装置	手动复位
2	T.C.S（Tread Chain Safety Device）	梯级链保护装置	手动复位
3	T.I.S（Terminal Inlet Safety Device）	扶手带出入口保护装置	手动复位
4	S.G.S（Skirt Guard Safety Device）	裙板保护装置	自动复位
5	C.P.S（Comb Plate Safety Device）	梳齿异物保护装置	自动复位
6	S.R.S（Step Roller Safety Device）	梯级轮保护装置	自动复位
7	N.R.S（Non-Reverse Safety Device）	防逆转检测开关	自动复位
8	H.S.D（Handrail Speed Safety Detector）	扶手带速度检测装置	自动复位
9	H.B.S（Handrail Broken-Safety Device）	扶手带破断保护装置	自动复位
10	S.S.S（Step Sagging Safety Device）	梯级下沉保护装置	自动复位
11	Emergency Stop Button	急停开关	手动复位

第 18 章 自动扶梯及自动人行道调试与验收 425

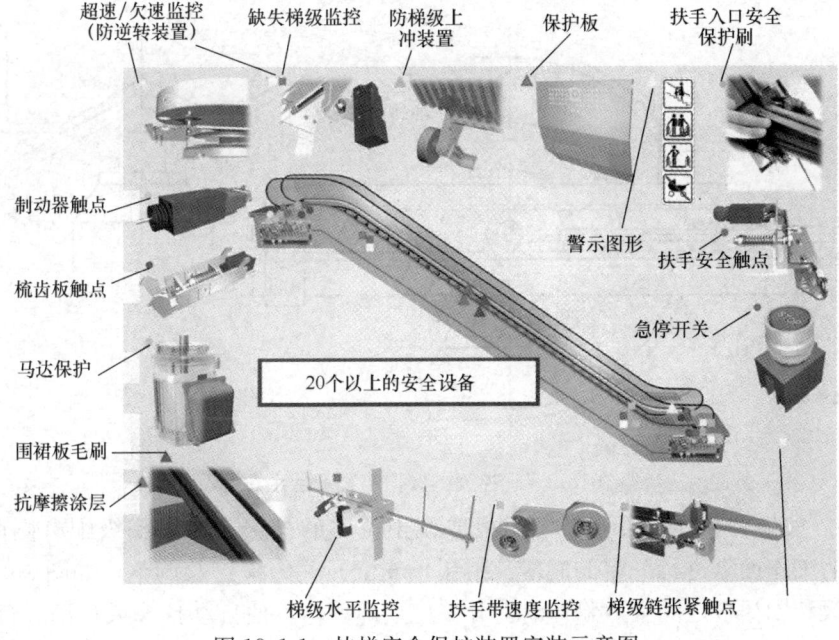

图 18.1-1 扶梯安全保护装置安装示意图

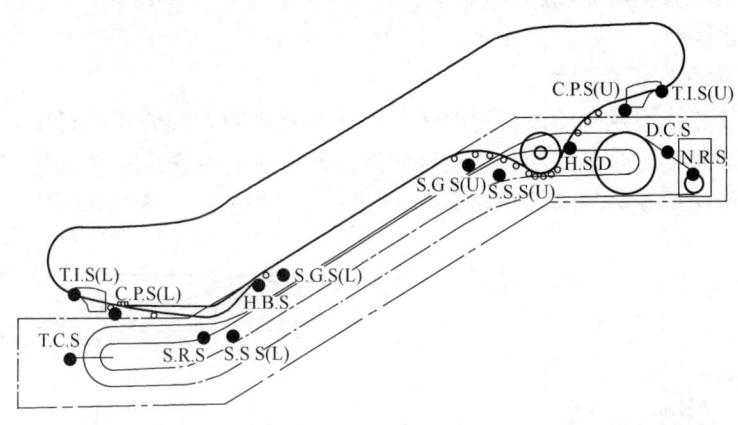

图 18.1-2 扶梯安全保护装置安装总体图

1. 断链保护装置调整

断链保护装置是当链条过分伸长、缩短或断裂时，使安全开关动作，从而断电停梯的一种装置。调整时链条的张紧度要合适，以防保护开关误动作，如图 18.1-3 所示。

2. 梯级链保护装置调整

对于梯级链要张紧适中，压缩弹簧的长度应符合要求，可通过调整螺栓进行调节。链条安全开关正确调整，动作可靠，如图 18.1-4 所示。

3. 裙板保护装置调整

围裙板和梯级之间的水平间隙单侧不应大于 4mm，两侧对称位置处的间隙总和不应

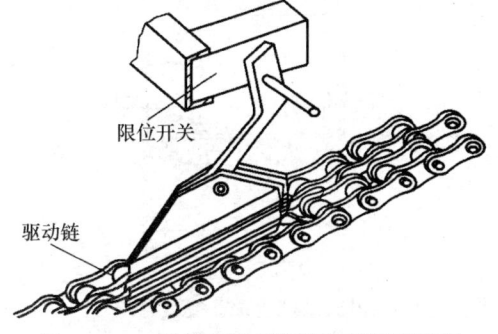

图 18.1-3 扶梯断链保护装置安装示意图

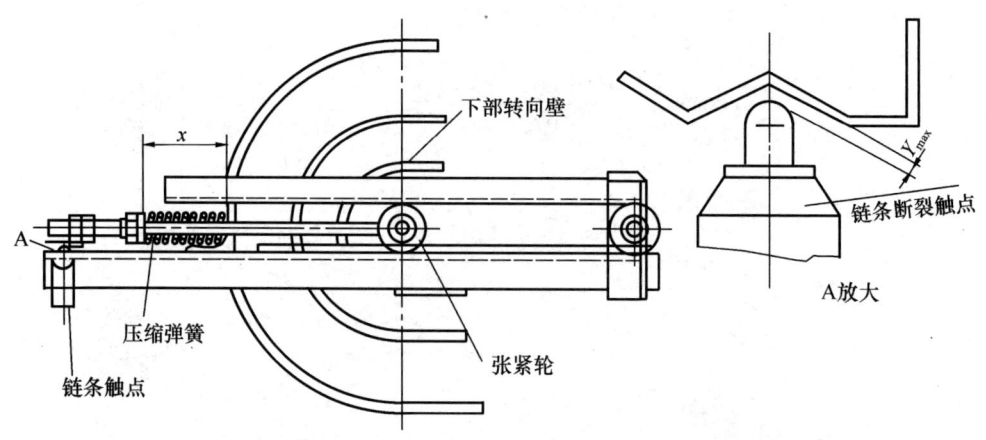

图 18.1-4　梯级链保护装置安装示意图

大于 7mm。如果有必要，可调节围裙板或校正位移的梯级。如果梯级配有侧面导向块，则导向块的工作面需进行一定的润滑。围裙板安全开关的检查及调整，如图 18.1-5 所示，如果在梯级和围裙板之间卡入物体时，开关应立即动作，使自动扶梯或自动人行道停止运行。检查时在围裙板和梯级之间插入一块 2～3mm 厚的不太硬的板条，此时自动扶梯或自动人行道应停止运行。

4. 梳齿异物保护装置调整

该装置安装在扶梯或自动人行道的两头，扶梯或自动人行道在运行中一旦有异物卡阻梳齿时，梳齿板向上或向下移动，使拉杆向后移动，从而使安全开关动作，达到断电停机的目的，梳齿板保护开关的闭合距离为 2～3.5mm，如图 18.1-6 所示。

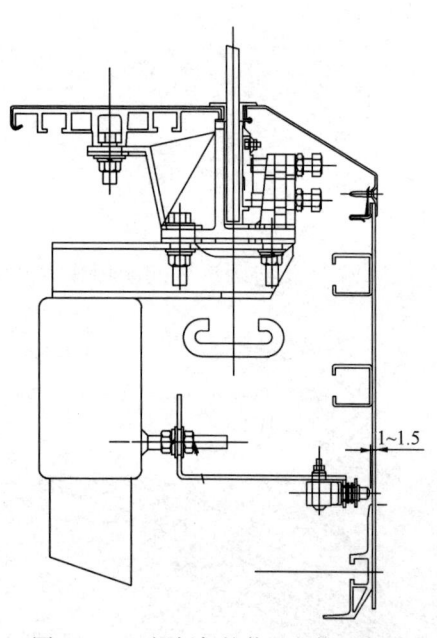

图 18.1-5　裙板保护装置安装示意图

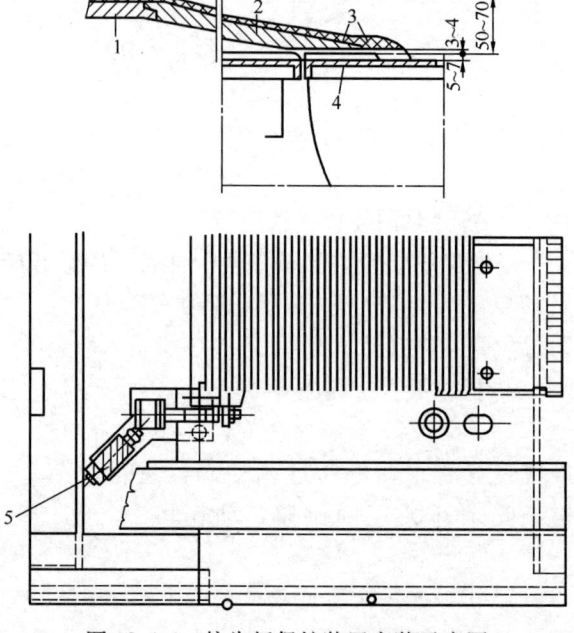

图 18.1-6　梳齿板保护装置安装示意图
1—前沿板；2—梳板；3—梳齿；4—梯级踏板面；5—安全开关

梳齿板防异物夹入开关有两种类型，如图 18.1-7 所示。

一种类型，当梳齿板被夹入异物，可按 A 箭头方向水平移动时，防异物夹入开关动作，水平移动量一般为 5～10mm 为宜；

另一种类型，按 B 箭头方向垂直移动时，在围裙板中的开关会动作，垂直移动量一般为 5～10mm 为宜，扶梯停止运行。

5. 扶手带破断安全装置调整

为了监控扶手带的运行情况，防止扶手破断，安装有扶手带破断安全装置，如图 18.1-8 及图 18.1-9 所示。

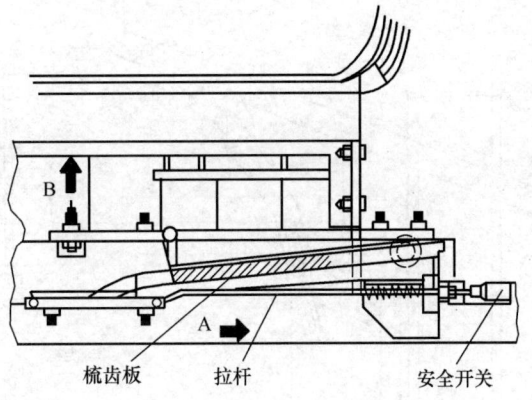

图 18.1-7　梳齿板保护装置安装示意图

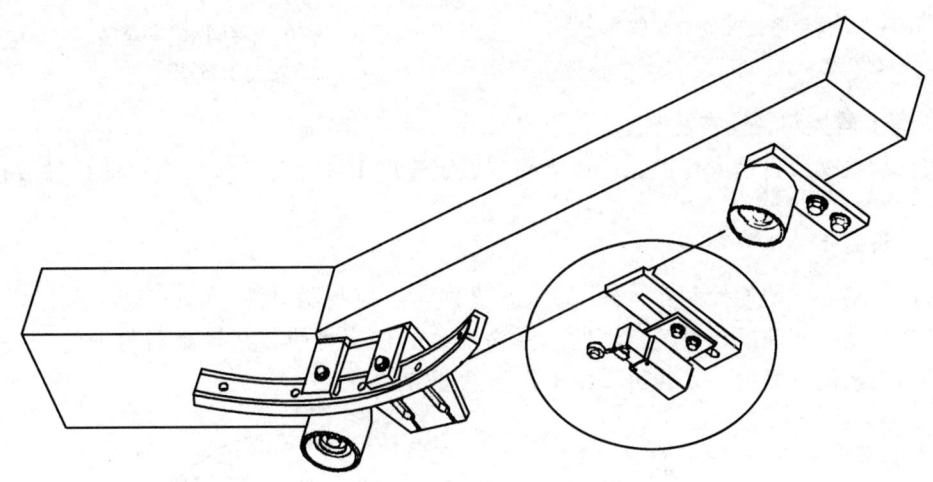

图 18.1-8　扶手带破断安全装置安装方式（一）

6. 梯级下沉保护装置调整

该装置在梯级断开或梯级滚轮有缺陷时起作用，开关动作点应整定在梯级下降超过 3～5mm 时，安全装置即啮合，打开保护开关，切断电源停梯。此装置保证在下陷的梯级或踏板运行到梳齿板相交线前足够长的距离时开关应断开，以保证下陷的梯级或踏板不能到达梳齿相交线。控制装置可适用于梯级或踏板下边任何点的下陷。为此安装有梯级塌陷安全装置，如图 18.1-10 所示。

7. 停止开关

停止开关的设置要求：

（1）能切断驱动主机电源，使工作制动器制动，有效地使自动扶梯或自动人行道停止运行。

（2）停止开关应是受动式的，具有清晰的、永久性的转换位置标记，开关被按下后，扶梯或自动人行道将维持停止状态，除非将钥匙开关转到行驶的方向，如图 18.1-11 所示。

（3）停止开关应能在驱动和转向站中使自动扶梯或自动人行道停止运行。

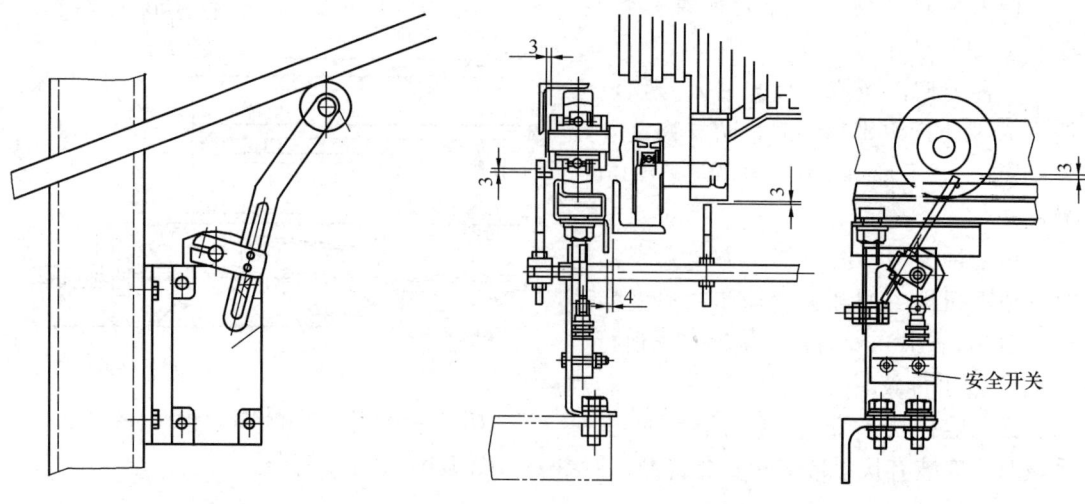

图 18.1-9　扶手带破断安全装置
安装方式（二）

图 18.1-10　梯级塌陷安全装置
安装示意图

8. 速度监控装置检查及调整

在自动扶梯或自动人行道运行速度超过额定速度 1.2 倍时动作，使自动扶梯或自动人行道停止运行。

（1）机械式

常用的离心式超速控制器，如图 18.1-12 所示，控制器组件上的弹簧加载柱塞因离心力而向外移动，当速度超过整定值时，弹簧加载的柱塞将使装在控制器附近的开关跳闸，在出厂前已经调好开关，安装过程中不得随意调节。

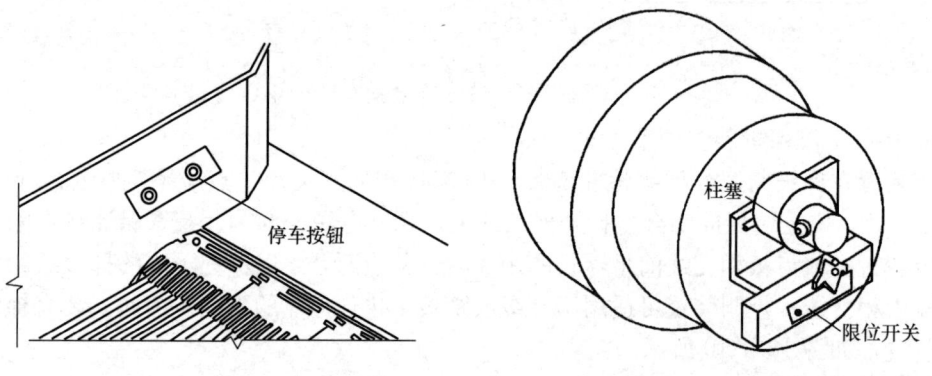

图 18.1-11　停止开关示意图

图 18.1-12　离心式超速控制器

（2）光电式

有部分安装在盘车轮的下方，用光电脉冲开关装成，当主机运行时，对电动机的转速进行测定，与控制柜中存储的数值进行比较，得出是否超、欠速的结果，再由控制柜对电梯能否运行进行控制。

9. 防逆转装置

自动扶梯或倾斜式自动人行道应设置非操纵逆转保护装置，使其在梯级、踏板或胶带改变规定运行方向时,自动扶梯或倾斜式自动人行道能自动停止运行。装置的动作应通过安全触点或安全电路来完成。调整时动作顺序如图 18.1-13 所示。

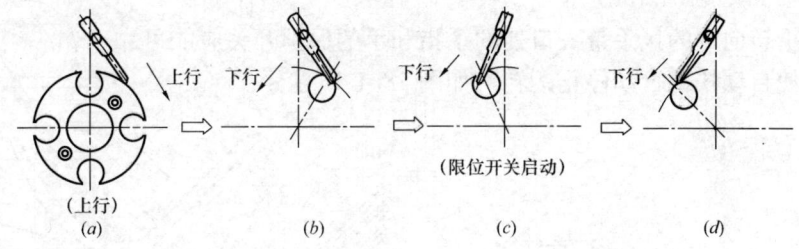

图 18.1-13　非操纵逆转保护装置动作顺序示意图

防逆转保护通常是由逆转信号给主控制系统,再由控制系统判断停止扶梯运行;逆转信号常见有机械开关方式、光电开关方式、编码器方式。

(1) 机械开关式

一般装在梯级驱动轮侧,当扶梯运行时,该开关随着驱动轮的运行而接通一个方向的开关,当发生逆转时,该开关随着驱动轮转向另一个方向,此时系统将判断出逆转,停止运行。开关结构图如图 18.1-14 所示。

(2) 编码器方式

与曳引电梯的编码器相同,可以监控梯级、电机的运行速度与方向,当正在运行的方向突然改变时,停止扶梯的运行。

(3) 光电开关方式

可以安装在主机轴、梯级侧、梯级驱动轴等周围,对各种运行方向监控。

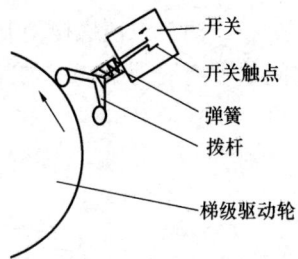

图 18.1-14　机械式非操纵逆转保护装置

(4) 测试步骤

"逆转保护"是为了防止自动扶梯上行时因超载或电动机失效等因素造成自动扶梯反向运行而导致乘梯人员相互挤压而受伤害。

自动扶梯在逆转时停止运行需要得到 2 个基本条件:一是得到一个当前是否逆转了的信号。二是得到信号后能有一个让自动扶梯停止运动的制动装置(工作制动器和附加制动器)。逆转信号常见有机械开关方案、光电开关方案、编码器方案,在弄清控制原理的基础上可采用切除信号来检验。

以下检验方法经试用简便易行:

1) 在电动机停电状态下拆下电源线;

2) 启动自动扶梯上行,电动机因电源线拆下未转动;

3) 在电机处盘车让自动扶梯下行,此时因有上行指令制动器打开,在梯阶等自重作用下,下行盘车较易;

4) 此时,电气控制与拖动为上行,而梯阶开始下行,即出现了"非操纵逆转",自动扶梯的"非操纵逆转保护"应使制动器制动停梯。符合者判定为合格。

5) 恢复电机的接线。

10. 扶手入口保护装置调整

扶手带入口保护是扶梯最关键的安全部件之一,也是影响扶梯整体外观的重要部件,因此安装这部分零件一定要细致认真。

（1）扶手带在扶手转向端的入口处最低点与地板之间的距离 h_3 不应小于 0.1m，且不大于 0.25m，如图 18.1-15 所示。

（2）扶手转向端的扶手带入口处的手指和手的保护开关应能可靠工作，当手或障碍物进入时，须使自动扶梯自动停止运转，如图 18.1-16 所示。

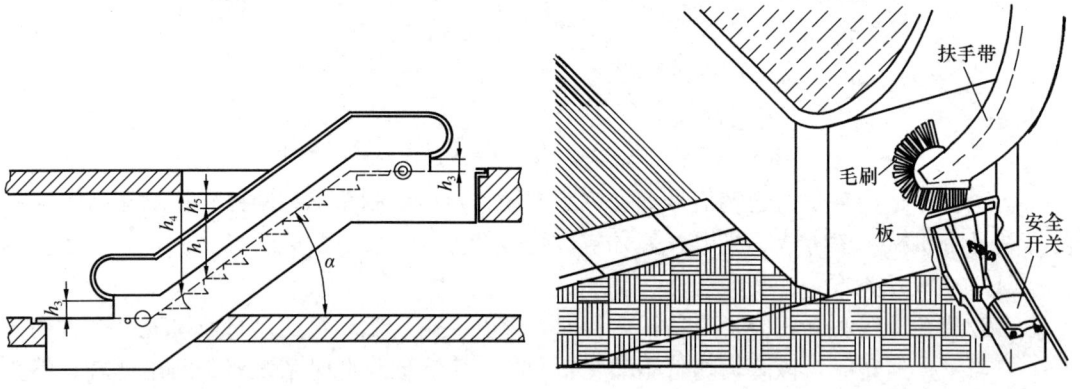

图 18.1-15　扶梯出入口相关尺寸示意图　　　图 18.1-16　扶梯出入口相关尺寸示意图

（3）调节定位螺栓使制动杆的位置及操作压力合适，开关能可靠工作，制动杆与开关之间的距离约为 1mm，或者依照厂家的调试说明要求。如图 18.1-17 及图 18.1-18 所示。

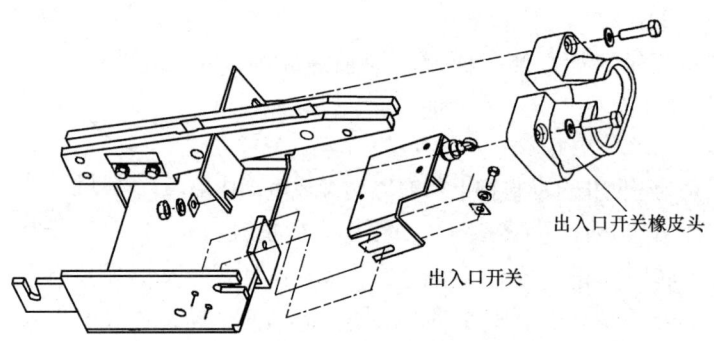

图 18.1-17　扶手入口保护装置安装示意图

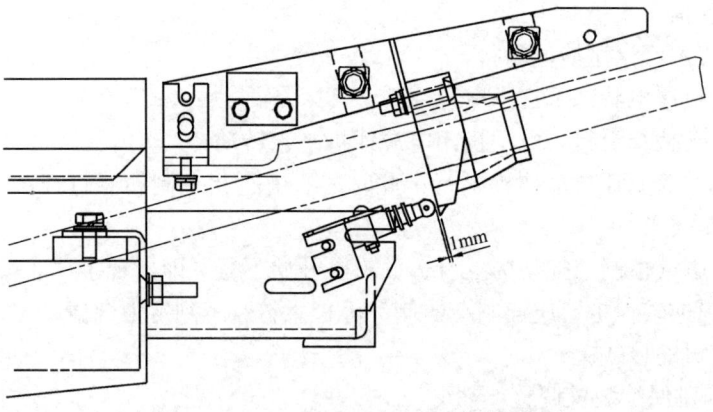

图 18.1-18　扶手入口保护装置总装示意图

18.2 机械调整

1. 盖板拆装

内外盖板对扶梯起到封闭和装饰作用，在安装和调整扶梯的部件时，要先拆掉。拆装内外盖板应特别注意不要用硬物敲击以防产生影响观感的缺陷，同时也应注意接头处应平整，不留缝隙以免影响观感。特别是内盖板的接头处如有间隙、翘曲会直接影响到运行安全。

（1）内盖板的安装

连接围裙板和护壁的内盖板，它和护壁板与水平面的倾斜角不应小于25°。安装时从玻璃夹紧型件端部推入"S型嵌件"，使"S型嵌件"端部与扶梯出入口前端部对齐。将内盖板按从下到上的顺序插入"S型嵌件"。

用 M4×5 的螺钉连接盖板与固定在围裙板的 M4 的异形螺母，这时请不要完全拧紧，以便随后调整盖板间间隙。

检查并调整各盖板接头的间隙，待其符合要求后拧紧 M4×5 螺钉。

另外需要注意的是：螺钉头部不得高于或低于盖板面 0.5mm 以上。内盖板安装完成后拼缝间隙不得大于 0.5mm，拼缝处两盖板不平度不得超过 0.2mm。在安装盖板时还应注意盖板的次序，从下到上依次安装。内盖板与围裙板的连接如图 18.2-1 所示。

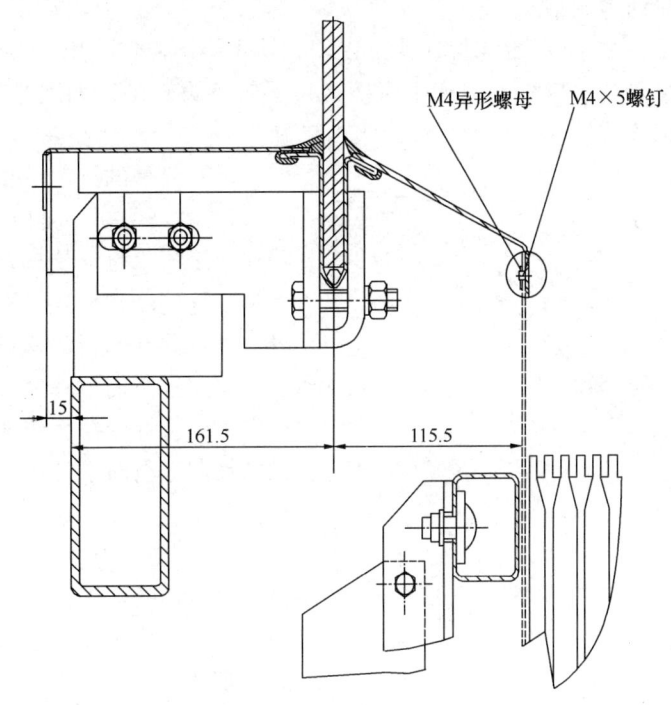

图 18.2-1　内盖板安装示意图

（2）外盖板的安装

位于扶手带下方的外装饰板的盖板。安装方法类似内盖板的安装。

2. 扶手带调整

（1）扶手传动轮与扶手带内侧间的间隙调整

让扶梯上下运行，使传动轮与扶手内侧间的间隙每边在 0.5mm 以上，图 18.2-2 所示，通过扶手导轨向左或向右移动来进行调整。至于扶手导轨位置的调整，所移动导轨必须为正在移动的扶手进入扶手驱动装置那一面。（向上运行时为上侧，向下运行时为下侧）。

(2) 扶手带张力调整

调整链条 A 或链轮 C，就可以调整扶手带的张力，如图 18.2-3 所示，对于链条张力则是由链轮 C 下降来调整的，这些链条的调整是分别进行的，使在推或拉（5kg）链条中间部分时，链条的偏移是 20 ± 3mm，测量方法应在扶梯运行停止后，用手动方法转向相反的方向运行时进行。

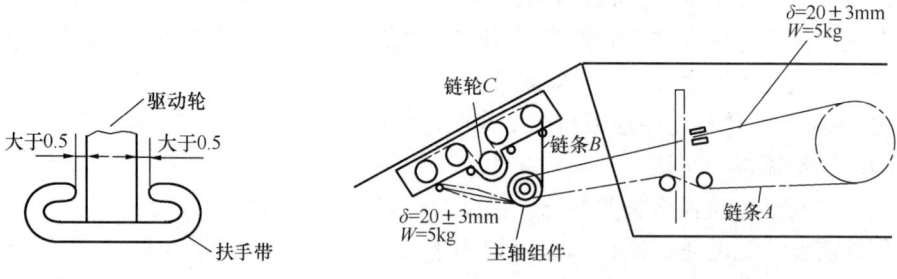

图 18.2-2　扶手带内侧间隙调整　　图 18.2-3　扶手带张力调整

(3) 扶手带驱动力调整

在上层站用 15～20kg 的重物拉住扶手带，如扶手带不停住，用 25～30kg 的重物重复试验，最终扶手带对扶手带驱动力产生摩擦，扶手带不再转动；如用 25～30kg 重物使扶手带仍不停住，则调节扶手带驱动系统使张力正确。

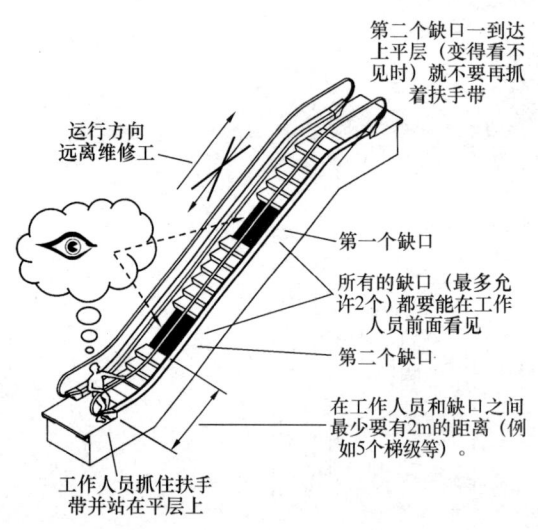

图 18.2-4　平层上手拉扶手带判断张力示意图

(4) 简易的扶手带驱动力判断

1) 在下平层（自动扶梯上行方向）和在上平层（自动扶梯下行方向）抓住扶手带，这些动作均要在平层的水平区域进行。不要站在运行的梯路上。

应用这个简单程序，只能作为简要检查来主观的评估扶手带的驱动力，而不考虑在加载运行时，此驱动力能否足够的驱动扶手带。

2) 在自动扶梯远离平层运行时，如果人可以使扶手带停止，则驱动力就是足够的。在平层上要抓住扶手带必需要执行的规定如图 18.2-4 所示。

3) 扶手带的张紧程度可用以下方法加以判断

在两间距 1200mm 托滚轮之间的垂直方向下垂量在 7～10mm 之间。扶手驱动力的大小对扶手驱动部件的寿命影响很大，过大的驱动将使摩擦磨损急剧加快，过小的驱动力又会使扶梯不能正常运行。对于扶手驱动力的大小一般以在运行时一个成人刚好能拉住为宜（用力约 600N）。

对于直线压滚驱动扶手，调整驱动力的方法如图 18.2-5 所示，向下或向上调整 1 号螺母就可以得到所需的效果，在这里想提醒是：在调整这一螺母时应保证同一组扶手驱动上的两根弹簧长度应基本一致。

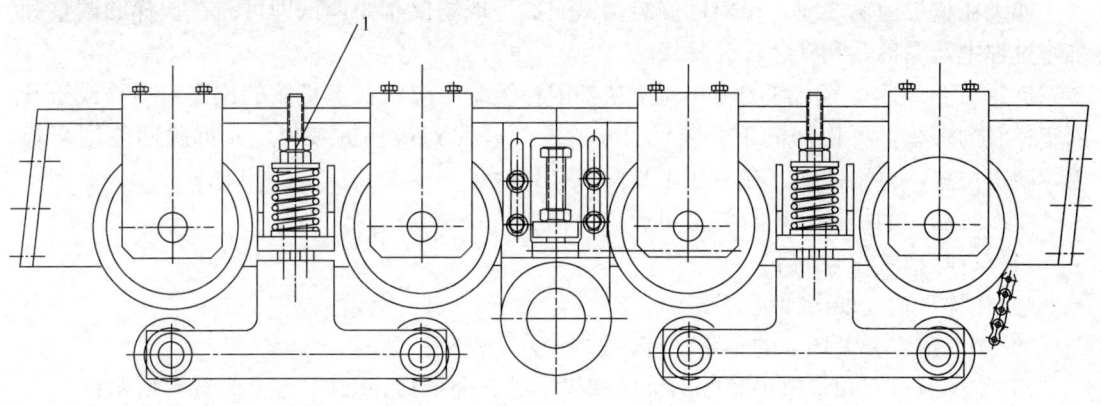

图 18.2-5　直线压辊驱动扶手带调整

对于大摩擦轮驱动的扶手，调整驱动力的方法如图 18.2-6 所示。

3. 扶手带与梯级的同步调整

（1）停止自动扶梯，在下平层，用透明胶带和铅笔或其他类似物品在下平层扶手带上做标记（扶手带的水平区域要高出能看到的梯级）；

（2）在该处扶手带下方，借助铅垂线在同一水平位置标记一个梯级（使用透明胶带和铅笔）。使用直尺或类似物品来悬挂铅垂线用于标记梯级；

（3）在围裙板上做上述同样的标记（起点）。使用透明胶带和铅笔；

（4）使用检修盒运行自动扶梯，近似地从梳齿相交线运行到梳齿相交线，不要站在运行的梯级上；停留在到达的平层端（终点）；

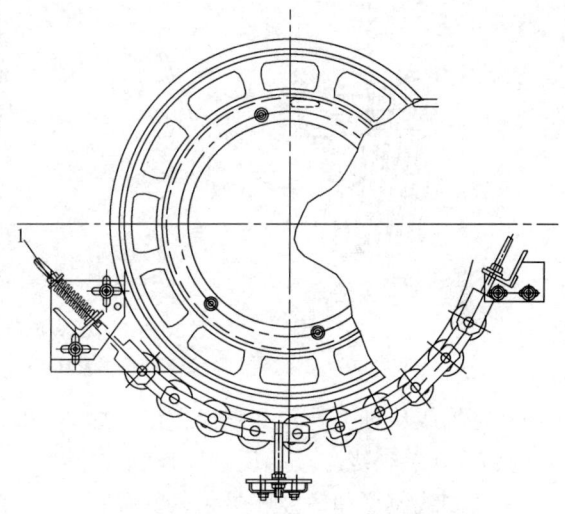

图 18.2-6　大摩擦轮驱动的扶手带调整

（5）在标记进入梳齿板的梯级之前，停止自动扶梯运行；

（6）用铅锤测量扶手带和梯级之间的运行差异值 X；

（7）求出起点到终点的距离 Y：

$$Y = N \times D + A + B$$

式中　D——两个连续梯级之间的距离；

N——围裙板上两个标记之间的所有梯级的总数；

A——下平层的剩余长度；

B——上平层的剩余长度。

（8）运行差异值的百分比值可以通过运行差异值除以测量长度的总值得到，最大允许值为

2%。如果扶手带比梯路运行快超过2%，则必须对扶手带驱动系统采取常规的调整。

$$百分比值 Z = (运行差异值 X / 长度 Y) \times 100\%$$

4. 梯级拆装

梯级在整机运输之前，厂家已安装调试完成，现场仅需要调试即可。在扶梯的调整和维修过程中，要拆除和安装部分梯级。

拆除三菱、日立等品牌的大多型号扶梯的梯级时，应先在上机舱的位置，拆除或松开固定梯级的螺栓，再检修向下开行约2m的距离，找到扶梯拆装口，并拆除两侧围裙板盖，找正位置，再用铁钩（或专用工具），拿出梯级。

大多数品牌的扶梯，均可在上机舱/下机舱拆装好梯级。

(1) 拆除梯级步骤如下：

1) 在梯级轴上划出梯级的原始位置；
2) 松开定位夹紧环上的夹紧螺钉，如图18.2-7（a）所示；
3) 将梯级衬套和定位夹紧环沿轴向梯级中心方向推移，如图18.2-7（b）所示；

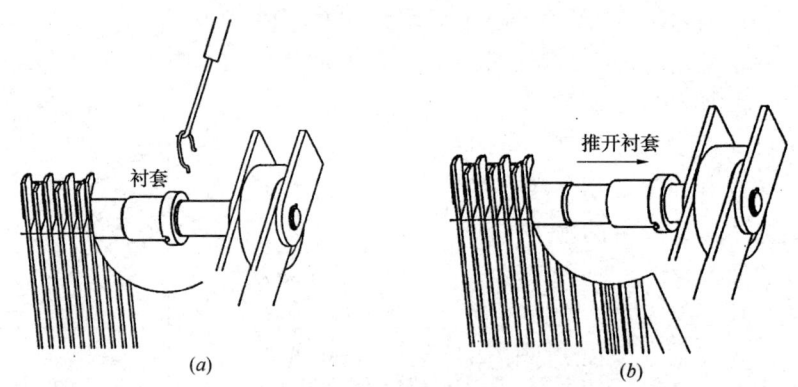

图 18.2-7　梯级拆除步骤（一）
(a) 松开夹紧环；(b) 推开衬套

4) 将梯级从轴上翻转开缓慢拉出，如图18.2-8所示。

(2) 重新装梯级应按相反顺序操纵如下：

1) 按划线位置和梯级序号装入梯级；
2) 拧紧夹紧螺钉；
3) 缓慢小心地将梯级转入下梳齿板，检查梯级的安装是否正确；
4) 同样检查梯级通过上梳齿板时的情况。

当安装完成一个或多个梯级时，应在扶梯的宽度方向调整距离，使梯级/踏板的齿对正梳齿板啮合处，并保证啮合间隙。

紧固螺栓必须有足够的压紧力，如果螺栓有定位时，则必须紧固到定位点，且做好定位标记（或定位标记复位）。

5. 梳齿板拆装

为确保乘客安全地上下自动扶梯，必须在自动扶梯的进出口处设置梳齿板，如图18.2-9所示。

(1) 前沿板　前沿板是地平面的延伸，高低不能发生差异，它与梯级踏板上表面的高

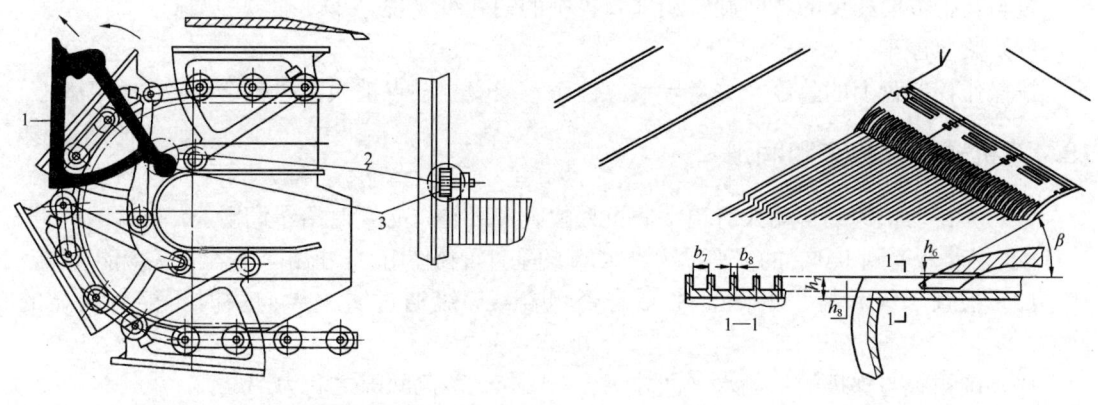

图 18.2-8 梯级拆除步骤（二）　　　　　图 18.2-9 梳齿板的安装

度差应小于或等于 80mm。

（2）梳齿板　一边支撑前沿板上，另一边作为梳齿的固定面，其水平角小于 40°。梳齿板的结构为可调式，以保证梳齿与踏板齿槽的啮合深度大于或等于 6mm；与胶带齿槽的啮合深度大于或等于 4mm。

（3）梳齿　齿的宽度不小于 2.5mm，端部为圆角，水平倾角不大于 40°。

（4）自动人行道的胶带应具有沿运行方向且与梳齿板的梳齿相啮合的齿槽。

（5）自动人行道胶带齿槽的高度不应小于 1.5mm，齿槽深度不应小于 5mm，齿的宽度不应小于 4.5mm，且不大于 8mm。

18.3　运行

1. 试运行

对于整装扶梯完成了试运行的，此步可略过。

（1）在拆除地面盖板或梯级前，用围栏做好现场的保护工作；

（2）试车前，拆除三级连续的梯级，在部分梯级拆去后，只能用检修控制系统进行检修工作；

（3）清除落在梯级或卡在凹槽里的杂物，擦净扶手带，以防其污染机械传动部件；

（4）若自动扶梯上有人，不得开动自动扶梯或自动人行道，在梯级完全停止后，才能用钥匙开关和检修按钮改变运行方向；

（5）检查由动力部门提供的电力供应（相位、零线、接地线），检查电源的连接是否按接线图连接；

（6）接通熔断器，接通电动机及控制电源的主开关，将两个检修开关盒之一与控制屏连接，用检修上行或下行按钮点动自动扶梯或自动人行道，检查其运行的方向是否正确，必要时可改变电动机的两相接头进行修正。

2. 正常运行测试

断开检修开关盒与控制屏的连接，按所需运行的方向旋转钥匙开关，启动自动扶梯或自动人行道，启动后，旋转钥匙至零位，拔出。扶梯可以按照需要的运行方向运行。

3. 关闭自动扶梯或自动人行道测试

（1）正常停车（软停车）

按与运行方向相反的方向旋转钥匙开关中的钥匙可实现停车。

(2) 紧急停车

按操作控制盘上的急停开关会导致急停车,当安全触点被激活时也会导致紧急停车。

18.4 机械部件检查和润滑

(1) 在自动扶梯或自动人行道下底坑处检查梯级轮,必要时给予润滑。

(2) 梳齿板受到 100kg 的水平重物或 60kg 的垂直重物作用时,梳齿板安全开关应能动作。

(3) 检查梯级和梳齿的啮合中心是否吻合,梯级通过防偏导向块时不能有明显的冲撞。

(4) 围裙板与梯级的单侧水平间隙为 2~4mm,两侧间隙之和为 7mm。

(5) 检查扶手入口橡胶套的两边应大致相等,扶手带不应擦着橡胶套。

(6) 清理掉扶手带表面的灰尘,先用抹布沾一些清洁剂(禁止使用汽油、柴油及有机溶剂)用力擦扶手带表面,再用干布擦一遍,然后至少限 10min,禁止用滑石粉处理扶手内侧。

(7) 润滑梯级链时,应把润滑油加在空隙之间。

(8) 检查梯级链的张紧装置和梯级链条的张紧必须均匀。

(9) 梯级滑动导靴不应摩擦围裙板。

(10) 梯级导轨必须给予彻底清洁,清洁工作是在梯级的开口处完成的。

18.5 安全标识张贴

在自动扶梯或自动人行道入口处的使用须知和下列书写使用须知的标牌应设置在入口处的附近,包括:

(1) 必须紧拉住小孩;

(2) 狗必须被抱着;

(3) 站立时面朝运行方向;

(4) 握住扶手带。

使用须知标牌的最小尺寸为 80mm×80mm,如图 18.5-1 所示。

图 18.5-1 安全标识图

18.6 自动扶梯四周的安全要求

为了规范自动扶梯四周建筑物固定部分和开口部分的安全保护措施，必须对有关自动扶梯四周安全要求的项目进行规范。

1. 安全三角牌安装

扶手带中心线与交叉障碍物之间的距离小于 0.5m 时，应设置一个无锐利边缘的垂直防碰挡板，其高度不小于 0.3m。

(1) 顶棚，梁以及相邻自动扶梯外部装饰下端部交叉时

当与自动扶梯交叉的顶棚，梁以及相邻自动扶梯外部装饰下端部，至扶手带中心线的水平距离小于 0.5m 时，应设置固定保护板；另外，宜设置警告乘客已和这个固定保护板相接近的可动警示牌。安装固定保护板及可动警示牌的建筑构造应具有足够的强度。有关固定保护板及可动警示牌的材质以及安装要求如图 18.6-1 所示。

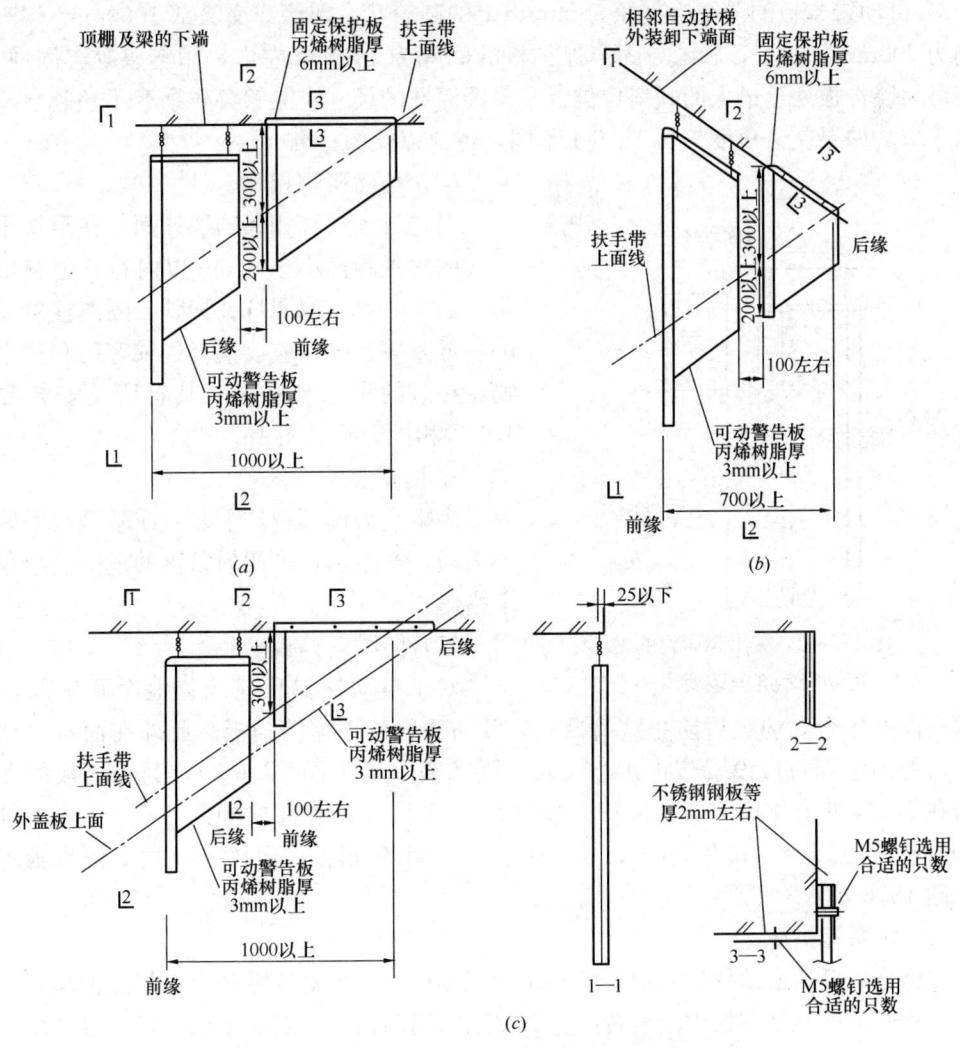

图 18.6-1　固定保护板及可动警示牌的材质及安装要求
(a) 保护板（30°交叉）；(b) 保护板（60°交叉）；(c) 保护板（30°交叉面板接近之例）

1) 固定保护板为固定式，可动警示牌为悬挂式。

固定保护板的前缘为直径50mm以上的圆筒形；后缘位于交叉部的后方。如果交叉角度与图18.6-1（a）不同，也应以此为标准。安装固定保护板的配件应牢固地固定在天花板、梁及相邻自动扶梯的外装饰的底面或侧面（强度要求：在行进方向给予300N的力不得破坏）。

2) 固定保护板以及可动警示牌应采用轻质高强度材料（如丙烯树脂等）制作。固定保护板厚6mm以上，可动警告板厚度为3mm以上。

3) 固定保护板前端做成不带角形状。其垂直长度，在扶手带上方为300mm以上，在扶手带下方为200m以上。

4) 对于外盖板位置和扶手带上方相接近的自动扶梯，固定保护板可位于外盖板上面，如图18.6-1（c）所示。

安装零件从被固定物外突的长度应与固定保护板的厚度相当（参见18.6-1剖面3-3）。

5) 可动警告板的前缘为直径50mm以上的圆筒状。前缘离交叉部1000mm（若60°交叉则为700mm）以上，后缘与固定保护板的间隔为100mm左右，用链条等牢固地悬挂。即使可动警告板处于最大的倾斜位位置，该圆筒部的尺寸应能够警告乘客不超越自动扶梯的扶手带。如果交叉角度与图18.6-1不同，也应以此为标准。

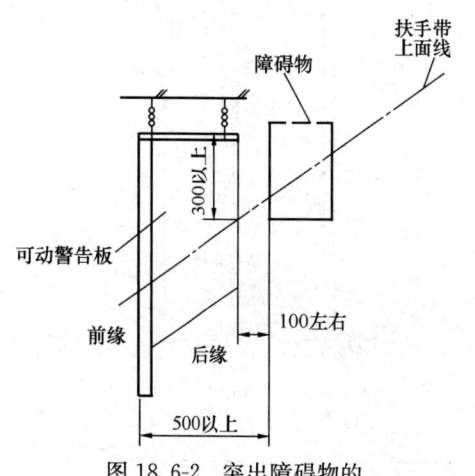

图18.6-2 突出障碍物的可动警示牌安装要求

（2）与障碍物相邻

当与自动扶梯相邻的墙壁面，在至扶手带中心线的水平距离小于0.5m以内有其他突出障碍物（如广告物，照明灯、配管、隔离柱以及墙壁的高低差等）时，应设置警告乘客已和这个障碍物相接近的可动警示牌（其材质及安装要求与1.1项相同，参见图18.6-2）。

2. 防攀爬装置安装

为阻止人们翻越扶手装置或攀登扶手装置的外盖板，产生从扶梯四周跌落的危险，应采取如下措施：

（1）防跌落挡板安装

对于自动扶梯和建筑物地面开口部存在间隙或空间的场合，应设置防止跌落栅栏以及防止物体下落的挡板。此外在面对自动扶梯出入口的图示部位应设置防止儿童误入的隔离板（参见图18.6-3），其隔离板的强度要求为在500N外力作用下不得破坏。隔离板与扶手装置各部的间隙小于100mm时参见图18.6-3（b）及图18.6-3（c）；扶手带相互之间的间隙小于400mm时，隔离板的设置参见图18.6-3（a）。

（2）防攀爬措施

在容易靠近的自动扶梯侧面，担心儿童玩耍从外盖板上攀登到上一楼层的场合，为防止发生意外，可在外盖板中段设置防止攀登用的隔离板，一般1个侧面可设置2块隔离板（参见图18.6-4）。

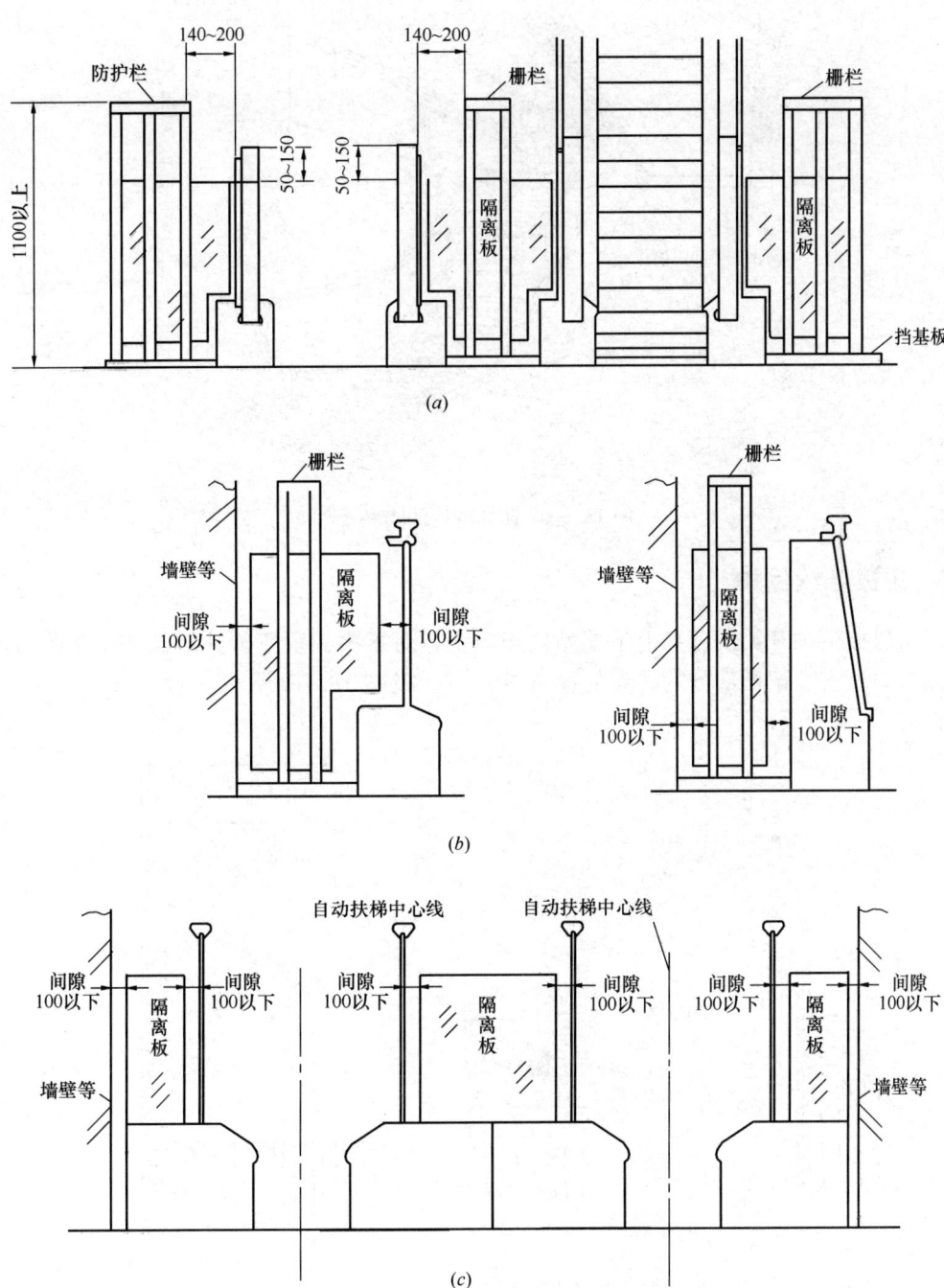

图 18.6-3 安全间隙示意图
(a) 防止跌落栅栏，防止物体下落板以及防止进入隔离板；(b) 在建筑物一侧安装隔离板的场合；
(c) 在自动扶梯本体安装隔离板的场合

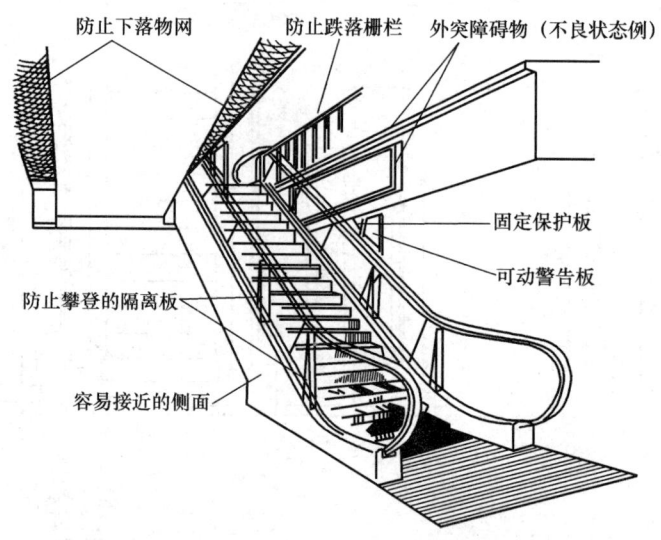

图 18.6-4　防止攀登的隔离板

18.7　裙板连续保护

因为裙板保护开关设置在上下层站的裙板上，对于中间段不能连续保护，为此目的，可按以下要求安装裙板部分的防夹装置如图 18.7-1 及图 18.7-2 所示。

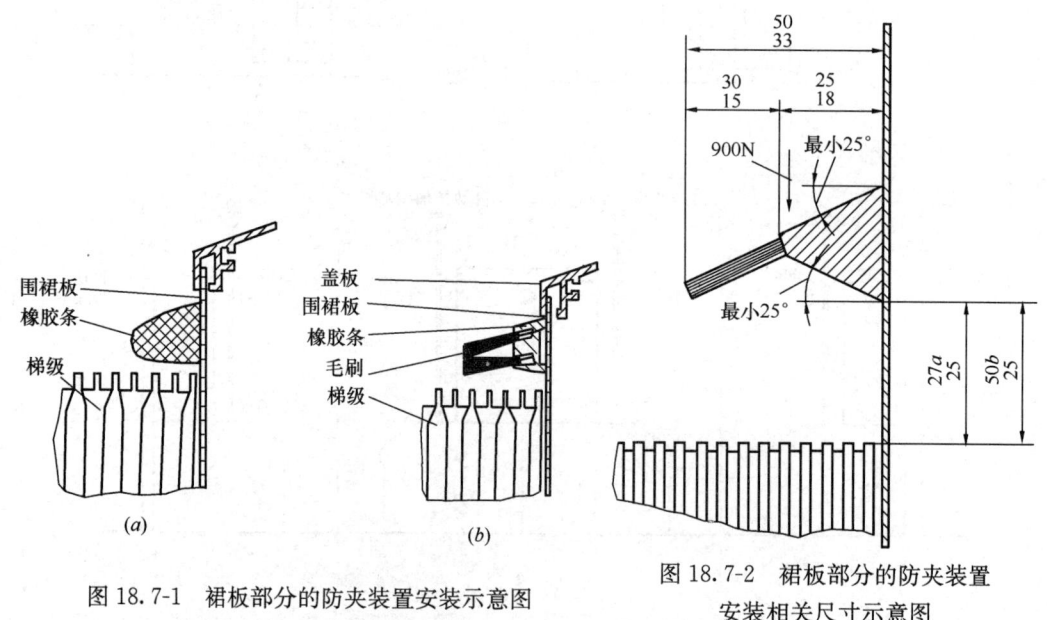

图 18.7-1　裙板部分的防夹装置安装示意图
（a）橡皮防夹装置；（b）毛刷防夹装置

图 18.7-2　裙板部分的防夹装置安装相关尺寸示意图

(1) 它们应由刚性的和柔性（如毛刷，橡胶）的部件组成。
(2) 它们从裙板的垂直面起应有最小 30mm 和最大为 50mm 投影距离。
(3) 它们应能承受 900N 的力垂直作用于附着件的连线上，部件应没有断开或永久变形。刚性部件上的力应作用于 600mm² 的面积上。

(4) 刚性部件应有 18～25mm 的投影，并能承受规定的强度要求。柔性件应有最小 15mm，最大为 30mm 的长度。

(5) 在刚性部件下边的最低部分与梯级的边角（所有的倾斜部分）之间的间隙应为 25_0^{+2}mm。

(6) 裙板防夹装置刚性件的下部最低部件和任一梯级实际运行的水平部分的顶端间的间隙应在 25～50mm 之间。

(7) 较低的面应被向上倾斜不小于 25°，上部的面应被从裙板向下倾斜不小于 25°。

(8) 连接件均不应延伸至运行的路径。

(9) 终端件应是锥形的，与裙板有一个平直的结合面。任何防夹装置的终端件在梳齿交线之前应有至少 50mm 和最大为 150mm 长度。

18.8 自动扶梯和自动人行道检验方法

自动扶梯和自动人行道的验收检验、定期检验依据的是《自动扶梯和自动人行道监督检验规程》，主要内容为：

18.8.1 实施现场检验时具备下列检验条件

（1）环境空气温度、湿度应保持在自动扶梯和自动人行道正常运行所允许的范围内；

（2）电网输入电压应正常，电压波动应在额定电压值±7％的范围内；

（3）环境空气中不应含有腐蚀性和易燃性气体及导电尘埃；

（4）检验现场（主要指驱动站和转向站）应整洁，不应有与自动扶梯和自动人行道工作无关的物品和设施，相关现场应放置表明正在进行检验的警示牌。

（5）自动扶梯和自动人行道受检单位及安装、改造（大修）和维修保养等相关单位，应向检验机构提供有关技术资料，并安排相关专业人员到现场配合检验。

18.8.2 检验分类

安装、大修或改造后拟投入使用的自动扶梯和自动人行道，应当按照本规程对验收检验规定的内容进行检验；在用自动扶梯和自动人行道应当按照本规程对定期检验规定的内容，每年进行一次检验。遇可能影响其安全技术性能的自然灾害或者发生设备事故后的自动扶梯和自动人行道，以及停止使用一年以上再次使用的自动扶梯和自动人行道，进行设备大修后，应当按照验收检验的要求进行检验。

18.8.3 检验依据

本规程的技术指标和要求主要引用了《自动扶梯和自动人行道的制造与安装安全规范》（GB 16899—1997）等国家标准的规定。如上述相关标准被修订，应以最新标准为准。

检验机构应根据本规程制定包括检验程序和检验流程图在内的检验实施细则，并对检验过程实施严格控制。检验人员实施检验过程中，如发现异常或特殊情况，经请示检验机构认可，可按照国家有关标准增加检验项目。

对于不具备现场检验条件的自动扶梯和自动人行道，或者继续检验可能造成安全和健康损害时，检验人员可以中止检验并必须书面说明原因。

检验机构应当在安装、大修或改造等施工单位自检合格的基础上进行验收检验。施工单位自检的内容、要求与方法应当符合国家有关法规和标准的规定，并应当出具完整的自检报告。

18.8.4 检验器具

从事自动扶梯和自动人行道验收检验、定期检验的单位，至少应当配备《自动扶梯和自动人行道监督检验必备仪器设备表》(表18.8-1，以下简称《必备仪器设备表》)所列的检测检验仪器设备、计量器具和相应的检测工具，其精度应当满足表18.8-1中提出的要求，属于法定计量检定范畴的，必须经检定合格，且在有效期内。

自动扶梯和自动人行道监督检验必备仪器设备表　　　表18.8-1

序号	仪器设备或计量器具	精度要求	备注
1	万用表	±2%	
2	钳型电流表	±2%	
3	转速表	±1km/h	
4	绝缘电阻测量仪	±1.5%	
5	游标卡尺	0.02mm	
6	钢直尺	1级	
7	钢卷尺	1级	
8	塞尺	1级	
9	测温计	±2%	
10	照度计	±5%	
11	计时器	±1%	
12	测力计	±0.6N	
13	放大镜（20倍）		
14	线坠		
15	常用电工工具		
16	便携式检验照明灯		
17	便携式测距仪	±1.5mm	选用
18	便携式超声波探伤仪	水平<1%，垂直<5%	选用
19	便携式磁粉探伤仪	A1试片	选用
20	照相机		选用

18.8.5 检验内容与方法

自动扶梯和自动人行道验收检验和定期检验的项目，不得少于《自动扶梯和自动人行道监督检验内容要求与方法》(表18.8-2，以下简称《检验内容与方法》)的所列内容。

实施定期检验时，相应《检验报告》项目编号中注有"△"的项目，以《自动扶梯和自动人行道的制造与安装安全规范》(GB 16899—1997)实施之日(1998年2月1日)为界确定是否检验：实施之日前出厂的设备，相应项目不检验，按"无此项"处理，鼓励使用单位整改设备达到相应规定要求；实施之日后出厂的设备，相应项目必须按规定进行检验。

现场检验过程中，检验人员应当进行详细记录。现场检验原始记录（以下简称原始记录）中，应当详细记录各个项目的检验情况及检验结果。原始记录表格由检验机构统一制定，在本单位正式发布使用。

原始记录不得少于《检验内容与方法》规定的内容，且应方便现场操作记录和《检验报告》的填写，个别项目应另列表格或附图以方便现场记录。

自动扶梯和自动人行道监督检验内容要求与方法　　　　表 18.8-2

检验项目	项目编号	检验内容与要求	检 验 方 法
1. 技术资料	1.1	制造单位应提供下列资料和文件： （1）型式试验合格证（复印件）； （2）总体布置图； （3）安装、使用、维护说明书； （4）电气原理图和接线图及安全开关示意图	查阅资料。 对于形式实验合格证主要指： 1) 直接驱动梯级的部件（如梯级链、牵引齿条等）要有足够的抗断裂强度的计算证明或检验报告； 2) 梯级的证明文件； 3) 对于公共交通型自动扶梯或自动人行道应有扶手带的断裂强度证书
	1.2	安装单位应提供： （1）施工情况记录和自检报告； （2）安装过程中事故记录与处理报告； （3）安装过程中由使用单位提出、经制造单位同意的变更设计的证明文件	查阅资料
	1.3	改造（大修）单位除提供1.2项要求的内容外，还应提供改造（大修）部分的清单、主要部件合格证和型式试验报告副本、改造部分经改造单位批准并签章的图样和计算资料	查阅资料
	1.4	使用单位应提供注册登记和运行管理制度（如故障状态救援操作规程，自动扶梯或自动人行道钥匙使用保管制度等）资料以及设备技术档案（内容包括1.1、1.2和1.3项要求的资料，维修保养、常规检查和故障与事故的记录等）。 新增设备的验收检验仅核查运行管理制度	查阅资料
2. 驱动和转向站	2.1	机房和转向站内至少应有一块为 $0.3m^2$，其较小一边的长度不少于 $0.5m$ 的没有任何固定设备的站立面积	目测检查，必要时卷尺测量。 用钢卷尺测量时应将机舱内的可移动的设备（如可移动式控制柜）移开，可移动的设备应是很方便、不须借助任何工具即可拆卸的设备，梯级或踏板的防护挡板不可视为可移动设备

续表

检验项目	项目编号	检验内容与要求	检验方法
2. 驱动和转向站	2.2	当主驱动装置或制动器装在梯级、踏板或胶带的载客分支和返回分支之间时,在工作区段应提供一个适当的接近水平的立足平台,其面积不应小于0.12m²,最小边尺寸不小于0.3m	目测检查,必要时卷尺测量。
	2.3	分离机房、驱动和转向站以及固定式控制柜(屏)前要有一个宽度不小于0.5m,深度为0.8m的自由空间	目测检查,必要时卷尺测量。如果控制柜(屏)的宽度大于0.5m,则自由空间的宽度应为控制柜(屏)的宽度。如果控制柜(屏)的宽度小于0.5m,则自由空间的宽度应至少为0.5m
	2.4	分离机房、驱动和转向站以及固定式控制柜(屏)在需要对运动部件进行维修和检查的地方,应有一个底面至少为0.5m×0.6m的自由空间	目测检查,必要时卷尺测量
	2.5	分离机房、各驱动和转向站的电气照明应是永久性的和固定的,在金属结构内的驱动机房、转向站以及机房中的电气照明装置,应为常备的手提行灯	外观检查
	2.6	如果转动部件易接近或对人有危险,应设置有效的防护装置,特别是必须在内部进行维修工作的驱动站或转向站的梯级和踏板转向部分	外观检查应检查下列部件是否设置有效的防护装置:1)轴上的键和螺栓;2)皮带、链条、传动皮带;3)传动机构,齿轮,链轮;4)电动机主轴伸出部分;5)梯级和踏板的转向部分。是否分别有防护装置
	2.7	分离机房、驱动和转向站的每一处应配备一个或多个2P+PE型电源插座	外观检查
	2.8	在驱动主机附近,转向站中或控制装置旁,应装设一只能切断电动机,制动器释放装置和控制电路电源的主开关。该开关应不能切断电源插座或检修及维修所必需的照明电路的电源	断开主电源开关,用万用表或钳型电流表的交流电压挡检查照明和插座的电源是否被切断
	2.9	开关处于断开位置时应可被锁住或处于"隔离"位置,应在打开活板门后能迅速而容易地断开	外观检查该主电源开关应该是在断开时能被锁住的开关,或将此开关安装在可以上锁的盒子内,可以被方便地隔离
	2.10	开关应能切断自动扶梯或自动人行道在正常使用情况下最大电源的能力	检查主开关容量,应不小自动扶梯或自动人行道制造厂在安装图或电气敷线图中标示的容量

续表

检验项目	项目编号	检验内容与要求	检 验 方 法
2. 驱动和转向站	2.11	当暖气装置、扶手照明和梳齿板照明是单独供电时，各相应开关应位于主开关旁并有明显的标志	外观检查，手动试验 检查各开关位置是否设在主电源开关旁边，并手动试验各开关的功能是否与标识一致
	2.12*	在驱动和转向站中应设置使自动扶梯或自动人行道停止运行的停止开关，如果驱动站已设置了主开关，可不设停止开关。停止开关的动作应能切断驱动主机电源，并使工作制动器制动	外观检查，手动试验 停止开关应为：1）手动的；2）具有清晰的、永久性的转换位置标记；3）符合安全触点要求
	2.13	停止开关应为： （1）手动的； （2）具有清晰的，永久性的转换位置标记； （3）符合安全触点要求	外观检查
	2.14*	导体之间和导体对地之间的绝缘电阻应大于$1000\Omega/V$，并且其值不得小于： （1）动力电路和电气安全装置电路：$0.5M\Omega$； （2）其他电路（控制、照明、信号等）；$0.25M\Omega$	（1）用500V兆欧表分别测量动力电路、电气安全装置电路和照明电路导体之间和导体对地的绝缘电阻。测量时应断开主开关，并断开所有电子元件，其他电路绝缘电阻的检测由安装调试和维修保养单位自检，检验机构负责查看自检记录。 （2）电路电压不大于60V时，应用250V兆欧表测量
	2.15*	零线和地线应始终分开	（1）将主电源断开，在进线端断开零线，用万用表检查零线和地线之间是否连通。 （2）每一单独设备的接地线必须直接至接地干线上，不得互串接后再接地
	2.16	自动扶梯或自动人行道应设断相保护装置	断开主开关，在电源输入端分别断开各相电源。再闭合主开关检查自动扶梯或自动人行道是否启动
	2.17*	电动机的电源应由两个独立的接触器来切断，接触器的触头应串接于供电电路中，如果自动扶梯或自动人行道停止时，接触器的任一主触头未断开，应不能重新启动	（1）检查电气原理图是否符合要求。 （2）人为按住其中一个主接触头不释放、停车，检查自动扶梯或自动人行道是否重新启动（防主接触器触点粘连）
	2.18	直接与电源连接的电动机应进行短路保护	外观检查，手动试验。检查是否有熔断器或自动断路器。熔断器的熔丝额定电流约为电动机额定电流的2.5~3.0倍，自动断路器的瞬时电流脱扣器的整定值约为启动电流的1.1倍，手动试验自动断路器开关有效
	2.19	直接与电源连接的电动机应采用手动复位的自动开关进行过载保护，该开关应切断电动机的所有供电	（1）用自动开关进行过载保护的： 检查自动开关规格和整定值是否与电动机相匹配。 （2）用热继电器进行过载保护的： 检查热继电器规格和整定值是否与电动机相匹配。 （3）用热敏电阻对电机绕组温升进行过载保护的： 进行模拟度验

续表

检验项目	项目编号	检验内容与要求	检验方法
2. 驱动和转向站	2.20*	制动系统供电的中断至少应有两套独立的电气装置来实现,这些装置可以中断驱动主机的电源,如自动扶梯或自动人行道停车以后,这些电气装置中的任何一个还没有断开,应不能重新启动	(1) 检查电气原理图是否符合要求。 (2) 人为按住其中一个主接触头不释放、停车,检查自动扶梯或自动人行道是否重新启动(防主接触器触点粘连)
	2.21	能用手释放的制动器,应由手的持续力使制动器保持松开的状态	手动试验
	2.22	如提供手动盘车装置,该装置应操作方便、安全可靠,不允许采用曲柄或多孔手轮	外观检查,手动试验。 目测检查主机结构及盘车装置,手动试验盘车的方便性及可靠性
	2.23	自动扶梯或自动人行道的启动(或当启动是自动时,由一个使用者经过某一点使之自动启动,投入有效运行),应只能由指定人员才能操作一个或数个开关来实现。 开关可采用:钥匙操作式开关、拆卸式手柄开关、护盖可锁式开关等,该开关不应同时用作主开关	外观检查,手动试验
	2.24	操纵开关的人员在操作之前应能看到整个自动扶梯或自动人行道,或者应有措施保证在操作之前没有人正在使用自动扶梯或自动人行道,运行方向在开关的指示上应能明显识别	(1) 检查开关位置是否符合要求或者检查是否有保证措施。 (2) 开关上是否有明显的运行方向标识。 (3) 操作开关,检查自动扶梯或自动人行道运行方向是否与标识一致
	2.25*	对于提升高度超过12m的自动扶梯或使用区段长度超过40m的自动人行道,应增设附加急停装置。 附加急停装置之间的距离: (1) 自动扶梯不应超过15m; (2) 自动人行道不应超过40m	外观检查,手动试验
	2.26*	紧急停止装置应设置在位于自动扶梯或自动人行道出入口附近的、明显而易于接近的位置	外观检查,手动试验
3. 倾斜角和导向	3.1 倾斜角	(1) 自动扶梯的倾斜角α不应超过30°,当提升高度不超过6m,额定速度不超过0.5m/s时,倾斜角α允许增至35° (2) 自动人行道的倾斜角不应超过12°	查阅资料,必要时测量计算
	3.2 导向	(1) 自动扶梯梯级在出入口处应有导向,使其从梳齿板出来的梯级前缘和进入梳齿板梯级后缘至少有一段0.8m长的水平移动距离。在水平运动段内,两个相邻梯级之间的高度误差最大允许为4mm。若额定速度大于0.50m/s或提升高度大于6m,该水平移动距离应至少为1.2m	目测检查,必要时测量

续表

检验项目	项目编号	检验内容与要求	检验方法
3. 倾斜角和导向	3.2 导向	(2) 倾斜角大于 6°的自动人行道，其上部出入口的踏板或胶带在进入梳齿之前或离开梳齿之后，应至少有一段 0.4m 长，最大倾角为 6°的运行距离	目测检查，必要时测量并计算
		(3) 对踏板式自动人行道，离开梳齿的踏板前缘和进入梳齿的踏板后缘，至少应有 0.4m 以上的一段不改变角度的距离	目测检查，必要时卷尺测量。1) 对于自动扶梯，通过检修装置控制点动运行，用斜塞尺测量两相邻梯级之间的高度差为 4mm 时，用钢卷尺测量从梳齿板出来的梯级前缘或进入梳齿板梯级后缘至梳齿根部的距离。2) 对于自动人行道，用钢卷尺测量并计算
4. 相邻区域	4.1	自动扶梯或自动人行道及其周边，特别是在梳齿板的附近应有足够和适当的照明。室内或室外自动扶梯或自动人行道出入口处的光照度分别至少为 50lx 或 15lx	用照度计置于出入口的地面上测量
	4.2	在自动扶梯或自动人行道的出入口应有充分畅通的区域以容纳乘客，该畅通区的宽度至少等于扶手带中心线之间的距离，其纵深尺寸至少为 2.5m，如果该区宽度增至扶手带中心距的两倍以上，则其纵深尺寸允许减少至 2m	目测检查，必要时卷尺测量，纵深尺寸应从扶手带转向端端部算起
	4.3	自动扶梯的梯级或自动人行道的踏板或胶带上空，垂直净高度不应小于 2.3m	目测检查，必要时卷尺测量 用卷尺测量时，将线坠置于梯级上空障碍物上，点动扶梯运行，测量障碍物与梯级踏面的垂直距离是否符合要求
	4.4*	如果建筑物的障碍会引起人员伤害时，则应采取相应的预防措施。特别是在与楼板交叉处以及各交叉设置的自动扶梯或自动人行道之间，应在外盖板上方设置一个无锐利边缘的垂直防碰挡板，其高度不应小于 0.3m（扶手带中心线与任何障碍物之间距离不小于 0.5m 的除外）。	目测检查，必要时卷尺测量。参阅图所示
	4.5	扶手带外缘与墙壁或其他障碍物之间的水平距离在任何情况下均不得小于 80mm	目测检查，必要时卷尺测量 扶手带外缘与墙壁距离或其他障碍物之间的水平距离应保持至自动扶梯梯级上方或自动人行道踏板或胶带上方至少 2.1m 高度处
	4.6	对相互邻近平行或交错设置的自动扶梯，扶手带的外缘间距离至少为 120m	目测检查，必要时卷尺测量

续表

检验项目	项目编号	检验内容与要求	检 验 方 法
5. 扶手装置和围裙板	5.1	扶手带开口处与导轨或扶手支架之间的距离在任何情况下均不得超过 8mm	目测检查，必要时直尺测量。用钢直尺测量，选择扶手带开口处与导轨或扶手支架之间距离最大位置测量
	5.2	扶手装置应没有任何部位可供人员站立，应采取措施阻止人们翻越扶手的装置，以免除跌落的危险	检查在扶手装置两侧上，下边区段内是否已设立了与扶手装置平行或垂直的，阻止人们翻越扶手装置的栏杆或其他类似设施。
	5.3	朝向梯级、踏板或胶带一侧扶手装置部分应是光滑的。其压条或镶条的装设方向与运行方向不一致时，其凸出高度不应超过 3mm，应坚固且具有圆角或倒角的边缘。围裙板与护壁板之间的连接处的结构应使钩绊的危险降至极小	目测检查，必要时直尺测量
	5.4	护壁板之间的空隙不应大于 4mm，其边缘应呈圆角或倒角状。	目测检查，必要时直尺测量
	5.5	允许采用玻璃做成护壁板，护壁板应是单层安全玻璃（钢化玻璃），玻璃的厚度不应小于 6mm	目测检查，必要时直尺测量
	5.6	围裙板应是十分坚固、平滑、且是对接缝的。但是，对于长距离的自动人行道，在其跨越建筑伸缩缝部位的围裙板的接缝可采取其他特殊连接方法来替代对接缝	外观检查
	5.7*	自动扶梯或自动人行道的围裙板设置在梯级、踏板或胶带的两侧，任何一侧的水平间隙不应大于 4mm，在两侧对称位置处测得的间隙总和不应大于 7mm。如果自动人行道的围裙板设置在踏板或胶带之上时，则踏板表面与围裙板下端间所测得的垂直间隙不应超过 4mm。踏板或胶带的横向摆动不允许踏板或胶带的侧边与围裙板垂直投影间产生间隙	用斜塞尺测量并计算
6. 梳齿与梳齿板	6.1	梳齿板梳齿与踏板面齿槽的啮合深度应至少为 6mm，间隙不应超过 4mm。梳齿板梳齿与胶带齿槽啮合深度应至少为 4mm，间隙不应超过 4mm。梳齿板梳齿或踏板面齿应完好，不得有缺损．	专用塞尺测量 用钢直尺测量出梯级踏板面齿槽的深度 h_1，用斜塞尺测量梳齿与踏板面齿槽底部的间隙 h_2，h_1 减去 h_2 即为梳齿板梳齿与踏板面齿槽的啮合深度；梳齿根部与踏板面齿顶部的间隙采用斜塞尺测量。对于胶带，采用的相同方法测量其啮合深度和间隙
	6.2	梳齿板或其支撑结构应为可调式的，以保证正确啮合。梳齿板应易于更换	外观检查

续表

检验项目	项目编号	检验内容与要求	检 验 方 法
7. 安全装置	7.1*	在扶手带入口处应设手指和手的保护装置，并应装设一个使自动扶梯或自动人行道自动停止运行的开关，且灵活可靠	(1) 检查扶手带入口处是否设手指和手的保护装置及安全开关。 (2) 手动试验
	7.2*	如有异物卡入梯级、踏板或胶带与梳齿板之间，且产生损坏梯级、踏板、胶带或梳齿板支撑结构的危险时，自动扶梯或自动人行道应停止运行	拆下梳齿板中间部位的梳齿，用工具使梳齿板向后或向上移动（或前后、上下），检查安全开关是否动作，自动扶梯或自动人行道是否启动
	7.3*	自动扶梯或自动人行道应配备速度限制装置，使其在速度超过额定速度1.2倍之前自动停车，同时切断自动扶梯或自动人行道的电源。（如果交流电动机与梯级、踏板或胶带间的驱动是非摩擦性的连接，并且转差率不超过10%的除外）	外观检查，手动试验。先外观检查，在检修运行期间，人为使超速保护装置动作，自动扶梯或自动人行道应立即停止运行，或模拟超速状态，启动设备运行，检查自动扶梯或自动人行道能否检测到超速并停止运行
	7.4*	自动扶梯或倾斜式自动人行道应设置一个装置，使其在梯级，踏板或胶带改变规定运行方向时，自动停止运行	外观检查，手动试验 因制造厂和型号不相同，采取的检验方法也不同。通常采用测速原理的机型，可采用切除信号来检测。采用其他原理的可采用相应的检测方法 （防逆转保护）
	7.5*	直接驱动梯级，踏板或胶带的元件（如：链条或齿条）的断裂或过分伸长，自动扶梯或自动人行道应自动停止运行	外观检查，手动试验 动作装置是否使安全开关动作，手动试验开关是否有效
	7.6*	驱动装置与转向装置之间的距离（无意性）缩短，自动扶梯或自动人行道应自动停止运行	外观检查，手动试验 动作装置是否使安全开关动作，手动试验开关是否有效
	7.7*	梯级或踏板任何位置下陷能使保护装置动作，并能保证下陷的梯级或踏板不能到达梳齿板相交线	卸除1~2级梯级或踏板，检修运行至安全装置处 (1) 检查安全开关装置设置的位置离梳齿板的距离是否大于工作制动器最大的制停距离； (2) 检查检测杆与梯级或踏板最低点的间隙是否不大于6mm； (3) 手动试验检测杆是否能使安全开关动作

续表

检验项目	项目编号	检验内容与要求	检 验 方 法
8. 检修装置	8.1	自动扶梯或自动人行道应设置检修控制装置，检修控制装置的电缆长度至少为3m	目测检查，必要时卷尺测量
	8.2	在驱动站和转向站内至少应提供一个用于便携式控制装置连接的检修插座，检修插座的设置应能使检修控制装置到达自动扶梯或自动人行道的任何位置	目测检查，必要时卷尺测量
	8.3	控制装置的操作元件应能防止发生意外动作，自动扶梯或自动人行道只允许在操作元件用手长期按压时间内运转	手动试验
	8.4*	每个检修控制装置应配置一个停止开关，停止开关一旦动作就应保持在断开位置	手动试验
	8.5	开关的指示装置上应有明显识别运行方向的标记	外观检查，手动试验
	8.6*	当使用检修控制装置时，其他所有启动开关都应不起作用，所有检修插座应这样设置，即当连接一个以上的检修控制装置时，或者不起作用，或者需要同时才能启动才能起作用。安全开关和安全电路应仍起作用	手动试验。1）将检修控制装置连接到检修插座，手动试验其他启动开关，应不能使自动扶梯或自动人行道启动。2）如果安装现场有2个或多个检修控制装置，则将它们都连接到检修插座，当只启动1个检修控制装置时，自动扶梯或自动人行道应不能启动。3）检修运行期间，人为使安全开关动作，自动扶梯或自动人行道应停止运行
9. 附加制动器	9.1*	在下列任何一种情况下，自动扶梯或倾斜式自动人行道应设置一只或多只附加制动器，该制动器直接作用于梯级、踏板或胶带驱动系统的非摩擦元件上（单根链条不能认为是一个非摩擦元件） （1）工作制动器和梯级、踏板或胶带驱动轮之间不是用轴、齿轮、多排链条、两根或两根以上的单根链条连接的； （2）工作制动器不是机电式制动器； （3）提升高度超过6m； 附加制动器应为机械式的（利用摩擦原理）	手动试验； 检查配置是否符合要求； 检查是否配置，结构是否符合摩擦原理
10. 自动启动、停止	10.1	由于使用者的经过而自动启动的自动扶梯或自动人行道，应在该使用者走到梳齿相交线之前启动运行。 （1）光束：应设置在梳齿相交线之前至少1.3m外。 （2）触点踏垫，其外缘应设置在梳齿相交线之前至少1.8m处，沿运行方向的触点踏垫长度至少为0.85m，施加在其表面为$25cm^2$的任何点上的载荷达150N之前就应作出响应	目测检查，必要时卷尺测量。 用测力计试验

续表

检验项目	项目编号	检验内容与要求	检 验 方 法
10. 自动启动、停止	10.2	在由使用者通过而自动启动的自动扶梯或自动人行道上，如果使用者从与预定运行方向相反的方向进入时，那么自动扶梯或自动人行道仍应按预先确定的方向启动，运行时间应不少于 10s	秒表测量 从与预定运行方向相反的方向进入自动扶梯或自动人行道，检查其启动运行的方向，并用秒表测量运行时间
	10.3	控制系统应能使由使用者通过而自动启动的自动扶梯或自动人行道经过一段足够的时间（至少为预期乘客输送时间再加上 10s）才能自动停止运行	秒表测量
11. 公共交通型	11.1	如果制造厂商没有提供扶手带的破断载荷至少为 25kN 的证明，则应提供能使自动扶梯或自动人行道在扶手断带时停止运行的装置	卸除 1~2 级梯级或踏板，必要时卸除围裙板，检查安全装置位置是否符合要求。手动试验安全装置是否有效
12. 标志	12.1	电气元件标志和导线端子编号应清晰，并与技术资料相符	外观检查，查阅资料
	12.2*	在自动扶梯或自动人行道入口处应设置使用须知的标牌，标牌须包括以下内容： （1）必须紧拉住小孩； （2）宠物必须被抱住； （3）站立时面朝运行方向，脚须离开梯级边缘； （4）握住扶手带； 这些使用须知，应尽可能用象形图表示	外观检查
	12.3*	紧急停止装置应涂成红色，并在此装置上或紧靠它的地方标上"停止"字样	外观检查
	12.4	如果备有手动盘车装置，那么其附近应备有使用说明，并且应明确地标明自动扶梯或自动人行道的运行方向	外观检查
	12.5	自动扶梯或自动人行道至少在一个出入口的明显位置，应用中文标明： （1）制造厂的名称； （2）产品型号标志； （3）系列编号（可能的话）。	外观检查，定期检验时应检查安全合格标志
	12.6	若为自动启动式自动扶梯或自动人行道，则应配备一个清晰可见的信号系统，以便向乘客指明自动扶梯或自动人行道是否可供使用及其运行方向	外观检查

续表

检验项目	项目编号	检验内容与要求	检验方法
13. 运行检查	13.1	在额定频率和额定电压下，梯级、踏板或胶带沿运行方向空载时所测的速度与额定速度之间的最大允许偏差为±5%。	（1）在直线运行段，用秒表、卷尺测量空载运行时的时间和距离，并计算运行速度，检查是否符合要求 （2）也可用转速表测量梯级踏板或胶带的速度，然后计算
	13.2	扶手带的运行速度相对于梯级、踏板或胶带的速度允差为0～2%。	在直线运行段取长度 L，在运行起点用线坠确定左、右扶手带与梯级、踏板或胶带的对应测量点。运行长度 L 后，再用线坠和直尺测量左、右扶手带与梯级、踏板或胶带对应测量点在倾斜面上的直线错位距离 l，计算并检查 $l/L \times 100\%$ 是否符合要求（扶手带应超前）。也可用转速表分别测量左右扶手带和梯级速度，然后计算
	13.3*	自动扶梯或自动人行道的制停距离 （1）空载和有载向下运行的自动扶梯： 　　额定速度　　制停距离范围 　　0.50m/s　　0.20～1.00m 　　0.65m/s　　0.30～1.30m 　　0.75m/s　　0.35～1.50m （2）空载和有载水平运行或有载向下运行的自动人行道： 　　额定速度　　制停距离范围 　　0.50m/s　　0.20～1.00m 　　0.65m/s　　0.30～1.30m 　　0.75m/s　　0.35～1.50m 　　0.90m/s　　0.40～1.70m 注意事项：由于在2/3的梯级上摆放了制动载荷（砝码），试验中制停距离符合要求时无问题。如果试验中制停距离很长或制动失效，扶梯2/3梯级上摆放的制动载荷（砝码）会涌下来而来不及码放，甚至造成事故。所以，有载下行制停距离检验前应先做空载后逐步加至总制动载荷；一旦出现制停距离超出时即停止试验，判断"有载下行制停距离"合格与否	制停距离应从电气制动装置动作时开始测量： （1）空载制停距离检查； 1）在梯级、踏板或胶带和围裙板上作好标记； 2）操作自动扶梯或自动人行道运行至标记重合对齐时切断电源； 3）测量两标记之间的制停距离是否符合要求。 （2）自动扶梯有载制停距离检查； 1）确定制动载荷 a. 每级梯级载荷 梯级宽度0.6m，60kg； 梯级宽度0.8m，90kg； 梯级宽度1.0m，120kg； b. 制动载荷＝每级梯级载荷×提升高度/最大可见梯级踢板高度 2）将总制动载荷分布在自动扶梯上部2/3的梯级上，向下启动自动扶梯，一进入正常运行立即切断电源，检查制停距离是否符合要求。 注1：定期检验只做空载试验； 注2：对有载自动人行道查阅制造厂商提供的计算资料

18.8.6 检验结果判定

检验结果的判定同液压电梯。

第 19 章　电梯使用管理

电梯作为一种国家强制监管的特种设备，使用环节对于安全保障尤为重要。电梯使用单位作为安全管理的主体，是高风险组织，安全管理复杂，管理难度大，因此，电梯的使用单位要在熟悉国家法律的基础上，建立好相关的制度，遵循电梯安全管理的要求，同时又充分结合本单位和设备的管理实际和特点，以持续改进其安全管理绩效，不断消除、降低和控制电梯使用的安全风险，最终保障电梯使用人员及相关人员的安全。近年来，电梯使用单位重大事故时有发生，已成为影响经济发展和社会和谐的重要因素。

电梯的功能发挥及故障率的降低，主要依靠平时有序的操作、经常性的维修保养与管理。管理是操作和维修保养的监督付于实施的保证，因此为获得电梯高质量的服务，必须设有电梯管理机构或者配备专职管理人员，对电梯实行全面管理。电梯的全面管理应包括人员和设备的两方面管理。

19.1　电梯使用单位应了解的基本法规、标准和要求

19.1.1　电梯使用过程中应遵守的规定

根据《特种设备安全监察条例》（国务院 549 号令）对电梯使用管理提出以下规定要求：

（1）电梯使用单位应当建立健全特种设备安全、节能管理制度和岗位安全、节能责任制度。

电梯使用单位的主要负责人应当对本单位特种设备的安全和节能全面负责。

电梯使用单位应当接受特种设备安全监督管理部门依法进行的特种设备安全监察。

（2）电梯使用单位，应当严格执行本条例和有关安全生产的法律、行政法规的规定，保证电梯的安全使用。

（3）电梯使用单位应当使用符合安全技术规范要求的特种设备。电梯投入使用前，使用单位应当核对其是否附有安全技术规范要求的设计文件、产品质量合格证明、安装及使用维修说明、监督检验证明等文件。

（4）电梯在投入使用前或者投入使用后 30 日内，电梯使用单位应当向直辖市或者设区的市的特种设备安全监督管理部门登记。登记标志应当置于或者附着于该电梯的显著位置。

（5）电梯使用单位应当建立特种设备安全技术档案。安全技术档案应当包括以下内容：

1）电梯的设计文件、制造单位、产品质量合格证明、使用维护说明等文件以及安装技术文件和资料；

2）电梯的定期检验和定期自行检查的记录；

3）电梯的日常使用状况记录；

4）电梯及其安全附件、安全保护装置、测量调控装置及有关附属仪器仪表的日常维

护保养记录；

  5）电梯运行故障和事故记录；

  6）高耗能电梯的能效测试报告、能耗状况记录以及节能改造技术资料。

  （6）电梯使用单位应当对在用特种设备进行经常性日常维护保养，并定期自行检查。

  电梯使用单位对在用电梯应当至少每月进行一次自行检查，并作出记录。电梯使用单位在对在用电梯进行自行检查和日常维护保养时发现异常情况的，应当及时处理。

  （7）电梯使用单位应当按照安全技术规范的定期检验要求，在安全检验合格有效期届满前1个月向特种设备检验检测机构提出定期检验要求。

  未经定期检验或者检验不合格的电梯，不得继续使用。

  （8）电梯出现故障或者发生异常情况，使用单位应当对其进行全面检查，消除事故隐患后，方可重新投入使用。

  电梯不符合能效指标的，电梯使用单位应当采取相应措施进行整改。

  （9）电梯存在严重事故隐患，无改造、维修价值，或者超过安全技术规范规定使用年限，电梯使用单位应当及时予以报废，并应当向原登记的特种设备安全监督管理部门办理注销。

  （10）电梯的日常维护保养必须由依照本条例取得许可的安装、改造、维修单位或者电梯制造单位进行。

  电梯应当至少每15日进行一次清洁、润滑、调整和检查。

  （11）电梯的日常维护保养单位应当在维护保养中严格执行国家安全技术规范的要求，保证其维护保养的电梯的安全技术性能，并负责落实现场安全防护措施，保证施工安全。

  电梯的日常维护保养单位，应当对其维护保养的电梯的安全性能负责。接到故障通知后，应当立即赶赴现场，并采取必要的应急救援措施。

  （12）电梯使用单位，应当设置电梯安全管理机构或者配备专职的安全管理人员。

  电梯的安全管理人员应当对电梯使用状况进行经常性检查，发现问题的应当立即处理；情况紧急时，可以决定停止使用电梯并及时报告本单位有关负责人。

  （13）电梯使用单位应当将电梯的安全注意事项和警示标志置于易于为乘客注意的显著位置。

  （14）电梯的乘客应当遵守使用安全注意事项的要求，服从有关工作人员的指挥。

  （15）电梯投入使用后，电梯制造单位应当对其制造的电梯的安全运行情况进行跟踪调查和了解，对电梯的日常维护保养单位或者电梯的使用单位在安全运行方面存在的问题，提出改进建议，并提供必要的技术帮助。发现电梯存在严重事故隐患的，应当及时向特种设备安全监督管理部门报告。电梯制造单位对调查和了解的情况，应当作出记录。

  （16）电梯的作业人员及其相关管理人员（以下统称特种设备作业人员），应当按照国家有关规定经特种设备安全监督管理部门考核合格，取得国家统一格式的特种作业人员证书，方可从事相应的作业或者管理工作。

  （17）电梯使用单位应当对电梯作业人员进行电梯安全、节能教育和培训，保证电梯作业人员具备必要的电梯安全、节能知识。

  电梯作业人员在作业中应当严格执行特种设备的操作规程和有关的安全规章制度。

  （18）电梯作业人员在作业过程中发现事故隐患或者其他不安全因素，应当立即向现场安全管理人员和单位有关负责人报告。

（19）电梯轿厢滞留人员 2 小时以上的就算一般事故。

19.1.2 《电梯使用管理与维护保养规则》TSG T5001—2009 中的规定摘要

第六条 使用单位应当设置电梯的安全管理机构或者配备电梯安全管理人员，至少有一名取得特种设备作业人员证的电梯安全管理人员承担相应的管理职责。

第七条 使用单位应当根据本单位实际情况，建立以岗位责任制为核心的电梯使用和运营安全管理制度，并且严格执行。安全管理制度至少包括以下内容：

（一）相关人员的职责；

（二）安全操作规程；

（三）日常检查制度；

（四）维保制度；

（五）定期报检制度；

（六）电梯钥匙使用管理制度；

（七）作业人员与相关运营服务人员的培训考核制度；

（八）意外事件或者事故的应急救援预案与应急救援演习制度；

（九）安全技术档案管理制度。

第八条 电梯在投入使用前或者投入使用后 30 日内，使用单位应当向设区的市的质量技术监督部门（以下简称登记机关）办理使用登记。办理使用登记时，应当提供以下资料：

（一）组织机构代码证书或者电梯产权所有者（指个人拥有）身份证（复印件 1 份）；

（二）《特种设备使用注册登记表》（一式两份）；

（三）安装监督检验报告；

（四）使用单位与维保单位签订的维保合同（原件）；

（五）电梯安全管理人员、电梯司机［适用于按照第九条第（五）款要求配备的电梯司机］等与电梯相关的特种设备作业人员证书；

（六）安全管理制度目录。

维保单位变更时，使用单位应当持维保合同，在新合同生效后 30 日内到原登记机关办理变更手续，并且更换电梯内维保单位相关标识。

电梯报废时，使用单位应当在 30 日内到原使用登记机关办理注销手续。

电梯停用 1 年以上或者停用期跨过 1 次定期检验日期时，使用单位应当在 30 日内到原使用登记机关办理停用手续，重新启用前，应当办理启用手续。

第九条 使用单位应当履行以下职责：

（一）保持电梯紧急报警装置能够随时与使用单位安全管理机构或者值班人员实现有效联系；

（二）在电梯轿厢内或者出入口的明显位置张贴有效的《安全检验合格》标志；

（三）将电梯使用的安全注意事项和警示标志置于乘客易于注意的显著位置；

（四）在电梯显著位置标明使用管理单位名称、应急救援电话和维保单位名称及其急修、投诉电话；

（五）医院提供患者使用的电梯、直接用于旅游观光的速度大于 2.5m/s 的乘客电梯，以及采用司机操作的电梯，由持证的电梯司机操作；

（六）制定出现突发事件或者事故的应急措施与救援预案，学校、幼儿园、机场、车站、医院、商场、体育场馆、文艺演出场馆、展览馆、旅游景点等人员密集场所的电梯使用单位，每年至少进行一次救援演练，其他使用单位可根据本单位条件和所使用电梯的特点，适时进行救援演练；

（七）电梯发生困人时，及时采取措施，安抚乘客，组织电梯维修作业人员实施救援；

（八）在电梯出现故障或者发生异常情况时，组织对其进行全面检查，消除电梯事故隐患后，方可重新投入使用；

（九）电梯发生事故时，按照应急救援预案组织应急救援，排险和抢救，保护事故现场，并且立即报告事故所在地的特种设备安全监督管理部门和其他有关部门；

（十）监督并且配合电梯安装、改造、维修和维保工作；

（十一）对电梯安全管理人员和操作人员进行电梯安全教育和培训；

（十二）按照安全技术规范的要求，及时采用新的安全与节能技术，对在用电梯进行必要的改造或者更新，提高在用电梯的安全与节能水平。

第十条 使用单位的安全管理人员应当履行下列职责：

（一）进行电梯运行的日常巡视，记录电梯日常使用状况；

（二）制定和落实电梯的定期检验计划；

（三）检查电梯安全注意事项和警示标志，确保齐全清晰；

（四）妥善保管电梯钥匙及其安全提示牌；

（五）发现电梯运行事故隐患需要停止使用的，有权作出停止使用的决定，并且立即报告本单位负责人；

（六）接到故障报警后，立即赶赴现场，组织电梯维修作业人员实施救援；

（七）实施对电梯安装、改造、维修和维保工作的监督，对维保单位的维保记录签字确认。

第十一条 使用单位应当建立电梯安全技术档案。安全技术档案至少包括以下内容：

（一）《特种设备使用注册登记表》；

（二）设备及其零部件、安全保护装置的产品技术文件；

（三）安装、改造、重大维修的有关资料、报告；

（四）日常检查与使用状况记录、维保记录、年度自行检查记录或者报告、应急救援演习记录；

（五）安装、改造、重大维修监督检验报告，定期检验报告；

（六）设备运行故障与事故记录。

日常检查与使用状况记录、维保记录、年度自行检查记录或者报告、应急救援演习记录，定期检验报告，设备运行故障记录至少保存 2 年，其他资料应当长期保存。

使用单位变更时，应当随机移交安全技术档案。

第十二条 在用电梯每年进行一次定期检验。使用单位应当按照安全技术规范的要求，在《安全检验合格》标志规定的检验有效期届满前 1 个月，向特种设备检验检测机构提出定期检验申请。未经定期检验或者检验不合格的电梯，不得继续使用。

第十三条 电梯乘客应当遵守以下要求，正确使用电梯：
（一）遵守电梯安全注意事项和警示标志的要求；
（二）不乘坐明示处于非正常状态下的电梯；
（三）不采用非安全手段开启电梯层门；
（四）不拆除、破坏电梯的部件及其附属设施；
（五）不乘坐超过额定载重量的电梯，运送货物时不得超载；
（六）不做其他危及电梯安全运行或者危及他人安全乘坐的行为。

19.2 电梯日常管理

电梯业主应按照法规、安全技术规范的要求配备相应电梯司机及电梯安全管理人员。按照电梯的性能和运输管理的要求，电梯使用管理单位必要时应配备经培训考核合格，持有电梯司机操作证的人员，负责电梯司机的工作，并每天进行日检，巡查各台电梯的运行情况。如电梯不需要配备电梯司机，则必须指定安全管理人员日检巡查各台电梯。

1. 使用单位应当履行的职责

（1）保持电梯紧急报警装置能够随时与使用单位安全管理机构或者值班人员实现有效联系；
（2）在电梯轿厢内或者出入口的明显位置张贴有效的《安全检验合格》标志；
（3）将电梯使用的安全注意事项和警示标志置于乘客易于注意的显著位置；
（4）在电梯显著位置标明使用管理单位名称、应急救援电话和维保单位名称及其急修、投诉电话；
（5）医院提供患者使用的电梯、直接用于旅游观光的速度大于 2.5m/s 的电梯，以及采用司机操作的电梯，由持证的电梯司机操作；
（6）制定出现突发事件或者事故的应急措施与救援预案，学校、幼儿园、机场、车站、医院、商场、体育场馆、文艺演出场馆、展览馆、旅游景点等人员密集场所的电梯使用单位，每年至少进行一次救援演练，其他使用单位可根据本单位条件的所使用电梯的特点，适时进行救援演练；
（7）电梯发生困人时，及时采取措施，安抚乘客，组织电梯维修作业人员实施救援；
（8）在电梯出现故障或者发生异常情况时，组织对其进行全面检查，消除电梯事故隐患后，方可重新投入使用；
（9）电梯发生事故时，按照应急救援预案组织应急救援，排险和抢救，保护事故现场，并且立即报告事故所在地特种设备安全监督管理部门和其他有关部门；
（10）监督并配合电梯安装、改造、维修和维保工作；
（11）对电梯安全管理人员和操作人员进行电梯安全教育和培训；
（12）按照安全技术规范的要求，及时采用新的安全与节能技术，对在用电梯进行必要的改造或者更新，提高在用电梯的安全与节能水平。

2. 日检巡查至少应检查下列项目
（1）电梯报警装置、应急照明是否有效；
（2）电梯《安全检验合格》标志是否完好；
（3）电梯、自动扶梯警示标志是否完好；

(4) 机房各运转部件有无异常;
(5) 运行、制动等操作指令是否有效;
(6) 运行是否正常,有无异常的振动或者噪声;
(7) 易磨损件状况;
(8) 门联锁开关等是否完好。

其实电梯的轿内设置的轿内报警按钮是非常重要的。一旦电梯发生困人故障后,电梯司机、乘客在轿内通过揿压报警按钮和外界联系,这就要确保报警按钮工作正常。

电梯轿内设置有三方或五方对讲电话,(轿内、机房、监控中心、(轿顶)、(底坑)、)供维修保养人员和司机相互之间联系。

电梯司机日常巡检时,应检查上述装置,确认功能正常,做详细记录,并存档备查。如有问题,应及时通知电梯专业公司维修。

3. 应急处理和事故报告

电梯使用管理单位应制订完善的电梯应急专项预案,明确各项应急处理办法,发现电梯困人或有异常现象,及时通知电梯企业派专业人员进行处理。

发生火警时严禁乘坐电梯。电梯使用管理单位应有发生火警时对电梯的应急处理的方法:发生火警时为确保电梯乘客的安全,及时将电梯轿厢内的乘客返回基站疏散,禁止乘坐电梯。部分大厦有整体的火警应急系统,也将电梯纳入系统进行统一管理,当大厦火警应急系统启动,大厦的各台电梯的消防迫降功能马上生效,将各台电梯内的乘客全部运送到指定层站,同时不应答所有的电梯外呼。

发生事故时,电梯使用管理单位必须采取紧急救援措施,并立即报告当地质量技术监督机构。

4. 日常运输管理

日常的运输管理(包括乘客和货物运输管理),应清晰标明电梯运行楼层,张贴乘客须知。

(1) 运货申报

运货申报,使用乘客电梯运送货物,应有明确的申报手续,使用方书面向管理处申请,并详细列明每次运送货物的重量,经批准后在指定非繁忙时间内,由专业人员随行协助运送货物,禁止超载。

(2) 乘客须知

电梯轿厢内应张贴有"乘客须知",告知电梯乘客应遵守乘坐电梯,具体内容如下:

乘梯须知

1. 用手按钮,严禁撞击　　2. 不许吸烟,勿靠厢门
3. 运行之时,挤门危险　　4. 危险物品,禁止进梯
5. 保持清洁,勿吐勿丢　　6. 运载货物,须先报批
7. 货物进出,专人控梯　　8. 若遇意外,请按警铃
9. 电梯困人,严禁扒门　　10. 超载铃响,后进后退
11. 儿童乘梯,成人携带　　12. 发生火警,切勿乘梯

(3) 专用钥匙管理使用要求

电梯专用钥匙包括:开启层门的钥匙(常见的是三角钥匙);基站电梯钥匙;电梯轿

内操纵盘钥匙。

电梯专用钥匙是控制电梯安全运行的主要工具，必须按照规定挂上一块警示牌，没有受过训练的人员不得使用，由电梯使用管理单位统一管理放在指定的位置，而且必须是由指定的有资格的人员才能使用，并应有领用登记手续。严禁将钥匙交给未取得特种设备作业人员证书的人员使用。

通常情况下，电梯三角钥匙由电梯维修保养人员使用。特殊情况，如当维修保养人员在底坑作业需要电梯司机配合，使用开启层门的钥匙打开层门时，必须严格遵守以下安全指引，如图 19.2-1。

1) 确认电梯处于停止状态；
2) 电梯层门附近无其他人员围观；
3) 身体处于稳定状态；
4) 依照正确方法和方向使用；只开启 0.1m 左右的缝隙观察电梯位置；
5) 关闭层门后，检查层门锁是否复位，确认用手无法扒开层门。

图 19.2-1　紧急开锁三角钥匙

（4）卫生清洁

卫生清洁不能忽视，特别是加强对层门、轿门地坎清理，可以大大减少电梯故障次数。电梯轿厢的卫生清洁，应安排清洁工，每天在非繁忙时间对轿厢进行清理，而机房、轿顶、底坑等由电梯企业进行清理，电梯使用管理单位也应督促其完善。

19.3　电梯运行管理

1. 电梯行驶前的准备工作

电梯运行前其作业人员（司机/管理人员）应认真对电梯进行安全检查，做好相应的准备工作。

（1）做好交接班工作，认真看交班日志，了解上一班运行情况，不接带病运行的电梯；

（2）确定轿厢位置。开启厅、轿门，做简单试运行；观察选层、启动、换速、平层、消号、开关门速度及安全触板等有无异常现象和声响；检查各种指示灯、信号灯指示是否正确，各部限位开关，急停按钮等动作是否正确，有无不起作用的现象；

（3）检查门联锁是否良好，层门关闭后不能从外面扒开，轿门和层门未闭合到位电梯应不能启动；

（4）试验警铃是否好用，电话是否灵敏畅通；

（5）检查轿厢内消防器材是否完好适用。对上班司机所做轿厢、层门及门踏板滑动槽内的清洁卫生工作进行检查。

(6) 对连续停用7d以上的电梯，使用前应详细检查。

2. 电梯行驶中的注意事项

(1) 司机在服务时间内，不准脱离岗位。如必须离开轿厢时，应将轿厢停在基站，断开轿厢内电源开关，关闭层门，并发出有关告示；

(2) 乘客电梯超载时，司机应劝退一部分乘客，不能超载运行。载货电梯的载重量不允许超过额定载重量，货物在轿厢内尽可能摆放均匀、平稳牢固，避免集中载荷、偏载或因货物倾倒伤人、损坏设备；

(3) 轿厢内严禁吸烟，乘客电梯不允许载运易燃、易爆的危险物品及各种国家规定禁运的物品。货梯在载运危险物品时，必须严格遵守安全操作规程，并采取安全防护措施；

(4) 不允许开启轿厢顶部的安全窗、轿厢安全门，载运长物件；

(5) 关门启动前，关照乘客不要倚靠轿厢门。禁止乘客摆弄操纵箱上的开关和按钮。禁止乘客在层门与轿门中间逗留；

(6) 禁止用检修开关作为正常运行开关。在运行中禁止用检修开关、急停按钮作为正常行驶中的消号。严禁在层门和轿门开启情况下，用检修速度作为正常行驶；

(7) 电梯在行驶时不得突然换向，必要时应先将轿厢停止，再换向启动。手动门电梯禁止用轿门、层门作为开、停电梯的开关。运行中如发生停电，对于用手柄开关控制的电梯，应将手柄关回至零位；

(8) 电梯轿厢顶部不得放置它物；轿厢内不得悬吊物品；

(9) 住宅有/无司机乘客电梯，需有司机操纵，禁止将钥匙搬至无司机操作位置，而由乘客自行操作；

(10) 禁止用手以外的其他部位或用笔、棍等物代替手指操纵电梯。不做与驾驶电梯无关的工作；

(11) 电梯运行中严禁擦拭、润滑或拆卸修理机件，电梯发生故障时，应及时通知维修单位派人修理，其他人员不得自行修理电梯；

3. 电梯故障情形

当电梯发生如下故障不能正常工作时，应停止使用，并通知维修人员进行检修。

(1) 选层后关闭层门、轿厢门，门已闭合而电梯不能正常启动行驶；

(2) 层门或轿门没有闭合而电梯仍能启动行驶；

(3) 电梯运行方向与选层方向相反；

(4) 电梯运行速度有明显变化；

(5) 内选、平层、换速、召唤和指层信号失灵失控；

(6) 电梯在正常条件下运行，安全钳突然发生误动作；

(7) 运行中发现有异常噪声、较大振动和冲击；

(8) 电梯在正常负荷下，如有超越端站位置继续行驶，造成冲顶或蹲底时；

(9) 电梯在行驶中无故停车，停车不开门，层门可随意从外面人为扒开；

(10) 电梯部件过热而散发出焦热的气味；

(11) 人接触到任何金属部分有麻电现象；

(12) 电梯机房内有大量漏油并通过绳孔等处滴入轿厢，电梯发生湿水事故时。

4. 突发故障的处置

当电梯突然发生故障时，应保持镇静，针对发生的情况采取相应措施。

（1）当电梯在运行中，突然发生停驶或失控时，应立即揿按急停、警铃按钮，并劝阻乘客切勿乱动，及时通知维修人员，设法使乘客安全撤出轿厢。

（2）运行中的轿厢突然停在两层楼之间，首先切断轿厢内控制电源，通知维修人员盘车至就近层门口，打开轿门、层门将乘客疏导出轿厢。

（3）限速器、安全钳动作，将轿厢夹持在导轨上时，应切断控制电源，通知维修人员找出原因，故障排除后，方可再投入运行。

（4）发生火灾或地震时，应保持镇静，尽快将乘客送至安全层站离去。关闭轿门、层门，切断电源停止使用或交消防人员使用。

（5）电梯的电气设备发生燃烧时，应立即报告有关部门并及时切断电源，使用干粉等灭火器灭火。

（6）发生人身或设备事故时，应立即停梯并切断电源，报告有关部门、协助抢救受伤人员，保护好现场。

5. 电梯停驶后的注意事项

（1）当日工作完毕后，司机应将电梯返回基站停放；

（2）司机要做好当日电梯运行记录，对存在问题及时报告有关部门及检修人员；电梯司机发现电梯运行异常时，应记入运行记录后继续运行，并停止电梯的使用；

（3）做好轿厢内外清洁工作，清除层门、轿门地坎槽内的杂物垃圾；

（4）关闭轿厢内照明、风扇及电源开关，关好轿门、层门，并检查层门，层门不应在外侧扒启；

（5）长期不使用的曳引式电梯应将其轿厢停在顶层，液压电梯应将其轿厢停在底层；

（6）做好交接班工作。

交接班应在电梯基站现场进行，交接班的内容有运行记录交接和设备交接。要求如下：

1）运行记录交接

当班司机应将本班电梯运行情况，存在的问题及建议，以及下一班应注意的事项等记入交接班记录中，向接班司机交代清楚；

2）设备交接

交班司机交班前应将轿厢返回基站，打扫轿厢、层门、地坎等部位的卫生。若需离开轿厢，应关闭电源开关和照明灯，锁闭层门。

交接班双方按电梯正式运行前的检查内容，检查电梯状况，一切正常时，接班司机接收电梯钥匙，签字接班。

交接班中发现的问题要记入交接班记录。交接班时发现电梯有故障要及时报告维护人员予以排除。

接班司机要按规定时间准时接班。接班司机未到岗时，交班司机不得擅自离岗。如有特殊情况，必须得到领导同意，才可离开工作岗位并将情况记入交接班记录。

交班司机如发现接班司机有醉酒或精神不正常现象时，应拒绝交班，并向领导汇报请示。

19.4 电梯维修保养管理

电梯作为一种机电设备，应当有合适的维护才能保障其正常运行。对电梯进行维护保养、定期检查是确保电梯正常安全运行的重要环节，正确的维修保养也可以使电梯一直处于良好的状态，延长电梯的使用寿命。

电梯的维修保养一般通过合同来约定。电梯的维修保养企业必须取得电梯维修保养企业的资质，才能进行电梯维修保养的业务。电梯维修保养企业应当切实做好对电梯的检查、保养和维修，确保电梯的安全运行。

1. 维保单位职责

电梯维保单位对维保电梯的安全性能负责。对新承担维保的电梯是否符合安全技术规范要求应当进行确认，维保后的电梯应当符合相应的安全技术规范，并且处于正常的运行状态。维保单位应当履行下列职责。

（1）按照《电梯使用管理与维护保养规则》（TSG T5001—2009）及其有关安全技术规范、电梯产品安装使用维护说明的要求，制定维保方案，确保其维保电梯的安全性能；

（2）制定应急措施和救援预案，每半年至少针对本单位维保的不同类型电梯进行一次应急演练；演练的记录见表19.4-1。

电梯轿厢困人救援/演习报告书   表19.4-1
年　月　日

电梯使用单位名称		电梯安装地址	
救援/演习单位（部门）名称		参加救援人员姓名	
电梯品牌		电梯编号		层站	
发出救援信号时间		救援/演习人员到达时间		救援/演习时间	
月　日　时　分		月　日　时　分		自　时　分　至　时　分	
现场电梯状态			困人：无□ 有□ 人数： 困人时间： 伤亡：无□ 有□ 伤亡人数：
处理情况报告：			
救援或演习过程中需改进的内容：			
			救援/演习部门负责人：
用户确认及意见		参加演习人员签名	
用户单位负责人			

（3）设立24h维保值班电话，保证接到故障通知后及时予以排除，接到电梯困人故障后，维修人员及时抵达所维保电梯所在地实施现场救援，直辖市或者设区的市抵达时间不超过30min，其他地区一般不超过1h；

（4）对电梯发生的故障情况，及时进行详细的记录；

（5）建立每部电梯的维保记录，并且归入电梯技术档案，档案至少保存4年；

（6）协助使用单位制定电梯的安全管理制度和应急救援预案；

（7）对承担维保的作业人员进行安全教育和培训，按照特种设备作业人员考核要求，组织取得具有电梯维修项目的《特种设备作业人员证》，培训和考核记录存档备查；

（8）每年度至少进行一次自行检查，自行检查在特种设备检验机构进行定期检验之前进行，自行检查项目可根据使用状况决定，但不少于安全技术规范规定的年度维保和电梯定期规范的项目及内容，并且及时向使用单位出具有自行检查和审核人员签字、加盖维保单位公章或者其他专用章的自行检查记录或者报告；

（9）安排维保人员配合特种设备检验机构进行电梯定期检验；

（10）在维保过程中，发现事故隐患及时告知使用单位；发现严重事故隐患及时向当地特种设备监督管理部门报告。

2. 维修保养的种类

根据《电梯使用管理与维护保养规则》（TSG T5001—2009）规定，电梯的维保分为半月、季度、半年、年度维保，维保以清洁、润滑、调整、检查为主，必要时进行载荷试验和按额定速度进行机构的安全技术性能检查。维保的项目根据电梯的使用状况确定，但不得少于《电梯使用管理与维护保养规则》TSG T5001—2009规定的基本项目和内容。

3. 进行全面检查和维修保养的情形

遇到下列情况之一的电梯，在使用前，承担维修保养的单位应当对电梯进行全面检查和维修保养。

（1）经受了可能影响其安全技术性能的自然灾害（如火灾、水淹、地震、雷击、大风等）；

（2）发生设备事故；

（3）停止使用1年以上。

经全面检查和维修保养，完全消除影响安全的隐患后，方可以投入使用。实施大修的电梯，必须按照大修的有关规定执行。上述工作情况应当详细记录。

4. 电梯定期检验

电梯定期检验周期为一年，电梯使用管理单位应在《安全检验合格》标志有效期届满前1个月向检测机构申请定期检验，电梯注册信息如有变更（如：使用单位变更、维保单位变更、报停、报废、恢复使用、参数变更等），申请定期检验前应先到检测机构办理有关变更手续。

电梯的定期检验由经国家质检总局核准的具有相应检验资格的特种设备检验机构承担，从事定期检验的人员必须是取得相应检验资格的检验人员进行。

19.5 电梯应急救援及常见故障处置

1. 电梯的应急救援

电梯是机电设备，为确保运行安全，有众多的电气安全开关，任何一个电气安全开关动作，防止发生事故，将电梯停止运行，如果轿厢有人，就会被困在轿厢。所以可以理解为电梯在运行过程中非正常停车困人，是一种保护状态，也是为了防止进一步的不正常现象发生。

目前《特种设备安全监察条例》对电梯困人有法可依，电梯轿厢滞留人员 2h 及以上，作一般事故处理，对事故发生负有责任的单位，由特种设备安全监督管理部门处以 10 万元以上 20 万元以下罚款。所以必须将被困人员在 2 小时内救援出来。

在电梯的维修保养合同中，通常约定为：电梯发生困人故障时，由电梯专业公司负责紧急救援工作。

如合同特别约定由使用单位负责困人故障的救援工作，则负责救援的人员必须持有资格进行救援的特种设备作业人员证书，并且经过电梯专业公司培训，由电梯专业公司书面授权。

电梯发生困人故障时，特殊情况，需要电梯司机配合维修保养人员救援时，电梯司机必须确保自己已完全掌握设备的救援操作。不能勉为其难，防止操作不当，导致人身和设备受到损害。

被困电梯司机在电梯发生故障后，须保持镇静，确认电梯无法启动，应按动使电梯不能再启动的开关（如停止开关），再安抚乘客，使用对讲装置（或者警铃）与外界联系尽快通知维修人员和管理处并等待救援。

电梯困人一般分为两种，一是轿厢接近平层位置，开门放人；另一种是移动轿厢至平层位置，开门放人。

（1）轿厢接近平层位置，开门放人

电梯轿厢困人，当轿厢被确认在电梯平层位置以上小于 500mm 时，不需要移动轿厢，维修人员使用三角专用钥匙，打开层门和轿门，将被困人员救援出来。

（2）移动轿厢至平层位置，开门放人

电梯轿厢困人，当轿厢被确认在电梯平层位置以上，其轿厢护脚板已不能封闭井道，有可能使人员从层门地坎与轿厢护脚板的间隙中坠落时，不允许使用直接打开层门放人，必须使用移动轿厢至平层位置，才能开门放人。

手动装置救援（又称盘车救人）进行盘车救人必须由有盘车救人经验的持证人员实施。常见厂家的电梯救援操作步骤见附录一。

1）组成两人以上的救援小组；
2）安抚轿内人员，不要扒门；
3）在机房断开主电源开关；
4）一人进行盘车，一人进行松制动器抱闸，必须注意不能溜车，否则有危险；盘车至平层位置，到该层打开层门放人。

具体的实施步骤见表 19.5-1、图 19.5-1 及图 19.5-2。

应急情况时，若在轿厢内打开轿门，而层门未打开，当层门地坎比轿门地坎低并且超过 500~600mm 时，不允许手动打开层门，跨出轿厢。防止人员坠落井道。

盘车解救步骤

表 19.5-1

步骤	内容	安全注意事项	备注
1	机房打检修,断开总电源	确认切断了要实施救援的电梯总电源	有机房检修开关要转至检修位置
2	安慰乘客,确认轿厢位置	确认是否有伤员或病人。告之在电梯里是绝对安全的,并正在实施救援工作,要求配合,保证安全,防止意外	如有伤员或病人,通知使用单位做好相应准备工作
3	确认所有厅门、轿门关闭	必须严格确认,否则后果严重	防止意外
4	安装盘车手轮(如需要的话)	要正确安装,可靠固定	防止意外
5	两人以上配合盘车	松闸人员要听从盘车人员指挥;同时,松闸人员要时刻注意盘车人员的有关情况。渐进式松闸,防止意外发生	盘车人员只有在盘车轮上加力后,才可发令。防止盘车人员受伤
6	确认到达可靠放人位置,拆除松闸扳手(如需要的话)	有护脚板的 500mm 以内、无护脚板的 300mm 以内,确认制动器动作有效。	防止电梯意外移动
7	到相应楼层开门放人	首次开厅门时,开门宽不得大于 100mm,确认可放人时,与乘客沟通,慢速开门,将乘客顺序放出。对老弱病残、儿童施以搀扶,防止摔倒。	防止意外
8	将所有厅门轿门关闭	确保安全	防止意外
9	拆除盘车装置(如需要的话)		通知维保单位维修
10	签署工作报告		

注:1. 有的盘车或松闸杆已与曳引机形成一体不需要装拆;
2. 无机房梯、液压梯等救援的步骤比较复杂,请详细阅读厂家随机提供的使用手册。

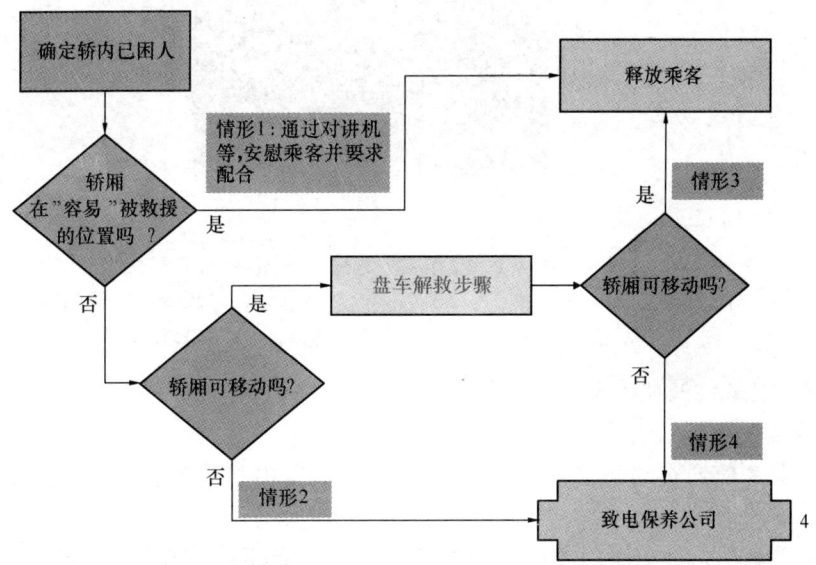

图 19.5-1　救援程序

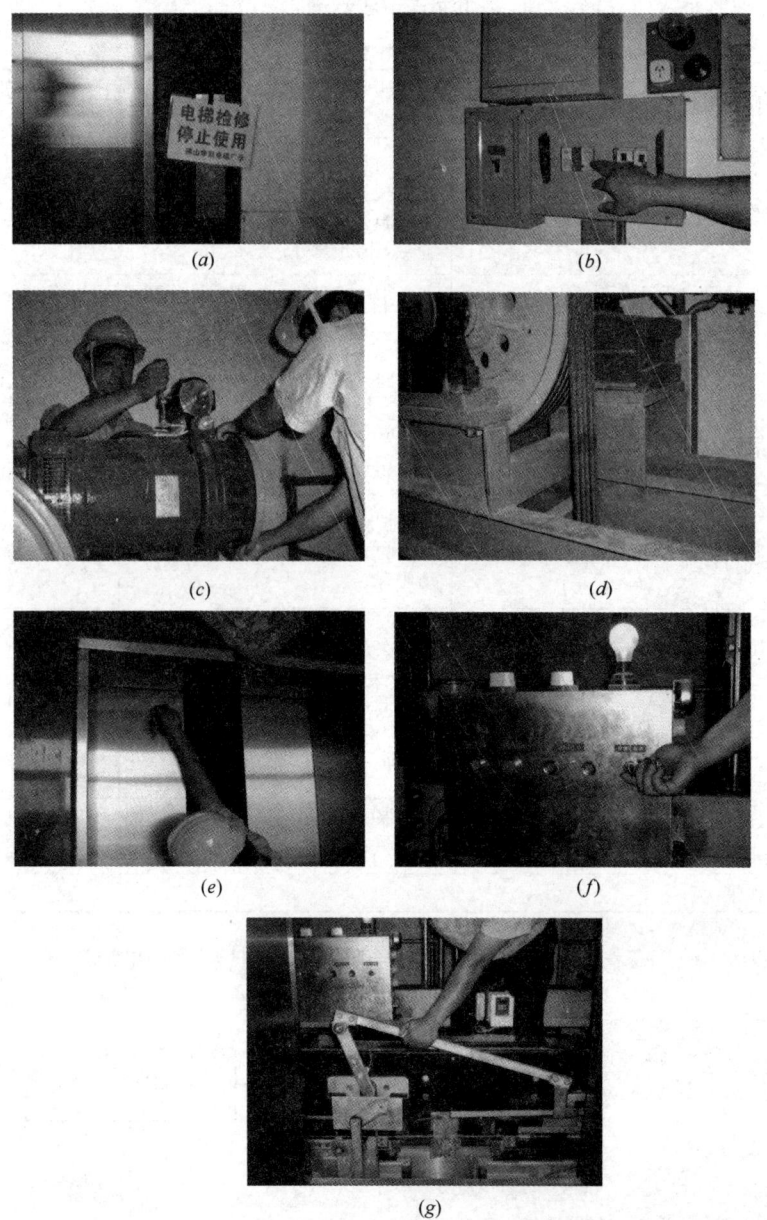

图 19.5-2 盘车救人程序分步图解

(a) 挂停止使用牌；(b) 关掉电梯总电源开关；(c) 松闸后盘车；(d) 盘到刻度线时停止；
(e) 用三角钥匙打开厅门；(f) 将开关打至维修；(g) 拉开轿门放人

2. 电梯突发事件处理程序

（1）被困乘客的应急处理程序

1）被困乘客应通过对讲系统、电话、警铃或根据电梯内的提示使用移动电话进行报警。

2）被困乘客尽量远离轿门或已开启的轿厢门口，更不要倚靠厅、轿门，不要在轿厢内吸烟、打闹，必须听从操作人员指挥。不许自救。

3) 被困乘客在解救人员到场前不可将身体的任何部位伸出轿厢外。
(2) 发生火灾时应急处理程序
1) 发生火灾时应以立即终止电梯运行为原则，及时与消防部门联系并报告有关领导。
2) 按动有消防功能电梯的"消防按钮"，使消防电梯进入消防运行状态，以供消防人员使用；对于无消防功能的电梯，应立即将电梯直驶至首层并切断电源或将电梯停于火灾尚未蔓延的楼层；告诫轿厢内乘客保持镇静；组织、疏导乘客离开轿厢，沿安全通道撤走；将电梯置于"停止运行"状态，用手关闭厅门、轿门、切断电梯总电源。
3) 通道内或轿厢发生火灾时，应即刻停梯疏导乘客撤离，切断电源，用灭火器进行灭火。
4) 对于有共用井道的电梯发生火灾时，应立即将其余尚未发生火灾的电梯停于远离火灾蔓延区，或者交给消防人员用以灭火使用。
5) 相邻建筑物发生火灾时，也应停梯，以避免因火灾而停电造成困人故障。
(3) 发生地震时应急处理程序
根据地方人民政府向预报区居民发布的紧急处理措施，决定电梯是否停止，何时停止。
1) 对于震级和强度较大，震前又没有发出临震预报而突然发生的地震，一旦有震感应就近停梯，乘客离开轿厢就近躲避，如乘客被困轿厢内则不可自行逃出，保持镇静等待救援。
2) 地震过后应对电梯进行检查和试运行，正常后方可恢复使用，当震级为四级以下，烈度为6度以下时，应对电梯检查：供电系统有无异常；井道、导轨、轿厢有无异常；以检修速度做上下全程运行，发现异常即刻停梯，并使电梯反向运行至最高层站停梯，由专业人员检查修理，待上下全程运行无异常并多次往返试运行后，方可投入使用。
(4) 发生湿水时应急处理程序
在遇到台风、雷暴、洪水等恶劣天气时，应实施预防性措施，加强电梯巡视检查，关好机房窗户、门。电梯机房主屋顶或门窗漏雨而进水；底坑因建筑防水层处理不好而渗水；暖气及上下水管道、消防栓、家庭用水等泄漏造成电梯湿水事故时，除对建筑设施采用堵漏措施外，还应采取应急措施：
当底坑内发现少量进水或渗水时，应将电梯停在二层以上，终止运行，断开总电源。
1) 当楼层发生水淹而使井道或底坑进水时，应将轿厢停于进水层站的上二层，停梯断电，以防止轿厢进水。
2) 当底坑井道或机房进水很多，应立即停梯，断开总电源开关，防止发生短路、触电等事故。
3) 发生湿水时，应迅速切断漏水源，设法使电气设备不进水或少进水。
4) 对湿水电梯应进行除湿处理，如采取擦拭、热风吹干、自然通风、更换管线等方法。确认湿水消除，绝缘电阻符合要求并经试梯无异常后，方可投入运行。对微机控制电梯，更需仔细检查以免烧毁电路板。
5) 电梯恢复运行后，详细填写湿水检查报告，对湿水原因、处理方法、防范措施记录清楚并存档。

3. 电梯常见故障

电梯是复杂的机电设备，所有机器设备都会可能出现故障，电梯也不例外。但电梯出现了故障，并不影响其安全性能，电梯可能停止运行，甚至关人，并不会导致人员伤亡。安全与故障并不是一回事，电梯经过定期维护保养和定期检验应是安全的，但由于设备老旧等问题，可能电梯故障较多，经常需要修理。这就好比，新的汽车和老旧的汽车都能通过年度的安全检测，能上路，但老旧汽车就有可能经常需要维修，甚至中途抛锚。

电梯无法投入运行时，首先要确定的是电梯的供电电源是否正常，如电源正常，需及时通知电梯专业公司抢修。

电梯无法关门时，要检查层门、轿门地坎是否有异物卡阻；电梯的安全触板是否未复位或光幕表面是否有灰尘附着；轿内的开门按钮是否卡住未复位。

电梯关门后无法运行时，要检查层门、轿门地坎是否有异物卡阻；当层门锁触点接触不良时，可以重复几次开关门动作。

出现上述情况，按照所介绍的方法电梯恢复运行后，仍应通知专业公司维修保养人员对设备进行有针对的预防性保养。

运行时有异响和撞击声时，应立刻选择就近楼层，停靠电梯，通知专业公司抢修。

电梯运行失控指电梯在运行中无法用正常控制方法控制运行。

常见电梯故障现象和原因分析见表 19.5-2。

常见电梯故障现象和原因分析　　　　　表 19.5-2

序号	故 障 现 象	原 因 分 析
1	层门、轿门不能开、关	(1) 门机电机损坏，或者其传动机构损坏 (2) 层门、轿门被严重卡阻
2	层门、轿门在开关过程中滑出地坎槽	层门、轿门门扇被撞击变形
3	开关门时门扇抖动大	(1) 地坎有异物 (2) 门滑块磨损严重 (3) 门扇变形大
4	平层不准确	(1) 平层感应器故障 (2) 轿厢过载 (3) 双速电梯制动器故障或制动闸瓦磨损过大
5	轿厢冲顶、蹲底	(1) 平衡系数不正确 (2) 超载下行容易蹲底 (3) 钢丝绳打滑 (4) 强迫减速开关限位开关或者极限开关失效
6	听到摩擦声或撞击声	(1) 导轨面有杂物 (2) 门刀与层站的门锁或地坎护脚板擦碰 (3) 补偿链与底坑或其他物件相碰 (4) 轿厢或对重导向轮缺油 (5) 层门滚轮擦碰轿厢地坎

主要参考文献

1. 柳涌主编.大厦维修保养使用手册.北京：中国建筑工业出版社，2006.
2. 夏国柱主编.电梯工程实用手册.北京：机械工业出版社，2008.1.
3. 全国电梯标准化技术委员会.电梯及相关标准汇编［s］.北京：中国标准出版社，2006.
4. 李秧耕.电梯基本原理及安装维修全书.北京：机械工业出版社，2001.
5. 逄凌滨主编.电梯工程施工细节详解.北京：机械工业出版社，2009.1.
6. 电梯工程施工与质量验收实用手册编委会.电梯工程施工与质量验收实用手册.北京：中国建材工业出版社，2004.
7. 朱昌明等编著.EN81-1：1998《电梯制造与安装安全规范》解读.北京：中国标准出版社，2007（2008.4重印）.
8. 毛怀新主编.电梯与自动扶梯技术检验.北京：学苑出版社，2001.
9. 芮静康主编.电梯工程施工技术与质量控制.北京：机械工业出版社，2008.
10. 孙文涛主编.电梯电气控制原理及维护.北京：中国劳动社会保障出版社社，2009.